WILEY

焙烤食品行业培训教程

HOW BAKING WORKS
Third Edition

烘焙原理

第三版

［美］保拉·菲戈尼（Paula Figoni） 著

许学勤 译

中国轻工业出版社

图书在版编目（CIP）数据

烘焙原理：第三版/（美）保拉·菲戈尼（Paula Figoni）著；
许学勤译. —北京：中国轻工业出版社，2025.1
ISBN 978-7-5184-2131-2

Ⅰ.①烘… Ⅱ.①保… ②许… Ⅲ.①烘焙—糕点加工
Ⅳ.① TS213.2

中国版本图书馆 CIP 数据核字（2018）第 228501 号

责任编辑：李亦兵　许春英　伊双双　责任终审：唐是雯　整体设计：锋尚设计
策划编辑：李亦兵　　　　　　　　　责任校对：晋　洁　责任监印：张京华

出版发行：中国轻工业出版社（北京鲁谷东街5号，邮编：100040）
印　　刷：三河市万龙印装有限公司
经　　销：各地新华书店
版　　次：2025年1月第1版第7次印刷
开　　本：787×1092　1/16　印张：36
字　　数：760千字
书　　号：ISBN 978-7-5184-2131-2　定价：158.00元
邮购电话：010-85119873
发行电话：010-85119832　010-85119912
网　　址：http://www.chlip.com.cn
Email：club@chlip.com.cn
版权所有　侵权必究
如发现图书残缺请与我社邮购联系调换
250172K1C107ZYW

多年前，成为面包师或糕点师的唯一途径就是跟师傅当学徒。学徒通过多年劳动、反复练习必要的技艺，直到掌握各种技艺。如果说面包师或糕点师对其所用的配料或所进行的操作有所理解，那都是有了多年经验以后的事。许多人懂得做什么，是因为曾经有人示范怎么做，这便是以往传授技艺的方式。

当今的面包师或糕点师要面对更多的挑战。他们必须掌握更多的技艺。他们必须适应快速变化的市场。他们必须学会使用来自不同地区的各种配料。他们还要学会使用许多化学合成的配料。所有这些必须在较短时间内学会。

高等学校设置的烘焙和糕点培训项目，是为面对上述新挑战打基础的。这些基础包括将科学知识用于烘焙房。《烘焙原理》（第三版）的目的正是为了打下这些基础。然而，有些人可能会怀疑这些知识的必要性，甚至怀疑这些知识的实用性。归根到底，他们认为学会烘焙房里的技艺就已经足够了。

多年来与面包师和糕点师合作和教学的经历使我意识到仅仅学会各种技艺是不够的。我相信，学习食品科学知识有助于面对烘焙房中的各种挑战。这种知识对初学者和熟练的烘焙师都是有用的。

食品科学揭示了各种配料的加工过程，以及种种配料的组成，还揭示了这些配料在烘焙过程中的变化和相互作用。如果能以这种方式介绍各种配料，读者就能更好地理解它们在烘焙过程中是如何发挥作用的。如此，便可预测各种配料在新条件和新情形下的使用效果，从而可以避免焙烤的失败。当然，本人一直试图使本书满足初学者和有经验的烘焙师的兴趣和需要。书中所介绍的理论仅限于对烘焙作业能更好理解和直接有用的部分。

科学原理除了能应用于实际操作中外，还存在着一种美，这种美在将科学应用到日常活动中时展现得淋漓尽致。我希望本书能使那些暂时还没有发现科学之美的读者至少能看到科学的潜力。

温度和质量的换算

数值可能听起来很精确，但事实并非如此。例如，酵母细胞的死亡温度普遍被认为是 60 ℃。但是，指的是湿热还是干热？是快速升温还是缓慢升温？使用的什么酵母菌株？环境中的酸、盐和糖含量如何？

酵母细胞的实际死亡温度取决于以上因素以及其他因素，因此，这一温度并非一定是 60 ℃。因此，本书提供的许多温度都是将华氏温度转换成摄氏温度，并给出 5 ℃ 的变化范围。尽管这样也许显得不太精确，但是最好地反映了实际情况。

然而，在另外一些场合下温度被认为是确定的。例如，酵母面团的发酵温度介于 27 ℃ ~ 29 ℃。这种情形下，华氏温度转换成最接近的整数摄氏温度。

同样，质量和体积的转换也不必精确到克或毫米。多数场合，美制 / 英制质量是以 0.25 oz[1] 递增，而转换成国际制单位时递增量是 5 g 或 5 mL。这反映的是烘焙店的实际情形，而许多称量设备的精度是高于这个值的。

第三版的变化

虽然《烘焙原理》一书的主要形式和框架维持不变，但第三版增加了一些重要内容，作了一些较大修改。部分变化如下：

- 增加了一章有关卫生健康烘焙的内容。这章（第 18 章）主要包括开发有助于提高所有消费者健康的糕点和烘焙制品的内容。还包括适用于特殊人群的烘焙制品的内容，如适用于糖尿病人和食物过敏者的烘焙制品。

- 有关油脂的第 9 章进行了重新整理，增加了一些自第二版以来行业所发生变化的内容。其中许多变化是有关北美及其他地区出现的避免反式脂肪的内容。除了增加更多替代反式脂肪的内容以外，还包括了有关油脂加工的常识。本章增加了更多必要的油脂化学内容。尽管如此，本书仍然主要是为初学者编的，因此，所有这些新增的有关最新进展内容均与教材主体分开，以附加信息形式插入。

- 根据读者和评论者的意见，本书中章的顺序略有调整。尽管各章内容独立，但有些章对其他章节内容较有意义。各章顺序根据这一特点调整，也反映出某些配料在整个烘焙行业中的重要性。例如，有关鸡蛋的一章提到了增稠剂和胶凝剂一章的前面。同样，巧克力制品一章移到了水果和风味剂两章的前面。

- 每章后面的练习和实验部分内容也作了一些调整。首先，增加了练习和实验内容，许多进行了重新整理。更为重要的是，修改后的实验指导书更容易理解，并且可以更为清晰地对实验结果进行评价。最后，每章后面的练习和实验问题中所涉及的材料尽量做到一致。这样做的目的是为了强化实验所教内容的重点。

- 添加了许多新照片和图表，许多原有的照片和图表得到了更新。

- 有关巧克力调温和乳化剂功能的内容重新进行了整理，在保持科学解释要点完整性不变的基础上，对解释内容进行了简化。某些事实、强调要点和

1）质量的国际制单位为克（g），1 盎司（oz）=28.3495 克（g）

描述的文字内容得到了仔细核实，因此，全书的文字内容也得到审查。

- 每章列有复习题，便于理清脉络，掌握重点，所列的问题也反映出教材内容的调整。

本教材附有教师指导手册（ISBN978-0470-39814-2）。此指导手册可向 Wiley 销售代表索取。Wiley 公司互联网页 www.wiley.com/college/figoni 上有教师指导手册的电子版。

关于练习和实验

本书通过示范而非说教方式安排练习和实验的强化材料。有些练习完全是论文训练，只涉及少量的数学计算。许多练习涉及对配料的感官评价。将感官评价纳入文中有若干原因。第一个目的是为了使学生学会区别各种配料的特性，以便更好地理解这些配料对成品的影响。第二个目的更为明确，但也更实际，是为了鉴别没有标签的或者贴错标签的配料。第三个目的较为宽泛，是为了增加对出现在对烘焙房中的（甚至是微弱平凡的）一切滋味、质地和颜色的感觉和洞察力。烘焙行业有许多值得学习的内容，即使日复一日制备相同的产品，也是如此。学习的第一步，就是要学会感知。

每章后面的练习无需解释，但实验需要某些解释。实验有助于学生进一步开拓烘焙基本技能，但这不是实验的主要目的。实验强调的是以某种系统性的方式对产品进行比较和评价。这些实验中的真实"产品"是学生的发现，这些发现将被归纳在每次实验结束时发给学生的实验结果表格中。每次实验结束时也会提出专门的问题，并留有空间要求学生总结归纳出结论。

将班级分为 5 个或更多组，在 4 h 内完成一个或多个实验。每组完成实验安排的一种或多种产品。所有产品制备完成并冷却后，由全班同学或个人对产品进行评价。应当提供室温水（如果自来水有强烈的气味，可提供瓶装水），用于两次品尝间的口腔清洗，以消除味觉影响，学生应当不断地品尝对照产品，以便将其与试验产品进行并行比较。只要有可能，每次实验的对照产品应由两个独立小组进行制备，以防某小组制备出的对照产品不可用。

顺利完成实验的关键是要在严格控制的条件下制备和烘焙产品。这种控制条件将在每次实验的方案中详细强调。然而，要理解的是，特定的混合和烘焙时间可以因各自教室烘烤设备条件的不同而进行调整。与严格按照实验指导方法完成产品制备相比，更为重要的是，在同一实验中，同一班级里制备的同种产品应几乎完全相同。

然而，一般说来，常识在进行实验时起着一定作用。有时必须要避免僵化的规定，大师和科学家必须知道何时应用何种配料。这意味着，如果有必要根据配料的特性对产品进行调整，就必须进行调整。例如，使用不同的面粉制备小圆面包时，必须对产品进行调整，这些内容将在第 5 章和第 6 章中介绍。如果对于不同面粉使用相同的水量，那么面粉中的面筋蛋白就有可能得不到充分水化。然而，这种调节可能并不是轻微的，如果是这样，则要在实验结果中加以记录。注意到每一表格均包括备注栏，就是这一用途。

尽管任何教学烘焙房都可使用，但有一些可能需要进行调整，以便高效开展实验。举例来说，烘焙房应当提供多种形式的小型设备和器具。例如，需要有多台 5 L 小型和面机，每组一台，而不是全班合用一台大的和面机。以下列出了实验用烘焙房所需的设备和器具清单。

设备和器具

1. 电子秤
2. 各种规格的量杯和量匙
3. 筛子
4. 和面机配 5 L 面盆，三速 Hobart N50 型，十速商业厨用型或类似设备
5. 搅拌器配件：平桨搅打器、面团钩式搅拌器及电动搅打器
6. 刮盆器
7. 铲刀
8. 65 mm 或相当规格的面团切刀
9. 温度计：数显，烤炉用，糖果用
10. 羊皮纸
11. 烤炉（传统的、转轴、托架等）
12. 炉顶灯
13. 半大烤盘
14. 松饼烤盘（65 mm 或 90 mm）及纸衬片
15. 酒店半深餐盆
16. 硅胶垫（用于半大烤盘）
17. 分餐勺（包括 8 号、16 号和 30 号三种规格）
18. 定时器
19. 尺子
20. 发面盒
21. 不锈钢盆（特别是 2 L 和 4 L 规格的）
22. 木质和不锈钢的搅拌勺
23. 耐热硅胶铲、橡胶铲、可曲钢铲及平铲
24. 不锈钢厚底汤盆（2 L）
25. 擀面杖
26. 各式锯齿刀、削皮刀等
27. 塑料膜
28. 糕点袋
29. 平口糕点裱花嘴
30. 蔬菜去皮器
31. 蛋糕盘（23 cm）
32. 砧板
33. 品尝用塑料茶匙
34. 水杯
35. 标签纸和记号笔
36. 直边尺
37. 打蛋器
38. 盘或小碗（15 cm）
39. 糕点刷
40. 食品加工机
41. 品尝用木签
42. 测高尺
43. 陶瓷蛋奶杯（180 mL）或类似器具

致谢

首先要感谢建议本人撰写此书的约翰逊威尔士大学烹饪技术学院的管理部门，此书编写过程一直得到了他们的支持。

要特别感谢约翰逊威尔士大学的烘焙和糕点培训项目组成员。他们让我进入烘焙房，接受我的提问，向我反映实际问题，并使我感到仿佛是他们中的一员。他们利用所掌握的科学知识，直接向学生展示烘焙工作需要科学指导。他们使我在约翰逊威尔士大学的几年得到了巨大的收获、挑战和乐趣，他们完全改变了我。我特别要感谢 Charles Armstrong，Mitch Stamm，Richard Miscovich，Jean Luc Derron 和 Robert Pekar 几位厨师（长），要感谢他们的宝贵建议、给予的支持、友谊，以及他们制作的食品。对于他们的共享相处之道，我由衷地表示感谢。

要感谢 JOHN WILEY & SONS,INC. 公司每位为此书工作的成员，特别是我的编辑 Christine McKnight，他的从容处事风格，为我维持构思和正确地展开工作起了很大帮助作用。我还要感谢手稿的校审人员，他们的建设性评论和建议使书稿变得更为充实。他们是约翰逊威尔士大学的 Amy Felder，阿伦德尔社区学院的 Virginia Olson，新墨西哥州立大学的 M.Ginger Scarbrough 博士，以及特来登特技术学院的 David Vagasky。

一如既往，要感谢我的家人，我日夜怀念的父母，和我的姐姐们，她们也是我的挚友。最后，要特别感谢 Bob 的支持，他很幽默，他非常理解此书对于我的重要性。他一直希望此书得到读者的喜爱。此书既是我的，也是你们的。

Paula Figoni
罗德岛州普罗维登斯

目录

1

烘焙简介

概述

人们参与烘焙和糕点厨艺活动有各种原因。有些人喜欢自己动手利用一些基本配料创造美观可口的食物。另一些人从快节奏烘烤作业或从令人愉悦的色、香、味中获得快乐。还有一些人愿意做出一些令顾客惊喜的挑战性工作。无论何种原因，在烘焙领域工作的决定一般源于对食品的喜爱，也有可能因为以往烘焙房或家庭厨房的经历引起。

然而，专业烘焙房工作毕竟不同于家庭烘焙。烘焙房从事的是较大规模的生产。日复一日地在闷热、潮湿环境下，长时间劳作，有时需要在严格的时间限制下进行紧张的操作。尽管如此，还是要始终提供顾客所需要的高质量的产品。

只有具备专门的知识和实践技能才能成功地实现这些目标。从业者需要熟悉烘焙房的场景、声音和气味。例如，有经验的面包师和糕点师听着蛋糕面糊在碗里搅打的声音，就可知道蛋糕糊本身发生了什么变化。他们通过挤、揉动作感觉面包面团的反应。根据烤箱气味他们可以判断烘焙是否已经完成，另外，成品呈给顾客前还要取样品尝。

经验丰富的面包师和糕点师也依赖于定时器和温度计等工具，因为他们知道时间和温度如何影响产品质量。他们也非常注意严格的尺寸。

烘焙需要精确定量

大多数面包类食品均由相同配料制成：面粉、水、糖、鸡蛋、发酵剂和脂肪。有时，两种产品之间的区别只是配料使用的组合方式不同而已。有时，产品的差异在于配方中各配料的比例用量不同。制备方法和配料比例方面的微小差异，会对烘焙食品的质量产生很大的影响，所以面包师和糕点师必须严格遵循制备方法，并正确称量配料。否则，做出的产品可能会不理想，或者更为糟糕，产品可能令人无法接受或根本不可食用。

例如，在耐咀嚼的潮润燕麦饼干配方中，如果加入的起酥油太多，而鸡蛋太少，则会得到脆而发干的饼干。制备蛋糕的面糊配方如果出现同样的问题，则结果可能会完全失败，因为蛋糕的结构和体积依靠鸡蛋提供。事实上，面包师和糕点师称量配料的精确度要高于厨房的烹饪厨师。

厨师做汤时如果少加些芹菜或多加些洋葱并不要紧。厨师制成的还是汤，如果味道不对还可以进行调整。面包师和糕点师则不能随后进行调整。如果面包面团加盐太少，一旦面包烘烤出来，再在上面撒盐就不太好。因此，一开始就要精确称取各种配料。

这意味着，与厨师相比，面包师和糕点师更像厨房中的化学家。正如化学家，其创造力和技能是成功的关键，准确性也同样重要。一个配方如果需要1 kg面粉，就意味着恰好是1 kg，多点少点都不行。

天平和台秤

烘焙房中使用的配方在某些方面就像厨房里的食谱。各种配方包括配料清单和制备方法。然而，与厨房厨师用的食谱有所不同，配方包括每种配料的精确称量，这些称量成分通常以质量形式给出。称量配料的过程称为称取，糕点师使用台秤称取配料质量。

> ### 有用的提示
>
> 要使烘焙台秤称量正确，必须细心保养台秤及其附件（勺子和砝码）。要经常用潮湿的布和温和洗涤剂擦拭，不能使其掉落或受到碰撞。为保持台秤的精确性，必须采取这些预防措施。
>
> 为确定台秤是否处于平衡状态，先清空两边托盘，并将盎司质量指示器移动到最左边（也就是零位置）。目光平视观察台秤的两边托盘高度是否相同。如果不同，可调整托盘下方的砝码。在左侧托盘放一把勺子，右侧托盘放砝码，重复此测试过程。通过增加或减少砝码的质量，直至平衡。

烘焙房传统上使用的台秤是面包师平衡台秤。这种秤根据已知质量称取各种配料的质量。这种台秤必须既精确、又耐用。好的烘焙台秤可以称量小至5 g，大至4 kg的质量。这种称量范围可以满足大多数食品制备所需的精度。

面包师和糕点师有时使用数字式电子秤。尽管许多经济实惠的电子秤也能提供烘焙台秤所具有的精度，甚至更高的精度，但是情况并非总是如此。机械式烘焙台秤或电子秤的精度，取决于秤的设计和构造，也取决于台秤的维护，还与是否得到适当校准有关。

大多数数字式电子秤的面板或背板上给出了其精准度和称量范围的信息。例如，4.0 kg×5 g的标识，说明其最大可称质量为4 kg，这个秤的可读性是5 g，这是数字显示器可显示的最小质量。有时，秤的可读性表示为d，是秤精度的合理指标。一般来说，台秤的可读性越小，则其称取少量物料的性能越好。5 g正好相当于0.2 oz，这类似于性能良好烘焙台秤的0.25 oz精度。

再来讨论另一个标记为100 oz×0.1 oz的电子秤，该秤的最大可称质量为100 oz（2.84 kg），其可读性为0.1 oz（3 g）。较小的可读性表明这种秤，与通常的烘焙台秤相比，具有更好的称量精度，从而可用于称取少量香料或风味剂。

台秤的可读性可简写为d，代表了台秤的刻度。可读性代表台秤砝码增量的规格。这意味着，当一个物品放在台秤上时，台秤读数代表了可读性表示的增量。例如，台秤的可读质量为5 g，则显示面板的读数将从0变为5，10，15，20 g等。无论配料质量如何，台秤显示的质量都是5 g的倍数。如果样品实际质量为6 g，台秤仍将显示5 g。如果物品质量为8.75 g，那么显示屏将显示10 g。

有时，台秤的读数会在两读数之间摆动。例如，上一例子中的质量读数会在5 g与10 g之间摆动。样品的质量很可能约为7.5 g，即5 g和10 g的中间值。

虽然台秤的可读性是台秤最小可称质量的指示值，但它并不等于要在台秤上称量的最小质量。放在台秤上的质量越接近台秤的可读性，质量读数的不确定性就越大。一般规则是，所用台秤的可读性应该等于或小于所要称取配料质量的1/10。此规则可用以下公式表示：

最小可称质量=10 × 台秤可读性

图1.1 用已知质量的砝码对电子秤进行常规校准[①]

以可读性为7 g的台秤为例。该台秤可称取的最小质量约为70 g。同样，可读性为3 g台秤可称取的最小质量为30 g。

正如烘焙台秤一样，为了确保精度，数字秤也需要定期检查。数字秤通常用黄铜砝码校准精度。所用的数字秤日常要用黄铜砝码校准（图1.1）。如果数字秤的读数与黄铜砝码的质量不等，则要根据制造商所给说明，对秤进行调整。由于台秤是烘焙房的重要装备，因此，最好经常用两个或更多不同质量（如200 g和2000 g）的砝码对其进行检

有用的提示

使用数字电子秤时，特别是称取非常小质量时，请遵守以下注意事项：
- 将电子秤置于稳固的工作台面上，以避免振动导致读数波动。
- 电子秤应远离感应电磁炉之类产生强大电磁波的设备。
- 避免忽冷忽热，以免引起读数波动。
- 如果样品非常热或非常冷，先在电子秤称量平台上放一盘子，并扣除皮重。这样可以避免极端温度引起的读数波动。
- 避免使用塑料容器来称量配料，在空气干燥情形下尤应避免使用这类容器。塑料所带的静电会影响电子秤正常工作。

① 本书所有插图系原文插图。—译者注

验。如果两砝码之一读数不准，则需要对秤进行调整或修理。

配料添加到数字秤的方式不同，有时会引起读数的精度差异。例如，多次少量添加方式有时会使读数低于相同量一次性添加的读数。出现这种现象的可能原因是，一般设计的秤具有不会随空气流动而出现读数波动的性能，而秤本身无法将添加少量的产品与空气运动加以区分。

度量单位

数字式和烘焙台秤，既可用美制/英制单位（1b和oz）也可用国际制单位（kg和g）度量。一些多功能数字秤的触摸按键可将美制/英制单位切换到国际制单位。世界上大多数国家都采纳国际制单位。这有利于不同国家更为方便地共享配方。而且，一旦学会使用，国际制单位使用起来更为简便。例如，使用国际制单位，只用较少数学计算就可将配方转换成新的批量规模值。国际单位制的1 kg = 1000 g，因此，你只需移动十进制的小数点，就可将一个单位转换到另一个单位。例如，1.48 kg = 1480 g，343 g = 0.343 kg。人们一直尝试尽快将1b转换为oz，或者将oz转换为1b！由于国际制单位方便使用，所以北美地区越来越多的面包师和糕点师在烘焙房采用了国际单位制。

总体上，持续采用国际单位制，就不会涉及将oz转换成g或将1b转换成kg之类的烦琐数学计算。使用国际制单位比大多数人想象的要容易得多。表1.1所示为若干美制/英制单位与国际制单位的换算，这些值可用于从一种单位制转换成另一种单位制。

人们常常误认为国际制单位的精度要高于美国/英制单位的精度。事实上，国际制单位虽然使用起来比较方便，但并不具有更高的精度。再次需要强调的是，台秤的测量精度仅取决于其设计和制造，而与所使用的单位无关。

表1.1 美制/英制单位与国际制单位间的换算

质量	
1 oz	=28.4 g
1 lb	=454 g
体积	
1 茶匙	=5 mL
1 liqqt	=0.95 L

质量法和容量法测量

北美的家庭厨师使用容量器具（量杯和量匙）称量包括干配料在内的各种配料。这种做法对于某些配料定量时存在问题。例如，面粉会随着存放时间延长而变得密实。密实的面粉颗粒间所含的空气较少。由于含有较少空气，因此面粉的密度就会变大，从而需要更多面粉填满容器。另一方面，如果测量之前对面粉进行筛分，则面粉颗粒之间会带有更多空气。这样面粉的密度

盎司台秤如何提供克台秤的精度？

1 g比1 oz要轻得多（1 oz=28.35 g），那么，如何使盎司台秤提供的精度能与克台秤的精度相同，甚至更高？

当然，如果克台秤的可读性为1 g，而盎司台秤的可读性为1 oz，那么克台秤将比盎司台秤具有更高的精度。但实际上很少出现这样的情形。

以前面所描述的两个电子秤情形为例。第一个电子秤为克台秤，可读性为5 g或0.2 oz（由5 g除以28.35 g/oz得到）。第二个电子秤为盎司台秤，可读性为0.1 oz（3 g）。在这个特例中，盎司台秤的精度比克台秤的精度还要高，因为台秤的设计和构造使其能读取更小的质量。

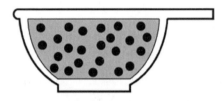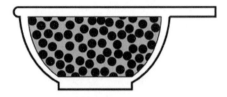

图1.2 一杯筛过的面粉（左）含有较少面粉颗粒，并且质量较小，而一杯未过筛的面粉（右）含有较多的面粉颗粒，并且质量较大

会变小，从而需要较少的面粉填满量杯（图1.2）。

为了避免这种不一致性，糕点师和面包师不使用容量法量取面粉和其它干配料。相反，为了精确起见，他们用质量法称取干配料和大多数液体配料。产品中的空气量或产品的密度不会影响质量法称量，如用容量法则会受到影响。不管面粉的密度如何，1 kg过筛的面粉与1 kg未过筛的面粉具有相同的质量。它们都是1 kg！

虽然一些糕点师和面包师用质量法称取所有配料，但另一些人为方便起见，仍然用容量法量取液体配料。他们用量水的容器量取与水有相同密度的液体，如果配方要求500 g液体，则量取0.5 L液体。虽然，实践中烘焙房之间会存在差异，但牛乳、奶油和鸡蛋之类配料常采用容量法量取。表1.2所示为这种做法的原因。注意，0.5 L奶油、牛乳和鸡蛋的质量与水的质量大致一样。虽然500 mL的这些配料质量并非刚好为500 g，但它们大致上为500 g（但要注意，采用国际单位制时，500 mL水在室温下的质量正好是500 g，这并非巧合）。许多其他液体，包括蜂蜜、玉米糖浆和油，密度与水有很大差异。由于500 mL液体的质量不是500 g，因此这些液体通常采用质量法称取。

表1.2 各种配料（0.5 L）对应的近似质量

配料	0.5 L（500 mL）配料的近似质量 /g
善品糖	120
姜粉	180
过筛面粉	245
未过筛面粉	275
砂糖	420
植物油	445
高脂稀奶油	490
水	500
全脂牛乳	510
全蛋	515
橙汁	520
咖啡液	525
单糖浆（等量糖与水）	615
蜂蜜、糖蜜及玉米糖浆	690

质量盎司与流体盎司的差异

表1.3所示为美国常用容量单位之间的转换关系。注意，1 liqpt（2杯）为16 oz。回想一下，1 lb=16 oz。那么，为什么会出现1 liqpt各种配料不等于1 lb的情形？同样地，为什么会出现1杯=16汤匙或8 oz，而16汤匙并不一定等于8 oz的情形？这些问题均源于用同一名词——盎司，表达了两个完全不同的概念。

盎司可以表示质量单位，也可以表示体积或容量单位。也就是说，有衡量质量的质量盎司，也有度量体积的流体盎司。注意，表1.3特指流体盎司，而不是质量盎司。虽然1 fl.oz有时质量为1oz，但并非总是如此。

设想羽毛和铁钉。没有人会认为1杯羽毛的质量会等于1杯铁钉的质量。同样，食品配料间的差异反映在其每杯

有用的提示

如果一配方包含盎司量度单位，一定要仔细核实，以确定各种配料应该用流体盎司还是质量盎司量度。如果不了解配料的密度，就不要在质量与体积之间进行转换，反之亦然。

的质量是多少。参见表1.2，其中列出了几种密度大小不等的配料，同时给出了各种配料每0.5 L（500 mL）的质量。注意，这些值的变化范围很大。这表明，"500 mL配料的质量始终等于500 g"的说法不适用于许多常见糕点食品的配料。对于密度与水相近的配料来说，这一说法也只是大致真实。1 mL水的质量为1 g，因此，实际上，水用质量法称取或用容量法量取无关紧要。

表1.3　美制常用容量单位之间的换算

1 汤匙	=3 茶匙
	=0.5 fl.oz
1 杯	=48 茶匙
	=16 汤匙
	=8 fl.oz
1 liqpt	=16 fl.oz
	=2 杯
1 liqqt	=32 fl.oz
	=4 杯
	=2 liqpt
1Usgal①	=128 fl.oz
	=16 杯
	=8 liqpt
	=4 liqpt

① 体积的国际制单位为升（L），1 美加仑（Usgal）=3.7854 升（L）

密度与稠度的差异

密度是液体或固体中颗粒或分子紧密度的量度。如果颗粒或分子松散堆聚，则相应的液体或固体就不致密，那么，每杯或每升该配料的质量就小。如果颗粒或分子堆聚紧密，则相应的液体或固体就致密，每杯或每升该配料的质量就大。换一种说法，给定质量的松散配料，与同样质量的密度较大配料相比，会占有更多的空间。图1.3所示为相等质量（200 g）的玉米糖浆、过筛面粉和水，具有不同的体积。注意，200 g玉米糖浆占用的空间小于相同质量过筛面粉占用的空间。

黏度或稠度是液体流动难易程度的

图1.3 （自左至右）相同质量的玉米糖浆、过筛面粉和水占有不同的体积

有用的提示

不要根据液体的外观来判断其密度。如果不能确定液体的密度是否接近于水，就不要假定其密度与水的相同；在这种情况下，就必须进行称量。也就是说，不要假定1 mL液体的质量一定是1 g。

度量指标。如果某种液体颗粒或分子容易滑过彼此，则这种液体容易流动，从而被认为较稀。如果液体颗粒或分子相互碰撞或纠缠，则这种液体不容易流动，从而被认为较稠。水果泥就是一种较稠的流体。水果泥中小果肉碎片彼此碰撞和缠结，阻碍了水和果肉颗粒彼此相互流动。这使得水果泥变得稠厚。

一些常见液体（例如：蜂蜜和糖蜜）既密实又稠厚。分子紧挨在一起，使得这些液体变得密实，分子不容易发生相对滑动，液体变得浓稠（图1.4）。另一方面，植物油虽比水稠厚，但密度比水低，这就是为什么油会浮在水上面的原因。请注意液体的密度不能通过其外观来判断。

图1.4 糖蜜很黏稠，因为分子间不容易发生相对滑动

糖浆为何密度更大？

蜂蜜、糖蜜和玉米糖浆的密度都相当大，0.5 L的质量为690 g。为什么这些液体比糖或水单独存在密度要大得多？

首先考虑一杯糖和一杯水。很容易看出，干糖晶体被空间分开，从而降低了一杯糖的密度。水分子也被空间分开则不太容易看出。肉眼看不到水分子间的空隙。

如果将一杯糖搅拌入一杯水中，那么，糖和水之间立即会出现分子间的吸引力。这种溶解产生的吸引力将糖晶体拉开，而糖分子则填充了水分子之间的空隙。由于糖浆分子之间存在的空隙较小，因此糖浆密度较大。其实，一杯糖和一杯水结合起来只得到约1⅔杯的体积。

水

糖水

烘焙百分比

有时，配方（尤其是面包配方）以烘焙百分比形式表示。在烘焙百分比配方中，各配料均表示为相对于配方中面粉总量百分比的形式。面粉作为烘焙百分比的基准，是因为它通常是大多数烘焙食品的主要配料。由于面粉总量被指定为100%，因此，所有配料的烘焙百分比加在一起就会超过100%。表1.4所示为一个以质量和烘焙百分比表示的面包配方例子。注意，配方含有多种面粉，但这些面粉加在一起所占的烘焙百分比是100%。

表1.4　以质量和烘焙百分比表示的全麦面包配方

配料	质量 /g	烘焙百分比 /%
面包面粉	3000	60
全麦面粉	2000	40
水	2800	56
压缩酵母	190	4
盐	95	2
合计	8085	162

对于不含面粉的配方，每种配料以相对于配方中主要和特征性配料的百分比表示。例如，在椰枣馅料配方中，各配料都以椰枣量的相对百分比表示（表1.5）。对于烘焙蛋奶羹，各种配料以乳品配料——牛乳和奶油为基准表示。

有时，烘焙百分比被称为配方百分比，即基于面粉质量的百分比，而不是普通数学课所指的百分比。烘焙百分比实际上是某种配料量与面粉量的比值。在更常见的百分比类型中，每种配料以一个批次总量为基准表示成百分比。在这种情况下，配料百分比之和为100%。将表1.4中的面包配方表示为批次总量百分比，如图1.6所示。

烘焙百分比与批次总量百分比相比，有其优点。当配方增加或减少某种配料时，如使用烘焙百分比，则牵涉到较少计算。如果使用批次总量百分比，则当任何一种配料发生变化时，由于批次总量也发生改变，因此必须重新计算所有配料的百分比。不用说，这比较复杂，并且耗时，因此，一些面包师宁愿使用烘焙百分比。

为什么要以百分比表示配方？因为使用百分比有利于配方间的比较。表1.7说明了这一点。通过查看表1.7中两个面包配方的各种配料，对两种面包进行比较。你能快速说出哪个配方更咸吗？你可能会因为看到2号面包含有190 g的盐，而1号面包只含95 g盐而得出2号面包较咸的结论，但别忘了，2号面包配方的面团产量较大。如果不同时比较产量，即批量大小差异，单看盐的质量不能得到哪个面包更咸的结论。

然而，如果用烘焙百分比而不是质

量比较两个配方，则要考虑批量大小差异，显而易见，1号面包配方更咸。1号面包配方中的盐含量约是面粉质量的2%，盐在2号面包中只占1%。

表1.5　以质量和烘焙百分比表示的椰枣馅料配方

配料	质量 /g	烘焙百分比 /%
椰枣	3000	100
糖	500	17
水	1500	50
合计	5000	167

表1.6　以质量和批次总量百分比表示的全麦面包配方

配料	质量 /g	批次总量百分比 /%
面包面粉	3000	37
全麦粉	2000	25
水	2800	35
压缩酵母	190	2
盐	95	1
合计	8085	100

表1.7　根据质量和烘焙百分比比较全麦面包配方

1号面包

配料	质量 /g	烘焙百分比 /%
面包面粉	3000	60
全麦粉	2000	40
水	2800	56
压缩酵母	190	4
盐	95	2
合计	8085	162

2号面包

配料	质量 /g	烘焙百分比 /%
面包面粉	10000	60
全麦粉	6800	40
水	9550	57
压缩酵母	500	3
盐	190	1
合计	26965	161

控制配料温度的重要性

即便选择了精细的配料，也进行了精确的称量和适当的混合，但如果不小心控制温度，还是有可能失败。这是为什么呢？原因是许多配料的性质会随温度而变。以脂肪为例，黄油之类的脂肪很容易熔化。如果要将黄油涂布到羊角面包面团中，就必须使黄油保持在很窄的温度范围（18～21 ℃）。如果太冷，就不能顺利地进行涂布；如果太热，黄油就会融入面团，从而会影响面包的脆性。

通常，温度范围差异很大的配料必须小心地组合，以免受到另一热或冷的配料的冲击影响。例如，在制作香草蛋奶酱时，不能将冷的蛋黄直接加入到热牛乳中，否则蛋黄会发生凝固。适当的做法是采用所谓的"调温技术"，即将少量热牛乳搅拌入蛋黄中，使其被稀释和加热。受到调温处理的蛋黄可以安全地添加到热料液中。

将明胶溶液搅打成稳定泡沫体时，也要应用调温措施。如果过快地将热明胶添加到奶油之类冷配料中，则明胶会发硬，形成小橡胶球。将少量搅打过的奶油加到热明胶稀溶液中，可使明胶稍微受到冷却，然后安全地把明胶加入到冷的搅打奶油中。

请注意，在第一个调温例子中，是将少量热配料加入到冷配料中，以防止破坏冷配料。第二个例子是将少量的冷配料加入到温热的配料中，以防止损坏温热配料。

许多其他例子均表明有必要控制配料的温度，并小心地对配料进行调温。找一找书中这种调温处理的例子还有哪些。

有用的提示

如果不清楚两种配料中哪种应该慢慢加入到另一配料中，则在对配料作调温处理时可以参考以下一般规则：

将导致问题发生的少量配料加入受到影响的配料中。

热牛乳与蛋黄结合时，热牛乳可能会导致蛋黄起疙瘩。因为热牛乳是问题产生的诱因，而如果蛋黄凝固，则蛋黄是受影响的配料，因此要将热牛乳加到蛋黄中，而不是将蛋黄加到热牛乳中。

同样，冷的搅打奶油可会导致明胶凝固成小橡胶球。这意味着，要将（问题诱因的）奶油加入到（受到影响凝固成小珠的）明胶。

控制烤箱温度的重要性

第2章是有关传热和如何控制传热的内容。然而，如果烤箱没有得到正确校准，则下一章的信息几乎没有什么用处。如果产品送入前烤箱不能完全预热，或者如果烤箱门打开得太频繁、时间过长，也不能进行很好的传热。注意这些简单要点，就可以确保烘焙房生产出高品质的产品。

为得到正常膨发的烘焙产品，必须控制烤箱的温度。图1.5所示为两个不同烤箱温度下烘烤得到的泡芙糕点。注意，较低温度下烘烤与较高温度烘烤相比，得到的泡芙糕点膨发较小，温度较高可使蒸汽快速爆发，从而使面坯膨发较大。

图1.5　在不同烤箱温度下烘烤的泡芙糕点
　　　　左：在175 ℃烘烤的泡芙糕点
　　　　右：同样的糕点在200 ℃烘烤

烘烤蛋糕时烤箱温度有多重要？

高比例液体酥油蛋糕的特点是含有基于面粉量的高比例（或烘焙百分比）的液体和糖。所有配料一次性混合搅打，使大量微小空气泡进入面糊。虽然通常认为这种蛋糕做起来十分容易，但如果烤箱温度控制不当，则仍有可能得不到所要的正常产品。

例如，如果烤箱温度低，蛋糕的结构就会定型较晚。同时，缓缓地升温会使面糊变得稀薄。气泡可以容易地通过稀薄的面糊上升到蛋糕的表面，而面粉中的淀粉则会沉到底部。如果烤箱温度相当低，那么烘焙蛋糕底将形成一层胶状糊化淀粉层，并使蛋糕体积变小。或者整个蛋糕因为气泡逃逸，从下到上会形成一系列细孔道。

复习题

1 为什么面包师和糕点师与厨师相比，需要更精确地称量配料？

2 烘焙台秤不平衡意味着什么？试述如何检查和调整烘焙台秤，以使其能够正常平衡。

3 电子秤面板标示以下字符：500 g × 2 g。每个数值的含义是什么？

4 面板标示500 g × 2 g的台秤，可称量的最小质量是多少？（在计算最小可称质量时，要利用台秤的可读性）

5 与美制或英制单位（盎司和磅）相比，利用国际制单位（克和千克）称重的主要优点是什么？

6 试解释为什么用克为单位称取配料不一定比以盎司为单位称量得更精确。

7 为什么面包师和糕点师更喜欢用质量法称取配料，而不是容量法量取配料？（可以面粉为例回答此问题）

8 如果要称取过筛的面粉，过筛前或过筛后称取有何关系？说明为什么有关系，或者为什么没有关系。

9 盎司的两个含义是什么？对于哪些配料这两个含义大致相等？

10 列出三种有时使用体积单位（升、汤匙或毫升）量度的配料。

11 为什么蜂蜜比水密度更大，也就是说，为什么每杯蜂蜜要比水质量大？为什么蜂蜜较黏稠？

12 使用以百分比表示的配方，其主要优点是什么？

13 与批次总量百分比相比，烘焙百分比有什么优点？

14 配料调温处理是什么意思？

15 解释如何调节热牛乳和蛋黄的温度。

讨论题

1 有人要制备一种1-2-3重油面团（其中包含1 lb糖、2 lb黄油和3 lb面粉，以及3个鸡蛋）。然而，他不是用质量法称取配料，而是用量杯量取1杯糖、2杯黄油和3杯面粉。为什么这种曲奇面团很可能做不成功？

2 你用32 fl.oz橙汁和1 oz淀粉制备一种橙汁。你决定用台秤称取32 oz橙汁。利用表1.2所给出的信息，说明，你所添加的橙汁与实际需要量相比，是多了还是少了。你的橙汁会变得较稠厚还是较稀薄？

3 利用表1.2所提供的信息,判断以下各对配料中哪种密度更大:高脂稀奶油或全脂牛乳;全蛋或橙汁;油或水;水或蜂蜜。再根据您自己的经验,确定各组配料中的哪种配料通常更黏稠。哪组配料(如果有的话)中,较黏稠的配料密度也更大?你从此得出什么结论? 也就是说,是否总是能够根据某种配料的稠度判断出它的相对质量?

4 解释为什么把空气搅打入蛋奶酱会使其变得稠厚。解释加入的空气对蛋奶酱的密度有什么影响。

5 解释如何将温热的融化巧克力与冷的搅打奶油混合在一起,才能避免巧克力在冷奶油中凝固成小碎片。

练习和实验

① 练习:黑麦面包配方

利用以下两个配方提供的信息回答问题。

配方1

配料	质量 /g	烘焙百分比 /%
面包面粉	3000	60
黑麦面粉	2000	40
水	2800	56
压缩酵母	190	4
盐	95	2
葛缕子籽	75	1.5
合计	8160	163.5

配方2

配料	质量 /g	烘焙百分比 /%
面包面粉	10000	60
黑麦面粉	6800	40
水	9550	57
压缩酵母	425	2.5
盐	260	1.5
葛缕子籽	135	0.8
合计	27170	161.8

（1）根据每个配方加入的葛缕子籽数量，你认为哪一个会具有更强烈的葛缕子香味？请解释说明。

_____

_____

_____

（2）根据每一个配方中添加的酵母数量，你认为哪个会发面更快，并具有较强烈的酵母风味？请解释说明。

_____

_____

_____

❷ 练习：计算烘焙百分比

计算以下配方的烘焙百分比（提示：利用所提供的国际制质量单位完成练习，计算较简单，而结果相同）。记住，烘焙百分比实际上是配料质量除以总面粉质量的比例。使用以下配方完成练习。前两个百分比已经完成。

烘焙百分比= 100%×配料质量/总面粉质量

红糖香料曲奇饼

配料	质量 /g	烘焙百分比
面包面粉	1200	=100%×1200/1200 =100%
红糖	600	=100%×600/1200 =50%
黄油	500	
鸡蛋	125	
肉桂	20	
盐	8	
合计	2453	

❸ 实验：基于体积测量的密度和稠度

目的

- 展示黏稠样品的密度不一定比稀薄样品的大。
- 展示面粉和其他干配料的不同添加方法如何影响密度。

材料和设备

- 面粉（任何类型）
- 任何淀粉，如玉米淀粉
- 小汤匙或勺子
- 干量杯
- 筛子
- 台秤

步骤

（1）将约25 g任何淀粉加入400 g水中，配成混合液，加热至明显变稠；冷却至室温。或者将速溶淀粉加入水中冲调至明显变稠，注意，避免将空气搅入混合物。不要将糖预先与速溶淀粉混合；这会将增加溶液的密度，从而影响实验的结果。

（2）各量取一杯（250 mL）以下配料，然后用台秤称重：

- 轻轻地用勺子将面粉舀入杯中
- 面粉舀入杯中，每舀几勺后摇动一下量杯，使面粉填实
- 面粉先过筛，然后轻轻地用勺子舀入杯中
- 室温水
- 黏稠淀粉溶液（室温）

结果

在结果表中记录每杯样品的质量。

结果表　密度测量

产品	每杯质量 /g
用勺舀的面粉	
用勺舀并摇动的面粉	
过筛后用勺舀的面粉	
水	
黏稠淀粉溶液	

误差来源

列出可能导致实验难以得出正确结论的任何误差来源。尤其要考虑淀粉溶液制

备和冷却过程是否带入空气；杯子是否摆放平直；样品是否置于室温下；台秤使用是否正确。

_____

_____

_____

_____

说明下一次做实验时，可以做哪些改进，以尽量减少或消除各种误差。

_____

_____

_____

_____

结论

（1）按照密度最低到最高顺序，对（勺子舀的、边舀边摇动的或者先过筛再舀的）面粉样品进行排序。

_____

_____

_____

_____

基于这些结果，解释为什么量取面粉和干配料最好用质量法，而不用容量法。

_____

_____

_____

_____

（2）黏稠淀粉溶液的密度（每杯质量）与水的密度相比，结果如何？ 如何解释这些结果？

_____

_____

_____

_____

2

热量传递

本章主题

1 描述烹饪和烘烤过程中的主要传热方式。

2 描述烹饪和烘烤过程中控制传热的途径。

3 描述各种炊具和烤盘所用材料的优点和缺点。

概述

众所周知，炉灶和烤箱会产生热量，但热量是如何从热源传递到食品的呢？也就是说，热量如何传递？本章介绍有关热量传递的内容。通过了解传热，面包师和糕点师可以更好地控制烹饪和烘烤过程，也可以更好地控制烘焙食品的质量。

传热方法

热量从热源传递到食品的三种主要方式：辐射、传导和对流。包括煮、炒、炸及烘烤在内的大多数烹饪和烘焙方法，均借助于一种以上传热方式（图2.1）。第四种传热方式：感应发生在电磁炉。本节将对这些传热方式分别进行说明。

辐射

辐射传热是热量通过周围空间从较热物体表面向较冷物体表面快速传递的过程。一旦物体表面吸收热辐射，便会迅速发生振动。这种分子振动使物体内部产生摩擦热。辐射体从不与被加热物体直接接触，但热能可从一个物体转移到另一个物体。由于不存在直接接触，有时人们将辐射热描述为间接传热。主要采用辐射形式加热的电器例子包括烤面包机、烤炉、红外线加热灯以及常规烤箱。

热烤盘也产生辐射热。为证明这一点，将手伸到热空盘表面位置，就可以感受盘表面的辐射热。深色表面通常会比浅色表面产生更多的辐射热，因为深色表面开始会吸收更多的热能。同样，灰暗的表面比明亮的表面吸收和辐射更多的热量。毫不奇怪，暗黑色烤盘比光亮烤盘更容易将食品烤熟。表2.1列出了一些普通材料的相对发热量，称为热辐射率。暗黑色材料热辐射率为1，这是辐射材料能够产生的最大热辐射率。注意，传统炉膛所用的砖是一种发热量大的材料。

辐射也是微波能传递的方式。微波炉由磁控管产生微波能量。微波可穿透许多类型炊具，比辐射更容易将热量传递到食品的表面。然而，微波加热仍然遵循传热原理，吸收微波会产生热量是因为食品吸收能量后会产生分子旋转运动。这种旋转运动会产生摩擦热，食品主要因为这种分子运动产生的热量而

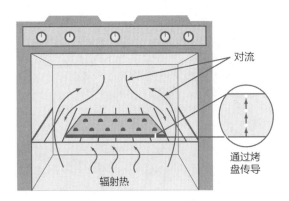

图2.1 烤炉中辐射、传导和对流

表2.1 各种材料的热辐射率

材料	热辐射率
黑体（暗）	1.0
砖	0.93
铝（暗）	0.2
铝（亮）	0.04

被加热。

微波烹饪往往不易使食品得到均匀加热。产生这种情形，部分原因是不同物质对微波能量的吸收不同，但也是由于一些物质需要较少能量（不论是微波能还是其他形式的能量）就能发热。

例如，用微波对果冻甜甜圈加热，可以发现含糖果冻中心会非常热，而外层的甜甜圈则温度要低很多。

微波加热比较快，因为微波可以穿透食品内部（通常为2.5～5 cm），而辐射仅对表面加热。但微波产生的热量如何传遍整个食品呢？而辐射热量又是如何从表面传入食品内部呢？答案是，通过两种不同的手段：传导和对流。

传导

传导发生在热量从物体内较热区域

传递到较冷区域场合。热量通过分子传递。也就是说，当一个分子吸收热量并发生振动时，它会将热量传递给附近的分子，后者随之也会发生振动。热能在分子间连续传递，直到整个物体被加热。由于传导需要直接接触，因此，有时传导被称为直接传热方式。

热传导对于炉灶中烹饪很重要，从热源（燃气火焰或电热圈）直接将热量传递到锅底外部。热量再由锅传导到里面的食物。即使将锅从热源移开，传导仍然继续，直到锅和食物达到相同温度。这就是余热烹饪的来源。余热烹饪是指食物离开热源后发生的烹饪。

由于面团表面暴露于辐射热，因此，面包在烘烤过程中会形成脆硬的棕色外皮。面团的其余部分通过传导缓慢地加热，面包中心温度不会超过93℃。

也可用新型电介质烤箱烘烤面包，这种烤箱可发射无线频率（RF）波。RF波对食品的加热行为类似于用微波，但RF波穿透食品深度的能力更强。面包面团受到（全面）快速烘烤，面包内外具有均匀一致的颜色和质地。换句话说，RF波烤出的面包不会结硬壳。RF波烤箱可用于生产日式面包屑（panko），这种面包屑具有均匀的白、轻和脆等性状。日式面包屑可用于制备天妇罗等油炸食品。

热传导在烘烤中也很重要。例如，曲奇饼烤盘表面受到辐射加热，就会通过传导方式将热量由烤盘传递给曲奇饼。将烤盘从烤箱取出，并将盘中曲奇饼倒出后，曲奇饼内还存在热传导，这种传热要持续到整个曲奇饼温度相同为止。取出的曲奇饼也对烘焙房辐射传热，直到其冷却到室温为止。

热传导也是产品冷却的重要途径。当热产品转移到冷却盘或冷却表面，热制品的热量就传走，得到快速冷却。这就是为什么酱汁煮熟后，通常要将其从盘中倒入一只冷碗，再将碗置于冰水浴冷却的原因。冷碗首先产生热传导冷却过程，而冰水浴发生第二次热传导冷却过程。

为了更好地理解辐射与传导的区别，可以想象两个小队，每队十人排成一行。每队必须将一个球从第一人传递到最后一人。第一队快速做到了这一点，该队第一个人把球抛给了最后一个人。第二队以手传手方式，将球依次从第一人逐人传递到达最后一个人。将第一队传球方式视为辐射，而将第二队的传球方式看成传导。辐射通过空气迅速传球（热）。传导以手-手逐人传递方式传球，速度较慢。

正如某些队较其他队传球快一样，某些材料导热速率快于其他材料。热传导快的材料具有较高的导热系数。通常，固体与液体和气体相比，具有较高的导热系数，因为固体材料中的分子比液体和气体中的分子互相靠得更近。分子靠得近有利于热量在分子间传递（记住，热量不能以抛"球"方式传导）。

炊具和烤盘导热的快慢取决于容器材料的导热系数。虽然金属热辐射性能不太好，但导热性很好。实际上，正是因为金属的分子结构，才使其比大多数固体的导热性能更好。然而，金属材料本身的导热性能也有差异。表2.2所示为一些材料的相对热导率。热导率数值越大，通过材料导热速度就越快。

导热性能差的材料有时称为绝热体。绝热体的例子包括空气、聚四氟乙烯和硅胶。绝热体有助于减缓传热，当快速加热或加热不均匀成为问题时，有必要减缓传热。

传导也随烤盘材料的厚度而发生变化。重型规格材料较厚，比轻型材料传热慢。但人们往往喜欢用重型烤盘，因

表2.2　各种材料的相对热导率

材料	相对热导率
银	4.2
铜	3.9
铝	2.2
不锈钢	0.2
大理石	0.03
水	0.006
聚四氟乙烯	0.002
木材	0.001
空气	0.0003

为它们传热较均衡。以下介绍烘焙房常用的金属和材料的信息。

铜　铜具有非常高的导热系数，这意味着它导热速度快。因此，铜被用于煮糖，可在较短的时间内使糖温度升高。铜价格贵，因此铜制炊具和烤盘很少日常使用。铜也会与食物发生反应，产生高毒性反应物。为防止铜与食物作用，铜炊具通常涂有不锈钢或锡保护性薄层，以免铜与食物接触。

铝　铝的导热系数为铜的一半。尽管如此，铝导热仍然很快，并且，与铜不同的是，铝的价格较低。与铜一样，铝也会与食品尤其是酸性食品反应。它使水果产品变色，并会使牛乳和鸡蛋的混合物成为没有吸引力的灰色，从而限制了其作为炉灶炊具的应用。铝制搅拌机附件也存在与食品反应的问题，使一些产品变色。由于铝是软金属，因此易于划伤并产生凹痕。

为什么温暖烘焙房中的大理石仍然使人感觉很凉？

用一只手触摸大理石表面，另一只手触摸木材表面，触摸大理石的手会明显感觉凉爽。然而，如果大理石和木头在同一房间，在室温下放一段时间，情形会如何呢？

大理石与木材相比，具有较高的导热系数，因此热量从身体转移到大理石比转移至木头的速度快。因为触摸大理石的手冷却较快，大理石似乎更凉（实际上，此时大理石温度稍高，因为热量已经从手中转移到了大理石）。

重复此演示，一只手放在大理石上，另一只手放在不锈钢或其他金属上。由于金属的导热系数大于大理石的，所以不锈钢表面似乎会比大理石表面凉。同样，不锈钢似乎更凉，因为热量从接触不锈钢的手接比从接触大理石的手转移的速率快。

由于大理石具有良好的导热性，烘焙房经常用大理石表面快速冷却热的糖果产品。那么，为什么不使用不锈钢表面进行冷却呢？一般来说，答案与不锈钢价格有关：不锈钢的成本会令人望而却步。因为厚的不锈钢桌制造起来非常昂贵，所以不锈钢桌通常很薄，从而，它们的吸热能力也很快消失。但是，糖果制造商使用特殊的不锈钢冷却台。这类冷却台用冷却水在不锈钢夹套内循环。热量很快通过不锈钢表面传递进水，这种情形的传热涉及传导和对流。

由于铝导热系数高，并且成本低，诸如平底烤盘和蛋糕盘之类烤具仍然可用铝制造，这类器具在变色问题影响不大时仍可使用。用铝制器具烧煮或烘烤食品很容易烧焦食品，特别是盘底薄或烤箱温度高的场合更是如此。

为了尽量减少这种问题，可购买重型平底盘，并使用羊皮纸。如有需要，容易烤焦的物品可用衬有硅胶垫的铝烤盘烘烤，也可用双层烤盘烤。硅胶层或双层烤盘之间的空气可起绝热体作用，可以大大降低导热速率。

一种新型铝材称为黑色硬质阳极氧化铝。阳极氧化铝经过表面电化学处理，提高了表面耐用性。阳极氧化铝是一种不活泼材料，易于清洗。阳极氧化铝的导热性能不如普通铝，由于它的颜色是黑色的，所以一部分热量通过辐射方式传递。阳极氧化铝一般较厚，所以它加热较均匀，但也因此较普通铝炊具贵。

不锈钢 不锈钢是一种含铬（经常也含镍）的低碳合金钢。不锈钢的导热性不是太好。然而，它耐用、易清洁、价格适中，并且基本上呈惰性；也就是说，它不会与食物反应。因不锈钢还有光反射表面，因此烹饪时容易观察食物。

为了提高不锈钢的导热性，通常低质不锈钢炊具的壁很薄。然而，很难将不锈钢（或其他金属）轧制成均匀的薄壁。因此，薄壁不锈钢炊具容易出现烧焦食物的热点。尽管薄壁不锈钢炊具廉价，但一般烘焙房最好不用这种器具。

铝芯不锈钢是一种较好的不锈钢炉灶炊具的替代品。不锈钢表面提供了非反应性的浅色表面，容易观察食物、易于清洁；而铝芯可以改善热传导性能。最好的铝芯不锈钢炊具的侧面也有铝芯，提高了烹饪均匀性。

铝芯不锈钢炊具最适合于炉灶内烹饪水果混合物、香草蛋奶酱及糕点奶油。

铸铁 铸铁的导热性能相当好，像铝一样，最好做成厚重的器具，这样可以减慢传热速率。因为呈黑色，铸铁也以辐射方式传递热量。然而，铁会与食物反应，引起金属味，并使食物变色。由于具有这种反应性，因此，铸铁很少用于烘焙房。铸铁盘首次正式使用之前，必须经过充分上油处理，否则容易粘盘或生锈。为给铸铁盘上油，要在其外涂上一薄层植物油，并置于175 ℃烤箱烘1 h左右。铸铁盘传统上用来烤玉米面包，以产生深色脆皮效果。

锡 锡用于制作传统法式烘烤盘。锡质轻，是很好的导热体，而且价格便宜。但锡制品易腐蚀，遇酸性食物会变暗。如果在烘焙房使用锡器，用完洗净后必须尽快烘干，以防生锈。

玻璃、搪瓷、陶瓷和石器 玻璃、搪瓷、陶瓷和石器都是一些不良导热材料。像大多数不良导热材料一样，一旦这些材料变热，就可利用保存的热量进行缓慢烹饪。例如，陶瓷干酪蛋糕烤罐适用于需要缓慢烘烤的蛋奶羹。

不粘表面 各种不粘表面有不同的耐用性，但有些反复使用后会破裂和剥落，多数会划伤。由于它们的导热性能极差（参见表2.2），聚四氟乙烯之类不粘表面可作为热源与锅中任何食物之间的绝热体。这意味着烹饪较慢，使食品较难烤好。但是，在不需要快速加热的场合，也许可以使用不粘盘。

硅胶烤具、模具和硅胶片 硅胶不是良好的导热体。因此，用硅胶烤具烤的产品，烘烤较慢，如果褐变的话，也较均匀。专业硅胶烤盘，如Flexipan品牌模具，有许多形状和尺寸，而硅胶烘烤垫（Silpat垫）有半盘和全盘两种规格。硅胶制品具有不粘性，能够经受从（高达 300 ℃）烤箱到冻藏室的温度变化。因为它们具有柔韧性，因此通过扭曲硅胶垫可以卸出产品。

对流

对流是热量传递给食品和在食品中传递的第三种方式。对流有助于液体和气体传热，而这两种物质导热较慢。发生对流是因为较热的液体和气体密度较低而上升，而较冷的液体和气体因密度较大而会下沉。结果是冷流体不断地朝较热的流体运动。这就像有一只看不见的手在锅内搅拌。

对流能在锅内自动发生，但如果有搅拌，则可以增强液体在锅内的运动。这对于对流作用较弱的黏稠液体来说尤为重要。同样，各种烤箱也存在对流传热，但是如果利用风机强制使烤箱内的空气流动，则可以强化烤箱内的对流传热。一些烤箱装有吹送热空气的风机。另一些烤箱，如卷筒式烤箱和旋转式烤箱，可使产品在空气中运动。这些烤箱烘烤较均匀，很少出现热点。无论在哪种情况下，对流烤箱的工作速度比传统烤箱要快，因为热空气朝着食物较冷的表面移动得更快，并使较冷的空气较快地移开。这是为什么对流、卷筒和旋转炉需要较低温度和较短的烘烤时间，而且加热更均匀，热点较少。

有用的提示

常规烤炉改用对流烤箱时，经验法则是将烤箱的温度降低约15 ℃，并缩短烘烤时间约25%。首次改用时，要仔细观察产品，并根据需要调整烤箱温度和时间。

然而，对流烤箱并非适合所有产品。它们最适合用于制作曲奇之类重油面团产品。而蛋糕和松饼，如果对流太强烈，或炉温太高，就可能产生不对称的形状。

无形的帮手

什么使得对流持续？回想一下，当材料和物体被加热时，分子会振动。加热越多，振动越快。受热并且振动较快时，分子会相互排斥分开。这种运动——膨胀作用降低了热的液体和气体的密度。密度较低的热液体和气体会离开热源而上升。随着热空气和热液体的上升，冷液体和气体（密度较大）会下沉靠近热源。对流可使热量传递加快，分布更均匀。烤箱内的空气、烘烤中的稀面糊、平底锅内的液体以及油炸锅里的脂肪，均会发生对流传热。

海绵蛋糕和蛋奶酥的体积也会缩小，而蛋奶羹和干酪蛋糕容易烤过头。

对流会产生不利影响；打开烤箱门观察其内容物时，较冷的烘焙房空气和较热的烤箱空气马上会产生对流，使烤箱里的空气冷却，也使烘焙房变暖。为了维持烘烤期间烤箱温度，应尽量少开烤箱门，开门的时间尽量短。

感应

　　感应烹饪是一种较新的传热形式。它流行于欧洲的厨房和烘焙房，也正在北美流行起来。感应烹饪发生在专门的平灶陶瓷台面，台面下装有产生强磁场的线圈。磁场引起锅内分子快速滑动，在锅内产生摩擦。锅几乎立即被加热，产生的热量迅速通过传导由锅转移到食物。

　　用于感应炉的锅必须是平底锅（炒菜锅不行），并且一定要由磁性材料制成。判断锅是否有磁性，可在其底部放一块磁铁；如果能吸持，则锅是磁性。铸铁锅和一些不锈钢锅可用于感应炉，但铝锅或铜锅不行。许多炊具公司出售专门设计的平底锅。

　　感应烹饪正越来越受欢迎，因为它比燃气炉和电炉加热迅速、节能。由于锅直接加热，因此就会减少在炉灶或空气中损失的热量，所以感应炉表面较凉。感应炉的热量也比燃气炉或电炉容易调节，由于炉灶面较凉，因此使用起来较安全。但请记住，会有一些热量以传导方式从锅传递到加热陶瓷表面。

复习题

1 传热的三种主要方式是什么？

2 辐射热能穿透食品表面多深？

3 为什么辐射被认为是一种间接传热方式？

4 常规烤箱以何种传热方式为主？

5 微波的辐射能可穿入食品表面多深？

6 闪亮的新铝盘与灰暗的旧铝盘，哪个烘烤较快，为什么？

7 说明热传导的工作原理。

8 铝和不锈钢，哪个导热性较好？

9 加热糕点奶油时应使用不锈钢锅还是铝锅？为什么？

10 影响炊具导热速度快慢的两个主要特性是什么？

11 利用两队传球的例子，解释为什么热传导比辐射慢。

12 铝与空气相比，哪个导热性能更好？

13 绝热材料的定义是什么？请给出两个良好绝热体的例子。

14 为什么曲奇饼可以用双层烤盘烘烤？

15 热能传播到固体食物内部的主要方式是什么？

16 列举一个需要缓慢传热的例子，并提供（在不改变热源强度条件下）减缓传热的方式。

17 对流烤箱和传统烤箱的主要区别是什么？

18 列举一种通过使产品在空气中移动的方式（而不是通过使产品周围空气运动的方式）增强对流的烤箱。

19 传统烤箱与对流烤箱相比，哪种烤箱需要的烘烤温度较低、时间较短？解释原因。

20 说明感应烹饪的工作原理。与燃气或电炉烹饪相比，它有哪些优点？

讨论题

1 已知铝会使一些食品变色，但为什么铝仍然是烤盘最常用的材料？也就是说，为什么变色对于用铝盘烘焙食品的影响，没有用铝锅煮汤料的影响大？

2 一些糕点师在加热用于香草蛋奶酱的牛乳时，锅底部放一层糖。这样可以防止锅底的牛乳煮糊。这样做会使导热性变好还是变差？解释说明。

3 解释为什么产品在冰水浴中比在冰箱中冷却得要快。可参阅表2.2回答此问题。

4 说明曲奇饼在烤箱中烘烤时如何受到辐射、传导和对流等方式加热。

5 解释为什么脂肪加热到约175 ℃的油炸过程是传导和对流传热的典型例子。

练习和实验

❶ 练习：传热

设想你正用烤箱烘烤曲奇饼，你需要减慢传热速度，以免在烘烤过程中将曲奇饼外皮烤煳。说明以下每种技术有助于降低传热的原因。作为例子，其中的第1种方式已经解释。

（1）使用较低的烤箱温度。

原因：这是减少热量传递的最直接的方法，因为它减少了从热源辐射的热量。

（2）使用闪亮的金属烤盘替换黑色无光泽的烤盘。

原因：_____

_____

_____

（3）用不锈钢烤盘代替铝烤盘。

原因：_____

_____

_____

（4）用闪亮的新烤盘替代深色的旧烤盘。

原因：_____

_____

_____

（5）使用厚壁烤盘替代薄壁烤盘。

原因：_____

（6）将一只烤盘置于另一只烤盘内，构成双层烤盘。

原因：_____

_____

_____

（7）将烤盘远离烤箱壁放置。

原因：_____

_____

_____

（8）将曲奇饼放在衬有硅胶垫的烤盘，而不是直接放在烤盘上烘烤。

原因：_____

_____

_____

（9）关闭对流烤箱的风扇。

原因：_____

② 实验：普通烤箱中的热点

很难想象可找到加热十分均匀的烤箱。最好是发现烤箱中存在热点的位置。找出烤箱热点分布的最快捷、最简单的途径是使用红外线温度计。将温度计对准预热烤箱壁面不同位置，很快可以发现烤箱可能烘烤不均匀的位置。

另一种发现烤箱热点的方法，是在不同位置烘烤实际产品，并观察出现差异的产品的位置。

目的

确定烤箱中是否存在热点，并确定存在热点的位置。

制备的产品

在（无对流风扇的）常规搁板式烤箱不同位置烘烤的曲奇饼

材料和设备

- 台秤
- 筛子
- 羊皮纸
- 带5 L混合盆的混合器
- 平桨搅打器附件
- 刮盆刀
- 滴糖曲奇面团（参见配方），如用标准烤盘，面糊约可做24个曲奇饼，如用半大烤盘，面糊约可做12个曲奇饼。
- （根据烤箱大小）两个全烤盘或半烤盘，两盘尽可能相同
- 30号（30 mL）分配勺，或类似量器
- 烤箱温度计

配方

滴糖曲奇面团

产量： 48个曲奇饼

配料	质量 /g	烘焙百分比 /%
面包面粉	250	50
蛋糕面粉	250	50
盐	8	1.6
小苏打	8	1.6
普通起酥油	410	82
砂糖	565	113
鸡蛋	185	37
合计	1676	335.2

制备方法

（1）烤箱预热至190 ℃。

（2）所有配料均放置至室温（配料温度是保证结果一致的重要因素）。

（3）将面粉、盐和小苏打过筛三次，筛到羊皮纸上，以充分混合。

（4）在混合盆中，将起酥油和糖低速搅拌混合1 min。停止搅拌，根据需要刮盆。

（5）将起酥油–糖混合物中速搅拌2 min，使之乳化，停止搅拌并刮盆。

（6）低速搅拌30 s，同时慢慢加入鸡蛋。停止搅拌并刮盆。

（7）将面粉加入起酥油–糖–蛋混合物中，低速搅拌1 min，停止搅拌并刮盆。

步骤

（1）利用给定配方或任何普通曲奇饼配方制备曲奇饼面团。为了使实验误差最小化，使用起酥油替代黄油。

（2）如有必要，清除掉烤盘所带的烤焦食物。将羊皮纸衬入烤盘。

（3）羊皮纸上标记出烤盘在烤箱中的位置（顶层、靠近左侧箱壁等），以及烤盘哪端朝前。

（4）用30号勺或类似量器将曲奇面团舀入准备好的烤盘。将曲奇面团均匀地布置在烤盘中。半烤盘每盘放6个，全烤盘每盘放12个。

（5）将烤箱温度计置于烤箱中央，读取初始烤箱温度，记录于此：_____。

（6）烤箱正确预热后，将两个烤盘放在烤箱中，并将定时器设定在19~21 min，或根据配方设定。

（7）全部曲奇饼用相同时间烘烤（烘烤时不要旋转烤盘）。

（8）从烤箱中取出烤盘，并将曲奇饼直接在烤盘中冷却。

（9）检查最终的烤箱温度。结果记录于此：_____。

结果

（1）趁曲奇饼仍在烤盘上，评价每个曲奇饼的褐变程度。按1~5划分5个等级记
   录，1为最淡颜色。

（2）每个烤盘的评价记录填写入图2.3和图2.4所示的烤盘图中。如何填写记录评
   价，参见图2.2。

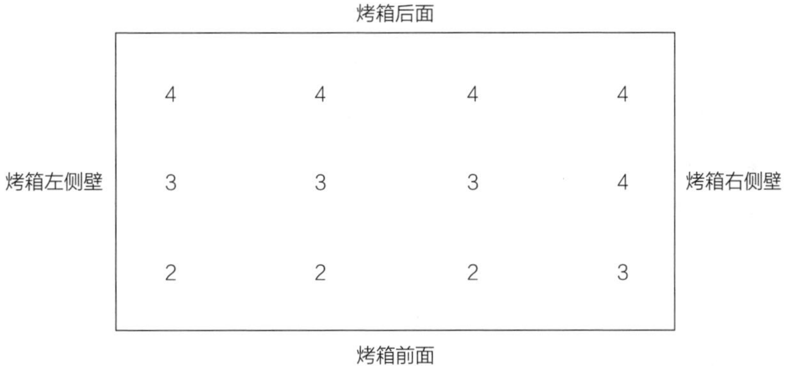

烤箱后面

4	4	4	4
3	3	3	4
2	2	2	3

烤箱左侧壁 　　　　　　　　　　　　　　　　　烤箱右侧壁

烤箱前面

烤箱类型：_____传统烤箱_____

烤盘在烤箱中的位置：_____中间搁板_____

图2.2 实验结果：水平放置在常规烤箱中心搁架上的烤盘

烤箱类型：_____

烤盘在烤箱中的位置：_____

图2.3 _____

烤箱类型 : _____

烤盘在烤箱中的位置 : _____

图2.4 _____

误差来源

列出可能导致实验难以得出正确结论的任何误差来源。对于这个实验，特别要注意的是各种烤盘问题（盘底不均匀、凹痕或粘连食物）和烤箱问题（烘烤过程中烤箱温度是否稳定？）。

_____

_____

_____

说明下一次做实验时，可以做哪些改进，以尽量减少或消除每种误差来源。

_____

_____

_____

结论

从**黑体字**中选择一个选项，并把可能的解释填在空白行。

（1）最接近与最远离烤箱壁的曲奇饼颜色差异**小/中/大/无差异**。颜色较深的曲奇饼**最靠近烤箱壁/在烤箱中心/既不靠近烤箱壁也不在烤箱中心**。这可能是因为

_____

_____

_____

（2）靠近烤箱后面与靠近烤箱前面的曲奇饼之间的颜色差异**小/中/大/没有区别**。颜色较深的曲奇饼**最靠近后面/最靠近前面/既不靠近前面也不靠近后面**。这可能是因为

_____

_____

_____

（3）这些结果是否说明此烤箱存在热点？

_____

_____

_____

如果存在热点，今后如何使用此烤箱，以保证这些热点在后面的实验中不成为明显的误差来源？

_____

_____

_____

（4）你是否注意到曲奇饼中存在其他任何差异，是否还有其他关于实验的意见？

_____

_____

_____

3

烘焙过程概述

概述

配料称量后的烘焙过程大致可分为三个阶段。首先是配料混合成面糊或面团，然后烘烤面糊或面团，最后冷却。在这三个阶段中产品会发生许多化学和物理变化。理解这些变化的糕点师或面包师能够更好地控制它们。例如，如果能理解混合、烘烤和冷却对弹性、韧性、褐变程度及组织结构有何影响，糕点师就能控制这些烘焙产品的品质。

本章简单介绍发生在烘焙过程中的多种重要的复杂过程。后面几章将更详细地介绍这些过程。

准备工作

第1章介绍了正确称取配料的重要性。配料应当正确称量，因为成功的配方都是结构剂（增韧剂）、软化剂、润湿剂和干燥剂的精致平衡混合物。结构剂是使烘焙食品保持体积和形状的配料。这些配料相互作用形成结构，这种结构形成将产品保持在一起的框架。所有烘焙食品中都需要适当的结构，但如果太多则会导致产品韧化。事实上，结构剂通常称为增韧剂。结构剂的例子包括面粉、鸡蛋、可可粉和淀粉。

尽管面粉被认为是一种结构剂，但产生结构的是面粉中的特殊组分——面筋蛋白质和淀粉颗粒。同样，鸡蛋成为结构剂是因为它含有蛋白质。

软化剂的作用与结构剂相反。软化剂是一些干扰烘焙食品形成结构、使其变得柔软，并易于咀嚼的配料。各种烘焙食品都需要一定程度的软化，以提供宜人的口感，但过软会导致产品破碎。软化剂的例子包括糖和糖浆、油脂及膨发剂。

润湿剂包括水和含有水的配料，如牛乳、鸡蛋、奶油和糖浆。润湿剂还包括植物油等液体脂类配料。

干燥剂的作用与润湿剂相反。它们是吸收水分的配料。干燥剂的例子包括面粉、玉米淀粉、乳粉和可可粉。

注意，一些配料具有多种类型属性；例如，油既是一种软化剂，也是一种润湿剂，而面粉同时具有结构剂和干燥剂属性。

配料一旦称量好，它们必须以规定的方式和规定的温度混合。改变混合方式或混合温度有可能引起产品变化，有时这种变化相当明显。例如，松饼通常要采用松饼混合法，这种混合法是先熔化脂肪，再与其他液体一起搅拌加入干配料中。松饼混合法的替代方法是，先将脂肪与糖乳化成油糖乳，再将液体和干配料加入此油糖乳中。松饼混合法得到的是质地粗糙的致密松饼。乳化法产生组织结构像蛋糕一样细腻的松饼。表3.1列出并描述了几种烘焙房常用的混合方法。其他许多混合方法都是结合了这些方法的某些特征。

软质烘焙食品何时不潮润？

虽然油之类配料同时具有润湿和软化作用，但潮润的烘焙食品并非总是软的，而软的烘焙食品也并非总是潮润的。较软的烘焙食品容易咀嚼，但是只有在它们潮湿的时候，才在口中表现出湿润感，甚至滑润感。而另一方面，诸如酥脆饼干之类某些烘焙食品虽然较干，但很容易咀嚼（较软）。既软又干的烘焙制品常被描述为酥脆烘焙食品。有关烘焙食品质地的描述，参见第4章内容。

表3.1 烘焙房常见混合方法

方法	说明	使用实例
直接混合法	所有配料混合并搅拌，和成均匀光滑的面团	酵母面包
酵头和面团法	将液体、酵母、部分面粉、部分糖先混合成面糊或面团（称为酵头或预发酵面团）并进行发酵；加入剩余的配料并搅拌，直至面团光滑均匀。	用液体酵头、意式酵头（通常僵硬）、天然发酵的酵头或其他酵头或预发酵面团制成的酵母面包
乳化法或常规混合法	将起酥油与糖乳化制成油糖乳；在低速搅拌下加入鸡蛋，然后加入液体（如果有的话），交替添加过筛的各种干燥配料	酥油蛋糕和咖啡蛋糕、曲奇饼、蛋糕状松饼
二步法或打粉法	低速混合过筛的干配料；用桨式搅拌器切入软化脂肪；分两个阶段缓慢加入液体（鸡蛋在第二阶段添加）；搅打充气	高比例蛋糕
液体起酥油法	低速混合所有配料，然后高速搅打，最后中等速度充气	高比例液体起酥油蛋糕
海绵法或搅打法	温热的全蛋（或蛋黄）和糖混合搅打直到非常轻且稠；添加液体；调入过筛的干配料，然后加入熔化的黄油（如果有的话）或搅打蛋清（如果蛋清是分离出来的）	海绵蛋糕（饼干）、清蛋糕、指形饼、玛德琳蛋糕
天使食品法	搅打蛋白和糖，直到软性发泡；调入过筛的干配料	天使蛋糕
戚风法	低速搅拌混合过筛的干配料；添加油等液体配料，轻轻混合直至光滑；将蛋清和糖一起搅打至软性发泡，调入面粉－油混合物中	戚风蛋糕
松饼法（或一步法）	低速搅拌或混合过筛的干配料；一次性加入液体脂肪和其他液体配料，轻轻混合直到润湿	松饼、速发面包、速发咖啡蛋糕
饼干或油酥糕点	低速搅拌混合过筛的干配料；用手或桨式搅拌器摩擦或切割固体脂肪进入固体混合料；轻轻搅拌加入液体	饼干、烤饼、派类糕点，简易千层酥

第一步：混合

混合有助于各种配料均匀地分布于整个面糊或面团。虽然这是混合配料的明显原因，但混合过程还有其他重要作用。例如，混合过程中，搅打作用会使面糊和面团将空气包裹，这使得面糊或面团变轻，使其更容易混合和处理。随着混合继续进行，原来面团中的气穴（或气泡）尺寸变小，成为许多小气泡，在烘焙过程中最终膨胀形成气室。这意味着，面糊和面团必须正确混合，才能使烘焙食品膨发正常。

面糊和面团由于含有束缚的空气，因此，有时被称为泡沫体。后面很快会介绍，面糊和面团烘烤时会从捕集空气的泡沫体变成不再具有捕集空气功能的多孔海绵。不论是否具有弹性海绵状结构，都用海绵描述烘焙产品。海绵只用来指烘焙食品的（空气和其他气体可以自由进出的）开放、多孔结构。

整个混合过程中，混合器对面糊或面团的摩擦作用，会使大颗粒由一层层面体剥落下来，很快溶入水中或水化。随着面粉之类颗粒的水化、水分变得不易自动移动，面糊和面团就变得具有黏性。水（有时称为通用溶剂的）溶解或水合微粒和分子的能力，是混合过程非常重要的一部分。

什么是空气？

空气由混合气体组成，主要含氮气（接近80%）、氧气及少量二氧化碳。氧气是空气中最重要的气体，因为它是生命所必需的。氧气也为许多与面包有关的重要化学反应所需，包括涉及强化面筋和面粉增白的反应。某些破坏性反应，如脂肪和油的氧化，也需要氧气，这就是为什么坚果之类配料要尽量采用真空包装以排除空气的原因。

水的特殊作用

混合过程中，水会溶解或至少水合许多大小不同的重要的分子和颗粒。即使水在配方中不列为配料，它在混合各种面糊和面团中仍然起着一定的作用，因为许多配料明显含有水分。表3.2所示为各种糕点配料的含水量。值得注意的是，含有大量水分的配料不一定具有流动性。例如，酸奶油和香蕉均含有超过70%的水，奶油干酪含水超过50%，黄油含水超过15%。

分子完全溶解或被水合作用以前，不会表现出预期的作用。例如，未溶解的糖晶体不能润湿或软化蛋糕、不能使搅打的蛋清稳定，品尝时也不会有甜味。未溶解的盐不能延缓酵母发酵，也不能起食品保藏作用。未溶解的烘焙粉，不会产生面团膨发所需的二氧化碳。糖、盐和烘焙粉，都必须首先溶解于水中才能发挥作用。

许多大分子，如蛋白质和淀粉，不会完全溶解在水中，但它们会发生溶胀和水合作用。当大分子（如蛋白质和淀粉），吸引并与水结合，就会发生水合作用。水合分子周围存在由多层水形成的液壳，使水合分子溶胀和悬浮。同样，正如糖、盐和烘焙粉必须溶解才能起作用一样，大分子也只有形成水合物才能发挥作用。

面粉所含的蛋白质硬块，必须先形成水合物才能转化成为面筋，面筋是一种柔软的大网络结构物，对于烘焙食品产生适当的体积和组织结构十分重要。混合有助于蛋白质从面粉团块中分离出来，加速水合作用并形成面筋。无论混合程度大小，没有蛋白团块的水合作用，就不会形成面筋。

除了溶解和水合食品分子外，水分在混合开始阶段还存在若干重要作用。例如，水分使酵母活化，从而启动发酵作用。没有足够的水分，酵母细胞只能保持（无活性）休眠状态，或者会死亡。

水分可用于方便地调节面糊和面团的温度。例如，用冷水调制油酥面团，可防止脂肪熔化，并确保得到酥脆的外皮。同样，面包制作也要仔细控制水温，为了保证发酵正常进行，应控制适当的温度混合面团。重油面团特别容

表3.2　各种烘焙配料的水分含量

配料	水分含量/%
草莓	92
柠檬汁	91
橙汁	88
全脂乳	88
全蛋	75
香蕉	74
酸奶油	71
奶油干酪	54
果冻和果酱	30
黄油	18
蜂蜜	17
葡萄干	15

易在混合时产生摩擦热。少量摩擦热尚可接受，有时甚至是有利的，但是对于酵母面团，太多的热量会使酵母温度高于理想的发酵温度。

面糊或面团的水分含量会影响其黏度或稠度。事实上，面粉混合物的稠度决定了其属于面糊还是面团。面糊是水分含量较高的未焙烤面粉混合物，它们较稀薄而且可以倾倒，也可用勺舀。面糊的例子包括蛋糕、脆饼和松饼面糊。面团是水分含量较低的未烘烤面粉混合物，较稠厚，具有可塑性。例子包括面包、派、曲奇饼和烘焙粉饼干面团。面糊和面团的稠度对于烘焙食品造型和膨发有重要影响。

如何混合派饼油酥面团

派饼油酥面团以两步法混合。通常，在添加水之前，首先将固体脂肪混合或揉搓到面粉中。揉搓到面粉的脂肪越多，面粉颗粒所裹的脂肪就越多。被脂肪包裹的面粉不容易吸收水分。这限制了结构性面筋的形成能力，也使派饼较软。事实上，通过将脂肪均匀地搓揉到面粉制成的派饼皮变得松软，也就是说较为酥软。有时候，人们希望使用这种酥软的面团，特别是用作多汁派饼的底层饼皮。这种饼皮不太可能吸收馅汁，因而较为坚韧。

通常，更受欢迎的派皮是层状的，而不是酥软的。层状要求固体脂肪保留块状；脂肪块越大、越多，得到的派皮层越多。为了制作层状面皮，要将固体脂肪搓揉到面粉中，直至搓成榛子或利马豆大小。然后用擀面杖将面团中的脂肪粒擀平，并使其均匀分布。注意，层状和酥软有时不能兼得：为了得到层状，应使脂肪保持大块；为了产品酥软，应将脂肪充分揉搓到面粉中。

接下来，加入水并轻轻混合面团。必须用冰冷的水，以便使脂肪保持坚实块状。如果脂肪因温热水而熔化，那么饼皮会变得酥软，而不是层状。将水均匀地混合到整个面团中，也会增加面筋形成的机会，从而增加韧性。层状派皮特别容易产生韧性，因为片层中的面粉颗粒不能很好地裹上脂肪。为了既有时间吸收水分，又不增加混合时间，糕点师经常先使派皮面团冷却数小时或过夜，再继续混合。这样可以吸收水分，并且可以使脂肪坚固，以防渗入面团，从而获得更好的效果。总的来说，为了得到层状、酥软的派皮，加水前后都应限制面团的混合程度，并要在擀面和烘焙之前冷却面团。

蛋糕面糊中油和水如何混合？

油和水互不混合，那么如何防止混合盆中的脂肪和油上升到蛋糕面糊顶部？首先，应将脂肪搅打成小块，将油搅打成小油滴，小油块和小油滴都不太可能上升。接下来，水化面粉颗粒和其他干燥剂使面糊增稠，这样可以减缓脂肪和油的上升。第三，乳化剂有助于脂肪和油与水共存。乳化剂存在于蛋黄、乳制品和一些起酥油中。乳化剂同时具有亲水性和亲脂性，因此，乳化剂的一部分与水结合，而另一部分与脂肪和油结合。如此，利用乳化剂有助于油和水"混合"。

根据定义，乳化液由两种液体组成，其中一种液体以液滴形式悬浮在另一种液体中。如果液滴非常微小，或者得到适当乳化剂或乳化蛋白保护，或者悬浮液较稠，则乳化液可以保持很长时间。例如，正确制作的蛋黄酱由于相当稳定，因此被认为是一种永久性乳化液。

与烘烤中使用的许多配料不同，脂肪不溶于水，也不会被水分吸收。因此，应将固体脂肪切分成小块，或在混合乳化过程中使液体脂肪（油）成为微小液滴。这些脂肪小块和微小油滴遍布面糊和面团，裹在吸引它们的颗粒外。裹有脂肪或油的任何物质都不再容易吸收水分。事实上，这是脂肪和油成为有效软化剂的一个原因。脂肪和油会裹包面筋蛋白和淀粉之类结构剂，干扰这些物质与水结合形成结构。

很容易理解，为什么面糊和面团被认为很复杂。但与后面的内容相比，混合过程还是比较简单和直观。下一步烘烤过程是烤箱热量进一步促进化学和物理变化的过程。这些变化将在下一节以11个独立事件进行介绍，但它们又是紧密关联的，许多事件同时发生。

第二步：烘烤

烘烤涉及将蛋糕、曲奇饼和面包表面的热量逐渐传递到其中心。随着热量的传递，面糊和面团将转变成具有干燥外皮和较软中心的烘焙食品。

烘焙食品的软心由包围空气泡的多孔气泡壁组成。这些气泡壁由嵌有淀粉颗粒和其他颗粒的鸡蛋和面筋蛋白网络组成。面包师和糕点师所称的烘焙食品的组织结构或质地，指的是烘焙食品内部软质结构，它们的切片观察如图3.1所示。

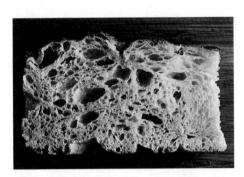

图3.1 由多孔壁包围的气室构成的烘焙食品的组织结构

本节介绍烘烤过程中发生的11个事件。虽然这11个事件分别独立介绍，但实际上，它们是同时发生的，某些情形下，一个事件会影响另一个事件。在烘烤过程中发生的一些事件，如淀粉糊化，不会在室温下发生。有些事件虽然最终会发生，但烤箱的热量可加快这些事件的发生。

某些事件给出了温度值，但这些温度仅作为参考，因为实际温度取决于许多复杂因素。此外，蛋白质凝固及其他诸如淀粉糊化和气体蒸发之类过程的温度没有上限。只要烘焙食品留在烤箱中，这些过程就会继续下去。

1. 脂肪熔化

烘焙食品放在烤箱中发生的第一件事就是固体脂肪熔化。发生这种情况的实际温度随脂肪的种类及其熔点的变化而变化，例如，黄油比普通起酥油容易熔化。

大多数脂肪在30~55 ℃熔化。脂肪熔化时，所包裹的空气和水会从脂肪中排出。水以蒸汽形式蒸发，空气和蒸汽会膨胀，推动气泡壁胀开，从而使烘焙食品体积增加。换句话说，熔化的脂肪有助于膨发。一般来说，脂肪溶解时间越迟出现，面团膨发得越大，因为气体逸出与脂肪熔化大致同时出现，这样可形成足够坚固的气泡壁以保持其形状。虽然黄油熔点低，但如果使用得当，也能提供发面体积和酥脆性能，许多脂肪由于熔点较高，可比黄油提供更大的发面体积和更好的酥脆性。具有非常高熔点，可以获得最大体积和多层状面皮的脂肪例子是泡芙面团人造黄油。然而，熔点过高的脂肪可能会有令人不快的蜡质口感。

除了熔点以外，脂肪中的水分和空气量也会影响其膨发能力。一般来说，含水约16%的油酥面团人造黄油，比不含水的油酥面团起酥油，具有更好的发面性能。搅打入空气的乳化起酥油，比不经乳化的起酥油有更好的膨发性能。既不含空气也不含水的液态油对面团膨发毫无帮助。

一旦熔化，脂肪会滑过面糊和面团，并覆盖在面筋蛋白、鸡蛋蛋白和淀粉上。这干扰了这些结构剂，并阻碍其吸湿和结构成型。换句话说，脂肪具有软化作用。

油脂在结构剂上包裹得越多，它们的软化作用越有效。通常，较早熔化的脂肪与那些较迟熔化的脂肪相比，软化效果更好，因为它们有更多时间来包裹结构剂。同样，液态油通常比固体脂肪软化效果更好，因为油在混合阶段就开始包裹结构剂。

最后，当固体脂肪熔化和液化时，它们会使面糊和面团变稀。某些场合需要这种稀释作用，例如，当需要曲奇面团延展以烘烤出薄而脆的曲奇饼时。然而，也要防止过分稀释，例如，过稀的蛋糕面糊在烤箱中会塌陷，也有可能在烘烤时形成细孔道。

2. 气体形成和膨胀

烘焙食品中三种最重要的膨发气体是空气、蒸汽和二氧化碳。烤箱的热量以几种方式影响这些膨发气体。例如，热量会使水蒸发成蒸汽。热也增加了烘焙食品中酵母的发酵速率，从而以更快的速度产生二氧化碳气体和酒精，直至酵母死亡。最后，热量有助于缓慢作用的烘焙粉溶解，从而激活它们。烘焙粉一旦活化，就会将二氧化碳释放到面糊或面团的液体部分。取决于烘焙粉的配方，这个过程可以在室温下开始并持续

进行，直到温度达到75 ℃或更高。

随着温度升高，蒸汽和二氧化碳气体迁移到混合过程形成的气泡中，并使其变大。热也会使气体本身膨胀。随着气泡扩大和气体的进一步膨胀，它们推动气泡壁，迫使它们伸展。产品的尺寸和体积会增加；换句话说，面体胀发。因为气泡壁在发面过程中被拉伸，所以它们更薄，使焙烤好的产品更容易咀嚼；也就是说，发面使烘焙食品更松软。

利用酵母发面的烘焙食品，大部分膨发过程出现在烘焙过程较早阶段。烘烤开头几分钟内酵母面团快速膨胀称为烤箱膨胀。这是水蒸发为蒸汽、酵母以较快速度发酵，以及气体膨胀使气泡扩大的结果。

3. 微生物死亡

微生物是微小的（微观的）生命体。典型的微生物包括酵母菌、霉菌、细菌和病毒。大多数微生物在55～60 ℃死亡，但实际死亡温度取决于若干因素，包括微生物的种类和存在的糖和盐的量。

一旦酵母死亡，发酵即终止（即酵母不再将糖转化为二氧化碳）。酵母死亡是希望发生的事件，因为过度发酵的面团具有明显的酸味。热除了杀死酵母外，也杀死沙门菌之类致病菌。病原微生物是导致疾病甚至死亡的微生物。因此，烹饪或烘烤使食物更安全。

4. 糖溶解

许多面糊和面团中糖在混合过程中

完全溶解。然而，当面糊和面团的糖度较高或水分低时，就像大多数曲奇面团和一些蛋糕面糊的情况一样，在烘烤开始时会存在未溶解的糖晶体。这些未溶解的糖晶体有助于增稠，并使面糊和面团固化。

然而，加热会使糖晶体溶解在面糊和面团中。糖溶解时，糖晶体会从其他分子（如淀粉和蛋白质）中吸取水分，形成糖浆，使面糊和面团变稀。温度接近70 ℃时，这种稀化作用变得明显。与熔化的脂肪一样，溶解的糖会增加曲奇饼的延展。溶解糖也会使烤箱里的蛋糕面团变稀，使其更容易塌陷或出现孔道。为了防止蛋糕面糊在加热时塌陷，必须使结构剂开始变稠，并凝固。

5. 鸡蛋和面筋蛋白凝固

鸡蛋和面筋蛋白质是烘焙食品中最重要的两种结构剂。当它们加热时，鸡蛋和面筋蛋白质便会变干变硬，即凝固。为了可视化鸡蛋蛋白的这种变化，可想象生鸡蛋煮制凝结的情形。鸡蛋从透明变为不透明，但更重要的是从液体转变成固体。该过程通常出现在60 ~ 70 ℃，并随温度升高而持续。

虽然鸡蛋在加热时发生的变化是可见的，但是引起这些变化的蛋白质分子甚至用显微镜也观察不到。如果它们是可见的，生蛋蛋白将显示为被水包围的相对较大的盘绕分子。当它们被加热时，分子展开（变性）并且彼此结合以形成簇（图3.2）。这些凝聚的鸡蛋蛋白簇捕获水并围绕空气泡形成连续网络。同时，气泡壁因气体膨胀而受压伸展。最终，水从蛋白质中逸出，联结的蛋白质变得具有刚性，气泡壁失去拉伸能力，膨胀气体的压力破坏了刚性气泡壁，使它们成为多孔状。这种刚性结构规定了烘焙食品的最终尺寸和形状。鸡蛋蛋白凝固过程将在第10章详细讨论。第7章讨论面筋蛋白的变化。

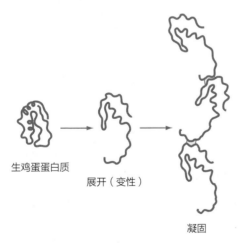

生鸡蛋蛋白质

展开（变性）

凝固

图3.2　鸡蛋蛋白凝固过程

有用的提示

高比例蛋糕面糊太稀有多种原因。蛋糕面糊太稀有可能导致蛋糕塌陷、出现孔道或在底部形成胶黏层。如果配方可靠，并且面粉（通常是蛋糕粉）、脂肪和糖含量适当，则可检查面糊是否正确混合，还有，烤箱温度是否太低。如果混合不充分，面粉和其他干燥剂就不会很好地水合和变稠。如果烤箱温度太低，则在结构凝固之前，面糊将较长时间保持较稀薄状态。烘烤是一种平衡活动，不仅增韧剂和软化剂要平衡，而且混合和烘烤速率和时间也要平衡。

松饼孔道与蛋糕孔道发生的原因截然不同。松饼孔道问题将在第7章讨论。

为了获得最佳的体积，蛋白质凝固所需的时间，必须根据气体膨胀仔细确定。只有当配料正确称量，并且烤箱温度得到正确设定和校准时，所确定的凝固时间才有效。如果计时不准，烘焙食品可能会胀大和崩溃，或者根本不膨大。然而，如下文所述，淀粉糊化有助于烘焙食品形成结构，也可以防止塌陷。

6. 淀粉糊化

淀粉通常不被看作面粉的结构剂，这可能是因为面筋在生面团中起着重要和主导作用的缘故。然而，面包烘烤开始后，其结构就要同时依靠淀粉和蛋白质，甚至更多的依靠淀粉。

由糊化淀粉产生的结构看起来比鸡蛋和面筋蛋白质结构松软。想想新鲜出炉的面包的质感。新鲜出炉面包的心部大部分来自糊化淀粉。但与蛋白质结构一样，太多淀粉会使制品变干、变硬。

淀粉颗粒加热时，会吸收和捕获水分，发生淀粉糊化。淀粉颗粒是由淀粉分子致密聚集而成的小颗粒。生淀粉颗粒很坚硬，但煮熟时它们会膨胀并变软。淀粉颗粒糊化时，可以获得各种水分，包括加热时从面筋和其他蛋白质释放的水。

淀粉颗粒在50～60℃温度范围开始溶胀。温度达到75℃，淀粉颗粒已经吸收大量水分，糊化作用全面展开。淀粉糊化使面糊或面团变得相当稠，并构成焙烤产品的最终形状和组织结构。然而，糊化作用还未完成，只有水分充足可用，才会在接近95℃时完成糊化。如果完全糊化，淀粉颗粒会随着淀粉迁移出去开始变形和塌陷。淀粉糊化将在第12章详细讨论。

烘焙食品中的淀粉很少有机会完全糊化，因为通常水分不足，或者没有足够时间完成糊化。例如，由于含水量很少，派或曲奇饼面团中的淀粉很少糊化。因此，派皮油酥面团的结构主要依赖于面筋，而曲奇饼的结构主要依赖于面筋和鸡蛋蛋白质。相比之下，蛋糕面糊水分含量高，烘烤后蛋糕的结构高度依赖于糊化的淀粉（也依赖凝固的鸡蛋蛋白质）。

但是，即使有足够的水存在，其他配料，如糖和脂肪也会提高淀粉糊化温度。这意味着，甜面团、高糖和高脂肪面团中的淀粉糊化温度要高于普通面团中的淀粉糊化温度。

像蛋白质凝固一样，淀粉糊化一旦进行得很好，就可以确定烘焙食品的最终体积和形状，同样，布丁和派的馅料也是如此。

烘焙过程的这个阶段，烤制好的产品能够保持其形状，但是它仍然具有湿面团质地，没有什么颜色变化，口味平淡。

7. 气体蒸发

虽然空气、蒸汽和二氧化碳是三种主要的膨发气体，烘焙食品也会含有其他气体。许多液体，包括香草提取物和酒精，加热时会蒸发为气态，并且，液体蒸发成的气体都具有膨发作用。不要低估这些气体在烘烤过程中的作用。由于酒精是酵母发酵的最终产物，因此制作百吉饼的传统方式是烘烤之前将它们在沸水中烫一下。沸水使百吉饼面团表面的淀粉糊化。糊化淀粉形成薄膜，这种薄膜表面光滑，可以均匀地反射光线发亮。

有用的提示

如果酵母发面的甜面包或小圆面包在冷却时收缩或起皱纹，则很有可能是因为大量的糖阻碍了淀粉的充分糊化。为了防止这种情况发生，可减少糖的添加量，使用较高面筋含量的高筋面粉，或延长烘烤时间，必要时，也可将烤箱烘烤温度降低15℃。

所有酵母发酵的烘焙食品都含有一定量酒精。

温度超过室温时，少量二氧化碳和其他气体会从面糊和面团中逸出。这是因为湿气泡壁并未完全固化，因此，它们允许气体在未烘烤产品中缓慢但稳定地移动。然而，气泡壁在某一时刻会因为膨胀气体的压力而破裂，从而引起大量气体逸出。蛋白质凝固与淀粉糊化几乎同时发生。也就是说，随着烘焙食品的结构变得更加具有刚性，对于气体来说，这种结构也变得更具多孔性。烘焙食品的结构由含有空气的湿泡沫体转化成不含空气的多孔海绵体。对于面包，这种转变发生在72℃左右。在此温度下，面包面团将失去保留气体和扩大体积的能力。气体则将迁移到暴露的表面并蒸发。

随着气体从烘焙食品中逸出，会发生若干重要变化。首先，由于水分的损失，表面会变成干燥的硬皮。根据配方和烤箱条件，有些面包（如正确制作的法国长棍面包）外皮会变脆，另一些诸如牛乳制成的面包外皮则会变软。无论如何，在烘烤的这一阶段，外皮仍然是白色的。

除了形成干硬皮外以外，烘焙食品会随脱水而变轻。平均来说，510 g面团必须按比例估计缩成典型的450 g面包。随着气体蒸发而发生的第三个变化是风味损失。当烘焙房充满香气时，如香草味，这意味着产品烘烤时这些香气会逃逸。然而，多数情形下，消费者仍然可以享受留在烘焙产品的风味。这个烘焙阶段的其他风味损失不太明显，但仍然很重要。例如，酒精和二氧化碳与生面团的味道相关。温度在75℃以上，这两种气体会大量地从烘焙食品蒸发出去。这会导致这两种气体含量高的产品（酵母面团）产生微妙而重要的变化。

有用的提示

虽然厨房计时器等工具很有用，但经验丰富的面包师和糕点师在烘焙店工作时，依靠的是各种感觉，包括嗅觉。例如，烤箱中的香气是一个早期的指标，一旦出现，产品必须尽快检查是否已烤熟。

8. 外皮的焦糖化和美拉德反应

只要烘焙食品外皮继续蒸发水分，则这种蒸发性冷却就有可能阻止表面温度上升。然而，一旦蒸发显著减慢，表面温度会快速升高到150 ℃以上。高热会使烘焙食品表面的分子（如糖和蛋白质）分解，结果是形成棕色和所需的烘烤光泽。可以预期，这些反应在几乎所有烘焙食品中都很重要，因为基本上所有烘焙食品都含有糖和蛋白质。

面包师和糕点师并不总对分解分子的类型加以区分。通常，各种形成棕色和风味物质的作用被称为焦糖化。然而，严格来说，焦糖化是糖降解的过程。将糖放在锅中置于炉子上加热，糖最终会发生焦糖化反应，产生一种芳香的棕色块状物质。

糖在蛋白质存在条件下的降解过程称为美拉德反应。由于各种食品含有许多不同类型的糖和蛋白质，美拉德反应风味出现在许多食品中，包括烤坚果、烤牛肉和烤面包。

为什么面包烘烤期间要朝烤箱内喷蒸汽？

由于面包配方性质所致，许多酵母面包会很快形成外皮。一旦形成干燥的硬皮，即使其内的气体继续膨胀，面包也不能再膨胀。气体从产品内向外逃逸时，最多会使面包皮破裂，但不会发生更多的膨发作用。

如果在烘烤的早期阶段将蒸汽注入烤箱，则可保持面包表面的湿润和柔软状态。面包膨胀会持续较长时间，得到较高、较轻、较蓬松的面包。

喷入蒸汽由于能延迟外皮形成，所以也有助于形成较薄外皮。由于湿蒸汽可促进面包表面淀粉糊化，所以面包外皮更脆且更光亮。

微波烤制面包的外观和味道如何？

微波炉烤制的面包颜色不太深，而且味道也平淡。烤箱烘烤时，烤箱是热的，热量由外表传到产品内部，而微波炉在对产品加热的过程本身不会发热，并且会均匀地对产品内外加热。这意味着面包外表面在微波炉中不会变得很热。没有高温，就不会发生焦糖化和美拉德反应。外皮保持浅色，并且不会形成所需的由焦糖化和美拉德反应产生的烘烤风味。

前面提到的8种事件尽管对面包师和糕点师来说最重要，但烘焙过程中还会发生以下3种事件。

9. 酶灭活

酶是一类在植物、动物和微生物中起生物催化作用的蛋白质。酶可催化或加速化学反应，而本身不会在催化过程中被耗尽。这使得酶非常高效，所以少量酶就可长时间使用。酶不仅能加速化学反应，而且还会激活通常不会发生的反应。

所有酶都是蛋白质，都会发生热变性。变性过程使酶失去活性。大多数酶的失活温度在70～80 ℃，但它们对热的敏感程度有所不同。然而，酶在失活之前，炉温上升会增加其活性。这种增加的活性仅在烘烤的早期阶段发生。

淀粉酶是酵母发酵烘焙食品的一种重要酶。淀粉酶存在于面包生面团使用的几种配料中，其中包括麦芽粉、麦芽糖浆，某些面团调理剂或改良剂。淀粉酶在失活之前，可将淀粉分解成糖和其他分子。适量的淀粉分解有利于褐变、软化面包和延缓老化。然而，如果太多淀粉受到破坏，那么面包会因太多糖参与褐变颜色变得过深。面包也可以变成糊状，因为淀粉是面包和其他烘焙食品的重要结构剂。加热使淀粉酶失活有利于限制淀粉分解的量。

烘焙配料还存在其他酶类，包括分解蛋白质的蛋白酶和分解脂质（脂肪、油和乳化剂）的脂肪酶。注意，英文的酶名称后都带有后缀"-ase"。

10．营养素变化

典型食品营养素包括蛋白质、脂肪、碳水化合物、维生素和矿物质等。热量可以非常重要的方式使某些营养素发生变化。例如，加热使面粉中的蛋白质和淀粉变得更易消化。这意味着含有面粉的烘焙食品往往比生的食物更有营养。然而，加热对食品的影响并非总是有利的。热量会破坏维生素C（抗坏血酸）和硫胺素（维生素B_1）等营养配料。

11．果胶分解

面糊或面团不含果胶，但许多烘焙食品含有水果，而果胶是使水果保持形状的主要成分之一（图3.3）。果胶受热后会溶解，从而使果实软化，失去其形状。尽管其他变化也会导致水果软化，但果胶分解是最重要的变化。

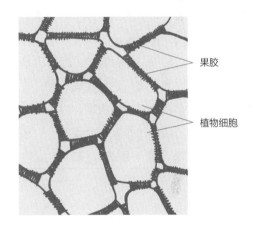

果胶

植物细胞

图3.3 果胶是将植物细胞相互黏结在一起的胶接剂

第三步：冷却

从烤箱中取出后，烘烤产品会继续受到烹饪作用直到其温度冷却到室温为止。这种现象称为余热烹饪。由于存在余热烹饪效应，所以必须仔细观察烘焙食品最后几分钟的烘烤过程，必须提前从烤箱取出产品，而不是在烤箱中烤至完美再取出。

烘烤产品即使得到冷却并正确包裹，贮存期间仍然会发生变化。发生的主要变化可概括如下。

1 气体收缩，不再对气泡壁施加压力。没有这种压力，就没有多孔气泡壁，也没有足够的结构，诸如蛋奶酥和烘烤不足的产品就会塌陷。

2 脂肪重新固化，油性减少。然而，对于某些脂肪，产品可能变得坚硬并具有蜡质感，例如，高熔点脂肪制作的泡芙糕点就会出现这种现象。

3 曲奇饼、某些蛋糕和松饼之类高糖低水分产品外皮中的糖重新结晶。这种变化使得这些产品具有理想的松脆外皮。

4 淀粉分子黏结并固化，结构变得更加僵硬。淀粉黏结又称回生，可持续几天，这是烘焙食品陈化的主要原因。陈化的烘焙食品具有坚硬、干燥、易碎的质感。

5 随产品陈放，蛋白质分子也会结合和固化，也可能促进陈化。软的烘焙食品冷却和结构固化以前，最好不要用刀切开，否则不会发脆。一般的经验做法是等产品冷却到38 ℃或更低的温度再用刀切。

6 水分在烘焙食品内部重新分配，这也可能促进陈化。

7 面包之类水分含量高的产品，其水分会从潮湿的内部迁移到干燥的外皮，并且第二天外皮会失去脆性，有时会变得富有韧性。

8 风味物质挥发，经过一天多时间，新鲜出炉食品的美味就会消失。由于淀粉回生会束缚一些风味物质，从而产品会损失一些风味。在这种情况下，在烤箱中短暂再加热，会恢复一些失去的光泽，并使结构变软。

有用的提示

每种产品保留多少热量，以及烤箱外继续进行多少烹饪作用都有所不同。例如，奶油泡芙冷却得很快，因此，必须在烤箱内进行充分烘烤后才能取出来。然而，烘烤的蛋奶羹和干酪蛋糕应当趁其中心还在翻泡时从烤箱中取出，因为余热烹饪会完成后面的烘焙过程，从而使产品在冷却时变硬。

复习题

1　列举一些增韧剂、软化剂、润湿剂和干燥剂的实例。

2　举例说明不同混合方式如何影响烘烤产品的最终结果。

3　简述配料混合成面糊或面团后发生的七件事。

4　描述面包面团混合的两种主要方法。

5　哪些产品通常用乳化法混合？

6　为什么未烘焙的面糊和面团有时称为泡沫体？

7　为什么烘焙食品有时称为海绵？

8　水在烘焙过程中起到的五种作用是什么？

9　为什么同样配方的派饼面团有时可以形成酥软的组织结构，有时却又形成层状结构？又是怎样做到的？

10　脂肪如何促进烘焙食品的发酵？

11　用熔点55 ℃的起酥油或用熔点55 ℃的人造黄油，哪个预计会取得较好的膨发效果？解释原因。

12　脂肪和油如何软化烘焙制品？

13　熔点40 ℃的起酥油或熔点55 ℃的起酥油，哪个预计会取得较好的膨发效果？解释原因。

14　熔点40 ℃的起酥油或熔点55 ℃的起酥油，哪个预计会取得较好的软化效果？解释原因。

15　固体脂肪如何增加曲奇饼的延展性？

16　晶糖如何影响面糊和面团的稠度？溶解的糖如何影响稠度？

17　什么是面团的烤箱膨胀，它是什么原因造成的？

18　烘焙食品的三种主要膨发气体是什么？

19　膨发剂对烘焙食品的柔软度有什么贡献？

20　列举一些微生物例子。它们在烘焙过程中起什么作用？为什么这种作用很重要？提供两种原因。

21　描述鸡蛋凝固过程。

22　描述淀粉糊化过程。

23　什么原因造成烘焙食品外皮干燥？

24　气体蒸发会导致哪三件事发生？

25　列举一个酶的例子。说明它（及其他酶）在烘焙过程中起什么作用？

26　提供一些营养素例子。说明其中一种在烘烤过程中会发生什么变化。

27　烘焙时，苹果派中的苹果软化和变形是什么原因所致？

28 简述烘焙产品冷却过程发生的8件事。

29 烘焙食品陈化的主要原因是什么？还有哪些其他因素会促进陈化？

讨论题

1 说明蛋白质凝固太早（即在气体膨胀之前凝固）会导致什么结果。

2 说明蛋白质凝固太晚（即在气体膨胀之后凝固）会导致什么结果。

3 如果烘焙产品只有很少或者没有结构剂，会出现什么结果？

4 如本章所述，为了使淀粉糊化，必须有足够的水分和热量。考虑以下每种产品中的液体量。对于每对产品，指出哪种产品较大程度依赖于淀粉糊化形成结构。也就是说，哪种产品会发生更多淀粉糊化：

- 面包还是派？
- 酥脆干燥的曲奇饼还是松饼？

5 烘烤时发生的8个主要事件中，有两件与气体有关。结合这两件事，描述烘烤过程从开始到结束，气体出现了什么情况，以及对产品有何影响。

练习和实验

❶ 练习：蛋糕中的孔道

设想你正在利用高比例蛋糕配方烘烤蛋糕或纸杯蛋糕，你注意到烘烤过程中蛋糕形成了难看的孔道。这可能是由于面糊稀，或在稀薄状态保持太长时间所致。解释以下每种技术可以增加面糊稠度并减少孔道的原因。第1题作为例子，已经完成。

（1）用蛋糕面粉替代面包面粉或油酥糕点面粉。

原因：不同于面包面粉和油酥糕点面粉，蛋糕面粉中的淀粉能吸收更多液体，所以蛋糕面粉增稠效果较好（详见第5章）。

（2）增加面粉量。

原因：＿＿＿＿＿＿＿＿＿＿＿＿＿＿＿＿＿＿＿＿＿＿＿＿＿＿＿＿＿

＿＿＿＿＿＿＿＿＿＿＿＿＿＿＿＿＿＿＿＿＿＿＿＿＿＿＿＿＿＿＿

＿＿＿＿＿＿＿＿＿＿＿＿＿＿＿＿＿＿＿＿＿＿＿＿＿＿＿＿＿＿＿

（3）使用较硬、熔点较高的脂肪。

原因:＿＿＿＿＿＿＿＿＿＿＿＿＿＿＿＿＿＿＿＿＿＿＿
＿＿＿＿＿＿＿＿＿＿＿＿＿＿＿＿＿＿＿＿＿＿＿＿＿＿
＿＿＿＿＿＿＿＿＿＿＿＿＿＿＿＿＿＿＿＿＿＿＿＿＿＿

（4）减少糖用量。

原因:＿＿＿＿＿＿＿＿＿＿＿＿＿＿＿＿＿＿＿＿＿＿＿
＿＿＿＿＿＿＿＿＿＿＿＿＿＿＿＿＿＿＿＿＿＿＿＿＿＿
＿＿＿＿＿＿＿＿＿＿＿＿＿＿＿＿＿＿＿＿＿＿＿＿＿＿

（5）提高烤箱温度。

原因:＿＿＿＿＿＿＿＿＿＿＿＿＿＿＿＿＿＿＿＿＿＿＿
＿＿＿＿＿＿＿＿＿＿＿＿＿＿＿＿＿＿＿＿＿＿＿＿＿＿
＿＿＿＿＿＿＿＿＿＿＿＿＿＿＿＿＿＿＿＿＿＿＿＿＿＿

（6）减少加入烤盘的面糊量。

原因:＿＿＿＿＿＿＿＿＿＿＿＿＿＿＿＿＿＿＿＿＿＿＿
＿＿＿＿＿＿＿＿＿＿＿＿＿＿＿＿＿＿＿＿＿＿＿＿＿＿
＿＿＿＿＿＿＿＿＿＿＿＿＿＿＿＿＿＿＿＿＿＿＿＿＿＿

❷ 实验：混合方式如何影响松饼的整体质量

目的

对松饼法和乳化法混合配料就以下方面进行比较：

- 制备的方便性
- 松饼的外观和质地
- 松饼的总体可接受性

制备的产品

利用以下条件制备松饼

- 松饼（一步）混合法
- 乳化（常规）混合法
- 其他需要尝试的方法（如饼干法或不同程度乳化法）

材料与设备

- 台秤
- 松饼盘（65 mm或90 mm）
- 衬纸、烤盘喷剂或涂抹油脂

- 筛子
- 混合器（带5 L混合盆）
- 平桨搅打器附件
- 刮盆刀
- 松饼面糊（见配方）
- 16号（60 mL）分配勺或类似量器
- 半烤盘（可选）
- 锯齿刀
- 直尺

配方

基本松饼面糊

产量： 24个松饼（可多制备些面糊）

配料	质量 /g	烘焙百分比 /%
起酥油	200	35
油酥糕点面粉	570	100
砂糖	225	40
盐（1茶匙）	6	1
烘焙粉	35	6
全蛋	170	30
乳	455	80
香草提取物（1.5茶匙）	7	1
合计	1668	293

制备方法

（1）烤箱预热至200 ℃。

（2）将所有配料放置至室温（配料温度是保证结果一致性的关键）。

（3）按照指导说明用松饼法或乳化法进行混合。

对于松饼法，按以下方法混合配料：

（1）熔化起酥油。稍冷却。

（2）将面粉、糖、盐和烘焙粉过筛三次，加入盆中混合。

（3）稍搅打蛋。混入牛乳、香草提取物和熔化的起酥油。

（4）将液体浇在混合盆中的干燥配料上。

（5）使用平桨搅打器搅拌，使配料混在一起低速搅拌15 s，或搅打主配料至潮润即可。面糊中会起团块。

对于乳化法，按以下方法混合配料：

（1）面粉、盐、烘焙粉一起过筛三次。

（2）用平桨搅打器低速搅打30 s，将起酥油和糖混合在一起。停止搅打并刮盆，然后再混合30 s，再次刮盆。

（3）中等速度搅打1 min，停止并刮盆。

（4）继续乳化2 min或直到混合物变松软、起光泽。

（5）稍搅打蛋，加入香草提取物。

（6）分两次加入稍微搅打的鸡蛋混合物。低速搅拌共40 s或直到混合均匀。

（7）一边低速搅拌，一边分三次将过筛的干配料与牛乳交替加入到混合盆中，搅拌混合持续1 min，或直到混合均匀。根据需要，中途可停止搅拌并刮盆。

步骤

（1）使用给定配方（或任何松饼的基本配方）制备松饼面糊。每种混合法各制备一批。

（2）用衬纸垫松饼烤盘，略喷上烤盘喷剂或涂抹烤盘油脂。在烤盘上贴上所用的混合方法的标签。

（3）称取60 g面糊倒入松饼烤盘。可用16号勺量取，但对不同批次料液，质量可能会不同。

（4）如果需要，将松饼放在半烤盘中。

（5）将烤箱温度计置于烤箱中央，读取初始烤箱温度。将结果记录在此：_____。

（6）待烤箱正确预热，将装料的松饼烤盘放入烤箱，并将定时器设定在20～22 min，或根据配方设定。

（7）烘烤松饼，直至其轻微变褐色，并且轻按中央顶部能弹回。经相同的烘烤时间，从烤箱中取出所有松饼。但是，如果有必要，可根据烤箱差异调整烘烤时间。

（8）检查最终的烤箱温度。将结果记录在此：_____。

（9）从烤箱取出松饼，冷却至室温。

结果

（1）完全冷却后，按以下方法评估每个批次松饼的平均高度：

- 每批取三个松饼对切开，小心不要挤压。
- 沿直边用直尺测量每个松饼的最大高度。以mm为单位将每个松饼的高度记录在下面的结果表1中。
- 三松饼高度相加并除以3计算平均高度。将结果记录在结果表1中。

（2）评估松饼的形状（均匀圆顶、起峰、中心凹陷等），并将结果记录在结果表1中。

结果表1 不同混合方法松饼的高度和形状

混合方法	三个松饼各自的高度 /mm	松饼平均高度 /mm	松饼形状	备注
松饼法				
乳化法				

（3）评估完全冷却产品的感官特征并将结果记录在结果表2中。考虑以下内容：

- 外皮颜色，从非常浅到非常深，按1～5级打分
- 外皮质地（湿/干、软/脆等）
- 心部外观（小而均匀的气泡、大而不规则的气泡、孔道等）；同时评估颜色
- 心部质地（湿/干、硬/软、黏稠、脆等）
- 总体风味（鸡蛋味、咸味、甜味等）
- 总体可接受性，从高度不可接受到高度可接受，按1～5级评分
- 必要时提出任何其他意见

结果表2 不同混合方法松饼的感官特性

混合方法	外皮颜色及质地	心部外观及质地	总体风味	总体可接受性	备注
松饼法					
乳化法					

误差来源

列出可能导致难以从实验中得出正确结论的任何误差来源。特别应考虑各种烤箱问题及配料混合是否适当。

_____

_____

_____

说明下一次可以如何调整，以尽量减少或消除每个误差来源。

_____

_____

_____

结论

从**粗体词**中选择一个或填空。

（1）松饼法与乳化法相比，混合起来**较容易/较困难/差不多**，并且所需的混合时间**较多/较少/相同**。

（2）乳化法与松饼法相比，制造出的松饼气泡**较少较均匀/较大较不均匀/大小和均匀性相当**。总的来说，用**乳化法/松饼法**制作出的松饼外观更像蛋糕。

（3）乳化法与松饼法相比，制造出的松饼**较硬/更软/两者软硬质地相当**。

（4）松饼和制备方法之间的其他显著差异如下：

_____

_____

_____

（5）我较喜欢用**乳化法/松饼法**制成的松饼，因为

_____

_____

_____

❸ 实验：制备方法对磅蛋糕质量的影响

目的

展示脂肪乳化程度及干配料过筛对磅蛋糕在以下方面的影响：
- 搅成糊状的起酥油的密度
- 蛋糕面糊的稠度
- 磅蛋糕的体积
- 蛋糕心外观：磅蛋糕的粗糙度和颜色
- 磅蛋糕的总体可接受性

制备的产品

按以下条件制备磅蛋糕：
- 不乳化，不过筛
- 乳化4 min，过筛三次（对照）
- 其他制备方法（乳化4 min，不过筛；不乳化，过筛三次；乳化8 min等）

材料与设备

- 台秤
- 筛子
- 搅拌勺
- 混合器（带5 L混合盆）
- 平桨搅打器附件
- 刮盆刀
- 磅蛋糕面糊（见配方），足够每个条件下制作一个或多个23 cm蛋糕
- 蛋糕烤盘23 cm，每个条件下使用一只
- 烤盘涂抹油脂或喷剂
- 铲子
- 烤箱温度计
- 两个相同型号的清洁量杯（或类似尺寸的清洁容器）用于测量乳化的起酥油的密度
- 直边尺
- 锯齿刀
- 尺子

配方

起酥油混合物

配料	质量 /g
通用起酥油	280
砂糖	560
乳粉	30
合计	870

制备方法

（对照产品）

（1）将起酥油放置于混合盆中，用平桨搅拌器以低速搅拌15 s使其软化。停止并刮盆。

（2）边乳化边慢慢加入糖，中速搅打1 min。停止并刮盆。

（3）混合物继续乳化1 min。停止并刮盆。

（4）在对混合物乳化的同时缓缓加入乳粉，继续乳化2 min，停止，刮盆，半圈半圈地刮。

磅蛋糕面糊

产量： 一个23 cm蛋糕层

配料	质量 /g	烘焙百分比 /%
蛋糕面粉	225	100
烘焙粉	7.5	3
盐	2.5	1
起酥油混合物	435	193
鸡蛋	190	84
水	125	56
合计	985	437

制备方法

（对照产品）

（1）烤箱预热至175 ℃。

（2）将配料放置至室温（配料的温度是保证结果一致的关键）。

（3）将烘焙粉和盐三次过筛到羊皮纸上混合均匀。

（4）将435 g起酥油混合物倒入混合盆中。放在一边静置待用。

（5）平桨低速搅拌45 s，慢慢加入轻微搅打过的鸡蛋。停止并刮盆。注意：乳化的混合物可能会有一些凝块，但它仍然会持有大量空气。但是，不要过度混合；如果鸡蛋和起酥油混合物不到45 s就能很好地混合，应立即开始下一步。

（6）将干配料与水分三次交替加入，同时低速搅拌1 min。停止并刮盆。

制备方法

（用于不乳化或干料不过筛的蛋糕）

制备方法同对照产品，但有以下不同：

（1）对于起酥油混合物，一次性加糖和乳粉。低速搅拌约1 min至混匀但未成糊状。

（2）在第3步中不将配料过筛；而是用勺子轻轻搅拌。

（3）继续执行步骤4。

步骤

（1）使用所给配方（或任何基本磅蛋糕配方）制备磅蛋糕面糊。分别制备对照样品和不乳化和不过筛的样品各一批。为尽量减少实验误差，请使用起酥油代替黄油或人造黄油。请注意，起酥油混合物用量是制备一个磅蛋糕层需要量的两倍。

（2）给蛋糕烤盘上油或喷烤盘喷剂。为烤盘贴上制备方法标签。

（3）量取面糊装入准备好的蛋糕烤盘，每个烤盘中装入量相同（每只23 cm烤盘加900 g面糊）。用抹刀抹平面糊。

（4）评估每种面糊的稠度，从非常稀薄、具有流动性到非常稠厚，按1～5级评分，将结果记录在结果表1中。

（5）将烤箱温度计置于烤箱中央，读取初始烤箱温度。将结果记录在此：_____。

（6）当烤箱正确预热时，将装好料的蛋糕烤盘放入烤箱中，并将定时器设定在30～35 min，或根据配方要求设定时间。烘烤至对照蛋糕产品（起酥油乳化4 min且干料过筛）呈浅棕色，轻轻压下蛋糕会弹回。将经过相同长时间烘烤后的所有蛋糕从烤箱取出。但是，如有必要，可根据烤箱差异调整烘烤时间。

（7）检查最终的烤箱温度。将结果记录在此：_____。

（8）蛋糕随烤盘放置1 min以上，然后从热烤盘中取出蛋糕并冷却至室温。

结果

（1）利用每种配方的多余的起酥油混合物，测量其密度（单位体积的质量）：

- 小心地将起酥油混合物样品用勺舀入称过重的量杯中。
- 目视检查杯子，确认不存在大空隙。
- 用直尺刮平杯子顶部。
- 称量每杯中搅打成糊状的起酥油混合物的质量，并将结果记录在结果表1中。

（2）当蛋糕完全冷却时，按如下方法评估蛋糕高度和形状：

- 每批取一块蛋糕对半切开，小心不要压缩。
- 沿着蛋糕最大边缘，用尺子测量蛋糕高度。以mm为单位将结果记录在结果表1中。
- 结果表1的蛋糕形状一列中，指出蛋糕的顶部是否均匀，中心是达到顶峰还是下凹。
- 还应指出蛋糕是否偏斜，也就是说，是否一侧比另一侧高。

结果表1　用不同方法制备的磅蛋糕

制备方法	面糊质地	起酥油混合物密度/（g/mL）	蛋糕高度/mm	蛋糕形状	备注
不过筛、不乳化					
过筛三次、乳化4 min（对照）					

（3）评估完全冷却后产品的感官特征，并将评估结果记录在结果表2中，确保每次与对照产品进行比较，并考虑下列情形：

- 蛋糕心颜色
- 蛋糕心外观（均匀的小气泡、不规则的大气泡、孔道等）
- 总体可接受性，从高度不可接受到高度可接受，按1~5级打分。
- 根据需要添加任何其他评论。

结果表2　不同方法制备的磅蛋糕外观及其他特征

制备方法	蛋糕心颜色和外观	总体可接受性	备注
不过筛、不乳化			
过筛三次、乳化 4 min （对照）			

误差来源

列出可能导致难以从实验中得出正确结论的任何误差来源。特别应考虑测量起酥油密度方面的困难、混合和处理面糊方式的差异以及各种烤箱问题。

_____

_____

_____

说明下一次应如何调整，以最大限度地减少或消除每种误差来源。

_____

_____

_____

结论

从**黑体字**中选择一个选项或者填空。

（1）对照产品起酥油混合料的密度与未乳化的起酥油混合物的密度相比，**较高/较低/相同**。这是因为随着乳化时间增加，起酥油混合物中的空气量**增加/减少/保持不变**。密度差异**小/中/大**。

（2）对照产品面糊与未搅打未过筛产品面糊相比，稠度**较稠厚/较稀薄/无差异**。稠度差异**小/中/大**。

（3）对照产品与未乳化、未过筛产品相比，蛋糕心气室**较小较均匀/较大较不均匀/无差异**，并且蛋糕心的颜色**较浅/较深/无差异**。这是因为乳化使起酥油混合物中的空气量随着乳化时间增加而**增加/减少**。

（4）产品间其他明显差异如下：

_____

_____

_____

（5）我发现最可以接受的磅蛋糕是_____，因为：

_____

_____

_____

（6）如果两种蛋糕由等量相同配料制成，如何解释二者蛋糕心颜色上存在的
差异？

_____

_____

_____

（7）从互联网查找食谱。列出两种（预期会像本实验那样，受不适当过筛和乳化处
理影响的）烘焙食品配方。说明你为什么认为会这样。

_____

_____

_____

食品的感官性质

概述

感知研究是关于感官（眼睛、耳朵、鼻子、嘴和皮肤）如何探测周围变化，以及大脑如何感觉和解释这些变化的学问。感觉器官上的受体起探测作用，五官的受体在进食期间都保持活跃。感觉受体的实例包括口腔味蕾上的味觉细胞；鼻腔顶部的嗅觉细胞；皮肤表面下方有游离神经末梢；眼睛视网膜上的视锥和视杆细胞；以及内耳中的毛细胞。本章的重点是食品的感官性质（外观、风味和质地），以及如何客观地评价和描述这些感官性质。阅读本章时，请注意各种感觉是如何被单独和综合运用来评价食品的这三种性质。虽然人们进食时五种感官均会涉及，但有些感官会比另一些应用得多些。例如，外观对于所有食品而言都是重要的感官特征，但是声音只对有些食品（比如烤坚果、脆饼和花生脆饼）来说重要。风味评价在第17章进一步讨论。

评价食品与享受食品不同。感官评价需要实践并要求意识集中，因为对食品的感觉很复杂。专业面包师和糕点师必须学会评价食品，才能解决遇到的许多问题。作为专业人士，他们也必须制备他们不一定喜欢的食品，他们必须对这些食品进行评价，以确认它们是否得到正确制备。

许多因素会影响个人客观评价食品的能力，包括遗传学、性别和健康。然而，经验可能是最重要的因素，因此要注意最细微的体验。这意味着，无论您目前对食品的评价能力如何，都可以像任何其他技能一样，通过实践加以提高。

外观

外观使消费者产生对食品的第一印象，第一印象很重要。不管滋味如何吸引人，很少有人会忽视诱人的外观。作为人类，我们确实是在"用眼睛吃饭"，因为人的视觉比其他感觉更加发达。许多动物并非如此。例如，狗主要依靠气味来探索外界。

人类的视觉是如此发达，以至于当所观察到的信息与其他感官信息发生冲突时，通常会忽略其他感官信息。黄色的糖果被预想有柠檬味，如果是葡萄味，许多人就不能正确识别这种风味。用红色食品色素着色的草莓冰淇淋似乎比没有着色的具有更强烈的草莓味，即使两者风味之间没有真正的区别也是如此。专业人员必须训练各种感觉，以免受到视觉感官影响，同时也要了解外观如何影响消费者的看法。

外观有很多不同方面。颜色或色调是特别重要的一个方面，无论食品是黄色还是红色。外观的其他方面包括不透明度、光泽、形状和尺寸以及质地。不透明度是不透明产品或浑浊产品的品质。与不透明度相对的是透明度或半透明度。牛乳是不透明产品的例子；水是透明或半透明产品的例子。光泽是产品出现光泽或闪光的状态。与光泽或闪光相对的是无光泽或不闪光。蜂蜜是有光泽产品的例子；酥饼曲奇是无光泽产品的例子。

外观感觉

光线遇到物体时，会被反射（反弹）、透射（通过）或被物体吸收（图4.1）。只有反射或通过食品的光波会到达人的眼睛，并被看到；人眼看不到被吸收的光。

影响外观感觉的因素

有三个主要因素影响外观感觉。这些因素决定了两种产品是否相同。前两个因素是光源的性质和物体本身的性质，它们决定光如何被食品吸收、反射和透射。第三个因素是环境性质，往往是造成错觉的因素。

光源的性质 如果照射物体的光线发生变化，则物体的外观也会发生变化。物体外观发生变化，是因为物体对光的吸收、反射和透射发生了变化。光源的亮度和类型（例如荧光灯、白炽灯或卤素灯）是需要考虑的重要因素（图4.2）。面包师和糕点师应该意识到，他们在烘焙房看到的东西与在餐厅灯光下所看到的东西是不一样的。烘焙房经常有明亮的荧光灯，而餐厅往往会用白炽灯。柔和的白炽灯具有温暖的黄色色调，趋向于淡化产品的外观特征。

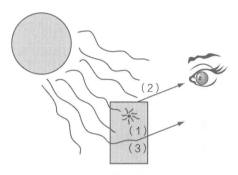

图4.1 光可以吸收（1）、反射（2）或透射（3）的方式传输

图4.2 荧光灯、白炽灯和卤素灯的光线都会改变食品的外观，特别是当它们的亮度（以瓦特为单位）变化时

为什么在黑暗中看到的是阴影，而不是颜色

光线到达人眼睛时，会通过瞳孔和晶状体到达眼睛后面的视网膜。视网膜由密集的数百万受体细胞构成。受体细胞按其形状命名，主要有视杆细胞和视椎细胞两种类型。这两种光受体含有吸收和与光反应的色素，但它们与光的响应差异非常大。视杆细胞虽然非常敏感，但只对亮度变化（而不是颜色）有响应，这种细胞可使人看到黑暗中移动的阴影；视锥细胞是检测颜色的细胞，灵敏度较低，只有当光线明亮时才能工作。

可见光被食品或另一物体吸收时，会从人的视线中消失。然而，这并不意味着光真的消失了。光是能量的一种形式，当被物体吸收时，它被简单地转换为另一种形式的能量（如热能或动能）。

物体会有选择地吸收光，不同的物体吸收光线不同。例如，绿叶含有叶绿素，叶绿素除了绿光以外可吸收大多数光。只有绿色的光线会从叶子反射出来，到达眼睛，这就是为什么叶子看起来是绿色的原因。同样，红色的覆盆子看起来很红，因为它们吸收除红色以外的大多数光线，黑色物体基本上吸收所有的光线，很少反射到人的眼睛。因为白光由彩虹的所有颜色组成（置于光路的棱镜，可以将白色光分离成其组分颜色），因此白色的物体只吸收很少的光线（如果有的话）。

物体的性质 每个物体都有各自的吸收、反射和透射光的特征。物体可能对光线有不同的反应，有两个主要原因：一是化学成分不同，二是物理结构不同。

显然，化学组成不同的两种产品看起来不同；也就是说，不同配方或配料制成的产品看起来是不一样的。例如，巧克力糖霜应该与香草糖霜不同，因为它含有配料巧克力。添加的巧克力吸收更多的光，因此看起来比香草糖霜颜色深，而香草糖霜可以使更多的光从其表面反射出来。同样地，用浅黄色蛋黄制成的蛋奶冻颜色，应该比用深黄色蛋黄制成的蛋奶冻颜色浅，因为颜色较深蛋黄的化学组成不同于颜色较淡的蛋黄。较深颜色蛋黄具有较高含量的类胡萝卜素，类胡萝卜素是鸡蛋中所含的黄色色素，它反射黄光而吸收其他光线。

可以预期，不同时间或不同温度烘烤出的产品会有额外的外观差异。烘烤45 min而不是30 min的蛋糕将发生更多的褐变反应，导致产品的表面变暗。同样地，用220 ℃烘烤的蛋糕也会比用150 ℃烘烤的蛋糕发生更多的褐变反应。这些褐变反应是影响光线吸收、反射和透射的化学变化。

搅打蛋清时，蛋清蛋白质网络会捕获微小的气泡。这改变了蛋清的物理结构，并且显著地改变了蛋清的外观。被搅打的蛋清呈白色和不透明感，而不是透明和半透明感，因为光线不再容易通过。相反，光线会从圆形气泡反射并朝许多方向散射。散射光看起来不透明。

同样地，有致密小孔的蛋糕，与孔大而稀疏的蛋糕相比，看起来较轻或较白。这就是为什么混合不充分、孔大而稀疏的白色蛋糕，看起来有点发黄的原因。同样，即使用相同配方制作，混合不充分的巧克力蛋糕，与正确混合的巧克力蛋糕相比，看起来颜色较深、较多油。

适当处理（使用前温热至体温）的方旦糖，会形成光滑的白色镜面，具有

> **有用的提示**
>
> 如果工作区域的照明与客户服务区域的照明不同，请务必评估服务区域中的产品外观。这样，您可以确认该产品将被顾客接受。

诱人的光泽。然而，如果高于38 ℃熔化，则冷却后会出现较粗糙、灰暗的表面。唯一的区别是，方旦糖中的微小晶体在高于38 ℃熔化后，在冷却过程中会重结晶形成较大的锯齿状晶体。方旦糖之间没有化学差异，它们都含有相同的成分。不同之处在于晶体大小，这会影响光线从表面反射并被眼睛感受的方式（图4.3）。

环境性质　两种产品可以在化学和物理组成上完全相同，也可以在相同的光线下观察，但如果置于不同的位置，看起来可能不一样。例如，白色蛋糕置于黑色的盘中，与置于乳白色的盘中相比，看起来要白些。这是一种光学错觉，因为到达人眼的光线实际没有发生变化。与之相关的是大脑对白色和黑色强烈反差的解释，使人感到白色的更

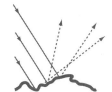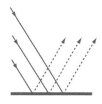

图4.3　由不规则表面反射的光显得暗淡或无光泽（左），而光滑表面反射的光闪亮或具有光泽感（右）

有用的提示

　　比较不同产品光泽度时，应从同一角度观察所有产品。这很有必要，因为当从不同角度观察时，物体的光泽会改变。例如，从上方观察，向下俯视时，产品看起来不如从侧面看有光泽。

白。这种色觉差异，消费者会认为是真实的，因此，必须像对待其他因素一样，重视环境因素的影响。

物理变化

　　面包师和糕点师的工作都与变化相关。通过混合、加热、冷却和成型，它们将面包房的普通配料转化成一系列烘焙食品、甜点、巧克力和糖果。这些转化中，有些是物理变化，有些是化学变化。

　　进行物理变化时，材料本身不会发生变化。水（H_2O）可冷冻成冰，也可蒸发为水蒸气，但它们仍然是水，仍然是由两个氢原子和一个氧原子构成。同样地，巧克力可以熔化，但仍然是巧克力，粗糖晶体可以粉碎成细糖粉，但它仍然是糖。最后，可将空气搅打进入糖霜，但糖霜的奶油、牛乳蛋白质及乳糖都没有变化。这些发生于食品配料的变化都是物理变化，而不是化学变化。

　　进行化学变化时，材料本身的性质会发生改变；也就是说，材料变成了不同的物质。物质受热，或者一种物质与另一种物质发生反应时，会发生化学变化。例如，酒石酸之类的酸，与小苏打之类的碱会发生反应，其结果是生成二氧化碳和水等。这是一种化学反应，因为二氧化碳和水是不同于酒石酸和小苏打的物质。同样，糖在烤炉被加热发生的焦糖化反应，是一种化学反应。糖分解成为全新的不同分子。与糖的物理变化一样，许多性质也发生了变化。所不同的是，这类性质变化是由材料本身的化学变化引起的。

消费者首先接触的可能是食品的外观，但食品的风味却可给消费者留下记忆。味道是风味的日常用语，但对于科学家来说，味道只是风味全部含义的一小部分。风味包括基本滋味、气味及三叉效应（化学感觉因素）。这三种感觉发生在食品分子（化学品）对嘴和鼻子中受体产生刺激的时候。基于这些感觉的化学性质，这三种感觉系统被称为化学感官系统。表4.1归纳了有关风味三种构成部分的信息，也给出了与它们相关的感官系统的信息。注意，这三个风味感觉构成部分（基本滋味、气味和三叉神经效应）有明显区别。分别由不同的化学物质刺激，并由不同受体检测。然而，它们是同时发生的，并与大脑评价外观和质构同时。显然，感官评价是一种挑战，既需要反复练习，也需要注意力集中。

化学感觉系统如何工作

为使化学感觉系统（基本滋味、气味和三叉效应）起作用，风味物分子必须首先接触对其进行检测的受体。基本味觉分子（糖、酸、盐等）必须溶于唾液，以便到达味蕾；气味分子必须挥发，以便到达嗅觉细胞；而三叉神经因子（薄荷醇、辣椒碱、乙醇等）必须通过皮肤表层吸收，以便到达神经末梢。一旦到达受体部位，风味分子便会以某种方式与受体发生作用（刺激），例如，与受体结合。由于这些受体对不同分子或化学物质敏感，所以被称为化学受体。一旦化学受体受到刺激，便会产生电脉冲，这种电脉冲会通过神经细胞到达大脑处理信息的特定区域。实际感知器官是大脑，而不是眼睛、耳朵、鼻子、嘴或皮肤。

有用的帮助

在评价食品时，一定要很好地咀嚼固体食物，并使干燥食物有时间与唾液混合。这可使得风味分子"逃逸"并到达感觉受体，否则，有些风味容易被忽视。

表4.1 风味的三个组成部分

感官系统	举例	受体	受体部位	风味化学性质
基本滋味	甜、咸、酸、苦、鲜味	味蕾的味觉细胞	整个口腔，但集中在舌头	必须溶于水（唾液）
气味	香草味、黄油味，数千种以上	嗅球上的嗅觉细胞	鼻腔顶部	必须溶于水（鼻黏液）；必须是挥发性的
三叉效应	辣、烧灼感、麻、凉及其他	皮肤表面下方的神经末梢	整个口腔和鼻腔（及整个身体）	必须通过皮肤吸收；必须是挥发性的，可在鼻腔中被感受到

什么是超级品尝员？

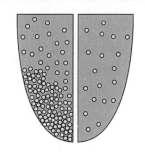

正如我们生来就在眼睛颜色、身高和体重等方面存在差异一样，在拥有味蕾数量方面，也生来就存在差异。琳达·巴托什克，是一位研究味觉感受方面的研究者，她的团队利用蓝色染料涂抹舌头，对留在舌头上的粉红色斑点状凸出物（乳突）计数，从而测得味蕾的数量。因为，平均每个乳突上有五六个味蕾，因此可以用这种擦拭法估计味蕾数量。

基于这种测量，巴托什克将品尝师分成三个等级：超级品尝员、正常品尝者及非品尝者。多数人（60%）属于正常品尝者一类，而20%的人是超级品尝员，另外20%的人属于非品尝者。

超级品尝员具备的味蕾数量最多，并且似乎会影响味觉。特别是，超级品尝员似乎对苦味特别敏感。非品尝者并非无法感知任何苦味，只是苦涩味对他们来说不太强烈。被归类为超级品尝员或非品尝者，是根据舌头上的味蕾的数量确定的，并不反映对香气的敏感性。还应记住，影响味觉的因素不仅是味蕾的数量。经验和培训尤其重要，因为实际感知风味的是大脑。

然而，面包师和糕点师应该意识到，人们生活在不同的滋味世界。如果别人似乎发现一些风味比你自己认为的要弱得多或强得多，就可能需要作出调整，不能再按照自己的喜好来调味了。

酸味、苦味和涩味的区别

食品进入口中，立即可以感觉酸味，而苦味感觉往往会稍迟缓出现，而且往往会留下余味。虽然口中各处均可产生味觉，但酸味感觉往往被认为更多地出现在舌两侧，而苦味感觉更倾向于出现在靠近喉咙的舌根部位。但是，如果产品很苦或很酸，则整个口腔都可感觉相应的风味。

经常与酸味和苦味混淆的第三种风味感觉是涩味。酸味会让人流口水，涩味与此不同，会使舌头产生干燥、粗糙的感觉。有时人们将涩味描述为口含棉球的感觉。涩味不属于基本滋味；口腔感觉干燥是因为食品中的丹宁与唾液中的蛋白质结合所致。以酸味为主要风味的食品包括泡菜、酸乳和发酵酪乳；主要呈现苦味的食品包括浓咖啡、高浓度黑啤酒和无糖巧克力；主要呈现涩味的食品包括高浓度红茶和葡萄皮。

基本滋味

基本滋味包括甜、咸、酸、苦和鲜味。当滋味化学物质（糖、强力甜味剂、盐、酸、咖啡因等）与受体滋味细胞结合，或以某种形式使其发生变化，舌头和口腔便会产生这些感觉。

味觉细胞聚集于味蕾。每个味蕾约含100个味觉细胞，每个味觉细胞对一种基本滋味最敏感。虽然味蕾分布于整个口腔，但多数位于舌头，它们藏于某些乳突下方的缝隙，乳突是舌头上的小突出物。

主要由水构成的唾液，对于滋味感觉很重要，因为它可以使滋味物（糖、酸、盐和苦味化合物）分子渗入乳突缝隙与味蕾接触。图4.4所示为舌头上的味蕾部位。

与酸味和苦味相比，食品中的甜味和咸味容易正确辨识。酸味经常会与苦味混淆，这也许是因为有些食品既酸也苦的原因，或者也许是因为酸味和苦味都包含不愉快元素的缘故。正确区分酸味和苦味需要实践，但这是需要掌握的重要技能。

鲜味在甜味食品中并不重要，但对于咸味烘焙产品（如乳蛋饼、意式薄饼和比萨饼）却很重要。图4.5所示为高鲜味配料。

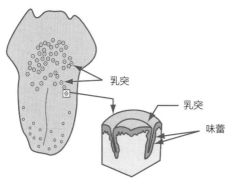

图4.4 味蕾和基本味觉

图4.5 提供鲜味的配料
从右上角起顺时针方向：酱油、干香菇、干鱼（柴鱼片）、干海带、老蓝纹干酪；中心：味精

什么是鲜味？

英文"umami"是日语的音译词，意为"鲜味"。鲜味是当今公认的第五种基本滋味。用舌头溶解几粒谷氨酸钠（MSG）晶体，就可以获得鲜味感觉。为进一步感觉鲜味，可用几个小时制作味浓的鸡汤，或用海带（干紫菜）、鲣鱼（鱼干）、干香菇、味噌（豆酱）烹制传统日本酱汤。表4.2列出了几种食品鲜味来源。20世纪初当日本科学家首次从干紫菜提纯出味精时，就提议鲜味作为基本滋味。当时，许多科学家认为鲜味不是一种基本的滋味，而更像是其他滋味（例如甜味和咸味的）的混合滋味。其他分类法将鲜味归为一种三叉神经效应（三叉效应在本章后面详细论述）。如今，多数科学家认为鲜味是一种基本滋味，因为鲜味食品所刺激的细胞，对其他四种基本滋味没有反应。研究人员目前正在调查其他基本滋味。研究发现，小鼠体内存在感受脂肪和钙矿物质的味觉细胞，人类也有可能存在这类细胞。

表4.2 鲜味的天然来源

陈年干酪，包括巴马干酪和羊乳干酪
发酵鱼制品，包括鱼酱、伍斯特酱油、蚝油和娜米拉（泰国鱼露）
发酵豆制品，包括酱油、豆酱（发酵黄豆酱）、黑豆酱和甜面酱
干蔬菜，包括香菇、番茄干和干海带
干酵母产品，包括营养酵母、马麦酱（英国酵母抹酱）和维吉麦酱（澳大利亚酵母抹酱）
干肉类和鱼类，包括塞拉诺火腿、熏火腿、香肠、巴卡拉（干鳕鱼）和干鲣鱼
肉类高汤，包括小牛骨汤和肉冻

气味

气味常被认为是三大风味成分中最重要的一种。气味是最主要，当然也是最复杂的。人类只能感知五种基本滋味，但可以闻到数百甚至数千种明显不同的香气。大多数香气本身都很复杂。例如，不存在单一咖啡香气分子。相反，咖啡香气是由数百种化学物质组成。

为了产生气味，分子必须是挥发性的（即它们必须挥发并从食品中逸出），才能到达鼻腔顶部。鼻腔顶部存在数百万嗅觉细胞（气味受体）。嗅觉细胞浸没在黏液中，黏液主要由水构成，因此，香气分子必须至少是部分水溶性的，部分挥发性的。食品在口中咀嚼和受热时，食品中的香气分子可以直接通过鼻子（鼻前通路）或咽喉后部（鼻后通路）进入鼻腔顶部，从而可以接触嗅觉细胞（图4.6）。

气味被认为是最重要的风味组成部分，因为许多食品的主要风味来自于其气味。据估计，80%的风味来自于气味。产品也最容易通过气味加以区分和描述。例如，如果没有嗅觉，难以想象如何来区分草莓汁和樱桃汁。在这种情况下，外观，甚至味道（甜味和酸味）很难提供足够的区分线索。多数人需要

评价气味的有用提示

再没有什么事情比坐下来与纸、笔、产品和气味打交道更令人有挫败感了。以下是提高嗅觉敏感度的一些有用提示。

找一个安静的地方，集中精力。

- 做几个小的"兔子嗅探"动作。这样可将气味分子吸引到嗅觉细胞。
- 短暂咀嚼食品时屏住呼吸。然后放松，深呼吸。嗅觉细胞将受到气味冲击，因为风味分子被拉到了喉咙后面。
- 充分咀嚼使食品在口腔中运动。这有助于食品受热分解，使分子更容易地挥发到嗅觉细胞。
- 平行品尝两种或多种样品。将两个产品放在一起比较和对比品尝，与单独对一种产品进行品尝相比，更容易描述产品风味。
- 将气味与记忆联系起来。嗅觉细胞的信号会传播到与记忆和情感有关的大脑区域。利用这部分大脑来帮助识别气味。
- 让你的鼻子经常休息。嗅觉细胞和大脑容易疲劳。为了缓解疲劳，应远离闻到的东西，呼吸新鲜空气。休息后，再返回评价时，可以提高敏感度。
- 系统地训练识别气味。例如，学会在香料架上识别香料。从几种差别明显的香料（如肉桂、茴香和姜）开始训练。重复这种练习，直到您可以通过气味清楚地识别这些香料。然后尝试具有类似香气的香料，如肉豆蔻和肉豆蔻种衣，或者西番莲和丁香。一旦可以识别少量的香料，便可增加每次评价香料的数量。接下来可尝试对同一香料的不同品种进行辨别。例如，比较来自世界不同地区的肉桂，或将陈化香料与新鲜香料相比较。

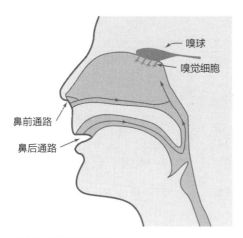

图4.6 嗅细胞和嗅觉

鼻前通路
鼻后通路

嗅球
嗅觉细胞

三叉效应

三叉效应包括姜的辛辣、肉桂的烧灼感、薄荷的清凉、辣椒的热量、二氧化碳的刺痛和酒精的灼痛等（图4.7）。三叉神经是指将这些感觉信号从口腔和鼻子神经末梢传导到大脑的神经。有趣的是，这种神经同时可传递温度和压力信号。因此，有些三叉神经传递"热"或"凉"的信号也就不足为奇了。

三叉效应对面包师和糕点师很重要，即使他们从不使用这个术语。很难说出哪种香料不依赖三叉效应产生风味效果。三叉神经效应的常用别名包括，化学感觉因子、辛辣、化学刺激、化学感觉刺激及化学感觉。

记住，三叉神经效应是风味的一部分。与基本滋味和气味一样，食品中的分子也会引起这种感觉。表4.3所示为一些食品，以及每种食品产生三叉神经效应的主要分子（刺激源）。这些分子可被位于整个口腔和鼻子皮下神经末梢感觉到（图4.8）。风味化学物质要达到神经末梢，必须首先被皮肤吸收。为使鼻子中产生三叉效应，风味化学物质还必须具有挥发性。至少部分溶解于脂肪的风味分子往往更容易被吸收。

嗅觉来分辨这两种果汁。

气味对于整体风味来说是非常重要的，人们感冒时经常说没胃口。严格来说，他们仍然可以品尝到基本的滋味，但闻不到气味。发生这种情况是因为鼻道阻塞，气味分子不能到达嗅觉细胞。由于气味构成了大部分风味，没有气味就好像失去了风味。

虽然气味受体位于鼻腔顶部，但通常似乎气味发生在口中，而不是鼻子。但是，前面提到，这种感觉既不在口腔，也不在鼻子中，而在脑子里。由于大脑感觉到食品在口腔，所以也感觉到气味来自口腔。

为什么令人愉快的气味会催人泪下？

嗅到一种香水、一朵花或一种特殊食品后，你是否产生情绪感觉？若如此，那就说明你亲身体验到了嗅觉、记忆和情绪之间的联系。

当气味化学物质与鼻腔顶部的嗅觉细胞结合时，使产生香气感觉。这会触发电信号传递到大脑的嗅球部位，信号在此汇聚，然后沿几条途径在大脑内传递。大脑皮层感觉和识别香气过程中，信号要通过边缘系统，此系统与情绪和某种类型记忆有关。这就是为什么气味会触发回忆和感受。这就是香气的神奇，也是烘焙房气味成为强大的产品促销工具的原因。

图4.7 这些配料提供三叉神经效应
从上方顺时针方向：薄荷叶、黑胡椒
粉、桂皮、辣椒、姜

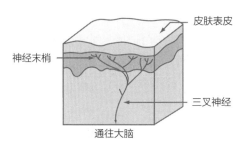

图4.8 三叉神经效应的受体是皮下神经末梢

影响风味感知的因素

味觉取决于被评价产品许多相关因素，也与进行评价的人员有关。这些因素决定了最终感觉到的风味。下面列出了一些影响味觉的重要因素。虽然尚不清楚这些因素是如何影响味觉的，但是可以认为许多是通过改变食品中风味分子释放而发挥作用。如果风味分子释放方式不同，则会产生不同的味觉。

配料性质 不同甜味剂提供不同品质的甜味。阿斯巴甜也称为纽甜，尽管也是甜味，但这种高强度甜味剂与蔗糖（食糖）具有不同的甜度。蔗糖的甜味

表4.3 显示三叉神经效应的食品

食品	刺激物
薄荷叶	薄荷
辣椒	辣椒素
生姜	姜醇
酒精饮料	乙醇
碳酸饮料	二氧化碳
黑胡椒	胡椒碱

几乎立即可感到，阿斯巴甜的甜味则有滞后性。阿斯巴甜也有相当长的余味，而对许多人来说这种余味是苦涩的。

同样，苹果酸是苹果中的主要酸之一，其酸味既不同于柠檬中的柠檬酸，也不同于醋中的醋酸。这就是为什么在口味温和的苹果中添加柠檬汁或醋可能不会产生天然苹果酸味的原因。

产品温度 产品温度对风味感觉影响有几种方式。例如，咸味感觉随着产品温度升高而降低。这意味着，热的烘焙粉饼干的味道比在室温下相同饼干的咸味感觉要低。

甜度随着产品温度升高而增加。这意味着，如果冰糕混合物的甜味在室温下正好，那么冻结后它的甜度就会被认为不够。香气也通常随着产品温度升高而增加。由于分子在较高的温度下更容易挥发，所以更易于达到嗅觉细胞。

> **有用的提示**
>
> 由于味觉随产品温度而变化，因此，应始终在适当使用温度下对产品进行评价。如果覆盆子是冷食的，则应评价冷的覆盆子。如果是趁热食用的，则应评价热的覆盆子。

产品质地和稠度 坚硬或黏稠产品中的风味分子需要一定时间才能溶解于唾液中，挥发至鼻腔或通过皮肤吸收。这会影响风味感觉，因为如果风味分子不能达到受体，就不能感觉到它们。

其他风味剂存在 将少量酸添加到甜味产品中，会使其甜味感降低。糖含量没有变化，但是酸的存在降低了甜度感觉。同样，糖的存在也会降低混合物的酸味。甜味和苦味以及许多三叉效应物之间也有类似的相互影响效果。糕点师的任务往往是平衡这些不同的口味，创造出最令人愉快的组合。

盐和糖都会影响嗅觉，部分原因是通过改变分子挥发速率。通常，添加的盐或糖越多，香气分子释放就越慢。令人欣喜的结果是这会让风味持久。有时，只需要少量的盐或糖就能改变和改善食品的香气和整体风味。

> **有用的提示**
>
> 向巴伐利亚奶油和戚风饼馅料加明胶时要小心。这类产品如果添加明胶过多，不仅会产生较强的橡胶质感，而也会减少香味释放。

脂肪含量 无脂肪食品因为味道不佳出名，因为脂肪通常以不可预测的方式对味觉产生影响。许多风味分子溶解于脂肪，因此，如不存在脂肪，则这些分子到达味蕾、嗅觉细胞和皮下神经末梢的速度就会有所改变。这种速度改变也使风味发生了变化。通常，如果食品中不存在脂肪，则风味会立即释放，缺乏保持力。改善风味的一个很好策略是加入少量脂肪，以帮助香味保持较长时间。然而，低脂肪食品需要其他调整才能令人满意。

质地

质地像风味一样复杂。通常，除非质地极其突出或令人不愉快，否则会被忽略。例如，早餐谷物如果不出现令人不快的潮湿感，其质地就可能会被忽视。

评价质地的主要方式是通过触摸：食品触及皮肤的感觉如何，食品在口腔因受热而熔化的感觉如何，以及食品受到挤压、口咬及咀嚼时的反应如何。虽然这是质地评价的主要方式，但其他感觉也起作用。虽然不一定是最准确的，外观是判断质地的首要信息。质地的视觉效果为产品的柔软、坚硬、粗糙或光滑感提供了第一线索。声音对质地也很重要。玉米脆片和花生脆饼因咀嚼时能产生嘎吱声（或振动作用）使人感到松脆，而薄薯片和新鲜苹果则产生脆感。

像对待风味一样，有经验的面包师或糕点师会使用各种词汇来完整描述食品的质感。表4.4所示为常见的描述食品质地的术语，并附有实例。注意，曲奇饼可以有硬或软、韧或嫩、酥脆或耐嚼、潮湿或干燥、油腻或蜡质感等。有时，一种质地特征占主导地位，但对于专业人士来说，重要的是尽可能完整地分析食品。

描述食品在口腔内各种感觉的专门术语，有时称为口感术语。口感术语包括平滑度、奶油状、油性和蜡质感。

什么声音听起来有脆性？

评价食品脆度时，声音与触觉（对压力的反应）同等重要。研究人员在人们吃松脆食品时，将麦克风和录音机置于下颚，测量食品的脆度和咀嚼时发出的声响，并测量声音音调、频率和强度。声音越大、音调越高，频率越高，则食品越脆。低声调食品更有可能被描述为酥脆。

表4.4　描述食品质地的术语

问题	术语	例子
是否容易挤压	软	新鲜沃登面包
	硬	陈化沃登面包
是否容易咬	嫩	适当混合的派皮
	韧	混合过度的派皮
内敛性如何	耐嚼（硬、保持在一起）	图西罗尔糖
	橡皮感（软、保持在一起）	口香糖
	易碎、酥软（软、裂开）	玉米饼
	脆（硬、裂开）	花生脆饼
流动快慢	稀	水
	稠	糖蜜
是否回弹	塑性（固体；不回弹）	起酥油
	弹性（回弹）	吉露果子冻
	海绵状（韧性、弹性、多孔）	多加鸡蛋制成的蛋糕
接触口腔软组织的感觉如何	光滑（无颗粒）	奶油花生酱
	奶油感（稠、滑）	香草蛋奶酱
	细砂感（小砂粒）	结块的蛋奶酱；某些梨肉，尤其是塞克尔梨和克拉普梨
	白垩（干细砂）	高蛋白条
	粗糙感（大颗粒）	粗粒砂糖
	浆状	橙汁
颗粒什么形状	层状（长、片层）	层状派皮
是否朝同一方向	纤维状（长、线状）	芹菜、大黄
含液体多少	干	干谷物
	湿	硬布朗尼蛋糕
	水状	水
脂肪是液态还是固态	油滑（稀）	油
	油腻（稠、糊嘴）	油浸面团
	蜡质（硬或固态）	蜡；膨化糕点起酥油
含空气多少	轻、充满空气	搅打的蛋清
	泡沫状（轻、充满空气、液状）	蒸牛乳
	重、密	硬布朗尼蛋糕

复习题

1 为何人们常说"看菜吃饭"？

2 光线碰到物体时会发生哪三件事？人眼能见的是哪两种光？

3 为什么人们认为酸橙是绿色的？

4 列出影响外观的三个主要因素。

5 解释为什么不同照明设备下观看到的对象外观可能有所不同。

6 烘焙食品在以下条件下外观发生变化，哪种变化属于物理变化，哪种属于化学变化：搅拌不足的蛋糕面糊、使用漂白的面粉代替未漂白的面粉、延长烘烤时间5 min？

7 为什么方旦糖受热过度颜色会变深？

8 指出以下烘焙食品充气操作：搅打蛋清、加入烘焙粉（含小苏打和酸）、乳化法处理起酥油、干燥配料过筛，哪种是物理方法，哪种是化学法？

9 哪种颜色看起来较暗，适当混合的巧克力蛋糕，还是混合不足的巧克力蛋糕？解释原因。

10 举例说明，如何用盘子颜色差异或盘中酱料颜色差异解释一块白色蛋糕看起来比另一块白。

11 风味的三个组成部分是什么？每一部分的感觉受体分别是什么，分别位于什么部位？

12 为什么感受基本滋味需要唾液？

13 "涩味"是什么意思？列举两种有涩味的食品。

14 一般认为哪个风味构成部分最重要，为什么？

15 提出四个评价香气的原则。

16 为什么热的食品通常比冷的食品具有更强烈的风味？

17 为什么人在感冒时难以感觉到食品风味？

18 列举四种具有三叉神经效应的产品。列举两种没有三叉神经效应的产品。

19 三叉神经效应的别名是什么？

20 食品在比平常冷的条件下食用时，甜味感觉会如何变化？

21 食品在比平常冷的条件下食用时，咸味感觉会如何变化？

22 略微多加些明胶使巴伐利亚奶油变硬些，对其风味有什么影响？

23 列举两种质地感觉受声音影响的食品。列举两种声音对质地感觉没有影响的食品。

24 "口感"是什么意思？

讨论题

1　以基本滋味感觉为例，描述化学感觉系统如何工作。

2　针对五种基本滋味，各列举两种相应滋味突出的食品配料。

3　专业的厨师为什么要知道自己是超级品尝员还是非品尝者？

练习和实验

① 练习：你是超级品尝员吗？

　　利用常规（水溶性）食品级蓝色色素、棉签和放大镜，将食用色素涂抹在舌头前端1.27 cm范围。用水漱洗口腔，以清除多余的食用着色（吐出或吞下冲洗水）。对镜查看你的舌头外观。如有必要，可使用手电筒更好地查看详细情形。你的舌头是否大部分呈蓝色，有几个粉红色的斑点，或者主要呈粉红色的，只有很少蓝色？粉红色斑点是舌头上的真菌状乳头。真菌状乳头是舌头前端唯一的乳头，其味蕾位于此处。你舌头上的较小的蓝色突起也是乳头，但它们与味蕾无关。舌头上的粉红色乳头越多，味蕾越多。

　　为了估计舌头上某一特定区域的味蕾数量，可在舌头尖端放置一张纸筋贴纸，或用打孔机在一张小纸上打孔，并将纸放在舌头尖端。对孔内粉红色乳头计数。平均来说，非品尝者在此区域真菌状乳头数量不会超过15个，正常味觉者有15～30个；超级品尝员在此小区域的粉红色乳头数超过30个。将你的舌头外观与同学的比较。你能否预测谁可能是超级品尝员，谁可能是非品尝者？

② 练习：冰淇淋贮藏和质地

　　对适当贮存（或新鲜制成）的冰淇淋与相同风味，但在几天内稍微解冻过一次或多次的质地不佳的冰淇淋进行比较。将你的评价填入下面的结果表中。所使用的质地术语可参考表4.4。

结果表　比较正常和不正常贮存冰淇淋的质地

冰淇淋样品	光滑感视觉评价（1～5级，1级表示不太光滑，有冰渣感）	用勺舀取时的软硬感（1～5级，1级表示软，容易舀）	食用时的奶油感（1～5级，1级表示不太光滑，奶油感不足，有冰渣感）	备注
适当贮藏				
贮藏不当				

用一句话总结冰淇淋样品的整体质地差异：

_____

_____

_____

③ 练习：质地

选择两种产品进行质地比较。实例包括黄油和人造黄油、新鲜和陈化的面包、两种不同的巧克力糖衣、两种不同类型的蛋糕、两种派饼馅料、两种干果、姜饼和棉花糖等。将所选的两种产品名称填入下面的表格的产品列中。选择适当要评价的感官特征，并填入下面结果表各列第一格中。再为结果表写一个标题。所使用的关于质地的术语可参考表4.4。

结果表

产品				

用一句话归纳所选两种产品之间的整体质地差异。

_____

_____

_____

④ 实验：苹果汁风味

苹果汁是一种较温和的果汁，用水稀释后会变得更加温和。接下来，要将一些配料加到稀释了的苹果汁中，并品尝。一些样品对你来说可能味道很强，其他样品滋味你可能难以察觉。这种情形因人而异，因为每个人生活在不同的滋味世界。如果有必要，可用任何你感觉没有滋味的配料配制成口味强烈的样品。

您会发现，你在识别和描述样品之间差异方面的能力会随着本实验的进行而得到逐步的提高。多次品尝样品，根据您自己的需要，在不同样品之间反复品尝。

虽然本实验用的稀释苹果汁做样品，但随着你通过本实验取得的进步，可以思考如何利用苹果汁实验所学到的经验，运用到真实糕点产品，如派、香肠、冰淇淋甚至巧克力蛋糕和干酪蛋糕中。

目的

- 识别和描述酸味、涩味和苦味之间的差异
- 演示糖如何影响酸味感觉
- 演示酸如何影响甜味感觉
- 演示基本滋味和涩味在整体风味感觉中的重要性
- 创造一种酸甜及涩味平衡的美味的苹果饮料

制备的产品

根据以下条件制备的稀释苹果汁

- 无添加剂（对照）
- 糖
- 酸
- 单宁粉
- 咖啡因
- 糖和酸
- 其他（糖和单宁粉、糖和咖啡因、不同的酸或不同的糖等）
- 自己选择添加

材料和设备

- 苹果汁（6 L或以上）
- 水（2 L瓶装水或自来水）
- 大盆或锅（11 L）
- 大水罐（1 L），每个测试产品配备一个
- 台秤
- 量匙
- 砂糖
- 苹果酸或其他酸（柠檬酸、酒石酸或塔塔粉）
- 单宁粉（购自酿酒店，如果没有，改用明矾（有时在备有香料或罐头用品的超市有售）
- 咖啡因片剂（200 mg，任何品牌，如Vivarin或NoDoz强力片）
- 品尝杯（30 mL蛋奶酥杯或更大）
- 普通无盐薄脆饼干

步骤

（1）取1 L苹果汁备用。

（2）在大盆或锅中加入2 L水，稀释5 L苹果汁。如果苹果汁仍非常甜或味道很浓，添加更多的水。取1 L并标记样品"稀释苹果汁"，备用。

（3）如下所述，将1 L稀释的苹果汁分别投入5个容器，并按下述方法制备样品（将会有一些过量稀释的果汁。）注意：非常少量的配料，分别给出了质量和体积度量值。如果需要，可以使用勺子量取这些配料。

- 将30 g砂糖加入1 L稀释苹果汁中。做样品标签"加糖"。
   将5 mL苹果酸加入1 L稀释苹果汁中。做样品标签"加酸"。

- 将2.5 g（或2.5 mL）单宁粉末加入1 L稀释的苹果汁中。做样品标签"加单宁"。

- 将4片咖啡因片粉碎后，加入1 L稀释苹果汁中。做样品标签"加咖啡因"。注意：此量与咖啡中的咖啡因量大致相同。

- 加入30 g砂糖及4 g（或5 mL）苹果酸至1 L稀释苹果汁中。做样品标签样"加糖和酸"。

（4）样品在室温下放置约30 min，以使粉末完全溶解。特别是咖啡因需要时间溶解。

结果

（1）对添加酸、单宁和咖啡因的稀释苹果汁样品的风味进行评价，并将结果记录于结果表1。确保每种样品依次与对照产品（稀释的苹果汁）比较风味。堵住你的鼻子，将注意力集中在整个口腔感觉上，并在各样品之间用水和无盐饼干清洁口腔。随时重新取样品尝，并专注于以下内容：

- 除了甜味和香气之外，还有什么感觉（皱眉头、流口水、干燥、令人不悦等）。

- 产生感觉快慢（即时、缓慢、回味等）。

- 这种感觉能联想出的其他食品（不加糖的巧克力、酸味儿童糖果、浓红茶等）。

结果表1　苹果汁中的酸、苦、涩味

苹果汁	感觉	产生感觉的时间	有相同感觉的食品	备注
稀释				
稀释加酸				
稀释加单宁				
稀释加咖啡因				

（2）对添加糖、酸及添加糖和酸的稀释苹果汁样品的风味进行评价，并将结果记录在表2中。

① 确保每一样品依次与对照产品（稀释的苹果汁，1～5级中位于第3级）比较。在品尝两样品之间，用水和无盐饼干清洁口腔。随时重复取样品尝，并评价以下内容：

- 风味丰满度（指风味浓郁，不会给人寡淡的感觉）
- 甜味
- 酸味

② 接下来，将这些产品与未稀释的苹果汁进行比较，以评价其可接受性。在结果表2中记录结果，注意完成以下内容：

- 对每个样品作出可接受或不可接受的评价，并描述为什么可接受或不可接受。
- 根据需要添加任何其他评价。

③ 重新评价未稀释的苹果汁，并将结果记录在结果表2的底行。在评价风味整体丰满度、甜味和酸味时，尽量完整。还要评价涩味。如果你忘记了涩味感觉如何，必要时，重新品尝添加单宁粉末的稀释苹果汁。

结果表2　配料组合对苹果汁风味感觉的影响

苹果汁	风味丰满度（按1～5级打分，1级最低）	甜味（按1～5级打分，1级最不甜）	酸味（按1～5级打分，1级最不酸）	整体可接受性	备注
稀释苹果汁（对照）	3	3	3		
加糖					
加酸					
加糖和酸					
未稀释的苹果汁					

（3）根据上述评价，结合稀释果汁样品或其他添加配料，配制出尽可能接近未稀释苹果汁的产品，或者制造出一种甜味、酸味和涩味平衡的优质苹果饮料。

- 跟踪组合的样品及添加的配料。标记每个样品，并列在结果表3的第一列。
- 与未稀释的苹果汁相比，描述每种苹果饮料的风味和总体可接受性。将记录在结果表3的后两列。
- 根据需要添加任何其他评价。

结果表3　苹果汁饮料与未稀释苹果汁相比的风味整体可接受性

苹果汁饮料	描述苹果汁饮料风味	整体可接受性（与未稀释苹果汁相比）	备注

误差来源

列出可能导致难以从实验中得出正确结论的任何误差来源。特别是要考虑评价时样品是否处于相同温度；粉末成分是否完全溶解；大量样品评价起来是否有困难，或者对评价有干扰。

_____

_____

_____

说明下一次如何改进，以减少或消除每种误差来源。

_____

_____

_____

结论

从**黑体字**中选择一个选项或填空。

（1）酸味和苦味的区别之一是**酸味/苦味**会使人流口水。另一个区别是**酸味/苦味**有长时间的余味。酸味食品的例子是_____。苦味食品的例子是_____。

（2）酸味和涩味的区别之一是**酸味/涩味**使口腔变得干燥，舌头感觉很粗糙。涩味食品的例子是_____。

（3）糖**加重了/降低了/不改变**稀释苹果汁的酸味。

（4）酸**加重了/降低了/不改变**稀释苹果汁的甜味。

（5）糖**加重了/降低了**稀释苹果汁的风味丰满度。还有什么会影响风味丰满度？

_____

_____

_____

（6）产品之间的其他明显差异如下：

_____

_____

_____

（7）描述制作令人愉快的苹果饮料的策略。

_____

_____

_____

（8）用新鲜草莓泥制作草莓冻（果酱）。品尝此果冻发现它缺乏丰富饱满的水果风味。根据本实验结果，可以添加何物来改善其风味？

_____

_____

_____

5

小麦面粉

概述

小麦是一种谷物。其他谷物包括玉米、燕麦、水稻和黑麦。谷物的广泛消费始于大约一万年前初现农业的中东。从那时起，小麦首先得到耕种。

今天，全世界种植着数千种不同品种的小麦。某些品种适合于生长在北极圈，另一些品种适合在安第斯山脉的赤道附近生长，但大多数小麦品种需要温和的生长条件。北美有几个非常适合种植小麦的地区，包括美国中西部和加拿大南部的草原地区。其他主要小麦种植区包括中国（其中小麦种植的面积多于世界其他国家）、印度、欧盟和俄罗斯。

小麦是烘焙食品使用最多的谷物。小麦得到广泛使用，主要是由于面粉与水混合时会形成的面筋。没有面筋，难以想象会有面包。小麦受欢迎，也由于其具有温和的坚果风味。毫无疑问，这两点使小麦成为世界上种植最广泛的谷物。

小麦籽粒

小麦籽粒是小麦的种子，它们是用于碾磨成面粉的植物部分。由于谷物属于草本植物，所以小麦籽粒可以被认为是一种草籽。事实上，一片小麦田开始生长时，看起来像草坪。

小麦籽粒，也称为小麦粒，有三个主要部分：胚乳、胚芽和麸皮（图5.1）。全麦面粉含有小麦籽粒的所有三个部分，白面粉则是由胚乳研磨成的。全麦面粉只有当所含的以上三部分成分比例与小麦籽粒所含的比例相同时，才被认为是全谷物产品。在美国，全麦面粉都是全谷物产品。

小麦籽粒大部分由胚乳构成，胚乳约占80%以上。胚乳是小麦最白的部分，部分原因是它主要含有淀粉。事实上，胚乳的3/4是淀粉。

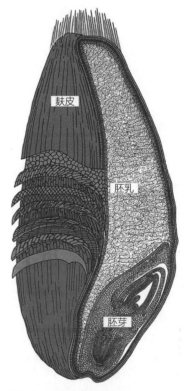

图5.1　小麦籽粒的纵剖面

全谷物由完整的谷物或核仁构成。如果破碎、粉碎、剥落或磨碎的麦粒要称为全谷物，它们含有的麸皮、胚芽和胚乳的比例，必须与原始颗粒的相同。

深色产品不一定是全谷物。通常，人们将糖蜜或焦糖色素加入烘焙食品中，以使其更加美观。"七粒面包""石磨""有机"等产品名称也不能保证是全谷物产品。

根据《2005年美国人膳食指南》每天食用三份或以上的28.35 g（或同等）规格的全谷物产品，可以减少几种慢性疾病的风险，并有助于维持体重。根据最近的调查，目前只有约10%的美国人符合这一准则。

什么是膳食纤维？

膳食纤维是人类不能消化的植物物质。它被分为可溶性或不溶性两类。可溶性纤维溶于水时，会吸收水分，增稠或形成凝胶。不溶性纤维会沉入水中或漂浮在水中，但由于不吸水，基本上保持不变。膳食纤维不消化并不意味着它在饮食中不重要。可溶性和不溶性膳食纤维对身体健康都至关重要，每种纤维在身体中具有不同的功能。例如，不溶性纤维可改善肠道健康，并被认为可以降低某些癌症的风险。可溶性纤维可降低血液胆固醇，并可降低心脏病的风险。目前的建议是，健康的北美人将膳食纤维的消费量增加到每天20~35 g。对许多人来说，这意味着他们需要将目前的摄入量翻番。

纤维丰富的食物不一定具有纤维质地。例如，肉可以是纤维状的，但肉的纤维完全是由可消化的蛋白质所组成，所以不是膳食纤维。即使是纤维状蔬菜（如芹菜），其膳食纤维含量也不一定比低纤维状蔬菜的高。可溶性和不溶性纤维的良好来源包括大多数水果、蔬菜、全谷物、坚果和种子、干豆和可可粉。

淀粉紧密地积聚在淀粉颗粒中，淀粉颗粒则嵌在蛋白质块中间。小麦胚乳中的两个重要蛋白质，麦谷蛋白和麦醇溶蛋白是形成面筋的蛋白质。当面粉与水混合时，谷蛋白和麦醇溶蛋白形成面筋网络，这是烘焙食品的重要结构。事实上，小麦是唯一含有足够用于面包制作形成优质面筋所需谷蛋白和麦醇溶蛋白的谷物。第7章将详细讨论面筋及其独特的属性。

胚芽是小麦植物的胚。适当条件下，胚芽会发芽生长成新植物（图5.2）。

小麦胚芽只占小麦籽粒的一小部分（约2.5%），但富含蛋白质（约25%）、脂肪、维生素B、维生素E和矿物质。这

图5.2 发芽的小麦籽粒

些营养物质对胚芽发芽很重要。虽然胚芽蛋白不会形成面筋，但从营养角度来看，它是高质量蛋白质。

添加到烘焙食品中的小麦胚芽可以在市场上购买到。面包师将小麦胚芽加入烘焙食品，通常是因为其所含蛋白质、维生素和矿物质的营养价值。小麦胚芽经常被烘烤。烘烤有助于增添小麦胚芽的坚果味。烘烤还可破坏存在于小麦胚芽中脂肪酶，这种酶可分解油并使其氧化。由于小麦胚芽含有大量容易氧化的多不饱和油类，所以小麦胚芽最好冷藏保存。小麦胚芽不含形成面筋的蛋白质，所以它对烘焙食品的结构没有贡献。

麸皮是小麦籽粒的保护性外覆层。

尽管市场上也有淡褐色的白麦供应，但小麦麸皮的颜色通常要比胚乳深得多。无论哪种情况，麸皮都富含膳食纤维。事实上，麸皮约含42%的膳食纤维，其中大部分属于不溶性纤维。麸皮还含有大量蛋白质（约15%）、脂肪、维生素B和矿物质。与小麦胚芽一样，麸皮蛋白质不会形成面筋；实际上，正如本章稍后将会提到的，小麦胚芽和麸皮会干扰面筋的形成。

市场上有小片状的麦麸供应，可添加到烘焙食品中。麸皮中的可溶性纤维遇水会软化和膨胀，可充当干燥剂。此外，麸皮粒会使烘焙食品产生深色、质朴的外观，赋予产品独特的坚果风味和有价值的膳食纤维。

面粉的构成

白面粉由胚乳研磨得到，主要含有淀粉，然而，白面粉还天然存在会影响其性质的其他组分。白面粉的主要组分在下面段落中列出，括号中给出了各组分大致的质量分数。其中的两个关键组分是淀粉和蛋白质。图5.3所示为面粉的主要组分，以及在各类面包面粉中的相对含量。

淀粉是面粉的主体（68%~76%）。即使是淀粉含量较低的面包面粉，所含的淀粉比例也高于其他所有成分含量。淀粉以小颗粒状存在于面粉中。一些淀粉颗粒在碾磨过程中或者在潮湿的条件下贮存时会受到破坏。破损的淀粉颗粒

更容易被淀粉酶分解为糖（葡萄糖和麦芽糖），也便于被酵母发酵。天然存在于面粉中的糖含量（小于0.5%）往往不能满足酵母发酵需要，这就是为什么大多数酵母面团配方至少包括一些糖或

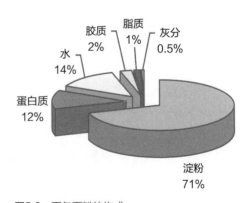

图5.3 面包面粉的构成

淀粉酶的原因。

蛋白质块（6%~18%）是使胚乳保持淀粉颗粒的结合剂。约占胚乳蛋白质80%的谷蛋白和麦醇溶蛋白，是形成面筋的蛋白质。白面粉中的其他蛋白质包括淀粉酶、蛋白酶和脂肪酶等。

面粉的水分含量通常为11%~14%。水分含量超过14%时，面粉易生长霉菌，风味发生变化，酶活性变化，生长害虫，因此面粉必须妥善保存在阴凉干燥处。

除了淀粉以外，面粉中的其他碳水化合物包括树胶（2%~3%），主要是戊聚糖。戊聚糖在白面粉中的重要性很容易被忽视，因为它们的含量相对较低。然而，戊聚糖在面粉中至少有一个重要功能。因为它们通常吸收自身质量10倍以上的水分，所以少量的戊聚糖对面粉的吸水量会有很大贡献。戊聚糖还会增加面糊和面团的黏度或稠度，这有助于保持空气和气泡及膨发。小麦面粉中少量戊聚糖似乎也与面筋相互作用，提高其强度和结构。大量戊聚糖具有相反的作用，会导致烘焙食品体积缩小。戊糖胶是膳食纤维的来源，主要是可溶性膳食纤维。

白面粉只含少量（1%~1.5%）脂质（油和乳化剂）。某些脂质，特别是乳化剂，有助于正常形成面筋。然而，由于其性质，小麦油容易氧化并酸败，限制了面粉的保质期。陈面粉虽然无危险性或安全性问题，但有明显的纸板味。因此，最好通过正确贮存面粉或及时使用，避免面粉陈化。

灰分由天然存在于小麦籽粒中的无机物质（矿物质盐）组成，主要存在于麸皮中。灰分包括铁、铜、钾、钠和锌。正确碾磨的白面粉的灰分含量相对较低（小于0.6%），因此，对于膳食来说，矿物质含量较低。较高的灰分可能意味着面粉含有太多的麸皮，也意味着小麦没有得到适当碾磨。在非常高的温度（超过540℃）下燃烧样品，并称量残留物质量，可以测量在面粉和颗粒样

什么是小麦面粉？

一些面包标签中含有"小麦面粉"配料。虽然名称相似，但小麦面粉与全麦面粉不一样。在美国，全麦面粉是一种由全麦籽粒研磨而成的全谷物粉。小麦面粉是由胚乳研磨得到的白面粉的别名。它被称为小麦面粉，以区别于黑麦粉、玉米粉、燕麦粉或米粉。对于那些对小麦产品过敏的人来说，这是有用的信息，但可能使消费者误认为小麦面粉含有全麦的所有健康益处。

同样，小麦面包与100%全麦面包不一样。小麦面包通常以小麦（白）面粉为主要成分。典型的小麦面包含有60%~75%的白面粉和25%~40%的全麦面粉。英国销售的一种类似面包，称为棕色面包。典型小麦面包标签，其成分按降序列出如下：

配料：强化的小麦面粉（小麦面粉、麦芽粉、烟酸、硫酸亚铁、硝酸硫胺素、核黄素、叶酸）、水、高果糖浆、全麦面粉和酵母。以下各项含2%或以下：谷朊粉、盐、大豆油、硬脂酰乳酸钠和焦糖色素。

品中的灰分含量。

类胡萝卜素在白面粉中的含量非常低[（1~4）mg/kg]。这类色素使未漂白的面粉呈现出乳白色。白面粉中的胡萝卜素（叶黄素）与胡萝卜中β-胡萝卜素同属一类。

小麦的分类

面包师通常以硬度对小麦进行分类；也就是说，根据小麦粒触摸起来硬或软的感觉进行分类。硬质小麦粒比软质小麦粒感觉硬，因为这些颗粒中的淀粉颗粒被蛋白质形成的大块硬块紧紧包裹。硬质小麦籽粒的蛋白质含量通常较高；软质小麦籽粒的蛋白质含量通常较低。面粉中的淀粉含量随着蛋白质含量的增加而降低。硬质小麦籽粒中类胡萝卜素含量通常高于软质小麦籽粒，并且，吸水性戊聚糖及损伤的淀粉颗粒含量通常较高。

由硬质小麦籽粒研磨得到的面粉呈奶油色或乳白色。硬质小麦籽粒的硬度使其难以研磨成细粉末，因此硬质小麦面粉有细砂感。这种粗糙感意味着硬质小麦粉受挤压时不容易聚集，因此，适用于工作台面撒粉。通常，硬质小麦面粉可形成"高质量"（强力）面筋，

这意味着面筋伸展良好，并能形成强力的凝聚膜，可在发酵和烘烤过程中保留气体。因为它们能形成强劲的面筋，所以硬质小麦面粉被认为是强筋面粉。强筋面粉通常是最好的干燥剂，这意味着它们会比弱筋面粉吸收更多的水。强筋面粉需要较长时间混合，以形成面筋，但它们也较耐过度混合。强筋面粉通常用于酵母发酵面制品，如面包、圆面包和百吉饼。它们也用于制作酥皮产品，如羊角面包、泡芙油酥糕点和丹麦油酥糕点。

由软质小麦碾磨得到的面粉颜色比硬质小麦面粉的白，手感也更细腻。因为软质小麦面粉很细，所以受挤压时易聚集、不流动，不便用于工作台面撒粉。软质小麦面粉形成的面筋通常较弱，很容易撕裂，因此有时被称为弱筋面粉。由于弱筋面粉蛋白质、戊聚糖和

其他小麦分类方法

尽管麦粒硬度是最常用的小麦分类依据，但也有其他分类依据。小麦可按植物品种、一年中的种植时间或麦粒颜色分类。事实上，美国六大类小麦被描述为硬红冬、软红冬、硬红、硬白、软白、硬粒。除硬粒小麦外，北美大多数磨成面粉的小麦都是所谓的普通小麦。

各类面粉质量可能会有很大差异。特别是地理、气候和土壤变化会影响小麦的组成和质量。因此，面粉厂通常将来自不同地区的面粉混合在一起，为客户提供一致的产品。

破碎淀粉颗粒的含量均较低，所以吸收水分较少。弱筋面粉并不一定不如强筋

面粉用途广。它们适用于制造蛋糕、曲奇饼、饼干和糕点之类较松软的产品。

粒度

小麦和其他谷物可以碾磨成许多不同的形式，范围可从非常细的面粉到破裂的或整粒的麦粒（图5.4）。细小颗粒吸收水分很快。整粒和破裂的麦粒，以及粗粉和压片之类产品使用前通常需要过夜浸泡或温和加热，以使其适当吸水和软化。这种吸水软化胀发的谷物通常被面包师称为浸泡谷物。

有证据表明，人体消化和吸收整粒等较大颗粒的谷物没有细粉那么快。这有利于糖尿病患者和试图控制其血糖水平的其他患者。

面粉

根据定义，面粉是碾磨成较细粒度的谷物。当然，并非所有的面粉都有同样的粒度。例如，软质小麦的麦粒较柔软，更容易研磨，因此软质小麦面粉通常比硬质小麦面粉细。

颗粒产品

颗粒产品比面粉粗。像面粉一样，如果将整个麦粒碾磨，而不是用胚乳碾磨，那么它们就可以是全谷物产品。颗粒状小麦产品的实例包括谷物粉（Farina）和麦糁（Semolina）。谷物粉是硬红小麦胚乳的粗磨粉。麦乳（Cream of Wheat）是一种谷物粉品牌的例子。硬粒小麦糁由

图5.4 各种全谷物产品
左上：小麦面粉；左下：常规全麦油酥糕点面粉；右，从上到下：破碎的小麦、小麦籽粒（麦仁）、小麦片

硬粒小麦胚乳粗粉碎得到。麦糁来自意大利语"谷物粉"。因为硬粒小麦是黄色的，所以很容易误认为是玉米面粉。

粗磨粉和粗粒有各种粒度，从粗到细，每种为烘焙食品提供略有不同的质地。这些术语常用于小麦以外的谷物，如玉米或大米。

压碎的麦粒

压碎的麦粒是被压碎了的整粒麦粒或碎片。例如压碎的小麦或滚压的小麦片。

全麦粒

谷物可以完整麦粒形式出售。市售的全麦粒通常称为小麦麦仁（Wheat berries）。全麦粒必须先浸泡才能软化。全麦粒为面包增加了对比质地和视觉吸引力。

面粉和面团添加剂及处理

面粉商经常在面粉中加入少量添加剂。有些添加剂也可供面包师直接混合到面团中。政府机构对允许使用的添加剂种类和添加量有严格规定。根据法律，面粉商必须对面粉中所含的添加剂进行标识。

面粉添加剂有若干类型。有的用于改善法律要求的面粉营养成分，有的用于改善面团加工或烘烤性能，有的用于面粉的增白。以下介绍几种主要的面粉添加剂。

维生素和矿物质

营养强化的面粉是添加了铁和B族维生素的白面粉，其含量等于或超过全麦面粉。所添加的四种B族维生素：维生素B$_1$（硫胺素）、维生素B$_2$（核黄素）、烟酸和叶酸。其他维生素和矿物质也允许选择性地添加到面粉中。基本上所有由北美白面粉制成的烘焙食品和面食产品都用营养强化面粉制作。

自然老化

当碾磨的"新鲜"面粉暴露于空气中数周或更长时间时，会发生自然老化。面粉经过自然老化，可使空气进入面粉。空气是一种强大的添加剂，它可造成两个主要变化。首先，它使面粉变白。其次是增强面粉形成的面筋。

实际上，空气中的活性成分是氧气，所以空气被认为是氧化剂。氧使面粉中的类胡萝卜素发生氧化，使其化学结构发生变化，从而吸收更少的光。这使面粉显得更白和更亮。氧也会使形成面筋的蛋白质氧化，从而形成更强的面筋。由老化面粉制成的酵母面团比用新面粉制成的面团更容易处理，因为具有较强面筋的面团较少黏连，拉伸时不易撕裂。醒发和烘烤期间气体膨胀时，面筋能够拉伸而不断裂的能力尤其重要，它可使烘烤面包体积增大，组织结构致密。

白面粉为什么要强化？

磨面过程包括从胚乳中除去麸皮和胚芽。此过程也会去除维生素和矿物质、膳食纤维，以及麸皮和胚芽所含的蛋白质和脂肪。其他重要的未知营养素也可能被去除。面粉强化补充了磨面过程损失的某些维生素和矿物质。强化不能补充麸皮中的膳食纤维、胚芽中的高品质蛋白质，也不能补充麸皮和胚芽中其他潜在的重要但未知的营养物质。

政府调查发现某些维生素和矿物质的缺乏与一些疾病的高发病率相关后，20世纪40年代初美国出现了强化面粉。白面粉强化实际上消除了这些疾病中的两种，即脚气病和糙皮病。

美国和加拿大政府均定期重新评价北美人群的营养需求。20世纪90年代后期，叶酸被列入营养强化面粉所需的维生素和矿物质列表中。叶酸可预防某些先天性缺陷，包括脊柱裂，还可以降低冠心病风险。

自然老化有一些缺点。首先，它需要时间，通常需要几周或几个月。在这段时间里，面粉占据了宝贵的仓库空间，却没有收入。此外，面粉较长时间处于筒仓中，更有可能生长霉菌或受到昆虫或啮齿动物的侵害。自然老化也可能不一致，并不像许多化学漂白和促熟剂那样有效。然而，消费者通常喜欢经过自然老化的面粉，而不喜欢含有漂白和促熟剂的面粉。天然的面粉通常被标记为"未漂白"。

漂白剂和促熟剂

促熟剂是用于改变面粉烘烤性能的添加剂。促熟剂可以在磨面机中添加到面粉中，也可存在于面包师加入的许多面团调理剂中。

一些促熟剂具有增强面筋作用，其他促熟剂则具有弱化面筋作用。由于用同样的术语——促熟剂来描述具有完全相反功能的添加剂，可能会令人困惑。在本文中，将加强面筋的促熟剂（如溴酸钾和抗坏血酸）称为强化型促熟剂，而将不能加强面筋的促熟剂称为弱化型促熟剂。无论哪种情况，都仅需非常少量（1 mg/kg）促熟剂就可能引起所需的变化。

溴酸钾是一种强化型促熟剂。加入溴酸钾的面粉称为溴化面粉。溴酸钾自20世纪初就一直在使用，这是一种用于判断其他促熟剂效果的标准促熟剂。尽管如此，加拿大和欧洲不再允许溴酸钾作为添加剂用于面粉。溴酸钾被认为是一种致癌物质，因为它已被证明会

在实验动物中引起癌症。虽然美国仍然批准使用溴酸钾，但其使用量正在慢慢地减少，如今面粉中的添加量比以往面粉中的添加量低得多。在美国加利福尼亚州，含有溴酸钾的产品必须带有警告标签。

许多公司正在寻找溴酸盐替代品用于强化面粉。虽然已有几种溴酸盐替代品可用，但抗坏血酸是最受欢迎的。抗坏血酸即维生素C。

抗坏血酸不如溴酸钾有效，其作用稍有不同，因为担心溴酸钾的安全性，其使用正在增加。

漂白剂会使面粉中的类胡萝卜素变白。最常见的漂白剂是过氧化苯甲酰。过氧化苯甲酰可用于各种类型的面粉，因为它在漂白方面非常有效，也因为它不会对老化造成影响。它的作用只是漂白。过氧化苯甲酰通常用于漂白面包面粉、高筋面粉、通用面粉、蛋糕面粉和油酥糕点面粉。

氯只限于蛋糕面粉的漂白。它自20世纪30年代开始用于面粉，并且继续在美国、加拿大、澳大利亚、新西兰和南非等国家使用。除了漂白作用之外，氯还能改善软质小麦面粉的烘烤性能。它主要通过氧化面粉中的淀粉起作用，导致淀粉颗粒吸收水分并更容易膨胀。换句话说，氯化面粉是较好的干燥剂，它们可形成较稠厚的面糊和较硬的面团。氯还可增加淀粉与脂肪的结合能力，有助于使脂肪均匀地分布在面糊和面团中，以获得致密的组织结构。尽管氯气大大削弱了面筋，但与对淀粉的影

响相比，这种效应并不太重要。

注意，氯对面筋的作用与天然老化或溴酸钾之类促熟剂的作用有很大区别。氯是一种弱化型促熟剂，因此可用于软质小麦面粉。溴酸钾和抗坏血酸是强化型促熟剂，它们用于硬质小麦面粉。表5.1所示为不同面粉添加剂对面粉的影响。

表5.1 面粉添加剂及其对面粉的影响

类型	添加剂	类胡萝卜素	面筋	淀粉	主要用途
自然老化	空气（氧气）	漂白	加强	无影响	所有面粉
强化型促熟剂	溴酸钾	无影响	加强	无影响	高筋面粉
	抗坏血酸	无影响	加强	无影响	高筋面粉；某些面包面粉
漂白剂	过氧化苯甲酰	漂白	无影响	无影响	所有面粉
漂白剂和弱化型促熟剂	氯	漂白	弱化	提高吸水能力	蛋糕面粉

促熟剂如何起强化作用？

强化型促熟剂的作用类似于自然老化。也就是说，它们对麦谷蛋白和麦醇溶蛋白分子起氧化作用，使它们发生变化，于是在形成面筋时产生更多的键。产生的键越多，面团就变得越坚硬、越干燥、越有弹性。最后的醒发和烘烤阶段气体膨胀时，这种强化的面筋不会破裂。由于气体不会逃逸，所以面包体积较大，面包质地较细。许多促熟剂在加强面筋方面比自然老化更有效。在大多数情况下，强化型促熟剂不会使面粉变白。

溴酸钾和溴酸钾替代品都以类似的方式，在面包制作过程的不同时间起作用。因此，商业面团调理剂通常由几种促熟剂组合而成，以便在整个过程中起强化面团作用。例如，一旦将水添加到面粉中，一些溴酸盐替代剂就能快速对面筋起氧化作用。相比之下，溴酸钾的作用较缓慢，它主要在最需强化的最后醒发和烘烤早期阶段起作用。只要有氧气（空气）存在，抗坏血酸就可在整个面包生产过程中起稳定的作用，但它的作用不像溴酸钾那样有效。

淀粉酶的来源是否重要？

面粉商在面粉中添加的淀粉酶（更具体地说，α-淀粉酶）来源会使烘焙面包的质量产生很大的差异。这是因为并非所有的淀粉酶都是同样的。尤其要注意的是，不同淀粉酶会在不同烤箱温度下失活。由于淀粉酶会对烘烤过程的面包面团产生最大活性，因此，其热稳定性非常重要。

例如，在淀粉颗粒糊化之前，即在淀粉最容易受酶作用之前，真菌淀粉酶通常会失活。如果使用淀粉酶的唯一原因是改善发酵，那么淀粉酶在烘烤过程中早期失活是可以接受的，甚至是需要的。无论如何，一旦面团温度升至60 ℃，发酵便会停止。然而，如果要通过添加酶来软化组织结构并延缓陈化，则真菌淀粉酶几乎不会有效，原因是，淀粉酶将会在有机会分解大量淀粉颗粒之前受热失活。

另一方面，早期的细菌淀粉酶在烘烤过程的失活发生得非常晚，或者有时甚至根本不发生。使用这些酶，会使大量淀粉分解，从而使面包发黏。较新型的细菌淀粉酶的失活温度处于常规真菌淀粉酶失活温度和早期细菌淀粉酶失活温度之间。事实上，这些较新型的细菌淀粉酶在其热稳定性方面与谷物淀粉酶最相似。它们使刚刚足够的淀粉分解，可使陈化延迟，但不会使面包发黏。

人们随时可以通过标签了解面粉是否经过漂白，但不一定能了解使用的是哪种漂白剂。如果要了解，可询问面粉制造商。

淀粉酶

淀粉酶是面包制作中重要的酶之一。第3章已经提到，淀粉酶将面包中的淀粉分解成糖和其他产物。这种分解作用可为酵母发酵提供养分，可增强烘烤过程中的美拉德反应，可起软化组织结构作用，也可起减缓保质期内的陈化作用。

发酵过程中，淀粉酶主要对受损颗粒的淀粉起作用。在烘烤过程中，当淀粉颗粒糊化并变得更易受其作用时，淀粉酶活性会增强。受热失活时，淀粉酶活动便终止。

虽然白面粉确实含有一些淀粉酶，但水平通常太低而无法起作用。为此，面粉制造商有时会在面粉中加入淀粉酶。淀粉酶来自细菌或真菌。如果面粉制造商未在面粉中添加淀粉酶，面包师可以加入一些富含淀粉酶的配料，其中包括麦芽粉、发芽或浸泡的小麦颗粒、麦芽糖浆、黑麦面粉、未烘烤的大豆粉或其他含有淀粉酶的面团改良剂。

麦芽粉

麦芽粉可以认为是具有酶活性的面粉。麦芽粉中的酶主要是淀粉酶，但也存在蛋白酶（分解蛋白质的酶）。尽管各种谷物都可能发芽，但最常用于制成麦芽粉的是大麦。大麦麦芽粉通常称为麦芽粉、干麦芽，或简称麦芽。

某些用于酵母面团生产的品牌面粉已经添加大麦芽粉，面包师也可专门购买干麦芽粉，并按0.25%~0.5%（烘焙百分比）的比例将其加入到酵母面团中。

市场上也有黑麦麦芽粉出售。它们与大麦芽粉的风味和酶活性不同。麦芽糖浆（也称麦芽提取物）和干麦芽糖浆是相关产品。第8章将讨论这些产品。

面团调理剂

面团调理剂也称为面团改良剂。面团调理剂是白色、干燥的颗粒状产品，看起来类似于面粉。面团调理剂用于制作酵母面团。由于面团调理剂是含有多种成分的混合物，所以具有多种功能。面粉调理剂在要求形成良好的面筋，从而获得增大的体积和细腻的组织结构时特别有用，在面粉质量较差或面团处于苛刻的条件下，其作用更加明显。苛刻的条件可能会发生在大型面包房操作中，自动化设备对面团的处理往往比较粗糙。面团冻结并且冰晶损坏面筋结构时也是苛刻的面团条件。然而，有时候，面包房会依靠面团调理剂来取代长时间发酵过程。虽然这节省了时间，但它也缩短了面团形成时间，从而改变了面包的味道，面团的形成通常需要较长的发酵时间。

不可过度使用面团调理剂。过度使用会使产品的质地和体积都很差，同时也是非法的。美国和加拿大对面团调理剂中使用的许多添加剂均有相关规定。

何谓制造麦芽？

制造麦芽是指在控制条件下使全谷粒发芽。啤酒制造以及烘焙行业都会使用麦芽。

用于制粉的麦芽制作有三个主要步骤：浸泡、发芽和干燥。为了浸泡谷物，要将谷粒轻轻地搅拌到冷水槽中，并使其浸泡。当吸水量接近自身质量一半时，要将胀发的颗粒转移到平床中发芽。发芽颗粒会产生多种活性酶，包括分解淀粉的淀粉酶和分解蛋白质的蛋白酶。在阴凉、潮湿环境中大约发芽4~5 d后，可将发芽颗粒转移到烤箱中，缓缓地干燥至原来水分（低于14%）。干燥可终止发芽，但不会影响酶的活性。最后一步是将干燥的麦芽磨成粉。

面团调理剂有什么成分？

虽然可供使用的面团调理剂有许多品牌，但大部分为以下成分的混合物：

* 乳化剂，如DATEM、硬酯酰乳酸钙，用于吸水和面筋强化。（DATEM是双乙酰酒石酸单双甘油酯的英文缩写。）

* 盐和酸，如碳酸钙或磷酸氢钙，通过调节水硬度和pH优化面筋形成。碳酸钙可增加水硬度和pH；磷酸氢钙可增加水硬度，同时降低pH。许多烘焙粉也含有磷酸二氢钙（一种酸性盐）。

* 强化型促熟剂，如溴酸钾、抗坏血酸、碘酸钾和偶氮二甲酰胺（ADA），用于增加面筋强度。

* 酵母营养素，如铵盐，用于改善酵母发酵。

* 酶，如淀粉酶，用以改善酵母发酵和褐变，软化组织结构，延缓老化。

* 还原剂，如L-半胱氨酸，用于破坏面筋中的键或阻止其形成。这些助剂可增加面团的伸展性，降低面团的强度。它们与强化促熟剂的作用相反。例如，添加L-半胱氨酸可以改善比萨饼面团，使其易拉伸，不易收缩。

谷朊粉

谷朊粉是一种富含（高达75%）活性蛋白质的干粉；活性蛋白是与水混合时能形成面筋的蛋白质。市售的谷朊粉是乳黄色粉末。将谷朊粉加入到酵母发酵面团中，可以改善面粉质量，增加混合和发酵的耐受性，从而改善体积，并产生更细腻的面包组织结构。添加谷朊粉需要同时增加配方的水分添加量，以使其与水充分结合。而水分的增加及制品体积的增大，使面包保持柔软的时间更长，从而延长了保质期。但是，必须注意，谷朊粉的添加量不要超过面包配方中的小麦面筋的量。太多的小麦面筋会使产品变得坚韧难嚼。

白面粉的商业等级

前面提到，胚乳是麦粒中最白的部分，也是用于磨成白面粉的部分。前面还提到，胚乳含全部形成面筋的蛋白质。因此，毫不奇怪，为什么北美商业白面粉要根据纯胚乳多少来定义。胚乳含量高的面粉必须精磨，但价格更高。高胚乳面粉颜色较白，因为麸皮和胚芽杂质含量较低。所以，虽然这些所谓的优质面粉的烘烤质量很高，但营养质量最低。

由于麦麸天然富含灰分，因此，面粉制造商确定面粉等级的传统方式是测量其灰分含量。虽然灰分含量也受小麦品种和土壤条件影响，但它确实反映了面粉的麸皮含量，从而也提供面粉商业定级的依据。以下面粉等级既适用于黑麦面粉，也适用于小麦面粉。

特级面粉（专利面粉）

特级面粉是所有商业级白面粉中质量最高的面粉。面包师经常用特级面粉

来称呼特级面包面粉，但目前所销售的大多数面粉，无论是面包面粉、蛋糕面粉，还是油酥糕点面粉都是特级面粉。特级面粉由磨面过程中最早磨出的面粉混合而成。它由胚乳的最内部分组成，基本上不含麸皮和胚芽。这使得特级面粉灰分含量最低，颜色最白，形成面筋最好，并且不受麸皮或胚芽的干扰。特级面粉有不同等级，具体等级取决于磨面过程中面粉流的混合情况。最高质量的特级面粉称为精特级或特等特级粉。

清粉

清粉是所有商业级面粉中质量最低的面粉。清粉由胚乳外层部分研磨得到，胚乳外层部分由专利面粉生产留下的面粉构成（图5.5）。虽然清粉有不同等级，但各种清粉的麸皮、蛋白质和灰分含量均较高，颜色略带灰色。这是因为清粉中含有糊粉的缘故，糊粉是最靠

图5.5 自左至右：头磨面粉，用整个胚乳研磨；清粉，从紧贴麸皮层内胚乳得到；特级面粉，用胚乳中心部分研磨

13%～15%，灰分含量约为0.8%。

清粉比特级面粉便宜。虽然清粉总蛋白质含量较高，但清粉形成的面筋通常比特级面粉的弱。

一级清粉通常添加到黑麦和全麦面包中。它的蛋白质为低筋谷物提供了所需的强度，而其微灰色则被黑麦或全谷物的深色遮蔽。较低、较暗等级的清粉用于生产谷朊粉。

近麸皮层的胚乳部分。糊粉富含酶活性、膳食纤维和矿物质（灰分）。尽管糊粉营养丰富，但面筋蛋白质含量较低。

高品位的清粉称为一级清粉，是生产硬质小麦一等特级面粉后留下的部分。多数市售给面包师的清粉是硬质小麦面粉的副产物，通常蛋白质含量为

头磨面粉

头磨面粉用整个胚乳碾磨得到（图5.5）。它由研磨过程的所有可用面粉组合而成，并且包含不易与胚乳分离的麸皮和胚芽颗粒。头磨面粉在北美烘焙行业不常用。然而，法国面包师在面包中使用头磨面粉。

如何磨面粉？

磨面有两个目的：首先是将胚乳与麸皮和胚芽分开；其次是把谷物研磨成细面粉。理想情况下，研磨应分离出尽可能多的胚乳，并且不破坏淀粉颗粒，但这是很难做到的。事实上，即使胚乳占小麦籽粒的85%，商业磨粉作业每100 kg小麦也只能得到72 kg的面粉，即所谓得率为72%。为了完成这些目标，现代磨粉操作：

1 将颗粒中的污垢、杂草籽、石头和其他碎屑清理除去。
2 调节麦粒的水分含量。调节可使麸皮变坚硬，使胚芽变韧，从而可方便地将胚乳与麸皮和胚芽分离。
3 利用波纹（槽纹）滚筒碾碎麦粒，使胚乳与麸皮和胚芽松开。
4 使用筛子和气流将麸皮和胚芽与纯胚乳分离，得到的谷物粉大小的胚乳块称为次粉。
5 胚乳次粉经一系列（看起来像意大利面食用滚筒）的减径平滑滚筒磨成面粉。滚筒间越靠近，得到的面粉越细。通过此过程，面粉颗粒逐渐减小，并以面粉流形式离开。

此最后三步操作重复几次，产生的面粉流再回到含胚乳较少，含麸皮和胚芽较多的波纹滚筒中，最后一对滚筒出来的面粉最纯，含麸皮和胚芽"杂质"最少。这些面粉流被选择性地组合，并经筛分，成为不同商业级的面粉。然后，可使面粉自然老化，或用漂白和促熟剂处理。其他批准使用的添加剂也可以加入并混合到包装和销售之前的面粉中。

19世纪中期，传统磨坊难以碾磨美国中西部和加拿大的春小麦硬粒。使用从匈牙利进口的花岗岩磨石的新工艺，大大提高了将这些硬粒加工成白面粉的能力。但是，直到一个名叫拉克鲁瓦的法国人开发出一种净化器，才提高了白面粉的产量和质量，使得硬质春小麦更容易被磨成白面粉。1865年，美国专利局为这种净化器授予专利。随后在精磨白面粉方面出现了数百项专利。这些在美国明尼苏达州工厂使用的新专利工艺彻底改变了磨粉行业。美国中西部专利面粉的消费需求在北美和欧洲继续上涨，美国磨粉行业的中心从东部城市转移到中西部地区，成为国际知名的磨粉中心。今天，专利面粉一词仍然指的是高纯白面粉。

特级小麦面粉的种类

如今，面包师和糕点师购买的大多数面粉，都是从胚乳核心研磨得到的特级面粉。各种特级小麦面粉有很多差异。其中有些差异因用于生产面粉的小麦类型而出现，有些差异因磨粉作业或添加剂差异而引起。

面包面粉

面包面粉用硬质红色春小麦或硬质红色冬小麦碾磨得到。它们的蛋白质含量高（通常含11.5%~13.5%的蛋白质），可形成优质面筋，这对于酵母发面的烘焙食品获得大体积和细腻组织结构相当有利。因为是硬质小麦籽粒，所以难以磨粉。因此，面包面粉比油酥糕点面粉粗糙，并含有较高百分比的破碎淀粉颗粒。这些破损的淀粉颗粒可比完整的颗粒吸收更多的水，从而减缓了陈化过程。破损的颗粒也比完整的颗粒更容易被淀粉酶分解，这进一步减缓了陈

面包面粉、高筋面粉或者清粉等强筋面粉的指标中，大多包括一个所谓的降落数值指标，用于标明淀粉酶活性。

将面粉和水加入管中加热，同时用棍棒搅拌，可以测量降落数值。淀粉糊化后，受到面粉中的淀粉酶作用而液化。这会使面粉混合物变稀薄，搅拌棒会掉落到管的底部。搅拌棒落到管子底部所需的时间（秒）被称为面粉的降落数值。降落数值越大，说明面粉中的淀粉酶活性就越小。

制作面包的面粉通常可接受的降落数值要大于200 s。较低降落数值的面粉会表现出：过强的酶活性、深色的产品外皮、发黏的面包心，及较弱的面包结构。面粉加工商通过混合不同面粉流、调节面粉中的淀粉酶活性，或通过调节添加到面粉中的淀粉酶或干麦芽的量，可以确保不同时间生产的面粉具有相同的性能。如此，可以保证品牌面粉中的降落数值和淀粉酶活性常年保持在稳定水平。

化过程。此外，由于淀粉酶将淀粉分解成糖，从而可促进酵母发酵。

经过漂白（通常用过氧化苯甲酰）或未经漂白的面包面粉都可以从市场上购买。一些面包面粉添加有增加淀粉酶活性的大麦芽粉，具有更好的酵母发酵和面团处理性能，也可延长保质期。面包面粉通常用于吐司面包、小圆面包、羊角面包和甜酵母面团。

手工面包面粉 用硬红冬小麦碾磨成的手工面包面粉类似于法国面包面粉；也就是说，它们的蛋白质含量相对较低（11.5% ~ 12.5%），灰分通常高于其他面粉。冬小麦的蛋白质含量较低，可提供更脆的外皮（吸水较少），面包内部具有理想的不规则孔洞。换句话说，这些面粉最适用于法国长棍面包和其他硬皮低脂酵母面包。

虽然手工面包面粉的蛋白质含量低于其他面粉，但蛋白质的质量必须很高。高品质的蛋白质在强度和延展性之间能取得良好的平衡。如果面筋不够强劲，那么当面团被拉伸时，它就会被扯断，并且手工面包严格的长时发酵工艺会使面团出现塌陷。这些面团应当轻缓地处理，因为它们容易过度混合。由于手工面包面粉可生产出柔软且有弹性的面团，因此，也适用于玉米饼和皮塔饼之类的扁平面包。

手工面包面粉通常比其他特级面粉的灰分含量略高。较高灰分含量说明面粉中含有较大部分的小麦籽粒。这种面粉含有较多的矿物质、较多的戊聚糖和较多的活性酶。这会使面粉呈灰色状，

但被认为有利于改善酵母发酵和风味。手工面包面粉通常不含漂白剂或促熟剂，与其他面粉相比，更有可能成为有机面粉。

高筋面粉

高筋面粉由硬质小麦（一般是硬红春麦）研磨得到。它们天然富含蛋白质（通常含13.5% ~ 14.5%的蛋白质），并且通常含有用于强化面筋的溴酸钾或其替代品。由于高筋面粉蛋白质含量高，并且在研磨过程中产生高度破坏性淀粉

有用的提示

如果面团中的淀粉酶活性较小，则有可能出现面包心潮湿而发黏、结构脆弱，以及深色外皮的结果。为了减少淀粉酶活性，请考虑以下几点：

- 减少干麦芽、麦芽，麦芽糖浆或其他含有活性酶配料的用量。
- 使用较高降落数值（代表较低淀粉酶活性）的面粉。
- 如有可能，增加盐的添加量。盐可降低酶活性。
- 如果可能，增加烤箱温度，以加快烘烤过程。如此，可缩短面团暴露于酶活性增强的温度的时间。
- 如果允许长时间发酵，则提供有利于乳酸菌而非酵母菌的生长和发酵条件，所以pH会很快降低（淀粉酶在低pH下活性较低）。

例如，可以通过冷藏，将面团的发酵温度降低。

如果面包体积不够大、外皮苍白，并且面包心过快干燥，则可考虑增加淀粉酶活性。为了增加淀粉酶的活性，可采取上述项目相反的措施。

颗粒，需要大量水才能形成可接受的面团。它们需要额外的混合才能充分形成面筋，但它们比常规面包面粉能更好地承受混合。像面包面粉一样，高筋面粉有些被漂白过，有些加入麦芽粉。高筋面粉几乎专用于酵母发酵烘焙品，特别是需要最大强度和结构的烘焙品。高筋面粉适用于百吉饼、炉烤面包、薄皮比萨饼和硬圆面包。

不要将高筋面粉与日常看起来像面粉的谷朊粉混淆，后者最好看作面粉添加剂。与谷朊粉一样，小心不要过度使用高筋面粉，以免使面包变得太硬或难嚼。

油酥糕点面粉

油酥糕点面粉用软质小麦（一般用软红冬小麦，但也可用软白小麦）碾磨得到。油酥糕点面粉的蛋白质含量通常较低，范围在7%~9.5%，并且易于碾磨成细颗粒。油酥糕点面粉通常不被漂白，但有经过漂白的油酥糕点面粉。因为油酥糕点面粉蛋白质含量通常很低，并且吸水性戊聚糖及受损的淀粉颗粒含量也低，从而吸水能力很低。用油酥糕点面粉制成的面糊和面团，在烘烤的早期阶段会保持相对柔软和流动性状态。与普通面粉相比，使用油酥糕点面粉可以使曲奇饼面团能进一步延展，而蛋糕发得更高。

用油酥糕点面粉制作面包会是什么情形？

如果用油酥糕点面粉制作面包，则面包的外观和口味与面包面粉制作的会不一样。首先，尽管混合需要较少的水，但面团会较软。这种面团容易破裂和撕裂，较容易过度混合。

油酥糕点面粉烘烤得到的面包体积较小。外皮不容易褐变，面包心会更白。面包内部的气泡会变得较大、不规则。会有不同的风味，如果面包贮存几天，会明显陈化。

与面包面粉相比，这些差异多半是由于油酥糕点面粉蛋白质含量和质量均较低所引起的。

蛋糕面粉

蛋糕面粉由软小麦（一般是软红冬小麦）碾磨得到。它们是精特级或特等特级面粉，这意味着它们是用胚乳最内核部研磨出来的。因为小麦的这一部分容易研磨，所以与其他面粉相比，蛋糕面粉粒度较细，色泽较白和较亮，蛋白质含量较低（6%~8%），淀粉含量较高。蛋糕面粉通常用氯和过氧化苯甲酰漂白，产生明亮的白色及明显变化的风味。它们有时称为氯化或高比例面粉。

前面提到，氯是削弱面筋的促熟剂，并有增强淀粉颗粒吸水（和油）膨胀的能力。用蛋糕面粉替代油酥糕点面粉制成的曲奇饼面团较坚实干燥，缺乏自由液体，从而可以防止面团在烘烤过程可能出现的大范围延展。由蛋糕面粉制成的曲奇饼形状优于油酥糕点面粉制成的饼干，但它们很少出现褐变，并且具有蛋糕般的质感（图5.6）。

氯对蛋糕面粉的性质的重要性不能过分强调。蛋糕面粉的定义是受过较浓的氯处理，蛋白质含量低的细面粉（不是很细的面粉）。研究人员正在探索氯化的替代处理方法，欧盟不再允许在面粉中使用氯。一些有希望的氯替代处理方法包括使用干热、酶和黄原胶之类添加剂。

通用面粉

专业糕点师通常不使用通用面粉。然而，食品行业以H&R面粉形式销售通用面粉，H代表酒店，R代表餐厅。通用面粉通常含有9.5%～11.5%的蛋白质，但会随品牌而变化。通用面粉通常由硬质小麦面粉和软质小麦面粉混合而成，但并非总是如此。有些品牌，如亚瑟王面粉，完全是由硬质小麦制成的。其他品牌的通用面粉，如白百合面粉，则完全由软质小麦制成。通用面粉可以是漂白的（过氧化苯甲酰或氯），也可以是未漂白的，通常富含维生素和矿物质，并可能添加大麦芽粉。

图5.6　曲奇面团中的不同面粉产生高度上的差异和延展性差异
左：用油酥面粉制成的饼干
右：用蛋糕面粉制成的饼干

> ### 有用的提示
>
> 一些曲奇饼除了油较多并且较干以外，看起来更像小蛋糕。蛋糕面粉适用于这种类型的曲奇饼。以假日印模曲奇饼为例，如果它们能保持形状，并在整个烘烤过程保持白色，则印出的糖曲奇饼最好看。这些饼干的颜色最好用糖霜装饰，而不是在烤箱中褐变。

蛋糕面粉在制作蛋糕时有多重要？

许多蛋糕可用油酥糕点面粉或面包面粉成功制成，但轻质、甜味、潮润、松软的高比例蛋糕却不可以。高比例蛋糕是用液体和糖相对于面粉比例较高的配方制成。如果没有蛋糕面粉，这些蛋糕不会膨发起来，或者更可能先是膨发起来，而后在烘烤和冷却期间会塌陷。这是为什么呢？

回想一下，即使加入大量的水和糖，氯也会改变面粉中的淀粉，使面糊中的淀粉颗粒膨胀和增稠。浓稠的面糊在混合和烘烤过程中可保持微小的气泡，并且蛋糕面粉会比面包面粉或油酥糕点面粉产生更稠厚的面糊。因为在烘焙过程中，醒发产生的气体能被蛋糕面糊保持较长的时间，所以蛋糕面糊膨胀得更高，烘焙得到的蛋糕较轻，体积较大，质地较柔软。

如果配方要求使用通用面粉怎么办？

并非所有专业烘焙房都库存通用面粉。如果某配方要求通用面粉，但手头没有这种面粉，怎么办？通用面粉的标准替代品通常用60份面包面粉与40份蛋糕面粉混合而成，也可以50：50比例混合。这种混合比例适用于某些产品，包括许多曲奇饼配方。然而，面包面粉和蛋糕面粉的混合并非总是通用面粉的最佳替代品。

酵母发酵的产品最好用面包面粉。这需要额外加水以形成面团，并且需要更长混合时间形成面筋。得到的面团将更容易处理，这种面粉制成的产品要比用通用面粉制成的体积大些，而且产生的面包质地也较细腻。

对于细腻质地的高比例蛋糕，应使用蛋糕面粉，而不是通用面粉。对于大多数其他蛋糕，如姜饼和胡萝卜蛋糕，以及许多其他产品，包括派面团和烘焙粉饼干，请使用面包面粉或油酥糕点面粉。

其他小麦面粉

全麦面粉

全麦面粉（Whole wheat flour），有时被北美人称为格拉汉姆面粉（Graham flour）或整小麦面粉（Entire wheat flour），在英国和其他国家，有时称为"Wholemeal flour"。它是一种全谷物产品，因为它含有的麸皮、胚芽和胚乳三部分的比例，与原料麦粒的比例完全相同。它的高灰分含量（超过1.5%）说明了富含矿物质的麸皮的存在。麸皮以及胚芽，均富含不溶性和可溶性膳食纤维，这些膳食纤维主要由戊聚糖构成。这是全麦面粉的干燥剂特性优于白面粉的主要原因。因为麸皮和胚芽含油量高，油易于氧化产生酸败，形成不良的风味，因此，全麦面粉的保质期比白面粉的短。（在加拿大，有些全麦面粉去除了大部分油性胚芽及部分麸皮，以降低酸败，虽然称为全麦面粉是合法的，但不能称为全谷物产品）。

全麦面粉从粗到细有不同粒度的产品。石磨面粉和常规（滚筒）碾磨面粉也是如此。因为粗面粉比细面粉吸水速度慢，所以不会很快形成面筋。尽管如此，全麦面粉中的麸皮颗粒越细，面包面团的发酵耐受性就越差。最终的结果是，用磨碎麸皮制成的面包体积比用粗糠制成的面包体积小。

人们通常误认为格拉汉姆面粉是不同粒径的全麦面粉。西尔维斯特·格雷厄姆牧师1829年第一次制作格拉汉姆饼干时，使用的是粗粉碎的全麦面粉。不过，如今，在美国和加拿大，没有规定要求根据粒度将格拉汉姆面粉与全麦面粉区别开来。这两个术语基本上是可互换的。

全麦面粉虽然也可以用软质红小麦碾磨，但通常用硬质红小麦研磨。两种情况下，全麦面粉的蛋白质含量比同样小麦磨的白面粉高。尽管全麦面粉的蛋白质含量较高（11%~14%以上），但与相同甚至较低蛋白质含量的白面粉相比，形成的面筋要低些。这有几个原因：

- 全麦面粉中的尖锐麸皮颗粒会切断形成的面筋。
- 麸皮的戊聚糖含量高，对面筋的形成有干扰。
- 全麦面粉中大部分蛋白质来自麸皮和胚芽，不能形成面筋。
- 小麦胚芽含有干扰面筋形成的蛋白质片段（谷胱甘肽）。

什么是石磨面粉？

早期人类用石头将全谷物碾碎和击碎制成最初的石磨面粉。经过几个世纪的演变，最终出现了石磨面粉工厂。石磨机由两个旋转的圆形花岗岩磨盘构成，对夹在磨盘间的颗粒进行摩擦或碾压。碾磨可以与筛分相结合，从而将白面粉与麸皮颗粒分离。19世纪末期出现辊磨机使磨粉行业发生变革，在此之前美国有超过22000台石磨机，它们主要由风车或水轮机驱动运行。

今天，石磨主要用于碾磨全谷物面粉，而不是白面粉。虽然磨粉商可对磨石进行一些调整，但是一般来说，石磨的特征是使胚芽油在整个面粉中均匀分布，而且产生的麸皮颗粒通常比辊磨机的小。较小的麸皮颗粒，可使其中的蛋白质和其他营养物质完全消化。因此，石磨面粉制造商有时会宣称其产品的消化率和营养价值较高。

老式磨粉机，由于碾磨速度慢，碾磨时产生较少热量，进入粉碎面粉的热量也少。这可以防止酶失活，也有利于防止油的氧化。石磨面粉中活性酶的存在具有双重影响。虽然碾磨机产生的低热量可能不会使小麦胚芽油氧化，但酶可以使其氧化。这可能是石磨面粉保质期较短的原因之一，也可能是石磨面粉比辊磨面粉具有更强烈的风味的原因。

辊磨机是当今碾磨面粉的主要设备。早在16世纪就在欧洲就发明了这种机器，但直到19世纪末才在北美广泛使用。辊磨机由一系列成对铁辊组成，有些辊带有凹槽，有些是光滑，两个辊子相向转动。因为两个辊子的转速有差异，所以可使夹在中间的颗粒受到扭曲并被剪碎。这可使麸皮变成大片，将胚乳破碎成块。这与通常在石磨中发生的摩擦和破碎作用有所不同。

辊磨生产的全麦面粉，通常是将胚乳、麸皮和胚芽按照原料颗粒中存在的比例混合得到的。通常，胚乳碾磨得较细，而麸皮颗粒仍保持较大，这样可以获得最佳面筋形成效果，受到麸皮颗粒的干扰也最小。因为在这种过程中胚芽被压扁，并且不会在整个面粉中受到摩擦，所以胚芽中仍保留其有价值的油。据说，如此可以减少面粉中油的氧化。辊磨产生的较高热量也可能会破坏脂肪酶，这有助于防止异味产生，并有助于延长保质期。

这意味着用全麦面粉制成的酵母面团和烘焙食品将不同于白面粉制成的面团。具体而言，全麦面粉面团的黏性较低，弹性较小，持气性较差。因此，100%的全麦面包通常比白面包更致密、粗糙。

由100%全麦面粉制成的烘焙食品颜色当然比白面粉制成的颜色深。为了满足不习惯全麦面粉面包口味的客户，面包师通常将1/4~1/2的全麦面粉与一份面包面粉或高筋面粉混合。随着消费者意识到全谷物烘焙食品的健康益处，他们可能会习惯于接受100%全麦面包的坚果风味和致密的质感。

白小麦全麦面粉　白小麦全麦面粉由软或硬白小麦制成，这是北美种植的

什么是麦糁粉？

硬质小麦通常碾磨成精粉出售，称为硬质小麦粉，也可碾磨成较粗粒产品，称为硬质小麦糁或简称麦糁。硬质小麦糁的粒度大小与谷物粉的相同。如今，麦糁粉有时用于指硬质小麦面粉。

两种较新品种小麦。农民们正在种植更多的白小麦以满足亚洲市场，白小麦面粉在亚洲比红小麦面粉更受欢迎。尽管白小麦没有红小麦硬，但由于北美人对全谷物消费的兴趣越来越浓，因此，白小麦的种植量正在增长。白小麦全麦面粉颜色较浅（金黄色，而不是白色），口味比红小麦全麦面粉更甜、更温和。这使得喜欢较淡口味面包和糕点的消费者更容易接受。由于是全谷物，白小麦全麦面粉的膳食纤维与正常全麦面粉一样高。因此，白小麦全麦面粉在许多全麦早餐谷物和烘焙食品中都被使用。

硬粒小麦面粉

硬粒小麦面粉由硬粒小麦胚乳制成。硬粒小麦与用于碾磨白面粉和全麦面粉的普通小麦不同。硬粒小麦具有非常硬的麦粒（比所谓的硬麦粒还要硬），蛋白质含量非常高（12%～15%）。由于很硬，硬粒小麦难以碾磨成面粉，即使磨成粉，也会含有很多破碎的淀粉颗粒。

硬粒小麦面粉富含黄色类胡萝卜素，为面食产品提供了理想的金黄色。除了用于面食之外，硬粒小麦产品也用于特制烘焙制品，如意大利麦糁面包。

由于只从胚乳碾磨而成，硬粒小麦粉并不是全谷物产品，但也有全麦面粉出售。硬粒小麦全麦面粉和硬粒小麦全麦糁含有麸皮、胚芽和胚乳，因此是全谷物产品。它们用于生产全麦面食。

面粉的功能

提供结构

面粉是烘焙房两种主要配料之一，为烘焙制品增加韧性或结构（鸡蛋是另一种主要配料）。随着气体膨胀和面团膨发，这种结构可使产品保持形状，而体积增大。它可防止产品在烘烤和冷却过程中塌陷。面粉除了在烘焙食品中起的重要作用以外，也为糕点奶油和某些馅料提供增稠作用。

面筋和淀粉是面粉的主要结构性成分。当面粉与水混合时，面粉中的两种蛋白质（麦谷蛋白和麦醇溶蛋白）会形成面筋。面筋的独特结构在酵母发酵面团中尤其重要，这将在第7章详细讨论。

戊聚糖在面粉中虽然不如面筋和淀粉重要，但也有助于结构。这些胶质既可以形成自己的结构，也可以与面筋作用。正如将在第6章所提到的，戊聚糖对黑麦面粉制成的面团的结构特别重要。

对于特定烘焙产品来说，哪种结构助剂（面筋、淀粉或胶质）更重要，取决于面粉的类型和使用的配方。例如，蛋糕面粉或非小麦面粉形成的面筋很少（如果有的话）。相反，淀粉，或者说淀粉和胶质是蛋糕面粉的主要结构助剂。另一方面，水分低的产品，如派皮和脆饼，不可避免地依赖于单独的面筋结构，因为在水分不足的情况下，淀粉据估计，面包面团中几乎一半的水由淀粉所持有，约1/3的水为面粉蛋白质持有，约1/4的水由少量胶质所持有。淀粉由于量多，因此吸收了面团中的大部分水分。然而，预测两种小麦面粉中哪种会吸收更多水分的最佳方式是比较每种小麦面粉的蛋白质含量。包括形成面筋蛋白在内的蛋白质，充分吸水时，其重量会增加1~2倍，而未损坏淀粉颗粒仅能吸收相当于淀粉质量1/4~1/2的水分。这意味着少量增加蛋白质就能明显提高面团的吸水能力。高筋面粉比面包面粉的吸水能力大，面包面粉比油酥糕点面粉吸水多。

除了蛋白质能吸收较多水分之外，用硬质小麦制成的高蛋白质面粉含有较多戊聚糖和损伤的淀粉颗粒。损坏的淀粉颗粒的吸水能力是完整淀粉颗粒的3~4倍。

只要小麦面粉用氯漂白，就可以预测蛋白质的吸水率。前面提到，氯会改变淀粉颗粒，使它们吸收更多的水，并在非受热情况下膨胀。这是氯化蛋糕面粉能吸收尽量多水分的主要原因。另外一个原因是蛋糕面粉磨得更细，细粒子总是更快地吸收水分。

糊化不会发生。

即使是含面筋的面粉，面筋也不一定是唯一或最重要的结构剂。以酵母发酵的烘焙食品为例，在这些产品中，面筋和淀粉共同起结构剂作用。面筋结构在未烘烤面团中起重要作用，随着烘烤的进行，淀粉会变得更为重要。

吸收液体

能吸收液体的面粉之类配料也称为干燥剂。淀粉、蛋白质和胶质是面粉中吸收水分和油的三种主要成分，它们有助于将配料结合在一起。注意，能形成结构的相同组分也是干燥剂。

面粉的吸收值是面包烘烤中的重要品质因素。它被定义为面粉形成生面团时的吸水量。面包烘烤过程需要高吸收值，因为添加的水分有助于减慢陈化。吸水率越高，也意味着制作一块面包需要的面粉量越少，因此，如果考虑成本，这一点很重要。

大多数面包面粉的吸水率在50%~65%，这意味着450 g面粉可吸225 g以上的水。虽然面粉的吸收值受若干因素影响，但吸水较多的面粉通常蛋白质含量也较高。

贡献风味

小麦面粉具有较温和的轻微的坚果风味，这种风味通常受到欢迎。当然，每种面粉均有其独特风味。例如，蛋白质和灰分含量较高的清粉，与油酥糕点面粉之类软质面粉相比，具有更强的风味。经过氯处理的蛋糕面粉会有不同的风味。可以预期，全麦面粉具有最强烈的风味，因为它还含有胚芽和麸皮。

贡献色彩

面粉的颜色因各种原因而不同。例如，常规全麦粉的麸皮中有一种坚果棕色，而白小麦全麦面粉的颜色是金黄色的，因为它的麸皮颜色比较浅。硬粒小麦面粉呈淡黄色，因为它含有类胡萝卜素，而未漂白的白面粉因为类胡萝卜素相对较低而呈乳白色。蛋糕面粉有明亮的白色，因为漂白使其类胡萝卜素氧化。这些颜色差会在烘焙食品中体现。

面粉也为美拉德反应提供蛋白质、少量的糖和淀粉，从而可为外皮提供深色。高蛋白质含量的面粉，与低蛋白质面粉相比，会发生更多的美拉德反应。例如，如果派皮使用面包面粉而不是油酥糕点面粉，则可以预料外皮呈现较深颜色。

添加营养价值

基本上所有面粉和谷物产品都含有复杂的碳水化合物（淀粉）、维生素、矿物质和蛋白质。然而，小麦蛋白质中的必需氨基酸赖氨酸含量较低。这意味着小麦蛋白质不像鸡蛋或牛乳蛋白质那样是完全蛋白质，因此，为了健康起见，食用烘焙食品时最好补充其他来源的蛋白质。

白面粉的纤维含量不高，但全麦面粉和白色全麦面粉是全谷物产品，因此是膳食纤维的良好来源，这些膳食纤维主要来自麸皮中的戊聚糖。许多其他不太出名，但同样重要的健康促进物质，主要集中在面粉的麸皮和胚芽中。虽然这些物质尚未得到鉴定或研究，但值得注意的是，全谷物食品可以防范许多疾病，包括冠心病、癌症和糖尿病。

面粉的贮存

所有面粉，即使是白面粉，保质期也有限。事实上，面粉商建议面粉（特别是全谷物面粉）的贮存期不要超过6个月。面粉暴露于空气时发生的主要变化是油的氧化。这种氧化会导致酸败，使面粉出现纸板味。全麦面粉、小麦胚芽和麸皮由于其含油量高而最有可能氧化，但即使是白面粉也存在少量油（约1%），因此，最终也会导致风味变化。为避免出现问题，应按照先进先出原则周转库存，不要将新面粉与旧面粉混合。面粉应贮存在阴凉干燥处，炎热潮湿的夏季更应如此。这样可以防止面粉吸收湿气和不良气味，也可防止吸引昆虫和啮齿动物。全谷物面粉比白面粉更有营养，最容易受到昆虫和啮齿类动物

侵袭。如果几个月内不使用，小麦胚芽和全麦面粉最好冷藏。

有用的提示

如果在面粉箱或烘焙房环境发现蜘蛛网，则有可能出现面粉蛾。以面粉和谷物为生的面粉飞蛾新孵出蠕虫状幼虫时，会形成纤维网。因为全谷物产品更有营养，容易成为首先受到侵染的对象。在幼虫成熟到成虫飞蛾使问题蔓延之前，应立即丢弃面粉。如果问题仍然存在，请致电专业防治人员。

为了预防以后出现虫害，一旦食品散落，应立即清理掉。应确保做好死角的清洁工作。必须时，可拆卸存贮架。应采用先进先出原则周转库存，对全谷物产品尤其应警惕。

复习题

1　为什么烘焙房最普遍使用的是小麦面粉？而不是其他谷物面粉？

2　识别小麦籽粒的三个主要部分。哪些部分被磨成白面粉？哪三个部分磨成全麦面粉？

3　小麦面粉的别名是什么？

4　九粒面包、石磨面粉、有机面粉、全麦面粉，哪一个不一定是全谷物产品？

5　膳食纤维的两种主要类型是什么？每种膳食纤维的主要健康益处是什么？

6　白面粉中天然存在哪些成分，即小麦胚乳的组成是什么？

7　白面粉（小麦胚乳）组成中，含量最大的组分是什么？

8　灰分由什么组成？面粉中的灰分如何测量？

9　小麦籽粒的三个主要部分中哪一个灰分含量最高？

10　用硬质小麦碾磨的面粉，与用软质小麦碾磨的面粉相比，主要区别是什么？

11　细面粉和粗磨粉有什么区别？

12　营养强化面粉应添加什么？将小麦仁碾磨成白面粉时失去的哪些成分，在强化面粉时不再添加？

13　"绿色面粉"是什么意思？

14　自然老化面粉带来的两个主要变化是什么？

15　自然老化面粉有哪些缺点？

16　解释强化型促熟剂的优点有哪些。

17　硬质小麦面粉所用的标准促熟剂（其他促熟剂效果以此为标准）是什么？

18　哪种促熟剂已被证明是致癌物质？

19　列举溴酸盐替代品。它与溴酸钾的作用有什么不同？

20　溴酸钾和溴酸盐替代品有可能用于面包面粉或蛋糕面粉吗？为什么？

21　列举最常用的面粉漂白剂。

22　列举氯对面粉的三种影响。三种影响中，哪种影响最关键？

23　氯适用于添加到面包面粉还是蛋糕面粉？为什么？

24　为什么面粉有可能添加少量淀粉酶或大麦芽粉？

25　"专利面粉"是什么意思？

26　清粉与头磨面粉有何不同？清粉的主要用途是什么？

27　与普通面包面粉相比，典型高筋面粉的蛋白质含量高出多少？通常在高筋面粉中添加什么添加剂，以进一步强化面粉的结构和提高吸水能力？

28　手工面包面粉与常规面包面粉有何不同？这些差异如何影响烘烤面包的品质？

29　与典型油酥糕点面粉相比，典型蛋糕面粉的蛋白质含量低多少？蛋糕面粉和油酥糕点面粉之间还有什么区别，可用来解释它们的不同属性？

30 在一些不允许用氯处理面粉的国家，可用什么方式处理蛋糕面粉以替代氯处理？

31 以下哪些产品是全谷物产品：碾碎的小麦、小麦全麦面粉、麦仁、小麦面粉、硬质小麦面粉、硬质小麦糁、白小麦全麦面粉、清粉？

32 常规全麦面粉和白小麦全麦面粉之间在颜色、风味和膳食纤维方面有什么区别？

33 为什么全麦面粉的保质期比白面粉的短？

34 以下哪种产品通常是用硬质小麦碾磨出来的，哪些是用软质小麦碾磨出来的：高筋面粉、面包面粉、手工面包面粉、油酥糕点面粉、蛋糕面粉、通用面粉？

35 哪种面粉含类胡萝卜素更多：面包面粉还是硬粒小麦面粉？类胡萝卜素含量如何影响面粉的外观？

36 面粉的功能之一是提供结构或韧性。与水混合时，麦谷蛋白和麦醇溶蛋白形成什么样的结构？面粉中还有什么成分提供结构？

37 面粉的功能之一是干燥剂。小麦面粉中吸收水分起干燥作用的三种成分是什么？

38 面粉"吸收值"是什么意思？如何粗略预测两种面粉，哪种吸水更多？

39 您通常在配方中使用常规面包面粉，如果换成高筋面粉，为充分形成面筋，需要添加较多的水还是较少的水？解释原因。

40 为什么面包面粉比油酥糕点面粉吸水多？

41 为什么蛋糕面粉比油酥糕点面粉吸水多？

42 为什么面粉的保质期有限？也就是说，为什么面粉的贮存时间不超过6个月？

43 哪种面粉中更有可能发现存在蜘蛛网，全麦面粉还是白面粉？什么原因导致这些蜘蛛网的形成，应该怎么做？

讨论题

1 假设两种小麦面粉样品的蛋白质含量相同，但一种比另一种形成更多的面筋。提供三个出现这种情形的原因解释。假设差异仅在于面粉及其处理，而不在于配方或制作面团的方法。一定要解释你的理由。

2 假设全麦面粉和白面粉的蛋白质含量相同。但全麦面粉形成面筋比白面粉的少，提供三种出现这种情形的解释。一定要解释你的理由。

3 为什么面包面粉通常所含的破碎淀粉颗粒比油酥糕点面粉的多？淀粉的破损程度对面粉的吸水值有何影响？对淀粉酶作用敏感性有何影响？为什么这种破损有利于面包烘烤？

4 为什么油酥糕点面粉通常比蛋糕面粉吸水少？为什么吸水少有利于制作薄而脆的曲奇饼？

5 什么情形下，用溴酸钾或抗坏血酸处理的面粉效果与自然老化面粉的效果类似？什么情形下，有不同的效果？

6 什么情形下，用氯处理面粉的效果与自然老化面粉有相似的效果？什么情形下，有不同的效果？

7 如何确定用于制作面包的面粉的淀粉酶活性是否太小？提出四种方法，以便在下次制作面包时可以增加淀粉酶活性。

8 有两种面包面粉可供你使用。第一种用硬质春小麦碾磨得到，经过漂白，并添加有抗坏血酸和大麦芽粉。另一种用硬质冬小麦碾磨得到，未经漂白，也添加了麦芽粉。首先，确定哪种面粉适用于制作手工面包。其次，制作奶油鸡蛋卷之类的甜酵母面团，应选用哪种面粉？法式长棍面包用哪种面粉为好？解释原因。

9 用氯化蛋糕面粉制成的高比例蛋糕，与用油酥糕点面粉制成的高比例蛋糕相比，有什么差异？考虑蛋糕的外观、风味、质地和高度。

练习和实验

① 练习：小麦面粉的感官特征

利用教科书，填写"结果表"的前两列。然后，根据每种面粉品牌名称填写"描述"列，包括进一步描述和与同类其他面粉（石磨面粉、溴化面粉、强化面粉等）区别的信息。根据包装识别面粉是否受过漂白处理。接下来，利用新鲜样品评价每种小麦面粉或小麦配料的外观、粒度和聚集性。为了评价颗粒大小，可用手指摩擦碾出一层薄面粉，并以自己的语言描述面粉细腻或粗糙的感觉。为了评价面粉聚集性能，可抓一把面粉在手中挤压（图5.7）。如果它们保持在一起，则这种面粉聚集性好。如果不能完全保持在一起，则记录是否有轻微聚集性，或者根本没有。利用此机会学习如何根据感官特征识别面粉。在结果表最后一列，记录其他观察到的结果，例如，可以列出配料表。空出的三行，如果需要，可用于评价其他小麦面粉。

利用表格及教材信息回答以下问题。

从黑体字中选择一个选项，或将答案填写在空白行中。

（1）硬质小麦的蛋白质含量**高于/低于**软质小麦面粉的蛋白质含量。蛋白质含量最高的面粉是**高筋面粉/面包面粉/硬质小麦面粉**。

（2）用拳头捏面粉方法比较发现，软质小麦面粉与硬质小麦面粉相比，聚集性**较好/较差**，因为它们由**较粗/较细**粒子组成，用指尖捏粉时感觉**柔滑/颗粒状**。这与其**较高/较低**蛋白质含量有关，这使得它们**容易/难于**磨细。

（1）面包面粉受挤压后不能很好聚集 　　　（2）油酥糕点面粉聚集

图5.7　面粉的聚集性

（3）你用的面包面粉是**经过漂白的/未经过漂白的**？你用的面包面粉颜色与油酥糕点
　　面粉相比，乳黄色**较深/较浅**？如果没有经过漂白，面包面粉与油酥糕点面粉相
　　比，有较多的乳黄色，因为硬质小麦富含**麸皮/类胡萝卜素**。然而，如果面包面
　　粉受漂白处理，那么与未经漂白的油酥糕点面粉相比，乳黄色**较深/较浅**。

（4）与油酥糕点面粉相比，面包面粉可含有较多或较少的奶油色调，因此，区别这
　　两种面粉的最好方法：

　　_____

　　_____

　　_____

结果表　小麦面粉

面粉类型 / 面粉配料	麦粒硬度	典型蛋白质含量 /%	描述	漂白（是 / 否）	外观	粒度	聚集性	备注
面包面粉								
油酥糕点面粉								
（氯化）蛋糕面粉								
高筋面粉								
全麦面粉								
全麦油酥糕点面粉								
白小麦全麦面粉								
硬粒小麦面粉								
硬粒小麦糁								

（5）区别蛋糕面粉和油酥糕点面粉最快最简单的方法

_____

_____

_____

（6）全麦面粉**经过/未经过**强化，因为

_____

_____

_____

（7）白小麦全麦面粉**经过漂白/未经过漂白**。其颜色可描述为

_____

_____

_____

（8）硬粒小麦糁与硬粒小麦面粉的主要区别在于硬粒小麦糁比硬粒小麦面粉更**细/粗**。硬粒小麦难以碾磨，因为硬粒小麦籽粒比任何其他小麦更**硬/软**。

（9）硬粒小麦籽粒比其他小麦含有较**高/低**的类胡萝卜素，使得硬粒小麦糁和硬粒小麦面粉黄色受到欢迎。硬粒小麦糁和硬粒小麦面粉特别适合于生产：

_____

_____

_____

② **练习：小麦面粉作为干燥剂**

按照以下说明，利用上述练习1中所用的每种面粉制备面团并加以评价。每种面粉加入的水量相同，所以面团的稠度将是面粉吸水值的良好指标，也就是说，作为干燥剂的效果如何。

（1）将500 g面粉和250 g室温水加入混合盆中。

（2）使用钩式面团搅拌器低速混合60 s。

（3）停止混合并刮盆，然后慢慢加入50 g水，低速混合60 s。

（4）以中等速度混合5 min。如果需要，混合时用羊皮纸或干毛巾盖住盆，以防止面粉从混合盆中飞出。

（5）将面团揉成球。将所有面团球并排放置在羊皮纸上，以便于比较。对每个面团球标记面粉类型。静置至少15 min。

（6）比较面团的坚硬度、黏性和形状。注意，一些球保持其形状，并且触摸时有坚

硬感，较干燥。另一些面团球会坍塌或延展、感觉柔软或黏稠。将这些评价添加到练习1的结果表最后一列。

（7）根据面团球的形状和感觉，按照表观吸水值顺序排列面粉。

根据您对面团球的评价，回答以下问题。从黑体字中选择一项或填空。

（1）与面包面粉相比，油酥糕点面粉制成的面团较**软/硬**。这种面粉面团与面包面团相比，形状保持性较**强/弱**。这意味着油酥糕点面粉的干燥效果**优于/不如**面包面粉。这种差异较**小/中等/较大**。油酥糕点面粉具有这些性质，因为它是由**硬质/软质**小麦碾磨得到的，因此，吸水性蛋白质、戊聚糖和受损淀粉颗粒含量比面包面粉的**高/低**。

（2）蛋糕面粉与油酥糕点面粉相比，前者制成的面团较**软/硬**，保持面团形状的能力较**强/弱**。这意味着，蛋糕面粉的干燥效果**优于/不如**油酥糕点面粉。两者的差异**较小/适中/较大**。蛋糕面粉具有这些性质主要是由于受过_____处理，用漂白和促熟剂氧化过的淀粉颗粒，与油酥糕点面粉中未受处理淀粉颗粒相比，溶胀能力较**小/大**。

（3）高筋面粉与面包面粉相比，前者的面团**较软/较硬**，其保持形状的能力**强于/不如**后者的面团。这种差异较**小/中等/较大**。高筋面粉具有这些性质，主要是由于它是由**冬季/春季**小麦制成，并且其吸水性蛋白质、戊聚糖和受损淀粉颗粒的含量通常**高于/低于**面包面粉中这些物质的含量。

（4）全麦面粉与面包面粉相比，前者产生的面团**较软/较硬**。这意味着全麦面粉比面包面粉更加干燥。出现的差异较**小/中等/较大**。全麦面粉具有这些特性，主要是因为它含有小麦籽粒的所有三个部分，而不像面包面粉仅仅用**麸皮/胚芽/胚乳**碾磨。特别是麸皮的**水溶性淀粉/戊聚糖**含量高，可以吸收其自身质量10倍的水。

（5）你有没有注意到面团之间的其他区别？

_____

_____

_____

❸ 实验：主食酵母圆面包中的不同小麦面粉

了解配料（如面粉）的方法之一是用不同类型的配料制造产品，例如酵母面包。因为制作主食面包的面团主要由面粉和水构成，基本不含其他物质，所以很适合于了解面粉的性质，尽管这些面粉中，有些从来不会用于制作酵母面包。

目的

证明面粉种类如何影响

- 圆面包高度
- 圆面包外皮的脆性和褐变
- 圆面包内部的颜色和结构
- 圆面包的整体风味和质地
- 圆面包的总体可接受性

制备的产品

由以下配料制成主食酵母圆面包：

- 面包面粉（对照）
- 高筋面粉
- 油酥糕点面粉
- 蛋糕面粉
- 全麦面粉
- 其他可选用面粉（通用面粉、手工面包面粉、白小麦全麦面粉等）

材料与设备

- 醒发盒
- 台秤
- 筛子
- 羊皮纸
- 混合器及5 L混合盆
- 平桨搅打器附件
- 刮盆刀
- 钩式面团搅拌器附件
- 主食面团（参见配方），足够每种条件下制作12个或更多圆面包
- 松饼烤盘（65 mm或90 mm）
- 烤盘喷剂或涂抹油脂
- 烤箱温度计
- 锯齿刀
- 尺子

配方

主食面团

产量: 12个圆面包

配料	质量 /g	烘焙百分比 /%
面粉	500	100
盐	8	1.5
速溶酵母	8	1.5
水（30 ℃）	280	56
合计	796	159

制备方法

（1） 烤箱预热至220 ℃。

（2） 将醒发盒设置为温度30 ℃和相对湿度85%。

（3） 称取140 g水（30 ℃）备用。（将用于调整步骤7中的面团均匀性。）

（4） 将面粉和盐过筛三次至羊皮纸上，彻底混合。注意：如果所有颗粒（如全麦面粉中的麸皮颗粒）不适合通过筛子，将其用搅拌方式混合。

（5） 将面粉和盐的混合物、酵母和水加入混合盆中。

（6） 用平桨搅拌器低速搅拌 1 min。停止并刮盆。

（7） 并根据需要调整稠度（步骤3），慢慢地加入补充水。在下面的结果表1中记录添加到每个面团中的水量。

（8） 使用钩式面团搅拌器中速搅拌物料5 min，根据需要也可调整搅拌时间。

（9） 从搅拌机取出面团；用塑料膜宽松地覆盖面团，并标记面粉类型。

步骤

（1） 使用上述配方或其他主食面包基本配方制备面团。每种面粉类型制备一批面团。

（2） 将面团放入醒发盒中进行批量发酵，直到面团体积增大一倍，约45 min。

（3） 揉面，使气泡分布均匀。

（4） 将每批面团按60 g一块分切，并揉成圆面团。

（5） 用喷剂轻轻喷洒松饼烤盘，或油脂涂料涂抹烤盘。

（6） 将圆面团摆入抹过油的松饼烤盘，并做标签。如果需要，每批保留一块面团不烘烤，供稍后评价性质用。

（7） 将圆面团放在醒发盒中约15 min，或者对照面团体积增加近一倍，触摸有轻柔气泡感。

（8） 使用置于烤箱中央的烤箱温度计，读取初始烤箱温度。记录结果在此:_____。

（9） 当烤箱预热至预定温度，将摆有圆面团的松饼烤盘送入烤箱，并按照配方设置定时器。

（10）烘烤直至（用面包面粉制成的）对照产品得到适当烤制。相同时间内，从烤箱中取出所有面包，即使有些面包颜色较浅或没有适度膨发。但是，如有必要，可根据烤箱差异调整烘烤时间。烘烤时间记录在结果表1中。

（11）检查最终烤箱温度。结果记录在此：＿＿＿＿＿＿＿。

（12）从热烤盘中取出圆面包，冷却至室温。

结果

（1）当面包完全冷却时，按如下方法评价其高度：

- 每批取三个面包，切成两半，小心不要挤压。
- 将尺子置于面包切口侧，测量每个面包的最大高度。以mm为单位将结果记录于结果表1。
- 将测量的三个面包高度相加，并除以3计算得到面包平均高度。结果记录于结果表1。

（2）将教科书中找到的每种面粉的平均蛋白质含量填入结果表1。

（3）如果需要，评价留存小面团的弹性和延展性；也就是说，评价面团的延伸性和耐撕裂性，以及压下后的回弹性。将评价结果填入结果表1的备注一列中。

结果表1　不同小麦面粉制作的酵母面包

面粉类型	面团补加的水 /g	烘烤时间 / min	三个面包各自均高度 /mm	面包平均高度 /mm	面粉蛋白质平均含量 /%	备注
面包面粉（对照）						
高筋面粉						
油酥糕点面粉						
蛋糕面粉						
全麦面粉						

（4）评价完全冷却产品的感官特性，并将评价结果记录在结果表2中。确保每批样品与对照产品在以下方面比较：

- 外皮颜色，从浅到深，按1~5级评分
- 外皮质地（稠/稀、软/硬、潮润/干燥、酥脆/湿软等）
- 面包心外观（小气泡/大气泡、均匀气泡/不规则气泡、孔道等）
- 面包心质地（韧/柔嫩、湿润/干燥、松软、易碎、耐嚼性、黏性等）
- 风味（酵母味、面粉味、甜味、咸味、酸味、苦味等）

- 总体可接受性，从难以接受到高度可接受，按1~5级评分
- 其他必要的评论

结果表2 不同小麦面粉制备的酵母面包的感官特征

面粉类型	外皮颜色和质地	面包心外观和质地	风味	总体可接受性	备注
面包面粉（对照）					
高筋面粉					
油酥糕点面粉					
蛋糕面粉					
全麦面粉					

误差来源

列出可能影响实验得出正确结论的任何误差来源。特别要考虑以下方面问题：面团加水适当调整稠度、确定适当的混合时间及各种烤箱问题。

_____

_____

_____

说明下一次如何改进，以尽量减少或消除每种误差来源。

_____

_____

_____

结论

从**黑体字**中选择一个选项或填空。

（1）用油酥糕点面粉制成的面包与用面包面粉制成的面包相比，前者高度**低于/高于/等于**后者。这可能是因为油酥糕点面粉是用**软质/硬质**小麦碾磨出来的缘故，因此，面筋含量**大于/小于/等于**用**软质/硬质**小麦碾磨出来的面包面粉的面筋含量。两者的差别程度为**较小/中等/较大**。

（2）用蛋糕面粉制成的面包与用面包面粉的相比，前者色调比后者**浅/深/相同**。出现这种现象的部分原因是蛋糕面粉与面包面粉相比，含有**较多/较少/相同**的蛋白质，因此，面包发生的美拉德反应**较多/较少/相同**。两种面粉褐变差异**小/中等/大**。

（3）用高筋面粉制成的面包与用面包面粉制成的面包相比，**更硬/更软/既不硬也不软**。可能的原因是：

_____

_____

_____

（4）将全麦面粉和面包面粉制成的面包进行比较，外观、风味和质地方面的主要差异是什么？解释出现这些差异的主要原因。

_____

_____

_____

（5）解释为何北美销售的全麦面包通常用全麦面粉和硬质小麦面粉混合制成。

_____

_____

_____

（6）你觉得哪些面包总体上可以接受，为什么？

_____

_____

_____

_____

（7）根据本实验的结果，哪些面粉不能用于制作酵母发酵产品？请解释说明。

_____

_____

_____

（8）按面包高度从最高到最低顺序对所用面粉排序。如何解释面包间的高度差异？

_____

_____

_____

（9）按面包韧性从最高到最低顺序对所用面粉排序。如何解释面包间的韧性差异？

_____

_____

_____

_____

④ **实验：用不同面粉制备研擀曲奇饼**

曲奇饼有许多类型，每种类型对面粉类型有不同反应。本实验所用配方类似于面粉商和生产商用于评价软质面粉质量的配方。高质量软质面粉的蛋白质、破碎淀粉颗粒及胶质含量方面应较低。如果这三种成分含量很低，则曲奇饼面团加热时就会变得稀薄，延展成较大尺寸。

目的

展示面粉种类如何影响

- 曲奇饼面团的稠度和加工性能
- 曲奇饼的高度和延展性
- 曲奇饼的外观
- 曲奇饼的风味和质地
- 曲奇饼的总体可接受性

产品制备

用以下材料制备研擀滴糖曲奇饼

- 油酥糕点面粉（对照）
- 面包面粉
- 蛋糕面粉
- 白小麦全麦面粉（软）
- 其他可选用的面粉（如通用面粉、全麦面粉、含60%面包面粉和40%蛋糕面粉的混合粉等）

材料和设备

- 台秤
- 筛子
- 羊皮纸
- 混合器及5 L混合盆
- 平桨搅打器附件
- 刮盆刀
- 研擀滴糖曲奇饼面团（见配方），足够每种条件下制备12个或更多个曲奇饼
- 硅胶垫或羊皮纸
- 砧板（尺寸与硅胶垫相等或更大）
- 限厚板（用于将面团滚压至约7 mm厚）
- 16号分配勺（60 mL），或类似器具
- 擀面杖

- 圆形面团切刀（直径65 mm或类似尺寸）
- 烤盘或半烤盘
- 烤箱温度计
- 锯齿刀
- 直尺

配方

研擀滴糖曲奇饼面团

产量： 12个曲奇饼

配料	质量 /g	烘焙百分比 /%
面粉	700	100
盐	7	1
小苏打	7	1
通用起酥油	200	29
砂糖	400	58
全脂牛乳	150	21
合计	1464	210

制备方法

（1）烤箱预热至200 ℃。

（2）所有配料放置至室温（配料温度对取得一致的结果很重要）。

（3）将面粉、盐和小苏打过筛三次，在羊皮纸上，混合均匀。注意：如有颗粒（如白小麦全麦面粉中的麸皮颗粒）不适合过筛，将其返回搅拌混合。

（4）将起酥油和糖投入混合盆，低速搅拌1 min。根据需要，可停止并刮盆。

（5）搅打起酥油和糖混合物1 min。停止并刮盆。

（6）低速搅拌1 min，期间缓缓加入一半的牛乳。停止搅拌并刮盆。

（7）加入面粉并低速搅拌1 min。停止搅拌并刮盆。

（8）加入剩余的牛乳，并低速搅拌1 min。

    注意： 各种面粉的含水量和吸水值会各不相同。如果面团不能很好地保持在一起，可以根据需要添加少量水，并在结果表1的备注栏中记录添加量。

步骤

（1）利用上述配方或其他基本研擀滴糖曲奇饼配方制备曲奇饼面团。每种面粉类型制备一批面团。

（2）将硅胶垫放在砧板上，并在胶垫侧面放置限厚板。

（3） 用16号勺（或同等器物）将面团舀到硅胶垫上。

（4） 用手掌将各面团轻轻按平。

（5） 借助限厚板，用擀面杖向前向后滚压面团到厚度7 mm。

（6） 用圆形切割刀压切面团，并将硅胶垫上的面片边角清除。

（7） 将硅胶垫连曲奇饼面团一起拖至烤盘中。

（8） 将烤箱温度计置于烤箱中央，读取初始烤箱温度。记录结果在此：_____。

（9） 当烤箱预热至适当温度时，将烤盘送烤箱中，并将定时器设定在10～12 min，或根据配方设定。

（10） 烘烤曲奇饼，直到（用油酥糕点面粉制成的）对照产品呈现浅棕色。所有曲奇饼从烤箱中取出的时间应与对照产品相同，即使有些颜色比较淡或面团未发生明显延展。但是，必要时，可根据烤箱差异调整烘烤时间。

（11） 烘烤时间记录在结果表2中。

（12） 检查最终烤箱温度。结果记录在此：_____。

（13） 从热烤盘中取出曲奇饼，冷却至室温。

结果

（1）评价每种面团的稠度，并将结果记录于结果表1。评价时，应考虑面团的软/硬度，应施加多大力将其滚压。

（2）评价面团的处理方便性，并将结果记录于结果表1。评价中应考虑：

- 面团的凝聚性（保持在一起）如何
- 面团黏滞性如何

结果表1　研擀糖曲奇饼面团稠度及处理性

面粉类型	面团质地（软/硬）	处理方便性	备注
油酥糕点面粉（对照）			
面包面粉			
蛋糕面粉			
白小麦全麦油酥糕点面粉			

（3）待曲奇饼完全冷却，按以下方法测量延展性（宽度或直径）：

- 将每个批次的三个曲奇饼切成一半，小心不要挤压。
- 以毫米为单位测量每个曲奇饼直径，将结果记录于结果表2。
- 将总宽度除以3计算曲奇饼平均直径。将结果记录于结果表2。

（4）按以下方法测量曲奇饼高度：

- 将直尺置于曲奇饼中心切面，量出饼的高度。以毫米为单位将每个曲奇饼测量结果记录于结果表2。
- 将三个曲奇饼高度相加除以3计算出平均高度，将结果记录于结果表2。

结果表2　研擀滴糖曲奇饼的延展和高度

面粉类型	烘烤时间 /min	三个曲奇饼各自（延展）宽度 /mm	曲奇饼平均（延展）宽度 /mm	三个曲奇饼各自高度 /mm	曲奇饼平均高度 /mm	备注
油酥糕点面粉（对照）						
面包面粉						
蛋糕面粉						
白小麦全麦油酥糕点面粉						

（5）评价完全冷却产品的感官特征，并将评价记录于结果表3。确保每批产品与对照产品进行比较。注意：为评价饼心，应将曲奇饼掰成（而不是切成）两半，这样可以避免饼心被刀刃挤压。考虑以下几点：

- 表面颜色和外观（光滑、皱纹等）
- 饼心外观（小而均匀的气泡、大而敞开的气泡等）
- 质地（坚硬/柔软、潮湿/干燥、酥脆、耐嚼、胶质、蛋糕状等）
- 风味（甜味、咸味、面粉味、脂肪/起酥油味等）
- 总体可接受性
- 根据需要添加任何其他评价。

结果表3　研擀糖曲奇饼的感官特征

面粉类型	表面颜色及总体外观	饼心总体外观及质地	风味	总体可接受性	备注
油酥糕点面粉（对照）					
面包面粉					
蛋糕面粉					
全麦面粉					
小麦油酥糕点面粉					

误差来源

列出可能导致根据实验结果难以得出正确结论的任何误差来源。尤其要注意面团混合和滚压程度的差异，以及烤箱方面的各种问题。

_____

_____

_____

说明下一次如何调整，可以尽量减少或消除每种误差来源。

_____

_____

_____

结论

从**黑体字**中选择一个选项或填空。

（1）（添加任何额外水之前）用**面包/蛋糕/油酥糕点**面粉制成的曲奇饼最干。这可能是因为_____。

面团稠度差异**小/中等/大**。

（2）用**面包/蛋糕/油酥糕点**面粉制成的曲奇饼最白。曲奇饼呈白色，部分原因是使用了漂白面粉，也因为它的蛋白质含量**最高/最低**。褐变差异**小/中等/大**。

（3）质地最像蛋糕的曲奇饼用**面包/蛋糕/油酥糕点**面粉制成。曲奇饼类似蛋糕，是因为使用的是氯化面粉，这可使淀粉颗粒形成其特有的柔软结构，因为它较**容易/难**吸收水分。

（4）延展最多的曲奇饼由**面包/蛋糕/油酥糕点**面粉制成。这可能是因为三种面粉中，这种是最**有效/无效**的干燥剂，因此加热时面团保持其形状**较好/较差**。

（5）最厚的曲奇饼由**面包/蛋糕/油酥糕点**面粉制成。升得最高的曲奇饼与其他曲奇饼相比，延展是**较多/较少**。这可能是因为

_____

_____

_____

（6）将白小麦全麦油酥糕点面粉制成的曲奇饼与常用油酥糕点面粉制成的曲奇饼（对照产品）比较。外观、风味和质感方面的主要差异是什么？解释存在这些差异的主要原因。

_____

_____

_____

（7）根据制成的曲奇饼从最韧到最软的顺序，对面粉进行排序。

_____

_____

_____

（8）这些硬度差异中，哪种可仅根据面粉中蛋白质百分含量来解释？

_____

_____

_____

（9）对于那些不能用面粉中蛋白质百分比解释的硬度差异，该如何解释？

_____

_____

_____

（10）哪些曲奇饼总体可以接受，哪些不可接受？解释说明。

_____

_____

_____

（11）你是否能预计某些面粉在哪些使用场合（如用于酥饼或人形姜饼的装饰）下较受欢迎？

_____

_____

_____

（12）根据本实验结果，你认为面粉类型在制作曲奇饼方面的重要性，会像在制作面包和小圆面包时一样重要吗？解释说明。

_____

_____

_____

各种谷物及粉体

概述

小麦是唯一具有大量面筋形成蛋白的常见谷物，使其成为北美和世界其他地区最受欢迎的用于烘焙食品的谷物。当然，面包师也可以使用其他谷物和面粉。每种谷物均有体现自身价值的独特风味和色泽。许多谷物还有专门的健康益处。把产品局限于普通小麦的烘焙房会失去为其客户提供花色品种的机会。

许多面粉品种含有与小麦一样多，甚至还要多的蛋白质。然而，除小麦及一定程度上黑麦以外，由于这些蛋白质不能形成面筋，因此，蛋白质除了营养价值以外，不能作为有用的质量指标。图6.1比较了各种面粉的蛋白质含量，包括全麦粉。与小麦一样，大多数谷物在必需氨基酸赖氨酸方面含量都很低。

本章讨论多种可供面包师使用的面粉。这些面粉原料可分为三个主要类别：谷物、小麦替代谷物及非谷物。由植物学家分类为谷物的黑麦和玉米是农作物的可食用种子。谷物富含淀粉。图6.2所示为看起来类似普通小麦的斯佩尔特小麦及两种经常用于多种面包的谷物——苋菜籽和藜麦。

图6.2　小麦替代谷物与非谷物
从左到右：苋菜籽、斯佩尔特小麦、藜麦

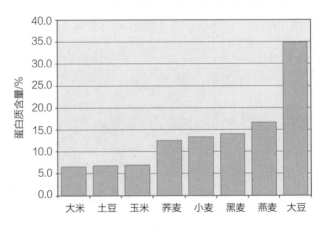

图6.1　各种全谷物面粉与全麦面粉蛋白质含量的比较

谷物

黑麦

黑麦能耐受贫瘠土壤和寒冷气候。俄罗斯、东欧和斯堪的纳维亚等地区，气候寒冷，不适合种植小麦。因此，这些地区黑麦面包的消费量很高并不令人惊讶，虽然黑麦只占世界谷物产量的

1%左右。

由黑麦面粉制成的面包往往较密实、耐嚼，并且有很浓的面粉风味。虽然黑麦的蛋白质含量与小麦相当，但黑麦粉形成面筋的能力有限。虽然它含有足够的麦醇溶蛋白，但是黑麦粉中作为面筋骨架的麦谷蛋白含量低。此外，黑麦粉的戊聚糖含量很高（8%以上），干扰了少量可能形成的面筋。然而，戊聚糖本身确实在黑麦面团中提供了一种凝聚结构。

为什么黑麦面包通常是一种酸面团面包？

查看传统欧洲黑麦面包配方可以发现，这种面包一般都是酸面团面包。酸面团面包通常加入上一批的"老面团"制作面团。这种老面团含有发酵过程产生酸的活性酵母和细菌。这当然会给酸面包带来明显的酸味。但酸的作用不仅限于此。它们可将面团的pH降低，使戊聚糖吸收更多水，使面团膨胀和强化。在发酵、醒发和烘烤过程中，坚实的面团能保持更多的气体。由于黑麦面团本身保留气体能力较差，因此，做成酸面团有很大好处。

降低pH也会降低淀粉酶活性。黑麦粉的淀粉酶活性通常较高，远高于小麦面粉。如果允许淀粉酶作用将淀粉分解成糖，则面团会变稀，烘烤得到潮湿致密的深色面包。

虽然低pH可以降低淀粉酶活性，但它会增加另一种酶，分解植酸盐的植酸酶的活性。植酸因为能结合矿物质，使其不能被利用而恶名在外。植酸酶可以释放矿物质，增加面包的营养性。这对于大量矿物质被植酸结合的中等黑色全麦制成的面包来说尤其重要。

此外，酸的存在及较低pH有助于防止霉菌生长。由于黑麦面包通常具有高水分含量，因此，若非酸的存在，将容易滋生霉菌。酸性增加，使酸面团面包的保质期甚至比小麦面包的更长。

由于戊聚糖含量高，黑麦面粉的吸水量明显比小麦面粉的大。因此，再加上其他原因，黑麦面粉制成的是胶黏性的面团。黑麦面粉也容易过度混合，耐发酵性差，也就是说，在发酵、醒发和烘烤早期阶段不能很好地保留气体。如图6.3所示，与小麦面团相比，黑麦面团烘烤早期，在淀粉尚未有机会糊化和定型以前，就释放出大部分气体。结果是面团膨发不足，面包体积较小，结构致密。

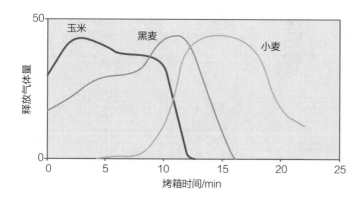

图6.3 烘焙过程中气体从黑麦面团中释放早于小麦面团中释放，而由玉米粉制成的面团中气体释放得更早。气体越早释放，越不利于面包膨发

北美的黑麦面包配方通常包括用于提供所需面筋和平衡风味的硬质小麦面粉（清粉、高筋面粉或面包面粉）。标准商业黑麦面包配方中，1份小麦面粉通常配1/4～1/2份黑麦面粉。葛缕子籽是许多黑麦产地出产的一种古老香料，常被加到黑麦面包配方中。

黑麦面粉的油含量并非显著高于小麦面粉。然而，由于多不饱和脂肪酸含量较高，因此黑麦油更容易氧化，产生酸败。为了确保黑麦面粉的新鲜度，每次采购量不要超过3个月的所需量。

与小麦一样，面包师可以使用一系列商业黑麦产品。浅或白黑麦面粉，是用胚乳心制造、有时经过增白的特级黑麦面粉。这是北美最温和、最常用的黑麦面粉，用于黑麦面包或黑麦酸面包。与小麦胚乳不同，黑麦胚乳富含膳食纤维，特别是源自戊聚糖的可溶性膳食纤维。

中黑麦面粉由整个胚乳得到的头磨粉，深色黑麦粉是浅色黑麦粉产品剩下的清粉（图6.4）。在浅色、中等和深色黑麦面粉之中，深色黑麦面粉的颜色最深，风味最强，而生产的面包体积最

小。全黑麦面粉也称为纯黑麦面粉，由整个黑麦籽粒制成。像全小麦面粉一样，全黑麦面粉含有麸皮、胚芽和胚乳。全黑麦有时磨成粗粉或切成薄片。

玉米

玉米通常以粗磨玉米粉形式销售，但市场上也有粗砂粒状或更细粉末状玉米产品。颗粒大小会影响烘焙制品质量。例如，粗糙质地的玉米粉制成的是略有砂粒感的粗面包，与玉米细面粉制成的面包相比，这种面包较致密，面包皮易碎。

玉米含有大量蛋白质，但所含蛋白质都不能形成面筋。（但是，玉米蛋白质有时也被混乱地称为玉米面筋。）因此，通常将小麦粉加入到含有玉米粉的烘焙食品中。小麦面粉提供了烘焙制品的结构和保持气体性能，而玉米面粉提供诱人面包质感、风味和色泽。

玉米产品通常为白色或黄色，但也有蓝色玉米制品。黄玉米粉因类胡萝卜素含量高，可为烘焙制品（如玉米面包和玉米松饼）提供诱人的金黄色。类胡萝卜素是有用的植物营养素，植物类食品具有特定的保健和疾病预防特性。类胡萝卜素作为抗氧化剂，可减少人体产生的有害化合物对人体的损伤。

当今销售的大部分玉米产品都不是全谷物产品。也就是说，它们是从玉米胚乳磨出来的，因为玉米胚芽非常大，并且油含量高（30%～35%），非常容易酸败。从胚乳磨的玉米粉有时被称为脱胚芽玉米粉。脱胚芽玉米面粉需要进行

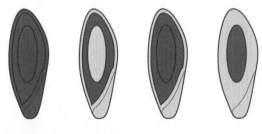

图6.4 商业黑麦面粉
从左到右：全黑麦粉，用整个黑麦籽粒碾磨；深黑麦粉，用胚乳外层碾磨；中黑麦粉，用整个胚乳碾磨；浅黑麦粉，用胚乳中心碾磨

营养强化，以补充在磨面过程中损失的维生素和矿物质。它具有比全谷物玉米更温和的味道，但保质期更长。

用于制作玉米饼的传统墨西哥玉米被称为玛莎哈拉娜（Masa Harina）。它通过将干玉米浸泡在石灰水或其他碱性溶液中制成。这会使籽粒变软，使其易于磨成面粉。浸泡也可以去除麸皮层，改变玉米的性质和风味，使颜色变黄，并显著提高其营养价值。事实上，如果像某些地区那样，将未经处理的玉米作为主食，就会导致蛋白质或烟酸缺乏征（糙皮病）。

图6.5　不同大小麦片吸水性不同
　　　　从左上角顺时针方向：老式燕麦、速煮
　　　　燕麦、碎粒燕麦

燕麦

用于烘焙食品的燕麦制品包括燕麦片和速煮燕麦片。也有燕麦碎粒出售。燕麦最常用于曲奇饼、表层碎末配料、松饼和面包。燕麦的蛋白质含量略高于大多数谷物，但所含的蛋白质不能形成面筋。

包括燕麦粉和燕麦片在内的燕麦制品是全谷物，因为它们由整个去壳燕麦籽粒制成。去壳籽粒是去除不可食用外壳的任何谷物籽粒。常规燕麦片，也称为大燕麦片或老式燕麦片，由蒸熟的去壳燕麦用滚筒滚压而成。蒸煮使燕麦容易压平。蒸煮也使可引起燕麦油脂氧化并产生异味的耐热脂肪酶失活。通过先将燕麦切成碎片，再用滚筒压片制成速煮燕麦片。速煮燕麦片（图6.5）需要较短烹饪时间，因为水能较快地穿透燕麦薄片。

碎粒燕麦或爱尔兰燕麦是切碎的燕麦，没有经过轧制。它们耐咀嚼，通常比燕麦片的风味强烈，因为它们通常未经蒸煮。强烈的风味因活性脂肪酶破坏油脂引起。由于它们为块状，并且未经过煮熟，所以碎粒燕麦比燕麦片所需的烹饪时间长。

常规燕麦片和速煮燕麦在烘焙配方中通常可互换使用。由于尺寸较大，常规燕麦片较粗糙、耐嚼。如果配方指定用速煮燕麦的曲奇饼用了常规燕麦，则

什么是石灰水？

用于生产玛莎哈拉娜的石灰水与柑橘类水果毫无关系。它是氢氧化钙（中等强碱）在水中的稀释溶液。虽然与建筑施工中常用的石灰石不完全相同，但它们是相关的。除了用于生产玛莎沙拉之外，氢氧化钙也是制糖加工的重要助剂，因为它被用来除去甜菜或甘蔗汁的杂质。

如果你曾经做过燕麦粥早餐,那么你可能经历过燕麦黏糯的性状。燕麦的黏糯感来自β-葡聚糖,这是一种在体内起膳食纤维作用的胶质。虽然包括全麦在内的所有全谷类谷物都含有膳食纤维,但燕麦片所含的这种特殊可溶性膳食纤维比大多数谷物都高。已经证明,燕麦制品中的可溶性纤维可以降低胆固醇,降低冠心病的风险。事实上,在美国,含有足够可溶性纤维和低脂肪的燕麦、燕麦麸皮和燕麦粉制成的食品,可合法地宣称降低心脏病风险。其他富含β-葡聚糖的常见谷物只有大麦。富含大麦β-葡聚糖的烘焙食品也可以宣称降低心脏病风险。

曲奇饼的延展可能会过大。可能需要添加少量白面粉来吸收引起过度延展的游离液体。

大米

大米有许多品种,每种大米均有不同的质地。如果在大米布丁或派中使用大米,则应根据所喜欢的质地相应地选择大米制品。例如,长粒大米有良好的形状,被制造商预先煮熟的更是如此。中等和短米都可煮成具有润白黏口质地的米饭。全籽粒大米称为糙米,因带麸皮层而有颜色。糙米煮成的饭比白米饭耐嚼。

由米粒的胚乳磨成的米粉可以在专卖店购买。米粉不是标准化产品,通常无法了解用什么类型大米碾磨得到。米粉蛋白质含量低,不含面筋,使其常作为配料用于无面筋烘焙食品。中粒和短粒大米磨的米粉最适用于无面筋面包和蛋糕,而长粒米粉最好添加到脆饼或各种需要干燥、沙质感的产品中。米粉在中东和亚洲地区,也作为配料用于蛋糕和饼干。

珍珠小米

珍珠小米是世界上数千种小米品种中最常见的一种。几千年前,这些微小的泪状谷物起源于非洲,但引入印度后,珍珠小米便在那里广泛种植。

尽管炎热、干旱的气候条件以及贫瘠的土壤条件下,小米仍然能生长,使其成为一些国家不可多得的宝贵主食。除非先在水中煮熟,小米在烘焙食品中会保持松脆的质感。珍珠小米一旦碾磨,必须立即使用,否则必须冷藏,以防因油的酸败而出现异味。因为不含面筋,所以小米须与小麦混合使用,才能用于发酵烘焙食品。在印度,珍珠小米粉被用于面包(roti)。珍珠小米可像爆玉米花一样膨化。

埃塞俄比亚画眉草

埃塞俄比亚画眉草(以下简称画眉草)已经在埃塞俄比亚种植了数千年,而且仍然是那里种植最广的谷物。画眉草可能是所有谷物中最小的。画眉草传统上被磨成粉,发酵,并制成一种称为英吉拉(Ingera)的微酸海绵状煎饼。在埃塞俄比亚,英吉拉及多种其他画眉草烘焙食品,是那些有经济能力的人们的日常食品。由于埃塞俄比亚餐馆在欧洲和北美都很受欢迎,所以画眉草的种植和使用已经扩展到这些地区。

有几种谷物实际上是普通小麦（*Triticum aestivum*）的祖先或近亲。每种确实都是小麦品种，都含有面筋。尽管人们常常误以为这些谷物对于乳糜泻患者或小麦过敏者是可以接受的（详见第18章），但事实并非如此。事实上，在美国销售任何由下述谷物制成的食品，必须在标签上声明含有小麦过敏原。然而，人们对面筋和过敏原的敏感度确有差异，某些必须避免普通小麦者却可以忍受一种或多种这类谷物。

斯佩尔特小麦

斯佩尔特小麦被认为是现代小麦的祖先。在美国，斯佩尔特小麦已经种植多年，主要产区是美国俄亥俄州，作为动物饲料种植，但现在也有少量用于保健食品的斯佩尔特小麦种植。欧洲人也正表现出对斯佩尔特小麦的兴趣。德国及周边地区的斯佩尔特小麦产量有了显著增加，当地将斯佩尔特小麦称为丁克尔小麦。

像小麦一样，斯佩尔特小麦也可以磨成全麦粉或白面粉。斯佩尔特小麦的蛋白质能形成面筋，但面筋较弱，容易揉面过度。斯佩尔特小麦面包面团混合时间应短，以避免面筋受到过度揉制而降低其保留膨发气体的能力。斯佩尔特小麦的吸水值比小麦低，因此形成面糊和面团时需要较少水。它最好作为软质小麦而不是硬质小麦的替代品使用。

卡姆小麦

卡姆小麦被认为是现代硬粒小麦的古老近亲。大约50年前，卡姆种子首先由埃及传到美国。这些种子如原种一样被传播（不与其他小麦杂交）。卡姆是早期埃及人对小麦的称谓，现在是向获准种植有机作物者授予的商标名。这种谷物能在蒙大拿州大平原，及加拿大萨斯喀彻温省和阿尔伯塔省的干旱地区很好地生长。

卡姆小麦是普通小麦籽粒的2~3倍，如硬粒小麦一样，蛋白质含量很高。像斯佩尔特小麦一样，卡姆小麦作为一种健康和特色食品已经在市场上受到消费者欢迎。全粒卡姆小麦与普通小麦相比，口味较甜较温和，这可能是因为其颗粒较大，相同胚乳量麸皮较少。卡姆小麦产品在欧洲特别受欢迎。因为它能形成强力面筋，类似于硬粒小麦，最常用于全谷物面食、面包、热谷物早餐食品、麦片及蒸粗麦粉。

寒性黑小麦

黑小麦是由育种者将小麦与黑麦杂交培育而成，既具有小麦的谷物质量，也具有黑麦的耐力。黑小麦英文名字（Triticale）来自于两种谷物拉丁名字的组合。由于与小麦相比，它具有优越的营养质量，因此在20世纪60年代和70年代期间，黑小麦在印度、巴基斯坦和墨西哥等国曾被寄予厚望，希望黑小麦能够养活那里不断增长的人口。今天，北美和世界其他一些地区，黑小麦主要用于动物饲料。在墨西哥，人们特别将玉米饼、脆饼和曲奇饼中使用的软小麦用黑小麦代替。

单粒和二粒小麦（法老小麦）

目前栽培的单粒小麦和二粒小麦，起源于今天伊拉克境内底格里斯河和幼发拉底河的新月沃土。大约一万年前，单粒小麦被认为是人类最早种植的小麦。在此之前，人们采集野生的单粒小麦。

二粒小麦与斯佩尔特小麦有相似之处，但它的出现较斯佩尔特小麦早了数千年。斯佩尔特小麦往往被误认为是二粒小麦品种。几千年前，当人们转用硬粒小麦时，二粒小麦失去了其重要性。像单粒小麦和斯佩尔特小麦一样，二粒小麦也不容易脱粒，即其籽粒不容易脱

离外壳。谷物壳作为牲畜饲料尚可接受，但作为人类食物则不能接受。然而，在工业化时代以前，正是因为难以收获这些谷物，使其变成了一种优势。紧密外壳保护的种子免受了昆虫和真菌的侵害，所以这些谷物更易于有机生长。

人们将单粒小麦和二粒小麦制成面包和啤酒之前，早期文明已将单粒小麦和二粒小麦制成粥。单粒小麦中麦醇溶蛋白与麦谷蛋白的比值高，这使做成的面团又软又黏，不太适合做面包。而与之相反，二粒小麦做成的面团虽令人满意，但是制成的面包组织结构不够松软。二粒小麦很可能是埃及人最初做面包时所用的小麦。今天，二粒小麦主要生长在意大利托斯卡纳地区，当地将这种小麦称为法老小麦。

非谷物及其粉体

以下种子、豆类和块茎通常被磨成粉并用于烘焙食品。因此，本章包含了这些内容。由于不含面筋，所有这些产品均可以被那些乳糜泻患者（面筋不耐受；详见第18章）食用。

虽然没有被植物学家分类为谷物（它们不属于禾本科），但是苋菜、荞麦和藜麦的组成和用途特别类似于谷物。这三种籽粒有时被称为伪谷物。当被整粒碾磨时，它们被归类在全谷物中；亚麻籽、大豆和马铃薯不属于全谷物类。

苋菜籽

苋菜籽是一种古老的种子，是南美洲和中美洲阿兹特克人和玛雅人的主要农作物。苋菜属于绿色草本植物，种子小，呈浅棕色。虽然不像藜麦那样受欢迎，但是人们对苋菜籽的兴趣再次兴起。像藜麦一样，苋菜籽富含赖氨酸，可用于多种面包。苋菜籽可膨化成爆米花那样的产品。

荞麦

尽管称为荞麦，但它根本不是麦

亚麻籽的营养益处

亚麻籽含有大量的木酚素。木酚素是一种称为植物雌激素的重要化合物。事实上，亚麻籽比其他任何植物源含有更多的木酚素。植物雌激素是具有健康益处的抗氧化剂。尽管仍处理研究中，但木酚素已经显示出预防某些疾病（如乳腺癌）的前景。

亚麻籽的油含量超过40%，接近花生和开心果的油含量。然而，与花生和开心果不同，亚麻籽油的α-亚麻酸（一种必需的ω-3脂肪酸）比例特别高。正如亚麻籽含有比任何其他植物来源更多的木酚素，它也含有更多的α-亚麻酸。α-亚麻酸和其他ω-3脂肪酸的重要性在于其似乎可以降低冠心病风险。

亚麻籽可用食品加工机粉碎成粉。由于受其硬壳层保护，未粉碎的亚麻籽具有一年或更长时间的贮存期。一旦粉碎，必须立即使用或冷藏。亚麻籽油含有的高度多不饱和脂肪酸，意味着它会快速氧化。氧化的α-亚麻酸具有强烈的香味，令人联想到油漆或松节油。这其实并不奇怪，因为亚麻籽的工业名称是亚麻仁。煮沸的亚麻子油是油性涂料的主要配料之一。

子。荞麦籽粒与谷物籽粒有很多相似之处。它们可以磨成全谷物粉或磨成更粗糙的糁粒。或者，可将其胚乳分离，磨成颜色较浅、味道较温和的面粉。荞麦也以整粒或粗粉形式销售。在东欧和俄罗斯部分地区，人们食用一种烘焙的荞麦粗粒制成的荞麦粥。

由于其风味强烈独特，颜色较深，并缺乏面筋，荞麦面粉通常与小麦面粉结合使用，通常将1份小麦面粉与1/4～1/2份的荞麦面粉混合在一起使用。荞麦的蛋白质含量不如小麦的高，但所含蛋白质的营养构成优于小麦蛋白质。俄罗斯薄煎饼（Blini）通常由荞麦制成，法国北部的布列塔尼脆饼和日本的荞麦面也用荞麦制成。

亚麻籽

亚麻籽是油性小种子，通常呈深棕色。加拿大是世界上最大的亚麻籽生产国，主要出口到美国、欧洲、日本和韩国。

亚麻籽像芝麻一样呈椭圆形，但很硬，使用前应该磨成细粉。未磨碎的亚麻籽可以通过人体而不被消化。如果不消化，亚麻籽不会提供任何营养益处。然而，近年来由于亚麻籽的营养价值，其应用得到了迅猛增长。

亚麻籽粉可以少量（低于面粉用量的10%）添加到面糊和面团中，风味不受影响。由于亚麻籽油含量高，因此，通常可以降低混合物的脂肪量。亚麻籽也富含称为黏液的特定植物胶。这种黏液在水中具有一定黏稠度。这种黏液是可溶性膳食纤维的优良来源。由于吸水能力强，因此，在将亚麻籽粉加入到面糊和面团时，通常需要增大加水量。

马铃薯

马铃薯是块茎，不是谷物，但可以煮熟、干燥、切成薄片或磨成粉。马铃薯产品可用于酵母面团和其他含淀粉的烘焙食品中。马铃薯片、熟马铃薯，及煮马铃薯的水中的淀粉均已经糊化。糊化的马铃薯淀粉容易被淀粉酶分解成糖和其他产品。这增加了面团的吸水量并能改善发酵。含有马铃薯制品的面包和其他烘焙食品柔软潮润、抗陈化。

藜麦

藜麦具有许多与谷物相同的特征，是古印加帝国的主食作物；南美洲安第斯山脉极高海拔地区仍在大力种植这种作物。藜麦是种子，不是谷物。像芝麻一样小的藜属种子中有益于健康的不饱和脂肪酸含量非常高。与小麦和大多数其他谷物不同，藜麦的必需氨基酸——赖氨酸含量高。当用于多谷物面包时，藜麦可补偿其氨基酸缺乏。

由于其不饱和脂肪酸含量高，藜麦种子可以相当迅速地氧化，一旦磨成粉更是如此。如果要保存一段时间，藜麦最好冷藏。

大豆

大豆是豆类，不是谷物。其组成和特征与小麦和其他谷物大不相同。与小麦相比，干大豆富含蛋白质（约35%）和脂肪（约20%），而淀粉含量较低（15%~20%）。烘焙中使用的大豆粉通常脱脂，这意味着部分或全部脂肪被去除。大豆粉以烘过或未烘过的形式使用。

未烘过的大豆粉含有可用于酵母面包的强力活性酶。未烘过的大豆粉所含的脂氧合酶，可氧化类胡萝卜素，可以在不加化学漂白剂条件下使面粉增白。这是将未烘过的大豆粉加入到面包面团

的主要原因。酶活性高的大豆粉只需添加少量（面粉质量的0.5%）即可；事实上，添加量过高对面包风味和质地有不利影响。淀粉酶是存在于未烘过的大豆粉中的另一种活性酶。前面已经提到，淀粉酶可将淀粉分解成糖，这可有利于发酵，改善外皮颜色及面包的松软度，并可延缓陈化。未烘过的大豆粉的蛋白酶可作用于蛋白质，改善面团混合效果和面筋形成。因此，未烘过的大豆粉可起漂白剂和成熟剂作用（参见第5章中面粉和面团添加剂及处理）。

烘过的大豆粉功能完全不一样。烘过的大豆粉不再含有活性酶，具有更加诱人的风味，因此，其添加量可以比含活性酶的大豆粉更高。大豆粉不含有可形成面筋的蛋白质，但确实具有良好的营养价值。大豆蛋白质的必需氨基酸赖氨酸含量很高，因此可用于面包，以提高其蛋白质质量。大豆蛋白也被证明能降低心脏病风险。事实上，在美国，每份含有一定量大豆蛋白质（6.25 g）、低脂肪、低饱和脂肪、低胆固醇和低盐的食品，现在可以合法地宣称降低心脏疾病风险。

像亚麻籽一样，大豆含有抗氧化剂植物雌激素。但是，亚麻籽中的植物雌激素称为木酚素，而大豆中的植物雌激素是异黄酮。和木酚素一样，异黄酮也被认为可以降低某些癌症风险。

大豆粉在烘焙食品中有其他用途。它们可增加面团的吸水性，并减少甜甜圈中的脂肪吸收。大豆粉有时候作为牛乳和鸡蛋替代品使用。

复习题

1　除小麦以外，列举四种磨成粉的谷物。

2　除淀粉以外，黑麦面粉还含有什么组分能大量吸收面团中的水分？

3　黑麦面粉的哪种成分能替代面筋，主要起黏结构作用，能够在醒发及烘烤过程中保持气体？

4　黑麦面包面团与小麦面团相比，其稠度及耐混合、耐发酵能力如何？

5　哪种黑麦面粉是由黑麦胚乳中心制成的特级面粉？

6　为什么白黑麦面粉的保质期比白小麦面粉的短？

7　制作黑麦面包时使用酸面团有什么好处？

8　下列产品中，哪种是全谷物：脱胚芽玉米粉、速煮燕麦、粗黑麦面包、荞麦粥、白色黑麦粉、大米粉？

9　什么是玛莎哈拉娜（Masa Harina），它是如何生产的？

10　速煮燕麦片与常规燕麦的加工方式有何不同？对其在烘焙制品的使用有何影响？

11　什么是斯佩尔特小麦？它有何用处？

12　什么是卡姆小麦？它有何用处？

13　育种者用哪两种谷物杂交培育出黑小麦？

14　为什么与其他谷物相比，斯佩尔特小麦、二粒小麦和单粒小麦更容易在有机条件下种植？

15　哪种谷物含有大量的可溶性膳食纤维？

16　什么是α-亚麻酸？对人体有何益处？在什么种子中被发现？

17　什么是植物雌激素？分别列举存在于亚麻籽和大豆中的植物雌激素各一种。

18　为什么亚麻籽在使用前必须磨成粉？怎样磨粉最好？

19　酵母面包中添加未烘过的大豆粉的主要原因是什么？

20　将烘过的大豆粉加入到烘焙制品中的主要原因是什么？

21　马铃薯粉或马铃薯对烘焙食品的质量有什么影响？为什么会有这样的效果？

讨论题

1　用黑麦面粉制作的面包与用小麦面粉制成的面包相比，在风味、密度和质地方面有何不同？

2　哪些品种谷物与小麦（小麦属植物）有关，为什么这应引起乳糜泻患者或小麦过敏者注意？

3　总体而言，小麦面粉中的蛋白质含量和营养质量与其他面粉相比如何？

练习和实验

❶ 练习：不同品种的谷物

使用教科书，填写以下结果表的第一列。接下来，使用新鲜样品来评价每种面粉或粗磨粉的外观（颜色）、香气和颗粒大小。为了评价粒度，在手指之间擦一层薄薄的面粉或粗粉，并评价感觉到细微还是粗糙。利用这个机会学习如何从不同感官特征中识别不同的面粉。在下列结果表中最后一列中，加上可能有的任何其他评论或观察。如果需要，使用结果表底部的两个空白行来评价其他面粉或粗磨粉。

结果表　各种面粉和粗磨粉

面粉类型 / 配料	是否含有面筋形成蛋白质？	外观	香气	粒度	备注
白黑麦粉					
全黑麦粉（粗）					
玉米粉					
玉米粗粉					
旧式粗燕麦粉					
速煮粗燕麦粉					
大米粉					
荞麦粉					
大豆粉					
藜麦粉					
斯佩尔特小麦粉					

❷ 实验：不同种类面粉用于主食酵母圆面包

本实验使用多种不含面筋的面粉。因此，面包面粉成为配料之一。除此以外，本实验与第5章的一个实验相同。

目的

展示面粉种类如何影响

- 面包高度

- 面包皮的脆性和褐变
- 面包心颜色和结构
- 面包总体风味
- 面包总体质构
- 面包总体可接受性

制备的产品

分别用以下材料制成的主食酵母圆面包

- 100%面包面粉（对照）
- 40%白色黑麦粉，60%面包面粉
- 40%玉米粉，60%面包面粉
- 40%燕麦粉，60%面包面粉
- 其他可选用的面粉（100%斯佩尔特小麦粉；100%白色黑麦粉；40%粗黑麦粉、粗玉米粉、粗燕麦粉、荞麦粉或大豆粉等）

材料和设备

- 醒发盒
- 台秤
- 筛子
- 羊皮纸
- 混合器带5 L混合盆
- 平桨搅打器附件
- 刮盆刀
- 钩式面团搅拌器附件
- 保鲜膜
- 主食面包面团（见配方），足够每种条件制作12个或更多个圆面包
- 松饼盘（65 mm或90 mm）
- 烤盘喷剂或涂抹油脂
- 烤箱温度计
- 锯齿刀
- 尺子

配方

主食面包面团

产量: 12个圆面包

配料	质量 /g	烘焙百分比 /%
面包面粉	300	60
各种面粉（或另外加入的用于对照的面包面粉）	200	40
盐	8	1.5
速发酵母	8	1.5
水（30℃）	280	56
合计	796	159

制备方法

（1）预热烤箱至220℃。

（2）将醒发盒温度设为30℃，相对湿度设为85%。

（3）再称取140 g水（30℃）备用。（用于步骤7调整面团的稠度。）

（4）将面粉和盐三次过筛，在羊皮纸上充分混合。注意：如果颗粒（例如麸皮颗粒）不适合过筛，将其搅拌混合。

（5）将面粉和盐的混合物、酵母和水投入混合盆中。

（6）用平桨搅打器在混合器中低速混合1 min。停止并刮盆。

（7）慢慢地添加额外的水（步骤3），并根据需要调整面团稠度。将每种面团中添加的水量记录于结果表1。

（8）使用钩式面团搅拌器中速搅拌混合5 min，混合时间可根据需要调整。

（9）从混合器取出面团；用塑料膜包裹，并标出面粉种类。

步骤

（1）利用上述配方制备主食面包面团。为每种面粉类型制备一批面团。

（2）将面团放入醒发盒中进行批量发酵，直到面团体积增加一倍，约45 min。

（3）揉面，将二氧化碳分配到较小气泡中。

（4）将每批面团分割成60 g大小，揉成圆面团。

（5）烤盘喷上喷剂或涂抹油脂。

（6）将圆面团装入上过油的松饼盘，并加标签；如果需要，每种保存一块面团，不烘烤，供稍后评价性质用。

（7）将圆面团放入醒发盒中约15 min，或者直到对照产品的体积几乎增加一倍，触摸有轻盈气泡感。

（8）利用置于烤箱中央的烤箱温度计，读取初始烤箱温度。记录结果于此：_____。

（9） 待烤箱预热好，将装有圆面团的松饼烤盘放入烤箱中，并按照配方设置定时器。

（10） 烘烤面包，直到（用面包面粉制成的）对照产品被烤好。在相同时间内，从烤箱中取出所有圆面包，即使有些颜色变浅或没有膨发。但是，如有必要，可根据烤箱的差异调整烘烤时间。将烘烤时间记录于结果表1。

（11） 检查最终烤箱温度。结果记录于此：_____。

（12） 从热烤盘中取出圆面包，冷却至室温。

结果

（1）当面包完全冷却时，按如下方法评价其高度：

- 每批取三个圆面包切分成两半，小心不要挤压。
- 将直尺置于面包切口边，量出每个面包最大高度。以mm为单位，将结果记录于结果表1。
- 将记录的三个面包高度相加，再除以3，计算面包的平均高度。将结果记录于结果表1。

（2）如果需要，评价保存面团的弹性和可伸展性；也就是说，每次拉伸的容易程度如何，每次抗撕裂的程度如何，以及按压时每次反弹的程度如何。将您的评价描述记录于结果表1的备注列。

结果表1　各种谷物粉制备的酵母圆面包

面粉类型	面团多加的水 /g	烘烤时间 /min	三个面包各自高度 /mm	面包平均高度 /mm	备注
面包面粉 100%（对照）					
白色黑麦粉 40% 面包面粉 60%					
玉米粉 40% 面包面粉 60%					
燕麦粉 40%； 面包面粉 60%					

（3）评价完全冷却产品的感官特性，并将结果记录于结果表2。确保每种产品与对照产品比较，并评价以下内容：

- 外皮颜色，从浅到黑，按1～5级评分
- 外皮质地（稠/稀、柔软/坚硬、潮湿/干燥、酥脆/湿黏等）

- 面包心外观（小/大气泡、均匀/不规则气泡、孔道等）
- 面包心质地（硬/软、潮湿/干燥、海绵状、脆弱、耐嚼、胶质等）
- 风味（酵母味、面粉味、甜味、咸味、酸味、苦味等）
- 总体可接受性，从高度不可接受到高度可接受，按1～5级评分
- 必要时提出任何其他意见

结果表2　各种谷物粉制备的酵母圆面包的感官特征

面粉类型	外皮颜色与质地	面包心外观与质地	风味	总体可接受性	备注
面包面粉100%（对照）					
白色黑麦粉40% 面包面粉60%					
玉米粉40% 面包面粉60%					
燕麦粉40% 面包面粉60%					

误差来源

列出可能导致难以根据实验结果得出正确结论的任何误差来源。特别要考虑以下方面问题：适当地调整添加到每种面团的水量，适当混合时间的确定，或各种与烤箱有关的问题。

_____

_____

_____

说明下一次如何改进，以尽量减少或消除每种误差来源。

_____

_____

_____

结论

从**黑体字**中选择一个选项或填空。

（1）与全部用面包面粉制成的面团相比，用白黑麦粉制面团，需要添加**更多/更少/**

相同量水才能以形成可接受的面团。这是因为黑麦面粉比面包面粉含有更多的**戊聚糖/β-葡聚糖/黏液胶**。吸水率差异**小/中等/大**。

（2）用白黑麦粉制成的圆面包，与完全用面包面粉制成的圆面包相比，高度**较低/较高/相同**。这是因为黑麦面粉与面包面粉相比，含有**更多/更少/相同**的面筋，并且具有比面包面粉**更低/更高/相同**的发酵耐受性。高度差异**小/中等/大**。

（3）白色黑麦面粉制成的圆面包与完全用面包面粉制成的圆面包相比，质地差异**小/中等/大**。质地差异如下：

_____

_____

_____

（4）比较用玉米粉制成的圆面包和完全用面包面粉制成的圆面包，在外观、风味和质地方面的主要差异是什么？

_____

_____

_____

如何解释这些差异？

_____

_____

_____

（5）比较用燕麦粉制成的圆面包和完全用面包面粉制成的圆面包，在外观、风味和质地方面的主要差异是什么？

_____

_____

_____

如何解释这些差异？

_____

_____

_____

（6）你觉得哪些圆面包总体可以接受，为什么？

_____

_____

_____

（7） 根据本实验结果，哪些面粉不能用于酵母发酵产品？解释原因。

_____

_____

_____

（8） 将面粉按制成的面包的高度从低到高排序。你怎么解释这种面包高度方面的差异？

_____

_____

_____

（9） 将面粉按制成的圆面包的硬度由硬到软排序。你如何解释这些韧性方面的差异？

_____

_____

_____

（10） 根据实验结果，你认为哪种面粉用量超过40%仍然可以保证质量不受影响？

_____

_____

_____

（11） 根据本实验结果，你认为哪些面粉的用量不超过40%，才能不影响可接受性？

_____

_____

_____

（12） 说明为什么美国销售的各种（用黑麦、燕麦、玉米等制作的）面包的配方中通常含有硬质小麦面粉。

_____

_____

_____

7

面筋

本章主题

1. 描述面粉和水形成面筋的过程。
2. 描述面筋对各种烘焙食品的重要性。
3. 列举增加或减少面筋形成的方法。
4. 区分面筋形成与面团松弛。

概述

面筋是烘焙食品三大主要结构性物质之一。另外两种是鸡蛋蛋白质和淀粉。虽然三者都重要，然而，面粉与水混合时形成的面筋，可能是三者之中最复杂、也可能是最难控制的。事实上，看似微小的配方或混合方式的变化，对面筋的形成都有很大影响。这种影响对于面包和其他酵母面团尤为明显，未烘烤时，这些面团的结构严重依赖于面筋。

尽管与大多数其他烘焙食品相比，酵母面团的结构更依赖于面筋，但是，为了制作各种烘焙食品，都必须了解何时需要强化或弱化面筋，也必须掌握如何使面筋发生改变。本章围绕面筋介绍：面筋的本质、面筋如何形成，以及最重要的如何控制面筋的形成。

无面筋面包和其他烘焙食品方面已取得最新进展。有关无面筋烘焙食品的信息，参见第18章。

面筋的形成与发展

面粉本身不含面筋。面粉所含的是加水时能形成面筋的两种蛋白质（麦谷蛋白和麦醇溶蛋白）。除水以外，面筋需要混合，以形成一种强大连续的网络结构。

面筋是一个动态体系，它因处理而不断发生变化，但总体来说，面筋会因混合变得强劲而富有弹性。面筋的强度，也称为韧性，据认为大部分来自麦谷蛋白，而面筋的延展性则由麦醇溶蛋白提供。麦谷蛋白也为面筋提供弹性，即面筋受拉伸或压缩后的反弹能力。

面筋看起来像什么？

虽然肉眼看不到面筋，但科学家在了解其结构方面正在取得进展。面筋网络骨架可能由称为亚基的最大麦谷蛋白分子组成，这些亚基彼此排列并紧密相连。这些紧密连接的麦谷蛋白亚基与麦醇溶蛋白松散地聚集成更大的面筋聚集体。虽然面筋的复杂结构尚未完全了解，但部分麦谷蛋白被认为具有环状结构，使得面筋具有弹性和柔韧性。通过散布在面筋中的紧密卷曲的麦醇溶蛋白分子进一步使面筋变得富有柔性。

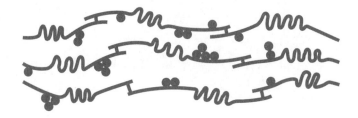

● 麦醇溶蛋白

〜〜 麦谷蛋白亚基

在下一级面筋结构中，面筋聚集体相互作用形成较大面筋颗粒的缠结网络，这种网络松散地与淀粉颗粒、脂肪、糖和胶质相互作用。面筋结构似乎是由某些非常强的键及许多较易破裂和变形的弱键所构成的。许多弱键在混合过程中特别容易断裂，只能在醒发过程和烘烤的早期阶段重新出现在膨胀气泡表面。强键结合以及弱键的断裂和重新形成，导致了面筋的独特性。

面筋有何独特性？

面筋的组成和结构使其具有独特性质，科学家将这种独特性描述为黏弹性。黏弹性是材料拉伸和容易变形的能力，它既包含了黏稠液体那种不会破裂或撕裂的性能，又有弹簧或橡胶那种能部分地弹回到其原始形状的性能。黏弹性产品可以认为是由部分液体、部分固体构成的产品。很少有食品能像面团面筋那样清楚地显示出这种双重性质。这就是为什么不用小麦面粉很难（不是绝对不能）制作面包的原因。下面讨论非黏弹性产品。

玉米糖浆不是黏弹性材料，因为它不具有弹性或橡胶质感。也就是说，玉米糖浆一旦流动就不能回弹到原来的形状。玉米糖浆也不够坚韧，难以捕获和保持膨胀气体。

起酥油不是黏弹性材料，因为它不能像液体一样拉伸或流动。虽然它足够柔软以改变形状，也足够坚韧以保持其形状，但起酥油不能拉伸，也不能保持膨胀气体。

花生脆饼不是黏弹性材料，因为它太牢固和僵硬。虽然它的形状很好，花生脆饼不能拉伸，也不容易改变形状。即使花生脆饼内气体有可能膨胀，但脆饼本身不会膨胀。花生脆饼只会因压力积聚而发生破裂和破碎。

尽管不能看到麦谷蛋白和麦醇溶蛋白分子，但是面筋的变化则会在烘焙房有所反映。也就是说，面糊和面团会因为混合和面筋形成而变得光滑、强劲、较干燥、较少团块。完全形成的酵母发酵面团具有干燥、柔滑的外观，而尚未混合好的面团呈粗糙球状（图7.1）。

面包师通常用窗玻璃试验来确定面团是否完全形成。为将面团做成窗玻璃，需拉出一块直径约2.5 cm的面团，用手搓成球，然后轻轻地用手拉扯面团。边拉扯边转动面团方向，使面团各方位均受到拉伸，形成薄如纸张的面团片。完全形成的面团可拉扯成不会撕裂的光滑薄膜（图7.2）。

图7.1 通过混合水合物使面筋形成具有强大黏合力的网络，面团变得较平滑、干燥、较少团块
左：最佳混合面团；右：未混合好的面团

在发酵和醒发阶段，酵母面团中的面筋一直发生着变化。一旦面团具有适当均匀的强度和伸展性，面团便已经成熟。成熟的面团易于处理和成型，并且

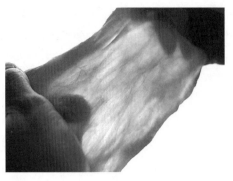

图7.2 适度混合的面团可拉伸成窗玻璃样

在烘烤过程中会适当膨胀。

面糊和面团被烘烤时，大部分水分会蒸发或被糊化淀粉颗粒吸收。随着水分失去，加上受热，面筋会变成既坚韧又具有刚性的多孔结构，这种结构可保持面团的形状。虽然鸡蛋蛋白质在加热时也会凝固成刚性结构，面筋受热形成刚性多孔结构确实是其重要特征。

吹泡

谷物化学家、谷物磨粉商和面包房通过几种测试来评估小麦面粉质量。一种测试在法国特别受欢迎，它利用肖邦吹泡示功仪进行测试。吹泡仪将空气吹入由面粉、水和盐制成的面团，形成一个膨胀的气泡。这模拟了发酵过程，其中气泡以类似方式膨胀。这种测试方法与吹泡泡糖没有什么不同。

该测试中的三个值特别有用。第一个值称为抗拉强度，它衡量面团的抗拉伸性能。通常将面团的拉伸强度定义为 P，它测量气泡膨胀时达到的最大压力。想一想泡泡糖的韧性。韧性强的泡泡糖用力才能吹出泡泡。韧性高的面包面团将呈现硬脆性。硬脆性面团通常由面筋含量高的面粉制成，例如高筋面粉。这类面粉因为面筋含量高而会吸收大量的水，并且它们在发酵过程中可能不能很好地伸展。

第二个值是 L，它表示面团的延展性。面团扩展性是衡量面团在破裂之前的伸展程度。我们仍然可以将其与泡泡糖联系起来。爆裂之前能吹出大气泡的泡泡糖将具有很高的 L 值。对于面粉来说，L 越大，发酵过程中面团就发得越高。

P 和 L 通常表示为比值 P/L，它是表达面筋性能的一个组合指数。它代表面团相对于伸展性的抗拉强度。注意如何将吹泡示功仪的测量结果与面包师用面筋完全形成的面团所做的窗玻璃试验结果联系起来。

最后一个是 W，它测量用于面团气泡膨胀的总能量。可以用这个值反映醒发和烘焙阶段的面团行为是否良好。在欧洲，通常以 W 来评价面粉。极低 W 的面粉不适于制作面包，而油酥糕点面粉则具有较低的 W。W 很高的面粉，适于制作发酵时间较长的面团或甜面团。W 适中的面粉适用于膨发时间较短的面团。

确定面筋的需要量

一般认为，对于面包，面筋越多越好，对于糕点，面筋越少越好。但这种说法将问题过于简化。不同类型面包有不同的面筋需要量（图7.3）。即使面筋需要量较高，面包面团仍可能出现面筋强度过高的情形。面筋太多的面团往往是坚韧耐嚼，体积很小，因为它们不能拉伸，也不能形成柔软的薄外皮。正如面包可能含有过多面筋一样，糕点也可能会出现面筋过少的情形。如果面筋太少，派皮容易破裂并起碎屑，蛋糕会塌陷，发酵粉制作的饼干会很干瘪。

在所有烘焙产品中，酵母发酵的产品对面筋的需要量仍然最多。面筋对面包来说是如此地重要，以至于烘焙师谈论起面粉质量时，总是考察面粉的面筋数量和质量。高质量面粉制作的面包面团容易膨胀，在发酵过程和烘烤初期能

图7.3 不同类型酵母面包要求不同的面筋量
上：手工面包，呈扁平形状，带外露的籽粒及发脆的外皮，需要较少的面筋
下：白色普尔曼三明治面包（吐司面包）需要较多面筋

很好的保持产生的气体。用这种面团烘焙面包通常体积大，组织细腻，因为气孔壁不易破裂。

麦谷蛋白和麦醇溶蛋白平衡

当酵母发酵面团恰当形成或成熟时，它具有适合该特定产品的麦谷蛋白和麦醇溶蛋白平衡。如果麦谷蛋白含量过多，面团就会筋力过强。也就是说，面团会变得很强劲，难以拉伸（图7.4）。筋力过强的面团不能很好地膨胀，也不能产生组织结构细腻的面包。这种面团也很难成型，因为它们很容易反弹。由筋力过强的面团制成的比萨饼在成型和烘烤过程中很容易收缩。

然而，如果麦谷蛋白含量过少，面团则会筋力不足。筋力不足的面团柔软，容易拉伸，但不会反弹或保持其形状（图7.5）。这种面团容易发面，但长时发酵期间不会保留气体，而会出现塌陷。也就是说，面团的耐发酵性较差。用筋力不足的面团制成的面包体积会很小，并且它们倾向于产生大气泡。一些薄皮比萨饼、玉米薄饼、夏巴塔之类的手工面包要用筋力较弱的面团制作。

图7.4 麦谷蛋白含量过多的面团，能保持形状，但不容易拉伸。

图7.5 相对于麦醇溶蛋白，麦谷蛋白量太少的松弛面团，柔软并可延展，但不能很好地保持形状。

用普通酵母面团制作的三明治面包体积大，组织细腻，并加有糖和脂肪，因此需要较多面筋。传统水烫百吉饼，具有耐嚼质地，要求更多的面筋。炉膛面包指装在烤盘或烘焙石上用明火直接烘烤的面包。如果要求面包体积大并且组织细腻，也需要大量面筋。没有足够的面筋（没有烤盒）保持面包形状，炉膛面包就会在自身重力作用下变平。然而，对于某些夏巴塔面包之类乡村手工面包，希望出现这种扁平化。夏巴塔名字取得很恰当，因为这个词在意大利语中是"拖鞋"的意思，柔软、湿润的夏巴塔面团烘烤时在烤石上滑淌形成了平坦的拖鞋形。夏巴也具有低筋面粉面包的开口、大孔、脆皮特征。由于面筋量少，当气体膨胀时，面团更容易断裂和撕裂，形成了这类产品特有的诱人大气泡。

糕点比面包需要的面筋量少，虽然说起来很容易，但通常难以比较各种糕点的面筋量要求，因为糕点是增韧剂、软化剂、润湿剂和干燥剂的复杂混合物。然而，可以安全地说，含有大量鸡蛋和淀粉之类其他结构剂的产品要求的面筋量最少。依赖于糊化淀粉软结构的液体起酥油蛋糕，以及鸡蛋用量高的海绵蛋糕，都需要很少量的面筋。

控制面筋的形成

在面包制作过程中，面筋形成和面团成熟有三种主要方式。第一种方式是混合，有时称为机械法面团形成。第二种方式是化学法面团形成，使用抗坏血酸和其他强化促熟剂。最后一种方式是在发酵和醒发期间形成面团。三种方式中，最后一种面筋形成方式最复杂，被了解得最少，因为发酵时发生了许多其他化学和物理变化。虽然以不同的方式起作用，但是所有这三种面筋形成方式，均促使麦谷蛋白亚基排列和结合，形成有聚合力的大网络。

虽然这些是面筋形成的主要方式，但是还有许多方法可用来控制面筋的形成，既可以强化面团，使面团变得更强劲、更有弹性，也可使面团弱化，使面团变得较柔软、较松弛，更具延展性。以下所列出的最常见可调整或改变的配料和过程，可用于控制面筋形成。许多在第5章和第6章作过初步介绍。这里再次将它们列出，希望有助于解决烘焙过程出现的各种问题。

- 面粉类型
- 水量
- 水的硬度
- 水的pH
- 混合搅拌
- 面糊与面团的温度
- 发酵
- 促熟剂和面团调理剂
- 还原剂
- 酶

- 软化剂和柔化剂
- 盐
- 其他结构剂
- 牛乳
- 纤维、麸皮、水果片、香料等

以上有些内容，例如，面团调理剂及热处理过的牛乳，仅适用于酵母发酵面团。其他适用于所有烘焙食品。即使如此，列表中的大多数项目，均会对主要依赖面筋，而不是鸡蛋和淀粉形成结构的烘焙食品，产生最大影响。

除酵母面团之外，派皮面团也十分依赖面筋结构。形成太多或太少面筋，都会对派的质量产生显著影响，因此可以预料，派皮面团质量也会受到以上清单所列的多种因素影响。

另一方面，高比例液体起酥油蛋糕和其他由蛋糕面粉制成的烘焙食品所含的面筋很少。清单上所列项目，只有如脂肪、糖和水的pH等会影响鸡蛋和淀粉之类构建结构的材料，因此，对液体起酥油蛋糕结构会有很大影响。

面粉类型

控制面筋形成的一种方法是适当选择面粉。例如，谷物种类是一个非常重要的考虑因素，因为小麦面粉是唯一有可能形成大量面筋的常见谷物面粉。黑麦面粉的蛋白质含量与小麦面粉相当，但前面已经提到过，黑麦面粉的蛋白质很少会形成面筋。除了某些特殊的乡村面包，大多数北美黑麦面包配方都因为黑麦面粉形成的面筋质量很差而添加小

麦面粉。燕麦、玉米、荞麦和大豆之类谷物粉根本不会形成面筋。由这些谷物面粉制成的烘焙制品，不具有良好的持气性或结构性能，如果不加小麦粉，则组织结构过于致密。

不同品种小麦面粉形成的面筋数量和质量各不相同。第5章提到过，尽管目前全球种植的小麦品种有数千种，但通常可分为软质小麦和硬质小麦两大类。软质小麦蛋白质含量低，蛋白质质量（从面筋形成角度看）通常较差，这意味着相对于麦醇溶蛋白含量，麦谷蛋白含量较低，麦谷蛋白亚基的尺寸往往较小。软质小麦粉面筋脆弱，容易撕裂。

硬质小麦的蛋白质含量高，相对于麦醇溶蛋白，麦谷蛋白量较高，麦谷蛋白亚基一般较大。高筋小麦面粉形成的面筋强劲、具有凝聚力和弹性。虽然面粉蛋白质的质量主要取决于小麦品种，但蛋白质含量却高度依赖于环境条件，如气候、土壤质量和施肥量。

全小麦面粉的蛋白质含量与白面粉相比通常相同或更高。但这些蛋白质并不会形成更多的面筋。前面提到过，麸皮和胚芽会干扰面筋形成，这些组分中的蛋白质不会形成面筋。麦谷蛋白和麦醇溶蛋白仅存在于胚乳；这些形成面筋的蛋白质不存在于麸皮或胚芽中。

水量

前面提到过，面粉本身并不存在面筋。作为蛋白质大块存在于面粉中的麦谷蛋白和麦醇溶蛋白，在水中水合溶胀

面粉质量应根据其预期用途来判断。然而，历史上，某些面粉通常被描述为"高质量"，这些面粉富含形成面筋的蛋白质，灰分含量低，并且含有足够量损伤的淀粉颗粒。这些面粉的吹泡仪P和W较高，非常适用于制作一般面包，因为通过混合、醒发和烘烤，这些面粉形成的面筋能保持气体。这并不意味着这种所谓的优质面粉最适合于所有烘焙食品，甚至所有面包。糕点师认为，这种品质的面粉完全不适合用于制作最好的曲奇饼和蛋糕。也就是说，高质量油酥糕点面粉通常应是低筋（吹泡仪P和W低）面粉，具有非常细的粒度，戊聚糖和其他树胶含量相对较低，并且几乎没有破损的淀粉颗粒。

面包师也不一定需要面筋含量最高的面粉。为了得到组织结构松软的产品，制作手工面包时通常使用的面粉，其面筋含量要低于传统面包面粉或高筋面粉。与高筋面粉相比，高质量手工面包面粉通常会形成较柔软、较具扩展性的面团（具有中等吹泡仪P和W）。

高品质的面粉也不会在营养质量上特别高，即便是富强面粉也是如此。因为它们是白色面粉，不含任何麸皮或胚芽颗粒。这意味着它们不是膳食纤维的良好来源。这也意味着它们的赖氨酸（必需氨基酸）含量低，因此它们的蛋白质营养不完全。相比之下，全麦面粉中的小麦胚芽含有更有营养的蛋白质，当然，小麦胚芽蛋白质不会形成面筋。

至自身质量两倍的过程中形成面筋网络。

水合作用对于面筋形成必不可少。事实上，控制面筋形成的方法之一就是调整配方中的水分含量。例如，派和饼干面团中的面筋不足，也就是说，水合作用不完全。因此，这些产品中的面筋不能完全形成，产品仍然很软。

如果少量的水添加到不完全水合的面筋中，则会形成更多的面筋，并使面团变韧。大多数蛋糕面糊不会发生这种作用。蛋糕面糊通常含有多余的水分。由于蛋糕糊中的面筋已经完全水合，因此大多数蛋糕面糊中添加更多的水不会形成更多的面筋。相反，添加更多的水会稀释蛋白质，会削弱面筋强度。

水有时作为配料添加。然而，更常见的是，水作为其他液体或其他配料（如牛奶或鸡蛋）的组分被加入配方。然而，液态油根本不含水，因此对面筋形成没有作用。事实上，油是一种软化剂，会干扰面筋的形成。

水的硬度

水的硬度是水中钙和镁等矿物质含量的量度。硬水的矿物质含量较高，而软水中矿物质含量较少。如果在设备表面看到称为水垢的白色硬矿物质沉淀，就知道水的硬度很大。

因为矿物质能强化面筋，因此用硬水制成的酵母面团可能太强且有弹性，即面团呈硬脆性。气体膨胀时，这种面团不会伸展，或者一伸展就快速反弹。用软水制成的面团可能太柔软、太松弛、太黏稠。理想情况下，面包烘焙用水既不能太硬也不能太软。

如果水太硬或太软，有几种方法可以调整。首先，有专门为软水设计的面团调理剂，也有专为硬水设计的面团调

何时该在面包面团中加入"过多"水？

如果你曾觉得好奇：粗粒乡村面包是如何产生不规则的诱人大气泡，就容易理解柔软、较易撕裂的面筋容易形成这种结构。手工面包师可用以下方法做到这一点。一是使用蛋白质含量较低的面粉。二是可能会添加多余的水分，因此水的含量有时超过70%（烘焙百分比），而正常主食面包面团的加水量为50%～60%。这可产生一种充分水合的面团，这种面团柔软且松弛，几乎是一种面糊和面团的混合体。尽管超水合面团加工起来有些困难，但可以生产出优质的手工面包。手工面团因为多加的水分而形成粗粒，而且需要较长的烘烤时间来干燥面包，从而形成较厚较脆的面包皮。

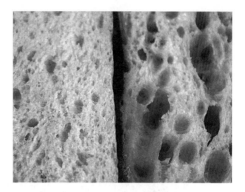

左侧的法式面包用普通主食面包面团制成；
右侧的法式面包用充分水合的主食面包面团制成。
照片由Richard Miscovich提供

为什么有的水硬，有的水软？

水会因为接触地球并吸收矿物质而变硬。通过土壤渗透到水井的地下水通常比来自湖泊和水库的地表水更硬。由于地球组成随区域不同而异，水的硬度也会因地区不同而发生变化。例如，美国佛罗里达州、德克萨斯州和西南部地区的水都是硬水，而新英格兰和东南部地区的水则很软。

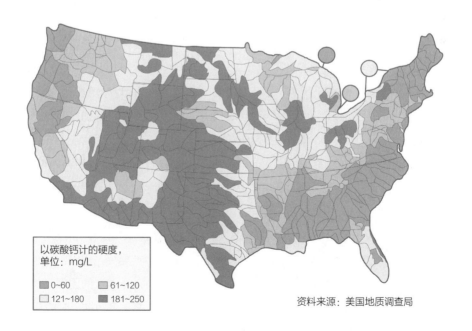

以碳酸钙计的硬度，
单位：mg/L

- ■ 0~60
- ▨ 61~120
- □ 121~180
- ■ 181~250

资料来源：美国地质调查局

理剂。用于软水的面团调理剂含有硫酸钙之类钙盐以增加矿物质含量。用于硬水的面团调理剂含有防止矿物质与面筋相互作用的酸。

处理太硬或太软的水的最佳方法可能是调整其他配料和过程。例如，如果水很硬并且面团过于强劲并有弹性，则可在混合面团时多加些水，以稀释面筋并使面团松弛。也可用较软的面粉作配料，或进行较少的混合。然而，如果需要，可利用软水器处理硬水。水软化剂可从水中除去钙和镁。这不仅可以防止矿物质对面筋的影响，还能消除因结垢造成的设备损坏。然而，用软水剂处理的水钠含量高，有些人可能会因此而出现高血压。

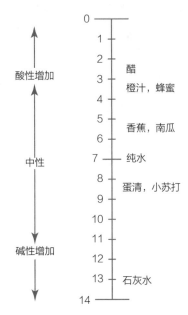

图7.6 pH范围为0～14，大多数食物为中性至酸性。

水的pH

正如水的硬度是其矿物质含量的量度一样，pH是水的酸度或碱度的量度。pH范围在0～14（图7.6）。pH7的水是中性的，它既不是酸性的，也不是碱性的。如果存在酸，则pH会降至7以下。如果存在碱，则pH升到7以上。供应的水很少有中性pH的。例如，因受到酸雨袭扰，北美（加拿大和美国的大西洋沿岸）地区水的pH通常较低。

可是最大程度形成面筋的理想pH呈弱酸性，在pH5～6。这意味着，加酸会使pH降至低于5，加入碱使pH升至6以上，均会降低面筋强度。通过加酸或碱来调节pH很容易，面包师和糕点师一直都这样做。通常烘焙食品添加酸的实例包括塔塔粉、水果和果汁，发

酵乳制品和醋。例如，将醋或另一种酸加入果馅卷面团可以溶解面筋并降低其强度，使面团延展性增大，并且更容易拉伸而不会撕裂。小苏打是一种碱。向曲奇饼面团中加入少量小苏打可获得多孔、开裂和较软的饼心的效果。

通常可以间接调节pH，例如，延长酵母面团发酵时间可实现这种目的。面团发酵时，特别是在允许细菌发酵的条件下，会产生酸，pH会下降。只要pH降低，面团会变得较软，更易延展。

虽然水的硬度和pH是两个完全不同的概念，但它们可能会相互影响。例如，某些矿物质，如碳酸钙会增加水的硬度，也会使pH升高。一些降低pH的酸，也会降低水的硬度。尽管这两者有相同效果，但最好将水的硬度和pH这两个概念分开理解记忆。

如果面团足够稀薄，则曲奇饼面团会在烤盘中延展开来。大多数曲奇饼面团在烤箱中加热时，其稠度变稀，从而面团会延展。在一定温度下，热量使面筋和鸡蛋蛋白质凝固，从而使面团变稠并停止延展。

是否需要延展取决于想要烘烤什么样的曲奇饼，但通常希望出现一些延展。有很多方法可以提高曲奇饼的延展性。一种方法是，在4.5 kg面团中加入少量小苏打（至少加5~15 g）。这样提高了面团的pH，并提高了面筋和鸡蛋蛋白质的凝固温度。由于存在较多自由水，形成面筋结构需要较长时间，使得含小苏打的曲奇饼延展较多，并且具有较粗糙的、多孔性组织结构。由于水分较容易从多孔饼心部蒸发，所以小苏打通常也能使曲奇饼产生酥脆的组织结构。

要谨慎控制加入的小苏打量。小苏打会显著增加褐变，并且，如果用量过高，会留下明显盐类化学异味。小苏打太多也会使烘焙食品中的鸡蛋变成灰绿色。

在高海拔地区工作时，不要在曲奇饼面团中加小苏打。高原较低气压已经有利于面团延展。

混合和揉面

除水之外，面筋需要混合或捏合才能形成。混合以几种方式促进面筋形成。首先，通过将面粉颗粒的新表面暴露于水中，加速水分的吸收。吸水过程一直持续到面粉颗粒磨小，不再呈球形为止。混合也会使空气中的氧气进入面团，从而产生氧化作用并使面筋加强。最后，混合会将颗粒均匀地分布在整个面团中，以便最终形成强劲、连续的面筋网络。

混合过度会产生太多面筋。对于除酵母面团以外的所有产品来说，过度混合意味着面筋太多使面团发韧。不同产品对过度混合的敏感性各不相同。例如，烘焙粉发面的饼干面团需要一定程度轻揉，以便产生一些面筋。揉捏太少，饼干会在烘烤过程中由于缺乏结构而坍塌。揉面过度，则面团虽然会保持形状，但太坚硬。适量混合和揉捏既可使饼干保持柔软状态，又不走形（图7.7）。

有用的提示

因为面筋条趋于与搅拌方向平行，所以要确保面团在各个方向得到均匀搅拌。使用搅拌机时，这通常不是问题，因为面团会在搅拌盆混合时移动。如果用手揉面团，则每搓揉一次，面团必须转置90°。同样，当多层面团折叠或压片时，则每折叠一轮，面团必须转过一次。否则，面筋会在一个方向对齐。面团成型和烘烤之前不允许松弛时，这变得特别明显。面团趋于朝面筋线条方向上收缩。

图7.7 烘焙粉发面的饼干面团混合搅拌越多，延展和塌陷就越少，饼干发得也越高，但饼干较坚韧
从左到右：不揉、轻轻揉捏、使劲揉捏的面团制成的饼干

很难想象某些面糊会因为混合而形成许多面筋（如果有的话）。考虑用蛋糕面粉制成的高比例液体起酥油蛋糕。尽管混合了几分钟，但由于使用的是蛋糕粉，并且加了大量水，又有软化剂存在，所以实际不用担心会形成面筋。尽管如此，高比例液体起酥油蛋糕面糊的混合时间不能超过推荐的时间。只有适当混合，才能使蛋糕面糊捕集适当的空气，从而正常膨发。

为什么混合过度的松饼会出现孔道？

第3章讨论过高比例蛋糕面糊中形成孔道的原因。传统松饼面糊与蛋糕面糊相比，起软化作用的脂肪和糖含量要低得多，烘烤过程中发生孔道的原因有很大的不同。

为了防止松饼韧化，传统的松饼只需简单地混合，以抑制面粉的作用。而混合稍有过度，就会使松饼产生韧性的孔道。孔道是一种缺陷，它发生在混合过度，形成过多面筋的松饼中。当混合过度的面糊烘烤时，蒸发的气体难以从产品中逸出。稠厚的面筋增加了气泡壁强度，会妨碍松饼慢慢地蒸发。而气体积聚起来直到最后具有足够压力，迫使气体向上逃逸，情形类似于火山爆发。气泡外喷途经的面糊就会在留下气体外溢的孔道。

为防止出现这种过硬和孔道问题，方法之一是不要过度混合。另一种方法是在配方中使用软质面粉，并加入软化剂，使面糊难以过度混合。今天，许多松饼面糊用蛋糕面粉或油酥糕点面粉制成，这类面粉含有大量起软化作用的脂肪和糖。虽然这解决了孔道问题，但如今的松饼通常更像是较柔软的杯装蛋糕，而不再像以往那种具有粗粒度和质朴感的松饼。

使用酵母发面的面团，需要足够混合才能充分地分散麦谷蛋白颗粒，从而形成坚固、连续的面筋网络，以捕获和保持气体。混合不充分的面团会发黏，且缺乏光滑感，烘烤得到的面包体积小，面包质地粗糙。

面团受到混合的时间越长或越剧烈，超过某一程度，就会产生越多的机械面团。如果面团混合超过这一点，面筋网络就会崩溃（图7.8）。这种情形，对于酵母面团，有时称为过度混合阶段。这种面团变得柔软和黏稠，拉伸时会撕扯成粗糙片状，不再保留水分或气体。由过度混合面团制成的面包体积小，面包质地粗糙。最容易过度混

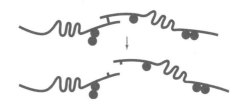

图7.8　极度混合会破坏面筋结构

合的面团是一开始不会形成强力面筋的面团。

掌握酵母面团适当混合时间，既要靠技艺，也要靠科学，因为许多因素会影响面团形成所需的适当混合程度。首先，不同的面粉需要不同的混合时间，高筋面粉比低筋面粉耐受（甚至要求）混合时间更长。含有少量麦谷蛋白的黑麦面粉非常容易混合。不同的配方也有

不同的混合要求。重油酵母面团富含起软化作用的糖和脂肪，需要更多混合才能充分形成面团，但易于混合过度。混合器形式和速度也必须考虑。最后，经过长时间发酵的面团应该混合较少的时间，因为发酵也有助于面筋形成。适当混合酵母面团所需的知识来自于适当的培训和实践经验。

面糊和面团温度

面糊和面团温度也是面筋形成的一个因素。温度越高，面粉颗粒水化得越快，面筋蛋白质氧化也越快。较快的水合作用和氧化意味着面筋形成较快，面团成熟也较快。面筋形成较快并不一定意味着形成较多面筋，但如果混合时间短，则可能会出现这种情形。

然而实际上，面包师很少通过面团温度来控制面筋形成。这是因为面团温度易受其他因素影响。例如，对于酵母发面的面团，只有适当的面团温度才能控制酵母发酵。用于酵母发酵的理想面团温度通常在21～27 ℃，具体温度随配方不同而有所不同。如果面团温度过高，则发酵过快，不能形成正常的风味。

对于派类油酥面团，使用冷水可以防止面团中的固体脂肪熔化。虽然这样做会降低饼皮的松软度，但只要制备的是片层状派皮，则必须使脂肪保持固态。

促熟剂和面团改良剂

前面提到过，面粉中加入促熟剂通常会影响烘烤质量。促熟剂部分或完全通过对面筋的作用实现对烘烤质量的影响。一些促熟剂（主要是氯气）会削弱面筋。（切记，氯也会使类胡萝卜素变白、改变淀粉颗粒并使其更容易膨胀）。其他促熟剂（如抗坏血酸和溴酸

什么是速发面团?

速发面团是不经主发酵的酵母发面面团。这种面团只需简单地醒发，经10～15 min，就可进行切分。这样可以节省一个到几个小时的时间，具体节省的时间与生产的面包类型有关。但为何可以省去发酵这样重要的步骤呢?

面筋通过混合、发酵和使用如抗坏血酸之类促熟剂而形成和成熟。如果通过强力高速混合产生机械法面团，或者如果通过使用化学促熟剂和面团调理剂而形成化学法面团，则面团只需要经过较短时间发酵就可成熟。

虽然强力高速混合需要特殊设备，但任何烤焙房都可以通过使用化学促熟剂和面团改良剂来缩短或省去发酵过程。因为速发面团要经过最后醒发，所以即使省去发酵阶段，也不会缺少适当发面所需的二氧化碳。

然而，尝试采用速发面团法之前，面包师应该考虑利弊。无疑，速发面团可以节省制备时间，而时间就是金钱。另外，虽然增加了化学剂的成本，但这种支出某种程度上可以由增加的水分而抵消。然而，发酵可以产生大量风味物。如果取消这一步骤，则面包可能缺乏面包师们称赞的细腻风味。

钾）会加强面筋。

面团改良剂的主要作用是增加面筋强度，促进化学法面团形成。这对于经历极端条件（例如，用高速商业设备混合）的面团特别重要。第5章提到过，面团改良剂是一类混合物。面团改良剂的主要成分是起强化作用的促熟剂，但对面筋强化起重要作用的其他成分还包括乳化剂，以及调节水硬度和pH的盐和酸。面团改良剂的用量因品牌而异，但通常为面粉质量的0.2%~0.5%。

发酵和醒发

在发酵过程中，面团中的酵母将糖转化为二氧化碳和酒精。这通常发生在两个独立的阶段——发酵和醒发阶段——总共可能需要几个小时才能完成。许多事件发生在发酵和醒发过程中，这些事件将在第11章作详细讨论。这里要介绍的三个重要事件是①发酵气体的生产；②风味的形成；③面筋的形成和强化。

气泡膨胀推动面筋的作用部分地起加强面筋作用。同时，混合过程中打断的键在这些膨胀气泡中会缓慢地重整，最终使得面包体积较大，面包组织结构较细。

正如过度混合会撕裂面筋丝、削弱面筋强度和弹性一样，过度的发酵和醒发也会产生同样的结果。过度醒发面团的最终结果与过度混合面团类似，会使面团的柔软度、黏性和气体保持性受到影响。

这种软化作用，部分因淀粉酶和蛋白酶活性过高而引起，这两种酶分别打断淀粉和面筋结构，或因谷胱甘肽和其他还原剂对麦谷蛋白的作用引起。下面两节讨论还原剂和蛋白酶的软化作用。

还原剂

还原剂具有与强化型促熟剂相反的作用。虽然抗坏血酸之类的促熟剂会氧化形成面筋的蛋白质，使它们形成更多将面筋保持在一起的键，而还原剂会以"还原"方式改变能形成面筋的蛋白质，使它们形成更少、较弱的能将面筋保持在一起的键。大规格商业化应用最常见的还原剂是L-半胱氨酸。L-半胱氨酸是自然界蛋白质中存在的一种氨基酸，是面团调理剂中的常见成分。大规模商业操作中，有时将L-半胱氨酸和其它还原剂一起加入到面团中，使得面团更快更容易地混合，并产生较少的摩擦热。还原剂的软化和松弛作用随后被促熟剂（如溴酸钾）所抵消，促熟剂有助于醒发和烘烤期间重建所需的面筋结构。

可能最有效的还原剂并非是刻意添加的。这种还原剂就是谷胱甘肽。谷胱甘肽是存在流体乳和许多乳制品蛋白质的片段；存在于活性干酵母和其他含有死酵母细胞的酵母产品中；也存在于小麦胚芽中。谷胱甘肽在面团预发酵过程中缓慢起作用。

当活性干酵母使用不当时，即当水或面团温度过低时，大量谷胱甘肽会从死酵母细胞中泄漏出来，使面筋受到还原和弱化作用。因此，专业面包师很少使用活性干酵母。大多数面包师喜欢使用压缩或速溶酵母，这类酵母制剂所含死酵母细胞不多。

有趣的是，市售的所谓非发面酵母含有大量特意加入的谷胱甘肽。这种酵母有时用于制作比萨饼和玉米饼，以使面团在烘烤时更容易拉伸而不会收缩。

谷胱甘肽也存在于全麦面粉中，特别是小麦胚芽中。前面提到，全麦面粉形成的面筋不如白面粉的强，其原因之一是小麦胚芽存在谷胱甘肽。原始状态和烤过的小麦胚芽均有销售。由于谷胱甘肽受热会失去活性，因此，烤过的小麦胚芽不像原始小麦胚芽那样含有高活性谷胱甘肽，因为加热已使谷胱甘肽失去活性。

酶活性

前面提到过，淀粉酶是分解淀粉的酶。同样，蛋白酶是分解包括面筋在内蛋白质的酶。当面筋被蛋白酶分解成较小的片段时，它就会变弱，面团会变得较柔软，较光滑，较具延展性。像还原剂一样，有时大型商业面包店会将蛋白酶加入到面团中，使得面团较快较容易

地混合，并且较容易拉伸和成型。

各种面粉，甚至白面粉都含有少量蛋白酶，但在正常条件下，这些酶不活跃。手工面包师已经找到若干激活面粉中天然存在蛋白酶的方法，这些方法有时是不知不觉发现的。表7.1所示为面包烘烤中蛋白酶活性的潜在来源。

发过芽的面粉和谷物除了淀粉酶和其他酶之外还含有蛋白酶。黑麦粉自然含有比小麦粉更多的蛋白酶活性，全谷物含有比白面粉多的酶活性，因为全谷物包括富含蛋白酶的糊粉层，最靠近麸皮层的胚乳部分酶活性最高。因为清粉还含有糊粉，所以其蛋白酶活性高于特级面粉。

表7.1　烤面包蛋白酶活性的来源

麦芽粉，包括大麦芽粉（干麦芽粉）
发芽小麦麦粒
浸泡小麦
全小麦粉
黑麦粉
自溶面团
酸面团
波兰酵头及其他预发酵物

什么是醒面？

醒面是将酵母面团中使用的面粉和水短暂、缓慢混合后的一段静置期。醒面持续15~30 min。在此期间，水继续水化蛋白质和淀粉，进一步形成面筋。醒面后进行短暂、足以完成面团形成的混合。

各种酶在醒面期间具有活性。特别是蛋白酶会改善面团的延展性（拉伸性），这是面包师进行醒面的原因之一。毫无疑问，淀粉酶在醒面过程中也具有活性。

因为醒面缩短了总混合时间，所以减少了面团暴露于空气中氧气的机会。虽然面团形成需要接触氧气，但一些面包师认为，过多的氧化会导致面包的风味变差，并且颜色过度漂白。

制作长棍面包或类似的主食面包时常采取醒面措施，特别是如果不使用液体预发酵时更是如此。

醒面——即短暂、缓慢混合后经历休整期的酵母面团，具有一定程度的蛋白酶活性。如果在此阶段不用盐，则蛋白酶作用更活跃，因为盐会减缓酶的活性。

酸面团的蛋白酶活性特别高。顾名思义，酸面团是酸性的，pH低，而小麦蛋白酶在低pH下特别活跃。此外，某些细菌（乳酸菌）会在酸面团中活跃生长，这些细菌有助于提高蛋白酶活性。预发酵面团（特别是波兰酵头）中的蛋白酶活性也很高。波兰酵头是由等量面粉和水制成的预发酵物，因此它水分甚多。因为酸面团允许发酵数小时，又因为不加盐，所以酶活性特别高。

蛋白酶活性会削弱面筋，但也使其更具延展性，因此用酵头或醒面制成的面包面团容易拉伸，生产的面包体积较大，并具有孔隙开放的面包组织结构。蛋白酶将蛋白质分解还会释放出对面包风味有价值的氨基酸，可以促进美拉德反应。

然而，如果不加以控制，则蛋白酶可以将面筋减弱到面团太容易撕裂的程度，并且几乎没有发酵耐受性。如果发生这种情况，气体将从面团中逸出，面包体积将会很小，面团在醒发或烘烤过程中会塌陷。

温度升高时，所有酶的活性都会增加，当有更多水可用并且无盐存在时，各种酶的活性会变得更加活跃。一些酶，如小麦蛋白酶，在酸性低pH下更具活性，而淀粉酶之类其它酶则在pH较接近中性时更具活性。通过控制时间、温度、面团水合、盐水平及pH，面包师可以控制蛋白酶和其他酶的活性。以这种方式，他们可以控制面包的风味、质地和色泽。

软化剂和柔化剂

某些软化剂（如脂肪、油和某些乳化剂）通过覆盖面筋丝（和其他结构剂）而起作用。这至少可以一种方式减少形成的面筋。被脂肪包住的蛋白质不能吸收水分，从而不能进行适当水合。除非发生水合，否则麦谷蛋白和麦醇溶蛋白不能充分结合并形成大的面筋网络。这些蛋白被脂肪包住后，只能形成短的面筋链，从而使产品软化。用"起酥"（英文为"shortening"，直意为"缩

派皮面团可用过度揉面方式产生酥皮效果吗？

制作派皮油酥面团的第一个阶段是将脂肪切入干配料。为得到最脆酥的饼皮，脂肪块应该切得相对大些，相当于榛子大小。如果将脂肪切成粗玉米粉大小，是否会形成太多面筋？

回答上述问题之前，先回忆一下面筋形成的两个条件——水和混合。只要不存在水，就不会形成面筋，无论怎样混合，也不会出现面团强化的风险。反过来，将脂肪过度地混合在面粉中，会更均匀地分配脂肪，彻底将面粉颗粒裹住。其结果是减少了面筋的吸水量，减少面筋形成，因此面团变得较柔软。事实上，将脂肪揉入面粉是产生温和粉状馅饼皮方法之一。只有将水添加到馅饼面团，才能通过混合产生面筋，并使面团增加韧性。

制作面包时不加盐,面包心就会变成灰白色。乍看起来,似乎盐能像氯和过氧化苯甲酰那样漂白面粉。然而,真实情况并非如此。盐只起强化面筋作用,可以防止面团气体膨胀受压力伸展时撕裂。结果得到细而均匀的面包心。光从细面包心反射比从粗糙面包心反射更均匀。这使得面包显得更白,即使面粉含有相同量的类胡萝卜素也是如此。这类色素像粗糙面包心一样,可使面包颜色变深。

短")来修饰"脂肪"是因为脂肪具有使面筋链缩短的能力。

除脂肪以外,糖是烘焙食品中另一种重要的软化剂。糖通过与水和面筋蛋白质相互作用而使面团变软,糖阻碍了面筋蛋白质正常水合和相互作用。奶油蛋卷(Brioche)之类重油甜面团含有大量的脂肪和糖。如果这些面团中使用含有太少面筋的面粉,则可能会在醒发或烘烤的早期阶段塌陷,并且得到的面包体积不大。这就是为什么重油甜面团配方有时要加高筋面粉的原因。

膨发气体也会通过对面筋作用使烘焙食品变软。膨发气体在烘烤过程中膨胀,也会使面筋膨胀。拉伸的面筋会形成薄而较弱的细气泡壁,这种所泡壁容易破裂。适量膨发气体可使烘焙食品软化到刚好令人满意的程度,并有足够强度防止面团塌陷。

盐

盐以面粉质量1.5%~2%的比例添加到面包面团中。盐在烘焙食品中起若干作用。盐可改变风味、增加外皮颜色,并能降低酵母发酵速率和酶的活性。这对于含有黑麦面粉的面团尤为重要,因为黑麦面粉的酶活性相对较高,而且发酵速度较

快。盐也能强化面筋,提高凝聚力,减少黏稠度。这意味着盐可防止面筋伸长时过度撕裂,使面包更容易处理,体积更大,面包组织结构更细。

由于盐能显著强化面筋,面包师有时会将高筋面粉面团的加盐时间推迟,并在混合过程中加入。面团混合得越快,冷却得也越快,因为在混合过程中产生的摩擦力较小。加盐的面团就会收紧,并且较难拉伸,但仍能拉伸且不会撕裂。

其他结构物

淀粉　包括玉米淀粉、大米淀粉和土豆淀粉,有时可部分替代面粉用于蛋糕、曲奇饼和糕点。例如,热那亚海绵蛋糕为了取得软化效果,通常将最多一半的面粉用玉米淀粉替代。这对于加水量有限的产品最有效。由于加水量有限,淀粉糊化也有限。与对烘焙食品有贡献的糊化淀粉不同,未糊化的淀粉颗粒以惰性填充剂形式出现,对面筋网络形成有干扰作用。然而,如今有了软蛋糕面粉,一般情形下不需要用淀粉来软化烘焙食品。

鸡蛋也是结构物。即使蛋黄含有脂肪,只要鸡蛋凝固,就可用加入鸡蛋的方法为烘焙食品提供更多的结构。但面

包面团中的生鸡蛋会干扰混合发酵过程中面筋的形成。最后烘烤得到的面包可能比没有添加蛋的更坚韧，但加入鸡蛋后起的增韧作用是由于鸡蛋凝固引起的，而不是面筋引起的。

牛乳

液态乳对于烘焙食品主要起水源作用。事实上，牛乳组成中水占了85%～89%。只要将牛乳加入到烘焙食品中，也就意味着加入了面筋形成所需的水分。

液体乳也含有谷胱甘肽，这是一种使面团软化的还原剂。这一点对于酵母发面的烘焙食品的面团松弛很重要，其松弛效果在发酵过程中变得明显。如果不先将谷胱甘肽破坏，则面包面团就会变软，变得松弛，烘烤初期的发面就会减少。结果是面包体积较少，并且质地粗糙。

加热可使谷胱甘肽变性或破坏。巴氏杀菌是所有北美市售牛乳基本加热处理方式，其热量不足以使谷胱甘肽失活。这就是为什么面包师要对在酵母面团中使用的牛乳预先热烫的原因。热烫牛乳时，用平底锅将其加热到82 ℃，然后冷却。

同样，并非所有乳粉中的谷胱甘肽都受到过足够的热破坏。只有被标记为"高温"的乳粉经过充分加热。生产高温乳粉所用的牛乳在干燥前已经在88 ℃下保持30 min。高温乳粉最常用于酵母面团。它们也完全可以用于其他烘焙食品。

纤维、麸皮、谷物颗粒、水果片、香料等

任何物理上对面筋丝有阻碍作用的颗粒都会降低面筋形成。例如，在面包面团中加入的破碎的小麦颗粒、麸皮片或亚麻籽会在面筋结构中产生间隙，缩短并削弱面筋。令人惊讶的是，甚至连香料颗粒也会干扰面筋形成。

有用的提示

重油甜面团含有糖、脂肪和鸡蛋等几种配料，这些配料会干扰面筋形成。除非采取预防措施，否则这些面团在醒发和烘烤过程中会塌陷。设法在加入这些成分之前形成足够面筋，是使这些面团不塌陷的一种方法。例如，在奶油蛋卷面团配方中的全部或部分鸡蛋有时会等到混合的最后一分钟加入，这样可以形成适当的面筋结构。

面团松弛

面团松弛意味着让面团静置片刻。例如，面包面团在成形之前需要短暂静置。包括羊角面包、丹麦油酥糕点和泡芙油酥面团在内的层压面团，通常在两次折叠之间于冰箱静置。这种静置很重要。静置使面团弹性降低、易于延伸，进而使其能进行适当的成型、滚压和折叠。

面包面团、羊角面包面团和丹麦油酥糕点面团均需要静置，因为面筋完全形成意味着它非常坚韧并有弹性。具有高吹泡仪P/L比值的强劲并有弹性的面团与P/L比值较低的疲软面团相比，需要更多的松弛时间。弹性——面团拉伸再缩短或反弹——不利于面团滚压和成型。拉伸越远，搓揉越多，面团受到的应力就越大。让揉过的面团松弛，可使面筋有机会适应新的长度或形状，不会在烘烤前反弹。

面包面团混合后会松弛45 min或更长时间，具体时间与面团有关。较疲软的面团，包括大多数糕点面团，可在更短时间内松弛。一旦面团松弛，就会变得较容易成型，烘烤时收缩较少。

不要将面团松弛与酵母面团发酵或醒发混淆。在发酵和醒发过程中，酵母继续产生二氧化碳气体，慢慢地拉伸面筋链。拉伸有助于进一步形成面筋并使面团成熟。面团醒发过程中，面筋不一定伸展。面团静置，面筋会调整到一个新的长度或形状。

派饼面团从混合后静置期间获益，使其更容易滚压和成型。一些糕点师在烘烤前也使滚压并成型的派皮面团松弛，以便烘烤时不会收缩。与层压面团一样，派饼面团通常冷藏静置。冷却可使脂肪固化，制成的派饼口感酥脆。

还有第三个使派饼面团在使用前至少静置几小时的理由。前面提到过，派饼面团含水很少，以确保形成很少的面筋。如果加水混合不当，面团某些部分会变得易碎，而另一些部位则较潮湿。另一方面，如果面团充分混合以确保水均匀分布，则会形成过多的面筋。如果使面团静置数小时，水就会在整个面团中均匀分布。这一点对于那些几乎不混合，加水量又少的派饼面团很重要。使用有大粒谷物（如硬粒麦糁）时也要注意这一点。

总之，面团松弛的主要作用是使面筋有时间调整到新的长度或形状。这使得它们更容易滚压和成形，并且在烘烤过程中不太可能收缩。一些面团静置是为了让面筋和淀粉有时间吸收水分。最后，适当静置冷藏，可使面团中的脂肪变硬，产生较好的层压和片状效果。

更多关于面团松弛的讨论

为理解为何面团需要松弛一段时间，最好从分子层面分析面筋。本章前面提到，面筋是由强键和弱键维系的三维缠结网络。当面团辊压和成型时，弱键易断裂，允许颗粒彼此滑过。一旦滚动和成型停止，便会形成新的弱键，面团呈现新的形状。

受到快速拉扯的面团不会伸展，缓慢拉扯才能使面团延展。否则，面团产生的抵抗拉伸的力会使面团撕裂。如果面团受到慢慢拉扯，就有时间随时进行小调整。可以将面团中的面筋看成碗中的面条。如果试图快速地从碗里拉出一根面条，则此面条很可能会断裂。如果慢慢平稳地拉动它，它就会顺着弯曲的路径出来而不会断裂。

复习题

1 为面筋提供骨架结构、赋予强度和韧性的是麦谷蛋白还是麦醇溶蛋白？

2 面包制作中面筋形成的三种主要方式是什么？

3 延展性和弹性有什么区别？提供延展性能的蛋白质，主要是麦谷蛋白还是麦醇溶蛋白？

4 发酵耐受性是什么意思？发酵耐受性如何影响面包体积和面包组织结构？

5 百吉饼中使用的高质量面粉有什么特点？在曲奇饼中使用呢？

6 派皮面团增加少量水，有可能增加还是减少面筋形成量？解释说明。

7 充分水合的面包面团增加少量水有可能增加还是减少面筋形成量？请作出解释。

8 水的硬度与水的pH之间的差异如何描述？各对面筋形成有什么影响？

9 曲奇饼面团中添加少量小苏打，会使曲奇饼的延展性增加还是降低？为什么小苏打会有这样的效果？

10 描述混合如何促进面筋形成。

11 混合搅拌不足对使用发酵粉的饼干质量有何影响？混合搅拌过度又有什么影响？

12 酵母面团混合的松弛阶段是什么意思？

13 含有黑麦粉和面包面粉混合物的面团与仅含面包面粉的面团相比，哪个较容易过度混合？用常规面包面粉制成的面团与用低蛋白质手工面包面粉制成的面团相比，哪个较容易过度混合？

14 松饼产生孔道是什么原因？使用高糖高脂肪配方是如何减少孔道形成的？

15 为什么长时间发酵或醒发面团与只经过醒发的面团相比，前者混合时间应该短一些？

16 面团温度对面筋形成有如影响？温度对派饼的油酥糕点面团有何影响？对面包面团有何影响？

17 面团发酵过程发生哪三件事？这三件事中，哪件既可以通过强化高速混合，也可通过使用化学促熟剂实现？

18 "速发面团"是什么意思？速发面团的主要优点是什么？主要缺点是什么？

19 "还原剂"是什么意思？何时使用还原剂有利？

20 什么是谷胱甘肽，它存在于何处？

21 什么是蛋白酶，它们如何影响面筋？

22 以下每对配料中，蛋白酶活性高的是哪种：黑麦粉或小麦面粉；白面粉或全麦面粉；高水分含量的液体预发酵物或者用水量较少较坚实的预发酵物；加入盐的预发酵物或未加盐的预发酵物？

23 为什么重油甜面团要求用高筋面粉？

24 为什么（加水之前）脂肪搓碎加入面粉的油酥面团与脂肪大块加入的面团相比，烤出的产品较柔软？

25 盐对酵母面团中的面筋有何影响？

26 为什么加盐制备的面包与未加盐的面包相比，面包心较白？

27 为什么液态乳加入酵母发面面团以前要加热（至接近沸点）？为什么你不愿在使用前先将牛乳加热？

28 "高温乳粉"是什么意思？它有何用处？

29 比萨饼面团造型毕，加入顶部配料进行烘烤前，面团发生了收缩，该如何解决此问题？

30 面筋形成与面筋松弛有什么区别？

31 派饼面团使用前可能要冷藏静置数小时的三个原因是什么？

讨论题

1 由于高比例液体起酥油蛋糕是用含面筋很少的蛋糕面粉制成的，液体起酥油蛋糕中的脂肪和糖的量为何能够对这些蛋糕的松软度产生很大影响？

2 解释为什么制作面包时，并非一定要求形成尽量多的面筋？

3 解释为什么制作糕点时，并非一定要求形成尽量少的面筋？

4 面包与松饼相比，为什么在制作时前者更应注意选择面粉？

5 你正在制作层压面团（如可颂面包或酥皮糕点面团），可以选择的面粉有两种：一种具有高吹泡仪P/L比值，另一种面粉此比值较低。应该使用哪种面粉？请解释。

6 一位面包师从纽约（水很软）转到德克萨斯州（水很硬）。他应如何对面粉类型、水量和混合程度进行调整，以便在德克萨斯州制造的百吉饼与纽约制造的质地相同？

7 解释为何在高比例液体起酥油蛋糕中使用蛋糕面粉和大量水和软化剂无需担心面筋形成。

8 一种奶油圆球蛋糕（法国）面团在烘烤的早期阶段完美地隆起后就塌陷。准备方法可能需要做哪些调整？考虑可能需要调整方面有：混合、发酵、牛乳预处理等。注意：奶油圆球蛋糕（法国）用甜味重油面团制备，这种面团通常包含鸡蛋、黄油、糖和液态乳（以及面包面粉、酵母和盐）。

练习和实验

❶ 练习：增加面糊和面团中的面筋

在下面空格中，列出所有您知道可以增加面糊和面团中面筋形成的方法。本练习目的侧重于面筋结构，而不是一般的结构。不要担心其他变化可能会使您的产品在其他方面不太可取。所列的方法要具体实用，也就是说，将你说得出的调整方法看成一种可以实施的方法。确保每行开头使用一个以下所示的动词：添加、增加、减少、改变、省略、包括、使用。虽然每种方法可能不适用于所有类型的产品，但每种方法至少应该针对一种产品介绍。下面已列出两种方法，参照此格式，看看是否还可以在后面再添加至少10种方法。

（1）使用面包面粉而不是油酥糕点面粉。

（2）增加面筋中没有完全水合的面团中的水量。

（3）_____

（4）_____

（5）_____

（6）_____

（7）_____

（8）_____

（9）_____

（10）_____
_____
_____

（11）_____
_____
_____

（12）_____
_____
_____

（13）_____
_____
_____

（14）_____
_____
_____

（15）_____
_____
_____

❷ 练习：面包配料的功能

在一张纸上，记下超市见到的各种品牌面包标签上列出的配料名称。说明配料是什么属性（面粉、各种谷物、甜味剂、脂肪或油、乳化剂、促熟剂等），然后简要解释其在面包中的功能。以整本书（不仅仅是本章）作为参考。对于面粉，说明是漂白的还是未漂白的？如果是漂白的，说明您认为可能使用的漂白剂。还要说明面粉是否强化，为什么它是强化的，哪些维生素和矿物质被添加用于强化。将原始标签附加到本作业。

❸ 实验：不同面粉中面筋含量和质量

目的
通过以下活动增加对不同面粉及其所含面筋的了解：
- 用手揉捏面团
- 将每种面粉中的面筋分离出来

- 测量每种面粉中面筋球的大小
- 评价每种面粉的面筋质量

制备的产品
用以下条件制成的面筋球
- 谷朊粉
- 高筋面粉
- 面包面粉
- 油酥糕点面粉
- 蛋糕面粉
- 全麦面粉
- 白黑麦面粉
- 玉米粉
- 其他,如果需要(通用面粉、手工面包面粉、白小麦全麦面粉、全麦油酥糕点面粉、硬质小麦面粉等)

材料和设备
- 台秤
- 不锈钢盆(4 L或更大,每个面筋球一个)
- 筛子或过滤器(每个面筋球一个)

步骤
(1)每种面粉,将250 g面粉与125 g水混合制备面团。在250 g面粉中,取少量的用于表面撒粉。

(2)根据需要,在每种面粉中加入更多水,直到面团可以揉捏。不需知道具体加入的水量是多少。

(3)用手揉捏每个面团5~7 min,或直到面筋完全形成。利用预留的面粉防止面团黏结;如无必需,不要额外添加任何面粉。如果需要额外添加面粉,则应称量面粉。在下表1中记录面粉总质量(250 g加上任何额外面粉)。

(4)将面团放在盆里,用凉水加满盆。如有时间,让面筋球在水中浸泡20 min。

(5)将面团浸没在水中,用手揉捏每个面团(图7.9),直到水很浑浊(悬浮物主要来自淀粉、麸皮颗粒和面粉胶质)。对于几乎没有黏性面筋的面粉(黑麦面粉、蛋糕面粉、玉米粉),面团在放入水中容易散落;对于这些面粉,通过涮洗小面团,以除去淀粉。

图7.9 后：浸洗和揉捏面筋；前：由面包面粉、油酥糕点面粉和蛋糕面粉制成的面筋球

（6） 将面团粒汇集成球，或使颗粒沉于盆底，沥出浑水，再加入新鲜冷水。对于蛋糕面粉，使用细筛防止面团和面筋的损失。如果需要，还可以使用筛子或过滤器从全麦粉中回收麸皮颗粒。将麸皮颗粒放在全麦面筋边展示。

（7） 继续此过程，直到从面筋球挤出的是清水为止；对于大多数面团，这将需要20 min或更多时间进行连续揉搓和拉扯，蛋糕面粉所需时间更长。

（8） 当水完全变清时，将水沥出，并挤压面筋球以尽可能多地除去多余水分。对于黑麦和玉米粉，不会形成面筋球。这时要保存少量部分洗涤的面团。将这些清楚地标记为部分洗涤的面团，而不是面筋。

（9） 面筋球干燥。

（10） 在本书中找出每种面粉典型蛋白质含量的信息，并记录在结果表1中。

（11） 评价之前，让面筋球静置至少15 min。这允许面筋网络有时间从洗涤过程中恢复。

结果

（1）每个面筋球用台秤称重，并将结果记录于结果表1。利用两个空白行，记录测试的任何其他类型面粉的结果。不要将黑麦和玉米面粉的部分洗涤的面团称重；这些不是面筋球。面筋球不会从这些面粉中形成。

（2）按下式估计面粉中面筋的质量分数，并将结果记录于结果表1中：

$$面粉中面筋质量分数（\%）= \frac{100 \times 面筋球的质量}{3 \times 面粉的质量}$$

以上计算式基于以下假设：面筋吸收其质量两倍的水，这意味着每30 g的面筋球，1/3是面筋（10 g）。该计算式也假设面筋球只含面筋。事实上，脂肪、灰分和一些淀粉和胶质都有可能混在面筋球中。

对于250 g面粉，公式可化简为0.13 × 面筋球质量（g）。

结果表1　面粉中的面筋量

面粉类型	面粉质量 /g	面筋球质量 /g	计算得到的面粉中面筋质量分数 /%	面粉的典型蛋白质质量分数（教科书）/%	备注
谷朊粉					
高筋面粉					
面包面粉					
糕点					
蛋糕面粉					
全麦面粉					
白色黑麦面粉					
玉米粉					

（3）评估每个松弛面筋球的面筋质量，并将结果记录于结果表2。为此，就像将面包面团拉伸形成一个窗玻璃一样，轻轻地用手拉每个球。拉扯面筋时要转动面筋球，以使其各个方向都受到拉扯。接下来，用指尖轻戳拉伸的面团，以测试其抵抗撕裂的能力。一定要依次与面包面粉制成的面筋进行比较，并使用以下规则来评估面筋的强度和凝聚力。

- 强度（韧度）：越难拉伸，面筋越强。如果面筋球分开，并且黏合力不足，不能够伸展，则记录不会伸展。
- 凝聚力（抵抗撕裂的能力）：形成抵抗手戳撕裂的薄膜越好，它的凝聚力越强。
- 如果需要，还评估可延展性（面团伸展程度）和弹性（按压或拉伸时，面筋球回弹），并在"备注"栏中记录。

（4）评估部分洗涤的黑麦和玉米面团。虽然这些不是面筋球，但它们确实具有值得注意的特性。评价面团的强度和凝聚力；即，按压时它们是否保持在一起，是否伸展？还要在记录表"备注"列中适当描述每种面团的稠度。例如，记录清洗的面团感觉是否光滑和黏稠，它是否更像是湿沙和碎粉，它是否呈糊状等。

结果表2　不同面粉的面筋质量

面粉类型	强度和黏性	备注
谷朊粉		
高筋面粉		
面包面粉		
油酥糕点面粉		
蛋糕面粉		
全麦面粉		
白黑麦面粉		
玉米粉		

误差来源

列出可能导致难以根据实验结果得出正确结论的任何误差来源。特别要考虑：捏合是否完整；是否彻底冲洗面筋球，并从最终的面筋球中挤出清水；漂洗过程中面筋是否丢失；麸皮是否与全麦面团完全分离。

_____

_____

_____

说明下一次如何调整，以尽量减少或消除每种误差来源。

_____

_____

_____

结论

从**黑体字**中选择一个选项或填空。

（1）用油酥糕点面粉制成的面筋球**小于/大于**用面包面粉制成的面筋球。这是因为油酥糕点面粉来自**软/硬**质小麦，其蛋白质含量**低于/高于**面包面粉。尺寸差异**小/中/大**。

（2）拉伸时，由油酥糕点面粉制成的面筋球，与面包面粉制成的面筋球相比，前者**较容易拉伸/较不容易拉伸/拉伸性**与后者相同。这是因为用油酥糕点面粉形成的面筋球与用面包面粉形成的面筋球相比，前者**较强/较弱/强度与后者相同**。面筋球之间的强度差异**小/中/大**。

（3）用蛋糕面粉制成的面筋球，与用油酥糕点面粉制成的面筋球相比，前者的球较**大/小**。这部分是因为蛋糕面粉蛋白质含量通常比蛋糕面粉的**高/低**。也因为蛋糕面粉已经用**溴酸钾/过氧化苯甲酰/氯**处理过，这是一种**削弱/强化**面筋的漂白剂。面筋球之间的尺寸差异**小/中/大**。

（4）拉伸时，由蛋糕面粉制成的面筋球**分开/很好地保持在一起**。这主要是因为漂白剂**溴酸钾/过氧化苯甲酰/氯**已加入到面粉中。

（5）全麦面粉制成的面筋球与由面包面粉制成的面筋球相比，尺寸**较大/较小/相等**。全麦面粉制成的面筋球与面包面粉制成的面筋球相比，强度较**强/较弱/相当**。这主要是因为_____。

（6）形成最大面筋球的面粉是_____。
这种面粉形成了最大的面筋球，因为_____

（7）尽管黑麦和玉米均不能形成面筋，但**黑麦粉/玉米粉**形成的面团有一定的力量和凝聚力，也就是说能保持在一起。这种面团能保持在一起，因为该面粉富含可溶性**戊聚糖胶/淀粉**，这也使面团具有光滑、黏糊糊的感觉。

（8）如何解释为何全麦面包通常比白面包更致密？
_____
_____
_____

（9）如何解释为何黑麦面包通常比白面包更致密？
_____
_____
_____

（10）哪些面粉面筋质量分数的计算值与本书列出的典型蛋白质含量相当？
_____
_____
_____

（11）一般来说，每种面粉的面筋球大小如何随相应面粉的蛋白质含量而变？
_____
_____
_____

（12）哪些面粉的面筋质量分数的计算值与本书列出的典型蛋白质含量不相当？能否解释这种差异？

_____

_____

_____

（13）如何通过将面粉制成面筋球，预测该面粉在面包制作中的适用性？

_____

_____

_____

8

蔗糖和其他甜味剂

本章主题

1. 介绍糖的基本化学。

2. 描述各种甜味剂的生产和组成。

3. 对普通甜味剂进行分类，并描述其特性和用途。

4. 列出甜味剂的功能，并将其组成与功能相关联。

5. 描述如何最好地贮存和处理甜味剂。

概述

虽然砂糖是烘焙房中最常见的甜味剂，但面包师和糕点师也可以使用许多其他甜味剂。成功的面包师和糕点师对每种甜味剂的优缺点有清晰的理解。他们知道什么时候可以用一种甜味剂替代另一种，他们也知道如何做到这一点。了解甜味剂，首先要掌握术语。

甜味剂

大多数甜味剂分属两大类：干糖和糖浆。第三类是特殊甜味剂，包括了不符合前两类分类标准的各种甜味剂。特殊甜味剂虽然不经常使用，并且昂贵，但能满足普通甜味剂不容易满足的需要。讨论各类甜味剂之前，有必要讨论一些基本要点。

糖通常指蔗糖，蔗糖是烘焙房中最常用的糖。其他糖包括果糖、葡萄糖、麦芽糖和乳糖。这些糖都是以干燥的白色晶体形式出售，不过，蔗糖除外，烘焙房购买的往往是糖浆形式的蔗糖。

所有的糖都属于简单碳水化合物，它们的分子所包含的碳（C）、氢（H）和氧（O）原子以特定方式排列。糖可进一步分类为单糖或双糖。单糖由一个糖单元组成，被认为是简单的糖。葡萄糖和果糖是两种主要的单糖，当然还有其他单糖。这两种糖天然存在于许多成熟的水果中，并且在某些糖浆的构成中占有很大比例。

单糖中的葡萄糖分子骨架结构有时用六边形表示，而果糖有时用五边形表示（图8.1）。要知道，这些骨架忽略了糖分子的真实复杂性。它们未显示构成分子结构的碳原子、氢原子和氧原子。

图8.2所示为构成葡萄糖和果糖分子的原子。计算每个分子的碳、氢和氧原子数可以发现，葡萄糖和果糖有相同的分子式（$C_6H_{12}O_6$）。但是因为原子排列不同，所以葡萄糖和果糖是性质不同的分子。本章讨论这两种糖及其他糖的一些不同的性质。

双糖由两个结合在一起的糖单元

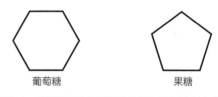

葡萄糖　　　　　　　　　果糖

图8.1　单糖葡萄糖和果糖骨架结构的典型表达式

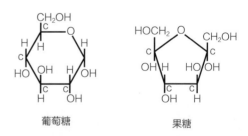

葡萄糖　　　　　　　　果糖

图8.2　单糖葡萄糖和果糖的详细表达式

组成（图8.3）。麦芽糖是双糖的一个例子。它由两个葡萄糖分子组成。麦芽糖通常存在于葡萄糖浆和麦芽糖浆中。乳糖是仅存在于乳制品中的双糖。蔗糖是最常见的双糖，它由一分子葡萄糖与一分子果糖构成。

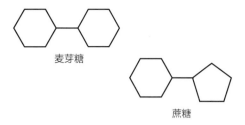

麦芽糖

蔗糖

图8.3 双糖麦芽糖和蔗糖骨架结构的典型表达式

什么是葡萄糖？

葡萄糖是自然界最丰富的糖，它有许多别名。例如，以干结晶糖状态出售的葡萄糖通常称为右旋糖。葡萄糖可添加到各种加工食品中，包括蛋糕配料、巧克力片、香肠和热狗。它具有糖的许多性质，甜度较低。商业上，结晶葡萄糖的主要来源是玉米，因此葡萄糖有时被称为玉米糖。

几乎所有成熟果实中都含有葡萄糖，但葡萄中存在的葡萄糖对葡萄发酵成为葡萄酒至关重要。这就是为什么酿酒师将它称为葡萄糖（grape sugar）的原因。

葡萄糖的另一个名称是血糖，因为它是流经血液的糖。糖尿病患者如不通过饮食或者药物控制，往往血糖水平很高。

葡萄糖也是葡萄糖浆的简称，葡萄糖浆在美国通常称为玉米糖浆（因为它通常来源于玉米淀粉）。为了减少混乱，本文将糖浆称为葡萄糖浆。虽然葡萄糖浆确实含有一定量的单糖葡萄糖，但它通常也含有大量其他组分，所以这个名字有点误导。然而，历史上，葡萄糖浆是为了从原料玉米得到所含的葡萄糖而制造的，所以尽管存在误导因素，但这种称呼也是合乎逻辑的。许多其他糖浆也含有葡萄糖，包括蜂蜜、糖蜜、转化糖浆和麦芽糖浆。

除了单糖和双糖之外，另外两种主要类型的碳水化合物是寡糖和多糖。寡糖是由若干（通常为3～10个）糖单元键合而成的链状分子。甜味剂行业有时称之为低聚糖或糊精。低聚糖存在于许多烘焙用的糖浆中。图8.4显示了两种低聚糖的骨架结构。

多糖是非常大的碳水化合物分子，由许多（数千个）糖单元组成。本章讨论的两种多糖是淀粉和菊粉（注意，不要与控制人体血糖水平的胰岛素混淆）。淀粉中的糖单位为葡萄糖，菊粉中的单糖主要是果糖。

糖晶体由糖分子高度有序排列结合

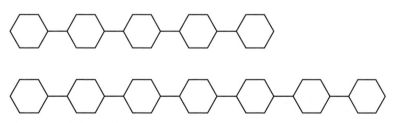

图8.4 高级糖的骨架结构

而成。它们形成晶体是因为相同类型的糖分子彼此吸引。有些场合希望糖晶体长大，例如，在制作冰糖时；有时，也可能不希望晶体长大，例如，制作坚果脆糖、焦糖或拉糖时。光滑和奶油质感的糖料及糖霜需要的糖晶体最小，以获得最佳的外观和口感。

多数情况下，糖晶体是纯的。以蔗糖为例，这意味着其晶体完全由蔗糖组成，即使它们是在含有糖混合物的糖浆中形成的也是如此。混合物的存在只是使得晶体更难形成，因为它使相同类型的分子难以组合在一起。因为是纯的，所以天然糖晶体呈白色，不需要化学漂白。晶体呈杂色是因为它们处于半透明和棕色的糖之中，晶体之间存在"杂质"。

熬煮糖果

熬煮糖果包括许多品种，它们均将糖溶于水中，然后熬煮浓缩而成。晶体熬煮糖果包括冰糖、枫糖、方旦糖、乳脂软糖、红糖糖果以及南方果仁糖。非晶体（或玻璃体）熬煮糖果包括浇注糖、硬糖（例如棒棒糖）和巧克力牛轧糖或坚果脆糖。以下糖果也归类为非晶体糖果：

- 太妃糖及其他形式的拉糖
- 棉花糖和其他形式的旋糖
- 吹糖
- 太妃糖和软焦糖
- 棉花软糖、牛轧糖、奶油蛋白软糖和其他充气糖果
- 果酱、果冻和果冻糖果

制作熬煮糖果有很多关键，但最关键的是确定合适的水分蒸发时间。这需要一个可靠的温度计或折光仪，接下来第二个关键是控制结晶，最后还要有可靠的配方，以及熟练糖果师的经验和技巧。本章有关如何控制熬煮糖果和糖溶液中糖的结晶，有多处有用的提示可供了解。

糖的吸湿性质

所有的糖多少均有吸湿性，这意味着它们会吸引并结合水。因为糖对水有强吸引力，所以它们可以将蛋白质、淀粉和胶质之类其他分子中的水拉出来。当这种情形发生在面糊和面团时，面糊和面团便会随着糖的添加而变软变稀薄。蛋白质、淀粉和胶质水合的程度降低，结合的水分减少。它们的水被释放到了糖中，形成的稀糖浆作为面糊或面团的一部分。图8.5所示为这种情形，其中由淀粉和水制成的看似干燥的粉末，因加入糖粉而发生液化。

果糖之类高吸湿性糖随时可从潮湿空气中吸收水分。为了使曲奇保持柔软和潮润的状态，或者为了避免糖霜干裂或发硬，可利用糖的吸湿性。以这种方

图8.5 糖从淀粉颗粒吸水
　　左下：相等质量的水和干淀粉
　　右下：相等质量的砂糖
　　上：将砂糖加入淀粉–水混合物中制备的液体

式使用的吸湿性糖有时称为保湿剂。

　　糖的吸湿性有时是不受欢迎，例如，甜甜圈上的糖粉会液化，饼干、蛋糕和松饼表面会变得黏稠或潮湿，棉花糖或拉糖会变得黏稠和塌陷。

干晶体糖

　　蔗糖天然存在于枫树汁、棕榈树汁、枣、成熟香蕉等许多成熟水果中。蔗糖的商业化生产包括从甘蔗或甜菜中提取和纯化天然蔗糖。市场上有各种形式的干结晶糖出售，每种形式糖的主要差异在于造粒过程或颗粒大小。一些糖含有其他成分，如玉米淀粉或糖蜜。大多数糖都有不只一种称呼。有些糖的名字指晶体粒度（极细、超细）；另一些糖名称指用途（打磨糖）或应用者（糖果师用糖，面包师专用糖）。将糖从最大到最小粒径排序：粗粒砂糖>常规砂糖>超细糖> 6 × 糖粉> 10 × 糖粉>方旦糖

　　糖晶体的粒度传统上以微米计。$1 \mu m=10^{-6} m$，换句话说，微米是一个非常小的单位。小于45 μm的颗粒在舌头上不容易感觉到。随着糖晶体的尺寸接近45 μm，晶体开始变得粗糙。图8.6所示为几种结晶糖的典型粒度范围。

　　虽然有许多不同的糖，但某种糖不一定比另一种更好。就像面粉、脂肪和其他糕点配料一样，糖的差异也只存在于糖类内部，每种只适用于某些应用，而不适用于其他应用。

常规砂糖

　　常规砂糖也称为细糖或超细糖。在加拿大，砂糖主要从甘蔗中提取纯化得到；在欧洲，大部分是从甜菜中提取纯化得到；美国的砂糖，约一半来自甘

蔗，另一半来自甜菜。

来自甘蔗或甜菜的常规砂糖通常含99.9%以上纯蔗糖，这意味着两者都是纯度非常高的精制糖。对于多数实际应用来说，可以选用任何来源的北美精制糖。然而，即使非常少量的杂质也可能在糖果中引起不希望有的结晶和褐变。发生这种情况时，通常需要加入少量塔塔粉。塔塔粉和其他酸通过降低pH来防止结晶和褐变。

如今，人们趋向于使用未完全精制过的糖。甘蔗干糖浆可能是这类糖的最

典型代表，但它们有许多不同的名称，包括未精制糖粉、蒸发的甘蔗汁或天然甘蔗汁晶体。这些糖经过一次（而不是三次）洗涤离心循环。它们也未经过滤脱色处理。这些糖有时称为一次结晶糖，保留有少量浅色精制商糖浆（一般小于2%）。它们呈淡黄色或金黄色，风味非常温和，很接近于常规砂糖的风味，而不像红糖。它们除了会使浅色产品略添黄白色外，通常可像常规砂糖一样用于烘焙食品。

这些半精制糖可作为砂糖替代品供

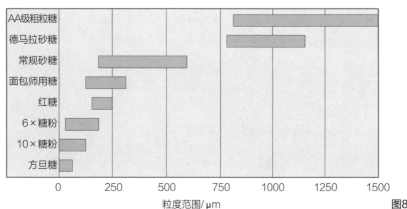

图8.6　不同糖的粒度范围

糖的简史

甘蔗是一种高大实心草本植物，至少8000年前就已经在南太平洋地区耕种。它向西迁移到印度，再传到中国和波斯（伊朗），在过去两三千年里，一些国家相继从甘蔗中提取和纯化得到糖浆或糖晶体。

欧洲人使用蔗糖相对较晚，使用较多的是蜂蜜和成熟水果之类易于获取的甜味剂。11世纪和12世纪十字军东征时期蔗糖开始引入欧洲，当时被认为非常珍贵，主要用于药物。

甘蔗是一种热带作物，在欧洲大部分地区不能很好地生长，因此多年间，糖一直受阿拉伯贸易商控制。然而，自从西班牙和葡萄牙将甘蔗种植传入非洲和美洲新大陆后，糖就可以在整个欧洲得到。虽然17世纪时糖仍然是奢侈品，但已经开始用于糖果、咖啡、茶和热巧克力。随着需求的增加，非洲奴隶被带到美洲从事甘蔗种植。然而，直到19世纪糖精制方法得到改善以后，糖价格才开始下降到当时的中产阶级能够支付得起。

发展较晚的甜菜制糖业，18世纪首先由普鲁士（德国）化学家使其商业化。19世纪初，法

国人采纳并完善了甜菜制糖工艺,当时拿破仑的战争需要法国国内提供这一重要原料。欧洲和美洲的反殖民运动进一步推动了甜菜种植业的兴起,因为在温带气候生长的甜菜并不需要大量劳动力。甜菜品种经过多年来的选育提高了蔗糖含量。今天,甜菜约含17%的蔗糖,是18世纪甜菜含糖量的两倍以上,略高于甘蔗。今天,甜菜仍然是欧洲主要的糖来源。

应天然食品工业,也可以像常规砂糖一样制成不同粒度的产品。有机蔗糖(即用有机甘蔗制成的糖)通常以半精制糖形式销售。有机蔗糖通常适用于素食产品,因为任何美国农业部认证的有机产品不允许使用骨炭(通常用于精制蔗糖的动物产品)。

为产品选择最合适的甜味剂时,应做出明智的决定。不要仅考虑这些糖(包括有机糖)改善健康或营养的好处,而且应当记住,它们的价格可以是常规砂糖的2~3倍。

图8.7 装饰用糖
左:珍珠糖 右:AA级粗粒糖

粗粒砂糖

粗粒砂糖比常规砂糖具有更大的晶体。它们可作为松饼等烘焙食品的装饰物使用(图8.7)。由于粒度大,粗粒砂糖晶体不容易溶解,并且它们具有吸引人的闪光。

有一种粗糖有时称为打磨糖,尽管此名称也可以指另一种称为珍珠糖的不同产品。为了添加光泽,粗粒砂糖有时用可食用巴西棕榈蜡涂层抛光。巴西棕榈蜡是来自巴西棕榈树的硬质天然蜡。闪光的上蜡粗糖作为装饰品特别有吸引力,上蜡还可防止糖晶体吸收水分溶解到面糊或面团中。

粗粒白砂糖通常最适合用于制作最白的方旦糖和甜食,也适用于制作最清澈的糖浆,因为它们在所有颗粒状糖中,含杂质最少。由于纯净,粗粒砂糖明显比常规砂糖贵。如果要形成大的闪闪发光的糖晶体,必须用高纯度(通常超过99.98%)的糖。一种用于最白的糖果的粗粒砂糖称为AA级糖果师用粗粒糖。不要将这种纯净、非常大粒度的半透明糖与磨成粉末的糖粉相混淆。

糖粉

在美国,糖粉通常被称为糖果师用糖,加拿大则称其为糖霜糖。糖粉是由砂糖粉碎成的粉末糖,市场上有不同细度的糖粉出售。糖粉的细度有时用"数字×"表示;数字越高,细

糖如何加工？

白糖的制造包括两个基本步骤，这两个步骤通常发生在不同的地点：从甘蔗或甜菜生产原糖，将尚不可食用的浸在糖蜜中的原糖进行精制生产出纯白糖、黄糖和红糖。生产蔗糖的细节与甜菜糖的细节有些不同。然而，在这两种情况下，蔗糖都不会发生化学改变。相反，通过一系列步骤（过滤、结晶、洗涤和离心），蔗糖与天然存在于甘蔗或甜菜中的杂质发生物理分离。以下是蔗糖压榨和精制的一般过程。

压榨甘蔗的第一步是粉碎新鲜收获的甘蔗，并用水提取果汁。接下来，向果汁中加入石灰（氢氧化钙，一种碱）和二氧化碳以吸附杂质。杂质（田间碎片、纤维、蜡、脂肪等）沉降到底部，经过滤后与透明的汁液分离。水从澄清的汁液中蒸发出来，直到形成浓稠的金黄色糖浆。将糖浆过滤，然后在真空锅中轻微加热将其浓缩。当水蒸发并且糖浆变得过饱和时，析出糖晶体。将结晶的混合物离心（旋转，如在沙拉旋转器中）以从深色浓稠的糖浆（糖蜜）中分离出晶体。将晶体洗涤并重新离心。浅棕色的粗制原糖可以精制成纯白糖。

同时，甘蔗糖浆的离心糖浆通过加热和再离心再循环，通常是两次或三次，直到不再能容易地提取蔗糖晶体。每次提取时，糖蜜中的糖含量会减少，而颜色、风味和灰分则增加。最终提取的糖蜜几乎不能提取出蔗糖。虽然所谓的甘蔗糖蜜的第一、第二和第三次提取有时被混合并出售用于食物，但是最终提取的糖蜜通常不是。它被认为颜色太暗和风味太差而不能供人类使用。

粗制原糖在北美被认为是不够洁净和不可食用的，被运送到糖厂精制，经过洗涤、离心、澄清和过滤等一系列工艺。糖浆也脱色，意味着它通过离子交换或活性炭过滤器，就像通过水过滤器过滤水一样。脱色从糖浆中除去最后一点金黄色物质。一些甘蔗糖生产商，但不包含甜菜糖生产商仍然使用牛骨炭来脱色，这是严格的素食者不可接受的。

最后，纯糖最后一次结晶，然后干燥，过丝网筛，包装并出售。剩余的糖浆，要送到精制工厂，通常称为精制商糖蜜。这应与粗糖压榨阶段操作中留下的糖蜜区分开来。

什么是珍珠糖？

珍珠糖由不透明的白色圆形颗粒组成，不易溶解。珍珠糖的用途非常像粗结晶糖，可作为甜味烘焙食品顶部松脆装饰物使用，但它的外观不同于透明闪亮的粗粒结晶糖。珍珠糖有时被称为打磨糖、装饰糖或碎粒糖。

度越高。两种常见糖粉的细度分别为 $6\times$ 和 $10\times$。在这两种糖粉中，$10\times$ 糖粉最适合用于最平滑非煮制糖霜和糖果，这类产品使用任何较粗物质都会产生粗糙感。$6\times$ 糖粉较适合用作甜点装饰性糖粉，因为其较粗的粒度不太可能结块或液化。

糖粉通常含有约3%的玉米淀粉可吸收水分并防止结块。玉米淀粉还可用于强化和稳定以糖粉作甜味剂的蛋白酥和搅打奶油。然而，应用糖粉的某些产品可能会有种生淀粉的味道。

以下几种糖的粒径与超细粒度相似。有趣的是，每个名字都带有糖，并有其使用方式的意思。实际上，这些糖可以互换使用，尽管它们的粒径略有变化。

- 水果用糖：撒在新鲜水果上很快溶解的糖（不要与果糖混淆，果糖也称为水果糖，因为它存在于水果中）。
- 面包师用糖：面包师用于某些蛋糕的糖，以便获得最细腻的组织结构；它能赋予曲奇饼较大的延展性，也适用于甜甜圈。
- 酒吧用糖：快速溶于冷饮的糖。
- 糖瓶糖：用英国家庭装糖小容器命名的糖。

方旦糖和糖霜糖

方旦糖和糖霜糖是非常细的粉末状糖，在所有糖中粒度最小（小于45 μm）。它们旨在快速制备光滑软糖、糖衣或奶油果仁糖夹心，无需熬煮。这些糖有时被加工（聚集）成特殊的多孔颗粒，即使不添加玉米淀粉也容易溶解并且不会结块。这意味着某些方旦糖和糖霜糖不会有粉状糖果师用糖的那种生淀粉味。此外，有些方旦糖和糖霜糖含有3%~10%的转化糖，可改善光泽并防止产品干燥。专门用于制备方旦糖糖衣的其他配方包含麦芽糊精。麦芽糊精具有降低黏度，提高糖衣对甜甜圈之类烘焙食品吸附的能力。方旦糖的实例包括Easy Fond和Drifond。

超细糖

超细糖是一种晶体糖，其粒度介于糖粉和常规砂糖之间。超细糖在液体中比常规砂糖溶解得快。它还允许将小空气泡引入面糊和乳化起酥油中，因此，适合烘焙食品用糖。

虽然并非所有烘焙房都用超细糖，但它确实会使某些蛋糕产生更精细均匀的组织结构；可减少普通蛋白酥皮中的珠粒；还可增加曲奇饼的延展性。

常规（软）红糖

红糖通常是指含少量（通常在10%以下）糖蜜或精制商糖浆的细砂糖。由于一些或全部糖蜜靠近微小的糖晶体表面，所以红糖发软、发黏，容易结块。由于生产中所用糖蜜的颜色和风味不同，红糖呈浅棕色（黄色或金黄色）或深棕色等不同颜色。有时（但并非总是），为了加深颜色，棕色的糖加有焦糖色素。在北美，添加到常规浅色和深棕色糖中的糖蜜量差异很小（如果有的话）。

红糖在商业上有两种生产方法。第一种方法是将半精制糖与糖蜜或精制商糖浆一起煮沸，使糖蜜糖浆和其他"杂质"随糖一起重结晶。另一种方法是将蔗糖糖蜜与粒状白糖混合，使糖蜜裹（"涂"）在糖晶体外。这种两种方法都常使用。用甘蔗生产红糖时，常采用第一种方法。用甜菜生产红糖常用第二种方法。

红糖主要因其颜色和独特的糖蜜味

而得到应用；红糖中的少量糖蜜对烘焙食品湿度或其营养价值几乎没有影响。曲奇饼、蛋糕、甜食和面包中使用的普通砂糖可用等量的浅棕色或深色红糖替代。红糖较软，因为含水量比常规砂糖要高（3%~4%），所以必须贮存在密闭的容器中。

如果手头没有红糖，则配方中每10 kg红糖可用约1 kg糖蜜和9 kg砂糖替代。最终产品的颜色、风味和整体质量将取决于所加糖蜜的颜色、风味和质量。

特色红糖

除了常规浅色和深色红糖之外，还有几种红糖可供面包师使用（图8.8）。在过去的20年间，多种新开发的红糖进入市场。由于这些产品所使用的制造工艺因制造商而异，所以只能对它们作一般性介绍。所有这些红糖均含有少量维生素和矿物质，但不作为这两类成分

图8.8 红糖
从上方开始顺时针方向：常规浅色红糖、黑砂糖、德马拉糖和秀革拿糖

的主要来源使用。

黑砂糖是颜色最深、滋味最浓的红糖，具有独特水果味，让人想起焦糖和葡萄干。这种糖柔软潮湿，是由糖蜜包裹的粉末状细晶体组成。黑砂糖有时称为巴巴多斯糖，以18世纪生产这种糖的加勒比海岛屿命名。这种糖最初是沥去多余糖蜜而得到的未精制结晶原糖，这种糖当时被运送到英国进行精炼。黑糖的英文名为"黑砂糖"，这个词源于西班牙语，意为未经精炼。这个术语在历史上被用来指任何未精炼的非离心红糖（见"非离心糖：世界各地的手工制糖"）。

今天的黑砂糖往往由煮沸糖蜜（通常是第三次提取的深色浓糖蜜）再加糖结晶制成。这种生产方法类似于用蔗糖（而不是甜菜糖）制造常规浅色红糖。冷却时要缓慢搅拌浓糖浆以防止其结成硬块。

可以将黑砂糖看成糖蜜水平较高的常规深色红糖。黑砂糖的浓郁风味和较深的颜色特别适用于姜饼、水果蛋糕和巧克力烘焙食品。市场上也有浅色黑砂糖供应，浅色黑砂糖含糖蜜较少，因而颜色较浅，风味较淡。

秀革拿糖（Sucanat）是一种自由流动、未精制有机红糖的商标名称（SUgar CAne NATural）。它由甘蔗汁浓缩成浓稠金黄色糖浆（糖蜜），然后在冷却和干燥时缓慢搅拌。由于既未添加也未脱除任何物质，因此干燥成多孔颗粒而不是晶体的秀革拿糖，通常被称为全蔗糖。这种糖可以在烘焙中代替浅色或深色红

在世界的某些地区，甘蔗汁仍然就像数千年前一样，在露天盘中蒸发，直到干燥，产生粗糙的未精制红糖。这些未精制的原糖有时被称为非离心糖，因为它们在该过程的任何阶段都没有离心（旋转）以除去糖蜜操作。

未精制糖保留糖蜜的浓郁、自然的风味；事实上，它们可以被认为是结晶的糖蜜或完整的甘蔗糖，在任何阶段都没有去除任何物质。因为区域做法不同，每个都是独特的。大多数呈现不同的颜色，从金黄色到深棕色，颜色深浅取决于它们如何煮沸，使用什么澄清剂和添加剂。这类糖通常在生产的地方消费，但是，随着人们对地方特色的独特风味的糖的兴趣的增长，通过专业经销商可以获得数量可观的糖。

家革雷（Jaggery，意为粗糖）是印度村庄里制作的未精制糖，当地将这种糖称为古尔（Gur），是通过煮沸和搅拌甘蔗汁，直至蒸发至浓稠的结晶糖浆而制成。将类似乳脂软糖的热混合物浇注在圆柱形模具中或形成块状并冷却至硬化。有些时候，硬糖块被磨碎，以粉末状晶体出售，称为夏咖（Shakkar，印地语，意为糖）。用水洗涤后，离心分离，粉碎成颗粒，得到的半精制产品称为肯扎里（Khandsari）。印度糖消费量约三分之一到一半仍然是家革雷、夏咖和肯扎里形式的糖。家革雷也用于东南亚各地。

其他未精制糖实例包括，在哥伦比亚制造而在南美洲以扁圆饼形式销售的潘尼拉糖（Panela）；巴西的哈巴杜勒糖（Rapadura）；墨西哥的锥形比朗齐勒糖（Piloncillo）；菲律宾的巴诺查糖（Panocha）。

日本制造的精制手工糖被称为和三本糖（Wasanbon toh）。和三本糖由特殊品种的甘蔗制成，经过糖晶体与水反复混合，用手捏混合物，用石头压制以除去糖蜜糖浆。当该过程完成时，糖以精细的象牙白色粉末的形式存在。据说和三本糖有一种微妙的风味，在传统的日本糖果中很重要。

糖，但是其多孔大颗粒不容易溶解，因此，秀革拿糖有时在烘焙中的作用不同。

德比拿杜糖（Turbinado）的风味和颜色与浅色红糖相似，但它干燥、能自由流动，而不柔软、潮湿。德比拿杜糖有时被称为生糖、洗涤生糖或未精制糖，但这些术语容易误导。这种糖最好描述为部分或半精制糖。为了制作这种糖，首先要用蒸汽清洗粗制原糖。然后将其洗涤并离心以除去表面糖蜜，最后结晶并干燥。这些精炼步骤将粗制原糖转化为通常保留约2%糖蜜的可食用浅黄色红糖。"德比拿杜"一词源于（除手工糖以外）所有糖类精炼过程使用的离心机（也称为涡轮机）。夏威夷原糖和佛罗里达晶糖是两种品牌的德比拿杜红糖。

德马拉糖是一种德比拿杜糖。它是一种浅色红糖，晶体大，呈金黄色。在英国，它常作为甜味剂用于咖啡或谷物中。由于其晶体大、松脆并闪闪发光，德马拉砂糖也作为装饰性打磨糖用于松饼和其他烘焙食品。德马拉糖以南美洲国家圭亚那的一个地区命名，该地区最早生产这种糖。今天，市售的大多数德马拉糖和黑砂糖都是在非洲海岸的毛里求斯生产的，并出口欧洲和北美。

糖浆

糖浆是一种或多种糖的水溶液混合物，通常含有少量其它成分，包括酸、色素、调味剂和增稠剂。这些其他成分虽然含量低，但非常重要，赋予各种糖浆独特的特征。

大多数糖浆含有约20%的水，但也有例外。例如，转化糖浆通常含有23%~29%的水；枫糖浆约含33%的水分；单糖浆通常含50%的水。

有时，糖浆越浓，所含的水就越少。然而，通常糖浆很稠，是因为除了糖之外，它们还含有低聚糖。低聚糖分子较大，移动速度较慢，较容易碰撞和纠缠，这就是为什么糖浆较稠的原因。低聚糖存在于葡萄糖浆和其他浓稠糖浆中，如蜂蜜和糖蜜。

有时不同糖浆可以互换使用，但由于组成成分不同，通常一种糖浆在特定功能方面优于其他糖浆。例如，大多数糖浆用于烘焙食品中时会变甜、湿润，并发生美拉德反应。但富含果糖的糖浆（如转化糖浆、高果糖玉米糖浆、龙舌兰糖浆和蜂蜜）在这些功能方面有很好的表现。以下部分将介绍糖浆的组成和功能，请注意这些糖浆其他方面的相似性。表8.1总结并比较了各种糖浆和其他甜味剂的典型组成。表中的具体数值会因品牌或甜味剂的来源不同而有所变化。

单糖浆

最简单的糖浆称作单糖浆。面包师和糕点师通常通过加热等量砂糖和水制备单糖浆，当然，也可使用其他比例，但糖与水的比例不应超过2∶1，否则糖可能会结晶。通常将少量柠檬汁或柠檬片加入单糖浆中。柠檬酸有助于防止糖浆变黑和结晶，特别是糖浓度高的糖浆。柠檬酸也可以防止腐败微生物生长。

表8.1　常见甜味剂的组成　　　　　　　　　　　　　　　　　　　　单位：%

甜味剂	总固形物	蔗糖	果糖	葡萄糖	麦芽糖	低聚糖
浅色红糖	96	95	2	3	0	0
深色红糖	96	95	2	3	0	0
枫糖浆	67	90	5	5	0	0
优质糖蜜	80	54	23	23	0	0
中等转化糖浆	77	50	25	25	0	0
高果糖浆 -42	77	0	42	50	2	6
全转化糖浆	77	6	47	47	0	0
蜂蜜	83	2	47	38	8	5
龙舌兰糖浆	71	0	80	14	0	6
低转化葡萄糖浆	80	0	0	7	45	48
高转化葡萄糖浆	82	0	0	37	32	31
麦芽糖浆	78	0	0	3	77	20

有时，糖浆按固形物含量描述。例如，典型葡萄糖浆含有约80%的固形物和20%的水。这种糖浆被描述为具有80°Bx。白利度以德国科学家阿道夫·布莱克斯（Adolf Brix）命名，他创立了这种用于衡量糖浆和其他产品（包括果汁）中可溶性固形物（主要是糖）质量分数的量度规则。

正如温度可以表示为华氏温度或摄氏温度一样，糖浆的固形物含量也可以用白利度或波美度表示。波美度以创造这一量度规则的法国科学家安托万·波美命名。许多糕点师熟悉波美度单位。白利度和波美度单位都可以用密度计（有时称为糖度计）测量。密度计实际测量的是相对密度。具有高白利度或波美度读数的糖浆，也具有较高的相对密度，因此，与那些较低读数的糖浆相比，含有较多可溶性固形物体和较少水分。

白利度为80°Bx的典型葡萄糖浆，其波美度读数约为43°Bé。白利度略高于50°Bx的一种典型单糖浆（用于果汁冰糕）的波美度为28°Bé，而大多数冰糕混合物的白利度为27°Bx，波美度为15°Bé。白利度单位可用公式或特殊转换表转换为波美度单位。对于糕点师常用的糖浆的范围，以下公式提供了两者间的良好转换关系：

波美度 = 0.55 × 白利度

白利度 = 波美度 / 0.55

虽然糕点师传统上使用液体密度计（图8.9）和波美度单位，但现在许多人已改用白利度单位。糕点师还利用折光仪测量白利度（图8.10）。折光仪比液体密度计更昂贵，但它们使用方便，并且所需样品量很少。

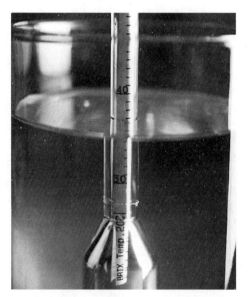

图8.9 测量糖浆中糖浓度（°Bx）的密度计

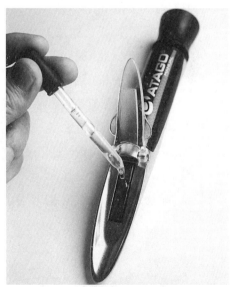

图8.10 将一滴液体置于折光仪上以测量其糖浓度（°Bx）

单糖浆有很多用途。例如，它可用于润湿蛋糕层，为新鲜水果上糖衣，稀释方旦糖，包裹水果和制备冰糕。单糖浆是唯一由面包师和糕点师制作的糖浆。其他所有糖浆都是市场供应的，包括转化糖浆、糖蜜、葡萄糖浆、枫糖浆、蜂蜜和麦芽糖浆。

转化糖浆

面包师和糕点师有时会用转化糖浆这一术语代指任何液体糖浆，包括葡萄糖浆、枫糖浆、蜂蜜和糖蜜。但是这个词有更具体的含义。它是指含有大致等量的果糖和葡萄糖的糖浆类型。

虽然转化糖浆不如玉米糖浆那样常用于烘焙房，但仍有必要对它的背景及性质加以了解。通过了解转化糖浆，可以对一些糖进行一般了解，也可了解这些糖如何发挥作用。

为了生产转化糖浆（图8.11），制造商通常将酸加入蔗糖浆，并加热，然后过滤、精制和浓缩。前面提到过，蔗糖是由果糖和葡萄糖结合而成的双糖。热和酸结合可破坏（水解）两种单糖之间的键，释放出单糖。这个过程称为转化，产生的是转化糖浆：等量果糖和葡萄糖的水溶液，含有少量残留的酸。酸有助于减少包括酵母和霉菌在内的腐败微生物的生长。

烘焙房常用两种主要的转化糖浆。第一种称为全转化糖浆，它含有少量（如果有的话）残余的蔗糖。第二个，称为中等转化糖浆，只有一半原料蔗糖转化为葡萄糖和果糖。这两种糖浆的固形物含量为71%～77%（对应含水量为29%～23%）。

转化糖浆有时也称为转化糖。它通常呈现为透明浅色液体或不透明较稠乳膏，其中含有悬浮在糖浆中的微小糖晶体。面包师和糕点师有几种转化糖品牌可选，包括Nulomoline，Trimoline和FreshVert。

转化糖浆仅比蔗糖贵一点，但像所有糖浆一样，使用起来较麻烦，保质期较短。这意味着只有其他糖无法提供所需特性时，才使用转化糖浆。

转化糖浆有若干特性对烘焙房和糕点房很有用处。其特性之一是能保持烘焙食品较长时间的柔软和潮润状态。另一特性是能保持糖霜、软糖和糖果光滑、有光泽，不开裂，不干燥。第三是防止冷冻甜点中形成冰晶，使其冻结时有较软质地。软质冰冻甜点容易从冷冻器中舀出、容易切片，也可直接食用。

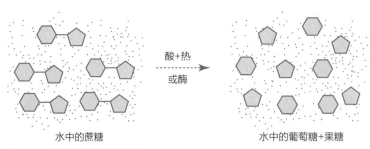

图8.11　蔗糖转化成转化糖浆

转化糖浆比糖甜，发生美拉德反应也快得多。当用于烘焙食品时，烤箱温度应降低约15℃，以防止反应过度。即使烤箱温度较低情形下，配方中用转化糖浆替代的糖不能超过25%。过多转化糖浆往往会使烘焙食品颜色变深、致密、黏稠和过甜。白色蛋糕中的转化糖浆（如果有的话）使用量应更少，以保持蛋糕白色。如果需要，可以加入少量的塔塔粉以降低pH并减缓美拉德反应速度。

什么是金黄糖浆？

金黄糖浆也被称为浅色糖蜜，深受英国消费者欢迎。它是呈金黄色的甘蔗糖浆，带有温和的焦糖风味。金黄糖浆是精制商糖浆（一种蔗糖精制过程的副产物），也可直接通过煮沸和浓缩甘蔗汁制成。

金黄色糖浆含有适量的转化糖，因此它基本上是一种中等转化糖浆，是一种尚未经过高度过滤或精制的糖浆。事实上，北美的制造商购到的金黄糖浆是呈稻草色的中等转化糖浆。金黄糖浆可用于烹饪和烘焙，可作为煎饼糖浆和冰淇淋顶饰物使用。

樱桃心巧克力的秘密

樱桃心巧克力是一种夹心巧克力，其夹心是液态方旦糖包裹的樱桃蜜饯（图8.12）。用巧克力将这种非常多汁的夹心包住，有什么秘密？

秘密是转化糖酶。将少量转化酶加入到硬方旦糖中，方旦糖中的蔗糖开始缓慢地转化或分解成葡萄糖和果糖。发生这种情况时，糖晶体溶解，方旦糖液化。因为需要几天或几周的时间才能发生，所以方旦糖包裹的樱桃蜜饯在涂或浸巧克力时，方旦糖仍然坚实。当方旦糖液化时，巧克力早已成为保护性涂层。

图8.12　夹心巧克力的方旦糖夹心在转化酶作用下液化

由于其吸湿性质，转化糖浆比糖更能吸住水，使得可用于微生物的生长的水分大大减少。也就是说，转化糖浆可以降低水分活度。例如，通过用转化糖浆代替部分糖，夹心巧克力的方旦糖夹心不仅能保持柔软乳状感，而且不太可能腐败。

虽然面包师和糕点师不会在烘焙房大量生产转化糖浆，但在制作许多熬煮糖果的过程中，通常会产生少量转化糖浆。例如，将酸（如塔塔粉或酒石酸）加入到煮沸的糖中，将会一定量糖转化成果糖和葡萄糖。加热时间越长、加酸越多，蔗糖转化成果糖和葡萄糖越多。糖转化就像直接加入转化糖浆一样有助于减少糖结晶。因为糖转化使得糖果中难以形成大的糖晶体，因此冷却的糖果比没有酸加入时更平滑、更光亮，并且不易破裂和干燥。

糕点师直接加酸熬煮糖果时可能难以控制糖的转化量。熬煮时间和加酸量必须严格控制。如果转化糖过多，糖果可能变得黏稠，导致不能适当凝固。反之，如果转化糖过少，可能会导致糖果易于返砂或过于坚硬干燥。

前面提到，有时，可将少量柠檬汁加入单糖浆中。柠檬汁添加量和糖浆加热时间决定了蔗糖转化成果糖和葡萄糖的量。糖浆冷却后，糖转化仍然缓慢进行。还是要记住，糖的混合有助于防止浓缩糖浆结晶。

糖蜜

糖蜜是甘蔗的浓缩汁。尽管糖蜜也含适量转化糖（像中等转化糖浆一样），可为烘焙食品提供湿润和松软的效果，但使用糖蜜主要是色泽和风味方面所需要。虽然一些甜味剂并不被认为是特别好的营养素来源，但糖蜜在许多必需矿物质、一些B族维生素和促进健康的多酚类化合物的含量水平，处于在所有甜味剂前列。

市场上有许多级别的糖蜜可供面包师和糕点师选购。最高级别的糖蜜最甜、颜色最浅、风味最温和。高级糖蜜比低级糖蜜昂贵，但用于烘焙并不一定效果更好。来自香料和全谷物的强烈风味可轻易地将优质进口糖蜜的温和甜味盖过。深色较低级别糖蜜可能更适合烘焙。加拿大对于糖蜜有强制性标准，而美国对糖蜜则实行自愿评级政策。不同级别的糖蜜都可能受过硫化处理（即可以加入二氧化硫或亚硫酸盐），但优质糖蜜通常是未经硫化处理的。

糖蜜分级受若干因素影响。甘蔗汁用敞口锅直接熬煮浓缩得到的未去除糖

为什么转化糖浆具有特殊属性

乍看起来，转化糖浆中的水可能会使其具有特殊性质。总的说来，转化糖浆的主要特性之一是保持烘焙食品和甜点柔软和潮润。但是，调整配方的水量，或将转化糖浆与大多数其他糖浆进行比较，在润湿性和某些其他功能方面，转化糖仍然具有优越性。

事实上，转化糖浆中的单糖（果糖和葡萄糖）赋予其不同于蔗糖的特性。虽然蔗糖由果糖和葡萄糖组成，但在蔗糖中这两种糖是结合在一起的。在全转化糖浆中，这两种糖不再结合在一起。

前面提到，果糖吸湿性极强，这意味着它比大多数（包括蔗糖在内的）糖润湿性更好。还提到过，糖的混合物比纯糖结晶得慢。当少量转化糖浆加入糖霜、方旦糖和糖果时，糖的混合物使它们不再结晶。这意味着这些产品在柔软性、奶油感和光泽感方面具有较好表现。此外，果糖和葡萄糖等单糖的尺寸较小，在降低水凝固点和水分活度方面性能更好。果糖和葡萄糖也更为活跃，意味着它们能比蔗糖更快地分解和发生美拉德反应。

晶体的糖蜜被认为是一级糖蜜，或称为花式糖蜜。最优质的一级糖蜜是从加勒比国家进口的。一个优质的进口糖蜜品牌是美家生活（Home Maid）。

较低等级的糖蜜是蔗糖压榨的副产品，通常由第一、第二和第三次提取的糖蜜混合而成。因为已经除去了一些糖，并且糖蜜经历较多处理，所以低级糖蜜与高级糖蜜相比，颜色较深，甜味较淡、较酸、较苦。低级糖蜜的营养素含量也较高。在加拿大，两种较低级别的糖蜜是家用和烹饪用糖蜜。低档烹饪糖蜜适用于需要醇厚风味、较深色泽的情况。

在美国，黑糖蜜通常是指不可食用的最终提取糖蜜，味极苦，不是很甜。在加拿大，黑糖蜜是烹饪糖蜜的别名。

来自甜菜加工的糖蜜不是食品级的，因此被用作动物饲料；甜菜糖蜜也用于面包酵母生产和其他发酵过程。

葡萄糖浆

葡萄糖浆是由淀粉水解（分解）产生的透明糖浆。到目前为止，北美生产的葡萄糖浆，最常见的是用玉米淀粉生产的，但是可以使用任何淀粉生产，包括马铃薯、小麦或大米淀粉。在美国，

由玉米淀粉制成的葡萄糖浆通常称为玉米糖浆。然而，在本书中，术语"葡萄糖浆"通常指用任何淀粉生产的糖浆。记住，由非玉米淀粉（如马铃薯淀粉）制成的糖浆可被称为葡萄糖浆（或马铃薯糖浆），但不能称为玉米糖浆。

淀粉是由数百甚至数千个葡萄糖分子结合在一起的碳水化合物。为了生产葡萄糖浆，制造商通常在水和酸的存在下加热淀粉，并用酶处理（图8.13），将大的淀粉分子水解成更小的单位。得到的糖浆，要经过一系列步骤过滤和精

什么是餐糖浆？

餐糖浆是英国市场上销售的深色蔗糖浆。换句话说，餐糖浆是食品级糖蜜或精制商糖浆。正如糖蜜有不同的颜色和风味，餐糖浆也是如此。黑色餐糖浆相当于低档食用黑糖蜜，颜色非常深，味较苦。中等棕色的餐糖浆由黑色餐糖浆精制而成，或者由黑色餐糖浆与更高级别的精制商糖浆混合而成。

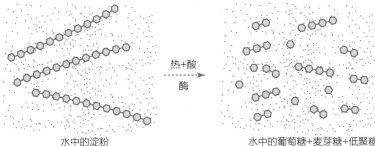

水中的淀粉   水中的葡萄糖+麦芽糖+低聚糖

图8.13 将淀粉水解成葡萄糖浆

制，以除去色素和风味物质。糖浆越精致，其风味越清纯，外观较清澈，越不可能随着时间的推移变暗。制造商通过控制酸、热、酶和精炼过程，可产生适合各种用途的系列葡萄糖浆。

无论什么过程生产的葡萄糖浆均含有一定量糖（主要是葡萄糖和麦芽糖），这些糖赋予糖浆甜度、美拉德反应特性、湿润和软化功能。其余部分仍保持较大分子片段，称为低聚糖。低聚糖不具有糖的特性；也就是说，它们无甜味，无美拉德反应特性、无润湿或软化功能。然而，由于它们的尺寸较大，因此具有增稠功能，也可增加产品体积，还能增加产品的柔韧性。它们的大尺寸也使其能够阻碍分子运动，所以使糖浆中的糖不太可能结晶，其中的水分子也不太可能形成冰。

葡萄糖浆通常根据淀粉转化成的糖量来分类。高转化糖浆经历大量水解，

葡萄糖浆的历史

葡萄糖浆的历史与欧洲的政治史有关。19世纪初，当拿破仑战争在欧洲展开时，法国受到英国封锁。这些封锁阻止进口物品（包括食品）进入法国。由于需要养活军队和国家，拿破仑设立奖金鼓励各种生产和保存食品的新途径。

现金奖授予了用法国本地植物生产糖的项目。淀粉糖最初是用酸处理马铃薯淀粉法生产的。所得的淀粉糖不如蔗糖甜，所以当封锁被取消时，法国人就停止了这种生产方式。19世纪中叶，美国开始用马铃薯生产葡萄糖浆。不久之后，美国人开始从玉米淀粉而不是马铃薯淀粉生产淀粉糖，由此诞生了玉米糖浆工业。今天，每个美国人每年消费的一半以上甜味剂来自玉米。

什么是 DE？

DE代表葡萄糖当量。它是葡萄糖浆中淀粉转化成糖的量度。纯玉米淀粉的DE为0，而纯葡萄糖的DE为100。低转化糖浆的DE为20~37；中等转换糖浆的DE为38~58；高转化糖浆的DE为58~73；而非常高转化率的糖浆的DE＞73。当DE＜20时，糖浆不再称为葡萄糖浆，而称为麦芽糊精。

糖含量高（低聚糖含量低）；低转化糖浆经历低水平水解，因而糖含量低（低聚糖含量高）。中等转化糖浆介于二者之间。葡萄糖浆之间还有其他差异，但面包师和糕点师注重的是转化程度。表8.1比较了高转化葡萄糖浆、低转化葡萄糖浆及其他普通甜味剂的组成。

虽然有许多不同的葡萄糖浆可供面包师和糕点师选用，但大多数烘焙房最多使用两三种葡萄糖浆。常规葡萄糖浆是一种中等转化糖浆（DE为42），也是一种良好的通用葡萄糖浆。常规葡萄糖浆中的糖可为烘焙食品提供松软度和甜度（尽管不如蔗糖那么多），并且还提供润湿和褐变功能（尽管效果不如转化糖浆）。虽然常规葡萄糖浆从来不作为唯一甜味剂用于烘焙食品，但有时常规葡萄糖浆也与砂糖一起使用。常规葡萄糖浆与红糖或糖蜜一起用于山核桃派馅料。卡罗浅色玉米糖浆与常规葡萄糖浆最相似，虽然还含有增添甜味和风味的果糖、盐和香草。

低转化葡萄糖浆（DE为20～37）非常适合用于糖果和甜食。它们非常稠厚，几乎无甜味，不会发生美拉德反应或结晶。它们适合最白、最光滑、最闪亮的糖霜、糖果和方旦糖。它们也可用于增加拉糖和棉花糖的柔韧性和强度，用于果泥和其他酱料增稠，并用于防止冷冻甜点形成冰晶。葡萄糖晶体是一种由小麦淀粉制成的低转化率葡萄糖浆。葡萄糖晶体由法国进口的高度精制的产品，它外观晶润，价格较贵。

深色玉米糖浆由常规浅色玉米糖浆，加入糖蜜或精制商糖浆、焦糖色素和风味物而制成。黑玉米糖浆的一个例子是卡露深色玉米糖浆，它还含有盐和抗菌剂。尽管深色玉米糖浆比大多数糖蜜糖浆要温和得多，但仍然作为糖蜜的廉价替代品，用于烘焙食品和甜食。

高果糖玉米糖浆 高果糖玉米糖浆是一种较新的玉米糖浆。这种糖浆在加拿大称为葡萄糖–果糖，在欧洲称为糖类代用品。它在20世纪七八十年代开始流行，当时，糖价格较高，而糖浆的质量提高使其成为美国碳酸饮料和许多其他食品的标准甜味剂。

葡萄糖–果糖的名称特别合适，因为最常见的高果糖玉米糖浆（HFCS-42）中含有约等量的果糖和葡萄糖（表8.1），使其组成和性质与全转化糖浆非常相似。尽管面包师和糕点师通常不使用高果糖玉米糖浆，但应知道，这种糖浆可作为转化糖浆的优质低价替代物使用。

制作光滑的乳脂软糖

完美的乳脂软糖应具有光滑奶油感。像方旦糖和其他结晶或"颗粒"糖果一样，乳脂软糖由悬浮在薄层糖浆中的许多微晶体组成。这些晶体为软糖提供体积和主体，而糖浆则提供光滑的奶油感和光泽。如果晶体太少，乳脂软糖就会既软又黏稠。如果晶体太大，那么乳脂软糖口感会很粗糙。

制备滑爽乳脂软糖有若干技巧。一是使用温度计准确测定软糖是否适当熬煮（114~116℃）。另一个技巧是正确使用关键配料。许多软糖配方中的关键配料是塔塔粉。塔塔粉是一种酸，热和酸结合可使一定量蔗糖分解成为转化糖（等量的果糖和葡萄糖）。果糖和葡萄糖被认为干扰剂，因为它们的存在，对蔗糖形成有砂粒感的大晶体有干扰作用。结果得到较平滑、柔软的软糖。

加酸形成转化糖的缺点是糕点师难以控制。转化太少，得到的乳脂软糖较硬且有砂粒感；转化太多，乳脂软糖可能不会结晶和凝固。然而，通过简单地添加一定量转化糖浆，或者添加玉米糖浆，可以消除这种不确定性。

低转化葡萄糖浆（糖含量低，低聚糖含量高）在乳脂软糖和其他糖果中可作为有效的干扰剂使用。低聚糖会使糖混合物增稠，大大减缓结晶。图8.14比较了加入和不加入干扰剂的方旦糖或任何颗粒糖果的晶体尺寸。

低转化葡萄糖浆特别适用于注重外观的方旦糖和其他糖果，因为它不含大量棕色糖。尽管如此，仍应避免加入过多的葡萄糖浆。特别是当它们是低转化糖浆时，加太多葡萄糖浆会严重阻碍乳脂软糖形成耐嚼糖霜稠度所需的结晶。

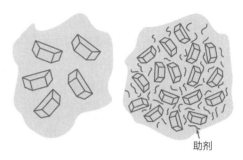

助剂

图8.14 方旦糖和其他糖果中的晶体尺寸受加入的葡萄糖浆和其他干扰助剂的影响
左：无添加剂制成的方旦糖中粗晶体的微观视图
右：添加助剂制成的方旦糖晶体较小

米糖浆 是由大米淀粉制成的葡萄糖浆，过程类似于用玉米淀粉制玉米糖浆。尽管米糖浆可以与其他葡萄糖浆替换使用，但通常不这么做。值得指出的是，北美销售的大部分是未经精制的糙米糖浆，所以它可以作为健康食品行业的甜味剂使用。除了具有棕色和独特风味之外，糙米糖浆通常作为有机认证糖浆出售。因为糙米糖浆很少经过精制，所以它保留了大米中的一些维生素和矿物质。

与所有葡萄糖浆一样，米糖浆是含有葡萄糖、麦芽糖和低聚糖的混合物。据一家生产商称，他们生产的糙米糖浆含有3%的葡萄糖、45%的麦芽糖和

50%的"可溶性复合碳水化合物"（低聚糖）。根据定义，这种特殊的米糖浆属于低转化葡萄糖浆。

蜂蜜

蜂蜜是由蜜蜂采集并处理的花蜜，可能是最早的甜味剂。一幅早期洞穴绘画展示了新石器时代人类从蜂巢收集野生蜂蜜的情景。18世纪普遍使用糖以前的几千年间，蜂蜜一直是欧洲的主要甜味剂。

如今，蜂蜜是一种昂贵的配料，主要因其独特风味而使用。蜂蜜从蜂巢中收集后，要从蜡状蜂窝中分离出来，再加热溶解晶体，杀灭腐败酵母，过滤除

高果糖玉米糖浆的安全性如何?

2004年，流传出一种关于高果糖玉米糖浆可能是美国肥胖症增加原因的简单假设。该假说焦点集中在高果糖玉米糖浆中的果糖在身体中代谢不同于葡萄糖。此后，出现了有关高果糖玉米糖浆在其他健康问题（包括糖尿病和心血管疾病）中可能的作用的一些独立研究和假设。更多注意力集中在所谓活性二羰基方面，在高果玉米糖浆碳酸饮料的样品中发现了这种活性二羰基。最终结果是，许多消费者现在尽可能避免食用含有高果糖玉米糖浆的食品和饮料，而蔗糖被认为是较天然、安全和健康的甜味剂。

实际上，北美洲使用的高果糖玉米糖浆常见类型含大致等量的果糖和葡萄糖，并且代谢方式类似于其他普通甜味剂（包括蜂蜜和转化糖浆）。同样，我们的食品中均存在这种活性二羰基，因为它们是美拉德反应的产物。毫不奇怪，这些物质在烘烤咖啡中的含量比碳酸饮料中的要高得多。此争议导致的遗憾结果是，它分散了人们对更可能引起肥胖和其他健康问题原因的注意力，例如各种来源的热量过度消耗问题。

用蜂蜜代替砂糖

美国国家蜂蜜委员会建议用下述方法用蜂蜜代替砂糖。这种替代方案考虑到蜂蜜的含水量以及高甜度：使用500 g蜂蜜代替500 g砂糖，并将配方中的水（或其他液体）减少80～95 g。

去杂质。蜂蜜主要以糖浆形式出售，但也有蜂蜜霜出售，它由悬浮在浓缩糖浆中的微小晶体组成。

蜂蜜有时被称为天然转化糖浆，因为蜜蜂中的酶将花蜜中的蔗糖转化为果糖和葡萄糖。像转化糖浆一样，蜂蜜非常甜，容易褐变，并且具有保持烘焙食品和糖衣柔软和潮润的能力。

虽然所有糖浆都呈微酸性，但蜂蜜的酸性最大，pH可低至3.5。尽管如此，蜂蜜不会有酸味感，部分原因是它的酸味非常温和。

蜂蜜以采集的花蜜命名。世界上最常见的蜂蜜是甜三叶草蜂蜜，但另外两种蜂花蜜也很有名，即橙花蜂蜜和紫树

蜂蜜。市场上有许多昂贵的特种蜂蜜出售，但它们应该被认为是调味剂，不能用于一般的烘烤。三叶草蜂蜜或面包师蜂蜜均适合烘焙使用。面包师蜂蜜是一种较便宜的混合物，具有比三叶草蜂蜜更深的颜色和更强的风味。

枫糖浆

枫糖浆通过煮沸和蒸发糖枫树汁液制成，糖枫树汁在早春就开始采收。世界上80%以上的枫糖浆产自美国东北部和加拿大东南部。像粗黄糖和其他未精制非离心糖一样，枫糖浆用敞口锅煮沸，经常用木材烧煮。因为汁液只含2%或3%的糖，所以需要约151 L的汁

发酵过程中，酵母会分解糖，并在此过程中产生二氧化碳气体。如果发酵和醒发过程中二氧化碳的供应充足，则面包发面正常。为了取得这种效果，最好在整个发酵过程中提供糖。

在整体发酵早期阶段，蔗糖、果糖和葡萄糖都被快速分解和发酵。乳糖一般不发酵，麦芽糖发酵缓慢。在酵母发面配方中使用麦芽糖，经最终醒发可以获得酵母发面食品，添加麦芽糖可确保关键阶段有充足的气体。结果是适当发面的面包。除了麦芽糖浆以外，麦芽糖良好来源还包括麦芽粉和某些葡萄糖浆。

液来生产4 L的枫糖浆。这使得枫糖浆成为非常昂贵的甜味剂。枫糖浆的价值在于其独特的、非常甜的香气，这种香气是由于高热下煮沸时发生的美拉德反应而形成。

不要将枫叶味的煎饼糖浆与真正的枫糖浆混淆。煎饼糖浆由廉价的葡萄糖浆加入焦糖色素和枫香味制成。

虽然风味很重要，但枫糖浆主要根据颜色分级。通常，淡色糖浆在产糖季节早期生产，而深色枫糖浆在产糖季晚期生产。较深色的枫糖浆具有较强风味，等级较低，价格也较低。一种美国产的多用途枫糖浆是A级中等琥珀色（加拿大1号浅色）枫糖浆。美国A级淡琥珀（加拿大1号超浅色）枫糖浆较适用于糖果和甜食，而风味较强、颜色较深的枫糖浆，如美国A级深琥珀色（加拿大1号中色）或B级（加拿大2号琥珀色）可能最适合烘焙。

枫糖浆所含的糖固形物几乎全是蔗糖，还含少量（通常小于10%）转化糖。因为转化糖含量低，所以枫糖浆提供的潮润和柔软效果贡献不会比糖和水的贡献多许多。相反，枫糖浆提供的是风味效果。

麦芽糖浆或提取物

麦芽糖浆通过麦芽发芽，用水提取，然后将所得混合物浓缩而成。麦芽发芽过程启动了谷粒中许多生物过程，包括将大型淀粉分子分解成糖。麦芽糖浆，如麦芽粉一样，可以由任何谷物制成，但大麦和小麦最常用。

麦芽糖浆也称为麦芽提取物，具有与糖蜜相似的风味和颜色。与糖蜜不同，麦芽糖浆的麦芽糖含量非常高。麦芽糖和微量的蛋白质和灰分有助于改善酵母发酵，麦芽糖浆通常用于面包、百吉饼、饼干和脆饼生产。麦芽糖浆也经常添加到用于百吉饼热烫的水中，以增加饼的光泽。

麦芽糖浆的两种主要类型是糖化型和非糖化型麦芽糖浆。糖化型浓缩麦芽糖浆含有少量酶，主要是麦芽汁中的淀粉酶（糖化酶）。非糖化型麦芽糖浆已被加热以消除所有活性酶，但它仍然含有所有麦芽糖浆的独特风味和麦芽糖。

龙舌兰糖浆

龙舌兰糖浆由龙舌兰的汁液制成，龙舌兰是墨西哥种植的一种多肉植物。为了制成龙舌兰糖浆，要将龙舌兰心加热，并对该植物加压榨汁。龙舌兰汁液含有多糖菊粉及较少量葡萄糖和果糖。热和/或酶可将菊粉水解（分解）成果糖，情形像制备葡萄糖浆时淀粉水解成葡萄糖一样。酶也可以将龙舌兰中的葡萄糖转化为果糖，其方式与用葡萄糖浆制造高果糖玉米糖浆相同。像葡萄糖和转化糖浆加工一样，龙舌兰汁液可以澄清、过滤和浓缩。

在市场上有若干品牌的龙舌兰糖浆，也称为龙舌兰花蜜。有些龙舌兰糖浆由于处理较少，因此呈深色，并有浓郁风味，而其他糖浆经过高度精致，呈淡色。有些龙舌兰糖浆用有机生长的龙舌兰制成，并作为生食销售，这意味着它们未被加热到50 ℃以上。生食中保留了热敏性营养素和天然酶活性。

像高果糖玉米糖浆一样，龙舌兰糖浆的果糖含量会有所差异。出现这种差异的可能原因，一是汁液处理的方法不同，也有可能是龙舌兰天然存在的含果糖菊粉的量有差异。例如，蓝龙舌兰天然富含菊粉，这也是龙舌兰酒生产中唯一允许使用的植物。

各种品牌龙舌兰糖浆只存在（如果有的话）较少低聚糖，糖浆非常稀，且可浇注，因此易于使用。除含有50%~90%的果糖外，龙舌兰糖浆还含有不同量的葡萄糖。龙舌兰糖浆中的果糖含量越高，葡萄糖含量越低，糖浆越不可能结晶，口味也越甜。龙舌兰糖浆，特别是果糖含量最高的糖浆，据说可引起低血糖反应（详见第18章）。

右旋糖

葡萄糖又称右旋糖。这种单糖在以干糖形式销售时称为右旋糖。右旋糖以晶体或粉末形式出售。这种糖没有蔗糖甜，在需要糖的性质但不需要甜味的场合是很有用的。例如，右旋糖可为巧克力和巧克力制品提供体积，而不是很大的甜味。由于右旋糖在降低水分活度和抑制微生物生长方面比蔗糖更有效，因此也可延长甜食的保质期。

甜甜圈糖

甜甜圈糖也称为撒粉糖，看起来像糖果师用糖，但它由细粉碎的右旋糖制成。即使是经细粉碎的，右旋糖也不易溶解，所以甜甜圈糖在暴露于高温和高湿度时不会像糖果师用糖那样液化。除了用于甜甜圈撒糖粉外，甜甜圈糖可用于盘装甜点撒糖粉。

甜甜圈糖的风味与右旋糖不同，特别是在它未溶解时。右旋糖不如蔗糖甜，当右旋糖在口中融化时，葡萄糖晶体会提供凉爽感。除右旋糖以外，甜甜圈糖可能含有其他成分，如香草或肉桂调味料和植物油。食用油可以帮助糖黏附在甜甜圈和烘焙食品上，但它会改变口感，并在其陈化和氧化时产生异味。在所有的干糖中，甜甜圈糖由于含油，因而保质期最短。

干葡萄糖浆

干葡萄糖浆也称为玉米糖浆固体或葡萄糖固体，由葡萄糖浆除去大部分水分（仅剩7%以下的水）得到。正如葡萄糖浆有许多不同类型一样，干葡萄糖浆也有许多类型。干葡萄糖浆用于需要葡萄糖浆的功能但不能加水的场合。例如，干葡萄糖浆可以为冰淇淋和其他冷冻甜点提供饱满的口感。

预制方旦糖

制备方旦糖以柔软奶油状或固体片状或卷状（Massa Ticino是瑞士品牌）形式出售。虽然方旦糖可以从头开始制备，但是制备方旦糖需要时间和技能。

为什么右旋糖使舌头产生凉爽感?

右旋糖晶体的溶解需要较多能量，因为它们是通过强键保持在一起。当右旋糖晶体放在口腔中时，打断结合键及溶解晶体需要提供能量。由于所需热量很多，从而会使得口腔温度短暂下降，产生清凉感。

什么是多元醇?

多元醇也称为糖醇，尽管它们既不是糖也不是醇。像糖一样，多元醇是碳水化合物。正如糖有许多不同类型一样，多元醇也有许多类型。有些多元醇以干晶体形式出售，另一些则以液体糖浆形式出售。多元醇包括山梨糖醇、甘油、麦芽糖醇、赤藓糖醇和木糖醇等。

通常，多元醇提供甜度和体积，以及糖的某些其他功能，但不会褐变。它们的热量低于糖，不会促进蛀牙。只用多元醇的产品可标记为"无糖"。由于它们不容易被身体吸收，因此多元醇可用于糖尿病食品和低热量饮食产品。然而，大多数多元醇具有泻药作用，大量食用可引起腹泻。在所有多元醇中，赤藓糖醇具有最低的泻药效果。

麦芽糖醇的风味和其他性质与糖的最接近，可以1∶1方式替代甜食和烘焙食品中的糖。甘油和山梨糖醇均具有吸湿性，多年来一直被糖果师和糕点师使用，可为甜食提供柔软和湿润的效果。木糖醇和葡萄糖一样，当以结晶形式使用时能产生清凉感。其最常见的应用是无糖口香糖。

有些多元醇，如异麦芽糖醇，不存在于自然界，而有些则存在于自然界。据美国加利福尼亚州干梅委员会称，干梅含有约15%的山梨醇。如此高含量的山梨醇，加之含量更高的葡萄糖和果糖，使干梅及添加干梅的烘焙食品松软和潮湿。

奶油状方旦糖，加热后会变稀薄，可用于甜甜圈、花色小蛋糕和其他烘焙食品上糖霜。它可作为奶油核心基料和未煮过糖霜使用。卷曲方旦糖主要用于婚礼蛋糕。

将预制奶油状方旦糖用作简单糖霜或糖衣，要将其加热至37~38℃。使用前要添加单糖浆、巴氏消毒过的蛋清、风味利口酒或任何其他液体，对其进行稀释。为了保持柔软、光滑的质地及诱人的光泽，请勿将热方旦糖加热至推荐温度以上。否则，细小的晶体会熔化，只能在冷却时才能重新形成较大的粗晶体。

异麦芽酮糖醇

异麦芽酮糖醇是通过化学修饰蔗糖制成的相对较新的甜味剂。异麦芽酮糖醇未在自然界发现。异麦芽酮糖醇自1990年起，已被批准在美国使用。异麦芽酮糖醇以白色粉末或颗粒状销售。虽然价格昂贵，与蔗糖相比，在用来制造脱色糖片和棉花糖、浇注糖、拉糖装饰料方面，异麦芽酮糖醇有一定优势。异麦芽酮糖醇不容易褐变，能吸收水分，也可结晶或形成颗粒，因此制品较干燥，也较白。

> **有用的提示**
>
> 温热制备方旦糖时，应始终用双层锅操作，并应边加热边搅拌。通过这种方式，方旦糖会软化，但温度不会超过临界值37~38℃，要保持其稠度和光泽，必须这样做。

事实上，除非室内相对湿度接近85%，否则异麦芽酮糖醇基本上不会吸收水分。然而，异麦芽酮糖醇不像蔗糖那样给人融化在口的感觉，因为它不易溶解。除了用于装饰用糖片之外，异麦芽酮糖醇还可以用于低热量和"无糖"硬糖中，提供饱腹感。

异麦芽酮糖醇的甜度约为蔗糖的一半。虽然它有甜味，而且是从糖衍生的，但异麦芽酮糖醇在化学属性上不是糖。它属于多元醇，是一种糖代用品。

果糖

果糖有时称为左旋糖或水果糖。虽然果糖存在于许多糖浆中，包括蜂蜜、糖蜜、转化糖浆和高果糖玉米糖浆，但也有干燥的白色晶体状果糖销售。结晶果糖昂贵，但它具有一种清晰、独特的甜味，可对水果味起补充作用。它最常用于水果甜点、冰糕和糖果。商业上，果糖由高果糖玉米糖浆生产。果糖比蔗糖甜，因此通常添加量要比蔗糖少。

高强度甜味剂

高强度甜味剂通常比蔗糖甜200倍以上。高强度甜味剂有时也称为低热量甜味剂、无营养甜味剂或人造甜味剂。它们在烘焙食品中只提供一种功能：甜味。高强度甜味剂很大程度上不适合作为唯一甜味剂用于糕点和面包类产品，因为这些产品除了甜度之外，还依赖于糖的许多其他功能。

美国最常见的四种高强度甜味剂：糖精（saccharin），低热量甜味剂；阿斯无论天然或合成食品并非完全安全。即使是纯净水，在某种程度上也是有毒的。问题不在于新食品是否安全，而在于其在一般消费水平时是否安全。

用于进行安全评价的研究包括动物研究、人类流行病学研究、消化产物分解的评价，有时也包括人类志愿者行为的研究。其中一些研究由联邦政府资助，而其他研究由计划制造配料的公司资助。虽然，这并不一定意味着这些研究有偏见的，但研究可能会受到质疑。

动物研究通常评价实验室大鼠或其他动物在饲喂非常高水平的添加成分时癌症发生情况。癌症研究中使用高水平是为了弥补这些研究中所用相对较少试验动物（通常不超过几百只）。因为高水平饲喂，又因为大鼠新陈代谢虽与人类相似，并不完全相同，所以必须仔细解释结果。

流行病学研究考察人群和疾病发生率，并尝试建立两者之间的联系。例如，已有研究将膀胱癌患者与其他相似的人进行比较，以确定其使用糖精是否有差异（已被证明在大鼠中引起膀胱癌）。这些研究显示两者之间没有相关性。

可以对血液和尿液中存在的高强度甜味剂及其代谢产物（即在消化过程中分解的物质）进行评价。三氯蔗糖完全不被身体代谢，而阿斯巴甜可分解为天冬氨酸、苯丙氨酸和甲醇。虽然所有这三种物质都存在于许多常见食物中，但如果在"正常"水平下食用，则它们是安全的，一些科学家认为，阿斯巴甜分解速度要快得多，才使其不安全。针对阿斯巴甜的人体志愿者研究采用的方法是，让志愿者摄取大量阿斯巴甜，有时持续时间甚至达24周，分析他们的血液样本，对神经和行为问题进行评价。研究人员得出结论认为阿斯巴甜是安全的，而其他人质疑这些研究是否太短或测试设计是否足够。

巴甜，别名纽特健康糖，或称为怡口糖；安赛蜜（acesulfame potassium），较出名的品牌有Sunett和Sweet One；以及三氯蔗糖（sucralose），也称为善品糖（Splenda）。2002年美国批准使用的第五种甜味剂称为纽甜（neotame）尚未得到普遍使用。

美国最新批准的一种天然甜味剂称为甜叶菊苷A（rebiana），简称Reb A。甜叶菊苷A是从甜叶菊叶中提取和纯化得到的高度精制的白色粉末。甜叶菊是一种生长在南美洲和中美洲的甜草。巴拉圭和巴西人将甜叶菊叶作为甜味剂用于饮料已有几个世纪。由于非人工合成，因此，甜叶菊苷A是第一个全天然高强度甜味剂。它以品牌名称PureVia和Truvia出售。甜叶菊苷A可以用于烘焙，但像其他高强度甜味剂一样，它有延迟的甜度和余味。除了甜度以外，它不提供糖的功能。PureVia和Truvia这两种甜叶菊苷A品牌产品均含有作为填充剂加入的赤藓糖醇，提供了一些糖的功能。这种品牌产品的使用起点为，40 g Truvia相当于100 g糖。

在这些高强度甜味剂中，善品糖很可能是烘烤和其他应用的最佳选择。与阿斯巴甜不同，三氯蔗糖不会因烤箱的热量而失去甜度。其安全性也较少受到消费者和消费者倡导团体的质疑。

善品糖除含三氯蔗糖外，还含有麦芽糖糊精作为填充剂。善品糖中的麦芽糖糊精–三氯蔗糖混合物可以1∶1体积比（非质量比）方式替代蔗糖。首先，用善品糖以1∶1替代糖，但成品外观、风味和质地可能会有些差异。通过调节善品糖和其他配料水平，通常可以制造出可接受的产品。

甜味剂的功能

甜味剂与烘焙食品中的其他重要配料一样，具有很多功能。甜味剂的某些功能与其吸引和保持水分的能力，即吸湿性有关。

主要功能
增甜 所有糖和糖浆都能增甜，但增甜程度有差异。通常认为果糖比蔗糖甜。其他常见的糖不那么甜。相对甜度取决于浓度、pH和其他因素。虽然以下糖和糖浆的甜度排序只是近似值，但说明用一种甜味剂代替另一种甜味剂可能引起产品甜度变化。图8.15以图形显示。

糖：果糖 > 蔗糖 > 葡萄糖 > 麦芽糖 > 乳糖

糖浆：三叶草蜂蜜>转化糖>中等转化葡萄糖浆

软化 一旦溶解，糖会干扰面筋形成、蛋白质凝固和淀粉糊化。换句话说，糖会延迟结构的形成，如此可使产品变软。至少某些糖的软化效果与其吸湿性有关。由于面筋、鸡蛋和淀粉结构都需要水分存在，所以糖的强吸水能力可使结构剂失水。糖也可能与结构剂本身相互作用。无论何种情形，糖都会提高蛋白质凝固和淀粉糊化的温度，从而延迟结构形成。

添加的糖越多，结构形成越延迟，烘焙风味就越好。如果产品中添加糖太多，结构形成太少，从而产品永远不会

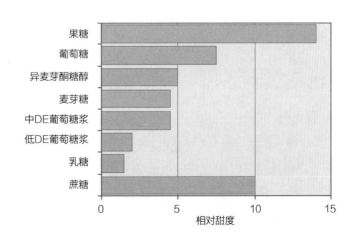

图8.15 不同甜度的甜味剂

膨发，或者即使有可能膨发，但会随着冷却而塌陷。图8.16所示为由于加糖太多，导致蛋糕铺展在衬垫上，并出现中心塌陷的情形。再注意，蛋糕加糖太少，在烤箱加热使蒸汽膨胀之前，蛋糕结构过早形成的情形。结果产生硬蛋糕，并且表皮可能因蒸汽强制穿过而出现突峰，表皮破裂。

虽然大多数较软的产品同时也较潮润，但有些则并非如此。例如，酥性曲奇饼既酥软又干燥，糖有助于制品的软化。

保持水分和延长保质期　糖的吸湿性增加了新鲜烘焙产品的柔软度和湿度。糖还通过防止烘焙食品干燥和陈化来延长其保质期。

一般而言，果糖在普通糖中吸湿性最大，因而增加湿度和延长保质期效果优于其他糖。含有大量果糖的糖浆，例如转化糖浆、蜂蜜、高果糖玉米糖浆和龙舌兰糖浆，比其他糖浆或砂糖的增湿效果好。这种增湿效果差异在贮存几天后开始显现出来。

产生棕色及焦糖化或烘焙风味　虽然某些甜味剂，如红糖、糖蜜、麦芽糖浆和蜂蜜，本身就呈棕褐色，大多数甜味剂可通过焦糖化和美拉德反应产生棕色和焦糖化或新鲜烘烤风味。

由于焦糖化和美拉德反应具有相似的最终结果，两者之间区别往往会被忽视。严格来说，焦糖化是糖加热到高温的过程。美拉德反应与焦糖化过程类似，但除了糖之外，还有蛋白质参与反应。有蛋白质存在时反应较快，所需温

图8.16　糖含量对蛋糕体积、形状和颜色的影响　从左到右：糖含量低、糖含量正常、糖含量高

度更低。面粉、鸡蛋和乳制品中的蛋白质都会参与美拉德反应。只需少量蛋白质就可大大加快这种过程，蛋白质越多，通常产生的变色就越多。这就是为什么用面包面粉制成的烘焙食品比用油酥糕点面粉或蛋糕面粉制成的变色快的原因。

产品受热越多，褐变越多。对于烘焙食品，这显然意味着较高烤箱温度会增加产品外皮的褐变。反常情形出现于煮制糖果过程，较高温度通常会降低褐变程度。情形确是这样，因为煮沸糖果一直要煮到适量的水蒸发掉。如果温度低，则需要花费很长时间，糖果得到的总热量就会升高。许多煮沸糖果配方要求高热量和翻滚沸腾，以最大限度地降低受热和褐变程度。

如果有足够的时间，美拉德反应可在室温下发生。例如，蔗糖必须加热至160~170 ℃，才能发生焦糖化，但干燥乳粉在室温下贮存一年左右就会发生美拉德反应并产生异味。表8.2比较了焦糖化和美拉德反应过程。

焦糖化和美拉德反应之间的另一个区别在于各自产生的风味不同。焦糖味

　　糖被加热时，会发生一系列复杂化学反应，将糖分解成更小的碎片。这些较小的分子容易蒸发产生气味，从而提供奇妙的焦糖化香气。随着继续加热，糖分解产生的碎片会彼此反应并形成聚合物大分子。大型聚合物不会蒸发，但它们能吸收光线，赋予产品棕色。继续加热，将形成苦味聚合物。这就是为什么不要过度加热糖的原因。

　　由糖和蛋白质一起参与的美拉德反应具有类似的反应。

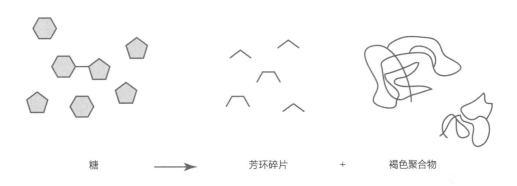

糖　　　　　　　　　　　　　　　芳环碎片　　　+　　　褐色聚合物

像熬煮糖果的味道，而美拉德反应会产生诸如烘焙可可、烘焙咖啡、烘焙坚果、太妃糖、枫糖浆和糖蜜（枫树汁和甘蔗为美拉德反应提供少量蛋白质）之类多样化风味。烘焙食品外皮中的大部分风味和颜色也来自美拉德反应。

　　美拉德反应通常受欢迎，但它有时会导致褐变变色，并且在贮存期间形成异味。例如，室温下乳粉会产生不希望的褐变，白巧克力贮存一年以上，也会发生不希望的褐变。请注意，乳粉和白巧克力的配方中都含有乳制品。含有乳制品成分的产品特别容易受到美拉德反应影响，因为它们含有乳蛋白质和乳糖，乳糖是一种褐变较快的糖。

　　单糖比大多数双糖褐变快，无论是焦糖化还是美拉德反应都是如此。这就是为什么含有果糖和葡萄糖这两种单糖的转化糖浆比砂糖褐变快的原因。事实上，蔗糖褐变，首先必须分解成葡萄糖和果糖，然后再参与焦糖化和美拉德反应。完整的蔗糖不会褐变。用于拉糖、浇注糖、棉花糖的多元醇异麦芽酮糖醇根本不会褐变。大致来说，各种甜味剂褐变速率从最快到最慢排序如下：果糖>葡萄糖>乳糖>麦芽糖>蔗糖>异麦芽酮糖醇。

　　某些矿物质（包括铜和铁）存在情

表8.2　焦糖化和美拉德反应的比较

反应	反应分子	所需温度	举例
焦糖化	糖（及其他碳水化合物）	非常高	焦糖或烤焦的糖
美拉德反应	糖（及其他碳水化合物）与蛋白质	温度较低；可在室温下发生	烘焙可可、烘焙咖啡、烘焙坚果；烘焙食品外皮；白巧克力贮存过程变色

况下，会促进糖的褐变。只需非常微量（百万分之几）的矿物质就可明显促进褐变。矿物质存在于添加的水、未精制的糖浆（麦芽糖浆、糖蜜、枫糖浆、蜂蜜、米糖浆）及盐中。

酸和碱也会通过影响pH对褐变产生影响。通常将少量能提高pH的小苏打加入烘焙食品可促进褐变。酸性且pH较低的酪乳，如同塔塔粉一样，会减缓褐变作用。由于水通常含有矿物质、酸和碱，它可能是影响褐变程度的一个因素，特别是对于甜食。

协助面团膨发　形状不规则的糖晶体之间存在空气，而糖浆中几乎没有空气。只要将干糖加到面糊和面团中，也就加入了空气，这是烘焙食品的三种主要膨发气体之一。脂肪乳化过程中加糖粉也会带入空气。只有干糖（而不是糖浆）才有助于向乳化脂肪、面团和面糊中添加空气，使其密度降低，并促进额外的膨发效果。

为方旦糖和以糖为主的甜食提供主料物质　糖晶体可为方旦糖、糖果和某些其他产品提供主料物质。想想方旦糖含有90%以上结晶糖，就能理解这是什么意思。没有这些固体糖晶体，方旦糖将只由液体糖浆组成。

> **有用的提示**
>
> 如果制成的饼干或其他烘焙食品太苍白，并且不想增加烤箱温度或延长烘烤时间，请考虑以下事项。使用较高蛋白质的面粉，加入少量小苏打或乳粉，或用一种转化糖浆代替配方中的一部分糖。需要很少的小苏打（8 g/kg）。

虽然糖不被认为是烘焙食品的结构剂（请记住，糖越多，烘焙制品越软），但在含有糖晶体的方旦糖和其他产品中，固体可提供物质。这种物质规定了这些产品的尺寸和形状。在这个意义上，固体糖晶体确实提供了一种结构。

促进搅打鸡蛋清泡沫稳定　适当添加糖，可使搅打蛋清稳定，这意味着甜味搅打蛋清（蛋白酥）将不太可能崩溃和出水。糖可使搅打全蛋稳定，也可使泡沫型蛋糕（如杰诺瓦蛋糕和戚风蛋糕）中的搅打蛋黄稳定。更多有关于糖使搅打蛋白稳定的内容将在第10章介绍。

为酵母发酵提供养分　除乳糖外，所有常见糖均可被酵母发酵所利用。通过酵母发酵，这些糖可为发酵面团提供二氧化碳气体。蔗糖、果糖和葡萄糖可迅速发酵，麦芽糖较慢。

> **有用的提示**
>
> 对于极白的糖展品，应采用所有技巧来防止褐变。要使用基本无杂质的原料糖，例如AA级糖果师用粗粒糖，并使用纯净水。如果需要，应使用中性pH且不含矿物质的蒸馏水。如果配方需要葡萄糖浆，请使用糖含量低的低转化糖浆。要选择高度精炼的糖浆；也就是说，由于已经经历了一系列过滤和脱色步骤以清除杂质，因此清澈透明。在高热量下煮沸，快速蒸发水分，不过度加热。在热煮最后阶段或将糖从热源移开后，可加入少量酸，如酒石酸。也可使用异麦芽酮糖醇替代糖。

姜饼的膨发

许多传统姜饼配方不含作为化学膨发剂的烘焙粉。相反，它们依靠糖蜜（酸源）和小苏打（碱）反应并产生二氧化碳。因为这种反应是在室温下发生的，所以一些配方还加少量烘焙粉，从而可在烤箱里产生所需的额外二氧化碳。

附加功能

增加风味 所有甜味剂自然均提供甜味，但某些甜味剂的重要性还在于能够提供其独特的风味。红糖、蜂蜜、枫糖浆、麦芽糖浆、米糖浆、深色龙舌兰糖浆、糖蜜和深色葡萄糖浆均有其独特风味。其他甜味剂风味较中性，主要提供甜味。中性风味的甜味剂的实例包括砂糖、糖粉、浅色葡萄糖浆和转化糖浆。

降低冷冻甜点的冰晶粒度和硬度 糖通过束缚水使冷冻甜点的冻结点降低，并干扰冰晶形成。增加冷冻甜点的糖含量可使其变得柔软且降低冰粒感。果糖和葡萄糖这两种单糖在降低冰点方面比双糖有效。

浓糖浆，如低转化（低DE）葡萄糖浆，在防止冰晶产生也相当有效，但它们的作用方式与单糖不同。低转化葡萄糖浆中的低聚糖通过阻碍水分子移动而对冰晶形成产生干扰，这样可限制大而尖锐的冰晶的形成。

提供膨发所需的酸 大多数糖浆含有酸，而大多数干糖则不含酸。糖浆中的酸与烘焙食品中的小苏打混合时，可产生膨发所需的二氧化碳。例如，蜂蜜的pH通常为3.5～4.5，这意味着它是酸性较强的。美国国家蜂蜜委员会建议使用1/4茶匙（1.2 mL）小苏打中和一杯（约

有用的提示

在制备冰淇淋时，可向混合物中加入少量（5%或以下）低转化率葡萄糖浆。这样得到的冰淇淋会较平滑爽口，可在冰箱里保持更长时间不起冰渣感。糖浆添加量不要超过5%，否则冰淇淋会变得太坚固耐嚼。

340 g）蜂蜜中的酸。这样可提供与1茶匙（5 mL）烘焙粉相同数量的二氧化碳。

防止微生物生长 低浓度使用时，糖是微生物的营养源，支持其生长。然而，极高水平的糖具有相反的效果。糖可降低水分活度，作为防腐剂防止微生物生长。这就是为什么重油甜面团中酵母的发酵和醒发过程比主食面包面团慢的原因，也是为什么（用高强度甜味剂制成的）无糖蛋糕几天内就会发霉的原因。果酱、果冻、甜炼乳、蜜饯及许多糖果和甜食的高糖含量，部分说明它们具有抵抗微生物生长的能力。

添加糖霜光泽 糖浆可专为糖霜和许多甜点添增光泽。这种增加光泽作用是由于形成的光滑镜面克服了糖晶体锯齿状不规则性。

有助于某些烘焙食品产生脆皮 通常，烘焙食品冷却时会形成所需的脆皮。烘烤期间水分蒸发时会形成脆皮。

糖在冷却过程中重结晶会促进这种脆性。对于配方中加糖高、水分低的曲奇饼、干果巧克力饼和磅蛋糕，这种效果特别明显。果糖、山梨糖醇、转化糖浆、糖蜜和蜂蜜之类吸湿甜味剂可防止水分损失，并且还可干扰糖结晶。这种情形下，这些甜味剂起促进形成柔软、潮润烘焙食品的作用。

一些饼干面团在烘烤时会形成诱人的开裂表面（图8.17）。开裂的发生是由于在饼干本身膨胀和蔓延之前，表面发生干燥并且发生糖的重结晶。糖含量高，且使用粗粒糖时，开裂效果最好。吸湿甜味剂通过防止水分流失和干扰糖重结晶的方式减少开裂的发生。

促进曲奇饼延展 糖一旦溶解就会促进曲奇饼延展。糖溶解时，会从蛋白质和淀粉中吸取水分，使曲奇饼面团变得更像糖浆面团。同时，糖会延缓蛋白质凝固和淀粉糊化。这意味着曲奇饼面团在烤箱受热开始就会在烤盘上延展。这种延展作用会一直持续到蛋白质凝固形成结构。

曲奇饼面团中的糖越多，饼延展得越多。较细颗粒糖的促延展作用较大，因为它们较早溶解，只有溶解的糖才能使面团变稀变薄。含有玉米淀粉的糖粉

图8.17 烘烤过程中曲奇饼表面重结晶糖形成裂纹

尽管颗粒较细，但仍能防止曲奇饼的延展。

为人体提供能量 糖像大多数碳水化合物一样，可为身体提供能量。或者说糖可为人体提供热量。由于大多数甜味剂是纯净的，几乎完全由碳水化合物组成，因此除了提供热量之外，其他能提供的营养素也就很少。糖蜜是一个例外，尽管大多数营养素含量低，但它可以是钙、钾和铁的良好来源。

贮存和处理

所有甜味剂应封闭保存，以防止吸收气味。封闭也可防止干糖吸收或失去水分。这对于糖粉和红糖尤其重要，这些糖吸收或失去水分时就会结块。如果糖粉确实发生结块，使用前要过筛。如果红糖结块，可先用烤箱或微波炉稍微

加热，再过筛。

除含有易氧化的油的甜甜圈糖以外，干糖可在良好密闭条件下长期保存。某些糖浆（如转化糖浆和一些葡萄糖浆）贮存太久颜色会变深，贮存温度过高时尤其如此。如果浅色糖浆变暗，请勿丢弃。可将它们用于深色产品，如布朗尼或全麦面包。

枫糖浆和单糖浆之类高水分糖浆必须冷藏，以防止酵母菌和霉菌生长。其他糖浆最好不要冷藏。冷藏会导致葡萄糖浓度高的糖浆结晶。这种情况常发生在蜂蜜、转化糖浆和高果糖玉米糖浆。如果糖浆结晶，可搅拌均匀，使晶体均匀分布。虽然通常无需加热糖浆以使晶体熔化，但也可以这样做。一定要缓缓加热，特别是对于蜂蜜等。加热到70 ℃以上时，蜂蜜的风味可能会受损。

有时，耐渗透酵母（即在高糖环境中仍能生长的酵母）会在糖蜜、蜂蜜或葡萄糖浆中发酵。当这种情况发生时，糖浆中可能会出现二氧化碳小泡沫，并可能会散发出酵母气味。糖浆表面有时会生长霉菌，为安全起见，应丢弃这些糖浆。糖浆只需购买六个月至一年所需的量即可。

用糖浆替代糖

前面提到，糖浆含有一种或多种糖和水。大多数糖浆含有约80%的糖和20%的水。这意味着1 kg的糖浆通常含有0.8 kg糖和0.2 kg的水。因为以1 : 1方式用糖浆替代砂糖，会使产品中的糖固形物含量改变约20%，所以有时需要计算和调整进行替代时的糖浆和液体量。下面给了用砂糖与许多糖浆（含80%糖和20%水）互换的指导原则。注意：以下计算不适用于甜味剂甜度或其他性质差异的调整。例如，前面提到过，蜂蜜委员会建议，以1 : 1方式用蜂蜜替换糖时，要减少用水量。

- 用糖浆替代砂糖：用糖的质量除以0.80，以确定所需糖浆的质量。两者之差便是应减少水量或其他液体量。例如，对于500 g糖，应使用625 g糖浆，并应减少125 g液体量。
- 用砂糖替代糖浆：用糖浆质量乘以0.80，以确定所需的砂糖的质量。两者之差便是应增加的液体量。例如，对于500 g糖浆，应使用400 g糖，并应加100 g液体量。

> **有用的提示**
>
> 烘焙房通常是炎热、潮湿场所，室内有酵母和霉菌孢子悬浮。所以不要让酵母和霉菌无意中对糖浆"接种"，不使用时一定要将容器盖好。而且，应当使用干净、干燥的器具浸入糖浆桶。这些简单的预防措施有助于防止酵母和霉菌落入配料，除此之外，这些措施还有其他好处。它们可以防止落入水滴，这些水滴可以产生促进微生物生长的高水分微环境。

复习题

1 绘制并标记两种单糖和两种双糖的骨架结构。并指出其中代表常规砂糖的结构。

2 葡萄糖、单糖有哪些别名？

3 如何描述糖晶体？

4 哪种糖浆更容易结晶：仅含有一种类型糖分子的糖浆，还是含有两种或多种类型糖而其他性质完全相同的糖浆？解释原因。

5 什么是糖的吸湿性？哪些常见糖是吸湿性最强的？

6 列举一个需要使用高吸湿性甜味剂的例子；列举一个不希望使用高吸湿性甜味剂的实例。

7 极细糖、粗粒糖和超细糖之间的主要区别是什么？这些糖各有何别名？

8 甘蔗干糖浆与常规砂糖在颜色、风味和晶体尺寸方面有何差异？

9 粗粒砂糖比常规砂糖贵。实际上粗粒砂糖价格可达常规砂糖的3倍，为什么还要用它？

10 什么是糖粉的别名？为什么糖粉与常规砂糖具有不同的风味和甜度？

11 6×和10×糖粉有什么区别？各有何最适用途？

12 糖晶体小于什么粒度（微米）具有柔滑感，而不再有砂粒感？

13 烘焙食品使用红糖的主要原因是什么？

14 常规浅色红糖含多少糖蜜？常规深色红糖含多少糖蜜？

15 常规深色红糖和浅色红糖的主要区别是什么？为什么深色红糖比浅色红糖颜色深？

16 哪种红糖与粗粒砂糖相当？

17 列举一种未精制非离心糖的实例。非离心糖如何制作？

18 以下糖中：蒸发的甘蔗汁、浅色红糖、深色甜菜红糖、德马拉蔗糖、秀革拿（Sucanat）糖、棕榈糖，哪些是精制的，哪些是未精制的，哪些是半精制的？

19 如何定义"糖浆"？

20 为何两种糖浆含水量相同，会出现一种比另一种稠厚的现象？

21 全转化糖浆的组成是什么？中等转化糖浆的组成是什么？

22 绘制商业生产转化糖浆的流程。

23 烘焙食品使用转化糖浆较使用蔗糖有哪些优点？在糖霜、糖果和方旦糖方面使用蔗糖有何优势？

24 一级糖蜜有什么特征？为什么烘焙并非要用最好的糖蜜？

25 绘制商业生产玉米糖浆的过程。

26 高转化玉米糖浆与低转化玉米糖浆之间有何差异？

27 玉米糖浆的DE是什么意思？

28 高转化玉米糖浆有什么特性？即它们有什么好的功能？低转化葡萄糖浆的性质

是什么？

29　哪种玉米糖浆的组成与转化糖浆最相似？

30　甜甜圈糖由什么糖构成？为什么这种糖用作甜甜圈或盘装甜点的撒糖粉比糖粉更好？

31　DE42葡萄糖浆与相同DE的干葡萄糖浆有什么区别？

32　什么是异麦芽酮糖醇？为什么有时用于替代糖？

33　哪种多元醇风味和其他性质最接近砂糖？这种多元醇及其他多元醇与糖相比，热量含量如何？

34　结晶果糖最常见的用途是什么？

35　除了三氯蔗糖之外，善品糖还添加了什么成分？它的功能是什么？

36　哪种高强度甜味剂是天然的？

37　甜味剂的八项主要功能是什么？高强度甜味剂唯一能提供的功能是什么？

38　为什么砂糖有助于面团膨发，而糖浆不能？

39　牛乳中两种发生美拉德反应的成分是什么？

40　为什么白色巧克力会变暗，并且会随贮存期延长而产生异味？

41　说明处理和贮存蜂蜜的正确程序。

讨论题

1　根据糖蜜含量从高到低对以下糖排序：德马拉糖、常规砂糖、蒸发的甘蔗汁、常规的深色红糖、混糖（muscovado）。

2　如果转化糖浆添加过多，白色蛋糕的质量可能会发生什么变化？回答这个问题时，假设已经调整了配方中糖浆的水分。

3　用两份糖一份水制备单糖浆。经过几天冷藏，由于糖结晶，糖浆变浑浊。可以添加什么以防止糖浆中的糖结晶？

4　要制作柔软潮润的曲奇饼，配方用常规玉米糖浆好，还是用转化糖浆好？为什么？

5　针对以下每种糖浆，说明应属于中等转化糖浆、完全转化糖浆，还是非转化糖浆：优质糖蜜、蜂蜜、金黄糖浆、低DE葡萄糖浆、高DE葡萄糖浆、高果糖玉米糖浆、枫糖浆。

6　用玉米糖浆代替8 kg蔗糖。应该添加多少玉米糖浆，应该如何调整水分，以便最终得到与原配方相同量的甜味剂和水分？写出计算式。

7　用枫糖浆替代配方中8 kg蔗糖，枫糖浆的糖含量为67%而不是80%。此配方应该如何调整？

练习和实验

❶ 练习：降低烘焙制品和甜食的褐变程度

在下面的空格中，列出所有已知可以减少烘焙食品和甜食褐变的方法。本练习的目的集中在如何减少褐变，无需担心可能会使产品其他方面发生不良变化。方法应具体且实用；也就是说，想到的方法是可实施的调整方法。确保每行用如下所示的动词开头：加入、增加、减少、改变、省略、包括、利用。虽然每个项目可能不适用于所有类型的产品，但每个项目至少应该包括一种产品。按照第一个已经完成的格式练习，并看看是否还可以添加至少5种方法。

（1）在蛋液中使用水而不是牛乳，或者完全省略刷涂蛋液的工序。

（2）_____

_____

_____

（3）_____

_____

_____

（4）_____

_____

_____

（5）_____

_____

_____

（6）_____

_____

（7）_____

_____

（8）_____

_____

（9）_____

_____

_____

（10）_____

_____

_____

❷ 练习：糖浓度如何影响水的沸点

海平面纯水的沸点为100 ℃。当糖或任何物质在水中溶解时，沸点将升高到100 ℃以上。这是因为糖分子占据空间，包括靠近锅顶部的空间，从而挡住了水分子以气态方式从锅中逸出的通道。随着糖浓度增加（当水从糖浆中蒸发时），沸点也增加。

以制备熬煮糖果为例，当糖浆煮沸时，水分会蒸发掉，糖则留在锅中。水的沸点随着糖浓度增加而增加，使得水分蒸发更加困难。这就是为什么要用温度计来确定糖果（以及果酱和果冻）煮沸的时间是否已经适当。用温度计确定是否已经达到适宜的糖浓度。

糖质量分数 /%	沸点 /℃
0	100
20	100.3
40	101
50	102
60	103
70	105
80	109
85	113
90	119
95	129
98	138

说明：将右侧表中的数据分别标示在上图中，并将各数据点相连绘制成曲线。曲线图应显示糖浆含糖量与糖浆沸点之间的关系。接下来，回答以下问题。

（1）对糖质量分数40%~50%及80%~90%对应的沸点变化进行比较。哪个浓度增加10%引起的沸点变化大？

_____

_____

_____

（2）当用质量分数为50%的糖液制备单糖浆时，你认为这是否更便于准确地用温度计来测定糖的浓度？ 解释原因。

_____

_____

_____

（3）根据所绘曲线估算含糖65%（约为果酱和果冻中的糖含量）糖浆的沸点。

_____

_____

_____

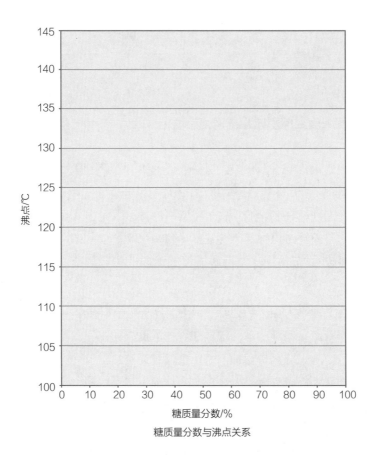

沸点/℃

糖质量分数/%

糖质量分数与沸点关系

（4）从图中估算出沸点为115 ℃（约为方旦糖的沸点）糖浆的糖浓度。

_____

_____

_____

（5）为什么方旦糖的实际糖浓度与估计值有所不同？

_____

_____

_____

_____

❸ 练习：糖和其他甜味剂的感官特征

在下面的结果表中，首先将每种甜味剂的品牌名称填入"说明"列。说明列中还应包括进一步描述和区分相同类型其他甜味剂的信息（例如：蔗糖或甜菜糖，细粉或超细粉）。接下来，比较和描述甜味剂的外观和风味（除了甜味，还应考虑酸味、苦味、涩味和香气）。利用这个机会从不同的感官特征中识别不同的甜味剂。

在表中最后一列添加任何其他评论或观察结果，例如配料表和干燥甜味剂在口中的溶解速度。

利用结果表和教科书中的信息回答以下问题。从**黑体字**中选择一个选项或填空。

（1）粗粒糖在口中溶解比常规砂糖**快/慢**，主要是因为糖晶体比常规砂糖的**大/小**。

（2）哪种配料成分有时被添加到粗粒糖中以增加其光泽，并保持糖晶体在烘烤期间不溶解？＿＿＿＿＿＿。你是否会将这种配料添加到粗粒糖中？＿＿＿＿＿＿＿

（3）糖粉和甜甜圈糖之间的主要感觉差异是＿＿＿＿＿＿＿＿＿＿＿＿＿＿＿＿＿＿＿
＿＿＿＿＿＿＿＿＿＿＿＿＿＿＿＿＿＿＿＿＿＿＿＿＿＿＿＿＿＿＿＿＿＿＿＿＿
＿＿＿＿＿＿＿＿＿＿＿＿＿＿＿＿＿＿＿＿＿＿＿＿＿＿＿＿＿＿＿＿＿＿＿＿＿

（4）果糖在口中比砂糖溶解得**快/慢**，主要是因为它**极易/不易**吸湿。果糖**比/没有**砂糖甜。

结果表　糖及其他甜味剂

甜味剂类型	说明	外观	风味	备注
常规砂糖				
甘蔗干糖浆				
粗粒砂糖				
糖粉				
甜甜圈糖				
晶体果糖				
异麦芽酮糖醇				
善品糖				
转化糖浆				
中等 DE 葡萄糖浆				
低 DE 葡萄糖浆				
浅色红糖				
深色红糖				
糖蜜				
深色玉米糖浆				
蜂蜜				

（5）异麦芽酮糖醇在口腔中溶解比砂糖**快/慢**，主要是因为它**极易/不易**吸湿。而且，异麦芽酮糖醇**比/不如**砂糖甜。

（6）善品糖的甜度**高于/低于/等于**常规砂糖甜度。善品糖和砂糖之间的其他差异是_____

_____

_____

（7）你如何描述转化糖浆的风味？

_____

_____

_____

（8）低DE葡萄糖浆来源于**玉米/小麦/其他**淀粉。中等DE葡萄糖浆源自**玉米/小麦/其他**淀粉。

（9）较甜的葡萄糖浆的DE**较低/中等**，因为它的糖含量**较低/较高**。它还**较稠厚/较稀薄**，因为它的多糖含量**较低/较高**。

（10）低DE葡萄糖糖浆与中等DE葡萄糖浆相比，前者**较清澈/没有后者清澈/与后者同样清澈**。这意味着它的精制程度**比中等DE葡萄糖浆高/比中等DE葡萄糖浆低/与中等DE葡萄糖浆相同**，并且颜色变深或发生美拉德反应速度与中等DE葡萄糖浆相比，将**较快/较慢/相同**。这使它用于白色糖果或装饰糖片时，与后者相比，效果**较好/较差/大致相同**。

（11）深色红糖与浅色红糖相比，风味**较强/较弱/相同**。如何解释这些结果？

_____

_____

_____

（12）你如何描述糖蜜的风味？

_____

_____

_____

（13）你如何描述深色玉米糖浆和糖蜜之间的风味差异？

_____

_____

_____

（14）蜂蜜的pH通常**低于/高于**大多数其他糖浆，表明存在酸性物质。蜂蜜的风味**特别/不特别**酸。解释原因。

_____

_____

_____

4 **实验：糖用量如何影响磅蛋糕质量**

目的

证明糖含量如何影响

- 磅蛋糕的大小和形状
- 蛋糕外皮的褐变量
- 蛋糕的风味和质感
- 蛋糕的整体可接受性

制备的产品

用以下条件制备的磅蛋糕

- 全用糖量（对照）
- 无糖
- 一半的用糖量
- 一倍半用糖量
- 双倍用糖量
- 其他可供选择的用糖量（3/4，1¼等）

材料和设备

- 台秤
- 筛子
- 羊皮纸
- 混合器（带5 L混合盆）
- 平桨搅打器附件
- 刮盆刀
- 手持搅打器
- 磅蛋糕面糊（见配方），足够每个条件下制作蛋糕24个以上
- 松饼烤盘（65 mm或90 mm）
- 衬纸、烤盘喷剂或涂料
- 16号分配勺（60 mL）或同等大小量器
- 半烤盘（可选）
- 烤箱温度计
- 木片（用于测试）
- 锯齿刀
- 标尺

配方

高比例磅蛋糕

产量： 24个对照产品，全量糖；产量随用糖量而变化

配料	质量 /g	烘焙百分比 /%
蛋糕面粉	350	100
乳粉	40	11
盐	7	2
烘焙粉	10	3
常规砂糖	400	115
高比例塑性起酥油	230	66
水	175	50
全蛋	230	66
合计	1442	413

制备方法

（适用于对照产品，全用糖量）

（1）烤箱预热至190 ℃。

（2）将所有配料放置至室温（配料温度是取得结果一致的关键）。

（3）将面粉、乳粉、盐和烘焙粉过筛三次，在羊皮纸上，彻底混合。

（4）将筛分好的干燥配料与砂糖一起放入盆中；加入起酥油及一半水（87 g）。

（5）使用平桨搅打器在低温下混合30s。停止并刮盆及搅打器。

（6）再低速混合4 min，每分钟停一次，刮盆和搅打器。搅打器应当光滑。

（7）将剩余的水（88 g）与鸡蛋一起轻微搅打。

（8）将一半水蛋混合物加入面糊中，低速混合4 min。停止并刮盆。

（9）加入剩余的水蛋混合物，低速混合5 min。

（10）刮盆，并将面糊静置备用。

制备方法

（适用于不同用糖量的蛋糕）

参照制备对照产品的方法，但在步骤4中采用以下用糖量：

（1）无糖，即完全不加糖。

（2）一半的用糖量，使用200 g糖。

（3）一倍半用糖量，使用600 g糖。

（4）两倍用糖量，使用800 g糖。

步骤

（1）利用上述高比例磅蛋糕配方（或任何基础高比例磅蛋糕配方）制备面糊。为每种条件制备一批面糊。

（2）用纸衬垫松饼烤盘，烤盘轻轻喷洒喷剂，或涂烤盘涂料，再给烤盘加上蛋糕面糊甜味剂用量标签。

（3）用16号勺（或等容积量器）将面糊舀到准备好的松饼烤盘中。

（4）如果需要，将松饼盘置于半烤盘上。

（5）利用置于烤箱中心的烤箱温度计，读取烤箱温度初始读数。结果记录在此：_____。

（6）当烤箱预热后，将装满料的松饼烤盘放入烤箱中，并将定时器设在32~35 min，或按照配方设置。

（7）烘烤蛋糕，直到对照产品从烤盘两侧略微膨出，当中央顶部被轻轻按压时，蛋糕弹回来，插入蛋糕中心的木片能利落抽出来。对照产品应轻微变褐。从烤箱中取出所有经过相同时间烘烤的蛋糕，即使有些蛋糕颜色较淡或没有膨发也要取出。但是，如有必要，可根据调整烤箱差异调整烘烤时间。

（8）在下面的结果表1中记录烘烤时间。

（9）检查最终烤箱温度。结果记录在此：_____。

（10）从热烤盘取出蛋糕，冷却至室温。

结果

（1）完全冷却后，按以下方法评价每批蛋糕的平均质量：

测量三只典型蛋糕各自的质量。将每个蛋糕的质量结果记录在结果表1中。

将质量相加除以3,计算蛋糕平均质量,结果记录在结果表1中。

（2）按以下方法评价蛋糕的平均高度：

- 将每个批次三个蛋糕切成两半，小心不要挤压。
- 沿切开磅蛋糕的平坦边缘，将尺子置于蛋糕中心，测量三个典型蛋糕各自的高度。以 毫米为单位，将测量结果记录在结果表1中。
- 测量的三个高度相加并除以3，计算出蛋糕平均高度。将结果记录在结果表1中。

（3）评价蛋糕的形状（平坦的圆顶、突峰、中心凹陷等），并在结果表1中绘制形状或描述形状。

结果表1　糖含量不同的高比例磅蛋糕的大小与形状

加糖量	烘烤时间 /min	三个蛋糕各自质量 /g	蛋糕平均质量 /g	三个蛋糕各自高度 /mm	蛋糕平均高度 /mm	蛋糕形状	备注
全用糖量（对照产品）							
无糖							
一半的用糖量							
一倍半用糖量							
两倍用糖量							

（4）评价完全冷却产品的感官特征，并将评价结果记录在结果表2中。如果可能，允许在评价前放置几天，以突出差异。一定要依次对比对照产品，并考虑以下几点：

- 外皮颜色，从非常浅到非常深，按1~5级评分
- 糕心外观（小/大气泡、均匀/不规则气泡、孔道等；评价颜色）
- 甜度，从不甜到非常甜，按1~5级评分
- 风味（鸡蛋味、面粉味、咸味等）
- 质地（坚韧/柔软、潮润/干燥、胶质、海绵状、酥脆等）
- 总体可接受性，从高度不可接受到高度可接受，按1~5级评分
- 根据需要添加任何其他评论

结果表2　糖含量不同的高比例磅蛋糕感官特征

加糖量	外皮颜色	外皮外观	甜度	风味	质地	总体可接受性	备注
全糖量（对照产品）							
不加糖							
一半用糖量							
一倍半用糖量							
两倍用糖量							

误差来源

列出可能导致难以根据实验结果得出正确结论的任何误差来源。特别应考虑混合和处理面糊的困难，以及与烤箱有关的任何问题。

_____

_____

_____

说明下一次应如何调整，以尽量减少或消除每个误差来源。

_____

_____

_____

结论

从**黑体字**中选择一个选项或填空。

（1）随着蛋糕的糖含量增加，甜度趋于**增加/减少/保持不变**。这是因为糖是蛋糕中主要的甜味来源。

（2）随着蛋糕中糖含量的增加，颜色**变淡/变深/保持不变**。这是因为糖和蛋白质之间的_____反应，随加糖量增加而增加。例如，在将对照品（1倍用糖）与无糖磅蛋糕比较时，这是显而易见的。对照产品颜色较**浅/深**。

（3）随着蛋糕中糖含量的增加，湿润度趋向于**增加/减少/保持不变**。这是因为糖是_____，意思是它们吸引并结合水，基本上在蛋糕中形成糖浆。通过束缚水，例如，糖可以阻止面粉中的_____糊化，并起干燥剂作用。所有的蛋糕中最干燥的是**无糖/ 1倍用糖/ 1.5倍用糖/ 2倍用糖**制成的蛋糕。

（4）随着磅蛋糕中糖含量的增加，质地趋于变得**更坚韧/更松软/既不更坚韧也不更松软**。这部分是因为糖通过阻碍_____凝固和_____糊化，**加速/延迟**结构形成。

（5）随着糖量从无糖增加到对照产品糖用量，面糊的浓度及每个蛋糕的质量**增加/减少/保持不变**。这可能是因为_____

_____

_____

（6）随着糖量从对照产品的糖用量增加到2倍，蛋糕的高度**增加/减少/保持不变**。这可能是因为_____

_____

_____

（7）随着糖的用量从无糖增加至对照产品的糖用量，蛋糕的风味（除甜度以外）出现以下方式变化：_____

_____

_____

（8）是否注意到蛋糕或面糊的其他差异？_____

_____

_____

⑤ 实验：不同甜味剂如何影响磅蛋糕质量

目的

展示不同甜味剂如何影响

- 磅蛋糕的大小和形状
- 蛋糕外皮的褐变程度
- 蛋糕的风味
- 蛋糕的质地
- 蛋糕的整体可接受性

制备的产品

按以下条件制作的磅蛋糕

- 常规砂糖（对照品）
- 深（或浅）色红糖
- 蜂蜜（按蜂蜜的含水量调整配方）
- 转化糖浆（按转化糖浆的含水量调整配方）
- 善品糖（Splenda）（调整配方，使善品糖以1∶1的体积比代替砂糖）
- 如果需要，可采用其他配料（50%糖/50%蜂蜜、葡萄糖浆、麦芽糖浆、糖蜜、麦芽糖醇、龙舌兰糖浆等）

材料和设备

- 台秤
- 筛子
- 羊皮纸
- 混合器（带5 L混合盆）

- 平桨搅打器附件
- 刮盆刀
- 手持式搅打器
- 磅蛋糕面糊（参见上实验配方），足够每种条件下制作24个以上的蛋糕
- 松饼烤盘（65 mm或90 mm）
- 纸衬、烤盘喷剂或涂料
- 16号分配勺（60 mL）或同等大小量器
- 半烤盘（可选）
- 烤箱温度计
- 木片（用于测试）
- 锯齿刀
- 尺子

步骤

（1）利用上一次实验所给的高比例磅蛋糕配方或任何基础高比例磅蛋糕配方，制备蛋糕面糊。为每个条件制备一个批次的面糊。

（2）松饼盘垫衬纸，轻轻喷洒烤盘喷剂，或涂上油脂。盘上加标签标明蛋糕面糊甜味剂类型。

（3）用16号勺（或等同器具）将面糊舀入准备好的松饼盘中。

（4）如果需要，将松饼盘放在半烤盘中。

（5）利用置于烤箱中心的烤箱温度计进行烤箱温度的初始读数。记录结果：_____。

（6）当烤箱正确预热时，将装满的松饼盘放入烤箱中，并将定时器设置在32~35 min，或按照配方设定。

（7）烘烤蛋糕直到对照产品（由常规砂糖制成）从烤盘的侧面略微膨出，当中央顶部被轻轻按压时，蛋糕弹回来，插入蛋糕中心的木片取出后很干净。对照产品应轻微变褐。同时从烤箱中取出所有的蛋糕，即使有些颜色较浅或颜色较深，或膨发高度不足。但是，如有必要，请调整存在烤箱差异的烘烤时间。

（8）结果表1中记录烘烤时间，如下。

（9）检查最终烤箱温度。记录结果：_____。

（10）从热锅中取出蛋糕，冷却至室温。

制备方法

（用不同甜味剂制作蛋糕）

按照常规砂糖方法制备对照产品，除了在使用这些甜味剂时进行以下调整：

（1）用红糖制成的蛋糕，在步骤4中用红糖代替砂糖。

（2）用（80°Bx）蜂蜜制成的蛋糕，量取500 g蜂蜜，并与干配料和起酥油一起在步骤4中加入；在此步骤中省略糖和水，并将步骤7中的水减少至75 g。

（3）用（75°Bx）转化糖浆制成的蛋糕，量取533 g转化糖浆，并与干配料和起酥油一起在步骤4中加入；在此步骤中省略糖和水，并将步骤7中的水减少至42 g。

（4）用善品糖（splenda）制作的蛋糕，量取50 g善品糖，并与其他干配料、起酥油和水一起在步骤4加入；在这一步中省略糖。

结果

（1）完全冷却后，按如下方法评价每批蛋糕的平均质量：

取三个典型蛋糕，测取每个蛋糕的质量。将结果记录的结果表1中。

将质量相加后除以3计算蛋糕平均质量。将结果记录在结果表1中。

（2）按以下方法测量平均高度：

每批取三个蛋糕，切成两半，小心不要挤压。

沿着蛋糕中心的平坦边缘，放置尺子测量每个蛋糕的高度。以毫米为单位将结果记录在结果表1中。

将3个蛋糕高度相加并除以3，计算平均蛋糕高度，将结果记录在结果表1中。

评价蛋糕的形状（平坦圆顶、顶峰、中心凹陷等），并在结果表1中绘制形状或用语言描述。

结果表1　使用不同类型的甜味剂制成的高比例磅蛋糕的尺寸和形状

甜味剂类型	烘焙时间 /min	三个蛋糕各自质量 /g	蛋糕平均质量 /g	三个蛋糕各自高度 /mm	蛋糕平均高度 /mm	蛋糕形状	备注
砂糖（对照）							
红糖							
蜂蜜							
转化糖浆							
善品糖							

（3）评价完全冷却产品的感官特征，并将结果记录在结果表2中。如果可能，在评价之前允许蛋糕放置几天，以突出差异。一定要依次对比对照产品，并考虑以下几点：

外壳颜色，从非常浅到非常深，按1~5级评分。

蛋糕心外观（小/大气泡、均匀/不规则气泡、孔道等；评价颜色）

甜度，从不甜到非常甜，按1~5级评分。

风味（鸡蛋味、面粉味、咸味、糖蜜味、焦糖味等）

蛋糕心质地（坚韧/柔软、潮湿/干燥、胶质、海绵、脆弱等）

总体可接受性，从高度不可接受到高度可接受，按1~5级评分。

根据需要添加任何其他评价。

结果表2　用不同甜味剂制成的磅蛋糕的感官特征

甜味剂类型	外皮颜色和质地	糕心外观和质地	甜度	风味	总体可接受性	备注
砂糖（对照产品）						
红糖						
蜂蜜						
转化糖浆						
善品糖						

误差来源

列出可能难以根据实验结果得出正确结论的任何误差来源。特别要考虑混合和处理面糊的困难，以及与烤箱有关的各种问题。

_____

_____

_____

说明下一次可以如何改进，以尽量减少或消除每个误差来源。

_____

_____

_____

结论

从**黑体字**中选择一个选项或填空。

（1）总的来说，用蜂蜜或转化糖浆制成的磅蛋糕致密性**超过/小于/等于**用砂糖制成的磅蛋糕。这可能是因为糖浆**有/无**助于乳化过程，并且**有/无**助于增加包含在面糊和面团中的空气量。

（2）总体来说，用蜂蜜或转化糖浆制成的磅蛋糕与砂糖相比，显示出更**多/更少/相同**的促膨发作用。这可能是因为与用砂糖制成的面糊相比，**更多/更少/相同**量的空气被掺入用糖浆制成的面糊中。

（3）总的来说，用蜂蜜或转化糖浆制成的磅蛋糕褐变程度**大于/小于/等于**用砂糖制成的磅蛋糕。这可能是因为蜂蜜和转化糖浆都含有大量的单糖＿＿＿＿＿＿＿＿＿和＿＿＿＿＿＿＿＿＿，两种甜味剂产生的褐变作用**大于/小于/等于**蔗糖的褐变作用。

（4）对用转化糖浆制成的磅蛋糕配方的调整如下：

＿＿＿＿＿＿＿＿＿＿＿＿＿＿＿＿＿＿＿＿＿＿＿＿＿＿＿＿＿＿＿＿＿＿＿＿＿＿

＿＿＿＿＿＿＿＿＿＿＿＿＿＿＿＿＿＿＿＿＿＿＿＿＿＿＿＿＿＿＿＿＿＿＿＿＿＿

＿＿＿＿＿＿＿＿＿＿＿＿＿＿＿＿＿＿＿＿＿＿＿＿＿＿＿＿＿＿＿＿＿＿＿＿＿＿

（5）这意味着使用转化糖浆制成的磅蛋糕湿润性和松软度与用砂糖制成的相比，存在的各种差异**是/不是**由于转化糖浆中的水所引起。

（6）用蜂蜜制成的磅蛋糕和用转化糖浆制成的磅蛋糕的主要区别在于**颜色和风味/湿润度和松软度/高度和组织结构**。这表明蜂蜜**可以/不能**成功地代替烘焙食品中的转化糖浆，而不需进行额外的调整（除了对含水量的差异进行微调）。

（7）用红糖制成的磅蛋糕和用常规砂糖制成的磅蛋糕之间的主要区别在于**颜色和风味/湿度和嫩度/高度和组织结构**。这表明不进行额外的调整情况下，红糖**可以/不能**成功地用于代替烘焙食品中的常规砂糖。

（8）与用砂糖制造的磅蛋糕相比，用善品糖制成的磅蛋糕**较甜/较不甜/甜度相同**。仅考虑甜度，如果再次尝试，我会**增加/减少/不改变**这个配方中的善品糖量。

（9）与用砂糖制成的磅蛋糕相比，用善品糖制成的磅蛋糕**较潮润/较不潮润/湿润度相同**，**较松软/较不松软/松软度相同**，并且具有更**多/更少/相同**的开放质构和膨发力。这表明，不进行额外的调整情况下，善品糖**可以/不能**成功地代替烘焙食品中的常规砂糖。

（10）去善品糖制造商网址www.splendafoodservice.com，在烹饪和烘焙栏中阅读善品糖的使用技巧。他们的什么建议值得试试，以提高用善品糖制作的磅蛋糕的质量？解释原因。

_____

_____

_____

（11）从未能产生"理想"磅蛋糕的甜味剂（除善品糖外）中选择一种。如果您可以更改配方或制备方法，你将如何更改以使产品更容易被消费者接受？

_____

_____

_____

（12）你有没有注意到在磅蛋糕或面糊中其他的差异？

_____

_____

_____

9

油脂和乳化剂

本章主题

1. 介绍脂肪、油和乳化剂的基本术语和化学属性。

2. 描述生产精制油脂的方法。

3. 对脂肪、油和乳化剂分类,并描述其构成、特性和用途。

4. 列出脂肪、油和乳化剂的功能,并将这些功能与其构成相关联。

5. 描述如何最好地贮存和处理脂肪、油和乳化剂。

概述

高品质烘焙食品需要在增韧剂和软化剂、润湿剂和干燥剂之间取得平衡。任何好的配方都已经包含适当的配料平衡，但是仍然有必要了解最有助于平衡的配料。

脂肪、油和乳化剂是必不可少的润湿剂和软化剂。然而健康饮食建议包括减少某些脂肪，即饱和脂肪和反式脂肪的摄入量。北美人越来越重视这些建议，并在健康和饮食方面关注脂肪。虽然大多数烘焙食品不能在无脂肪情况下制成，但必须正确使用脂肪并了解客户的疑虑。

脂肪、油和乳化剂化学

脂质的粗略定义为不溶于水的物质。脂肪、油、乳化剂和风味油（例如薄荷油和橙子油）都属于脂质。风味油在第17章中讨论。

严格来说，脂肪是在室温下为固体的脂质。术语脂肪也通常用于指任何脂质，无论是脂肪、油还是乳化剂。例如，食品标签上列出的脂肪含量包括食品中的固体脂肪、液态油和乳化剂的总量（图9.1）。

油是室温下为液体的脂质。油通常来自植物，如大豆、棉籽、菜籽和玉米。椰子油、棕榈油和棕榈仁油之类热带植物油在21℃以下是固体，但它们在温暖的房间中很快熔化。

乳化剂像油脂一样，可以是液体也可以是固体。有许多不同的乳化剂，但它们都有一个共同点：分子的一部分被吸引并溶解在水中，而分子的另一部分被吸引并溶解在油脂中。通过溶解在水、脂肪或油中，乳化剂将两者结合在一起成为乳化液。将油和水结合在一起的这种能力是烘焙食品中乳化剂最重要的功能之一。

在化学上，脂肪和油（而不是乳化剂）是甘油三酯。甘油三酯由三个脂肪酸连接到三碳甘油分子上组成。图

营养标签

每份含量 1 汤匙（14 g）
每盒 64 份

每份量	
热量 120kcal　脂肪提供热量 120kcal	
	每日值 /%*
总脂肪 14 g	22%
饱和脂肪 1 g	5%
反式脂肪 0 g	
胆固醇 0 mg	0
钠 0 mg	0
总碳水化合物 0 g	0
膳食纤维 0 g	0
糖 0 g	
蛋白质 0 g	
维生素 A 0%	维生素 C 0%
钙 0%	铁 0%

* 每日百分比值基于 2,000kcal 的饮食。您的每日百分比值可能会更高或更低，取决于你的热量需求：

热量 /kcal:	2,000	2,500
总脂肪	小于　65 g	80 g
饱和脂肪	小于　20 g	25 g
总胆固醇	小于　300 mg	300 mg
钠	小于　2400 mg	2400 mg
总碳水化合物	300 g	375 g
膳食纤维	25 g	30 g

每克所含热量（kcal/g）
脂肪 9　　碳水化合物 4　　蛋白 4

图9.1　纯菜籽油的营养素标签，所用术语脂肪指产品中所含的总脂质，即固态脂肪、液态油和乳化剂的量

9.2所示为脂肪或油分子与其三种脂肪酸的简化表示。脂肪酸由具有4~22个碳原子的碳链构成。因为它们对脂肪和油的组成很重要，因此有必要研究脂肪酸的化学组成。

图9.2　甘油三酯

奥米伽的重要性

　　ω-3脂肪酸是多不饱和脂肪酸，其脂肪酸链上最后一个双键距最后的碳原子三个碳原子。最后一个碳原子称为奥米伽碳，因为奥米伽（ω）是希腊字母表中的最后一个字母。图9.4中的多不饱和脂肪酸是ω-3脂肪酸。

　　ω-6脂肪酸最后的双键距碳链的ω末端有六个碳原子。从健康的角度来看，ω-6与ω-3脂肪酸比例不超过两倍（2∶1）的饮食被认为是理想的。然而，这一比例在西方饮食中达15∶1，ω-6比例太高，而ω-3太低。据认为，ω-6与ω-3比例过高的饮食易导致心血管疾病、癌症和某些炎性疾病（如关节炎）。大多数油，如玉米油、花生油、红花油和棉籽油中ω-6相对于ω-3的比例非常高。全世界最常用的大豆油中此比例约为7∶1，而菜籽油比例为2∶1。ω-3相对于ω-6比例较高的食品包括鲑鱼、亚麻籽和核桃。

　　下文中提到的消费者常用术语（饱和脂肪酸、单不饱和脂肪酸、多不饱和脂肪酸、反式脂肪酸、ω-3脂肪酸）都是以脂肪酸的化学结构为基础的。

　　脂肪酸可以短或长，饱和或不饱和。图9.3所示为饱和脂肪酸和不饱和脂肪酸的详细结构。饱和脂肪酸上的碳原子被氢原子完全饱和；也就是说，它

们不能容纳更多的氢，碳原子之间的所有键都是单键。不饱和脂肪酸含有两个或多个未被氢原子饱和的碳原子。不饱和的碳原子形成双键。图9.3中的不饱和脂肪酸被称为单不饱和脂肪酸，因为它在碳原子之间只有一个双键（虽然图9.3中的单不饱和脂肪酸含有第二个双键，但该双键位于碳原子和氧原子之间，而不在两个碳之间）。不饱和脂肪酸有单不饱和与多不饱和（具有多于一个碳碳双键）之分。注意分子在双键处的弯曲。脂肪酸在碳原子之间每个双键处弯曲，因此多不饱和脂肪酸可以很容易地卷曲（图9.4）。

　　构成食用脂肪和油的甘油三酯被认为是混合甘油三酯，因为它们含有不同脂肪酸，有些脂肪酸短，有些脂肪酸

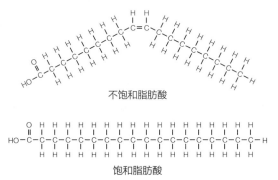

图9.3　不饱和与饱和脂肪酸

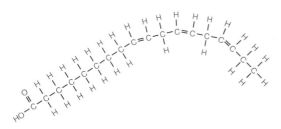

图9.4 多不饱和脂肪酸。这是一个ω-3脂肪酸，最后一个双键距ω末端有三个碳。

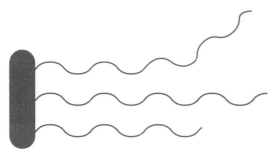

图9.5 混合甘油三酯具有短、长、直和弯曲的脂肪酸

长，有些脂肪酸直，有些脂肪酸弯曲（图9.5）。所有常见的食品脂肪所含有的脂肪酸的混合物均已得到分析。

图9.6所示为各种食用油脂的脂肪酸组成。注意每种油脂中饱和脂肪酸、单不饱和脂肪酸及多不饱和脂肪酸的构成。

通常，饱和脂肪酸含量越高的脂肪越硬。这就是为什么含天然饱和脂肪酸的动物脂肪、热带油和可可脂在室温下均呈固态的原因。大多数植物油在室温下为液体，因为其饱和脂肪酸含量低。北美膳食指南建议限制饱和脂肪酸摄入量，因为它们已被证明可以提高血液中的胆固醇并增加冠心病风险。

反式脂肪酸是不饱和脂肪酸，其中

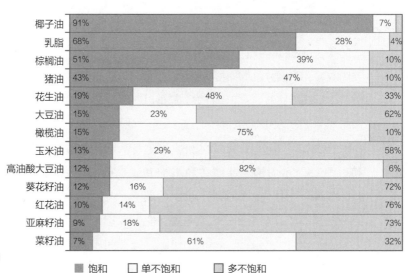

	饱和	单不饱和	多不饱和
椰子油	91%		7%
乳脂	68%	28%	4%
棕榈油	51%	39%	10%
猪油	43%	47%	10%
花生油	19%	48%	33%
大豆油	15%	23%	62%
橄榄油	15%	75%	10%
玉米油	13%	29%	58%
高油酸大豆油	12%	82%	6%
葵花籽油	12%	16%	72%
红花油	10%	14%	76%
亚麻籽油	9%	18%	73%
菜籽油	7%	61%	32%

图9.6 不同脂肪和油的脂肪酸构成

为什么脂肪不像冰一样融化

固体脂肪含有许多微小的脂肪晶体。脂肪晶体通过脂肪分子有序地排列组成，分子与相邻分子间以化学键结合。正如水分子之间的键必须断裂才能融化一样，这些键必须断裂，才能使固体脂肪熔化。

不同于由相同的H_2O分子组成的纯水，脂肪是含有不同脂肪酸的混合物。相同的水分子会在相同温度0℃下融化，而每种脂肪酸在各自特定的温度下熔化。

脂肪变软，是因为一些脂肪晶体已经熔化，而其他脂肪未熔化的缘故。例如，由于较短脂肪酸之间的许多键断裂，黄油在27 ℃时明显变软。直到约34 ℃，黄油中较长脂肪酸间的键才断裂，使黄油完全液化。固体脂肪晶体消失，形成完全透明液体时的温度被定义为脂肪的最终熔点。在最终熔点，几乎所有脂肪晶体已经熔化成液体。然而在这之前，脂肪一直熔化。

黄油之类能从人体获取热量迅速完全熔化的脂肪，产生令人愉快的口感。而通用起酥油这类慢慢熔化或不完全熔化的脂肪，往往口感不那么好，经常有蜡质口感。

什么原因使饱和脂肪成为固体？

所有固体脂肪都含有一定量固体脂肪晶体。像所有晶体一样，脂肪晶体由结合在一起的分子高度有序排列而成。饱和脂肪酸更容易形成固体脂肪晶体，因为它们是直线分子（图9.3）。直线分子易于按顺序排列堆积成晶体。不饱和脂肪酸弯曲，弯曲分子难以排列和结合。不饱和脂肪酸自行松散排列，而且可能会相互纠缠，（至少在室温下）不会紧密地结合形成晶体。脂肪酸越不饱和，分子弯曲越严重，脂肪酸结晶形成固体脂肪的难度越大。

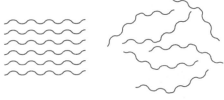

左：饱和脂肪酸容易排列形成晶体
右：不饱和脂肪酸不容易形成晶体

双键的两个氢原子位于双键的异侧（图9.7）。大多数天然存在的不饱和脂肪酸是顺式脂肪酸，这种脂肪酸双键的两个氢原子在同侧。这种看似微小的结构差异对健康有很大的影响。这种效应将在本章后面讨论。

$$顺 -\overset{\overset{\displaystyle H}{|}}{\underset{\underset{\displaystyle H}{|}}{C}}-\overset{\overset{\displaystyle H}{|}}{\underset{\underset{\displaystyle H}{|}}{C}}=\overset{\overset{\displaystyle H}{|}}{C}-\overset{\overset{\displaystyle H}{|}}{\underset{\underset{\displaystyle H}{|}}{C}}-$$

$$反 -\overset{\overset{\displaystyle H}{|}}{\underset{\underset{\displaystyle H}{|}}{C}}-\overset{\overset{\displaystyle H}{|}}{C}=\overset{\overset{\displaystyle H}{|}}{C}-\overset{\overset{\displaystyle H}{|}}{\underset{\underset{\displaystyle H}{|}}{C}}-$$

图9.7　天然存在的顺式脂肪酸和反式脂肪酸

油脂的加工

在烘焙房中使用的大多数油脂都是高度精炼的，这意味着它们几乎100%由甘油三酯组成，几乎所有杂质都被除去。事实上，在烘焙房里常用的唯一未经精炼的脂肪就是黄油。

对精制油脂进行进一步处理是为了增加其功能性。例如，可对它们进行分馏、氢化和充气处理。本节讨论将粗制的植物油转化为精制脂肪的一些过程。

萃取与精炼

油主要通过使用溶剂从大豆和其

在溶剂萃取成为从油籽和其他原料提取油脂的标准方法之前,人们用压榨机械提取油。通常使用榨油的机器称为榨油机。在榨油机中,利用高压将种子、坚果或水果中的油榨出来。油通过多孔筛网渗漏出,残渣则留在筛网内。如果坚果或种子很硬,则需要用高压来提取油,油温会升高。高温会影响油的精致的口味和营养价值。当然,如果油料像橄榄一样较软,则稍加施压就可,油温不会升高,微妙风味和营养物质都可不受影响。这种轻轻加压方式榨取得到的油,有时可作为"冷榨油"出售。机榨油比常规油贵,因为该方法的出油率不如溶剂萃取法高。

他油籽、坚果和水果中提取得到。己烷是常用溶剂,因为它非常有效,油一旦提取出来,可以将己烷分离出来并重复使用。因为己烷是高挥发性的,所以通过加热可很容易将其残留从油中除去。

一旦提取出"粗"油,就可用两个主要步骤进行精炼。第一个精炼步骤是脱胶,通过油水离心法等物理法将天然存在的乳化剂(主要是卵磷脂)除去。将水与乳化剂分离,可以得到纯化的市售卵磷脂。富含乳化剂的大豆油实际上是卵磷脂的主要商业来源。

脱胶后,原油要经过碱精炼步骤,其间要向油中加入强碱进行处理。碱会与游离脂肪酸(没有与甘油结合形成甘油三酯的脂肪酸)形成复合物(肥皂)。碱还会使蛋白质和其他杂质沉淀出溶液,从而便于将它们离心除去。

精炼后要对油进行脱色处理,这种处理中大部分色素由膨润土之类吸附材料吸附去除,从而使油得到漂白。粗制

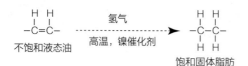

图9.8 将液态油氢化成固体脂肪

油纯化的最后一步称为脱臭,这一步利用蒸汽加热蒸发脱除产生气味的痕量的分子。此时的油相对无色、无味,被认为是精制、漂白、除臭的油,或称为RBD油。这种油可直接出售,也可以几种不同的方式进一步处理。

氢化

检查在烘焙房使用的油脂配料标签,你会注意到,其中一些油已被氢化,这些油包括许多通用起酥油、高比例起酥油、人造黄油、猪油甚至液态油。

氢化是通过加氢将不饱和脂肪酸转化为饱和脂肪酸(图9.8)。在高温、压力以及催化剂(如镍)存在条件下,使油和脂肪暴露于氢气而进行氢化。催化剂可加速化学反应,而自身不会在反应中消耗。氢化脂肪包装和销售之前要将镍去除。

经过氢化后的脂肪和油变得更饱和,因此更坚固。全氢化脂肪非常硬,以至于很难使用,所以脂肪通常被部分氢化。含有部分不饱和脂肪酸未被加氢的部分氢化脂肪质软,具有可塑性。生产商通过控制该过程,获得所需稠度和氢化程度的油脂(图9.9)。

图9.9 制造商控制氢化过程获得预期的油脂稠度

顺时针，从顶部：部分氢化液体起酥油、部分氢化塑性起酥油和完全氢化起酥油

注意氢化与向脂肪中添加空气不同。氢化是一种化学过程，通过强制将氢加到脂肪酸分子上来改变其性状。充气是将空气搅打进入固体脂肪的操作，例如，将脂肪乳化便是一种充气过程。然而，需要适当充气的脂肪，必须具有柔软的塑性料稠度。氢化过程是将液态油转化成柔软、塑性的脂肪的一种方法，得到的产品适合于充气操作需要。

氢化的不足之处在于它会产生饱和脂肪酸。富含高饱和脂肪的饮食被认会增加血液胆固醇和冠心病的风险。氢化的更大缺点是部分氢化的过程通常产生反式脂肪酸。虽然少量的反式脂肪酸（有时称为反式脂肪）在黄油中天然存

塑性脂肪可食用吗？

塑性脂肪并非由塑料制成。它们是具有塑性的食用脂肪，这意味着像培乐多彩泥一样，它们是柔软的、可用模具塑造的固体。塑性脂肪部分是液体，部分是固体；也就是说，脂肪晶体网络将液态油固定成了塑性脂肪。在21 ℃下塑性脂肪的实例包括通用起酥油、猪油和黄油。在室温下不是塑性的脂肪，包括在室温下为液体的植物油和可可脂，后者是一种硬固体。

可塑性取决于温度。黄油在室温下有塑性，但在冰箱中是硬的，在热的烤箱中完全呈液态。冷藏时，通用起酥油是塑性的，当烤饼加热时仍然有塑性。在较大的温度范围内保持柔软和可操作性是通用起酥油的优点之一。

为什么要氢化？

脂肪和油的氢化有两个主要原因。如上所述，第一个是增加脂肪或油的硬度。固体脂肪有其适用场合，例如，可用于油酥面团，提高酥性，增大体积，也可用于降低甜甜圈和曲奇饼的油性。

脂肪和油氢化的第二个原因是增加对氧化性酸败的稳定性。氧化性酸败将脂肪酸分解成较小具有哈败味的片段。由于双键是脂肪酸上最弱的键，所以脂肪酸上的双键越多（即脂肪酸越不饱和），分解速度越快，越容易发生氧化性酸败。这意味着单不饱和脂肪比饱和脂肪氧化速度快，多不饱和脂肪氧化速度最快。事实上，高度多不饱和脂肪可以比高度饱和脂肪氧化速度快100倍。

氢化通过将不饱和脂肪酸转化为饱和脂肪酸，也将高反应性多不饱和脂肪酸转化为低不饱和

脂肪酸，从而降低氧化酸败。即使少量氢化也有助于延缓酸败。这就是为什么有些氢化植物油能保持液态，像没有经过氢化一样。

常规大豆油是高度多不饱和的（参见图9.6）。通过氢化多不饱和脂肪酸，大豆油不太可能被氧化产生令人不快的豆腥味、鱼腥味或油腻味。今天，由于其在起酥油、人造黄油和植物油中有应用，大豆油成了烘焙房中最常见的植物脂肪。事实上，大豆是美国第二大作物，仅次于玉米。图9.10所示为豆荚中的成熟大豆。标准成熟的干燥大豆含有约20%的油，其中一半以上是不饱和的。

图9.10 豆荚中的成熟大豆

无反式脂肪酸的起酥油是如何加工的？

氢化是减少油中多不饱和脂肪酸含量，从而使其更稳定的传统方法。然而，还有其他方法可以做到这一点，并且得到的是无反式脂肪酸的油。例如，大豆和其他油籽可采用专门育种或遗传修饰方式，成为多不饱和脂肪酸含量低的品种。由于它们的多不饱和脂肪酸含量低，因此从这些油籽中提取的油不易发生氧化酸败。这些性质稳定的油被称为低亚麻酸油或高油酸油，以此将它们与普通油区分开来。α-亚麻酸（ALA）是一种极易酸败的ω-3多不饱和脂肪酸（图9.4）。低亚麻酸油的α-亚麻酸含量低。高油酸油所含的多不饱和脂肪酸（不仅仅是ALA）含量低，而含量高的是单不饱和脂肪酸——油酸。由于油酸被分类为ω-9脂肪酸，高油酸油有时被称为"ω-9油"。图9.6包括了高油酸大豆油的脂肪酸组成。注意，与常规大豆油相比，这种油的高活性多不饱和脂肪酸含量非常低。

虽然用无反式脂肪酸的油替代常规烹饪油较容易，但是用于替代部分氢化塑性脂肪较困难。许多无反式脂肪酸的起酥油和人造黄油是由棕榈油或其他天然饱和脂肪制成的。虽然天然饱和，因此一定程度上呈固体状，但棕榈油不具有最好的塑性稠度。为了在不添加反式脂肪的前提下提高脂肪的可塑性，制造商可采用两种手段。一种是可以将棕榈油与完全氢化的固体脂肪混合。由于完全氢化，与部分氢化不同，不产生反式脂肪，任何完全氢化的脂肪都可以与棕榈油混合，以达到所需的塑性稠度，而不含反式脂肪。这种技术可以与任何油一起使用。例如，菜籽油可以与完全氢化的脂肪混合以产生基于菜籽油的起酥油。

生产无反式脂肪塑性起酥油的另一种方法是采用酯交换处理。酯交换利用酶（脂肪酶）或其他手段，重排或改变甘油三酯中的脂肪酸顺序，从而改变脂肪固化和熔化行为。得到的脂肪通常具有较低的饱和脂肪酸含量，与其他无反式脂肪酸的起酥油相比，性能有所改善。酯交换处理也被用于改善猪油的塑性。因为脂肪结构已经改变，所以这些脂肪有时被称为结构脂肪。

在，但西方饮食中迄今为止，反式脂肪的最大来源是部分（不是全部）氢化的脂肪和油。自2006年1月以来，美国法律规定，食品生产商必须在食品标签上披露其产品中存在的反式脂肪的量。

美国许多市政府禁止在餐馆和糕点中使用反式脂肪。例如，纽约市自2008年以来，禁止在所有饮食服务机构（包括烘焙房）中使用反式脂肪。加利福尼亚州从2011年开始在全州范围内禁止反式脂肪。

部分氢化反式脂肪酸值得关注，因为它们往往会增加血液中的"不良"胆固醇（LDL），同时降低"良好"胆固醇（HDL）。如此，反式脂肪被认为会增加冠心病风险，这种风险甚至超过了自然饱和脂肪酸所引起的风险。反式脂肪也涉及增加对血管壁的损伤。

为了应对这些问题，人们被要求尽量减少脂肪摄入量，特别是饱和脂肪和反式脂肪。尽管有客户的担忧，面包师和糕点师不能将烘焙房所用的所有饱和脂肪用不饱和脂肪替代。但是，仍然有

必要了解，烘焙食品和油炸食品是饮食中饱和脂肪和反式脂肪的两个主要来源，并且，通过适当选择脂肪可以使烘焙食品更健康。这些选项将在下一节和第18章中进行探讨。

无反式脂肪酸的起酥油及油

已经开发出无反式脂肪酸的新型植物油和脂肪，这些脂肪和油具有接近常规油脂的稳定性和功能。虽然这是出于健康原因，但许多无反式脂肪酸的起酥油和人造黄油仍然有相当高的饱和脂肪酸（一些种类含高达50%的饱和脂肪酸），所以它们仍然不是最健康的脂肪。

无反式脂肪，它们也就不像标准部分氢化脂肪那样起作用。例如，无反式脂肪的起酥油往往对温度变化更敏感；也就是说，它们没有宽泛的塑性操作范围。这意味着它们将以不同方式进行乳化，并且在贮存期间更容易软化和熔化。这也意味着饼皮分层可能不那么好，因为无反式脂肪起酥油会更容易软化和渗透到面团中，并且它们制成的糖霜可能不会平滑，或者不

棕榈油和棕榈仁油有什么区别？

棕榈仁油和棕榈油是两种不同的热带油，它们的共同点是：都来自同一种植物——油棕榈树（Elaeis guineensis）。棕榈仁油来自油棕果实内部种子或核仁，而棕榈油则来自核周围的明亮橙色油性果皮（中果皮）。棕榈仁油和棕榈油不可互换使用，因为它们的性质不同。当两者均饱和时，棕榈油更适合用作塑性起酥油。棕榈仁油更像椰子油，饱和度更高，熔化速度更快，并且经常用作糖衣中的可可脂替代品（详见第15章），也可用作曲奇饼的奶油馅料。

能方便地用管道输送。许多饱和脂肪含量较低的无反式脂肪食品会更容易氧化，因此即使含有抗氧化剂，这些脂肪比正常情况更容易酸败。无反式脂肪起酥油必须小心存放，以避免失去柔软、光滑的质感和新鲜的风味。

塑性脂肪的冷却和通气

一旦油被部分氢化或以其他方式加工成软固体，就可对它们进一步冷却并充气，直到出现平滑乳脂状。用于脂肪冷却和充气的设备类似于商业冰淇淋机，其中脂肪在冷却的圆柱形滚筒内搅动。

根据脂肪来源、加工过程以及冷却方式的不同，脂肪会固化成几种不同晶体结构。三种主要晶体构型分别为 α 型、β' 型和 β 型。每种构型都有各自

独特的功能，这些功能贯穿本章进行讨论，但是通用起酥油通常被固化成微小的 β' 型晶体。针状的晶体是如此微小（约 1 μm），以至使起酥油有平滑乳脂般的口感。

起酥油制造商用氮气代替空气进行充气。空气所含的氧气，会使脂肪发生氧化酸败。由于空气本身几乎含 80% 的氮，因此氮气用于食品完全安全。

有用的提示

如果无反式脂肪酸的起酥油乳化困难，可考虑将起酥油贮存在不同的位置以调节其温度。因为许多无反式脂肪酸的起酥油的塑性范围比传统（部分氢化的）起酥油的窄，即使微小的温度差也会导致无反式脂肪酸的起酥油变硬或变软。

脂肪和油

脂肪和油在成本、风味、稠度、脂肪量、空气量、含水量和熔点方面彼此不同。某些油脂含有添加剂，例如乳化剂、抗氧化剂、盐、色素、香料、抗菌剂、乳固体等（表9.1）。这些差异影响了烘焙房中每种脂肪的功能。

黄油

黄油由高脂稀奶油制成。虽然冷冻奶油中的一些脂肪以液体小球形式存在，但大量脂肪由微小固体脂肪晶体组成，使得奶油在口中似乎完全液化。黄油生产中将大部分剩余液体（即酪乳）与脂肪、固体脂肪晶体和液体小球分离开来。

表9.1　脂肪和油的常用添加剂

添加剂	描述	在脂肪和油中一般应用
胭脂树橙	由胭脂树种子获得的天然色素	黄油着色
β- 胡萝卜素	维生素 A 的一种形式	人造黄油着色
叔丁基 -4- 羟基苯甲醚（BHA）	人工合成的抗氧化剂	最大限度减少氧化酸败
2，6- 二叔丁基 -4- 甲基苯酚（BHT）	人工合成的抗氧化剂	最大限度减少氧化酸败
柠檬酸	有机酸，柑橘类水果中含量极高	最大限度地减少氧化酸败，特别是在含有少量铁或其他破坏性矿物质的猪油和其他脂肪中
氢化棉籽油	从棉籽中榨取	可添加到塑性起酥油中，以促进 β' 晶体的形成
二甲基聚硅氧烷	有机硅衍生物	可添加到油炸脂肪中，以减少发泡并延缓高温下脂肪的降解
乳酸单甘酯	乳化剂	可添加到高比例液体起酥油中，以促进适当的 α 晶体形成，以提高持气性
卵磷脂	乳化剂	可添加到人造黄油中，以减少泛煎时的飞溅；添加到锅中释放喷雾剂，以防止烘焙食品粘连
单甘油酯和甘油二酯如单硬脂酸甘油酯	乳化剂	可添加到高比例起酥油中，以增加持气性、湿度和柔软度，特别是防止烘焙食品的老化
聚甘油酯（PGE）	乳化剂	通过抑制脂肪结晶来防止色拉油混油
聚山梨醇酯 60	乳化剂	可添加到高比例起酥油中，有助于乳化和稳定蛋糕面糊和糖霜
山梨酸钾	天然有机酸，山梨酸的钾盐	加入人造黄油中，以防止微生物生长
没食子酸丙酯	人工合成的抗氧化剂	减少氧化酸败
丙二醇单酯（PGME），例如：丙二醇单硬脂酸酯（PGMS）	乳化剂	可添加到高比例液体起酥油中，是高效的 α- 乳化剂，可提高蛋糕面糊持气性；也适合分散和保持脂肪，使食品保持湿润和柔软
盐	氯化钠	黄油和人造黄油调味剂和防腐剂
苯甲酸钠	苯甲酸钠盐，天然有机酸	可加入人造黄油中，以防止微生物生长
硬脂酸	天然饱和脂肪酸	可添加到高比例液体起酥油中。帮助乳化剂在蛋糕面糊充气，分散和保持脂肪，使食品保持湿润和柔软
叔丁基对苯二酚（TBHQ）	人工合成的抗氧化剂	减少氧化酸败
生育酚	维生素 E 和相关分子的混合物；抗氧化剂	减少氧化酸败
维生素 A 棕榈酸酯		作为维生素添加到人造黄油中
维生素 D		作为维生素添加到人造黄油中

以前，人们在木质搅桶中将奶油搅拌成黄油。如今，人们以大批量、甚至更大规模商业连续操作方式生产黄油。无论哪种方式，黄油制造的第一步是将奶油灭菌，然后将其冷却至16℃。如果黄油由发酵奶油制成，则要在奶油中加入细菌培养物，并且当细菌将乳糖转化为乳酸时，使奶油成熟并形成风味。接下来，奶油在精心控制的条件下老化，促进正常结晶结构的生长。这种老化步骤类似于第15章将讨论的巧克力调温。这是得到适当稠度黄油的重要步骤。如果需要，可以在奶油剧烈搅拌或搅动之前加入少量的天然黄色素胭脂树橙。

搅拌首先产生搅打（掼）奶油，随着空气被搅打进入奶油，脂肪液滴（小球）开始聚集在气泡周围。持续的剧烈搅动产生了一种广泛由聚集液态球构成的三维网络，分散其中的微小固体脂肪晶体使之变硬。最终，由于受搅打的奶油崩溃，大量液体酪乳渗出，形成黄油颗粒凝块。搅拌后，根据需要在黄油块中加盐，然后进行揉捏，对其进行塑造并将多余的水除去。因为揉捏也会软化黄油，所以这个过程有时被称为捏和软化。最后剩下的是黄油，这是一种由固体脂肪晶体和液态乳脂，再加上水滴、空气泡及束缚的乳固体构成的滑润的乳状液。

黄油的风味和稠度因品牌而异，部分原因是奶牛饮食习惯不同。例如，短链脂肪酸含量高的奶油风味较浓，并且与长链脂肪酸含量高的奶油相比，产生的黄油较软。引起黄油风味和稠度出现差异的因素也与黄油的加工方式有关。与超高温巴氏杀菌奶油相比，经缓慢巴氏杀菌的奶油产生的黄油具有更浓郁的熟坚果风味。奶油如何冷却、如何搅拌和洗涤，掺入多少空气，以及含有多少脂肪，都会影响黄油的稠度。

与其他脂肪一样，黄油为烘焙食品提供许多重要特性，包括湿度、松软度、酥性和体积。但是，这并不能完全解释黄油在优质烘焙房广泛应用的原因，因为黄油在上述功能上并无优势。相反，黄油的两个主要优点是它的风味和口感。在这两个属性方面，没有其他脂肪可以与黄油相比。人造黄油可能含有天然黄油风味，并具有较低的最终熔点，但它仍然不具有优异的黄油风味和质地。

黄油有很多缺点。例如，价格昂贵。黄油比人造黄油贵几倍，其价格随着季节和供应而波动。从健康角度来看，乳脂是一种不良脂肪。它的饱和脂肪含量在常见烘焙食品中是最高的，甚至高于猪油，并且还含有胆固醇。

黄油也是最难操作的脂肪之一，因为它的可塑性温度范围窄。直接从冰箱中取出的黄油使用起来太硬，而手的热量和温暖的烘焙房又会让黄油很快融化。事实上，乳化黄油的最佳温度通常只在18~21℃窄小范围内。其低熔点也意味着烤箱温度必须正确设定，黄油必须保持冷却，才能在用于泡芙油酥糕点和其他酥皮烘焙食品时获得最佳的起酥性和体积。

黄油比其他脂肪更容易腐败，无盐黄油更是如此。如果短期内未冷藏或长期冷冻，则容易发生细菌腐败。发生细菌腐败的黄油有酸奶或酸败的味道。

黄油分类 黄油可根据其生产中使用的奶油类型进行分类。黄油的两种类型分别是发酵黄油和甜黄油。发酵黄油用酸奶油制造，细菌已将酸奶油中的乳糖转化为乳酸。发酵黄油，也称为熟黄油，具有与酸奶油相似的明显酸味，但很少加盐。甜黄油的风味比发酵黄油的温和。之所以称为"甜奶油"，是因为奶油没有酸味，而不是因为它含有甜味剂。

如何在无制冷条件下制作各式黄油

制作黄油的独特操作（搅拌奶油并除去酪乳）是一种食品保藏的操作形式，因为酪乳容易滋生细菌。但黄油仍会含有一些营养丰富的酪乳，所以仍然会腐败。这是制冷技术出现以前所面临的一个问题。

有盐的地方，用盐作为黄油的防腐剂。盐是一种非常强的抗菌剂，盐渍黄油可含相当多酪乳而不腐败。

不易获得盐的国家，需要采取其他手段保存黄油。在牛乳静置，使奶油缓慢上升到表面时，牛奶和奶油在搅拌之前都会变酸。酸性或成熟奶油中的"好"细菌可减缓不良腐败细菌的生长。由于这不如盐在预防细菌生长方面有效，因此，生产酸黄油时经常需要去除较多酪乳。这可能就是为什么一些欧洲黄油的乳脂含量高的原因。

某些国家，特别是印度，采用炖黄油方式破坏细菌并去除水分。所得到的液体乳脂，称为酥油，具有明显的坚果风味，这种风味因加热时乳蛋白与乳糖发生美拉德反应而产生。由于它基本上不含水，因此酥油的保存期比黄油的长。

如今，虽然很容易获得人工制冷，但许多人仍然喜欢以其民族传统方式制造黄油。在北美，超过95%的市售黄油是加了盐的甜奶油黄油。

虽然这两种类型黄油在全球范围内均有销售，但也有区域偏好。北美洲和英国传统上生产使用甜黄油。某些欧洲国家，特别是法国、德国和瑞士，传统黄油是发酵黄油。北美洲生产和销售的欧式黄油既有发酵黄油，也有酸奶油风味的甜黄油。普鲁格拉（Plugrá）是一种欧洲风味黄油，具有酸奶油贡献的微妙风味。

黄油的组成 美国和加拿大要求黄油的乳脂含量不低于80%，略低于大多数欧洲国家规定的82%的乳脂最低含量。美国市场上的欧式黄油，像欧洲黄油一样，通常含有至少82%的乳脂。虽然82%是欧洲规定的最低标准，但欧洲黄油的乳脂含量却往往达到86%以上。乳脂含量较高的黄油通常具有更光亮、更爽滑的口感。因为含水量也较低，因此高脂黄油通常较硬，熔化速度较慢。

乳脂主要由含少量天然乳化剂的甘油三酯组成。约占乳脂2%~3%的乳化剂包括甘油单酯、甘油二酯和卵磷脂。乳脂还含有胆固醇和脂溶性的维生素A。

其余20%的黄油成分包括水（通常为16%～18%）、乳固体和盐（如果添加的话）。乳固体由蛋白质、乳糖和矿物质组成。乳固体中的蛋白质和乳糖有助于烘焙食品中的美拉德反应。黄油中的水和少量空气可用于面团膨发。

美国和加拿大允许黄油中使用少量可选配料。例如，可以添加天然黄油风味剂和天然胭脂树橙色素。盐可作为风味剂加入黄油，如果是发酵黄油，可加入细菌培养物。

面包师和糕点师通常在烘焙房中使用无盐黄油，有多种原因。首先，因为品牌不同，难以预测添加到黄油中的盐量。其次，黄油中的盐含量对某些产品来说可能太高，如奶油糖霜。最后，检测无盐黄油异味比检测盐渍黄油异味容易。

> ### 有用的提示
>
> 高脂黄油在制备羊角面包之类层压面团和泡芙油酥面团时很有用。高脂黄油可在较宽温度范围内保持坚实的可操作性。它不像普通黄油那样易融入面团或渗出，所以它会有较好的膨发性和起酥性。制备层压面团时如无高脂黄油可用，可将面粉加入黄油中以使面团变得较硬，也可使用滚压或泡芙糕点用人造黄油。

黄油分级

在美国，黄油有三个等级：AA级、A级和B级。AA级和A级是最常见品质的黄油，但也有一些美国B级黄油可供选择。黄油分级是由美国农业部管理的自愿制度。

风味被认为是黄油的最重要的特征，美国农业部的黄油评分系统反映出美国人偏爱温和风味黄油。在三个等级中，AA级黄油由最新鲜奶油制成。它具有温和的黄油风味，风味缺陷最小。A级黄油具有微酸而强烈的风味，但风味仍然令人愉快。B级黄油的风味更像发酵黄油，有些人喜欢这种风味。

黄油评分的一小部分与其质感或稠度及其颜色有关。美国AA级黄油必须具有滑润、奶油状质感和均匀的颜色。牛的饮食对黄油的稠度有很大影响，在挤奶季节也是如此。然而，制造商可以控制影响黄油稠度的其他因素。这些因素包括黄油中的脂肪和乳固体质量分数，奶油的加热和冷却，以及黄油搅拌和加工方式。

在加拿大，黄油只设立一个等级，即加拿大一级。加拿大一级黄油既可以是温和风味黄油，也可以是发酵黄油，取决于是由甜奶油还是酸奶油制成。加拿大一级黄油其他特点与美国农业部AA级或A级相似。

经最初分级时，北美黄油应不含异味，但如果贮存不当，则可能会吸收不良气味。如果在烘焙房使用咸黄油，配方必须作相应调整（假定加入黄油中盐的量为2.0%～2.5%）。

无盐黄油有时被称为甜黄油。但最好不要这样称呼，因为这很容易被误认为是用甜奶油制成的甜黄油。甜黄油可以是盐渍的，也可以是无盐的。

猪油

猪油由猪肉脂肪制成，是肉类工业的副产品。它曾经是北美洲、英国、西班牙和世界其他国家烹饪和烘焙的常见配料。最高级的猪油，称为猪板油，猪板油存在于动物肾脏周围和腹部。其他等级猪油包括从猪背得到的硬脂肪，肌肉组织周围的软脂肪，以及胃肠周围的粗脂肪。因为猪油是一种猪肉制品，因此猪油不是按犹太教规制成的食品，也不是按伊斯兰教规制成的清真食品。

猪油独特的晶体结构使其能为油酥糕点和派皮提供多层和酥脆性。由于猪油温和的肉质风味，某些传统民族糕点也特别利用这种特点。除了这些用途以外，在北美洲，猪油在很大程度上被起酥油所取代。然而，最近在糕点中使用猪油的兴趣稍有回升。

今天的猪油更像是通用起酥油。经精炼、漂白和除臭处理的猪油风味温和，呈白色，质地均匀。猪油含100%脂肪，通常添加少量抗氧化剂，以防止发生酸败。为了提高其保持空气的能力，猪油通常经加氢处理，使其具有较少的油腻感，较少颗粒质感，并提高了乳化能力。虽然可以用这种猪油来生产质构细腻的蛋糕，但却不再能为糕点和派皮提供酥脆性。

人造黄油

人造黄油是仿制黄油。虽然多年来人造黄油质量取得了很大改善，但仍然不是货真价实的黄油，它没有优质黄油的风味和口感。但人造黄油与黄油相比有若干优点，这可能也是为什么北美洲人造黄油的销售量自20世纪50年代后期以来已经超过黄油的原因。

人造黄油的一个优点是价格较低，另一个优点是人造黄油不含胆固醇。

猪油有何独特之处？

猪油能自然凝固成大型 β 晶体，使其呈现出半透明外观和粗糙颗粒状质地。与通用起酥油的小型 β' 晶体不同，大型 β 晶体不能很好地保持空气，因此未改性的猪油不能很好地搅打，不利于生产细腻质地的蛋糕。相反，猪油的大型 β 晶体是制备分层产品中分层面团的理想选择。换句话说，大型 β 晶体使未改性猪油特别适合制作酥性派皮及其他油酥糕点。

尽管人造黄油可能含有反式脂肪，但其饱和脂肪含量比黄油低。人造黄油的第三个优点是它们的风味更强。虽然这听起来似乎矛盾，因为黄油以风味珍贵著称，而不经严格精制的人造黄油具有较突出的风味。最后，人造黄油是设计而成的脂肪，像起酥油一样，可以根据要求设计，使其在某些应用中更容易操作，并发挥更多功能。

人造黄油的构成　多数部分氢化的人造黄油由大豆油制成，但它们也可以由任何植物或动物脂肪制成。例如，无反式脂肪人造黄油通常由天然饱和的棕榈油制成。真正的人造黄油与黄油具有相似的组成；也就是说，它含有至少80%的脂肪和约16%的水，含有与黄油类似量的空气。这意味着人造黄油与黄油的热量相同。虽然低脂肪和无脂肪的"人造黄油"（称涂抹油）确实存在，但这些产品在烘焙中通常不能很好地工作。低脂肪和无脂肪的涂抹油含有大量的水分。它们依靠树胶和淀粉来提供黄油般的稠度。

未着色和调味的人造黄油像起酥油一样，呈白色，口味平淡。这就是为什么人造黄油含有天然或人工色素（通常是β-胡萝卜素）和调味剂的原因。市售人造黄油像黄油一样，既可以是盐渍的，也可是无盐的。

人造黄油除了加盐之外，还可以加入若干其他配料，包括乳固体、卵磷脂和抗菌剂。当人造黄油含有盐和抗菌剂并且不含有乳固体时，如起酥油一样，不需要冷藏。

人造黄油分类　人造黄油是设计脂肪，这意味着制造商可混合或氢化得到不同硬度和可塑性的人造黄油。人造黄油分类方法之一是根据硬度和最终熔点分类。以下列出讨论的四种类型的人造黄油，具有近似的最终熔点。这四种类别的划分有些武断，一家公司的烘焙用人造黄油可以是另一家公司的滚压人造黄油。然而，将大量产品归类有助于了解现有产品范围，也有助于对其进行介绍和描述。

佐餐人造黄油　主要设计成易于在面包上涂抹，并在体温下（典型熔点：32～38℃）完全熔化。这就是在超级市场黄油旁称重销售的人造黄油。与黄油不同，佐餐人造黄油足够柔软，从冷藏室取出就可使用。在所有人造黄油中，佐餐人造黄油具有最好的口感，可用于糖霜，一定要使用无盐的佐餐人造黄油，但这种糖霜在温暖环境保存期不长。佐餐人造黄油可乳化用于曲奇饼和蛋糕的制有时，消费者食谱需要牛脂。牛脂其实是人造黄油的别名。19世纪60年代发明人造黄油的法国化学家从牛肉脂肪中提取出人造黄油，并将其称为oleomargarine。牛肉脂肪主要由油酸和两种饱和脂肪酸（棕榈酸和硬脂酸）组成，其在19世纪称为十八烷酸。

美国食品与药物管理局（FDA）在1951年将oleomargarine正式命名人造黄油，但有些人（大多数对1951年之前有记忆的人）仍将人造黄油称为"牛脂"。

备，虽然这方面用其他人造黄油会取得更好的效果。佐餐人造黄油在嘴里完全熔化时，口感与黄油的并不完全相同。相反，它会舌头上留下油腻或油滑感。

烘焙用人造黄油（典型的熔点：35~41 ℃），也称为多功能或蛋糕人造黄油，可以被认为是一种柔软的通用起酥油，带有黄油风味和颜色。因为它非常适合乳化，因此，烘焙用人造黄油是制作曲奇饼和蛋糕的首选，也适用于制作能够耐受较高温度的糖霜。烘焙用人造黄油的口感从轻微油腻到油腻不等，有时耐嚼。

滚压人造黄油 具有较高的最终熔点（通常为41~46 ℃），并且比烘焙用人造黄油更硬。滚压人造黄油在丹麦油酥糕点中使用，可为油酥糕点和羊角面包提供较高的酥性和较大的体积，但稍有蜡质感。

泡芙糕点人造黄油具有极高的最终熔点（通常为47~57 ℃）、较硬，有蜡质感。虽然较硬，泡芙糕点人造黄油仍然有塑性，所以很容易均匀地随油酥糕点面团卷起和折叠。虽然用这种黄油制作的糕点，外观很好，并且轻薄和酥脆，但往往有一种令人不快的蜡质口感。

口感很复杂，与脂肪的总熔化行为有关，而不仅仅是其最终的熔点。黄油和佐餐人造黄油的熔化曲线如图9.11所示。

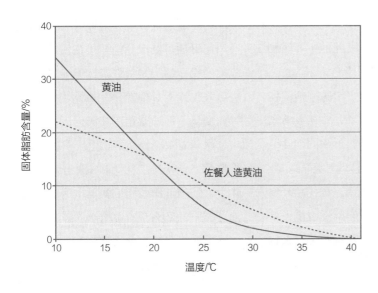

图9.11 黄油和佐餐人造黄油的熔化曲线

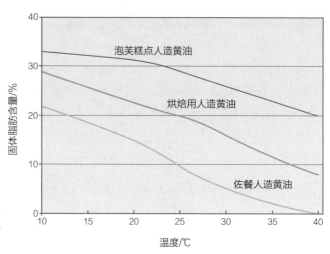

图9.12 泡芙糕点人造黄油、烘焙用人造黄油和佐餐人造黄油的熔化曲线

两者均可被人体热量完全熔化，但黄油曲线比人造黄油更陡峭；也就是说黄油熔化得较快。这是黄油比人造黄油更具有令人愉快口感的部分原因。

图9.12比较了三种不同人造黄油的熔化行为。请注意，在室温（21℃）到体温（38℃）之间，泡芙糕点人造黄油在整个温度范围内具有最多的固体脂肪。泡芙糕点人造黄油的耐嚼、腊质口感可以解释为在体温下，仍然保持高含量的固体脂肪晶体（超过20%）。

起酥油

起酥油和人造黄油之间的主要区别在于，起酥油是100%的脂肪，不含水。大多数起酥油也呈白色，口味平淡，但有些加有黄油风味剂，并用β-胡萝卜素或其他黄色色素着色。起酥油的稠度范围介于奶油状液体到固体薄片之间。

起酥油最初是作为猪油替代品开发的。像人造黄油一样，起酥油也是设计脂肪，因此，面包师和糕点师可以选购到许多类型的起酥油。烘焙中使用的三种主要类型起酥油是通用起酥油、高比例塑性起酥油和高比例液体起酥油。还有其他市售起酥油，包括专门设计用于油炸、最软最亮糖霜、最酥脆糕点的起酥油，还有用于产生松软面包质构和延长保质期（延迟陈化）效果的起酥油。

起酥油分类 通用起酥油不含外部添加的乳化剂。它可保持大约10%的空气于脂肪中，这对于面团膨发而言是重要的。有的起酥油被设计成乳化使用，如在曲奇饼中的应用，或者设计成揉搓到面粉中使用，如在派饼面团和饼干中的应用。通过氢化、共混或其它方法，通用起酥油可制成塑性、可在较宽温度范围内操作的类型，使其比黄油更容易进行乳化或者其他操作。最终熔点随品牌而变化，但通常范围在43～50℃。

尽管通用起酥油在室温下看起来很坚固，但它含有大量的液态油。实际上，通用起酥油可含高达80%的液态油。剩下的20%左右由微小固体脂肪晶体蜂窝网络组成，使得通用起酥油具有软固体稠度。通用起酥油中的固体脂肪

晶体是微小的 β' 晶体，不仅可以有效地捕获油，而且还可以在乳化过程中最佳地结合空气。

与人造黄油一样，用于制造通用起酥油的最常用脂肪是大豆油和棕榈油。倾向于形成大而粗的 β 晶体的大豆油和其他脂肪，必须与少量形成微小 β' 晶体的另一种脂肪混合，以形成适当的脂肪结晶。倾向于形成 β' 晶体的脂肪包括棕榈油和氢化棉籽油。

如果允许熔化和重新固化，通用起酥油与其他塑性起酥油看起来不同。重新凝固的起酥油看起来不再光滑、有奶油感，也不再那么白，而是变成较硬、半透明、有些粗糙的状态，液态油有时会聚集在硬脂肪腔周围。这表明起酥油发生了变化。事实上，形成原始蜂窝网络的小型 β' 晶体并没有再形成。相反，形成的是较大、较稳定的 β 晶体。由于只有小脂肪晶体才能稳定乳化起酥油和蛋糕面糊中的小气泡，因此，这种起酥油将无法乳化。熔化和再硬化的起酥油可用于熔化脂肪制成的松饼，也可用于油炸。

制作甜甜圈和油炸馅饼之类糕点时，用起酥油与用植物油相比，油炸出来的产品不那么油腻。然而，通用起酥油含有饱和脂肪，所以用它来煎炸存在营养方面的缺点。许多通用起酥油含有少量的消泡剂，以防止油炸锅中的脂肪过度发泡，并防止它们降解太快。消泡剂实例有二甲基聚硅氧烷，这是一种硅氧烷添加剂，可添加到许多用于油炸和炒制的脂肪和油中。

高比例塑性起酥油外观和感觉像通用起酥油，但它已加入乳化剂。添加到高比例起酥油中的最常见的乳化剂是单甘油酯和甘油二酯。高比例起酥油（有时称为乳化或蛋糕和糖霜起酥油）最适用于蛋糕、糖霜和馅料，也可用于包含相对高含量液体或空气的任何产品。它们也可用于面包和其他烘焙食品，所用的乳化剂可软化面包心并有助于延缓陈化。因为乳化剂在高温下分解和发烟，所以不应该在油炸中使用乳化的起酥油。虽然高比例塑性起酥油可以用于派饼面团，但是没有优势。派饼面团含有很少液体或空气，并且几乎没有陈化的倾向，因此不需要乳化剂。事实上，乳化剂有助于脂肪混合到面粉中，因此可能难以用乳化起酥油制作酥脆派皮。

高比例起酥油的乳化剂可提供清爽、质地柔软的平滑结构，能保持更多液体配料而不会破裂（类似于鸡蛋在重油奶油糖霜中提供的功能）。这些乳化剂有助于脂肪和气泡在整个蛋糕面糊中更均匀地分布。这意味着用高比例起酥油制成的蛋糕和其他烘焙食品，通常比用黄油或通用起酥油制成的蛋糕和其他烘焙食品更轻、更软，并具有更好的组织结构，并且陈化更慢。

高比例液体起酥油，如同高比例塑性起酥油一样，已加入乳化剂。然而，高比例液体起酥油中的高水平乳化剂，在受到搅打时（而不是乳化方式进入起酥油），能非常有效地将空气混合并保持在面糊中。高比例液体起酥油比高比例塑性起酥油中的固体要少得多，因此饱和脂肪较低。虽然这种起酥油是流体，可以倾倒，但它确实含有少量重要的固体脂肪晶体，使其在室温下不透明，呈奶油状外观。

高比例液体起酥油主要用于液体起酥油蛋糕，可提供最大体积、最潮润、最松软的组织结构，在所有脂肪或油中，有最长的保质期。高比例液体起酥油在润湿和软化方面非常有效，制造商通常建议，从塑性起酥油切换到液体起酥油时，将起酥油用量降低20%。

高比例液体起酥油能非常有效地将空气掺入蛋糕面糊中。这当然可以得到更轻、更软的产品，但好处不限于此。它还可以降低成本，它改变了这个国家蛋糕的制作方式。

液体起酥油蛋糕面糊可以用简单的一步法混合，而不需先乳化起酥油。

起酥油和黄油相互替代

前面提到过，起酥油和猪油是100%的脂肪，而黄油和人造黄油的脂肪只有80%左右。在许多配方中，一种脂肪可以1∶1的比例直接取代另一种脂肪。

用80%脂肪制成的产品在质地上略有不同（通常湿度和松软度较少），它们将具有脂肪的特征风味。尽管通常可以用一种塑性脂肪替代另一种，但油只能用于专门为其开发的配方中。

因为以1∶1比例用起酥油替代黄油，产品中的脂肪量将改变约20%，所以有时需要在进行这些改变时计算和调节脂肪和液体的量。黄油（或人造黄油）和起酥油（或猪油）之间的替代准则如下。

"高比例"是什么意思？

宝洁公司在20世纪30年代首次在起酥油中添加乳化剂。由于乳化剂的作用，用这些新起酥油制成的蛋糕质地变得更加柔软，并且具有更细腻的组织结构和更长的保存期限。

用乳化的起酥油制成的蛋糕面糊也保持了较高的水与面粉的比例，因为乳化剂能有效地将油和水保持在一起。由于面糊持有更多的水分，它们还会使更多的糖溶解在水中。较高比例的水和糖意味着乳化起酥油提高湿度、轻软度和保质期的能力远远超出了乳化剂本身的能力。这也意味着降低了制作蛋糕的成本，因为水和糖都是较便宜的配料。难怪，对蛋糕中水和糖比例提高的重要性反映在了起酥油本身的名称上。

色拉油冷藏时，即使完全冷却，仍能保持晶润透明的液体状。橄榄油冷藏时，因一些脂肪酸结晶而变得浑浊，并变硬。这是因为色拉油已被冬化，而大多数橄榄油未被冬化。

冬化是将油贮存于低温下，使较高熔点甘油三酯结晶的过程。将冷却油过滤以物理方法去除这些固体脂肪晶体。剩下的便是色拉油，它由在低温下保持液态的甘油三酯组成。

- 用黄油替代起酥油：起酥油质量除以0.80，以确定黄油的使用量。两者之间的差异值，即为要减少使用的液体（牛乳或水）量。例如，对于500 g起酥油，使用625 g黄油，并将液体量减少125 g。
- 用起酥油替代黄油：将黄油的质量乘以0.80，以确定起酥油的使用量。两者之间的差值，便是要增加液体的量。例如，对于500 g黄油，使用400 g起酥油，并将液体的量增加100 g。

油

尽管是液体，但不含水；它是100%脂肪，且富含不容易凝固的单不饱和脂肪酸和多不饱和脂肪酸。用于烘焙房的油有时被称为植物油，因为它是从大豆或棉籽之类植物来源中提取出来的。如果植物油适合用于沙拉酱（即冷藏时不会变浑浊或凝固），则有时会将其称为"色拉油"。世界上最常见的植物油是大豆油，但也有其他的植物油，包括玉米油、油菜籽油、葵花籽油和花生油。虽然这些油的风味和颜色略有不同，但它们可以在烘焙中互换使用。

油是唯一对烘焙食品膨发没有贡献的常见脂质。与塑性脂肪不同，油不含空气或水。与高比例液体起酥油不同，它不含允许面糊捕获并保持大量空气的乳化剂。事实上，油可以破坏蛋糕面糊的充气，当它们含有消泡剂时更是如此，用于油炸的油通常含有消泡剂。

油可用于速发面包、松饼和戚风蛋糕，以获得格外湿润但致密、粗糙的组织结构。油有时也用于派皮，特别是多汁派的底皮。油性派皮没有酥性。虽然这种面皮不是酥性的，但用油制成的皮壳在填装馅料时不会吸收太多的水，所以它们烘焙出来较松软。烘焙后，这种面皮能够避免吸收多汁馅料。它们不会像层状底皮那样变潮或变硬。酥软型派皮也不会像层状皮一样酥脆，所以可干净利落地切割。

橄榄油 橄榄油是在烘焙房中使用的所有油中最昂贵的。它可以像其他油一样，精炼成风味温和的浅色油，但会失去诱人的金绿色和果香味。精制橄榄油有时在美国被标记为淡橄榄油。淡橄榄油只是色泽和风味较淡；橄榄油无论精炼与否，均具有相同含量的脂肪（100%）和相同的热量。因为橄榄油富含单不饱和脂肪酸，所以经常被认为是健康饮食的首选脂肪。

橄榄油常以未精制形式销售。大多数国家遵循国际橄榄油理事会（IOOC）

定义橄榄油产品。初榨橄榄油由破碎橄榄挤压分离得到，不使用热处理，也不以任何方式改变天然油。虽然初榨橄榄油通常被称为冷榨油，但是今天的初榨橄榄油未采用太大压力榨取，因为它是用离心方式分离出来的。

初榨橄榄油的质量由其风味质量和油中存在的游离脂肪酸量决定。游离脂肪酸是不属于甘油三酯分子一部分的脂肪酸。游离脂肪酸量反映了处理和加工橄榄过程所采取的保护水平。特级初榨橄榄油是最高品质的初榨橄榄油，具有精细宜人的水果香气，及最低水平的游离脂肪酸。

特级初榨橄榄油有各种风味特征，价格也各异。然而，任何特级初榨橄榄油暴露于高温时都会变得苦涩，并且失去良好的风味。特级初榨橄榄油最好用于受热最少的场合。涉及高热的应用，最好用较便宜的初榨或精制橄榄油。橄榄油最常用于咸味面包、香草橄榄油面包、比萨饼和酵母发面的面团，但也在地中海特色甜点中使用。

乳化剂

本章和前几章均已经提到乳化剂，表9.1列举了许多乳化剂。由该表中可明显看出，乳化剂在烘焙食品中起着广泛的作用。由于乳化剂在烘焙中非常重要，所以值得更多考虑。

乳化剂在各种情形下均通过与其他成分相互作用而起作用。例如，乳化剂与油脂相互作用，有助于油脂均匀分散在面糊和面团中。脂肪分散较好的烘焙食品较柔软，质地也较好。乳化剂还可使通过乳化或搅打操作进入起酥油或面糊的气泡稳定，并且可使它们在烘烤过程中均匀分散在整个面糊中（图9.13）。

乳化剂能够稳定油滴和气泡，因为分子的一部分被吸引到水中，而分子其余部分会被水排斥。被水分吸引的部分会溶解在水、牛乳和鸡蛋之类构成面团的主体的配料中。被水排斥的分子部分会指向油滴和气泡。这就是为什么乳化剂可使自身置于油滴和气泡之间，保持油滴和气泡完好无损的原因，乳化剂有助于将油滴和气泡分散在面糊和面团中。通过围绕每个油滴，乳化剂包裹住油滴，使油不再干扰蛋糕面糊的充气作用。图9.14所示为乳化剂分子自身取向，使分子亲水端溶解在液体面糊中，而脂肪（亲脂）尾部溶解在油滴或气泡中。因为乳化剂通常将它们自身置于液体或气泡的表面，所以有时称为表面活性剂。

乳化剂能与蛋白质相互作用，提高其强度和柔韧性，使其不会破裂。蛋糕面糊中较强大、较灵活的蛋白质能很好地保持空气，这意味着能得到更好质地的烘焙食品。乳化剂能与淀粉分子相互

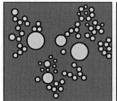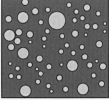

（1）不加乳化剂的黄油　（2）加入乳化剂的黄油

图9.13　乳化剂有助于将空气均匀地分散在整个蛋糕面糊中

乳化剂看起来像什么？

虽然某些乳化剂具有相当复杂的分子结构，但甘油单双酯，这种加入高比例起酥油中的乳化剂结构较简单。单双甘油酯是甘油单酯和甘油二酯分子的混合物。与（构成脂肪和油的）甘油三酯不同，甘油单酯只有一个脂肪酸与甘油相联，而甘油二酯有两个脂肪酸与甘油相联。分子中的脂肪酸部分是亲脂性的；也就是说，它会被吸引到脂肪、油和空气中，而分子其余部分会被吸引到水（亲水的）中。

甘油单酯　　　　　　　甘油二酯　　　　　　　甘油三酯

作用，防止淀粉回生或相互键合，这是引起陈化的主要原因。这种作用也能得到较好质地的烘焙食品。

乳化剂可以单独购买，并可与脂肪一起添加到面糊和面团中；然而，面包师和糕点师通常不这样做。实际上，烘焙房的主要乳化剂来源包括：

- 酵母发面面团中使用的面团调理剂
- 高比例起酥油
- 含乳配料和蛋黄，它们天然含有乳化剂混合物，其中最为人们所熟知的是卵磷脂

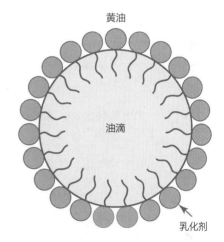

图9.14　乳化剂自身围绕油滴和气泡，使得分子的亲水头部溶解在液体面糊中，而亲脂尾部则插入油滴和气泡中

脂肪、油和乳化剂的功能

主要功能

提供松软的质构　脂肪、油和乳化剂通过将结构剂（面筋蛋白、蛋清蛋白和淀粉颗粒）包裹，防止其水合和形成结构而起到软化作用。松软与韧性相反。松软的产品容易断裂、咀嚼、挤压或破碎，因为它缺乏坚固的结构。

松软通常被认为是一件好事。毕竟，松软的烘焙食品很容易咀嚼。然而，松软度必须与结构剂（增韧剂）平衡。松软度太大并非是好事，因为过度松软的产品易塌陷、开裂或者过于松碎。

松软度的另一个名字是酥性。脂质对扩大形成面筋网络有干扰作用，使面筋丝变短。这可从高脂肪烘焙食品的质构较短（酥脆易碎）反映出来，如果产品含水少则尤其如此。例如，酥性曲奇饼具有特征性酥脆质感，因为它们的脂肪含量高，水分低。脂肪通过切短面筋链所产生的软化作用如此有效，以至于首次产生的通用起酥油被称为起酥油。虽然以提供起酥性的这种能力命名了通用起酥油，但是所有脂肪、油和乳化剂都具有这一功能。然而，并非所有脂质都具有相同程度的起酥性（软化作用）。

相等质量时，黄油和人造黄油的脂肪只有80%（此外还含有水），软化作用不如含有100%脂肪的起酥油和猪油有效。情形确是如此，因此如前所述，脂肪之间转换时必须调整配方。

脂肪越柔软，流动性越好，越容易混合到面糊和面团中，裹住面粉颗粒和蛋白质。换句话说，其他条件相同时，较软或流动性较好的脂肪，软化作用较强。这就解释了为什么用油做的派皮又酥又软。这也部分解释了为什么经过乳化的塑性脂肪比没有乳化的软化效果更好。最后，这也解释了为什么高度饱和、非常坚硬的巧克力可可脂很少用来软化烘焙食品。

对于派皮面团和某些其他产品，加水之前，越多脂肪进入面粉，面团就越松软。进入面粉的脂肪越多，脂肪片的尺寸越小，结构性面粉颗粒受到的包裹就越多。这就是为什么法国派皮酥软的原因。法国厨师通过手揉捏方式取得这种质地，操作时用手揉捏脂肪和面粉，直至完全混合。

乳化剂，如添加到高比例起酥油中的乳化剂，可非常有效地提供松软性。它们至少有两种方式可实现这一点。首先，乳化剂有助于脂肪和油分散在烘焙食品中，使油脂将结构剂完整地包裹起来。其次，乳化剂本身包裹结构剂方面非常有效。事实上，如添加乳化剂，则可减少烘焙食品的脂肪用量。查看低脂烘焙食品的标签，可以发现许多这类产品加有较高比例甘油单酯和甘油二酯之类乳化剂。

最后，脂肪对面团膨发贡献越多，起到软化作用越大，因为发面使气泡壁受到拉伸变薄，削弱了气泡壁强度。这就是为什么无膨发能力的油可能有软化派皮油酥面团的作用，但制作的蛋糕和松饼由于密度较大却较硬。

总之，脂肪的起酥或软化能力取决于以下几点：

- 添加量：脂肪、油或乳化剂越多，软化效果越好
- 柔软性和流动性：脂肪越柔软，流动性越好，软化效果越好
- 尺寸：脂肪尺寸越小（由增强混合实现的），或在面糊或面团中分散得越好，软化效果越好

有用的提示

为了使蛋糕般的松饼变得松软，可使用塑性脂肪，并将其调制成多泡奶油状。为了获得密实潮润松饼效果，可使用液态油或熔化的脂肪，轻轻混入干配料中（松饼法；见表3.1）。

- 乳化剂的存在，如甘油单酯和甘油二酯
- 脂肪、油或乳化剂的膨发能力

为糕点提供薄层状结构　这是指形成平、薄（往往带脆性）糕点层的倾向。薄层状结构要求脂肪平铺、延展，将面团分成小粒。薄层状糕点包括那些脂肪与面团反复滚压并折叠（层压）的面团，如泡芙糕点、羊角面包和丹麦油酥糕点面团。它还包括将脂肪切成小丁加入面团的糕点，如派饼面团（图9.15）和闪电泡芙糕点。无论是随面团压成层，还是以块状形式夹在面团中，脂肪在烤箱

图9.15　用大块固体脂肪制成的糕点是层状的（顶部），而用油制成的糕点是酥软的（底部）

油酥糕点的膨发

　　油酥糕点由多层清晰完整的面团层构成，这些面层由同样数量的完整塑性脂肪层隔开。在烤箱中加热时，脂肪层融化。随着温度升高，面团中的水蒸发成蒸汽，蒸汽膨胀到由熔化脂肪留下的空隙中。熔化的脂肪至少在初始阶段可防止蒸汽逸出，并由蒸汽压力将面层胀开。最后，以面层形式出现的结构凝固，得到层状泡芙糕点。

　　注意，起酥作用发生在面团层间的空隙中；面团层本身基本无起酥活动。然而，只要面团层接触，起酥作用和薄层的形成都会降低。当面团中的脂肪受到不均匀地滚压，当面团发生撕裂时，或者当用钝口器具切割还处于柔软状态的面团时，都有可能无意中引起面团层接触。为了更方便均匀地滚压脂肪，应确保使用塑性可操作脂肪，并且所用的脂肪应与面团的硬度相匹配。如果使用黄油，最好先稍微冷却，并在滚压之前将其与少量面粉混合。为了防止面团撕裂，可使用筋力较强的面粉，但应确保面团在折叠间隙得到充分静置。

　　有时有意地刺破面团，以防止其过度膨胀。有时也将泡芙油酥面团边缘压紧，以确保面层不会完全剥离。图9.16所示为中心呈薄层状但边缘被挤压的泡芙糕点。

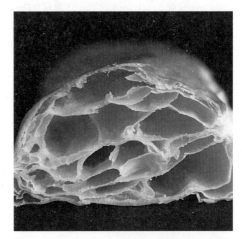

图9.16　泡芙油酥面团膨发同时面团中的水蒸发成蒸汽，蒸汽在面层间隙膨胀，油酥糕点边缘因受压而未能产生酥皮

完美的派皮既软又酥，它足够软，很容易咬，也呈层状，能够明显看到面团的清晰面层。为了制作既软又酥的派皮，应使脂肪块保持大块，此外，还可以采取其他方式取得软化效果。例如，为最大程度提高松软度，应确保面粉中蛋白质含量较低，并尽量减少撒在工作台面上的面粉量。如果需要，可增加配方中的脂肪量，并尽量少加水。一旦添加水，不要过度揉搓面团，如有必要，可使面团冷却数小时或过夜，以使水被动地迁移至整个面团中。

中熔化得越晚，糕点就越酥越脆。

对于派皮和闪电泡芙面团，为使面层保持层次清晰，应保持大块脂肪。如果在温暖的烘焙房使用黄油，应使黄油稍微冷却，但仍可操作，从而不会混入面团。只要有可能，应利用手指将脂肪加入面团，而不要使用搅拌机，因为搅拌机会快速地将脂肪与面粉混合在一起。应确保添加冷水，避免脂肪融化，并在滚压之前冷却面团。

注意，酥脆性和松软度是对立的，这种对立在脂肪与面团混合均匀的情形下最突出。

总之，脂肪提供酥脆性的能力取决于以下因素：

- 硬度：一般来说，脂肪越硬，熔点越高，越酥脆
- 脂肪块大小：脂肪尺寸越大，越酥脆

协助面团膨发 像鸡蛋一样，脂肪有助于将空气纳入烘焙食品中，并在此过程中促进面团膨发，增加松软度。虽然脂肪自身并非膨发剂（空气、蒸汽和二氧化碳是），但脂肪在面团膨发过程中可发挥重要作用。脂肪协助面团膨发的四种主要方式已在本章其他部分讨论过，这里重新叙述。

上面刚讨论了层状糕点膨发的情形，固体脂肪层在熔化时产生间隙，此间隙在蒸汽压力作用下扩大。另外，所有塑性脂肪都含有一些夹带的空气。空气以非常微小泡沫形式分布在整个脂肪中。某些脂肪（黄油和人造黄油）也含有水滴。气泡和水滴都有助于烘焙食品膨发，这是脂肪辅助膨发的第二种方式。

乳化脂肪时，额外气泡被会掺入塑性脂肪中。圆润的气泡受到许多微小固体脂肪晶体保护，使气泡不受影响。将锋利的糖晶体混合加入到脂肪中，有利于乳化过程。糖必须是结晶的；液体糖浆和边缘光滑的糖粉无助于增加气泡。乳化法制成的曲奇饼和蛋糕的体积和细腻的组织结构，依赖于塑性脂肪。即使面团添加烘焙粉，情形也是如此。

脂肪协助面团膨发的第四种方式与某些乳化剂捕获和保持大量空气的能力有关。一些乳化剂在乳化过程中发挥作用，能与塑性脂肪一起捕获气泡，使气泡保持小而完整状态，并且分散到整个脂肪中，再分散至面糊或面团中。其他乳化剂可在液体起酥油蛋糕面糊之类液体系统中发挥作用。这些乳化剂部分作用是将油滴包围封闭起来。这样，可方便搅打鸡蛋中的蛋白质。高比例液体起酥油蛋糕依靠这种方式膨发，可以取得

轻而蓬松的质地。

脂肪协助烘焙食品膨发的方式，归纳起来有以下四种：

- 通过熔化提供间隙，间隙因蒸汽而膨胀，从而使油酥糕点膨发
- 通过封闭有空气和水分的塑性脂肪融入面糊和面团
- 通过塑性脂肪乳化作用增加额外的空气
- 通过高比例起酥油中的乳化剂起作用

保湿　湿润是所有流体配料的特征，因为潮湿是液体物质的质感。

水分（水）和液态油都能提供湿润感。注意湿度和湿润感之间的差异。液态油可提供湿润感而不是湿度。含水分的黄油通常比油贡献的湿润感少。

湿润与松软不一样，但两者可以相关。通常，任何潮湿的东西也是松软的。然而，耐嚼食品湿润但不松软、不酥脆，酥脆的曲奇饼松软，但不潮湿。

并非所有脂肪对湿润感均有显著贡献；只有像油一样在体温下为流体的脂肪才对湿润感有贡献。乳化剂也有助于湿润感。有趣的是，与水相比，脂肪通常能为烘焙食品贡献更多的湿润感。这可能是因为烘焙食品中的大部分水被蒸发掉或与蛋白质和淀粉紧密结合所致。

脂肪的保温能力主要取决于：

- 流动性，脂肪在体温下越流畅，保湿作用越强
- 乳化剂存在，如甘油单酯和甘油二酯

防止陈化　脂质（特别是高比例起酥油中的乳化剂，如甘油单酯和甘油二酯）会干扰糊化淀粉的回生过程。脂类防止淀粉回生的一种方式是首先防止淀粉颗粒糊化。脂质也直接与淀粉分子结合，使得它们不能彼此结合。由于淀粉回生是烘焙食品陈化的主要原因，因此，脂质可防止与陈化现象有关的硬化、干燥、碎裂和风味丧失。

提供风味　使用黄油的主要原因是它所具有的独特风味。其他具有独特风味的脂肪包括猪油、橄榄油和人造黄油。虽然人造黄油没有完美的黄油风味，但在某些情况下仍是可以接受的黄油替代品。

即使是中性脂肪也有助于风味，因为所有脂肪都增加了一定的油性。而且，在油炸食品的情况下，所需的油炸风味来自暴露于高热量下的脂肪和油的分解。

附加功能

提供颜色　某些脂肪（特别是黄油和人造黄油）可为烘焙食品提供独特的金黄色。含有乳固体的脂肪（黄油和某些人造黄油）会使烘焙食品表面发生美拉德反应，进一步贡献了颜色。所有脂

肪都会增加烘焙食品的加热速度，进而加快褐变。将低脂烘焙食品与普通烘焙食品进行比较时，这一点尤其明显。低脂烘焙食品的颜色不可避免地会较淡。

为烘焙食品提供细腻的组织结构 塑性脂肪和乳化剂可为烘焙食品提供较细腻的组织结构。这可能有几个原因，其中包括塑性脂肪和乳化剂可将许多微小气泡结合到面糊和面团中。

为酱料、蛋奶羹、甜食和冷冻甜点增加奶油质感 许多酱料、巧克力和冷冻甜点都是以牛乳或其他液体为外相、以脂肪液滴为内相的乳液。例如，香草蛋奶酱、加纳许和冰淇淋都是乳化液。液体脂肪的微小液滴像非常微小的球一样滚过舌头，给人一种浓郁的奶油质感。

传导热量 脂肪和油能将来自烤箱、烤盘或油炸锅的热量直接传给食品。与100 ℃相比，脂肪和油在蒸发或分解之前，可加热到比177 ℃高得多的温度。这种高热量允许在油炸和烘焙食品中形成干燥松脆的棕色外皮。

为糖霜和馅料提供体积和物质基础 固体脂肪晶体可为糖霜、馅料和某些其他制品提供体积和物质。只要想一想糖霜含有30%~50%的固体脂肪，就容易理解这是什么意思。没有这种固体脂肪，糖霜将由松散糖晶体构成，或由溶解或悬浮在蛋清或其他液体中的晶体组成。

虽然脂肪不被认为是烘焙食品中的结构剂（请记住，脂肪含量越高，烘焙食品越松软），但在含有固体脂肪的糖霜和其他产品中，各种固体晶体确实提供了物质基础。这种物质基础决定了这些产品的大小和形状。在这种意义上，固体脂肪确实提供了一种结构。

促进甜食光滑感 脂肪、油和乳化剂可干扰糖结晶，为甜食提供理想的光滑感。

混合风味及掩蔽异味 烘焙食品不加脂肪，口味会变得发散，烤出的食品风味会变得不丰满。脂肪能影响味觉，因为许多风味剂是脂溶性的。

用作脱模剂 脂质，无论用于烤盘上油，还是添加到配方中，均有助于确保烘焙食品易于从烤盘中取出。乳化剂卵磷脂在这方面非常有效，是大多数烤盘脱模喷雾剂的主要配料。毫不奇怪，低脂烘焙食品容易粘在烤盘和衬纸上，因此使用脱模喷雾剂对这些产品来说尤为重要。

提高面团的柔软度和可延展性 脂质通过涂覆颗粒对其起"润滑"作用，使其能较容易彼此滑过。特别是，脂质对面筋的润滑作用可使其更柔软、更灵活，并且在伸展时不太容易破裂。这种作用有利于混合面团，因为它可减少摩擦，使得混合过程不会产生过多的热量。脂肪对酵母发面也有利，因为它允许更大的体积。某些特殊乳化剂可用于此目的，包括硬脂酰-2-乳酸钠和双乙酰酒石酸单双甘油酯（DATEM）。用于酵母面团的面团调理剂中经常可看到一种或两种这类乳化剂。

水和其他润湿剂也可为面团提供一定程度的润滑和软化作用。水和脂质有时被称为增塑剂，因为它们使面团更柔软，更具可操作性，即可塑性。当添加到面糊或面团中的脂质量增加时，通常必须减少水和其它湿润剂的用量，以保持面糊或面团的适当稠度。同样，当脂质量减少时，必须相应地增加其它润湿剂的量。

使熔化巧克力和糖衣层更稀薄　脂肪、油和乳化剂，特别是卵磷脂，在熔化巧克力和糖衣中涂覆和润滑固体颗粒，使颗粒更容易彼此滑过。这样可使涂层稠度变稀，使其能够薄而均匀地涂抹在派和甜点上。糕点师通常使用可可脂稀释巧克力糖衣，因为它具有令人愉快的口感。也可以使用熔化的黄油和其他脂肪，但是当冷却时巧克力不够硬，而且没有什么脆裂声。

促进曲奇饼延展　脂肪、油和乳化剂可在曲奇饼面团中包住固体颗粒，对其产生润滑作用，从而可以减少混合时间，并使面团变薄。曲奇饼烘焙时，可以发生更多延展。脂肪越多，通常发生的延展也越多，并且脂肪流动性越好，延展也越多。

贮存和处理

　　贮存期间必须保护的两个脂肪特性是风味和质地（可塑性）。脂肪和油类形成异味主要有三个原因：氧化性酸败，由热、光、空气和金属催化；细菌腐败，仅在黄油和含有乳固体的人造黄油中发生；从烘焙房吸收气味。

　　脂肪酸越不饱和，就会越快氧化，产生陈化、酸败的气味。可以预期，多不饱和脂肪酸（如亚麻籽油）含量较高的油，比单不饱和脂肪酸（如橄榄油）含量较高的油的氧化速度要快许多倍。同样，大多数塑性脂肪通常含不饱和脂肪酸较少，因此氧化最慢。然而，由于如今的油菜籽是以影响油稳定性方式培育和加工得到，因此一般不好得出诸如所有大豆油都很容易氧化（尽管几年前是如此的）这样的结论。然而，无论是脂肪还是油，都应妥善贮存，以减少氧化酸败。这意味着在不使用时应将其覆盖，并贮存在阴凉避光处。

脂肪和油有时含有抗氧化剂以减缓氧化性酸败。抗氧化剂的实例包括BHA，BHT，TBHQ和维生素E（生育酚）。通过添加抗菌剂，包括苯甲酸钠和山梨酸钾、盐或（如制作黄油前在奶油发酵过程加入的）"友好"乳酸菌，可以减缓微生物腐败。

为了防止风味和质地变化，应将脂肪或油紧密覆盖。这可隔断潮湿、空气、光线和强烈的气味对油脂的侵害。最好将油脂贮存在阴凉干燥处，但黄油必须贮存在4℃或以下的温度环境。不要将脂肪暴露在光线下，不要让塑性脂肪熔化。熔化会改变脂肪的晶体结构，从而会改变它们的质地及乳化性能。熔化还会减少脂肪中的空气量，从而降低其协助面团膨发的能力。与所有配料一样，应遵循先进先出的原则周转库存。

有用的提示

预测脂肪或油的氧化快慢的简单方法，是参考其脂肪酸构成。具体来说，多不饱和脂肪酸含量越高，脂肪或油就会越快氧化，并产生酸败味。图9.6给出了最常见脂肪和油的信息。

复习题

1 什么是甘油三酯？什么是脂肪酸？

2 饱和脂肪酸与不饱和脂肪酸的化学结构有什么区别？哪个更可能增加冠心病的风险？哪个在液态油中含量较高？

3 大多数油在室温下是液体，哪些油在室温下是固体？什么原因使其在室温下成为固体？

4 以下油脂中，哪些因为天然富含饱和脂肪酸而是固体，哪些一定是经过氢化（使成为固态）处理的：黄油、大豆人造黄油、棕榈起酥油、猪油？

5 绘制不饱和脂肪酸氢化过程图。提出油脂氢化的两个原因。

6 为什么液态油会比固体脂肪更快氧化？

7 为什么植物油或色拉油可以是部分氢化的？

8 如何定义塑性脂肪？以下哪些脂肪在室温（21 ℃）下具有塑性：植物油、高比例液体起酥油、通用起酥油、黄油、猪油、可可脂？

9 氢化如何影响脂肪的健康特性？

10 供应的食品中，哪些通常会存在反式脂肪酸？为什么最好不要食用反式脂肪酸？

11 "低亚油酸油"是什么意思？"高油酸油"是什么意思？这两种油的主要优点是什么？

12 列举起酥油和人造黄油生产商制造无反式脂肪酸的塑性起酥油的三种方式。

13 为什么基于棕榈油的起酥油的乳化性能不同于部分氢化的大豆起酥油？采取何种措施可以改善其乳化性能？

14 以下哪种脂肪和油被认为是100%脂肪：植物油、高比例液体起酥油、通用起酥油、黄油、人造黄油、高比例塑性起酥油、猪油？哪些只含80%的脂肪？哪些含空气？哪些含水？

15 烘焙食品使用黄油的两大优点是什么？即黄油与其他脂肪相比有什么优点？黄油有哪四个缺点？

16 欧洲黄油与北美洲黄油相比，在乳脂含量方面有何差别？

17 按照生产使用的奶油类型，将黄油分成两种主要类型。哪种在北美洲最常见？哪种在欧洲很常见？

18 为什么说猪油不是犹太食品，也不是清真食品？

19 未改性的猪油的粗糙砂粒质感有什么优点？

20 人造黄油与黄油相比，有什么优势？

21 列出人造黄油的四种主要类型。它们有什么不同之处？每种主要用途是什么？为什么？

22 人造黄油在什么场合不需要冷藏？

23 人造黄油的最终熔点如与黄油的相同，是否也会有宜人的口感？为什么？

24 人造黄油和起酥油之间的主要区别是什么？

25 高比例起酥油的哪种成分，不存在于通用起酥油中？

26 以下产品，哪些应当选用通用起酥油，哪些应当选用高比例塑性起酥油：轻柔、蓬松的糖霜；派皮面团；烘焙粉饼干；曲奇饼；细腻质地的松软蛋糕？

27 高比例塑性起酥油与液体起酥油之间有哪两个区别？

28 哪些烘焙食品传统上使用液态油制作？

29 为什么多汁派的底层皮有时要用油替代起酥油或黄油？

30 为什么用油制成的松饼比用通用起酥油制成的松饼更致密？

31 什么是甘油单双酯，它们存在于何处？

32 为什么烘焙食品的松软度不宜过大？

33 乳化剂通过哪两种主要方式促进烘焙食品的松软度？

34 为什么油与塑性起酥油相比，会得到较松软但不够酥脆的派皮？为什么油与起酥油相比，得到的是不够松软的蛋糕？

35 湿润和松软有什么区别？

36 为什么低脂烘焙食品比常规烘焙食品口感更平淡？

37 什么是氧化性酸败？如何贮存脂肪和油可延缓酸败？

38 抗氧化剂在油脂中起什么作用？列举两种抗氧化剂。

讨论题

1 指出禁止当地社区餐馆和烘焙房使用反式脂肪的利弊。

2 用高比例液体起酥油制成的蛋糕，与用通用起酥油之类的其他脂肪制成的蛋糕相比，除了较松软外，还有什么不同？

3 列举三种原因说明，黄油制成的蛋糕在松软度方面可能不如高比例起酥油制成的蛋糕。在回答这个问题时，除了脂肪类型外，假设每种蛋糕的配方相同。

4 如何判断以下配料标签是用于人造黄油的而不是用于起酥油的？大豆油、完全氢化大豆油、水、盐、大豆卵磷脂、甘油单双酯、苯甲酸钠、天然香料、β-胡萝卜素、维生素A棕榈酸酯。上述脂肪会含反式脂肪吗？为什么？

5 分别解释以下产品中的脂肪如何参与面团膨发：泡芙糕点；用高比例塑性起酥油制成的蛋糕；用高比例液体起酥油制成的蛋糕。

6 您有两种脂肪酸组成差异很大的葵花籽油。一种含69%，另一种含有9%的多不饱和脂肪酸。哪种会更早地氧化并产生酸败味，为什么？

7 饼干配方需要3.75 kg起酥油，但你希望使用黄油。配方还含有6.0 kg的水。列出你的计算结果，以确定应用多少黄油代替起酥油，可使脂肪的数量保持不变。同时确定添加的水量应如何变化。

练习和实验

① **练习：如何增加派皮的分层**

回想一下，面团由于脂肪在烤箱中熔化而分层，留下加热膨胀的间隙。设想你有一个配方食品，但它不像你希望的那样分层。解释为什么以下列出的更改都可以用来增加分层。第一条已经为你完成。

（1）增加脂肪量。

原因：脂肪越多，形成的面团层数越多。

（2）改用更高熔点的脂肪。

原因：＿＿＿＿＿＿＿＿＿＿＿＿＿＿＿＿＿＿＿＿＿＿＿＿＿＿＿＿＿

＿＿＿＿＿＿＿＿＿＿＿＿＿＿＿＿＿＿＿＿＿＿＿＿＿＿＿＿＿＿＿＿＿＿＿

＿＿＿＿＿＿＿＿＿＿＿＿＿＿＿＿＿＿＿＿＿＿＿＿＿＿＿＿＿＿＿＿＿＿＿

（3）使用前将脂肪冷藏，滚压和成型前冷却面团。

原因：＿＿＿＿＿＿＿＿＿＿＿＿＿＿＿＿＿＿＿＿＿＿＿＿＿＿＿＿＿

＿＿＿＿＿＿＿＿＿＿＿＿＿＿＿＿＿＿＿＿＿＿＿＿＿＿＿＿＿＿＿＿＿＿＿

＿＿＿＿＿＿＿＿＿＿＿＿＿＿＿＿＿＿＿＿＿＿＿＿＿＿＿＿＿＿＿＿＿＿＿

（4）尽量少使脂肪进入干面粉。

原因：＿＿＿＿＿＿＿＿＿＿＿＿＿＿＿＿＿＿＿＿＿＿＿＿＿＿＿＿＿

＿＿＿＿＿＿＿＿＿＿＿＿＿＿＿＿＿＿＿＿＿＿＿＿＿＿＿＿＿＿＿＿＿＿＿

＿＿＿＿＿＿＿＿＿＿＿＿＿＿＿＿＿＿＿＿＿＿＿＿＿＿＿＿＿＿＿＿＿＿＿

（5）增加烤箱温度。

原因：＿＿＿＿＿＿＿＿＿＿＿＿＿＿＿＿＿＿＿＿＿＿＿＿＿＿＿＿＿

＿＿＿＿＿＿＿＿＿＿＿＿＿＿＿＿＿＿＿＿＿＿＿＿＿＿＿＿＿＿＿＿＿＿＿

＿＿＿＿＿＿＿＿＿＿＿＿＿＿＿＿＿＿＿＿＿＿＿＿＿＿＿＿＿＿＿＿＿＿＿

（6）改用含有水的脂肪。

原因：＿＿＿＿＿＿＿＿＿＿＿＿＿＿＿＿＿＿＿＿＿＿＿＿＿＿＿＿＿

＿＿＿＿＿＿＿＿＿＿＿＿＿＿＿＿＿＿＿＿＿＿＿＿＿＿＿＿＿＿＿＿＿＿＿

＿＿＿＿＿＿＿＿＿＿＿＿＿＿＿＿＿＿＿＿＿＿＿＿＿＿＿＿＿＿＿＿＿＿＿

② **练习：如何降低派皮的松软度**

回想一下，油酥糕点松软度主要是通过尽量阻止强面筋结构形成来实现的。想象一下，你有一个制作油酥糕点的配方，得到的糕点过于松软，也就是说，太容易塌陷。解释为什么下列每种变化均可以降低松软度。第一条已为你完成。

（1）减少脂肪量或增加面粉量。

原因：脂肪相对于面粉中面筋含量越少，越能形成面筋结构。

（2）改用更高熔点的脂肪。

原因：_____

_____

_____

（3）使用前将脂肪冷藏，并且在滚压和成型前将面团冷却。

原因：_____

_____

_____

（4）尽量不要让脂肪进入干面粉。

原因：_____

_____

_____

（5）增加水量。

原因：_____

_____

_____

（6）增加揉搓和滚压。

原因：_____

_____

_____

（7）改用更强的面粉，例如，将部分或全部油酥糕点面粉改成面包面粉。

原因：_____

_____

_____

❸ 练习：不同脂肪和油的感官特征

在本练习的结果表中，利用教科书填写每种脂肪和油中脂肪的质量分数。接下来，从其包装中记录每种品牌的名称和配料表。最后，在室温下对新鲜样品的外观（颜色、透明度）和稠度以及香气进行评价。利用这个机会，识别不同的脂肪和油单独存在时的感官特征。如果需要，利用留空两行评估额外的脂肪和油。

结果表　不同的脂肪和油

脂肪类型	脂肪质量分数	品牌名称	配料说明	外观	稠度	香气
通用起酥油						
高比例塑性起酥油						
高比例液体起酥油						
植物油						
甜黄油						
发酵黄油（欧洲的或欧式）						
常规焙烤用人造黄油						
滚压或泡芙糕点用人造黄油						
猪油						
烤盘喷剂						

利用教科书和上表中的信息回答以下问题。从**黑体字**中选择一个选项或填空。

（1）经常加入到高比例塑性起酥油中的乳化剂，实际上是由两种分别称为_____单_____和_____的乳化剂混合物。这种乳化剂混合物**出现/未出现**在本练习评价的高比例塑性起酥油剂中。含有这种乳化剂混合物的其他油脂（如果有的话）包括：

_____

_____

_____

（2）高比例液体起酥油与高比例塑性起酥油相比含较**多/少**固体，因为其饱和脂肪含量较**高/低**。当它是流体并且可以在室温下倾倒时，它含有少量固体脂肪晶体，使其具有**乳白色和不透明/稀且清晰**的外观。

（3）列出高比例液体起酥油的配料，然后简要列出每种配料的功能。使用表9.1获取帮助。

_____

_____

（4）一种通常添加到用于油炸和其他高热应用的脂肪和油的消泡剂称为

_____。以下脂肪和油含有这种消泡剂（如果有的话）：

_____

_____

_____

（5）你想制备没有防腐剂的烘焙食品（防腐剂包括BHA、BHT、TBHQ、维生素E、山梨酸钾和苯甲酸钠）。由于脂肪和油含有防腐剂，因此不能用于下列无防腐剂的烘焙食品：

_____

_____

_____

（6）甜黄油与常规人造黄油之间的外观、风味和口感的主要差异如下：

_____

_____

_____

总的来说，这些差异**小/中等/大**。

（7）滚压（或泡芙糕点）人造黄油与常规人造黄油的主要区别在于**颜色/风味/口感**，最好描述如下：

_____

_____

_____

这种差异**小/中等/大**，两种人造黄油标签列出的配料**反映了/并不反映**存在的各种差异。

（8）猪油有时被氢化，以便_____。所评价的猪油**受过/未经氢化处理**。与通用起酥油相比，猪油在外观、质地和风味上有以下差异：

_____

_____

_____

总的来说，这些差异**小/中等/大**。

4 **实验：脂肪类型如何影响液体起酥油海绵蛋糕的产量和整体质量**

高比例液体起酥油可用于一步混合法制造轻质多孔海绵蛋糕。尽管，通常不建议将专门为一种脂肪设计的制备方法用于差异极大的脂肪，但本实验仍将这样做。如此，可以展示稠度、脂肪含量和乳化剂方面的差异如何影响烘焙食品中各种脂肪的功能。

目的

说明脂肪类型如何影响

- 蛋糕面糊的轻盈性和体积
- 蛋糕的湿润性、松软性、组织结构以及蛋糕轻盈的质感
- 蛋糕的整体风味
- 蛋糕的整体可接受性

制备的产品

用液体起酥油型及以下条件制成不同类型的海绵蛋糕：

- 高比例液体起酥油（对照）
- 高比例塑性起酥油
- 通用起酥油
- 植物油（不含二甲基聚硅氧烷或其他消泡剂）
- 黄油（无盐，熔化）
- 如果需要可采用其他油脂（如橄榄油、人造黄油、泡芙糕点起酥油、通用起酥油、加二甲基聚硅氧烷的通用植物油、1/2或3/4液体起酥油用量、黄油和高比例液体起酥油混合物等）

材料和设备

- 台秤
- 筛子
- 混合器（带5 L混合盆）
- 打蛋器
- 刮盆刀
- 松饼烤盘（65 mm或90 mm），每种条件配备两个烤盘
- 纸衬或烤盘喷剂
- 蛋糕面糊（参见配方，足够每种条件下制作24个以上的蛋糕）

- 16号分配勺（60 mL）或类似定量器具
- 半烤盘（可选）
- 烤箱温度计
- 木片（用于测试）
- 透明量杯（250 mL），每种条件配备一个（可选）
- 直边尺（可选）
- 锯齿刀
- 尺子

配方

使用液体起酥油的海绵蛋糕

产量： 对照产品30个以上；产量将随其他类型脂肪而变化

配料	质量 /g	烘焙百分比 /%
蛋糕面粉	300	100
烘焙粉	24	8
盐 (1 茶匙, 5 mL)	6	2
砂糖	400	133
脂肪或油	180	60
牛乳	160	53
全蛋	450	150
合计	1520	506

制备方法

（1）烤箱预热至220 ℃。

（2）将配料放置至室温（除了融化的黄油，使用前稍微冷却），以获得最佳充气。

（3）将所有干燥配料一起过筛三次。

（4）将牛乳、鸡蛋和脂肪或油放在搅拌盆中；在上面加入过筛的干配料。

（5）在混合器中用打蛋器搅打混合30s。停止并刮搅打器和盆。

（6）高速搅打3 min。停下来刮料

（7）中速搅打2 min；不要搅打过头。

（8）立即使用面糊。

步骤

（1）将纸衬铺在松饼烤盘上，或用烤盘喷剂喷涂烤盘；标记蛋糕使用的脂肪类型。

（2）使用上述海绵蛋糕配方制备蛋糕面糊，或使用任何设计用于高比例液体起酥油的基本海绵蛋糕配方。为每个条件制备一批面糊。

（3）用16号勺（或其他一次能装1/2杯到3/4杯的勺）将黄油舀入准备好的松饼盘。保存多余的面糊。

（4）如果需要，将松饼盘置于半烤盘上。

（5）利用置于烤箱中心的烤箱温度计，读取烤箱初始温度。记录结果于此:_____。

（6）当烤箱正确预热时，将装满的松饼盘放入烤箱中，并将定时器设定在27～30 min。

（7）烘焙蛋糕直到（由高比例液体起酥油制成的）对照产品呈浅棕色，中心顶部轻轻按压时弹回，并且插入蛋糕中心的木片抽出来为干净状。从烤箱中取出所有的烘焙同样长时间的其他蛋糕，即使有些颜色较淡或较深，或者未正常膨发。但是，如有必要，可根据烤箱差异调整烘焙时间，并在结果表1的评论栏中记录烘焙时间。

（8）检查最终烤箱温度。记录结果于此:_____。

（9）从热烤盘中取出蛋糕，冷却至室温。

结果

（1）如果需要，测量面糊的密度（质量/体积），以评估每种条件下掺入面糊中的空气的相对量。按以下方法测量密度:

- 小心地将面糊舀到250 mL量杯中。
- 目视检查杯，确认没有大气隙存在。
- 用直边使量杯上表面水平。
- 称量每杯中的面糊量，并将结果记录于结果表1的备注栏中。

（2）用16号勺舀出多余的面糊；丢弃或烘焙面糊。将每批蛋糕总数记录于结果表1。

（3）检查面糊；在结果表1的备注栏中记录，面糊是否结块、分离的外观，或是否有气泡上升到表面。

（4）完全冷却后，按以下方法评估每批次蛋糕的平均质量:

- 分别测量三个典型蛋糕的质量。将结果记录在结果表格1中。
- 通过求和除以3计算平均蛋糕质量，将结果记录于结果表1。

（5）按以下方法评估平均高度:

- 每批取三个蛋糕，切成两半，小心不要挤压。
- 沿平直边缘放置尺子，分别测量三个典型蛋糕的最大高度。以mm为单位将结果记录于结果表1。
- 通过高度求和并除以3计算蛋糕平均高度。将结果记录于结果表1。

（6）在结果表1的蛋糕形状列中记录:蛋糕是否具有均匀圆顶，中心是否顶峰、变平或下沉。还要注意蛋糕是否偏斜，也就是说，是否一边比另一边高。

结果表1　不同脂肪和油所制备的蛋糕的尺寸、形状和数量

脂肪类型	每批蛋糕数	三个蛋糕各自的质量 /g	蛋糕平均质量 /g	三个蛋糕各自的高度 /mm	蛋糕平均高度 /mm	蛋糕形状	备注
高比例液体起酥油（对照）							
高比例塑性起酥油							
通用起酥油							
植物油							
熔化的黄油							

（7）评估完全冷却产品的感官特征，并将结果记录于结果表2。一定要依次与对照产品比较，并考虑以下几点：

- 外观（色浅/色深、平滑/逸出气泡导致的斑点等）
- 糕心外观（小/大气孔、均匀/不规则气孔、孔道等）；也评估颜色
- 糕心质地（坚韧/松软、潮湿/干燥、海绵状、酥脆等）
- 整体风味（黄油味、鸡蛋味、甜味、咸味、面粉味等）
- 总体可接受性，从高度不可接受到高度可接受，按1～5级评分
- 根据需要添加任何其他评论

结果表2　用不同脂肪和油制备的海绵蛋糕的感官特性

脂肪类型	外皮外观	糕心外观与质地	整体风味	总体可接受性	备注
高比例液体起酥油（对照）					
高比例塑性起酥油					
通用起酥油					
植物油					
熔化的黄油					

误差来源

列出可能导致难以根据实验结果得出正确结论的任何误差来源。特别要考虑配料和面糊温度的任何差异，面糊如何混合和处理，将适量的面糊分配到松饼烤盘中的任何困难以及各种烤箱问题。

_____

_____

_____

说明下一次可以如何调整，以尽量减少或消除每种误差来源。

_____

_____

_____

结论

从**黑体字**中选择一个选项或填空。

（1）在下列脂肪中，制作蛋糕数量（面糊体积）最大的是**高比例液体起酥油/熔化的黄油/油**。这主要是因为这种脂肪含有大量**消泡剂/乳化剂/抗氧化剂**，对于增加蛋糕面糊持泡性非常有效。

（2）以下脂肪中，用**高比例液体起酥油/高比例塑性起酥油/油**制成的蛋糕数量（面糊的体积）最小。这部分是因为这种脂肪不含乳化剂，而且还**含有/不含**面团膨发气体，如空气或水。

（3）最轻的蛋糕**由/不是由**生产蛋糕数最多的脂肪制成，而最重蛋糕**由/不是由**生产蛋糕数最少的脂肪制成的。解释这些结果。

_____

_____

_____

（4）用通用起酥油制成的蛋糕**如同/不如**用高比例塑性起酥油制成的蛋糕那么松软。这是因为**通用/高比例塑性**起酥油包含有助于软化和充气的乳化剂。

（5）一般来说，较轻、多孔的蛋糕，与较重、较致密的蛋糕相比，质地**较坚韧/较松软**。这部分是因为较轻蛋糕具有较**厚/薄**气泡壁，较**容易/难**咀嚼。

（6）油是**液体/固体**脂肪，在软化烘焙食品时通常非常有效但对于这种蛋糕，它并不像其他脂肪那样有效。这可能是因为与其他脂肪相比，油更**多/少**充气和膨发，导致出现较**薄/厚**的气泡壁，这种气泡壁的蛋糕较**容易/难**咀嚼。

（7）在这个蛋糕配方中使用黄油代替另一种脂肪的主要原因是最大限度地提高**松软度/湿润度/风味/面团膨发效果**。

（8）用熔化的黄油制成的蛋糕总体上**可/不可**接受。与高比例液体起酥油制成的蛋糕相比，用高比例塑性起酥油制成的蛋糕在外观、质地和风味上有以下差异：

_____

_____

_____

总的来说，这些差异**小/中等/大**。

（9）用高比例塑性起酥油制成的蛋糕在整体上**可/不可**接受。与高比例液体起酥油制成的蛋糕相比，用高比例塑性起酥油制成的蛋糕在外观、质地和风味上有以下差异：

_____

_____

_____

总的来说，这些差异可认为**小/中等/大**。

（10）用多功能起酥油制成的蛋糕总体上**可/不可**接受。与高比例液体起酥油制成的蛋糕相比，用多功能起酥油制成的蛋糕在外观、质地和风味上有以下差异：

_____

_____

_____

总的来说，这些差异可认为**小/中等/大**。

（11）用油制成的蛋糕总体上**可/不可**接受。与高比例液体起酥油相比，用油制成的蛋糕在外观、质地和风味上有以下差异：

_____

_____

_____

总的来说，这些差异可认为**小/中等/大**。

（12）面糊有无表现出不稳定？面糊不稳定表现在：有结块现象、脂肪和水分离、或气泡从表面逸出。

_____

_____

_____

如何解释这些结果？

_____

_____

_____

（13）针对面糊、烤出的蛋糕或实验方面出现的差异，其他需要补充的评论：

_____

_____

_____

❺ 实验：脂肪类型如何影响简单糖霜的整体质量

目的

演示脂肪类型如何影响

- 糖霜的轻盈性和体积
- 糖霜的外观、风味和口感
- 糖霜涂撒的简易性
- 各种用途糖霜的总体可接受性

制备的产品

用以下条件制备的各种简单糖霜

- 无盐甜黄油（对照）
- 高脂肪发酵黄油（欧洲的或欧式）
- 通用塑性起酥油
- 高比例塑性起酥油
- 无盐人造黄油
- 一半黄油，一半高比例塑性起酥油
- 如果需要，可添加其他配料（咸黄油、盐渍人造黄油、糖霜起酥油、3/4黄油/1/4起酥油、1/4黄油/3/4起酥油等）

材料和设备

- 台秤
- 混合器（带5 L混合盆）
- 平桨搅打器附件
- 搅打附件
- 刮盆刀
- 简单糖霜（见配方），每种条件下足以制备500 g以上
- 透明量杯（250 mL），每种条件配备一个
- 直边尺

- 蛋糕、纸杯蛋糕或盘子，用于涂抹糖霜
- 软钢铲或调色刀

配方

简单糖霜

产量：约2杯（0.5 L）

配料	质量 /g	烘焙百分比 /%
脂肪	180	60
糖粉	300	100
巴氏杀菌全蛋	60	20
合计	540	180

制备方法

（1）使所有配料放置至室温（配料温度对于取得一致结果很重要）。

（2）如果使用两种脂肪，首先用低速搅拌器将其混合均匀。

（3）低速搅拌乳化脂肪3 min，或者直至出现光滑轻盈泡沫乳化体。

（4）加入糖粉并低速混合1 min。停止并刮盆和混合器。

（5）改用搅打器，高速搅打6 min。每2 min后停下来，刮盆和搅拌件。

（6）加入蛋清并高速搅打5 min或直到光滑轻盈。

（7）盖上盖，贴标签，并保持在室温，直到准备评估。

步骤

（1）使用上面简单糖霜的配方制作糖霜，或使用任何简单奶油糖霜配方。为每个条件制备一批糖霜。

（2）确保在室温下制作糖霜。

（3）测量糖霜的密度（质量/体积），以评估每种条件下搅入的相对空气量。按以下方法测量密度：

- 小心地将每种乳化糖霜舀到定量杯（250 mL）中。
- 目视检查量杯，确认没有大的空隙存在。
- 用直边尺使量杯上表面保持水平。
- 称量每个量杯中的糖霜量，并将结果记录于结果表1。

（4）根据测量的密度计算相对密度。相对密度是产品相对于水的密度的度量。与密度不同，相对密度不取决于测量容器的尺寸。为了计算相对密度，要将每种糖霜的密度（单位体积质量）除以水的密度。相对密度是无单位值。

结果

（1）评价糖霜在蛋糕上的涂布情况。为此，要在冷却的纸杯蛋糕、蛋糕或塑料盘或纸盘背面铺上糖霜。在结果表中记录以下方面的评价结果：柔软性、平滑度和总体易于扩散性。

（2）评价糖霜的感官特征并记录于结果表中。一定要依次对比对照产品，并考虑以下几点：

- 外观（平滑度和颜色）
- 口感（淡/浓、油性/蜡质等）
- 风味（黄油味、鸡蛋味、甜味、咸味等）
- 根据需要添加任何其他评论

结果表　不同类型脂肪制备糖霜的轻盈性（密度）、延展性以及感官特性评价

脂肪类型	密度（质量/体积）	相对密度	延展性	外观	口感	风味	备注
无盐甜黄油							
欧洲黄油							
通用塑性起酥油							
高比例塑性起酥油							
无盐人造黄油							
一半黄油，一半高比例塑性起酥油							

误差来源

列出可能导致难以根据实验结果得出正确结论的任何误差来源。特别要考虑脂肪温度的差异、糖霜如何混合以及测量糖霜密度时是否存在大气泡。

_____

_____

_____

说明下一次可以如何改进，以尽量减少或消除每种误差来源。

_____

_____

_____

结论

从**黑体字**中选择一个选项或填空。

（1）用欧洲（或欧式）黄油制成的糖霜与用甜黄油制成的糖霜相比，存在

以下差异：

_____

_____

_____

差异可认为是**小/中等/大**。

（2）糖霜的相对密度越低，则越**轻/重**，因为较**多/少**空气被搅打进去。搅打成相对密度最低、最轻盈糖霜的脂肪是**黄油/通用起酥油/高比例起酥油/人造黄油**。这可能是因为它含有有助于结合空气的乳化剂，例如_____

（3）口感较重的糖霜是用**通用起酥油/高比例起酥油**制成的。这种差异主要是因为**相对密度/熔点**差异造成的。这使得其口味较**好/差**。

（4）用无盐人造黄油制成的糖霜比甜黄油制成的糖霜融化得**快/慢**。在我看来，这给了糖霜更多令人**愉快/不愉快**的口感。这两种糖霜之间的其他差异如下：

_____

_____

_____

差异可认为是**小/中等/大**。

（5）用高比例塑性起酥油和用黄油制成的糖霜（对照）在外观、风味和口感方面的主要差异归纳如下：

_____

_____

_____

差异可认为是**小/中等/大**。

（6）可用于白色婚礼蛋糕上的糖霜可用_____制作，因为_____

（7）可作为美味奶油糖霜使用的糖霜可以用_____来制作，因为_____

（8）可在夏季炎热季节使用的黄油风味糖霜可以用_____来制作，因为_____

（9）你喜欢什么糖霜，为什么？

_____

_____

_____

10

蛋和蛋制品

概述

由于鸡蛋的多功能性，几乎所有烘焙食品均将其包含在内。这反过来又部分解释了为什么北美鸡蛋产业已经发展到大型商业规模。今天在美国，大多数鸡蛋来自拥有7.5万只母鸡或以上的养殖公司，其中一些公司有500多万只母鸡。平均每只母鸡每年产蛋250~300枚，此产量是50年前的两倍多。这种增长是养殖、营养、鸡舍和管理实践改善的结果。另一方面，鸡蛋的价格多年来一直保持稳定。

鸡蛋的构成

鸡蛋包括六个不同部分：稀蛋清、稠蛋清、蛋黄、蛋壳、气室和系带（图10.1）。蛋可食部分质量的2/3是蛋清；约1/3是蛋黄。总的来说，蛋的大部分是水分，含量低但很重要的是蛋白质、脂肪和乳化剂（图10.2）。

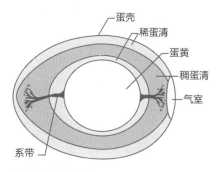

图10.1 鸡蛋构造

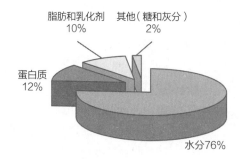

图10.2 鸡蛋的组成

蛋清

蛋清的英文有两个同义词，即"white"和"albumen"。除少量矿物灰分和葡萄糖外，蛋清完全由蛋白质和水组成。蛋清中有6种以上不同类型的蛋白质，这6种蛋白质的组合赋予了蛋清蛋白质的大部分功能，包括两个主要功能：结构构建和充气。

蛋清蛋白质的特殊组合对其功能极其重要，但实际上蛋清主要是水，水约占90%，仅10%是蛋白质（表10.1）。

与蛋黄相比，新鲜的蛋清只有很少的风味或颜色。然而，随着存放时间增长，蛋白在煮熟时会产生轻微的硫磺气味，特别是在pH高的时候。这种气味来自鸡蛋蛋白加热时硫的释放。

鸡蛋清有稀稠之分，随着鸡蛋的老化，稠的蛋清会变稀。由于蛋白质沉淀，蛋清失去形成稳定泡沫的能力。

蛋黄

蛋黄约有一半水分和一半的蛋黄固

体。蛋黄中的固体由蛋白质、脂肪和乳化剂组成（表10.1），还含少量矿物质灰分和橙黄色的类胡萝卜素。蛋黄蛋白质与蛋清蛋白质不一样，但与蛋清蛋白质类似，它们也是烘焙食品中重要的结构剂。许多蛋黄蛋白是脂蛋白，即与脂质或乳化剂结合的蛋白质。正是因为这些脂蛋白和乳化剂，才使得蛋黄在乳化食品方面具有重要地位。

什么是蛋白质？

蛋白质是由许多氨基酸连接成长链形成的非常大的分子。通常，成千上万的氨基酸形成单一蛋白质。因为天然存在着20多种氨基酸，并且每种氨基酸均有其独特性，因此蛋白质变得相当复杂。一种蛋白质与另一种蛋白质的区别在于分子内氨基酸的数量和排列。

蛋白质按照形状可分为两大类：纤维蛋白和球状蛋白。纤维蛋白具有大致线性的形状。它们在增稠和形成结构方面表现优异。形成面筋骨架的麦谷蛋白是烘焙食品中重要的纤维蛋白。卵黏蛋白是蛋清中的纤维蛋白。

然而，大多数蛋白质属于球状蛋白质类。球状蛋白质具有至少在其天然状态下的球形形状。然而，热、酸和盐可以改变它们的形状，因此，这些因素可以改变球状蛋白质的功能。酶是球状蛋白，鸡蛋中大部分蛋白质都是球状蛋白质。

卵黏蛋白，一种蛋清蛋白质

蛋清是含有超过6种不同蛋白质的混合物，每种蛋白质具有不同大小、形状和功能。例如，蛋清中最大的蛋白质是卵黏蛋白。由于其大尺寸和纤维结构，卵黏蛋白提供蛋清的稠度。虽然卵黏蛋白在稠、稀蛋清中均存在，但是，稠蛋清中的卵黏蛋白是稀蛋清中的4倍。随着鸡蛋陈化，卵黏蛋白会分解和溶解，导致蛋清变稀。尽管卵黏蛋白因其稠度在发泡中起重要作用，有助于稳定蛋白酥，但在鸡蛋热凝中所起作用不大。

虽然对于蛋白质来说是大的，但是卵黏蛋白纤维对于肉眼是不可见的。然而，在深色杯子中加入两份或三份水至蛋清中，搅拌溶解，并放置几分钟，很快就可看到细微的白色纤维从溶液中形成，这种纤维主要由卵黏蛋白构成。

表10.1　全蛋、蛋黄和蛋清的组成

组分	全蛋	蛋清	蛋黄
水分 / %	76	88	50
蛋白质 / %	12	10	17
脂肪和乳化剂 / %	10	0	30
其他（糖和灰分）/ %	2	2	3

蛋黄中的脂蛋白形成的显微颗粒，悬浮在蛋黄液体部分。蛋黄中还悬浮有乳化的脂肪滴（小球）。换句话说，蛋黄不仅能稳定乳液，而且本身也是乳液。

随着鸡蛋陈化，蛋黄从蛋白中吸收水分。将一个陈鸡蛋打在光滑表面，可看到蛋黄变稀、变扁。蛋黄有一层保护膜，这层膜随着存放时间的延长而减弱，使得蛋黄与蛋白分离更加困难。这种膜的减弱也增加了细菌进入营养丰富的蛋黄的可能性，如果鸡蛋不冷藏，则细菌就会大量繁殖。

蛋黄中最著名的乳化剂是卵磷脂。蛋黄的卵磷脂含量大得惊人，约10%。像蛋黄中的大多数脂质一样，卵磷脂被结合为脂蛋白。乳化脂蛋白在食品中表现出很多功能，最显著的功能是与水和油键合。通过与两者键合，乳化剂和乳化脂蛋白可将配料混合物（如蛋糕糊）保持在一起构成复合物。如图10.3所示，少量卵磷脂能够将由油和水制成的乳液保持在一起。首先将卵磷脂加入到油中，然后使用浸没式搅拌器缓慢加入水。乳化液的乳白色外观来自分散在水中的微小油滴和被捕获空气的光折射。

什么是卵磷脂？

卵磷脂不是单一物质。它是自然界广泛存在的乳化脂的复杂混合物。除蛋黄之外，卵磷脂还存在于乳制品、谷物、大豆和花生中。卵磷脂以深色油状液体或以粉末或颗粒形式出售。

卵磷脂中的乳化脂属于磷脂。磷脂分子看起来像甘油三酯分子，就像脂肪和油一样。第9章提到，甘油三酯由三种脂肪酸连接到甘油而形成。磷脂由两种脂肪酸连接于甘油组成，代替第三个脂肪酸的是磷酸酯基。磷脂的脂肪酸被食品中的脂肪和油（脂质）吸引，而磷酸酯基具有亲水性。磷酯这种既亲油又亲水的特性使得磷脂成为像卵磷脂一样的乳化剂。

决定蛋黄颜色的一个重要因素是母鸡的饲料。饲料中的类胡萝卜素越多，蛋黄越呈橘黄色。苜蓿和黄玉米都含有类胡萝卜素，可产生深色的蛋黄。小麦、燕麦和白玉米产生较浅色的蛋黄。饲料所含天然类胡萝卜素低时，可添加富含类胡萝卜素的万寿菊的花瓣，以补充色素。

母鸡的饲料也会影响蛋黄的风味。这就解释了为什么一些品牌的鸡蛋风味与其他品牌不同。例如，有时，有机蛋的风味不同于普通蛋。并非有机鸡蛋一定具有不同风味；更有可能的是养殖者所使用的（有机或无机的）特殊饲料将独特的风味带到了鸡蛋中。

ω-3脂肪酸有时被添加到母鸡饲料中，使得鸡蛋富含这种健康的油。含有ω-3脂肪酸的鸡蛋与常规鸡蛋具有不同的风味。

蛋壳

蛋壳约占鸡蛋质量的11%。虽然蛋壳是坚硬的保护层，但它却是多孔性的。这意味着气味可渗透蛋壳，水分和气体（主要是二氧化碳）可以逃逸。在生产实践中，壳蛋用洗涤剂洗涤并消毒以除去污垢，可降低沙门菌污染。过去，蛋壳稍涂油，以延缓水分流失。因为鸡蛋可快速从农场移动到市场，并在整个分销场所中冷藏，所以水分流失不

图10.3 卵磷脂是蛋黄中同时与水和油结合从而
将其结合在一起的乳化剂
左: 油、水和卵磷脂乳液；
右: 单独的油和水

再是问题。因此，如今，加工商很少给鸡蛋上油。

蛋壳颜色可以是棕色或白色，具体取决于母鸡的品种。白色羽毛和白色耳垂的母鸡下白色鸡蛋；红色羽毛和红色耳垂的母鸡下棕色鸡蛋。虽然大多数（95%）商业品种母鸡生产白色鸡蛋，但在新英格兰部分地区繁殖的母鸡产生褐色鸡蛋。蛋壳颜色对鸡蛋风味、营养或功能均无影响。

气室

鸡蛋在蛋壳和蛋清之间含有两层保护膜。鸡蛋放置后不久，鸡蛋钝端两膜之间会形成一个气室。随着鸡蛋陈化、水分减少及收缩，此气室会增大。这就是为什么老鸡蛋会漂浮在水中，而新鲜蛋会下沉的原因。

什么是"有机认证"？

在20世纪90年代，美国有机蛋的使用量增加了一倍以上，并以每年15%左右的速度增长。为了应对有机产品的日益普及，美国于2002年发起了"国家有机计划"，以在全国范围内统一"有机产品"一词的使用。有机种植者必须经过认证，否则不能使用"有机"来描述他们的产品。

有机食品由农民利用可再生资源生产，生产过程要采取有利提高环境质量的保护措施。有机蛋来自没有抗生素或生长激素的动物。母鸡用有机饲料饲养，这些饲料不使用大多数农药、合成肥料、辐照或遗传工程生产。在标记为有机产品之前，政府批准的认证机构将检查种植食品的农场，以确保农民遵守符合美国农业部有机标准的所有规则。有机蛋的安全性和营养质量不一定与标准鸡蛋不同。

系带

系带是卷曲的白色条带，它将蛋黄保持在鸡蛋中心。系带会随鸡蛋陈化而分解。系带是蛋清的延伸，并且组成类似于使鸡蛋清增稠的（纤维状）卵黏蛋白。系带完全可食用，但是糕点师在制作某些产品（例如蛋奶羹）时，通常会用筛子将它分离除去。

壳蛋的商业分级

壳蛋有时被称为鲜鸡蛋，但这种称呼有误导性。壳蛋可能已经存放了几个星期或几个月，所以它们不一定是新鲜的。壳蛋按照品质（质量）和尺寸进行分级和分类。美国农业部（USDA）和加拿大农业和农业食品局（AAFC）提出了对鸡蛋按等级和尺寸进行分类和标识的方案。在加拿大，这种方案是强制性的；在美国，分类是自愿性的，在美国销售的鸡蛋大约有30%是按美国农业部标准分级的。

分级

美国农业部可接受壳蛋的三个等级是AA级、A级和B级。加拿大有两个可接受的等级，A级和B级。质量等级不反映产品安全或营养质量，存放正确的B级蛋可以安全食用，并具有与高级别鸡蛋同等的营养质量。

通常，按美国农业部标准分级的鸡蛋，要在下蛋后一天到一周内进行洗涤、包装和分级，但法定分级期长达30 d。鸡蛋必须贴上包装和分级日期；通常也会有卖出或到期日。包装日期必须以儒略日格式表示，其中001代表1月1日，365代表12月31日。卖出日期定义为鸡蛋包装和分级日起不超过45 d。这意味着美国农业部分级鸡蛋，理论上可以放置两个多月后出售，但大多数蛋可以在包装后的几天内出售。美国的某些州也对不参加美国农业部自愿分级计划的包装商，规定了壳蛋的分级和标签要求。

1998年之前，即将到期的鸡蛋可以返回包装商，进行二次洗涤、包装和分级，以延长其使用寿命。出于安全考虑，目前美国已经不再允许这样做。

鸡蛋如何根据质量分级？

鲜蛋照验是用于检测鸡蛋质量的主要方法。在鲜蛋照验中，明亮的光线穿过壳蛋，照出气室大小、蛋清的稠度和透明度、蛋黄的位置和稳定性、血斑或发育胚胎的存在等。

A级和AA级蛋是烘焙房最常购买的蛋。美国农业部AA级和A级蛋的主要区别在于蛋清的坚实度和气室大小。只有最坚实蛋清和最小气室的鸡蛋才能标记为美国农业部AA级。蛋清和蛋黄的坚实度对煎蛋和白煮蛋尤为重要，因为它们确保鸡蛋保持最佳形状（图10.4）。它们对烘焙却不太重要。

B级蛋可能具有以下一个或多个缺陷：蛋壳有色斑，气室大，蛋清似水样，蛋清有小血斑或蛋黄变大、扁平。

B级鸡蛋可以用于一般烘焙，但B级鸡蛋的蛋清如果是水样的话，可能难以得到应有的搅打效果。

虽然蛋的质量等级并非一定反映蛋龄，但鸡蛋质量确实随时间延长而下降。即使装在纸箱冷藏，大约一个星期内，AA级蛋就会降级为A级蛋。大概再过5周，这些蛋将从A级降至B级，蛋清最终会变稀薄，气室会扩大。然而，适当处理并冷藏的鸡蛋可较长时间保持其营养价值和使用寿命。

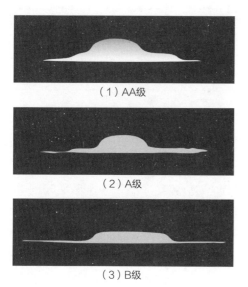

（1）AA级

（2）A级

（3）B级

图10.4 鸡蛋等级

尺寸

　　鸡蛋按尺寸分级与按质量分级不同。北美壳蛋的6个尺寸类别基于每打蛋最低质量划分，而并非按单个鸡蛋大小划分。烘焙房最常使用的鸡蛋大小级别是大号、超大号和特大号蛋；其他三个尺寸级别是中号、小号和特小号蛋。因为大小分级是基于一打蛋中质量最小的来划分，而单个鸡蛋质量会有所差异。

蛋制品

　　蛋制品包括脱去蛋壳的各种形式鸡蛋。产品范围包括冷藏、冻藏和干藏的蛋清、蛋黄和全蛋制品。自19世纪末以来，市场上一直有液蛋和干蛋产品销售，但质量普遍较差。然而，如今，美国鸡蛋消费量的大约1/3是蛋制品。

　　多年来，加工过程有所改善。因此冷冻和冷藏的液态蛋制品可在大多数烘焙房中用于替代壳蛋。虽然冷冻产品的黏度随着时间推移有所变化，但多数情况下，这并不影响其性能。干制蛋制品在烘焙房中用得不如液蛋制品多，但它们也有许多成功的应用。

蛋制品的优点

　　在烘焙房中蛋制品正在稳步地替代壳蛋，这有几个原因。首先是安全性。按照法律，蛋制品必须进行巴氏杀菌，确保无沙门菌。这意味着在未煮过的食品如鸡尾酒和冰糕中使用蛋制品是安全的。美国农业部对蛋制品加工的检验在美国是强制性的。

现代自动打蛋机每小时可将多达162,000个鸡蛋（45个鸡蛋/s）打破。据美国鸡蛋委员会称，如此高的打蛋效率是因为近年来这类机械技术取得了很大改进。

除了食品安全之外，蛋制品还有其他优点（表10.2）。使用蛋制品通常不占成本优势，因为蛋制品会较贵。然而，使用蛋制品节省时间，所以如果劳动力成本高，那么从长远来看，使用蛋制品仍然会有成本优势。

表10.2 蛋制品的主要优点

安全，因为根据法律，它们必须经过巴氏杀菌
节省打蛋和分蛋时间，具有降低劳动力成本潜力
节省空间（存贮）
无碎蛋损失
只要保持干燥或冷冻，产品有较长保质期
不会因分离壳蛋而产生多余的蛋清或蛋黄
品质均匀

蛋制品类型

冷冻蛋清 冷冻蛋清常含有添加的增稠剂，如瓜尔胶。少量瓜尔胶可使蛋清免受冰晶伤害。瓜耳胶也增加了黏度，提高了冷冻蛋清的起泡性。有时在冷冻蛋清中加入的柠檬酸三乙酯之类搅打剂，常常可以提高起泡速度，也可以得到较壳蛋多的泡沫。

冷冻蛋清可用于需要蛋清的大多数应用，包括蛋白酥和天使蛋糕。然而，在某些情况下，冻蛋清不如新鲜壳蛋清形成的泡沫坚实或稳定。瑞士蛋白酥的制作似乎就是这样，蛋清和糖一起在双层锅中加热，然后搅打。如果蛋清搅打效果不好，可用一些新鲜或干制蛋清与冷冻蛋清混合，以确保取得到较好搅打效果。

如何对鸡蛋进行巴氏杀菌？

巴氏杀菌是消除食品中存在的沙门菌之类致病菌的过程。最常用的巴氏杀菌方法是对食品加热一段时间。温度越高，确保食品安全所需的加热时间越短。对于大多数食品，宜采用较高巴氏杀菌温度，因为较短加热时间对食品造成的质量损失较小。然而，鸡蛋不能在高温下进行巴氏杀菌，否则蛋清会凝结。液体全蛋的典型商业巴氏杀菌方法是在60 ℃下加热鸡蛋3.5 min。也有其他巴氏杀菌过程。例如，干蛋清可以采用在54 ℃下保持7 d或更长时间的方式进行巴氏杀菌。多数情况下，巴氏灭菌不会影响鸡蛋的性质。

什么原因导致鸡蛋中形成灰绿色？

水煮鸡蛋的蛋黄会由一层灰绿色环绕，鸡蛋羹长时间留在蒸架上会发灰。这种颜色变化虽然无害，但会影响其对消费者的吸引力。这种颜色变化是由于鸡蛋（特别是陈鸡蛋）长时间加热发生化学反应所致。

蛋清中的蛋白质含硫量高。新鲜鸡蛋中看不到或闻不到硫的存在，但是当鸡蛋加热时，一些硫会被释放。当蛋清中的硫与蛋黄中的铁结合时，会形成硫化铁。这种硫化铁呈灰绿色。

鸡蛋加热太久，或者在富含铁的水中加热时，特别容易形成硫化铁。高pH也有利于这种反应。鸡蛋的pH随着蛋龄延长而升高，所以，陈鸡蛋比新鲜蛋容易变色毫不奇怪。

高pH情况下能形成硫化铁，解释了为什么加入太多小苏打（使pH升高）的烘焙食品可能会呈轻微绿色的原因。

冷冻蛋清像所有的蛋制品一样要经过巴氏杀菌，所以与壳蛋相比，更适用于非加热产品。事实上，在许多方面，法律规定生鸡蛋不能用于非加热产品。

冷冻蛋清解冻时可能会出现稠蛋清与稀蛋清分离的情况，所以使用前应确保将解冻蛋清摇匀或搅拌均匀。

冷冻加糖蛋黄 这种冷冻蛋黄一般添加10%糖或葡萄糖浆。用于不加糖产品的冷冻蛋黄（蛋黄酱、荷兰酱、凯撒沙拉酱）要加入盐而不是糖。添加的甜味剂或盐可降低蛋黄的凝固点，以防止过多冰晶损伤，导致蛋黄蛋白不可逆地凝固成黏稠胶状固体。即使如此，冻结加糖蛋黄仍会比未冻结蛋黄稠密。但是，冷冻不会对蛋黄产生负面影响。事实上，较稠的蛋黄有助于形成稳定的乳液。

对于一般用途，可直接用含糖蛋黄代替常规蛋黄。对于使用大量蛋黄的产品（如香草蛋奶酱）可能需要调整配方中糖和蛋黄添加量。为了调整糖添加量，1 kg蛋黄用1.1 kg含糖蛋黄替代，并将配方中的糖量减少0.1 kg（100 g）。

冷藏液体蛋黄 与市售的冷冻蛋黄不同，冷藏液体蛋黄不含降低冰点、防止蛋黄凝胶化的添加剂。由于过度凝胶化会降低蛋黄充气和乳化能力，也会影响与其他配料的混合，因此最好不要冷冻市售的冷藏液体蛋黄。这一点对于那些依赖搅打蛋黄获得较大体积的产品尤为重要，如应用蛋黄的海绵蛋糕、法式奶油糖霜、半球冻甜点等。

冷冻全蛋 冷冻全蛋含天然比例的蛋清和蛋黄。尽管全蛋在冷冻时会变稠，但这种增稠效应通常很小。冷冻全蛋通常含有少量柠檬酸。当全蛋加热时，柠檬酸可防止出现灰绿色。如果不添加柠檬酸，可以加入含柠檬酸的柠檬汁或含有乳酸的酸奶油。酸添加量较少，只需将pH降低到能防止变色程度即可。

液体全蛋替代品 诸如"搅打蛋液"之类全蛋替代品由蛋清制成。这类产品通常含有99%以上的蛋清，是无脂肪无胆固醇类产品。全蛋替代品可供有意降低饮食中脂肪和胆固醇含量的人群。

什么是蛋白霜粉？

顾名思义，蛋白霜粉是用于来制作蛋白糖霜、皇家糖霜和其他由搅打蛋清制成的产品。除了巴氏杀菌的干蛋清以外，蛋白霜粉通常还含有糖、稳定剂（淀粉和树胶）、抗结剂（二氧化硅）、搅拌助剂（塔塔粉，十二烷基磺酸钠）和风味剂。

　　全蛋替代品通常含有添加的 β-胡萝卜素，以增加黄色。其他任选成分包括乳粉、维生素和矿物质、树胶、盐和调味料。使用全蛋替代品之前，请务必阅读成分标签。有些含有洋葱、大蒜和其他成分，不适合用于甜味烘焙食品。

　　不要在低脂烘焙食品中使用全蛋替代品，而应考虑使用蛋清。蛋清相当好用，通常价格较低，风味较好。如果需要，可以在面糊或面团中加入少量橙黄色食用色素，以取得类似全蛋的外观。

　　蛋粉　市场上还有供烘焙用的经过巴氏杀菌的全蛋粉、蛋黄粉和蛋清粉出售。它们被干燥至水分含量低于5%，从而可以方便地贮存在阴凉干燥处，直到重新复水使用。由于颜色和风味方面的变化，干燥会降低某些应用中蛋的可接受性。蛋黄有时与糖一起干燥，因为糖可保护脂蛋白的乳化能力。

　　虽然烘焙房不常使用，但蛋粉完全可以用于烘焙食品，如松饼、面包、曲奇饼和一些蛋糕。可按照制造商的说明将干蛋粉复水，也可将蛋粉与其他干配料一起过筛混合均匀，再加入一定量的水和其他液体。

　　由于热敏性，蛋清粉的加工方式与全蛋粉和蛋黄粉不同。首先，要用酶处理液体蛋清，以除去蛋清中天然存在的少量葡萄糖。如果不去除这种葡萄糖，蛋清粉在干燥、贮存和烘焙过程中会因美拉德反应而变成不太受欢迎的褐色。干燥好的蛋清粉通常要在54 ℃的热室中保持7～10 d。这种热环境，不仅可对蛋清粉进行巴氏杀菌，还增加了蛋清的凝胶强度和搅打能力。

　　糕点师有时会将蛋清粉加入到液体蛋清中以增加体积，并提高蛋白霜的稳定性。由于无葡萄糖存在，蛋清粉有时用于烘焙蛋白酥，以尽量阻止褐变。最后，制作皇家糖霜时，经常用蛋清粉代替液体蛋清，这是一种非加热硬质闪光干糖霜。

鸡蛋的功能

　　鸡蛋在烘焙食品中提供了许多复杂的功能，其中某些功能有重叠。例如，蛋与配料结合能力与其乳化和形成结构的能力有关。

主要功能
提供结构　蛋清和蛋黄中的凝固的蛋白质是烘焙食品中重要的结构剂。例如，鸡蛋与面粉在蛋糕结构中同样重要，有时前者的重要性超过了后者。事实上，没有鸡蛋，大多数蛋糕就会塌陷。鸡蛋也是速发面包、曲奇饼、松饼和某些酵母面包的结构剂。

凝固的鸡蛋蛋白质还在糕点奶油、英式奶油、奶油派和蛋奶羹中提供增稠和胶凝作用（一种结构形式）。因为鸡蛋凝固对于奶蛋羹及相关产品的结构尤其重要，所以后面还要详细讨论。

鸡蛋因为具有提供结构的能力而被认为是增韧剂。蛋可能是唯一含有大量增韧剂（蛋白质）和软化剂（脂肪和乳化剂）的普通烘焙配料。鸡蛋中的软化剂集中在蛋黄中。

松饼中不加鸡蛋会如何？

传统松饼和速发面包粗粒酥软结构很大程度上依赖于鸡蛋和面粉，甚至更多依赖于鸡蛋。这类产品通常使用油酥糕点面粉，或油酥糕点面粉和面包面粉的混合粉。如果松饼面糊中不加鸡蛋，而用牛乳或水替代，则松饼会较软，体积较小，但面粉中的面筋和淀粉可能会阻止松饼塌陷。这样的松饼会缺乏丰满度和颜色，风味也平淡。事实上，无鸡蛋松饼更像是松软的甜烘焙粉饼干，而不像美味的松饼。

如果蛋黄含有软化剂，为什么不称为软化剂？

实际上，有时蛋黄被称为软化剂。蛋黄被看作软化剂，通常是与全蛋比较的结果。而且，用蛋黄制成的烘焙食品通常比使用相同质量全蛋制成的面包更为松软。不过，这并非说蛋黄是真正的软化剂。蛋黄仍是增韧剂，只是能产生比全蛋更松软的结构而已。

从另一个角度来看蛋黄：在面糊和面团添加较多的糖或脂肪之类软化剂的烘焙食品会较松软。添加较多蛋黄的烘焙食品较硬，只不过与添加相同数量的全蛋相比，不那么硬而已。如果把蛋黄的增韧作用和软化作用看成两位拔河者，增韧剂将获胜。

由于蛋黄中存在起软化作用的脂肪和乳化剂，所以质量相同时，蛋黄对韧性及结构的贡献通常不如蛋清。蛋黄中以脂蛋白形式存在的蛋白质，不像蛋清蛋白那样会很快凝固，而产生较酥、较软的结构。

鸡蛋成分对结构的贡献排序如下：
蛋清>全蛋>蛋黄

请注意，尽管含有软化剂，蛋黄却被归为增韧剂或结构剂一类，而不是软化剂。图10.5所示为用蛋黄制成的蛋糕和完全没有鸡蛋的蛋糕之间的差异。不加鸡蛋的蛋糕出现了塌陷开裂，使用蛋黄制成的蛋糕能像使用全蛋的蛋糕一样保持形状。未使用鸡蛋的蛋糕用水、油和乳固体代替鸡蛋。

蛋糕中的全蛋用蛋黄替代会如何？

如果用蛋黄替代液体起酥油蛋糕中的全蛋，烘焙出的蛋糕风味会变得更加丰富，颜色更加黄，并且与使用全蛋同样的酥软、干燥。

烘焙食品如果很软、很干，用刀切或咀嚼时会形成小碎片，产生酥软的口感。用蛋黄制成的蛋糕会很酥软，因为蛋黄水分含量较低，制成的蛋糕较干。因为蛋黄所含脂肪比全蛋的高，也会使蛋糕更松软。

因为蛋黄含有大量结构剂——蛋白质，所以使用蛋黄时，蛋糕很少出现塌陷。然而，在一些蛋糕配方中，用蛋黄直接代替全蛋会产生较致密、坚韧的产品。这种情况发生在水分极其有限的时候，产生的蒸汽少得既不能使面团膨发，也不能使蛋糕松软。

图10.5 蛋黄制成的蛋糕与未加鸡蛋的蛋糕的差异
后：用蛋黄制成的蛋糕可保持形状；
前：未加鸡蛋的蛋糕因结构缺陷而塌陷、开裂

充气 鸡蛋是独特的，因为它们特别适用于充气，产生相对稳定的泡沫。泡沫由微小气泡或液体或固体膜所覆盖的其他气体构成。通过充气，鸡蛋有助于膨发过程。实际的膨发剂是空气。鸡蛋只是形成泡沫，允许将空气纳入烘焙食品中。严重依赖鸡蛋膨发能力的烘焙食品包括海绵蛋糕、清蛋糕、戚风蛋糕和天使蛋糕。

鸡蛋的发泡力是指它们能够搅打出多少泡沫。具有非常高发泡力的蛋清，可以搅打出其体积8倍的泡沫量。然而，搅打到这么高倍数的泡沫壁极薄，这种壁由过度伸展的蛋白质薄膜构成。当放入热烤箱时，这些蛋白质膜会延伸得更多，很可能会破裂和塌陷。有若干方式可防止鸡蛋和蛋清搅打过度，从而可以防止烘焙产品在烤箱内塌陷。这些方法将在本章后面讨论。

全蛋和蛋黄也可形成泡沫，但能力不如蛋清。全蛋的发泡对于面团膨发很重要，蛋黄有助于许多海绵蛋糕获得轻盈效果。蛋的发泡力排序如下：

蛋清>全蛋>蛋黄

蛋白质的发泡将在本章后面介绍蛋白酥时作详细讨论。

乳化 蛋黄是有效的乳化剂，这意味着它们可使油和水在乳液中不分离。蛋黄由于存在脂蛋白和包括卵磷脂在内的乳化剂，因此乳化能力特别好。没有这种乳化能力，鸡蛋在面糊和面团中就无法有效地结合配料。

鸡蛋通常加到乳化黄油或起酥油中，这样可对混合物起乳化和稳定作用，并有助于与其他成分混合。将鸡蛋加入到乳化起酥油时必须小心。如果鸡蛋加得太快或蛋温较低时加入，则乳液会破裂。虽然随后加入面粉和其他配料似乎会使乳液结合在一起，但乳化不好的面糊烘焙出来的蛋糕不能正常膨发，并且会出现较粗的组织结构。

提供风味 鸡蛋浓郁的风味主要来自蛋黄，部分原因在于脂肪集中在蛋黄中。

提供色泽 蛋黄中的橙黄色类胡萝卜素为烘焙食品、奶油和酱料提供了丰富的黄色。蛋黄的颜色曾经随季节而有很大变化，但鸡蛋生产商现在可以通过在饲料中添加万寿菊的花瓣之类的色素补充剂来控制蛋黄颜色。

鸡蛋还含有蛋白质及少量葡萄糖，这两者有助于美拉德反应产生褐色。

有用的提示

制备糕点奶油或英式奶油之类鸡蛋混合物时，不要使用铝制的碗、搅打器或平底锅。应使用不锈钢制的。鸡蛋会使铝变色，更糟糕的是，铝会使鸡蛋混合物颜色变成灰色。

冰糕是否应该添加蛋清？

冰糕是不加牛乳或其他乳制品的柔滑冷冻冰块。完美冰糕的标志是质地柔软、没有大的冰晶。虽然任何好的冰淇淋凝冻器都可以制作光滑的冰糕，但加入蛋清有助于冰糕在贮存过程中保持光滑。蛋清也影响冰糕的其他品质，这些差异是否受欢迎取决于个人偏好。

例如，加入蛋清制成的冰糕比没有添加蛋清的冰糕轻盈、充气多。这是因为加入的蛋清在冰淇淋凝冻器中随混合物受到搅拌和冷冻时受到充气。由于蛋清的充气性，使得冰糕的颜色也比未加蛋清的颜色白，风味较温和。

如果要将蛋清加入冰糕，应确保蛋清已经过巴氏杀菌。如无法获得巴氏杀菌的蛋清，则最好不要将蛋清加入冰糕。

增加营养价值 蛋黄和蛋清含有营养价值最高的鸡蛋蛋白质。鸡蛋还富含维生素和矿物质。蛋黄中的橙黄色类胡萝卜素，如所有类胡萝卜素一样，是有益于健康的抗氧化剂。特别地，这些类胡萝卜素（特别是一种称为叶黄素的）被认为可以降低黄斑变性的风险，这是50岁以上人群视力严重丧失的主要原因。

今天，尽管饲养技术使母鸡能生产低脂肪和低胆固醇的蛋黄，但蛋黄仍然是脂肪和胆固醇的重要来源。特别是脂肪，被认为是许多疾病的诱因。膳食中的脂肪和胆固醇都被认为会增加高血胆固醇和冠心病风险。尽管近年来，关于鸡蛋消费的健康指南已被放宽，卫生部门仍建议限制鸡蛋的消费。

附加功能

防止陈化 鸡蛋的脂肪、乳化剂和蛋白质会干扰淀粉回生过程，淀粉回生是烘焙食品陈化的主要原因。

为烘焙食品表面增添光泽 将蛋液涂在面团表面，蛋白质干燥后会形成带光泽的棕色膜。鸡蛋液可用水稀释鸡蛋制成，或者为了增加褐变效果，可用牛乳稀释鸡蛋。蛋的任何部分均可用来制备蛋液，但蛋黄液可提供最好的光泽和美拉德反应效果。

加入少量盐会使蛋液变稀。这需要几个小时才能生效，但变稀的蛋液更便于使用。蛋液变稀是因为蛋白质被盐中和，相互间不再被彼此吸引。这使得蛋白质更好地水合，甚至可溶解在水中。生物化学家将盐在水中溶解蛋白质的能力称之为盐溶效应。

用作食用胶液　鸡蛋帮助坚果、种子、香料和糖晶体黏附在烘焙食品上。鸡蛋还可以让面糊黏附住油炸食品。

促进糖霜、甜食和冷冻甜点的平滑度　鸡蛋中的脂肪、乳化剂和蛋白质会干扰糖和冰结晶，有助于糖霜、甜食和冷冻甜点形成天鹅绒般光滑质地。法式冰淇淋借助于蛋黄取得光滑的奶油质感和醇厚感。

添加水分　全蛋含有大约75%的水分。任何时候，鸡蛋在加入面糊或面团时，也就加入了大量的水分。记住，烘焙涉及润湿剂与干燥剂之间取得平衡。如果配方中增加鸡蛋的添加量，则其他液体（牛乳或水）必须减少。

不要将添加水分与提高湿润性混淆。因为鸡蛋还含有结构剂蛋白质，所以使用鸡蛋通常会使产品变得更坚韧和干燥。

增加生面团柔软性　烘焙时鸡蛋可形成自己的结构，从而干扰生面团中的面筋形成。面筋蛋白间会键合在一起，而鸡蛋脂肪、乳化剂和蛋白质会干扰这种键合。

为什么添加额外的鸡蛋会使布朗尼变得像蛋糕？

有些人喜欢将布朗尼做得厚实粗拙些，其他人喜将它们做得光亮轻盈些。每个人都有各自喜欢的布朗尼配方，这些配方巧克力与糖、脂肪和其他软化剂以及面粉、鸡蛋和其他结构剂的比例方面可能有很大差异。各种布朗尼配方在混合方式上也有差异。

然而，有时候，差异仅仅是添加的鸡蛋数量不一样。鸡蛋可以提供充气和结构，像蛋糕一样的布朗尼比较轻盈，能较好地保持形状。蛋糕样布朗尼增加的亮度似乎与充气时鸡蛋的水分有关。加热时水分转化为蒸汽，蒸汽是非常强大的膨发气体，对提高烘焙食品发亮质感有重要贡献。蛋中的水分也使淀粉糊化更加完全，糊化淀粉对于蛋糕样布朗尼面包组织结构是至关重要的。

更多关于凝固：基础蛋奶羹

基础蛋奶羹是由鸡蛋、牛乳或奶油、糖和调味料构成的。这种配料混合物因鸡蛋蛋白热凝固而增稠或凝胶化。

蛋奶羹的例子包括焦糖布丁、焦糖蛋奶羹和香草蛋奶羹。许多其他产品都基于蛋奶羹。例如，南瓜派馅料、奶油派馅料、面包布丁、大米布丁、糕点奶油、乳蛋饼、甚至干酪蛋糕都是基础蛋奶羹的变体。

适当烹饪的基础蛋奶羹产品是一种潮湿、柔嫩的凝胶或光滑的奶油酱。随着混合物的温度升高，鸡蛋凝固，随着时间推移发生增稠和胶凝。

鸡蛋凝固过程

鸡蛋加热时，蛋清和蛋黄中的蛋白质逐渐变性或展开（图3.2）。展开的蛋白质在液体中移动并且彼此结合（聚集）。事实上，蛋白质凝固有时被称为蛋白质聚集。适当聚集的鸡蛋蛋白质形成一个强大但通常灵活的网络，可捕获水和其他液体。

鸡蛋加热越多，鸡蛋蛋白质聚集得越多，蛋白质网络变得越坚固、更僵硬。最终，蛋白质过度凝固、收缩并挤出液体，就像海绵收缩一样，被扭动时会释放水分。凝固过度有时称为凝结或凝缩，其中韧性凝胶丝会悬浮在挤出的液体中。

然而，由蛋白质过度凝固释放的水分会蒸发，或被其他成分吸收。这种情况发生在蛋糕和其他烘焙食品，其中糊化淀粉可吸收过度凝固的蛋白质挤出的水分。然而，蛋白质网络和蛋糕仍然会收缩至干、韧状态。

一般来说，最好减缓凝固过程。这可降低过度凝固的风险，制备出优质蛋奶羹或其他松软、湿润的烘焙产品。

糖如何"煮"蛋黄？

糖放在蛋黄上而不搅拌时，蛋黄会凝胶化，并呈煮熟状。吸水性的糖会将蛋黄中的水抽吸出（前面提到，蛋黄约含50%的水），并使蛋黄干燥。没有水，蛋黄中的蛋白质会更紧密地聚集在一起，如同加热一样快速聚集。

为了避免这种情况，不要在无搅拌情况下将糖添加到蛋黄中。搅拌加入的糖会使蛋黄变稠，但不会使其凝固。

鸡蛋调温加入热混合物中

烘焙中的一项重要技术是配料的调温：将两种初始温度不同的配料小心地混合在一起。调温的目的是避免损坏任何一种配料。

在向热混合物中加入鸡蛋时，必须调温。例如，如果将鸡蛋直接加入到热牛乳中，来自牛乳的热量就会过早地煮熟鸡蛋，并在混合物中形成凝结的团块。为避免出现这种情况，应先缓慢地将少量热牛乳加入到鸡蛋中，然后再将鸡蛋添加到大部分牛乳中。这样既可以稀释鸡蛋，又不会显著提高其温度。一旦鸡蛋稀释，就不太会被添加的其余热牛乳所损坏。

一些配方要求将糖之类其他配料加入鸡蛋，再用热牛乳调温。将糖或其他室温配料加入到鸡蛋中是另一种形式的稀释保护方式，可以避免鸡蛋受热影响。

虽然加热是最常见的凝固蛋白质的方法，但蛋白质也可因酸、盐、冷冻、搅打和干燥而凝固。

影响鸡蛋凝固的因素

有几种方法可以减缓凝固并减少过度凝固的风险。当凝固速度减慢时，需要较高温度才能凝固。以下将讨论影响鸡蛋蛋白质凝固速率、凝固温度及过度凝固风险的主要因素。给出的温度是近似值。

鸡蛋的量或所占比例　未稀释鸡蛋中的蛋白质的正常凝固温度约为70 ℃。用牛乳、水或其他成分稀释鸡蛋，凝固温度将升高。例如，大多数香草蛋奶酱配方的凝固温度为82～85 ℃。鸡蛋清用牛乳、糖和奶油稀释，使蛋白质难以相互碰撞和黏合。这降低了过度凝固的风险。由于凝固的蛋白质网络中保留了额外的液体，所以即便最终发生蛋白质凝固，仍会得到较软、较嫩的产品。

烹饪速率　鸡蛋凝固不会立即同时发生。鸡蛋凝固需要时间，烹饪速度越快，所需凝固的时间就越短。然而，鸡蛋凝固得太快时，鸡蛋蛋白不能正常展开，也不太可能变稠或形成凝胶。

有用的提示

水浴适用于烘焙蛋奶羹、面包布丁和干酪蛋糕。即使将烤箱温度设定在165 ℃以上，水浴温度很少会超过微沸温度（82～88 ℃）。这样可以减缓加工过程，使烘焙均匀，从而可在内部受到烘焙之前，蛋奶羹外面不会变韧和凝结。

使用水浴时，将填充好的待烘焙容器放在锅中。将锅放在烤箱中，加热水至稍超过容器侧面一半高度。不要加水过多，以免进入产品。

卵清蛋白，一种蛋清蛋白质

蛋清中主要的蛋白质称为卵清蛋白。虽然家禽学家不确定卵清蛋白在蛋中的功能（可能仅是胎盘雏鸡的营养源），但这种蛋白在烹饪和烘焙过程中的功能已经确定。与所有蛋白质一样，卵清蛋白的分子结构决定了其功能。

卵清蛋白的结构被认为是球状的，因为在其正常状态下，它被折叠成球形。卵清蛋白形成球形，是因为它含有大量疏水性氨基酸，即对水排斥的氨基酸。由于蛋清含有大量的水（几乎是90%的水分），所以卵清蛋白卷曲成球过程会将疏水性氨基酸卷入分子内。

当卵清蛋白被加热时，分子展开（变性），暴露出先前隐藏的疏水区域。一个蛋白质的疏水区域会吸引另一个蛋白质的疏水区域，导致变性的卵清蛋白分子聚集成簇。以这种方式，仍使疏水性氨基酸保持隐藏在水中。

疏水性氨基酸虽然对水排斥，但它们亲油脂。因此，很容易看出，为什么脂肪和油会与卵清蛋白之类蛋白质相互作用，"包裹"它们，并干扰其聚集。

例如，在高温下煮熟的香草蛋奶酱不仅更容易凝结、煮煳，而且也不太可能完全变稠。为了获得最大程度的增稠效果，应在不断搅拌情形下采用低热凝固。

鸡蛋部分 由于蛋黄的凝固温度（65~70 ℃）高于蛋清的凝固温度（60~65 ℃），因此不太可能出水。前面提到过，蛋黄蛋白是脂蛋白，会与脂肪和乳化剂结合。脂肪和乳化剂使蛋白质聚集更加困难。鸡蛋各部分从最高到最低的凝固速率和过度凝固倾向排序如下：

蛋清>全蛋>蛋黄

糖 除了可稀释蛋白质分子之外，糖还可通过防止蛋白质展开的方式，减缓蛋奶羹及其他烘焙食品中鸡蛋蛋白质的凝固。蛋白质如果展开缓慢，除非温度升高，否则会凝固缓慢。这意味着糖有助于防止凝结。这是为什么乳蛋饼（本质上是不加糖的蛋奶羹）比蛋奶羹容易凝结和出水的原因之一。

糖通常被认为是烘焙食品的软化剂。通过减缓凝固，糖会减缓鸡蛋结构的形成（糖也会减缓面筋结构和淀粉结构的形成）。如果存在足够的糖，则凝固会完全停止，即使经过长时间烘焙，烘焙食品看起来仍是烹饪不足。

脂质 像糖类一样，脂类（脂肪、油脂和乳化剂）也会影响鸡蛋蛋白质的凝固，因此，就像软化烘焙食品一样，脂质可以使蛋奶羹软化。通过与鸡蛋蛋白质直接相互作用，就像通过与面筋蛋白质相互作用软化面筋结构一样，脂质可延缓蛋奶羹凝固过程。

事实上，含有大量脂质的奶油或蛋黄赋与蛋奶羹的不仅仅是柔软和嫩度。奶油和蛋黄提供了不含这些成分的蛋奶羹中所看不到的额外体积、平滑度和奶油质感。这种奶油质感是精心制作的焦糖蛋奶羹的标志，它是由高脂稀奶油和蛋黄制成的，由粉红色的糖皮覆盖着。

酸 酸加速鸡蛋凝固，降低凝固温度。酸来自加入的柠檬汁或其他果汁、葡萄干或其他水果或酸乳制品。在蛋奶羹产品中使用酸性成分时，请务必仔细监控烘焙时间。

淀粉 淀粉通过干扰凝固过程来提高鸡蛋凝固的温度。为了解淀粉在减缓鸡蛋凝固过程和提高凝固温度方面的有效性，可比较糕点奶油和香草蛋奶酱的烹调。

糕点奶油基本上是加入玉米淀粉或面粉的蛋奶羹。必须将糕点奶油煮沸并保持煮沸2 min以上。香草蛋奶酱经受不住2 min煮沸处理。事实上，蛋奶羹一般在达到85 ℃之前就会凝结。虽然两种配方之间存在其他差异，但是糕点奶油可以煮沸而不凝结的主要原因是因为它添加了淀粉。

有用的提示

确保将糕点奶油和奶油派馅料之类淀粉类蛋奶羹彻底煮熟。如果未得到适当长时间烘焙或煮沸，不仅淀粉不能糊化，而且蛋黄中存在的少量淀粉酶可能不会被灭活。前面提到过，淀粉酶可将淀粉分解成糖。如果没有灭活，经过一夜时间，淀粉酶就可将糕点奶油或奶油派液化。

其他因素 硬水和乳品配料中的盐类，或加入少量食盐（氯化钠），可加快并强化鸡蛋白质的凝固。乳品蛋白质也可能与鸡蛋蛋白质相互作用，增大凝胶强度。想象一下用水而不是牛乳制成的蛋奶羹。蛋奶羹会非常柔软，几乎不凝固。使用硬水并加少量盐替代牛乳，可恢复大部分失去的凝胶强度，只是缺乏乳制品的风味。

蛋白酶能像分解明胶蛋白质一样分解鸡蛋蛋白质。如在做蛋奶羹时加入未煮过的（含有活性蛋白酶）菠萝，则蛋奶羹将不会固化。如首先煮菠萝使酶失活，蛋奶羹中未受影响的鸡蛋蛋白质将凝固。

加热时搅拌也会影响凝固。例如，可对烘焙蛋奶羹与香草蛋奶酱制作进行比较，后者要在炉灶上搅拌煮熟。蛋奶羹酱通常用蛋黄和部分高脂稀奶油制成，而烘焙蛋奶羹是用全蛋和全脂牛乳制成的。仅从这一点看就可以预期，蛋奶酱会比烘焙蛋奶羹柔软。但制作方法上也有显著差异。蛋奶酱要用平底锅加热并搅拌，烘焙蛋奶羹加热时不搅拌。不断搅拌可阻碍鸡蛋蛋白质聚集成固体，因此酱体只变稠，而不会凝胶化成坚实的固体（如果没有搅拌，蛋奶酱会在平底锅底结焦）。

更多关于充气：蛋白酥

蛋白酥是用蛋清加白糖搅打而成。它可用于慕斯、蛋奶酥、天使蛋糕和海绵蛋糕以及糖霜，提供轻盈感和体积。它也可以在低温烤箱中烘焙，制作蛋白杏仁饼、蛋糕层和果馅饼皮。

如果没有存在于蛋清中的蛋白质独特组合，就不能形成蛋白酥。几种蛋清蛋白质，包括卵清蛋白、伴清蛋白、球蛋白、卵黏蛋白和溶菌酶一起作用，使搅打和烘焙过程中料液获得最大程度的发泡能力和泡沫稳定性。

鸡蛋泡沫形成过程

当鸡蛋被搅打时，两件事情同时发生。气泡被打入液体，某些鸡蛋蛋白质变性或展开。展开的蛋白质会迅速通过液体移动到气泡的表面（图10.6）。这些蛋白质一旦到达气泡表面，相邻蛋白质就会在气泡周围键合或聚集，形成膜状网络。气泡被这些强大的柔性膜所包围，不太可能崩溃，因此即使薄膜壁变薄，也可以搅打出更多气泡。

一种蛋白酥分类法

蛋白酥可按糖与蛋清比例进行分类。根据这种分类方式，可有两种主要类型的蛋白酥，即硬蛋白酥和软蛋白酥。硬蛋白酥每份蛋清使用约2份糖。这意味着每个大号鸡蛋的蛋清（约33 g）需要加约66 g糖。软蛋白酥使用相等质量的糖和蛋清。

硬蛋白酥比软蛋白酥致密，没有软蛋白酥嫩，但较稳定，因此适用于裱花。硬蛋白酥可用于烘焙蛋糕层或烘焙蛋白酥，也可用于曲奇饼。硬蛋白酥可在柠檬蛋白酥饼中用作轻柔面料，但制备好后要尽快食用。

由于硬蛋白酥较稳定，所以在烘焙房用得较多。

注意，鸡蛋蛋白质在搅打过程中发生的变化与受到加热时发生的变化类似，但并不完全相同。两种情形下，蛋白质分子均展开和键合形成一种结构。

影响蛋白酥稳定性的因素

蛋白酥的稳定性很重要。稳定的蛋白酥坚实但又灵活，具有复原性，因此可以承受折叠、裱花及烘焙操作。通常，提高稳定性的措施会使体积和松软度降低。糕点师的目的仍然是对相反特性进行平衡。在此，平衡对象稳定性与体积和嫩度。

以下讨论影响蛋白酥稳定性的主要因素。

糖 尽管糖会减慢搅打速度并会稍微减少体积，糖对蛋白酥稳定却有很大促进作用。对于通常在室温下用蛋清与砂糖搅打成的蛋白酥，缓缓加糖可有最大的稳定性，并且，加入的糖量要适当。缓缓加糖可以为糖晶体溶解留出时间，从而不会使泡沫消失。另外，如果加糖太快，蛋白质分子可能无法正常展开。结果得到的疲软的蛋白酥，或者在极端情况下，蛋清将无法搅打起泡。

糖通过减缓蛋白质分子展开和聚集方式使蛋白酥稳定。这有助于稳定，是因为它可以防止过度搅打。还有一种糖稳定蛋白酥的方法。随着糖在蛋白酥的

有用的提示

未溶解的糖晶体出现在蛋白酥上面，对其有削弱作用。烘焙时，这些晶体会吸收水分，有时会形成不希望有的糖浆珠。为了尽量避免出现糖浆珠和蛋白酥体积缩小现象，应用精细砂糖（如超细糖），使糖分快速溶解。也可先将糖过筛，去除块状物，并慢慢加入，使其在添加物之间溶解。因为糖会减缓搅打过程，所以一定要在蛋白已经形成泡沫之后再加糖。

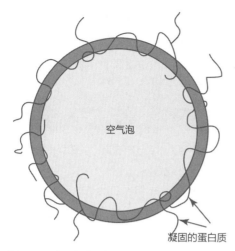

空气泡

凝固的蛋白质

图10.6 鸡蛋泡沫形成过程

液膜中溶解，会形成黏稠不易流失的糖浆。这样可以保护蛋白酥的气泡免于崩溃，形成的糖浆也为蛋白酥增添了缎面般的光泽。

脂质 脂质（脂肪、油和乳化剂）会干扰充气。根据类型和数量，脂质会减缓充气或阻止其发生。蛋黄脂质中的卵磷脂尤是如此，其减缓充气作用比起酥油或植物油还强。即使少量的蛋黄也可以防止蛋清搅打。

脂质通过裹覆蛋白质、防止其展开和聚集而干扰充气作用。但脂质的作用不限于此。脂质会与蛋白质竞争泡沫表面位置。由于脂质本身不能像鸡蛋蛋白质那样形成强大、具有凝聚力的网络，因此，由脂质包被的气泡会迅速膨胀，最终崩溃。

酸 酸通过降低pH来稳定蛋白酥。塔塔粉是最常用的酸，但柠檬汁和醋也能起稳定作用。酸过多会产生酸味，所以应当避免。

早加酸，搅打可能需要更长时间，但形成的蛋白质网络具有弹性和稳定性，可抵抗过度搅打，可以耐受折叠、裱花和烘焙操作，蛋白酥也会更白。

蛋清温度 刚从冷藏冰箱取出的蛋清不能很好搅打。搅打普通或法式蛋白酥的理想温度是室温，约21 ℃。

除了制作普通蛋白酥之外，烘焙房还制备瑞士和意大利蛋白酥。这三种中的任何一种，均可做成软蛋白酥或硬蛋白酥；即分别以等量白糖和蛋清，或2份白糖对1份蛋清做成的蛋白酥。瑞士蛋白酥在搅打之前要在双层锅中将糖与蛋清一起加热。该方法使糖晶体溶解，而较高的温度（40～50 ℃）无疑会对鸡蛋白展开产生影响。瑞士蛋白酥在烘

有用的提示

为了避免搅打蛋白酥时存在油脂和乳化剂问题，请务必使用干净的盆，小心地从蛋清中清除任何夹杂的蛋黄，并且不要用塑料盆和器具，因为它们吸收油脂，不容易清洗。

有用的提示

如果需要将蛋清加热到室温，则要格外小心。最好在热的但不沸腾的水浴中缓缓地加热蛋清，并在其变温的同时不断搅拌。如果过热，蛋清会凝结，不能搅打。

焙房中用得较多，如果制备得好的话，比普通蛋白酥稳定。

因为冷冻蛋清可能已经被加热巴氏杀菌，所以在瑞士蛋白酥中使用时必须小心。使这种蛋清加热到糖晶溶解，然后立即将其从热源移开。

意大利蛋白酥基本上是熟蛋白酥。加热至120~121 ℃的热糖浆慢慢加入到搅打的蛋清中。热糖浆使搅打的鸡蛋白凝固。意大利蛋白酥是三种类型蛋白酥中最稳定的蛋白酥。然而，意大利蛋白酥具有最低的体积，并且最稠密，具有最不温和的口感。

蛋清的稠度　稀薄的陈蛋清比稠厚的新鲜蛋清搅打出的泡沫体积更大。但一旦搅打完毕，稀蛋清泡沫较不稳定，因为液体薄膜较容易从泡沫中流淌下来。如果体积比稳定性更重要，则最好采用陈一些的蛋清。

然而，在大多数情况下，正常渠道购买到的已经是陈蛋，有的蛋甚至已经贮存数周。为了获得较好的稳定性，一般要用新鲜蛋做蛋白酥，陈蛋可以留做一般烘焙用。

搅打时间　搅打不足和搅打过度均不可取。如果搅打不足，则蛋白质不能充分聚集成有强度的膜。搅打不足的蛋白酥最终会出水。

搅打太快或搅打时间太长，则蛋白质会变性，并大量聚集，并且围绕

有用的提示

　　搅打蛋白的速度不要超过中等速度，并应严格按照各配方指南操作，适时停止搅打。应周全计划制备时间点，以便做好的蛋白酥及时使用。

气泡的保护膜变得过度伸展和具有刚性。蛋白酥最终会崩溃，形成紧密黏合的不稳定蛋白质块，漂浮在挤压出的液体中。换句话说，搅打过多对鸡蛋蛋白质结构的影响类似于过热的影响，会产生凝结作用。过分搅打的蛋清应该丢弃。

其他因素　影响蛋白酥稳定性的其他因素包括铜或盐的存在，以及所使用的搅拌器类型。在铜盆中搅打会增加蛋白酥的稳定性，其作用与加塔塔粉操作相同；也就是说，它提高了蛋白质网络的弹性，使其具有耐受过度搅打、折叠、裱花和烘焙操作的稳定性。用铜盆搅打，每当搅打器与盆相碰，就会将微小铜粒搅打进蛋白酥。用铜器搅打的蛋白酥有轻微的金黄色。

盐似乎会降低蛋白酥的稳定性，所以搅打蛋白酥最好不要加盐。粗丝打蛋器或大桨叶搅打器与细丝搅打器相比，前者得到的空气泡大而不稳定。所以选择搅打器时，最好选用较细钢丝打蛋器搅打蛋白酥。

贮存和处理

美国食品与药物管理局（FDA）将壳蛋归类为潜在危险食品，即使鸡蛋是干净、整体无破裂的。复水的蛋粉和解冻的冷冻蛋制品也具有潜在危险。

使用鸡蛋应遵循以下准则，以确保其微生物学安全性。

接收和贮存蛋和蛋制品

- 检查整批货物的温度，将一个或两个鸡蛋打入小杯子，并立即用精确温度计测量温度。根据法律，进货蛋的温度应为7 ℃或以下。
- 从一批供货鸡蛋中取出1~2枚，对其新鲜度进行评价。检查外壳的清洁度、蛋清和蛋黄的稠度以及气味。
- 立即冷藏或冷冻交货的蛋和蛋制品。蛋粉应在室温下贮存于阴凉干燥处。

壳蛋应贮存在原来的容器中。壳蛋的理想贮存条件为3~4 ℃，相对湿度为75%~85%。这有助于保持鸡蛋的整体质量。至少要确保在7 ℃或更低的温度下冷藏壳蛋、复水的蛋粉和解冻的冷冻蛋制品。

- 未开封的冷藏液体蛋制品可以在4 ℃或以下温度中最多贮存12周。一旦打开包装，应在几天内使用。应跟踪产品的生产日期、在包装盒上标记解冻日期。始终按先进先出原则周转库存。
- 像处置冷藏产品一样，处置已经解冻并打开的冷冻液体蛋制品。不要重新冻结未使用的产品，因为冻结和解冻对包括蛋制品在内的冷冻食品造成的伤害最大。

什么是沙门菌病？

沙门菌是一种导致最常见食源性感染沙门菌病的细菌。美国每年估计有118,000例疾病是由消费感染了沙门菌的鸡蛋引起的。破碎或脏的鸡蛋是沙门菌污染的明显危险因素，但即使是干净、完整的鸡蛋也有可能受到污染。沙门菌病的症状包括腹泻、发烧、强烈的腹痛和呕吐。轻度病例经常持续两三天。严重的病例持续时间更长，可能致命，特别是对于幼儿、老年人或免疫系统较弱者。

由于沙门菌不能从动物来源的生食品中完全消除，所以必须由食品制备人员严格控制。鸡蛋和乳制品是两种常见的烘焙房配料，它们是沙门菌的潜在来源，必须妥善处理。因为沙门菌不会在4 ℃以下生长，并且在加热到71 ℃时被破坏，很明显，适当地烹饪和贮存蛋和含蛋产品是确保烘焙食品安全的重要手段。

蛋清的碱性

蛋清是少数天然碱性食品之一。新鲜蛋清的pH接近8，随着蛋龄增加，pH会增加到9或10，二氧化碳会通过蛋壳散发。虽然蛋清的天然碱性有助于减少细菌生长，但沙门菌仍然可以存在，因此，蛋清在消费前仍应进行煮熟或灭菌处理。

溶菌酶，一种蛋清蛋白质

蛋壳是鸡蛋抵御细菌入侵的第一道防线，其次是蛋清本身。虽然蛋清有几种防御手段，但其最有效的抗菌因素之一是蛋白质溶菌酶。溶菌酶实至名归。它是一种溶解或分解某些细菌（包括沙门菌）细胞壁的酶。溶菌酶通过破坏细菌的细胞壁来杀死细菌。溶菌酶并不是鸡蛋清所独有，它也存在于人类眼泪和唾液中。虽然溶菌酶使沙门菌和其他细菌难以在蛋清中生长，但这些细菌仍有可能出现在蛋中。美国农业部估计，20,000枚鸡蛋中有1枚感染沙门菌。

用法

- 丢弃即使只出现最小裂缝或具有强烈异味的鸡蛋。

- 使用前不要洗鸡蛋；鸡蛋已由包装商洗涤和消毒。

- 不要将大量鸡蛋打开汇集，供日后使用，因为去壳鸡蛋特别容易滋生细菌。

- 不要将鸡蛋直接打入装有其他配料或其他鸡蛋的碗中；应打入小杯或碗中，检查是否有蛋壳碎片，然后再加入批量容器中。

- 打破鸡蛋时，不要让壳与蛋内容物接触。虽然鸡蛋加工商已经消毒，但蛋壳可以在后期吸收污垢或微生物。提示：应使用金属勺子，而不要使用蛋壳去清除无意中掉入蛋清中的蛋黄。

- 不要在室温下解冻冷冻鸡蛋；应按下面所给的准则进行解冻。

- 为了避免交叉污染，务必对接触鸡蛋的设备、器具和台面进行消毒，并且在处理生鸡蛋后，要彻底洗手，再处理其他食品。

- 壳蛋的最短烹饪时间：在60 ℃以上保持至少3.5 min。

- 对于未经加热且在60 ℃至少保持

3.5 min的产品，需要用鸡蛋时，应使用巴氏杀菌的蛋制品。

- 加热产品（如香草蛋奶酱）食用前要在冰水浴中快速冷却，并保持在4 ℃以下，为使产品在温度危险区搁置时间尽量短，应在1 d内使用。

如何解冻冷冻蛋制品

解冻冷冻蛋制品有两种可行的方法。第一种方法是在冷藏环境解冻。最好采用这种方法，但需要提前安排。

解冻冷冻蛋制品的第二种可行的方法是将未开封的容器放在冷水中。不要在热水中解冻，否则会煮熟鸡蛋，破坏它们的功能；不要在室温下解冻，因内部解冻需要较长时间，这样会使外层区域长时间处于潜在危险温度下。

如何使用蛋粉

烘焙食品中使用蛋粉有两种方法。最简单的方法是将蛋粉与其他干燥配料混合，并确保相应地增加配方中的水分量。

第二种方法是在使用前用冷水复水。使用前，应使复水蛋粉静置、冷藏。复水蛋黄至少要静置1 h，蛋清至少要3 h。这样可使蛋粉适当水合。

复习题

1　在蛋的可食部分中蛋清占多少？蛋黄占多少？（分数或百分比）

2　蛋清和蛋黄的水分、脂质（脂肪和乳化剂）含量各为多少？

3　蛋清的另一个名字是什么？

4　列举蛋黄中存在的乳化剂。

5　蛋黄的哪个成分提供黄色？为什么蛋黄的颜色会随鸡蛋生产商和产蛋季节不同而变？

6　全蛋中的哪种组分（脂肪、乳化剂、蛋白质、水和矿物质等）可以提供结构或起增韧作用？哪两种成分被认为是软化剂？这些组分分别出现在哪部分，蛋清还是蛋黄？

7　解释为何即使含有软化剂，蛋黄仍被认为是结构剂。

8　为什么美国食品及药物管理局和美国鸡蛋协会将市售的带壳鸡蛋称为"壳蛋"，而不称为"鲜鸡蛋"？

9　什么是"蛋制品"？它较壳蛋有什么优点？

10　为什么未煮过的奶油或冰糕里要使用蛋制品，而不用壳蛋？

11　为什么柠檬酸经常加入到冷冻的巴氏杀菌全蛋中？

12　为什么瓜尔胶经常加入到冷冻的巴氏杀菌蛋清中？

13　为什么经常将糖加入到冷冻的巴氏杀菌蛋黄中？

14　按最强到最弱，分别对蛋清、蛋黄和全蛋在以下功能方面排序：结构、增韧、面团膨发、颜色、风味和乳化。

15　为什么在蛋糕糊中额外添加蛋清（含90%的水）有时候会使蛋糕变干，而不是湿润？

16　糖和脂肪如何影响鸡蛋凝固过程？即过度烹饪是否会导致蛋白质凝结、增韧作用加速？或者使这种作用减缓速度？

17　哪种方法较适用于生产高质量烘焙蛋奶羹：使用温度稍高的烤箱，还是使用温度稍低的烤箱？解释说明。

18　脂肪（如来自奶油和蛋黄的脂肪）除了有利于生产较软和较嫩的蛋奶羹外，对蛋奶羹的质地还有什么影响？

19　采用使泡沫稳定性增强的措施，对新鲜搅打的泡沫的体积会有什么影响？也就是说，当你增加搅打蛋白的稳定性时，泡沫的体积会增加、减少还是保持不变？

20　硬蛋白酥和软蛋白酥有什么区别？这两种类型的蛋白酥分别应用在什么场合？

21　简述普通蛋白酥、瑞士蛋白酥和意大利蛋白酥制备方法上的差异。哪种蛋白酥最稳定？哪种最不稳定？

22 蛋龄增长使蛋清（和蛋黄）的稠度发生什么变化？这种变化会影响其搅打性能吗？

23 糖如何影响搅打蛋清的稳定性？加糖太快或太早对搅打蛋清有什么影响？

24 脂肪和蛋黄如何影响蛋白酥形成泡沫的能力？

25 酸如何影响搅打蛋清的稳定性？

26 搅打蛋清时，最常添加的酸是什么？

27 提出6项使用蛋和蛋制品的安全指导原则，并说明为什么这些原则很重要。

讨论题

1 一个配方需要35个全蛋。应该称取全蛋的质量为多少？

2 一个配方需要10个蛋黄。应该称取蛋黄的质量为多少？

3 一个配方要求6个蛋清。应该称取蛋清的质量为多少？

4 为什么在含有鸡蛋的烘焙饼干中可能会出现微绿色花纹？怎么预防？

5 绘制鸡蛋蛋白质热凝固过程曲线。图中应说明，当鸡蛋受热太多会发生什么现象。说出每一步发生的变化，并应正确标记所有步骤。

6 你需要用热牛乳对室温鸡蛋调温，以避免鸡蛋凝固。说明你将如何做到这一点，并解释如何防止鸡蛋凝固。

7 你有多余的蛋黄，决定用它们替代蛋糕配方中的全蛋。你按1 kg蛋黄替代1 kg全蛋的比例替代。用蛋黄制备的蛋糕与用全蛋制备的蛋糕相比，会出现什么差异？

8 描述鸡蛋泡沫的形成过程。

9 列出接收和贮存蛋和蛋制品时要遵循的步骤，并解释为什么每步都很重要。

练习和实验

① 练习：蛋制品和鸡蛋替代品的感官特征

在结果表"描述"列填写每个产品和替代品的品牌名称，包括对产品进一步描述的内容及与其他同类产品区分的信息。接下来，根据包装确定产品是否经过巴氏杀菌，并列出每种蛋制品或蛋替代品的配料表。接下来，在室温下对新鲜样品外观（颜色、透明度和稠度）及香气进行评价。利用这个机会，根据感官特征区分不同蛋制品和蛋替代品。如果需要，利用最后留空的两行，评价其他蛋制品。

结果表　蛋制品和鸡蛋替代品

蛋制品	描述	巴氏杀菌 （是 / 否）	配料表	外观	香气
冻全蛋					
冻蛋清					
蛋清粉					
冷冻蛋黄					
冷藏蛋黄液					
液态全蛋替代品（如搅打蛋液）					
蛋粉替代品					

　　使用教科书和上表中的信息来回答以下问题。从**黑体字**中选择一个选项或填空。

（1）未标记为巴氏杀菌的唯一的**蛋制品/替代品**是＿＿＿＿＿＿＿＿＿＿＿＿＿＿，
　　　该产品可能未经过巴氏杀菌，是因为＿＿＿＿＿＿＿＿＿＿＿＿＿＿＿＿＿＿
　　　＿＿＿＿＿＿＿＿＿＿＿＿＿＿＿＿＿＿＿＿＿＿＿＿＿＿＿＿＿＿＿＿＿＿
　　　＿＿＿＿＿＿＿＿＿＿＿＿＿＿＿＿＿＿＿＿＿＿＿＿＿＿＿＿＿＿＿＿＿＿

（2）冷冻全蛋有时会加入＿＿＿＿＿＿＿，以防止它们在加热时变色。该成分**未被/也被**加入到所评价的冷冻全蛋中。

（3）冷冻蛋清有时会加入＿＿＿＿＿＿＿，这是一种天然的植物胶，可以增加白色，防止冰晶的损伤。这种植物胶**未被/也被**添加到被评价的冷冻蛋清中。

（4）冷冻蛋清有时加入搅打助剂＿＿＿＿＿。这种搅打剂**未被/也被**添加到被评价的冷冻蛋清中。

（5）冷冻蛋黄有时会加入＿＿＿＿＿＿＿或＿＿＿＿＿＿＿，以防止其变性和胶凝。评价的冷冻蛋黄具有以下防止胶凝的成分：
　　　＿＿＿＿＿＿＿＿＿＿＿＿＿＿＿＿＿＿＿＿＿＿＿＿＿＿＿＿＿＿＿＿＿＿
　　　＿＿＿＿＿＿＿＿＿＿＿＿＿＿＿＿＿＿＿＿＿＿＿＿＿＿＿＿＿＿＿＿＿＿
　　　＿＿＿＿＿＿＿＿＿＿＿＿＿＿＿＿＿＿＿＿＿＿＿＿＿＿＿＿＿＿＿＿＿＿

（6）全蛋替代品中提供橙黄色鸡蛋颜色的成分是：
　　　＿＿＿＿＿＿＿＿＿＿＿＿＿＿＿＿＿＿＿＿＿＿＿＿＿＿＿＿＿＿＿＿＿＿
　　　＿＿＿＿＿＿＿＿＿＿＿＿＿＿＿＿＿＿＿＿＿＿＿＿＿＿＿＿＿＿＿＿＿＿

（7）由于它们的主要用途之一是制作炒鸡蛋和煎蛋卷，全蛋替代品通常添加盐和调味料。加入全蛋替代品的调味料如下：
　　　＿＿＿＿＿＿＿＿＿＿＿＿＿＿＿＿＿＿＿＿＿＿＿＿＿＿＿＿＿＿＿＿＿＿
　　　＿＿＿＿＿＿＿＿＿＿＿＿＿＿＿＿＿＿＿＿＿＿＿＿＿＿＿＿＿＿＿＿＿＿

（8） 你想制备没有防腐剂的烘焙食品（防腐剂包括苯甲酸钠、山梨酸钾和丙酸钙）。因此可用于无防腐剂烘焙食品的不含防腐剂的**蛋制品/替代品**如下：

_____

_____

（9） 液态全蛋替代品中提供结构的主要成分是：

_____

_____

（10）蛋粉替代品中提供结构的主要成分是：

_____

_____ 。

（11）你有一个对鸡蛋过敏的客户。为他制备蛋糕时，你可以使用**全蛋替代品/蛋粉替代品**。

② **练习：如何最大限度地减少蛋奶酱（英式奶油）的出水和凝结**

想象一下，有这样一个蛋奶酱配方，按此配方，在烹饪过程中往往会出水。可以对配方或制备方法进行任何更改。列出以下可能会减少出水和凝结的调整措施，因为每种调整均可降低鸡蛋凝固的速度。虽然其中一些调整并非在所有场合均有效，并且有些调整比别的调整更好，但每种调整都应该是可行的。解释每种调整可行的原因。第一个已完成。

（1）使用较低的烹饪温度。

原因：这是减缓凝固速率的最直接途径，因为它降低了蛋奶羹的传热速率。当鸡蛋加热缓慢时，鸡蛋蛋白质有更多的时间适当地展开和凝固，但还未发生凝结。

（2）用奶油代替牛乳。

原因：_____

_____

_____

（3）增加糖的用量。

原因：_____

_____

_____

（4）用微沸水在双层锅（隔水蒸锅）中加热蛋奶酱。

原因：_____

_____

_____

（5）减少鸡蛋的用量。

原因:_____

_____

_____

❸ 实验：鸡蛋和液体对烘焙蛋奶羹整体质量影响有何不同

目的

证明不同的鸡蛋和液体如何影响

- 烘焙蛋奶羹的硬度
- 烘焙蛋奶羹的外观、风味和口感
- 烘焙蛋奶羹的总体可接受性

制备的产品

用以下条件制备的烘焙蛋奶羹

- 全蛋/全脂牛乳（对照）
- 蛋清/全脂牛乳
- 蛋黄/全脂牛乳
- 全蛋/奶油
- 全蛋/豆浆
- 全蛋/水
- 如果需要，可使用其他配料（如液体全蛋替代品/全脂牛乳；全蛋/低脂牛乳；全蛋/全脂牛乳加入生菠萝汁；冷冻巴氏杀菌全蛋/全蛋等）

材料和设备

- 台秤
- 不锈钢炖锅
- 不锈钢盆
- 搅打器
- 蛋奶羹（见配方），足够每个条件下装满8个或更多的蛋奶羹杯
- 陶瓷蛋奶羹杯（180 ml）或等同物
- 8号勺（120 ml）或等同物
- 烤箱温度计

- 酒店平底锅（用作水浴）
- 数显温度计（可选）

配方

烘焙蛋奶羹

产量：8份，每份1/2杯

配料	质量 /g	烘焙百分比 /%
全脂牛乳	450	100
全蛋	200	45
砂糖	112	25
香兰草提取物	8	2
合计	770	172

制备方法

（1）烤箱预热至160 ℃。

（2）将牛乳放入锅中煮沸。从热源移走。

（3）将鸡蛋、糖和香草提取物加入盆中搅拌。

（4）将热牛乳轻轻搅拌加入鸡蛋混合物。

步骤

（1）在每批烘焙蛋奶羹使用的杯子或烤箱上做出鸡蛋和液体类型的标签。

（2）用上述（任何基础烘焙蛋奶羹）配方制备蛋奶羹混合物。为每个条件制备一批。

（3）用8号勺（或任何填装3/4杯的勺子）填充陶瓷蛋奶羹杯。

（4）将烤箱温度计置于烤箱中央，读取烤箱初始温度。结果记录在此：_____。

（5）当烤箱正确预热时，将填充好的蛋奶羹杯放在酒店平底锅中，再放入烤箱中。将热水倒入锅中约1.25 cm深，并将定时器设定在30～40 min（时间可能因水浴中的水温而异）。

（6）烘焙直到对照产品（用全蛋和全脂牛奶制成）坚实但仍然能够微微膨起。从烤箱中取出的（与对照品烘焙时间相同）所有烘焙蛋奶羹，即使有些产品尚未形成适当硬度。但是，如有必要，可根据烤箱内温度差异调整烘焙时间。

（7）在下面的结果表中记录烘焙时间。

（8）检查最终烤箱温度。结果记录在此：_____。

（9）如果需要，检查烘焙蛋奶羹的温度（中心点），并记录在结果表备注中。为保证准确性，蛋奶羹从烤箱中取出后必须立即读取温度计读数。

（10）从热锅中取出蛋奶羹杯并冷却至室温。

结果

评价完全冷却产品的感官特征，并在结果表中记录。一定要依次与对照产品进行比较，并考虑以下几点：

- 外观（颜色、半透明度、硬度等）
- 质地和口感（硬度、光滑度、奶油状、脆性等）
- 风味（甜味、鸡蛋味、风味的丰满度）
- 总体可接受性，从高度不可接受到高度可接受，按1~5级评分
- 必要时提供任何其他意见

结果表　不同鸡蛋和液体制备的蛋奶羹的感官特性

蛋类型	液体	烘焙时间 /min	外观	质地和口感	风味	总体可接受性	备注
全蛋	全脂乳						
蛋清	全脂乳						
蛋黄	全脂乳						
全蛋	奶油						
全蛋	豆浆						
全蛋	水						

误差来源

列出可能导致难以根据实验结果得出正确结论的任何误差来源。特别要注意：牛乳加热或保持多长时间，出现何种差异，将等量的奶油混合物分配到杯子中的各种难处，在水浴中加多少水，是否有水溢出至蛋奶羹，最终蛋奶羹温度的差异（如果测量）及各种烤箱问题。

_____

_____

_____

说明下一次可以如何改进，以尽量减少或消除每个误差来源。

_____

_____

_____

结论

从**黑体字**中选择一个选项或填空。

（1）最深黄色的蛋奶羹是用**全蛋/蛋清/蛋黄**制成的。这是因为这个蛋奶羹中＿＿＿＿＿＿＿＿＿＿＿是最高的，这种颜色为鸡蛋提供了黄色。三个奶酪外观的其他差异如下：

＿＿＿＿＿＿＿＿＿＿＿＿＿＿＿＿＿＿＿＿＿＿＿＿＿＿＿＿＿＿＿＿＿＿＿＿＿＿＿

＿＿＿＿＿＿＿＿＿＿＿＿＿＿＿＿＿＿＿＿＿＿＿＿＿＿＿＿＿＿＿＿＿＿＿＿＿＿＿

＿＿＿＿＿＿＿＿＿＿＿＿＿＿＿＿＿＿＿＿＿＿＿＿＿＿＿＿＿＿＿＿＿＿＿＿＿＿＿

（2）当结构形成时，烘焙蛋奶羹会变得较硬。蛋奶羹中的结构剂是：**全蛋/蛋清/蛋黄**？

（3）鸡蛋会与乳蛋白和钙盐相互作用，形成**较软/较硬**的凝胶。这就是为什么用牛乳制成的蛋奶羹比用水制成的蛋奶羹更**软/硬**。

（4）豆浆中的蛋白质及钙盐与鸡蛋蛋白质相互作用程度**小于/大于/等于**乳中蛋白质及盐分与鸡蛋蛋白质相互作用程度。这就是为什么用豆浆制成的烘焙蛋奶羹与用全脂牛乳和全蛋制成的蛋奶羹相比，质地**较软/较硬/相同**的原因。

（5）用不同液体制成的烘焙蛋奶羹中，用全蛋和**全脂牛奶/高脂稀奶油/豆浆/水**制成的最平滑、最具奶油质感。这可能是因为这种配料具有**高/中等/低**软化能力

＿＿＿＿＿＿＿＿＿＿＿＿＿＿＿＿＿＿＿＿＿＿＿＿＿＿＿＿＿＿＿＿＿＿＿＿＿＿＿

＿＿＿＿＿＿＿＿＿＿＿＿＿＿＿＿＿＿＿＿＿＿＿＿＿＿＿＿＿＿＿＿＿＿＿＿＿＿＿

＿＿＿＿＿＿＿＿＿＿＿＿＿＿＿＿＿＿＿＿＿＿＿＿＿＿＿＿＿＿＿＿＿＿＿＿＿＿＿

（6）用不同鸡蛋制成的烘焙蛋奶羹中，风味最全面、最浓郁的是用**全蛋/蛋清/蛋黄**制成的。这些样品风味的具体差异包括：

＿＿＿＿＿＿＿＿＿＿＿＿＿＿＿＿＿＿＿＿＿＿＿＿＿＿＿＿＿＿＿＿＿＿＿＿＿＿＿

＿＿＿＿＿＿＿＿＿＿＿＿＿＿＿＿＿＿＿＿＿＿＿＿＿＿＿＿＿＿＿＿＿＿＿＿＿＿＿

＿＿＿＿＿＿＿＿＿＿＿＿＿＿＿＿＿＿＿＿＿＿＿＿＿＿＿＿＿＿＿＿＿＿＿＿＿＿＿

（7）关于蛋奶羹或实验差异的其他补充评论：

＿＿＿＿＿＿＿＿＿＿＿＿＿＿＿＿＿＿＿＿＿＿＿＿＿＿＿＿＿＿＿＿＿＿＿＿＿＿＿

＿＿＿＿＿＿＿＿＿＿＿＿＿＿＿＿＿＿＿＿＿＿＿＿＿＿＿＿＿＿＿＿＿＿＿＿＿＿＿

＿＿＿＿＿＿＿＿＿＿＿＿＿＿＿＿＿＿＿＿＿＿＿＿＿＿＿＿＿＿＿＿＿＿＿＿＿＿＿

❹ 实验：不同鸡蛋如何影响松饼的整体质量

目的

证明鸡蛋的种类如何影响：

- 外皮的颜色

- 饼心的颜色和结构

- 松饼的湿润度、松软度和高度

- 松饼的整体风味

- 松饼的总体可接受性

制备的产品

按以下条件制备松饼

- 全蛋（对照）

- 不加鸡蛋［额外加水（75%）、油（10%）和乳粉（15%）替代鸡蛋］

- 蛋清

- 蛋黄

- 液体全蛋替代品（如搅打蛋液）

- 如果需要，可采用其他配料（一半蛋黄和一半的水,以补齐全蛋中的水分；复水全蛋粉、复水替代蛋粉、巴氏杀菌冷冻全蛋等）

材料和设备

- 台秤

- 筛子

- 不锈钢盆

- 搅打器

- 松饼面糊（见配方），每个条件足以制作24个或更多的松饼

- 松饼盘（65 mm或90 mm）

- 衬纸或烤盘喷剂

- 16号分配勺（30 mL）或等同物

- 半烤盘（可选）

- 烤箱温度计

- 木片（用于测试）

- 锯齿刀

- 尺子

配方

基本松饼面糊

产量： 24个松饼（会有一些多余的面糊）

配料	质量 /g	烘焙百分比 /%
油酥糕点面粉	570	100
砂糖	225	40
盐（1 茶匙 /5 mL）	6	1
烘焙粉	35	6
黄油	200	35
全蛋	170	30
牛乳	455	80
合计	1661	292

制备方法

（1）预热烤箱至200 ℃。

（2）将干燥配料一起筛至盆中。

（3）融化黄油；稍微冷却。

（4）轻轻搅打蛋；混合到牛乳和融化的黄油中。

（5）将液体倒在干燥的配料上，混合均匀，直到面粉湿润。面糊看起来带团块。

制备方法

（不含蛋的松饼）

按照上述对照产品的制备方法，作以下调整：

（1）将28 g乳粉与干配料一起过筛混合。

（2）向液体成分中加入14 g油和128 g水。

步骤

（1）使用上述（或任何基本松饼）配方制备松饼面糊。为每个条件制备一批面糊。

（2）在松饼烤盘中铺上衬纸或轻轻地喷洒烤盘喷剂。

（3）在松饼烤盘或烤箱上做标签注明松饼糊所用鸡蛋类型。

（4）将松饼面糊用16号勺（或任何1/2~3/4杯容量的勺子）舀入准备好的松饼盘中。如果需要，将松饼盘放在半大烤盘上。

（5）利用置于烤箱中心的烤箱温度计，读取烤箱的初始温度。结果记录在此：_____。

（6）当烤箱正确预热时，将装满的松饼盘放入烤箱中，并将定时器设定在 20～22 min。

（7）烘焙直到对照产品（用全蛋制成）中央顶部轻轻按压时会弹回，木片插入松饼中心能干净抽出。对照产品应轻微变褐。在与对照产品相同长度的时间内，从烤箱中取出所有松饼，即使有些颜色较淡或没有适当膨发。但是，如有必要，可根据烤箱差异调整烘焙时间。

（8）将烘焙时间记录于结果表1。

（9）检查最终烤箱温度。结果记录在此：_____。

（10）从热锅中取出松饼，冷却至室温。

结果

（1）当松饼完全冷却时，按如下方法评价高度：

- 每批取3个松饼切成两半，小心不要挤压。
- 将尺子放在松饼切口的平直边缘测量每个松饼中心高度，以mm为单位将测量结果记录在结果表1中。
- 通过三个松饼高度相加并除以3计算每个批次松饼的平均高度。将结果记录在结果表1中。

（2）评价松饼的形状（均匀圆顶、顶峰、中心凹陷等），并将结果记录于结果表1中。

结果表1　不同类型鸡蛋松饼大小和形状

蛋类型	烘焙时间 /min	三个松饼各自的高度 /mm	松饼平均高度 /mm	松饼形状	备注
全蛋（对照）					
不加蛋（以水、油及乳粉替代）					
蛋清					
蛋黄					
液体全蛋替代品					

（3）评价完全冷却产品的感官特性，并将评价结果记录在结果表2中。确保将每一项与对照产品进行比较，并考虑以下因素：

- 外皮颜色，从非常浅到非常深，按1～5级评分
- 饼心外观（气室小/大、气室均匀/不规则、孔道等）；饼心颜色
- 饼心质地（坚韧/柔软，潮湿/干燥、胶质、海绵状、脆弱等）
- 风味（鸡蛋味、面粉味、咸味、甜味等）

- 总体可接受性，从高度不可接受到高度可接受，按1~5级评分
- 必要时提供任何其他意见

结果表2　不同类型鸡蛋松饼的感官特性

鸡蛋类型	外皮颜色	饼心外观与质地	风味	总体可接受性	备注
全蛋（对照）					
不加蛋（以水、油及乳粉替代）					
蛋清					
蛋黄					
液体全蛋替代品					

误差来源

列出可能导致难以根据实验结果得出正确结论的任何误差来源。特别要考虑混合和处理面糊有何差异，将等量的面糊分配到松饼盘中有何困难，以及烤箱有什么问题。

_____

_____

_____

说明下一次如何调整，以尽量减少或消除每个误差来源。

_____

_____

_____

结论

从**黑体字**中选择一个选项或填空。

（1）褐变程度最低的松饼**不加蛋/由全蛋/由蛋清**制成。这可能是因为这些松饼的蛋白质含量最**低/高**，这是**焦糖/美拉德**反应所必需的。差异**小/中等/大**。

（2）最软的松饼**不加蛋/由全蛋/由蛋清**制成。这可能是因为这些松饼中归类为**结构剂/软化剂**的蛋白质含量最**低/高**。差异**很小/中/大**。

（3）尝起来非常潮润，甚至胶质的松饼都**不加蛋/由全蛋/由蛋清**制成。这表明即使它们含有水分，鸡蛋还含有干燥剂，主要是**蛋类/糖/油**，它们会吸收水分。换句话说，水分的存在并不总会得到湿润感。

（4）不用鸡蛋制成的松饼没有塌陷，因为它们含有其他结构助剂，即面粉中的面筋及_____。

（5）用蛋黄制成的松饼**像/不像**不用鸡蛋的松饼那样柔软。这意味着它们的结构比不用蛋制成的松饼的结构**多/少**。换句话说，蛋黄可以归类为**结构剂/软化剂**。

（6）蛋黄制成的松饼总体上**可/不可**接受。与全蛋制成的松饼相比，用蛋黄制成的松饼在外观、质地和风味方面有以下差异：

_____

_____

_____

总的来说，这些差异可认为**小/中等/大**。

（7）蛋清制成的松饼总体上**可/不可**接受。与全蛋制成的松饼相比，用蛋清制成的松饼在外观、质地和风味方面有以下差异：

_____

_____

_____

总的来说，这些差异可认为**小/中等/大**。

（8）在我看来，最好的松饼是用 _____ 制成的，这是因为

_____

_____

（9）有关松饼或实验方面差异的补充评论：

_____

_____

_____

❺ 实验：不同配料和处理对蛋白酥质量和稳定性的影响

目的

展示各种成分和处理方式对以下各项的影响

- 完全搅打蛋白酥所需的时间
- 蛋白酥的体积
- 蛋白酥的稳定性
- 蛋白酥的外观、风味和口感
- 蛋白酥的整体可接受性

制备的产品

按以下条件制备蛋白酥：

- 普通软蛋白酥（对照产品，用1份糖对1份蛋清制备）

- 普通硬蛋白酥（由2份糖对1份蛋清制备）

- 加塔塔粉

- 不加糖

- 一开始就加糖

- 瑞士蛋白酥法

- 意大利蛋白酥法

- 其他（在盆中加少量蛋黄或起酥油；用巴氏杀菌冷冻蛋清；用蛋清粉制备；蛋清在搅打前不加热；高速搅打；搅打不充分；加盐等）

材料和设备

- 台秤

- 混合器（带5 L混合盆）

- 筛子（可选）

- 打蛋器

- 秒表或计时器

- 双层蒸锅

- 数显温度计

- 不锈钢深平底锅

- 糖果温度计

- 蛋白酥（参见配方，足够每个条件下制备450 g以上）

- 勺子

- 透明量杯（500 mL或等体积量器，每批试样一个）

- 直边尺

- 平口裱花袋（可选）

- 羊皮纸（可选）

配方

普通软蛋白酥

配料	质量 /g	烘焙百分比 /%
蛋清	225	100
砂糖	225	100
总量	450	200

制备方法

（对照产品，普通软蛋白酥）

（1）将蛋清加热至室温。

（2）如有必要，糖过筛去除块状物。

（3）用打蛋器，以中等速度搅打蛋清。

（4）蛋清开始起泡后，逐渐加入糖，直到形成软峰。

制备方法

（普通硬蛋白酥）

按照对照产品方法制备，但使用双倍量糖。

制备方法

（不含糖的蛋白酥）

按照对照产品方法制备，但不加糖。

制备方法

（添加塔塔粉制备蛋白酥）

按照对照产品方法制备，在步骤3中，当蛋清开始起泡时，加入1/4茶匙（1.25 mL）的塔塔粉。

制备方法

（瑞士蛋白酥法）

（1）在装（不沸腾）热水的双层锅中将蛋清和糖混合。

（2）连续搅拌混合，直至温度达到45 ℃。

制备方法

（意大利蛋白酥法）

（1）开始用45 g水加热糖。搅拌溶解。

（2）煮沸糖浆，不要搅拌，直到温度达到118 ℃。

（3）同时，以中速搅打蛋清。

（4）继续搅打蛋清，同时将热糖浆缓缓地加入。

（5）继续搅打，直到蛋白酥冷却。

步骤

（1）用上述配方或任何普通软蛋白酥基本配方制备蛋白酥。每个条件下制备一批蛋白酥。

（2）测量泡沫软峰形成所需的时间。将结果记录在下面的结果表1中。

注意：蛋清中存在沙门菌风险，但风险较小。消费未经高温消毒的蛋清是法规所禁止的或不可取的，因此，仅通过气味评估风味，省略甜味评估，并且用指尖或勺子对组织结构作出评估以替代口感评价。或者使用巴氏杀菌蛋清进行本实验。

结果

（1）按以下方法测量蛋白酥的密度：

- 小心地将每种蛋白酥用勺子舀到透明量杯中。
- 目视检查量杯，确认没有大空隙存在。
- 用直边尺刮平杯子的上表面。
- 称量每杯蛋白酥质量，并将结果记录在结果表1中。
- 如果需要，将测量所得的密度（单位体积的质量）转换成相对密度，方法是将各蛋白酥的质量用相同体积水的质量去除。

（2）用以下方法测量蛋白酥的稳定性：

- 在室温下将样品放在透明杯中，如果有时间，加热30 min以上。或者使用平口裱花袋装入蛋白酥进行裱花。
- 对体积损失、外观变化以及容器底部或羊皮纸上的液体增加进行评估。将结果记录在结果表1中。

结果表1　不同蛋白酥的搅打时间、体积及稳定性

处理	软蜂出现时间 /min	蛋白酥密度 / (g/mL)	蛋白酥相对密度（可选）	蛋白酥稳定性	备注
普通软蛋白酥（对照产品）					
普通硬蛋白酥					
普通软蛋白酥加塔塔粉					
不加糖					
开始一次性加糖					
瑞士蛋白酥法					
意大利蛋白酥法					

（3）评价新搅打的蛋白酥的感官特征，并在下面的结果表2中记录评价结果。一定要依次与对照产品对比，并考虑以下几点：

- 外观（气泡尺寸、光泽度、白度）
- 风味（甜味、酸味、新鲜鸡蛋味、异味）
- 口感（稠密度及饱满度、松软度/硬度）
- 柠檬蛋白酥的总体可接受性
- 根据需要添加任何其他评论

结果表2　不同处理方式的蛋白酥感官特征

处理	外观	风味	口感	总体可接受性	备注
普通软蛋白酥（对照产品）					
普通硬蛋白酥					
普通软蛋白酥加塔塔粉					
不加糖					
开始一次性加糖					
瑞士蛋白酥法					
意大利蛋白酥法					

误差来源

列出可能导致难以根据实验结果得出正确结论的任何误差来源。特别要考虑加糖速度和蛋白酥的充分搅拌之间的差异。

_____

_____

_____

说明下一次可如何调整，以尽量减少或消除每个误差来源。

_____

_____

_____

结论

从**黑体字**中选择一个选项或填空。

（1）随着糖量的增加，蛋白酥的密度**增加/降低/保持不变**。同样，增加糖量会**增加/减少/不会改变**蛋白酥品尝时的硬度。糖对蛋白酥的外观、风味和口感的其他影响如下：

_____

_____

_____

（2）随着糖量增加，蛋白酥持续较**长/短**时间，然后失去稳定性。蛋白酥不稳定的迹象包括：

_____

_____

_____

（3）搅打最快的蛋清**没有加糖/加双倍蛋清质量的糖（硬蛋白酥）**。这是因为糖可**减缓/加快**蛋白的展开，这是搅打蛋清重要的第一步。

_____

_____

（4）加入塔塔粉的主要目的在于**风味/稳定性/体积**。为达到此目的，可替代塔塔粉的其他**酸/碱**包括：

_____

_____

（5）塔塔粉将**酸/咸**味带到蛋白酥。引起的风味差异**小/中等/大**。用塔塔粉制成的蛋白酥，其感官特征的其他差异包括：

_____

_____

（6）一次性加糖与缓缓加糖（对照产品）相比，有什么优点和缺点？

_____

_____

（7）瑞士蛋白酥、意大利蛋白酥和普通蛋白酥（对照品）在稳定性、外观、风味和口感方面的主要差异如下：

_____

_____

_____

（8）有关蛋白酥的差异及关于实验的其他评论：

_____

_____

_____

（9）确定以下各种情况最适合采用哪种蛋白酥？说明原因。
　　① 天使蛋糕

_____

_____

_____

② 柠檬蛋白酥派，马上食用

_____

_____

_____

③ 柠檬蛋白酥派，存放3 d后食用

_____

_____

_____

④ 光滑、味浓、饱满的奶油糖霜

_____

_____

_____

⑤ 轻盈多气的奶油糖霜

_____

_____

_____

⑥ 裱花和烘焙的蛋白酥

_____

_____

_____

11

膨发剂

概述

膨发气体虽然重要，但经常在焙烤中发挥幕后作用。例如，空气（烘焙食品中的三种主要膨发气体之一）不会出现在配方中，蒸汽（三种主要发酵气体中的另一种）间接地以鸡蛋、牛乳、苹果酱和其他含水配料形式添加。作为二氧化碳来源的烘焙粉看起来都一样，而且加入的量又少，所以似乎没有什么可以了解的。事实上，烘焙粉有一些有趣和重要的差异经常被忽视。同样，作为另一种二氧化碳来源的酵母也可能会有很大差异。本章将讨论这些差异。还将讨论烘焙食品中三种主要膨发气体——空气、蒸汽和二氧化碳，以及它们各自如何促进膨发。

膨发过程

膨发剂使烘焙食品膨发，提供轻盈性和体积。膨发的烘焙食品与未膨发的相比，更加多孔和松软，也更容易消化。

烘焙食品膨发必须做到以下四点：

1　必须有足够气泡加入生面糊和面团。

2　必须由烤箱提供热量以形成气体并膨胀使气泡不断扩大。

3　柔性气泡壁必须受膨胀气体压力作用伸展。

4　气泡壁必须干燥并固化，确定烘焙制品的最终体积和形状。

虽然膨发被认为发生在烤箱内，但实际上从混合盆中乳化、搅打将空气带入面糊和面团时，膨发就已经开始了。

更详细地讨论膨发过程之前，有必要先了解物质的有三种形态：固态、液态和气态。当温度变化时，物质可以从一种物理形态变为另一种。例如，随着温度升高，固态冰融化成液态水，液态水蒸发成气态蒸汽。热量导致这些变化发生，并且在这些过程中，分子移动得更快并且分散得更远。这种膨胀作用是膨发的基础。

烤箱热量使气体膨胀，膨胀的气体推动柔性潮湿的气泡壁伸展。只要气泡壁伸展而不破裂，体积就会增加。最终，气泡壁成为半刚性结构，不能伸展。气泡内部压力不断增大，直到气泡壁破裂。此时，膨发停止，气体从烘焙制品中蒸发出来。当烘焙制品从烤箱中取出时，剩余的气体蒸发或收缩回原来的体积。结构坚固且多孔的产品能保持其形状。那些潮湿、薄弱的、尚未固化的结构，如蛋奶酥及烘烤不足的蛋糕，则会因气体蒸发或收缩而体积缩小或塌陷。

控制时间很重要。为了获得最佳的体积，气体膨胀必须发生在烘焙食品结构仍然具有弹性和柔韧性，且完好无损阶段。对于酵母发酵的烘焙食品，这些理想条件发生在主发酵、醒发和烘烤早期阶段。用黑麦和其他面筋不足的面粉制成的面包面团，不会正常膨大，因为没有面筋，面团不会伸展成能够保留气体的柔软薄膜。因此，发酵产生的气体不久便会从这些面团中逸出。

膨发气体

第3章提到，烘焙食品中的三种主要膨发气体是蒸汽、空气和二氧化碳。实际上，所有液体和气体在加热时都会膨胀，因此所有液体和气体都至少在一定程度上具有膨发作用。只不过蒸汽、空气和二氧化碳是烘焙食品最常见的含量最丰富的气体而已。在某些烘焙食品中可能起重要作用的其他液体和气体包括酒精和氨气。

根据膨发气体加入烘焙食品的方式对膨发剂进行分类也很常见。以这种方式分类，可将膨发剂分成三类：物理膨发剂、生物膨发剂和化学膨发剂。物理膨发剂包括蒸汽和空气。酵母是产生二氧化碳的生物膨发剂。烘焙粉也产生二氧化碳，是几种化学膨发剂的混合物。本章包含了所有关于这些膨发剂的信息。

蒸汽

蒸汽（水蒸气）是气态的水。当水、牛乳、鸡蛋、糖浆或任何其他含水配料被加热时，便会形成蒸汽。由于将水转化为蒸汽被认为是物理变化，所以蒸汽被称为物理膨发剂。蒸汽是一种非常有效的膨发剂，因为它膨胀时会占据比水大1600倍以上的空间。想象一下

有用的提示

如果烘焙食品体积小，可能是结构形成时间不合适。检查是否存在以下问题，并作适当调整。

- 面糊或面团温度是否正常？温度会影响膨发。温度也会影响面糊和面团的稠度，从而会影响气体的膨胀程度。例如，太热的蛋糕面糊会过早引发膨发，使蛋糕结构粗糙、体积小、易碎。过冷的蛋糕面糊膨发时间太晚，蛋糕会出现突峰及碎裂的顶部，体积小，组织结构坚硬粗糙。

- 烤箱是否工作正常？设定的温度是否正确？例如，炉温过低会降低气体的形成和膨胀。这对于一些利用蒸汽来膨发的烘焙食品（如泡芙糕点、松饼和某些海绵蛋糕）影响特别大。另一方面，如果烤箱温度设定得太高，发酵气体膨胀之前烘焙产品就可能已经形成外皮。

- 产品配方是否正确？配料是否准确量取？大量糖和脂肪会减缓蛋白质凝固和淀粉糊化，导致气体在结构形成之前释放。

- 烘焙粉起作用是否太快或太慢？不同烘焙粉释放二氧化碳的速度会有所不同，慢作用烘焙粉会在烘烤过程后期释放大部分气体。

- 烘烤前，生面糊是否搁置太长时间？随着时间的推移，小气泡与

这种使体积剧烈增长的力量。

所有烘焙食品或多或少要依靠蒸汽进行某种形式膨发，因为所有烘焙食品都含有水或其他液体。事实上，许多烘焙食品对蒸汽的依赖超出了人们的想象。例如，海绵蛋糕膨发既依赖空气也依赖蒸汽。因为海绵蛋糕面糊含有大量鸡蛋，从而水分含量也高。然而，为了使蒸汽成为有效的膨发剂，烤箱温度必须足够高，这样才能使水能够以足够快的速率蒸发成蒸汽。

一些烘焙食品，如空心松饼和泡芙糕点，几乎完全由蒸汽膨发。这些蒸汽膨发的烘焙食品不仅含有大量的液体，而且在非常热的烤箱中烘烤，以最大限度地提高蒸汽的膨发力。

蒸汽在烘焙食品中还有其他用途。例如，在早期阶段将蒸汽注入面包烤炉，可防止面包外皮过早形成，从而可使面包发挥最大膨胀潜力，而不受外皮硬化的限制。外皮一旦形成，就变得脆而光滑，因为加入的蒸汽可以使淀粉完全糊化。由于蒸汽延迟了外皮的形成，所以通入蒸汽比不使用蒸汽时产生的外皮更薄。

面团膨发简史

最初的面包不是发酵的。它们更像是通过润湿和烘烤坚果、谷物或种子制成的扁平玉米饼。埃及人可能最早发明了发酵面包。早在公元前2300年，他们就利用空气中存在的野生酵母来发酵面团。

多个世纪之后，酵母是唯一添加到烘焙食品的膨发剂。化学膨发剂直到18世纪后叶才引入。第一种流行化学膨发剂是珍珠灰，一种粗制形式的碳酸钾，也是一种碱。珍珠灰来自木头灰烬。接下来是小苏打，也称为碳酸氢钠，它与酸乳或酸乳制品一起使用。

几乎又过了近百年，葡萄酒酿造副产品（酒石酸）开始进入市场。它被用于制作首批商业烘焙粉。这种最早出现的烘焙粉产自旧金山——靠近美国加利福尼亚州的一个酿酒区。

整个19世纪和20世纪，烘焙粉一直被精制、更新，出现了更多功能的酒石酸。如今，有几种类型的烘焙粉可用。这些将在本章后面讨论。

虽然这些进展发生在化学膨发剂方面，但酵母也得到了改进。19世纪面包酵母首次得到纯化，并上市供应。面包师不用再受野生酵母酵头风味和气味的制约。直到20世纪40年代开发出活性干酵母以前，酵母应用几乎没有变化。虽然活性干酵母比新鲜酵母耐贮存，但它不如新鲜酵母表现好，并且没有被专业面包师广泛使用。直到20世纪70年代末，出现了速溶酵母，既具有干酵母的方便性，又具有新鲜酵母的发酵活性，情况才出现了改观。

鸡蛋面糊利用蒸汽膨发，烘烤时成为中空的壳体，中间可以填充糕点奶油、搅打奶油或咸味馅料。虽然在炉灶上烹饪时是一种稠厚的糊状物，但面糊中含有大量水或牛乳和鸡蛋构成的液体。在非常热的（220℃）烤箱中烘烤，使得这些液体在烘烤的前10 min内快速蒸发成蒸汽。这种强大的膨发潜力被面糊中大量蛋和糊化淀粉颗粒所束缚。

前面提到，生蛋白质是扭曲和卷曲状的。随着蒸汽膨胀，蛋白开始伸展和拉伸，面团得以膨胀。蒸汽继续膨胀，对拉伸的蛋白施加压力。最终，大部分蛋白结构受到压力而断裂，在泡芙混合物中形成了特征性的空腔。但是，泡芙壳外壁因受高热而变干，可耐受破裂。这些壁中的糊化淀粉和凝固的蛋白质变硬并固化，从而确定了泡芙壳的最后体积和形状。

泡芙壳必须得到充分烘烤。侧壁即使出现很微弱的潮湿，也会破裂。当泡芙壳从烤箱中取出时，蒸汽冷凝成水，从而占用较少空间，而仍然潮湿的侧壁会发生卷曲。当这种情况发生时，壳体会收缩并塌陷。

为了避免出现收缩和塌陷，不要依靠颜色来判断泡芙壳是否得到适当烘烤。而应当从烤箱中取出一个泡芙壳，将其打开，并检查是否干燥。如果干燥并且不会塌陷，则可以安全地将整批泡芙壳从烤箱中取出。

空气

空气对天使蛋糕和海绵蛋糕的重要性不难理解。总体上，这两种蛋糕都含有被搅打的蛋清，这使面糊中增加了大量的空气。了解空气对曲奇饼和饼干之类烘焙食品的重要性有点困难，因为这些面糊和面团在混合后体积没有明显变化。

但没有空气，烘焙食品就不会膨发。

讨论空气对膨发的重要性之前，有必要了解空气如何进入泡沫和面团。像蒸汽一样，空气也是一种物理膨发剂。也就是说，通过物理方法，例如乳化、搅打、过筛、折叠、捏合甚至搅拌，都可将空气添加到面糊和面团中。事实上，配料混合几乎不可能不带入一些空气。这些物理过程也可将大气泡分解成较小的气泡，以形成更精细、更均匀的

组织结构。例如，经过主发酵的面包面团要经过揉压，以将大的气泡细分为更小的气泡。

空气在膨发中的重要作用 像水一样，所有烘焙食品都有空气。与水不同的是，空气已经是气体了。第3章提到，空气是主要由氮气构成的气体混合物。尽管加热也使空气膨胀，但由于它已经是气体，所以不会像水膨胀得那么多。空气在膨发中的作用是微妙的，但同样重要，以下就此进行解释。

添加在面糊和面团中的空气，已经在混合期间均匀地分散为小气泡。存在于生面糊或面团中的这些气泡可以认为是种子气泡。在烘烤过程中，蒸汽和二氧化碳气体会进入到这些种子气泡中，使它们扩大。无论多少水蒸发成蒸汽，无论产生多少二氧化碳，烘烤过程中都

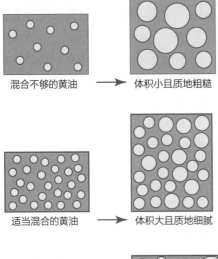

混合不够的黄油　→　体积小且质地粗糙

适当混合的黄油　→　体积大且质地细腻

过度混合的黄油　→　体积小且致密

图11.1　混合对烘焙食品的体积和组织结构的影响

有用的提示

制备烘焙食品时，严格按说明操作与正确称量配料同样重要。应理解搅打、充气乳化、捏合、折叠和配料过筛的含义，因为不同的混合方式会得到的不同的充气程度，从而会影响膨发。除非这些功能适当执行，否则面糊和面团不能正常充气，糕心外观和体积也会受影响。

不会形成新的气泡。相反，蒸汽和二氧化碳会填充并扩大已经存在于面糊或面团中的气泡。如果没有这些气泡，其他气体将无处可去，只能散发出去。没有这些气泡，就不会膨发。

应理解：烘烤过程可形成蒸汽和其他膨发气体，但不会形成新的气泡。已有的气泡只是膨胀扩大。

这样即可解释空气在烘烤中的重要作用。面糊和面团中的气泡数量有助于确定烘焙食品的组织结构。图11.1所示为混合量、种子气泡数与烘焙食品最终结构和体积之间的关系。

例如，如果蛋糕面糊混合不充分，则搅打进入的气泡太少，从而烘烤得到的将是组织结构粗糙、体积很小的蛋糕。烘烤期间膨胀的气体移动到混合期间形成的少量气泡中，使得它们非常大。气泡越少，气泡就会膨胀得越大。烘焙食品中的大型气泡意味着组织结构粗糙。

同样，过度混合的面糊和面团会含有许多种子气泡。气泡壁过度伸展、变薄、变弱。在烘烤过程中，这些气泡壁会进一步伸展并破裂。烘焙产品的体积同样不大。

二氧化碳

在三种主要发酵气体中，二氧化碳是唯一不存在于所有面糊和面团的气体。（空气仅含微量二氧化碳）。二氧化碳有两个来源：一是酵母（这是一种生物膨发剂）发酵产生，二是小苏打和烘焙粉之类化学膨发剂产生。

二氧化碳首次产生时，通常溶解在面糊和面团中存在的液体中，其方式与溶于饮料中的溶液大致相同。只有产生的二氧化碳足够多，或者受到烤炉加热时，二氧化碳才会进入现有的气泡，使它们膨胀。

下面将就二氧化碳的两个来源，酵母和化学膨发剂进行讨论。

酵母发酵

二氧化碳的生物或有机生产主要来自酵母发酵。虽然某些条件下（例如，酸面团）也会发生细菌发酵，但面团膨发所需的气体是由酵母产生的，而细菌主要产生酸和其他风味分子。

酵母细胞是单细胞微生物，酵母很小，1 lb（454 g）压缩酵母可含约15万亿个酵母。发酵是酵母细胞分解糖获取能量的过程。酵母利用这些能量生存、生长和繁殖。图11.2所示为酵母出芽繁殖的情形。随着时间推移，芽变大并最终脱离母细胞。图11.2中的酵母细胞还可见到以前出芽留下的疤痕。虽然酵母面包已经生产了数千年，但直到19世纪中期才由路易斯·巴斯德证明活酵母为发酵所必需。

可以将酵母看成微型酶机器组，这些酶机器将糖一步步地分解成更小和更简单的分子。酵母缺乏淀粉酶，不能将淀粉分解成糖。这就是为什么淀粉酶通常是面包烘焙中的重要添加剂的原因。特别是主食面团，这种面团除了面粉、水、盐和酵母外，基本不含其他配料。大麦麦芽粉（干麦芽）是向淀粉中加入淀粉酶的最常用手段。

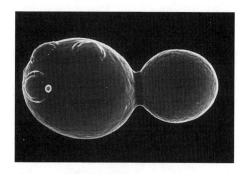

图11.2 出芽的酵母细胞

糖分解成为二氧化碳曾被认为是由"酒化酶"所完成的，之后才弄清楚，糖分解成二氧化碳涉及很多步骤。现在知道，这个过程包括称为糖酵解的十步过程，此过程每一步由不同的酶控制。酒化酶这一术语有时仍被用于指代参与糖分解的酵母中的许多酶。整个过程可简化如下：

$$糖 \xrightarrow{酵母} 二氧化碳 + 酒精 + 能量 + 风味分子$$

当被问及此问题时，很多面包师会说发酵最重要的终产物是二氧化碳。然而，发酵会产生与二氧化碳一样多的酒精。酒精会蒸发到气体中，并在烘烤的早期阶段膨胀。这就促使面团在烘烤初期几分钟内发生突然膨胀。因此，酒精是酵母烘焙产品的重要膨发气体。

面包师如何控制面包的风味？

面包的风味有三个主要来源：配料本身的风味，特别是面粉和酵母的风味；烘烤期间发生的美拉德反应；以及在酵母发酵过程中产生的风味。这三方面都可以由面包师控制。

特别是手工面包师，他们通过控制酵母发酵过程积极地改善面包风味。例如，预发酵物常被用于为面包（特别是发酵时间短的）添加风味。预发酵物，既可以是液体面糊（波兰酵头）也可以是刚性面团（海绵酵头），包含酵母以及面包配方中的一部分面粉和水。预发酵物的发酵时间可以是数小时，也可过夜，从而允许面团形成独特但不刺激的风味。

面包师使用的另一种方法是将部分前一批的面团加入到新批次面团中。这种所谓的老面，也称为发酵过的面团，由于已经经过完整发酵过程，所以与波兰酵头或海绵酵头相比，通常会为新面团增加较强酸味。

百吉饼和某些其他酵母面团，通常被延迟（冷藏）过夜，或可长达18 h。为了延缓发酵，分割、成型的面团要在2~5 ℃下冷藏。在此温度下，即使酵母活力大大减慢，但（存在于面粉和酵母中的）乳酸菌作用仍然活跃。当这类面团发酵时，这些细菌会产生与酵母发酵不同的风味。

为了进一步强化风味，面包师还可以制备一种依赖野生酵母和细菌作用的天然酵头。

除了二氧化碳和酒精之外，发酵过程中还产生少量风味分子，包括许多酸。这些风味分子有时候被忽视，因为种类太多，而且每一种生成量不多。但它们为新鲜出炉的酵母面包带来独特的香气。通常，时间长、发酵慢的条件最适合形成理想的风味物质。

酵母在消耗糖的同时，也可以利用氨基酸中的氮进行生长和繁殖。氨基酸是蛋白质的结构单元，只有在蛋白质被蛋白酶分解后才可被酵母利用。一旦氨基酸从蛋白质中释放出来，就可以在发酵和醒发过程中将其转化为风味物质，这额外增加了面包获得很好风味的复杂性。

影响酵母发酵的因素

酵母发酵速率受若干重要因素影响。如果时间有限，最好采取快速发酵方式。较慢的发酵有利于形成风味和提高面筋强度。面包师经常调整以下一个或多个因素以优化发酵速率。

- **面团的温度** 酵母在0~1 ℃处于休眠状态，从约10 ℃开始活跃。酵母发酵速度随着面团温度升高而增加。升到50 ℃左右，发酵开始减慢，因为酵母细胞开始死亡。温度在60 ℃时，发酵基本停止，此时大多数酵母细胞已经死亡。（这些温度仅为估计值；实际温度取决于面团配方和具体酵母菌株。）最佳发酵温度范围通常为25~28 ℃。较低的温度（15 ℃），通常有利于细菌，而不是酵母的发酵。由于细菌在发酵时会产生更多的酸，所以延缓（冷藏）发酵的面团会产生很强的酸味。在比最佳温度更高的温度（30~38 ℃）下，发酵速度较快，所以面包面团会迅速上升，但风味通常非常单调。

- **加盐量** 盐可减缓（抑制）酵母和细菌发酵，含盐量较高会减缓面团发酵。虽然酵母面团通常盐含量在1.8%~2.2%（烘焙百分比），但面包师可以调整预发酵物的含盐量，从而弥补最终混合物的含盐量差异。预发酵物包含酵母和部分其他配料，在最终面团形成之前的发酵。对于短期发酵，预发酵物加盐量较少或根本不加盐；对于较长发酵期，加盐量较多。高盐水平特别适用于限制酸的产生，因为盐在限制细菌发酵方面特别有效。

- **加糖量** 酵母通常在面团中消耗大约3%~5%（烘焙百分比）的糖。这意味着，加糖量达约5%以前，加糖越多，越多酵母参与发酵。加糖量过高，特别是高于10%时，会减缓发酵。因此，对于通常含糖20%以上的甜面团的常用方法是使用海绵酵头或其他预发酵物。因为海绵酵头未加大量糖，酵母发酵不会受抑制。

- **糖的类型** 蔗糖、葡萄糖和果糖均可快速发酵；麦芽糖发酵缓慢；乳糖根本不发酵。采用快速发酵与缓慢发酵的糖的混合物，有利于（加糖水平低的）主食酵母面团。这样可以通过最后醒发来持续充气。

- **面团的pH** 酵母发酵的最适pH在4~6酸性范围。高于和低于最适pH，酵母发酵速都将减慢。随着酵母的发酵和持续产酸，pH降至这一理想范围。

- **存在抗菌剂** 某些抗菌剂会减慢或终止酵母发酵。例如，将丙酸钙加入商业面团中，可以防止面包中的霉菌生长，但必须适量加入，以免其抑止酵母发酵。

- **存在香料** 肉桂之类大多数香料，具有很强的抗菌活性，可以减缓酵母发酵。不要将肉桂直接混合到面团中，应将肉桂和糖撒在面团上，再揉成果冻面包卷，再进行烘烤。

- **水中的氯含量** 氯是一种抗菌剂，高水平的氯可以抑制酵母发酵。大多数供水的含氯量不高，所以这通常不成问题。尽管有的氯含量高，但可以通过碳过滤器去除。或者可以让水在室温下静置过夜，使氯气蒸发。

- **添加酵母养分** 氯化铵或磷酸铵之类铵盐可用作酵母生长的氮源。同样，为优化酵母发酵，可用碳酸钙和磷酸钙等钙盐提供钙源。许多面团调理剂中含有铵盐和钙盐。

- **酵母量** 在大多数情况下，酵母越多，发酵越快。然而，大量的酵母可以增加不良的酵母味。大量酵母也会耗尽面团中的糖，特别是主食面团，其中的糖是最后醒发和烤箱膨胀期间发酵所需的。这就是发酵较长时间时，最好使用较少量酵母的原因。尽管某些面包配方要求高达6%的酵母，但一般酵母的使用量不超过2%（烘焙百分比）。

- **酵母类型** 面包师购买的酵母产品中有些是快速发酵酵母，可用于速发面团。下节要讨论的速溶酵母更是如此。但是当采用长发酵时间时，最好不要用快速发酵的酵母，因为可能导致酵母活性无法持续到最终醒发阶段。某些酵母菌株在高糖面团中生长良好。在高糖环境中生长良好的酵母有时被称为耐渗透酵母菌。耐渗透性酵母的品牌有SAF Gold Label和Fermipan Brown。耐渗透一词来源于这样一个事实：糖会通过结合水来增加面团的渗透压，而耐渗透酵母在此高渗透环境下，即使不能生长，也能存活下来。

虽然常规（非耐渗透性）酵母可用于高糖面团，但这种酵母可能需要1h或更长时间才能适应高糖环境。在适应之前，常规酵母不会产生大量的二氧化碳或酒精。即使如此，仍可能需要2~3倍的常规酵母来获得与主食面团相同的产气量。

有益细菌

乳酸菌在酸面团酵头中生长旺盛，乳酸菌生长会产酸，主要是乳酸和乙酸（醋酸）。这些酸不仅为酸面团提供了特征风味，而且还可限制少数可能不太友好的耐酸微生物生长。这些酸还会降低pH，从而会使面筋弱化，面团会变得更柔软，更易延展。

乳酸菌也释放蛋白酶，这些酶可将面筋蛋白质分解成各种氨基酸，进一步软化面团。产生的氨基酸然后会转化成其他酸和风味分子，并且参与美拉德反应。美拉德反应可为烘烤的面团提供颜色和额外的风味。酸（和其他分子）的抗菌作用可延续到烤好的面包，使得酸面团上的霉菌不能像在其他烘焙产品上那样容易地生长。

酵母的类型和来源

面包可采用传统天然酸面团酵头（法文称为"levain"）制造。酵头通过混合面粉和水制备，并使面粉和空气中的野生酵母和乳酸菌对混合物发酵。有时，会将黑麦面粉、洋葱、马铃薯或其他微生物营养源加入面粉和水中。

经过一周左右时间培养，酵头就可以使用了。将其中一部分制成预发酵物，然后用于发酵一批面包。因为不同微生物和不同的酵头处理方式会影响风味，并非所有的酸面团面包都有相同的风味。旧金山酸面团面包较酸，但法式酸面团面包的风味通常较温和。

日常生产不用每天制作新鲜酵头。而只要少量酵头与新鲜面粉和水混合就可，并留下一些用于第二天的面包制作。或者如前所述，从一天生产中取一块生面团（称为"老面"或发酵过的面团）添加到第二天所用的海绵酵头中。事实上，一些烘焙房一直为还在使用多年前自己制作的原始酵头而自豪。

使用纯酵母培养物可获得较一致的酵母源。尽管所有购买到的用于面包烘焙的酵母均是面包酵母，但面包酵母有许多不同的菌株形式。大多数筛选得到的是迅速发酵的菌株，因此，纯酵母培养物的发酵速度通常比酸面团酵头快。特别是那些选育出的速溶酵母菌株通常发酵速度最快。

今天面包师可用的三种主要酵母形式是压缩酵母、活性干酵母和速溶酵母。阅读下面内容时，应注意每种类型酵母在特定温度范围内效果最佳。这些温度范围对于实现每种产品的最佳效果至关重要。

压缩酵母 新鲜压缩酵母有湿圆饼状、块状或碎片状，大约30%为酵母，其余为水分。压缩酵母可有不同颜色，但通常呈浅灰色，容易破碎，且具有愉快的酵母香气。使用压缩酵母的最常见方法是首先将其溶解在其2倍质量的38 ℃的水中。虽然压缩酵母可以直接揉碎放入面团中，但最好不这样做，因为不能使酵母均匀地分布在整个面团中。

活性干酵母 活性干酵母以干燥颗粒形式装在真空封口的罐头或袋中出售。由于比新鲜酵母使用方便，活性干酵母已经受到消费者欢迎。使用时，将活性干酵母用4倍质量的温水（41~46 ℃）溶解。活性干酵母的用量为新鲜压缩酵母的1/2。

活性干酵母在喷雾干燥器中干燥至水分含量低于10%。喷雾干燥对于酵母来说是一种非常严酷的处理，每一干燥颗粒外层均由死亡酵母细胞组成。事实上，每千克活性干酵母含有约0.25 kg的死酵母。由于死亡和受损的酵母会释放谷胱甘肽（一种对面团面筋质量有害作用的还原剂），因此，专业面包师不喜欢使用活性干酵母。活性干酵母往往产生松弛黏稠的面团和致密的面包，特别是当溶于冷水时尤是如此。冷水有利于谷胱甘肽从死酵母细胞泄漏到面团中。可利用活性干酵母趋向于产生松弛面团的特性，生产比萨饼或玉米饼，这些产品需要延展性好的面团。

速溶酵母 速溶酵母是在20世纪70年代开发的。由于是速溶的，因此可以并且应该直接添加到面团中，而无需首先溶于水。高度多孔性速溶酵母呈棒状颗粒，因此容易在面团中水合。

干燥状态的速溶酵母与活性干酵母一样，以真空包装形式出售。然而，产生速溶酵母的干燥过程（流化床）比生产活性干酵母的干燥过程要温和得多，因此尽管也还有一些死亡和损伤的酵母存在，但死亡率不怎么高。此外，某些品牌的速溶酵母（如SAF-红牌）含有抗坏血酸，这是一种加强面筋的促熟剂。抗坏血酸可以抵消死亡酵母对面筋的弱化作用。

速溶干酵母比压缩酵母或活性干酵母更有活力，所以很容易使面团过度发酵。因此，发酵时间短时，通常使用速溶酵母，常用于常规面团或速发面团。在配方中，速溶酵母的用量为新鲜压缩酵母用量的1/4~1/2，当使用速溶酵母时，应确保初始面团温度在21~35 ℃。

化学膨发剂

化学膨发剂在水分或热量存在时会引起化学反应产生气体，从而可释放出气体。讨论化学膨发剂之前，应该先定义持气力（bench tolerance）。持气力是对面糊和面团在烘烤前能够保持气体，不发生膨胀性气体大量损失能力的衡量。持气力是商业烘焙房要考虑的重要因素，这些单位需要批量地生产质量稳定的产品，即使批量很大也是如此，并且烘烤之前面团需要在工作台上放置一段时间。持气力与面糊或面团的稠度有关，稠的面团通常比稀薄面团的持气力好。持气力也受所用膨发剂影响。

最常见的化学膨发剂是与一种或多种酸组合的小苏打。酸可以与小苏打分别加入，也可以烘焙粉形式一起加入。烘焙氨是另一种欧洲人常用的化学膨发剂，在北美洲用的不如欧洲多。

小苏打+酸

小苏打是碳酸氢钠的别名。像烘焙氨一样，小苏打在水分和热量的存在下会分解和释放出气体。然而，小苏打本身不是实用的膨发剂，因为需要非常大的用量才能产生足够膨发的二氧化碳。加入大量小苏打会使面团产生黄色或绿色，并且残留的碳酸钠具有强烈的化学刺激性咸味。

用小苏打膨发时，要与一种或多种酸一起使用。酸会在水分存在下与小苏打反应，使小苏打较快分解成二氧化碳和水。使用酸，可以降低产生膨发气体所需小苏打的用量，从而也减少了因使用小苏打而引起的变色和化学异味的产生。

任何酸都可以与小苏打一起使用。表11.1所示为烘焙中常用的酸性配料。反应不同产生的盐也不同，但总体反应如下：

$$\text{小苏打} + \text{酸} \xrightarrow{\text{水}} \text{二氧化碳} + \text{水} + \text{盐}$$

将高水平小苏打添加到烘焙食品中时，未反应的小苏打和剩余的盐残余物都会影响产品的风味。

将表11.1中酸性配料用于烘焙食品时，存在一些缺点。缺点之一是其酸含量会变化。例如，酪乳、酸奶油和酸乳的酸度会随着时间延长而增加。缺点之二是这些配料几乎会立即与小苏打反应，在稀薄的面糊中尤其如此。这种情形下，面糊的持气力就差，因此混合后必须立即烘烤。

烘焙氨

烘焙氨是用于面团膨发的碳酸氢铵的别名。碳酸氢铵在有水存在并受热时，会迅速分解成氨、二氧化碳和水，这三者都是使烘焙食品膨发的物质。

许多欧洲包装的曲奇饼和脆饼都是用烘焙氨膨发的。事实上，烘焙氨最适用于小饼干、脆饼或泡芙、松饼等。在这些产品中适当使用时，烘焙氨不会留下化学残留物。当然，烘焙氨使用时要小心，不要吸入有非常强氨气味的粉末。

烘焙氨具有一些独特的特征，使其特别适用于小而干燥的烘焙食品，但不适合用于大而潮润的产品。烘焙氨具有以下特点：

• 在水和热的存在下快速反应
• 提高曲奇饼的均匀性和延展性

- 增加褐变
- 产生酥脆多孔的组织结构
- 在仍然潮湿的烘焙食品中留下氨一样的异味

与小苏打和某些烘焙粉不同，烘焙氨在室温下反应不大，这意味着含有烘焙氨的面糊和面团具有良好的持气力。然而，烘焙氨受热（38℃）时会快速分解，因此被认为是一种相对快速作用的膨发剂。

烘焙氨只能用于含水量低（≤3%）的体积小的产品，以便氨气在烘烤时完全释放。否则，烘焙食品会留下一种氨气味。这意味着绝对不能在松饼、饼干、蛋糕或柔软潮湿的曲奇饼中使用烘焙氨。

烘焙粉

烘焙粉有几种不同类型，都含小苏打、一种或多种酸（以酸式盐形式存在）、淀粉或其他填充料。酸式盐一旦溶解在水中就释放酸。例如，也称为酒石酸钾的塔塔粉是一种酸式盐。当塔塔粉溶解在面糊或面团中时，就会释放酒石酸。酒石酸与小苏打反应可生成用于膨发的二氧化碳气体。通常，为了简单起见，酸式盐也简称为酸。

所有烘焙粉的最低二氧化碳释放量都相同。根据法律，这个量是烘焙粉质量的12%。这意味着多数烘焙粉，只要它们仍然是新鲜的，就或多或少可以互换。虽然它们可互换，但它们并不一定相同。讨论烘焙粉及其差异，有助于对它们进行分类。

烘焙粉曾经实用地分为单作用型或双作用型两类。这种分类不再有用，因为如今销售的烘焙粉基本上都是双作用型。而根据反应速率对烘焙粉分类的方法较好。还有一种是根据所含酸的类型分类。你会很快看到这两种分类方法是相关联的。

表11.1　烘焙中常用的酸性配料

酪乳
酸乳
酸奶油
水果和果汁
醋
大多数糖浆，包括糖蜜和蜂蜜
红糖
不加糖的巧克力和天然可可

单作用或双作用是什么意思？

单作用烘焙粉含有一种在室温下能迅速溶于水的酸。酸溶解无需热量。酸溶解后，可与小苏打反应并产生二氧化碳气体。

单作用烘焙粉反应非常迅速，因此持气力差，但它们很适用于面糊和面团发面。双作用烘焙粉含有两种（或多种）酸：一种是在室温下溶解并与小苏打反应的酸，另一种则需要加热才能溶解和反应。某些情况下，双作用烘焙粉只含有一种酸，但这种酸是经过处理的，其中的一些可在室温下溶解，其余部分需要加热才能溶解。

市场上不再有单作用烘焙粉出售，因为它们释放二氧化碳太快，产生的面糊持气力差。然而，在19世纪最初开发时，单作用烘焙粉快速释放二氧化碳的特性颇受欢迎，因为它产生的气体较类似于主要发生在烘烤之前的酵母气体。但化学膨发剂生产的烘焙食品与酵母面包存在很大差异。它们的面糊在烘烤前不含足以容纳大量气体的面筋，因此需要化学膨发剂在提供结构的蛋白质凝固和淀粉糊化时，能够定时释放气体。

如何测量面团反应速度？

面团反应速度测试是测量面团混合后烘烤之前从烘焙粉释放出来的二氧化碳量的试验。测试面团反应速率时，将饼干混合物置于气密性混合盆中。该混合盆与一装置连接，该装置测量特定温度下搅拌一定时间内，随水添加释放出的气体量。通常，面团反应速度用二氧化碳体积分数表示，是由在27 ℃条件下混合2~3 min后，在8或16 min内测量到的面团释放的二氧化碳量换算得到。图11.3所示为两种不同烘焙粉的反应速度曲线。请注意，快速作用的烘焙粉以非常快的速度释放约70%的二氧化碳。缓慢作用的烘焙粉在暴露于热量之前未能释放多少二氧化碳。

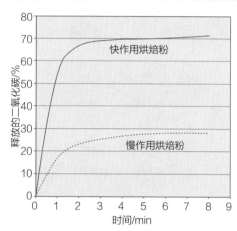

图11.3 两种不同酸制成的烘焙粉的面团反应速率

表11.2 烘焙粉中常用酸式盐的比较

酸式盐	主要特点
塔塔粉	快作用：混合初期释放 70% 以上的二氧化碳，一般使用速度太快；风味非常清晰，少量余味；快速作用降低了 pH，面包心比大多数的白，价格较贵
磷酸二氢钙 (MCP)	快作用：混合过程中释放近 60% 的二氧化碳；包埋使其溶解和反应较慢；风味较清爽；家用和商业烘焙粉中的常用酸式盐；与慢作用 SAS 或 SAPP 结合使用
硫酸钠铝 (SAS)	慢作用：需加热释放酸，约 50 ℃，但会在烘烤早期释放全部酸；单独使用有较苦余味；与快速作用的 MCP 一起用于多数家用烘焙粉
磷酸钠铝 (SALP)	慢作用：需要热量释放酸味；风味温和；常与包埋的 MCP 一起组合成烘焙粉用于饼干混合物、玉米松饼混合物、自发面粉、蛋糕混合物
酸式焦磷酸钠 (SAPP)	有多种类型，均为缓慢作用，在 16 min 松弛期内只释放 25%~45% 的二氧化碳；多数具有强烈的化学余味；与快作用 MCP 一起用于最常见的商业烘焙粉

面团反应速率 所有烘焙粉均释放大约相同量的二氧化碳，并且基本上都是双作用的，在室温下释放一些气体，其余气体在加热时释放。然而，烘焙粉在以下方面存在差异：室温下释放的二氧化碳量、加热释放的二氧化碳量、以

及二氧化碳释放的速度。换句话说，烘焙粉的面团反应速率不同。

面包师经常会说烘焙粉是快作用的还是慢作用的。快作用烘焙粉具有快速面团反应速率，并且在混合的最初几分钟内会释放较多的二氧化碳，而在烤箱中释放的较少。例如，通常快作用烘焙粉在混合过程会释放其二氧化碳总量的60%～70%，另外30%～40%在烘烤过程中释放。通过在混合过程中释放出大量二氧化碳，快作用的烘焙粉有助于在面糊和面团中产生气泡，以便形成细腻的组织结构。添加的膨发气体也使重面团变轻盈，便于成型和处理。

慢作用烘焙粉在混合过程中释放较少二氧化碳，在烤箱中释放较多二氧化碳。例如，最常见的慢作用烘焙粉在混合过程中约释放出二氧化碳总量的30%～40%，另外60%～70%则在烘烤过程中释放。这对于高比例蛋糕特别重要，这种蛋糕在烘焙过程中凝固的时间比大多数其他烘焙食品要晚。将慢作用烘焙粉用于这些蛋糕，大部分二氧化碳会在气泡壁干燥并开始固化时释放，可取得最大体积。

酸的类型 烘焙用的酸由字母组合表示，如MCP，SAS，SAPP，SALP等。这里要强调的不是去记住这些名称和特征，而是这些酸之间的差异。表11.2对烘焙粉中常用的五种酸进行了比较。注意表中所列的酸在反应速率、风味和价格上的差异。

专业烘焙房使用的烘焙粉要求在混合过程中快速提供一些二氧化碳，以使面糊和面团轻盈，但要在烘烤过程中释放大部分二氧化碳，以得到最佳的持气力和产品延展性。专业烘焙粉通常含有SAPP和MCP的混合物，但也可以包含SAS和MCP。鹰牌双作用烘焙粉是一种SAPP／MCP烘焙粉；Clabber Girl牌是SAS／MCP烘焙粉。

化学膨发剂的功能

烘焙氨、小苏打和烘焙粉等化学制品对烘焙食品有很多功能，其中包括以下内容。

为什么用于甜甜圈的烘焙粉与用于蛋糕的不同？

甜甜圈和蛋糕都最好采用慢作用烘焙粉，这类烘焙粉加热后释放出的二氧化碳比加热前释放的多。然而，甜甜圈与蛋糕相比，需要更快地释放二氧化碳。在几分钟之内完成油炸的甜甜圈，如果二氧化碳释放得太慢，就会在面团膨发前形成外壳。一旦开始膨发，气体的膨胀力会破坏甜甜圈表面或产生针孔。如果发生这种情况，甜甜圈会在其裂缝和针孔中吸收脂肪，变得潮湿和油腻。

为使蛋糕具有最佳体积和对称性，二氧化碳的产生必须与蛋白质凝固和淀粉糊化相配合。蛋糕（特别是液体起酥油蛋糕）含有大量脂肪和糖，延缓了鸡蛋蛋白质凝固和淀粉糊化。如果二氧化碳的产生要与这些工艺同步，那么所使用的烘焙粉作用必须比大多数烘焙粉的作用要慢些。

因为多数商业烘焙粉是为蛋糕设计的，而不是为甜甜圈设计的，所以，面包师和糕点师经常在油炸甜甜圈时使用混合粉。甜甜圈混合粉含有适当类型和数量的烘焙粉及其他配料，可以获得最佳的甜甜圈品质。

膨发 烘焙食品使用化学膨发剂的主要目的是为了面团膨发。使用化学膨发剂时，膨发发生在膨发剂分解之时，此时释放出的气体，在烘烤过程中会膨胀。

一些产品，如饼干，速发面包和松饼以及某些蛋糕，其体积很大程度上依赖于化学膨发剂。然而，与其他产品相比，烘焙粉在这方面只是起支持作用。例如，对于液体起酥油蛋糕，蒸汽和空气在膨发方面起的作用比任何烘焙粉所起的作用都大。

因为大多数化学膨发剂在混合盆中就开始起作用，所以它们也有使稠面糊和面团轻盈的作用，使它们更容易混合和成型。

软化 所有膨发均要形成气体并膨胀，烘焙食品中的气泡壁会随气体膨胀而变薄。这使它们更容易咀嚼；也就是说，这使得烘焙食品更软。在这种意义上，膨发剂成为软化剂。

调节pH 如果不加入烘焙粉、小苏打或其他化学膨发剂，许多面糊和面团都具有中性pH。塔塔粉（一种酸）倾向于降低pH，而烘焙氨和小苏打（两种碱）倾向于增加pH。快作用烘焙粉可快速释放酸性的二氧化碳，降低面糊和面团的pH，而慢作用烘焙粉不会降低pH，甚至可以增加pH。

pH变化会从多方面影响烘焙食品，包括颜色、风味、组织结构和面筋强度。例如：

- 少量小苏打加入巧克力布朗尼或姜饼可获得深色、丰满的产品效果。较高pH也可调和姜饼和巧克力的风味，使它们的风味变得较柔和（除非加入非常多小苏打，大量小苏打会给烘焙食品带来化学刺激性较大的余味）。

- 少量小苏打或烘焙氨可提高曲奇饼pH，削弱面筋。结果得到延展性较好、较松软、较粗糙的曲奇饼，而且变干、变脆得更快。小苏打带来的pH增加也提高了褐变速率。

- 烘焙粉饼干中少量塔塔粉会降低pH并削弱面筋。结果饼干变得较松软。与小苏打不同，塔塔粉引起的pH降低，也获得了饼心更白、更细、更致密的效果。

组织结构更细腻 前面提到过，通过乳化、搅打、过筛、折叠、揉捏和搅拌这些物理过程，可将小气泡（种子气泡）添加到面糊和面团中。

化学膨发剂（混合期间释放二氧化碳）对于气泡大小有贡献，这些气泡通过持续混合增加面糊和面团中小气泡的数量。小气泡对于烘焙食品组织结构具有决定意义。生面糊和面团中的小气泡越多，焙烤产品的组织结构越细腻。

玉米淀粉在烘焙粉中主要起两个作用。首先，玉米淀粉吸收水分，使小苏打和酸不会在包装盒中反应。但不要大意，即使添加了玉米淀粉，烘焙粉在每次使用后都要盖好盖，放置过久的烘焙粉要丢弃。

玉米淀粉还可用于标准化烘焙粉，从而可以使一定质量某种品牌烘焙粉的膨发能力，与另一品牌相同量的烘焙粉具有相当的膨发能力。

增添风味　少量烘焙粉和小苏打具有明显咸酸味，这是烘焙粉饼干、烤饼和爱尔兰苏打面包之类烘焙食品的特征。

有用的提示

小苏打和其他化学膨发剂称量时要小心。虽然少量这类物质可有益于风味、质地和颜色，但过量使用常会留下苦的化学余味，并会烘焙食品变色。

贮存和处理

酵母

包装在密封塑料袋冷藏的压缩酵母可保存2周时间，有时更长，冷冻条件下可贮存2~4个月。不要再使用已经变黑、变黏稠或发出异味的压缩酵母。这些情形均可能已经有细菌污染。

活性干酵母水分含量低，因此要用真空包装，室温下可有18~24个月的保质期，不会出现大量活性损失。一旦开启使用，活性干酵母在室温下仍然能存放数月，如果冷冻或冷藏，则贮存期可更长。如有需要，请务必在使用前将酵母均温至室温。

像活性干酵母一样，速溶酵母水分含量也低，因此也是真空包装的。如果未开封，可在室温下保存长达2年，不会出现太多活性损失。如果开启使用，冷藏下仍然可贮存数月以上，也可冻藏。

化学膨发剂

所有化学膨发剂在室温下应贮存在密闭容器中。即使这样，烘焙粉的保质期只有0.5~1年。烘焙粉容器未盖好会显著降低保质期，因为这可能导致吸湿、结块，从而导致效力下降。如果不加盖，化学膨发剂也会吸收气味。

使用湿的分配器具取用小苏打和烘焙粉也会导致其聚集结块。虽然小苏打吸收水分不会失去效力，但会在面糊和面团中引起"热点"。例如，这可表现为蛋糕表面出现黑点。如果有必要，使用前将小苏打过筛以除去团块，或将其丢弃。

复习题

1 列出烘焙食品正常膨发必须发生的四件事。

2 烘焙食品中的三种主要膨发气体是什么？

3 列举一种产生二氧化碳的生物膨发剂。

4 列举一种产生二氧化碳的化学膨发剂。

5 蒸汽由什么生成？为什么蒸汽归类为物理膨发剂？

6 列出有助于蒸汽膨发作用的三种烘焙食品配料。

7 列举一种主要以蒸汽为膨发剂的烘焙产品。

8 列出三种在面糊和面团中增加气泡的物理手段。

9 三种主要膨发气体中，哪种膨胀对烤箱热量的依赖程度最大？

10 烘焙产品在烤箱中膨发时发生了什么？形成新气泡，还是已有气泡膨胀？

11 为什么混合不充分对面糊有很大影响？为什么不宜过度混合？

12 酵母或细菌二者中，哪种发酵时会产生较多二氧化碳，哪种会产生较多酸味？

13 淀粉和糖哪一个是酵母的营养来源？哪一个必须先由酶降解？

14 酵母发酵的最终产物主要是什么？

15 如何制作酸面团酵头，它有什么用？

16 列出并描述影响酵母发酵速率的因素。

17 列出市售面包酵母的三种主要形式。每种形式有什么优点，有什么缺点？

18 市售的三种主要形式的面包酵母各应在什么温度范围使用？

19 "持气力"是什么意思？

20 烘焙氨有什么特点？

21 以下产品哪些适合以烘焙氨作为膨发剂：脆而干的曲奇饼，还是软而湿的曲奇饼？解释原因。

22 小苏打（baking soda）的两个别名是什么？

23 为什么使用小苏打作为膨发剂时，要与酸一起使用？

24 除了一种或多种酸外，由小苏打产生二氧化碳还需要什么？

25 列出一些与小苏打一起产生二氧化碳的常见酸性配料。

26 小苏打和烘焙粉有什么区别？

27 "酸式盐"是什么意思？列举一种酸式盐。

28 烘焙粉有哪两种分类方式？

29 以下两种烘焙粉，哪种需要加热才能释放全部二氧化碳：单作用烘焙粉，还是双作用烘焙粉？

30 面团反应速率是什么意思？

31 以下两种烘焙粉，哪种能为面糊提供较好的持气性：快作用烘焙粉，还是慢作用烘焙粉？

32 快作用烘焙粉有哪两个优点？慢作用烘焙粉的主要优点是什么？

33 如果面糊或面团中的烘焙粉用量加倍，会得到体积加倍的产品吗？为什么？

34 除了膨发外，烘焙食品中的化学膨发剂还有什么其他功能？

讨论题

1 如果时间紧张，为什么不能用增加化学膨发剂用量的方式来缩短混合时间？

2 描述酵母发酵过程。应包括对起始材料和最终产物的描述，并解释每种最终产物对面包师或酵母本身的重要性。

3 如果蛋白质凝固和淀粉糊化出现在大量二氧化碳产生之前，烘烘产品会怎样？说明原因。

4 传统姜饼配方要求使用小苏打，并以糖蜜作为主要甜味剂。这是否属于持气性配方？为什么有些姜饼配方既含有烘焙粉又含有小苏打？

5 为什么甜甜圈与大多数蛋糕相比，需要作用稍快一些的烘焙粉？

6 如果只使用一点点烘焙粉效果很好，是否意味着使用较多烘焙粉效会更好？为什么？

7 为什么某些泡芙糊配方包含少量的烘焙氨，而不是烘焙粉？

8 为什么巧克力坚果脆饼配方可能包含小苏打和烘焙粉？

练习和实验

① **练习：化学膨发剂的感官特征**

利用所给配方制备酒石酸盐烘焙粉，然后完成下面的结果表。在第二栏中，记录每种品牌化学膨发剂包装标签的描述性信息（持气性、快作用、双作用等）。

将包装所列配料表抄到在第三列中。使用新鲜样品评估每种产品的外观和风味。因为它们都是白色粉末，所以必须对它们进行品尝，并描述品尝感觉。利用这个机会，根据感官特征，识别不同化学膨发剂。结果表中最后一列添加可能有的任何其他评论或观察。如果需要，使用结果表底部的两个空白行来评估其他化学膨发剂。

配方

烘焙粉，酒石酸盐型

配料	质量 /g
小苏打	30
塔塔粉	70
玉米淀粉	15
合计	115

制备方法

将配料三次过筛在羊皮纸上。

结果表　化学发酵剂比较

化学发酵剂	品牌或描述	配料表	外观	滋味	备注
塔塔粉					
小苏打					
烘焙粉（SAPP 型）					
烘焙粉（SAS 型）					
烘焙粉（酒石酸型）					

使用上表和教科书中的信息来回答以下问题。从**黑体字**中选择一个选项或填空。

（1）塔塔粉的主要风味是**甜/咸/酸/苦**味。这是因为塔塔粉是＿＿＿＿＿＿＿的钾盐，当塔塔粉溶解于面糊和面团时，会释放出这种酸。

（2）小苏打的风味最好被描述为 ＿＿＿＿＿＿＿＿＿＿＿＿＿＿＿＿＿＿＿＿

＿＿＿＿＿＿＿＿＿＿＿＿＿＿＿＿＿＿＿＿＿＿＿＿＿＿＿＿＿＿＿＿＿＿＿

＿＿＿＿＿＿＿＿＿＿＿＿＿＿＿＿＿＿＿＿＿＿＿＿＿＿＿＿＿＿＿＿＿＿＿

（3）当烘焙粉溶解在口腔中时，舌头上有刺痛感。这种感觉来自于 ＿＿＿＿＿＿＿，这是烘焙食品中三种主要的膨发气体之一。

（4）不同的烘焙粉具有非常**相似/不同**的口味。这是因为

＿＿＿＿＿＿＿＿＿＿＿＿＿＿＿＿＿＿＿＿＿＿＿＿＿＿＿＿＿＿＿＿＿＿＿

＿＿＿＿＿＿＿＿＿＿＿＿＿＿＿＿＿＿＿＿＿＿＿＿＿＿＿＿＿＿＿＿＿＿＿

＿＿＿＿＿＿＿＿＿＿＿＿＿＿＿＿＿＿＿＿＿＿＿＿＿＿＿＿＿＿＿＿＿＿＿

② 实验：膨发剂种类和用量对烘焙粉饼干整体质量的影响

目的

证明膨发剂的类型和用量如何影响

- 烘焙粉饼干外皮的褐变
- 饼心颜色和结构
- 松软度和高度
- 整体风味
- 总体可接受性

制备的产品

用以下条件制成的烘焙粉饼干

- 全量商业SAPP烘焙粉（对照）
- 无烘焙粉
- 两倍量的SAPP烘焙粉
- 全量酒石酸型烘焙粉（利用练习1中的配方）
- 用小苏打取代烘焙粉
- 如果需要，可使用其他条件（一半的烘焙粉、SAS烘焙粉等）

材料和设备

- 台秤
- 筛子
- 羊皮纸
- 混合器（带5 L混合盆）
- 平桨搅打器附件
- 刮盆刀
- 半烤盘
- 饼干面团（见配方），每一条件足以制作6个或更多饼干
- 擀面杖
- 限高器
- 面刀（65 mm）或等同物
- 烤箱温度计

- 锯齿刀
- 尺子

配方

烘焙粉饼干

产量： 6个饼干

配料	质量 /g	烘焙百分比 /%
油酥糕点面粉	500	100
盐	10	2
砂糖	30	6
烘焙粉	25	6
通用起酥油	190	38
牛乳	300	60
合计	1055	212

制备方法

（1）烤箱预热至220 ℃。

（2）另备约15 g面粉做台面撒粉用。

（3）其余所有干配料三次过筛到羊皮纸上，彻底混合。

（4）将干燥配料投入搅拌机中，并投入切碎的起酥油，使用平桨搅拌器低速搅拌1 min。停止并刮盆。

（5）加牛乳，低速搅拌20 s；面团刚好和在一起，尚有少许干配料未揉入面团中。

（6）将面团转移到轻微撒粉（用步骤2留出的面粉）的操作台面，轻轻折叠6次，每次折叠转90°。

步骤

（1）烤盘用羊皮纸衬垫；标签注明加入的膨发剂的种类和数量。

（2）使用上述配方（或任何基础烘焙粉饼干配方）制备饼干面团。为每种条件制备一批面团。

（3）使用高度导板将面团碾压成厚度为12.5 mm的均匀面坯。

（4）用面刀以上下运动切割面坯，不要扭转刀具，不要卷起面团。

（5）将6个饼干坯均匀地放置在羊皮纸衬里的半烤盘上。

（6）利用放在烤箱中央的烤箱温度计，读取烤箱初始温度，结果记录在此：_____。

（7）当烤箱正确预热时，将烤盘放入烤箱，并将定时器设定在20～22 min。

（8）烘烤饼干直到对照产品（全量SAPP烘焙粉）呈浅棕色。从烤箱中取出经过相同时间烘烤的所有饼干。但是，如有必要，可根据烤箱差异调整烘烤时间。

（9）在下面的结果表1中记录烘烤时间。

（10）检查最终烤箱温度。结果记录在此：_____。

（11）从热烤盘中取出饼干，冷却至室温。

结果

（1）当饼干完全冷却时，按如下方法评估饼干高度：

- 每批取三个饼干，切成两半，小心不要挤压。

- 沿切口过中心用尺子来测量每个饼干的高度，以毫米为单位，将三个饼干的高度测量结果记录于结果表1。

- 用三个饼干高度相加再除以3计算平均高度。将结果记录于结果表1。

（2）在结果表1饼干形状列中记录饼干是否塌陷或保持其形状。还要注意饼干是否偏斜；也就是说，是否一侧比另一侧高。

结果表1　采用不同种类和用量的化学膨发剂制成的饼干高度和形状

不同膨发剂类型和用量	烘烤时间 /min	三个饼干各自的高度 /mm	饼干平均高度 /mm	饼干形状	备注
商业 SAPP 烘焙粉（对照）					
无烘焙粉					
两倍量的 SAPP 烘焙粉					
酒石酸盐型烘焙粉					
用小苏打替代烘焙粉					

（3）评估完全冷却产品的感官特性，并将结果记录于结果表2。确保每种产品与对照产品进行比较，并考虑以下因素：

- 外皮颜色，从非常浅到非常深，按1~5级评分

- 饼心外观（酥性、致密、蓬松等）

- 饼心质地（坚韧/柔软，潮润/干燥，酥性等）

- 整体风味（甜味、咸味、金属/化学味、酸味等）

- 总体可接受性，从高度不可接受到高度可接受，按1~5级评分

- 根据需要添加任何其他评论

结果表2　不同化学发酵剂各类和用量的饼干的感官特性

发酵剂类型和用量	外壳颜色	饼心外观与质地	总体风味	总体可接受性	备注
商业 SAPP 烘焙粉（对照）					
无烘焙粉					
两倍量的 SAPP 烘焙粉					
酒石酸盐型烘焙粉					
用小苏打取代烘焙粉					

误差来源

列出可能导致难以根据实验结果得出正确结论的任何误差来源。特别要考虑混合、捏合和滚压面团操作方面的各种差异，以及烤箱的任何问题。

_____

_____

_____

说明下一次可以如何调整，以尽量减少或消除每个误差来源。

_____

_____

_____

结论

从**黑体字**中选择一个选项或填空。

（1）随着烘焙粉添加量从无增加到全量，饼干高度**增加/减少/保持不变**。这意味着烘焙粉对于烘焙粉饼干的膨发**有重要/没有**影响。

（2）随着添加的烘焙粉量从无到全量，风味变化如下：

_____

_____

（3）随着烘焙粉添加量从无增加到全量，饼干外皮颜色**变浅/变暗**。差异**小/中等/大**。因为随着生面团的pH增加，褐变**增加/减少**，所以使用烘焙粉的面团可能具有**较高/较低**的pH。

（4）烘焙粉添加量从全量到两倍，饼干的高度**加倍/没有增加**。对此结果的一种解释是：烘焙食品中的三种主要膨发气体**加倍/没有加倍**。另一种原因如下：

_____

_____

_____

（5）松软度最差的烘焙粉饼干是**不加/用全量/用两倍量**烘焙粉制成的。松软度差异**小/中等/大**。这种松软度差异可以解释如下：

_____

_____

_____

（6）用酒石酸盐型烘焙粉制成的饼干与用普通商业烘焙粉制成的饼干之间的差异**很小/中等/大**。主要区别如下：

_____

_____

_____

这两种饼干，你更喜欢哪种？为什么？

_____

_____

_____

（7）加小苏打的饼干比其他饼干颜色**浅/深**。这是因为小苏打是**增加/降低**pH的**酸/碱**，它可**加速/减缓**褐变。

（8）用小苏打制作的饼干与未加烘焙粉或小苏打的饼干相比，前者的高度**高于/低于/等于**后者的高度。这意味着小苏打本身对于饼干**有/没有**膨发作用。小苏打本身不被作为化学膨发剂使用的原因是 _____

_____

_____

（9）具有椒盐脆饼风味的饼干**未用烘焙粉/用烘焙粉/用小苏打**制成。因为椒盐脆饼通常在烘烤之前在碱溶液中煮沸，所以该风味应该是在**低/高**pH下发生的褐变反应的特征。

（10）如何判断误将小苏打当成烘焙粉使用？

_____

_____

_____

（**11**）如何避免小苏打误作烘焙粉用，或者如何避免烘焙粉误作小苏打用？

_____

_____

_____

（**12**）产品之间的其他明显差异如下：

_____

_____

_____

增稠剂和胶凝剂

概述

增加食品稠度的最简单方法是添加一种本身是浓稠或胶凝性的配料。鲜奶油、酸奶油、干酪、果酱和果冻、果泥、浓糖浆、酸乳和酪乳是在烘焙房常用的增稠剂。当然，这些配料的作用并非只是增稠，它们还可增加风味、改变外观，并且有助于提高最终产品的营养价值。

另有一些配料专门或主要用于增稠和凝胶。将这些被称为增稠剂和胶凝剂的物料（明胶、植物胶和淀粉）加入馅料、糖衣、调味汁和奶油中。它们通过吸收或捕获大量水分而起作用。鸡蛋是烘焙房中最常用的增稠剂和胶凝剂，鸡蛋可因多种原因用于多种产品。第10章单独讨论过鸡蛋。

除添加配料之外，还有其他方法可使食品增稠或使其形成凝胶。例如，乳液或泡沫的形成提供了增稠作用，有时有胶凝作用。这就是为什么高脂稀奶油（乳脂滴分散在牛乳的乳化液），比牛乳稠厚。当它被搅打时，高脂稀奶油会形成泡沫，此过程使其变得更稠厚。奶油被搅打得越多，形成的泡沫越多，变得越坚挺，所有这些变化都无须使用增稠剂。

增稠和胶凝过程

增稠剂和胶凝剂（明胶、植物胶和淀粉）有一个共同点：它们都由非常大的分子组成。一些由多糖构成，如淀粉和植物胶，一些是蛋白质，如明胶。

多糖是由许多单糖分子——相连构成的非常大的分子。通常，单个多糖分子由数千个单糖分子连接而成。多糖有时由同一种单糖分子构成，但较常见的是由两种或多种不同类型单糖构成的混合物。一种多糖与另一种多糖的区别在于构成多糖的单糖类型、单糖的数量及单糖连接的方式。例如，第8章提到，淀粉分子由葡萄糖组成，菊粉主要由果糖组成。除了糖的类型不同以外，淀粉和菊粉所含单糖分子数量也不同。淀粉由数千个单糖构成，是一种比菊糖（最多由60个单糖构成）更有效的增稠剂和胶凝剂。当然，两者都属于多糖。

蛋白质是由许多氨基酸——相连而成的非常大的分子。单个蛋白质分子通常由数千个氨基酸连接而成。蛋白质由常见的二十多种氨基酸组成。一种蛋白质与另一种蛋白质的区别在于蛋白质分子中这些氨基酸的数量及排列方式。

增稠作用发生时，产品中的水和其他分子或颗粒移动得相当缓慢。例如，多糖和蛋白质之类大分子碰撞并松散地缠结时，就会发生这种情况。增稠作用

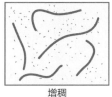

增稠　　　　　　　胶凝

图12.1 果胶和某些多糖在低浓度时起增稠作用，高浓度时起胶凝作用

也发生在水被溶胀的淀粉颗粒吸收并捕获时，或当气泡（泡沫）或脂肪滴（乳液）使水分运动变慢时。

凝胶化发生时产品中的水分和其他分子运动会受阻止。例如，当诸如某些多糖和蛋白质之类大分子彼此结合或紧密缠结时，会发生凝胶化作用，形成捕获水和其他分子的大型网络。尽管看似

像固体一样，但凝胶仍然是液体。事实上，一些胶凝剂（如琼脂）非常有效，即使产品中的水占99%以上时，也会形成凝胶。某些配料既具有增稠作用也具有胶凝作用；也就是说，较低水平使用时起增稠作用，较高的水平使用时起胶凝作用。图12.1所示为大分子松散缠结的增稠作用，及较紧密缠绕的胶凝作用。同时起增稠和胶凝作用的增稠剂和胶凝剂的实例包括明胶、玉米淀粉和果胶。其他配料只起增稠作用，这些配料无论用量多大都不会形成凝胶，它们只会变得越来越黏稠。仅起增稠作用的配料实例包括瓜尔胶、阿拉伯树胶和糯玉米淀粉。

明胶

明胶是烘焙房的支柱配料，有粉末和片状两种形式。适当制备的明胶会形成具有弹性的诱人的透明凝胶。最为重要的是，食用时明胶会快速融化。

明胶有很多用途。它是巴伐利亚奶油、水果慕斯和冷蛋奶酥的必需配料。它是搅打奶油和许多蛋糕馅料的良好稳定剂，它为棉花糖和凝胶糖果提供特有的质构。明胶混合物冷却时会变稠，可像蛋清一样进行搅打。

明胶是一种动物蛋白质。大多数食品级明胶是从猪皮中提取的，也有少量是由牛骨和牛皮提取得到。由鱼原料中提取的一种特定形式的明胶称为鱼鳔胶。明胶不存在于任何植物性原料中。

如何生产明胶

食品级明胶有时称为A型明胶（A指用酸处理的）。为了生产A型明胶，要将干净猪皮切碎，并在冷的酸液中浸泡数小时或数天。这样可分解猪皮的结缔组织，使其刚性、粗糙的蛋白质纤维（称为胶原蛋白）转化成肉眼看不到的较小明胶丝，当冷却时这种明胶会增稠或形成凝胶。然后用热水溶解明胶，并从猪皮中将其提取出来。该过程重复6次，每次重复提取逐渐提高温度。最后一次用沸水提取，除去最终不可用的明胶。

第一阶段提取的明胶质量最好。它的凝胶强度最大，形态最清晰、颜色最

浅，并具有最温和的风味。此阶段得到的明胶凝固最快。后面提取得到的明胶强度较弱、颜色较深，略带肉味。每次提取后，要对提取的明胶液进行过滤、纯化、浓缩，形成片状或条状的明胶，然后干燥，研磨成粗颗粒或细粉。制造商随后会将不同提取阶段得到的明胶粉进行混合，从而将每批生产的明胶标准化。明胶粉既可按原样出售，也可制成片状明胶出售。为了制备片状明胶（也称为叶状明胶），要将明胶粉再溶解加热，然后浇注、冷却并干燥为凝胶膜。

明胶根据凝胶强度评级，也称为布鲁姆（Bloom）评级。具有高布鲁姆级别的明胶可形成牢固的凝胶。由于布鲁姆等级与明胶质量相关，因此，较高布鲁姆等级的明胶，颜色也较浅，风味较清晰。高布鲁姆等级明胶凝固快，与较低布鲁姆等级的明胶相比，形成的凝胶丝状物较短。

大多数食品级明胶的布鲁姆等级大小为50~300。出售给糕点师的明胶很少（如果有的话）标有布鲁姆等级的，但制造商可以提供这些信息。北美最受欢迎的粉状或颗粒状明胶的品质约为230布鲁姆。

明胶简史

早期利用明胶的食谱是关于如何煮牛蹄的描述。尽管英国早在18世纪中叶就有人提出了制造明胶的专利申请，但直到19世纪初才出现市售纯明胶。整个19世纪，明胶以片状形式销售。

粉末状明胶是后发明的。应家庭主妇的要求，这种明胶在19世纪末期在美国出现。为满足这种要求，诺克斯（Knox）明胶公司将明胶片干燥到发脆，然后将其粉碎成颗粒，这种颗粒状明胶很容易用量勺量取。颗粒状明胶还具有比切碎的明胶溶解更快的优点。粉状明胶工业诞生几年以后，出现了果冻明胶。

布鲁姆凝胶强度测量仪和布鲁姆评级

布鲁姆等级是19世纪发明的一种评级体系，它以法国化学家布鲁姆命名。布鲁姆设计了一种标准测试仪——布鲁姆凝胶强度测量仪，用于测量凝胶强度。该测量仪测量小柱塞在标准条件下制备的明胶凝胶中下沉一定距离所需的力。所需的力越大，布鲁姆等级越高，凝胶越强。虽然已有更可靠的仪器取代了这种质构测量仪，但凝胶强度仍然被称为布鲁姆等级，也称为布鲁姆或布鲁姆强度。

片状明胶通常被指定为一个贵金属名。大约250布鲁姆的明胶称为铂级明胶片，它最接近大多数明胶粉的布鲁姆等级。表12.1比较了不同等级明胶薄片的近似布鲁姆值和质量。请注意，随着布鲁姆等级下降，薄片质量将增加。这样，只要根据片数计量，而不是称重，就可以轻易地从一种明胶质量换算成另一种明胶质量。如果一个配方需要10张明胶片，就使用10张明胶，无论布鲁姆等级如何。添加实际数量可通过每张质量变化自动调整。

表12.1　明胶片的等级

明胶片等级	近似布鲁姆	每片平均质量/g
铂级	250	1.7
金级	200	2.0
银级	160	2.5
铜级	140	3.3

北美洲和欧盟遵循严格的明胶制造质量控制指南。这些指南因为20世纪80年代后期在英国的牛群中蔓延的疯牛病而修订。疯牛病（牛海绵状脑病）是一种感染牛脑和脊髓的疾病。迄今为止，明胶产品中尚未发现，但已采取预防措施，可以确保明胶生产所用的原材料，均来自已被批准用于人类消费的健康动物。

如何使用明胶

布鲁姆除了用作明胶凝胶强度单位以外，还有其他含义。它也指明胶复水方法；也就是说，将明胶加入到冷液体中并使其溶胀的方法。明胶吸水后，后面使用中就不太会结块了。

有用的提示

经验不足的糕点师有时不太会向冷的制备物中加入明胶溶液。一不小心，就不得不将明胶块和混合物丢弃。例如，当用明胶作稳定剂加入搅打奶油时，就可能发生这种情况。

为了避免产生团块，应确保明胶溶液至少加热到60℃，而不仅仅是温热。通过将少量搅打奶油搅动加到热明胶溶液中，可对混合物调温，然后再将该混合物缓缓加入到搅打奶油中。调温使明胶在温热条件下得到稀释，因此当它冷却时，其胶凝更缓慢和均匀。

为使明胶粉复水，可将其加入自身质量5～10倍的冷液体中。通常使用片状明胶复水要使用过量的冷水，然后取出并轻轻地挤水。只要是冷的，几乎可用任何液体使明胶复水。然而，某些果汁（如菠萝汁、猕猴桃汁和番木瓜汁）使用前必须先加热再冷却。加热可使这些水果中的蛋白酶失活。蛋白酶会将明胶和其他蛋白质分解成短链，从而破坏其凝胶化。酸度高的液体，如柠檬汁，也可能会稍微削弱明胶强度，但除非明胶在酸中加热，否则不会液化。如果明胶与高酸性配料一起使用，则可能需要使用较多的明胶。

由热液体到软固体

溶解在热液体中的明胶可以看成是一些快速运动着的无形线。当溶液冷却时，这些微小的明胶丝运动开始变慢。明胶线条会卷曲成电话线一样的线圈，线圈可自身折叠起来。通常，一条明胶丝可缠绕在另一股线圈上。随着时间的推移，这些缠结的部分堆积起来，形成众多交汇点。被困在这种立体网内的水无法移动。原来的液体混合物现在变成了一种软固体。

这些明胶丝的交接点非常脆弱，即使是遇到最小程度的加热也容易断裂。事实上，明胶通常在低于体温的温度下（27～32℃）完全熔化成液体。这种现象可提供令人愉悦的口感。然而，实际熔化温度取决于凝胶的布鲁姆等级和所用明胶的含量。

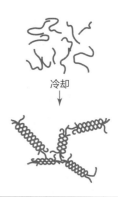

冷却

明胶溶液中绝大多数胶凝丝的交接点在冷却开始后1～2 h内会形成明胶网络，但该过程可在随后的18 h左右时间内继续进行。用明胶制成的慕斯和奶油即使盖好、不发生干燥作用，第二天的质地总是较第一天的更硬。

明胶颗粒和明胶片通常需要5～10 min才能适当复水。一旦复水，要将明胶置于平底锅中轻轻加热，然后可加入冷的制备物中。

如果配方要求热液体，则不需要单独加热以使明胶熔化。将复水的明胶直接加入热液体中更为方便。一旦明胶溶解，不要再让明胶煮沸，并应将其从热源移开。延长加热对明胶有损害，会降低其布鲁姆等级。

明胶片与明胶粉互换使用

是明胶片好用，还是明胶粉好用？这个问题没有确定的答案。一些面包师和糕点师喜欢明胶片，另一些人喜欢明胶粉。明胶片在欧洲比在世界其他地区更受欢迎。

无论喜欢哪种明胶，多才多艺的厨师们都知道如何使用明胶片，如何使用明胶粉。他们知道如何用一种状态的明胶替代另一种状态的明胶。在讨论如何做到这一点之前，有必要先了解每种形式明胶的优点和缺点。

明胶片不会散落开来，所以使用起来不像明胶粉那样容易搞得乱糟糟。明

胶片可以计数，许多人发现这比称重容易，至少对于小规模生产来说是这样。然而，大规模生产时，这不再是一种优点，称取大量明胶粉比对明胶片计数容易。当将明胶片加入过量水中时，用户必须小心，不要使其在温度过高的水中完全溶解并消失。

全世界都在生产明胶粉，产量比明胶片大得多。大规模生产可以实现价格较低的规模经济。另外，由于美国生产明胶粉，所以不会因进口成本而提高价格。

使用方便性与成本一样重要，有时甚至更重要。是否方便是因人而异的。虽然有些人发现明胶片计数比明胶粉称

> **有用的提示**
>
> 用过量水使明胶片复水时，水温应控制在21℃的室温或更冷的温度。别忘记，夏天的自来水比冬天要温暖，并且，美国亚利桑那州图森的水温要比在加拿大安大略省多伦多的水温暖。一些厨师对明胶片复水，所用的方法与明胶粉复水的相同，即将其投入5～10倍质量的水中。

重来得方便，但另一些人会觉得明胶粉称重更为方便。然而，最大的不方便可能是一种配料用完了的时候。如果这种情况发生在明胶片上，则可能很难快速收到新订的货物。

明胶片是专门从欧洲进口的产品，并非所有的供应商都能供应。明胶粉则很容易从大多数供应商处获得，并且可以在超市购买到。

理论上，明胶片和明胶粉可以互换使用。实际上，明胶片和明胶粉之间的转换取决于布鲁姆等级。对于等级为230布鲁姆的明胶，多数情况下可用下式转换：

17张明胶片=28 g明胶粉

这并非一定意味着17张明胶片的质量约为30 g，尽管这对铂级明胶片基本上是正确的。此式意味着17张任何等级明胶片与约30 g明胶粉提供相同的胶凝强度。当由明胶粉转换为明胶片时，或从一种品牌或类型的明胶转换成另一种品牌或类型时，也可用此式。用此式换算时，最好先做一个小样试验。

明胶片和明胶粉转换时，还要记住，明胶对水的吸收量约为其质量的5倍。也就是说，30 g明胶可吸收约150 g的液体。这种水总是列在使用明胶粉的配方中的，使用明胶片的配方不会列出明胶复水所用的过量水。明胶片与明胶粉转换时，应考虑到水的差异。

植物胶

植物胶是一类多糖，能吸收大量水分溶胀，产生浓稠溶液和凝胶。前几章讨论过胶质，因为在谷物，特别是黑麦和燕麦中均含有戊聚糖和 β-葡聚糖。虽然一些植物胶具有胶黏质地，但大多数在正常使用情形下不具有这种性质。所有这些胶都来自植物，意思是这些胶是从树木、灌木、灌木丛、种子、海藻或微生物中提取和纯化得到的。许多植物胶是都是天然的。纤维素胶之类的植物胶虽然天然存在，但经过化学修饰，性质得到改良。

所有植物胶都是可溶性膳食纤维的优良来源。膳食纤维由人体难以消化的多糖组成。健康专家建议消费者多吃膳食纤维，因为它具有一定的健康益处。

果胶

果胶存在于所有水果中，不同水果的果胶含量各不相同。富含果胶的果实包括苹果、李子、蔓越莓、覆盆子和柑橘皮。这些富含果胶的果实，可以在不加任何果胶的条件下制成果酱和果冻。

果胶可增稠，在酸和大量糖存在时可形成凝胶。果胶形成的凝胶清澈、不浑浊，具有诱人的光泽和清爽的风味。这使果胶成为水果制品的绝佳选择。果胶通常用于糖衣、果酱和果冻、焙烤馅料和水果甜点。市场上可以购到果胶粉，这种果胶粉通常从柑橘皮或苹果皮中提取和纯化得到。

琼脂

琼脂由若干红藻（如江蓠属或石花菜属）提取得到。亚洲人使用琼脂已有数百年历史。今天，全球范围采集琼脂，并在美国以粉状或干条形式销售（图12.2）。琼脂条需要在水中浸泡并煮沸几分钟才能溶解，琼脂粉只需约1 min就能在热水中溶解。条状或粉状琼脂冷却时都会快速形成凝胶，形成凝胶的速度比明胶快得多。

琼脂是多糖而不是明胶之类的蛋白质，但有时被称为"植物凝胶"，因为由琼脂制成的凝胶与由明胶制成的凝胶相似。虽然它们相似，琼脂凝胶和明胶凝胶不完全相同。一方面，琼脂的用量要比明胶少得多，琼脂凝胶无需冷藏就能具有坚实的质地。这使得琼脂非常适用于作为坚实裱花凝胶使用，也适用于果冻糖果。琼脂也是一种很好的糖霜和馅料的稳定剂，而且，当明胶受饮食或宗教限制不能使用时，可用琼脂替代。然而，因为琼脂不像明胶那样容易熔化，所以口感不如明胶那么令人愉快，特别是不当使用的情况下。

琼脂不能像明胶一样搅打，而且不能很好地稳定充气产品。这意味着它不能代替某些产品中的明胶，如巴伐利亚奶油、水果慕斯和棉花糖。

经常引用的明胶与琼脂之间的换算率为8∶1，这意味着琼脂比明胶强8倍。然而，琼脂和明胶都是天然产物，和所有天然产物一样，它们的凝胶强度也因制造商不同而有差异。虽然这是一个良好的起始水平，但要确定在产品中该用多少琼脂的唯一方法是对一系列添加不同量琼脂制备的产品进行评估，看哪个添加水平最合适。

卡拉胶

卡拉胶如琼脂一样，也是从红藻中提取的。糕点师通常对卡拉胶不如琼脂熟悉，但它在许多商业食品中用作增稠剂和胶凝剂。卡拉胶用于乳制品特别有效，这就是为什么将它加到果奶酒、巧克力奶、冰淇淋和速溶布丁粉中的原因。另一种形式的卡拉胶被称为爱尔兰苔藓。爱尔兰苔藓流行于加勒比地区，用作饮料增稠剂和壮阳药。

图12.2　红藻（上面）及从中提取的两种琼脂

了解厨师如何创造性地就地取材很有意思。例如，红藻曾经是欧洲流行的胶凝剂。厨师用牛乳煮这种海藻，然后冷却制作成布朗型布丁。海藻的一个来源是爱尔兰海岸，靠近一个名叫卡拉的城市。如今，从这种海藻中纯化得到的胶称为卡拉胶。

瓜尔胶和刺槐豆胶

瓜尔胶和刺槐豆胶来自形似四季豆或豌豆的豆胚乳。瓜尔胶来自生长在印度和巴基斯坦的一种植物（瓜尔豆）的豆子。刺槐豆胶，也称为角豆胶，来自地中海的常绿树（角豆树）的豆子。刺槐豆胶来自豆子，另一种食品配料，角豆粉则来自角豆的豆荚（图12.3）。为了制作角豆粉，要将豆子去除，将豆荚烘焙和研磨。有时可用角豆粉作为可可粉代用品使用。

瓜尔胶和刺槐豆胶作为增稠剂用于许多食品，包括奶油干酪和酸奶油。它们也常用于冷冻食品，如冰淇淋和冷冻巴氏杀菌蛋清，以防止冰晶生长和冻害。

阿拉伯胶

阿拉伯胶从生长在非洲的金合欢树的渗出物（胶乳）中纯化干燥得到。当树干或树枝受极端气候条件破坏或用刀切割时，会形成树汁。阿拉伯胶适用于稳定乳化液，同时具有令人愉快、无黏性的口感。这就是为什么尽管供应稀缺，它仍然被用于糖霜、馅料和某些风味剂的原因。

黄蓍胶

黄蓍胶来源与阿拉伯胶相似，但它

图12.3 角豆粉由豆荚烘焙、干燥、研磨得到，刺槐豆胶则由角豆提取得到
由顶部顺时针方向依次为：角豆粉、刺槐豆荚、刺槐豆、刺槐豆胶

有用的提示

当从一个品牌的奶油干酪切换到另一个品牌时，应意识到并非所有品牌产品都含有相同的胶，而且，有些根本不含胶。这可能会影响添加干酪的产品（如干酪蛋糕）的质地和口感。也可能影响产品流失或渗出液体的趋势。例如，如果一个新品牌干酪未添加胶，则可能需要在配方中加入少量玉米淀粉或其他增稠剂进行补充。否则，干酪蛋糕就可能无法正常凝固，或者，即使凝固也会出水。

来自在中东生长的灌木（黄蓍属）。黄蓍胶比阿拉伯胶稠厚，可能是糕点师最常使用的胶质糕点配料，被蛋糕装饰师用来做花和其他饰物。由于其主要供应地处于政治不稳定状态，所以黄蓍胶非常昂贵。因此，大多数食品用其他胶替代黄蓍胶。

黄原胶

黄原胶是一种相当新的胶，自20世纪60年代开始使用。黄原胶由某些微生物（野油菜黄单胞菌）发酵时产生。黄原胶增稠但不产生稠厚感，所以常用于色拉调味料保持配料悬浮稳定。

黄原胶通常与淀粉（通常是米淀粉）一起使用，在无面筋烘焙食品（包括面包和蛋糕）中代替小麦粉。约2%~3%的黄原胶用量有助于面糊和面团保持气体进行正常膨发，使这类烘焙产品获得可接受的组织结构。

甲基纤维素

甲基纤维素，也称为改性植物胶，是由纤维素衍生的几种树胶之一。纤维素构成了所有植物的细胞壁，是地球上最丰富的多糖。商业化改性植物胶生产通过对木材或棉花的纤维素纤维进行化学改性实现。由于这些化学改性，甲基纤维素不被认为是天然胶。

改性的植物胶具有独特的性质，这使得它在焙烤食品馅料中很有用。虽然大多数凝胶在烤箱温度下会变稀薄，并在冷却时变稠，但改性的植物胶在烤箱温度下会成为凝胶，而在冷却时变稀薄。丹麦糕点馅料在烘烤时会渗出和流失，加入改性植物胶可使这类填充物保持形状。糕点师也已使用甲基纤维素来制造"热冰淇淋"，即在热的时候仍能保持其形状的英式奶油，而当冷却时却会熔化。

淀粉

像树胶一样，淀粉分子也是多糖。这意味着它们是由许多糖单元构成的复杂碳水化合物大分子。对于淀粉来说，其糖单元便是葡萄糖分子。

然而，并非所有淀粉分子都一样。淀粉中的葡萄糖单位可以两种方式进行排列：一种是以长的直链方式，另一种是高度分枝的短链方式。直链淀粉分子称为直链淀粉，而分子量大得多的支链淀粉分子则称为支链淀粉（图12.4）。虽然直链淀粉呈直链，但是这种链通常会扭曲成螺旋状，而支链淀粉具有许多分支，看起来像平坦的珊瑚扇。

玉米粉与玉米淀粉的区别

纯度接近100%的淀粉，可以粗粒、薄片和珠粒状（木薯）出售，但大多数以细粉形式出售，这种淀粉有时称为面粉。此术语有点误导。例如，真正的土豆粉是整个土豆经过干燥粉碎制成的。虽然它主要由淀粉组成，但也含有少量蛋白质、脂肪和维生素，并且具有独特的土豆风味。然而，土豆淀粉基本上都是淀粉，并且具有平淡的风味。为了区分这两种产品，细磨土豆淀粉有时更准确地称为土豆淀粉。不过要注意，在北美洲"玉米面粉"是指由整个玉米胚乳细磨的，而在英国"玉米粉"是指纯玉米淀粉。如果不确定所使用的配料，可检查配料标签或营养信息，以确定产品是否为100%淀粉。

无论是直链淀粉、支链淀粉还是两者的混合物，淀粉分子在淀粉颗粒内均以有序方式紧密地聚集在一起。

淀粉颗粒是存在于小麦粒和玉米谷物中的小颗粒物。淀粉颗粒也存在于某些植物块茎和根茎中，包括土豆、木薯和葛根。淀粉颗粒的尺寸和形状各不相同，取决于具体淀粉。例如，马铃薯淀粉颗粒较大，呈椭圆形，而玉米淀粉颗粒要小得多，呈多角形。淀粉颗粒也随着时间长大，形成淀粉分子圈，就像树成熟过程中形成年轮一样。

不同类型的淀粉（玉米、马铃薯、葛根或木薯）具有独特属性。有些差异体现在每种淀粉颗粒的独特形状和尺寸方面。然而，大多数差异与各自直链和支链淀粉含量或分子大小有关。表12.2

所示为高直链淀粉（如约含27%直链淀粉的玉米淀粉）和高支链淀粉（如支链淀粉含量超过99%的糯玉米淀粉）之间的主要差异。根茎淀粉的直链淀粉含量中等，具有介于高直链淀粉和高支链淀粉之间的特性。

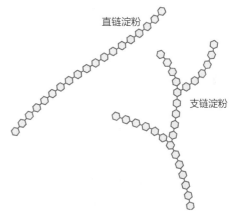

图12.4　淀粉分子片段

表12.2　高直链淀粉与高支链淀粉的比较

高直链淀粉	高支链淀粉
冷时浑浊	较清澈
冷时形成坚实凝胶	稠厚，不形成凝胶
凝胶收紧，一直出水	不太容易出水
冷冻不稳定，趋于收紧出水	融化时不太容易出水
冷时比热时稠得多	稠度基本不受冷热影响
趋于掩盖风味	不太会掩盖风味

本节讨论四种主要类型的淀粉：谷物淀粉、根茎淀粉、改性食用淀粉和速溶淀粉。实际上，所有淀粉不是来自谷物淀粉就是来自根茎淀粉。速溶淀粉和改性食用淀粉均用这些淀粉制造。

谷物淀粉

谷物淀粉从谷物胚乳提取得到。例如，玉米淀粉是从玉米粒胚乳中纯化出来的。其他谷物淀粉包括大米淀粉、小麦淀粉和糯玉米淀粉。

玉米淀粉是烘焙房最常用的淀粉。在北美洲，玉米淀粉具有价廉、方便购买的优点。除了某种原因，玉米淀粉不能满特殊需求外，玉米淀粉应该是烘焙房的首选淀粉。

糯玉米淀粉是从一种品种独特的玉米籽粒中提取到的玉米淀粉，具有与常规玉米淀粉不同的性质。虽然大多数谷物淀粉是高直链淀粉，但糯玉米淀粉却是高支链淀粉（表12.2）。由于糯玉米淀粉几乎总是以改性形式使用，所以将在改性食用淀粉部分讨论这种淀粉。

根茎淀粉

根茎淀粉从各种根茎或块茎类植物中提取得到。根茎淀粉在许多方面与谷物淀粉不同，部分原因是它们的较小直链淀粉含量较低，而支链淀粉含量较高。它们通常比玉米淀粉贵，但不具有谷物风味，而具有较好的澄清度，并能产生较软的凝胶。马铃薯淀粉、葛根粉和木薯粉是根茎淀粉的例子。

木薯淀粉从木薯根茎中提取得到。木薯根茎（不能与仙人掌丝兰混淆）像通常使用的土豆一样，是南美洲和加勒比地区使用的通用根茎。木薯淀粉在北美洲是除了玉米淀粉以外最常用的淀粉。

细磨的木薯淀粉最适用于烘焙食品，如饼干、扁面包和曲奇饼。使用未经改性木薯淀粉的酱料、馅料和奶油，会形成令人不悦的长纤丝状黏稠质地（图12.5）。这些产品最好使用经过特殊加工的速煮颗粒或木薯珍珠粉，以减少拉丝性。

图12.5 木薯淀粉易形成长纤丝状质地，可用湿热处理或化学改性得以缓和
左：速煮木薯颗粒呈短丝质地；
右：未经处理的木薯淀粉产生拉丝性质地，降低了产品吸引力。

为了制造颗粒和珍珠粒，制造商要将木薯淀粉润湿直至潮湿，然后使其聚集成块粒，形成珍珠粒或球形颗粒。颗粒或珍珠粒随后要加热并干燥，使外层淀粉糊化。颗粒和珍珠粒淀粉与未改性的木薯淀粉相比，易得到较短、不易挂丝的质地。速煮颗粒淀粉，如部分品牌的木薯淀粉，经短时间浸泡就可溶解，而珍珠粒淀粉必须在使用前浸泡数小时或过夜。木薯珍珠粒煮熟时呈半透明，但它们在成品中可保持其尺寸和形状。美国的木薯淀粉由东南亚或南美进口，比玉米淀粉贵。

如表12.2所示，玉米淀粉之类高直链淀粉冷却时是浑浊的，并且趋于呈现厚重质地和谷物风味。这些特点（虽然并非总是）有时成为缺点。如果以上特点不适合应用需要，则可考虑选择根茎类淀粉。

改性食用淀粉

改性食用淀粉是由制造商用政府机

构批准使用的一种或多种化学品处理过的淀粉。改性食用淀粉是设计淀粉；也就是说，改性食用淀粉具有制造商设计的某些可取功能。例如，可以对淀粉进行改性，以增加其对过度受热和酸的稳定性，从而避免淀粉增稠产品变稀薄。它们也可以改性而具有较好冷冻稳定性，从而可防止淀粉凝胶冷冻时收紧、聚集和出水。

烘焙房何时使用小麦淀粉？

前面提到，普通白面粉含大约68%～75%的淀粉。只要烘焙使用面粉，也就是在使用小麦淀粉。面粉还含有面筋蛋白，其与小麦淀粉一起有助于增稠和胶凝。

面粉除了在面糊和面团中使用以外，有时被用来替代玉米淀粉为糕点奶油增稠，也可用于家常苹果派。面粉为这类制品增添了微妙的面粉风味，也使奶油呈灰白色。

除了提高稳定性以外，对淀粉进行改性还有其他原因。例如，淀粉经改性可以改良木薯淀粉的质地，加速或减慢其糊化速度。然而，在烘焙房中使用改性食用淀粉的主要原因还是为了增加稳定性。

虽然任何淀粉（玉米淀粉、马铃薯淀粉、葛根淀粉、木薯淀粉或糯玉米淀粉）都可以改性，但大多数改性食用淀粉都是用糯玉米淀粉制成的。糯玉米淀粉具有许多适合处理的特征。例如，糯玉米淀粉与常规玉米淀粉相比，比较清澈，口味也清爽。一些改性食用淀粉（例如，Colflo 67）是需要烹饪的淀粉，因为它们必须像任何常规淀粉一样烹饪。其他改性食用淀粉是即食淀粉。

速溶淀粉

速溶淀粉不用加热就可增稠和形成凝胶。尽管大多数速溶淀粉也受到过修饰，但它们与改性淀粉不同。速溶淀粉有时称为预糊化溶粉或冷水溶胀淀粉。要制造速溶淀粉，制造商会使淀粉预糊化，然后再进行干燥，或对淀粉进行其他改性，以使淀粉颗粒在不加热的情况下可吸收水分。速溶淀粉不需要加热，但即便加热，绝大多数也不会受到损坏。

因为速溶淀粉不需要加热，因此它们适用于热敏性产品的增稠。例如，用速溶淀粉增稠，不会破坏猕猴桃的亮绿色和微妙风味。

速溶淀粉使用也很方便。例如，速溶淀粉很适用于盘饰甜点酱最后增稠。但请记住，速溶淀粉是特种淀粉，因此成本比常规玉米淀粉要高出两三倍。速

有用的提示

将速溶淀粉搅拌加入冷液体时要小心。淀粉增稠极快，搅拌时很容易将气泡带入混合物。如果需要，可以在搅拌后温和地加热混合物，以使气泡消散。

溶淀粉也不一定具有常规烹饪淀粉相同的质感，而且不能完全取代烘焙房中的玉米淀粉。

两种常见速溶淀粉分别称为"Instant Clearjel"和"Ultrasperse 2000"。两者都是经过修饰和预煮的糯玉米淀粉，这使它们既速溶又稳定。

淀粉糊化过程

本章前面提到，淀粉分子在淀粉颗粒内以有序方式紧密地堆积。当淀粉颗粒置于冷水时，颗粒内的淀粉分子会吸引水分，颗粒稍微溶胀。如果水被加热，则淀粉颗粒会发生不可逆的糊化过程。

糊化是淀粉有序淀粉颗粒被破坏和颗粒溶胀的过程。大量水进入淀粉颗粒，会将淀粉分子分离和包围起来。如果水分不足或没有足够的热量，则颗粒将不会完全糊化。大颗粒通常首先糊化，较小颗粒要花费较多时间来充分吸收水分并溶胀。

由于水被糊化淀粉分子捕获，所以不能自由移动。同样，由于彼此挤压，所以溶胀淀粉颗粒也不能自由移动。没有任何移动，淀粉混合物就会变稠。增稠是浆糊化过程的开始。随着继续加热，颗粒继续溶胀，淀粉分子（特别是较小的直链淀粉分子）会从颗粒中浸出，并进入热液体。此时，由大部分颗粒完全溶胀和小部分从颗粒浸出淀粉构成的淀粉混合物已经被适当煮熟。该混合物应当从热源移开，并进行冷却。

如果混合物继续加热，而且存在足够的水，则淀粉颗粒会继续释放出内容物，体积变得更小并有较大变形，直到最终完全破裂。至此，剩下的是小颗粒碎片和释放出的淀粉分子。混合搅拌可加速淀粉颗粒破裂，因为大的溶胀颗粒容易破裂。淀粉糊化过程如图12.6所示。

淀粉溶液冷却时，淀粉分子运动会减慢并会相互缠结，也会捕获额外的水，从而起增稠作用。如果缠结的直链淀粉分子浓度足够大，则溶液会凝结。

> **有用的提示**
>
> 为了防止速溶淀粉在加入液体时结块，可先将其与糖或其他干燥配料混合。一般的做法是将四份糖与一份速溶淀粉混合。然而，一些研磨成粗颗粒而不是细粉的速溶淀粉，可方便地与水混合，因此并非所有速溶淀粉都需要与这么多糖一起混合。

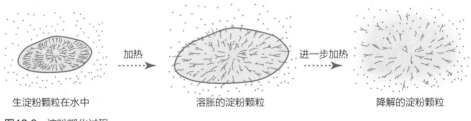

生淀粉颗粒在水中　　　加热 →　　　溶胀的淀粉颗粒　　　进一步加热 →　　　降解的淀粉颗粒

图12.6　淀粉糊化过程

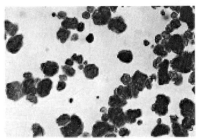
（1）熬煮不足的淀粉颗粒

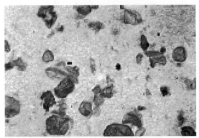
（2）适当熬煮的淀粉颗粒

（3）熬煮过度的淀粉颗粒

图12.7 不同煮熟程度的淀粉颗粒

请注意，适当增稠和胶凝存在一个最佳加热程度。加热太少则溶胀颗粒太少，根本不会释放淀粉分子。加热太多，则有太多颗粒分解。无论是加热不够还是加热过度，都不能得到好的增稠效果，也不会得到好的胶凝效果。

图12.7比较了不同熬煮程度的淀粉颗粒在显微镜下观察到的外观。

糊化不足（未煮熟）的淀粉也会产生其他问题。因为原料颗粒硬而致密，未煮熟的淀粉在口中感觉很粗糙。未煮熟的淀粉也不透明，通常具有生淀粉味。如果贮存一天或更长时间，未煮熟的淀粉混合

> **有用的提示**
>
> 如果用淀粉增稠的酱料或馅料配方糖含量高，则保留一半糖，直到淀粉糊化为止。这样，淀粉有机会在吸湿性糖吸收水之前吸收水分，并防止淀粉糊化。

物往往会出水，这意味着凝胶周围会出现令人不快的液滴，甚至积水。因为未煮熟的淀粉与过度熬煮的淀粉具有不同的特性，所以很容易判断出太稀薄的淀粉混合物是未煮熟还是过度熬煮。表12.3所示为熬煮不足和熬煮过度淀粉的特性。

许多因素会影响淀粉糊化温度及淀粉完全糊化所需的热量。糊化温度越高，淀粉糊化所需时间越长，淀粉未被煮熟的可能性就越大。同样，糊化温度越低，淀粉糊化所需的时间越短，淀粉熬煮过度的可能性就越大。以下讨论影响淀粉糊化温度的主要因素。

• 淀粉类型。每种类型的淀粉都具有适当糊化所需的最佳热量。查看制造商指南，了解改性食用淀粉的使用说明，因为有些淀粉的糊化温度高于玉米淀粉及其他淀粉的糊化温度，而另一些会在较低温度下糊化。根茎淀粉完全糊化所需的时间会随配方而变化，但总的来说，比玉米淀粉完全糊化所需的时间要短。多数情形下，未经改性的根茎淀粉不应该煮沸。煮熟时间过长，未经改性的根茎淀粉质地会出现拉丝。如果发生这种情况，酱或馅料应该重新加工，并将熬煮时间缩短

一些，否则应更换根茎淀粉。

- 软化剂：甜味剂和脂肪的用量。甜味剂和脂肪会减慢淀粉颗粒吸收水分和溶胀的速度。吸水越慢，淀粉颗粒糊化时间就越长。事实上，如果存在足够的糖，则它会完全阻止淀粉糊化。这是利用糖和脂肪软化烘焙食品的一种方法：它们减少了结构淀粉糊化的量。糖还可增加淀粉增稠的混合物的半透明度。

- 酸量。酸可将大型淀粉分子降解为较小片段，从而可降低其增稠能力。酸还会破坏淀粉颗粒，使其较快较容易糊化。事实上，如果存在足够的酸，则会由于淀粉糊化很快而感觉不到淀粉混合物变稠的现象。

选择淀粉

糕点师可以使用的淀粉数量和种类似乎多得令人难以置信。有许多本地淀粉，如玉米淀粉、大米淀粉、木薯淀粉、葛根淀粉和马铃薯淀粉等，再加上改性淀粉和速溶淀粉。面对如此多的选择时，最好系统地想想应用的要求是什么？再想想有什么可供选择的。

表12.4所示问题旨在帮助缩小选择淀粉的范围。然而，烘焙房首先应当考虑选择玉米淀粉，因为它是一种良好的通用淀粉，成本低，易于使用。不同淀粉和胶质优缺点的更多细节，如表12.5所示。

表12.3　熬煮不足和熬煮过度的淀粉溶液

熬煮不足	熬煮过度
太稀	太稀；可能有拉丝感
砂粒感	光滑
不透明	极透明
生淀粉味	无生淀粉味
容易出水	不会出水

有用的提示

酸存在时，淀粉容易熬煮过度，可用缩短烧煮时间和增加淀粉用量来抵消，也可用淀粉混合物完全糊化和冷却后加入酸来补偿。然而，到目前为止，处理淀粉和酸的最佳解决方案是改用更耐酸的淀粉。最耐酸的淀粉是一些改性食用淀粉，但某些根茎淀粉和大米淀粉的耐酸性比玉米淀粉要强些。

表12.4　选择增稠剂和胶凝剂时要考虑的问题

清晰度是否很重要？如果是，可使用根茎淀粉或改性食用淀粉；更好的是，不使用淀粉，而使用明胶、琼脂或果胶之类的植物胶。
所需增稠或胶凝的产品是否为猕猴桃或草莓之类热敏性产品？如果是，使用速溶淀粉或明胶。
水果馅料或糖衣之类混合物是否有清晰风味要求？如果是，使用根茎淀粉；使用明胶或果胶更好。
所需增稠的产品是否为柠檬或蔓越莓之类含有大量酸的产品？如果是，使用根茎淀粉；使用改性食用淀粉更好。
是否打算冻结产品？如果是，使用根茎淀粉；使用改性食用淀粉更好。
期望什么样的稠度？例如，是否喜欢较软的凝胶，而不是较硬的凝胶？如果是，请使用根茎淀粉，或使用玉米淀粉、并在冷却时搅拌混合物。
是否有任何价格限制？如果是，最好的选择是玉米淀粉，与其他大多数增稠剂和胶凝剂相比，所有淀粉都相对便宜。

表12.5 淀粉和胶的性质和用途的比较

淀粉	性质	理想的用途
玉米淀粉	冷却时浑浊；光泽好 口感浓稠；如浓度高则形成凝胶 对过度的热、酸、冷冻、混合不稳定 凝胶随着时间推移会收紧和出水 掩盖多种风味 糊化温度高	布丁、奶油派
葛根淀粉	中度至高透明度；高光泽 软凝胶；可拉丝 对酸、热、混合、冷冻相对稳定 较低的糊化温度 风味较清爽	水果派和果酱
木薯淀粉	中度至高透明度；高光泽 软凝胶；可拉丝 对酸、热、混合、冷冻相对稳定 较低的糊化温度 风味较清爽 可用状态：珍珠粒、颗粒、粉末	水果派和果酱 木薯布丁
糯玉米淀粉	中等到高清晰度 增稠，不胶凝 对酸、热、混合、冷冻相对稳定 风味较清爽	许多改性淀粉的基础料；通常经过改性
改性食用淀粉	高度耐酸、耐热、耐混合、耐冷冻 有不同的糊化温度 其他属性因品牌而异	冷冻食品 蒸汽保温餐桌应用 高酸产品
速溶淀粉	无需加热 性能因品牌而异	盘饰最后用料 热敏性产品
面粉	浑浊；淡黄色 稠厚口感 赋予风味；掩盖风味或调和风味	糕点奶油 家常派馅料
明胶	高度透明，高光泽 形式坚实有弹性凝胶 在典型使用水平下，可在口腔和室温下熔化 清爽的风味 供应形态：片状、粉状	明胶甜点 稳定的搅打奶油 糖果（橡皮熊）
琼脂	中等到高度清晰 形成非常坚实并有弹性的凝胶 在室温或口腔中稳定（不熔化） 使用水平随纯度而变化 供应形态：片材、线材和粉末	用作明胶替代品： （1）素食者和宗教饮食限制人士 （2）用于生菠萝等
果胶	高度透明，高光泽 增稠或胶凝 清爽的风味 通常需要高酸和高糖浓度配合	果酱、果冻、馅料 糖衣 高品质果冻糖果

增稠剂和胶凝剂的功能

主要功能

提供增稠或凝胶质地 一种配料为酱料、馅料、糖衣和奶油提供增稠或凝胶化质地，是指该配料能够提供结构。虽然增稠和胶凝形成的是一种非常柔软的结构，但淀粉之类也是烘焙食品的结构剂。

增加稳定性 增稠剂和胶凝剂有时也称为稳定剂，这意味着它们可以防止食品发生不希望的变化。实际上，增稠剂和胶凝剂通常通过增稠或胶凝能力来提供稳定性的。例如，明胶主要通过胶凝来稳定搅打奶油。明胶形成的凝胶使奶油中包围气泡的薄壁凝固，并防止它们破裂。瓜尔胶主要通过增稠作用使冷冻蛋清稳定。这种增稠作用阻止了具有破坏性的大冰晶形成，并允许蛋清得到充分搅打。

为酱料、馅料和糖衣提供光泽 许多增稠剂和胶凝剂可粘附于配料表面形成光滑层。这种光滑层可反射光线，为许多酱料、馅料和糖衣提供光泽。蛋糕上镜面糖衣是种特征的很好例子。镜面糖衣通常可用明胶或果胶制成，这两种胶凝剂不仅可提供光泽，而且也是透明的。

附加功能

软化烘焙食品 淀粉添加到烘焙食品中可干扰面筋和鸡蛋形成结构。

淀粉回生：形成得太多的结构

淀粉回生是一种发生在煮熟或烘焙后冷却产品的过程，该过程中，淀粉分子随时间推移越来越紧密地结合，增加了结构。这种过程就好像是淀粉分子要返回到非糊化的淀粉颗粒紧密结合状态。当这种情况发生在基于淀粉的奶油和馅料时，产品会收缩并变得坚韧。淀粉分子的紧密结合使网络收缩出水，这种现象也称为胶体脱水收缩。正是这种过程使得玉米淀粉之类高直链淀粉不适合用于冷冻或冷藏奶油和馅料。

当淀粉在烘焙食品中回生时，软的面包心会变得干燥、坚硬、易碎。换句话说，淀粉回生是烘焙食品陈化的主要原因。与奶油和馅料一样，烘焙食品中的水也会从淀粉中挤出，但并不明显，因为其他配料会将挤出的水分吸收掉。

烘焙食品的淀粉回生可通过覆盖产品来延迟，以防止水分流失；通过在室温下或在冷冻状态下贮存产品，而不是在最适合回生发生的冷藏状态贮存产品；并添加减缓回生过程的配料，也可阻止和延缓烘焙产品中淀粉的回生。糖、蛋白质、脂肪和乳化剂都能有效地延缓淀粉回生。面包师可能不会直接加入乳化剂，但每次使用高比例起酥油时，都在加入有效抗陈化乳化剂。因为油酥糕点含有大量这类配料，所以它们比面包的陈化要来得慢。

如果像曲奇饼和派皮面团之类的体系没有足够的水用于淀粉糊化，则这种软化作用特别明显。淀粉只能通过糊化形成结构，否则它仍然是粗糙的硬颗粒，这种颗粒会干扰面筋和鸡蛋形成的蛋白质网络。

吸收水分 前面提到，面粉是一种干燥剂，因为它含有淀粉、树胶和蛋白质。实际上，所有的淀粉和胶质都是干燥剂，因为它们会吸收水分，通常还会吸收油脂。

玉米淀粉被专门加入到干燥粉状产品中，以吸收水分。这可防止产品结块并保持干粉自由流动。例如，可将玉米淀粉加入到糖粉之类粉末状食品中。玉米淀粉也通常被加入到烘焙粉中。除了保持烘焙粉自由流动之外，玉米淀粉还可以作为填充剂对烘烤粉进行标准化。玉米淀粉还可以防止烘焙粉活性损失。由于玉米淀粉可吸收水分，从而可防止酸和小苏打反应释放二氧化碳，而二氧化碳是重要的膨发气体。

贮存和处理

所有增稠剂和胶凝剂都应该加盖保存，以防它们吸潮。

使用淀粉时应遵循以下准则，以确保最大程度产生增稠和胶凝效果。

使淀粉颗粒彼此分离

在加热淀粉和许多其他增稠剂和胶凝剂之前，确保干燥颗粒彼此分离。加热前颗粒如果不分离，淀粉颗粒会聚集。如果发生这种情况，必须将聚集的粉粒筛分出来，因为聚集会降低增稠能力。

以下是将干淀粉颗粒彼此分离的三种主要方式。前两种通常用于烘焙房。

- 将颗粒与其他干燥配料混合，如砂糖。一般做法是，1份干淀粉（或明胶或树胶）至少加入4~5份糖。
- 首先将颗粒加入冷水中，制成糊状物或浆液。这种技术用于明胶出现

溶胀时，大多数淀粉也可采用此技术，但速溶淀粉不可以。许多速溶淀粉和其他配料（如瓜尔胶）直接加到冷水中会快速吸收冷水。这些配料必须首先与干配料混合，或与脂肪混合。

- 将淀粉颗粒与脂肪混合，如黄油或油。烹饪厨师使用这种技术制备油面糊（Roux），使面粉与融化的黄

有用的提示

除了淀粉外，含有蛋黄的奶油，特别应注意煮熟。除了细菌生长的可能性之外，蛋黄含有淀粉酶，能分解淀粉分子并破坏增稠和胶凝能力。热量破坏淀粉酶等酶，消除了这一担忧。

同样，厨师必须小心，不要在品尝它们时将其浸入淀粉类产品中。唾液中的淀粉酶特别强，可在数分钟内稀释淀粉类产品。

油混合煮制。

熬煮和冷却淀粉

确保淀粉熬煮足够长时间，但不要过度熬煮。玉米淀粉混合物在煮沸之前开始增稠，但继续加热，以确保所有淀粉颗粒完全水合和溶胀。玉米淀粉的一个很好的经验法则是将其煮沸并轻轻煮沸2~3 min。这是一个适用于大多数玉米淀粉混合物的指南，但是对于根茎淀粉来说加热太多，根茎淀粉不应煮沸。

确保在熬煮时均匀搅拌淀粉混合物，以防止烧焦或煮煳。煮好后立即冷却，避免过度烹饪。如果希望产品质地光滑，冷却时搅拌；如果需要最大限度的增稠和胶凝，则冷却而不搅拌。

复习题

1 哪些化学单元构成各种多糖？描述菊粉与淀粉各自所包含单元类型和数量之间的差异。

2 什么化学单元组成所有蛋白质？哪种常见的增稠和胶凝剂是蛋白质？

3 描述增稠和胶凝之间的区别。

4 列举三种来源的明胶。哪种来源的明胶大量用于食品？

5 描述大多数食品级明胶粉的生产过程。

6 描述片状明胶的生产过程。

7 明胶的"布鲁姆等级"是什么意思？

8 明胶的布鲁姆值是如何测量的？

9 "明胶复水"是什么意思？为什么这样做？

10 粉末状明胶通常如何复水？

11 片状明胶通常如何复水？

12 为什么新鲜菠萝汁加热后才能加入到明胶中？

13 柠檬汁等酸性配料如何影响凝胶强度？

14 给出来源于以下食用产品的胶名称：海藻、苹果皮、树汁、种子的胚乳。

15 哪种胶对增稠和胶凝水果产品特别有用？

16 哪种胶有时用作明胶替代品，有时称为植物明胶？

17 从谷物胚乳中提取到的是哪种增稠剂和胶凝剂？

18 列举谷物淀粉和根茎淀粉的例子。

19 哪两个原因可以用来解释不同淀粉在性质上彼此不同（凝胶强度、透明度、风味、稳定性等）？

20 描述典型谷物淀粉和根茎淀粉之间性质的主要差异。

21 为什么玉米淀粉不能用于待冻结糕点奶油的增稠？最好用什么淀粉？

22 使用改性食用淀粉的主要原因是什么？

23 使用速溶淀粉的两个主要原因是什么？

24 如何使用速溶淀粉，才不太可能出现结块现象？

25 绘制淀粉糊化过程图。请对过程图标注，并标示出原始颗粒、溶胀颗粒和降解颗粒的主要差异。

26 描述淀粉在水中加热的过程，并解释淀粉增稠和胶凝作用的变化。

27 以下两种淀粉，哪种可能需要更多热量发生糊化，玉米淀粉还是根茎淀粉？

28 用木薯淀粉增稠的果酱改用玉米淀粉，产品冷却时变得不可接受。应该如何改进，才能防止这种情况发生？

29 糖会加速还是减慢淀粉糊化过程？

30 酸会加速还是减慢淀粉糊化过程？

讨论题

1 5片明胶适当复水时吸收多少水？展示计算过程，假设每片明胶质量为3 g。

2 一种配方要求5张明胶，但只有粉末状明胶可供使用（假定明胶的布鲁姆等级为230）。应该称取多少粉状明胶？用水量该如何调整？展示计算过程。

3 配方要求5张片状明胶，但只有粉末状明胶可用。片状明胶转换成粉状明胶根据标准方法计算，但得到的巴伐利亚奶油太坚固。假设配料称重正常，问题会出在什么地方？

4 为什么含糖量高的奶油派可以在玉米淀粉-牛奶-鸡蛋混合物煮熟之后加一半糖？如果在混合物煮熟之前将所有糖都加入到奶油派中，那么，奶油派的质地、外观和口感会怎样？

5 淀粉增稠的樱桃派馅料不够酸，所以要添加柠檬汁。为什么最好在樱桃派馅料煮熟和冷却之后加入柠檬汁？即使可以在烹饪结束时加入柠檬汁，但更好的方法是使用对酸稳定的淀粉。哪种淀粉对酸最稳定？

6 你的助手给你看一种太稀的淀粉增稠酱料。请说明如何通过查看和品尝酱料来判断淀粉是熬煮不足还是熬煮过度。

练习和实验

① 练习：烘焙产品的增稠剂

为下表给出的普通糕点产品查找配方，并在表中相应位置打上选择标记，表示表头中列出的对应增稠剂有助于相应产品的增稠和胶凝。

糕点产品	鸡蛋（注明全蛋、蛋清或蛋黄）	明胶	淀粉	果肉／果胶	干酪
糕点奶油					
焦糖蛋奶羹					
香蕉奶油派					
水果派馅料					
戚风派					
巴伐利亚奶油					
干酪蛋糕					
南瓜饼					

② 练习：如何比较不同等级的明胶

填写结果表，总结两种片状明胶之间的差异。使用新鲜明胶进行此项练习，因为明胶片在贮存过程中会吸收水分。以下述步骤为指导完成表格：

（1）利用教科书查找每个级别明胶的平均布鲁姆值。将答案记录在第1列。

（2）直接从盒子中取出明胶称重，并将结果填写在"每盒质量"的栏中。

（3）每一级别明胶取10张，分别称取每张明胶片质量（精确到小数点后一位数字），并将每张质量记录在结果表1第三列中。

（4）通过将10张总质量除以10，计算明胶片的平均质量。将结果记录在第四列"平均每片质量"栏中。

（5）通过将每盒质量除以每张纸平均质量来估算每箱张数。将结果记录在第五列中。

（6）在"评价"列中记录明胶片的感官特征：触摸明胶片，并比较不同等级明胶片的感觉（哪种较黏稠，哪种较重）。接下来，如果可以，通过以下实验获得比较结果：将明胶溶液加热，记录溶液的肉香味强度，并分别与粉状明胶溶液的香气进行比较。

结果表 不同质量等级明胶片的比较

明胶等级	平均布鲁姆等级	每盒质量/g	每10片明胶质量/g	平均每片质量/g	估计的每盒明胶片数	评价
银级						
铜级						

结论

从**黑体字**中选择一个选项或填空。

（1）随着明胶片的质量（布鲁姆等级）的提高，每片的质量**增加/减少/保持不变**。这允许不同级别的明胶片在**称重/计数**时可互相使用。

（2）随着明胶片的质量（布鲁姆等级）提高，片材感觉更**厚/薄**。

（3）随着明胶片的质量（布鲁姆等级）的提高，每盒的张数**增加/减少/保持不变**。每盒铜级明胶片的成本为53美元，每盒银级明胶片的成本为58美元，哪种使用起来比较经济？写出推导过程（提示：计算和比较每张明胶的成本。）

_____

_____

_____

（4）根据以上结果，如果一个配方需要30 g的铜级明胶片，如果替换成30 g的银级明胶片，产品可能**变得更柔软/变得更坚固/大致相同**。这是因为

_____

_____

_____

（5）不同类型明胶片的平均质量计算值与表12.1给出的标定值之间的差异如何：**无差异/差异小/差异中等/差异大**？如何解释这些差异？

_____

_____

_____

❸ **实验：不同数量和品牌的明胶稳定搅打奶油的能力比较**

本实验以稳定搅打奶油作为了解不同形式明胶的手段，以及它们在使用方法和使用水平上的差异。将使用10张明胶或30 g粉末状明胶制备明胶溶液。这是一些糕点师使用的标准转换，实验将展示这种转换是否成立。

目的

- 证明过度稳定产品对风味、质地、口感以及整体质量的影响
- 比较用明胶片和明胶粉稳定的搅打奶油
- 比较用不同质量等级明胶片稳定的搅打奶油
- 如何将热混合物调温加入冷混合物

制备的产品

用以下条件稳定的搅打奶油

- 不添加明胶（对照）
- 用半量明胶粉制成的明胶溶液
- 用全量明胶粉制成的明胶溶液
- 用一倍半量明胶粉制成的明胶溶液
- 全量铜级140布鲁姆明胶片制备的明胶溶液，利用10张明胶片转换为30 g明胶粉
- 全量银级160布鲁姆明胶片制备的明胶溶液，利用10张明胶片转换为30 g明胶粉
- 如果需要，可采用其他条件[额外的明胶用量水平，不同品牌的明胶粉，商业稳定剂，用琼脂代替明胶（明胶与琼脂按8∶1换算，或明胶用量的12%）]

材料和设备

- 混合器（带5 L混合盆）
- 搅打器附件
- 台秤
- 不锈钢盆
- 稳定的搅打奶油（见配方），每种条件制作1~2杯（250~500 mL）
- 6号盘子（15 cm）；小碗或等同物
- 保鲜膜
- 秒表或数显计时器
- 数显式温度计

配方

稳定的搅打奶油

配料	质量 /g	烘焙百分比 /%
高脂稀奶油	250	100
香草提取物（1 茶匙 /5 mL）	5	2
砂糖	30	12
明胶溶液	变量	变量
合计	292.5 ~ 307.5	114 ~ 115

制备方法

（1）将奶油、盆和搅打器附件充分冷却。

（2）按如下方法制备明胶溶液：

- 将30 g明胶粉或10片明胶（质量可变）加入到150 g冷水中。（注意：如果需要，可以按传统方式使用片材，将片材加入过量水分并轻轻地挤压；注意，明胶吸收的水量会随水温、浸泡时间和挤压程度而变化。）
- 复水5~10 min。
- 用温水使明胶吸水溶胀，直到明胶溶解。保温。

（3）将香草提取物和糖加入奶油。

（4）中速搅打奶油到软性发泡出现。对于对照产品（不添加明胶的），按步骤2继续。

（5）用扣去皮重的保温碗称取下列量的明胶溶液：
- 半量溶液，称取7.5 g。
- 全量溶液，称取15 g。
- 一倍半量溶液，称取22.5 g。

（6）将少许搅打奶油加入到温热明胶溶液中，调温。

（7）快速将调温的明胶液加入到正在搅打的奶油中，快速搅打，但不要搅打过度。

（8）品尝少量稳定的搅打奶油，以确认其外表是否光滑，有无明胶珠或球。如果奶油不光滑，请丢弃并重新开始。

步骤

（1）利用给定配方（或任何明胶稳定搅打奶油配方）制备搅打奶油样品，搅打到标准的软性发泡程度。为每种条件制备一批奶油。

（2）将每批奶油样品转移到盘子或碗中，并铺展成平滑均匀层。用保鲜膜包住以防干燥。每个样品做标签注明添加的明胶类型、用量及冷藏时间。

（3）将奶油样品冷藏直至全部冷却至2~4 ℃。在结果表的"备注"列中记录每种样品的冷却时间。注意：明胶在样品制备后的前18 h内会继续固化。如果可能，评估前使样品冷藏过夜。

结果

评估冷却样品的感官特征，并在结果表中记录。一定要依次与对照产品比较，并考虑以下几点：
- 外观
- 风味强度，从非常低到非常高，按1~5级评分
- 硬度，从非常软到非常硬，按1~5级评分
- 口感（舌感轻盈/沉重、油腻与否及熔化快慢）

- 总体可接受性，从高度不可接受到高度可接受，按1~5级评分
- 根据需要添加任何其他评价

结果表　不同类型和用量明胶稳定的搅打奶油感官特性

明胶类型	明胶用量	外观	风味强度	硬度和口感	总体可接受性	备注
不加（对照）	无明胶					
粉状明胶	半量					
粉状明胶	全量					
粉状明胶	一倍半量					
铜级明胶片	全量					
银级明胶片	全量					

误差来源

列出可能导致难以根据实验结果得出正确结论的任何误差来源。特别要考虑奶油被搅打的程度差异，每次被冷却的时间长短，是否全部被冷却到相同温度，以及用冷奶油调和温热明胶的各种困难。

_____

_____

_____

说明下一次可以如何调整，以尽量减少或消除每种误差来源。

_____

_____

_____

结论

从**黑体字**中选择一个选项或填空。

（1）随着明胶的添加量从无到一倍半全量，搅打奶油的风味**增加/降低/保持不变**。这可能是因为 _____。差异**小/中等/大**。

（2）随着明胶的添加量从无到一倍半量，搅打奶油的坚固度**增加/降低/保持不变**。此外，随着明胶量的增加，搅打奶油在口中熔化**更慢/更快/快慢不变**。差异**小/中等/大**。

（3）总的来说，具有最吸引人风味和口感的明胶用量为**不加明胶/半量/全量/倍半量**。然而，最能稳定（即保持搅打和充气最长时间）搅打奶油的明胶用量为**不加明胶/半量/全量/一倍半量**。

（4）总体来说，两种不同级别（铜级和银级）明胶稳定的搅打奶油**非常相似/有些相似/非常不同**。如果有差异，主要差异如下：

_____

_____

_____

（5）基于本实验的结果，当用于稳定搅打奶油时，铜级和银级明胶片**可/不可**互换。解释原因。

_____

_____

_____

（6）当将铜级明胶片与明胶粉比较时，用全量明胶粉比用全量铜级明胶片制成的搅打奶油的质地**柔软/坚固/不相上下**。这意味着在本实验中使用的铜级明胶片和明胶粉之间的转化（10张明胶片等于30 g粉末状明胶）**大致正确/不正确**，因为铜级明胶片的布鲁姆等级与这个品牌明胶粉的布鲁姆等级相比，**较低/较高/相同**。下一次，对于此用量的明胶，应使用**较少/较多/相同**数量的铜级明胶片。

（7）有关样品或实验的其他评论：

_____

_____

_____

④ **实验：不同淀粉和熬煮时间对增稠果汁馅料的影响**

目的

比较以下条件对果汁馅料外观、风味和质感的影响

- 不同淀粉
- 不同熬煮时间

制备的产品

用以下条件制备果汁馅料

- 不加淀粉，小火煮沸2 min
- 玉米淀粉，小火煮沸2 min（对照）
- 玉米淀粉，不煮沸
- 玉米淀粉，小火煮沸8 min
- 木薯淀粉（或葛根淀粉，或土豆淀粉），小火煮沸2 min

- 速煮颗粒木薯淀粉，小火煮沸5 min
- 速溶淀粉（如National Ultrasperse 2000或Instant Clearjel），不煮沸
- 改性食用淀粉（速溶，如National Frigex HV，Clearjel或ColFlo 67），小火煮沸2 min（或根据制造商的建议）
- 如果需要，可使用其他配料[如25%以上（28 g）速煮木薯颗粒、木薯珍珠粒、米淀粉和面包粉]

材料和设备

- 台秤
- 不锈钢盆
- 搅打器
- 不锈钢炖锅
- 耐热硅胶铲
- 塑料品尝勺
- 果汁馅料（见配方），足够每种条件下制备约450 g以上的量
- 不锈钢盆
- 水浴
- 数显温度计
- 15 cm盘；30 mL透明杯或等同物
- 塑料膜或杯子盖

配方

果汁馅

产量: 24份，每份约20 g

配料	质量 /g	烘焙百分比 /%
白葡萄汁或其他果汁	400	100
淀粉	22	6
砂糖	30	7
合计	452	113

制备方法

（对于不额外添加淀粉的水果馅料，仅需煮2 min，对于添加玉米淀粉、木薯淀粉或改性食用淀粉的馅料需要煮8 min）

（1）选择任何清澈的果汁，如白葡萄汁、苹果汁或蔓越莓汁。对于白葡萄汁

或苹果汁之类低酸果汁，在整个实验中使用的果汁加入少量酸（1 L果汁加3~6 g柠檬酸，或者2个以上柠檬榨的汁）。加酸可突出不同熬煮时间对产品影响的结果。

（2）将淀粉和糖放在盆里。搅拌混合，对于不增稠馅料，盆中只加糖。

（3）将150 g果汁加入淀粉糖混合物中，搅拌直至分散。

（4）将剩余的果汁投入平底锅中煮沸。

（5）将淀粉果汁混合物加入到沸腾的液体中，用耐热硅胶铲不断搅拌。

（6）对于不煮沸的馅料，立即从热源移开，继续步骤8。

（7）对于煮沸的馅料，将混合物煮沸，并在预定时间（2 min或8 min）内保持沸腾状态，不断搅拌。对于煮沸8 min的馅料，如果需要，可加入一定量的水，以防止加热过度、水分蒸发。

（8）将熬煮的馅料从热源移开，并稍微冷却。

（9）利用勺子品尝少量增稠馅料，确认其口感滑润，没有淀粉粒或团块。（不要将未煮熟的淀粉颗粒与分散不当的淀粉团块混淆。）如果馅料不滑润，不要过滤；丢弃并重新开始配制。品尝用过的勺子要先彻底冲洗，再重复使用；唾液中含有非常有效的淀粉酶，会使馅料变稀。

制备方法

（用速煮木薯颗粒增稠的水果馅料）

在步骤3中，将颗粒和糖加入全部冷果汁中。静置15 min使木薯粒浸润。省略步骤4到步骤6，并按照上述步骤7进行操作，沸腾5 min。木薯颗粒将呈半透明，但仍然完好无损。

制备方法

（用速溶淀粉增稠的水果馅料）

在步骤3中，慢慢地将淀粉/糖分散到全部冷果汁中，同时用搅拌器轻轻搅拌。（过度搅拌会将空气带入馅料。）省略步骤4至步骤9。

如果淀粉结块（非常细的速溶淀粉可能出现），则先将淀粉与另外的糖混合，糖使用量为淀粉量的5倍以下。

步骤

（1）对盘子或杯子做标签，注明果汁馅增稠的淀粉类型。

（2）使用上述（或任何用澄清果汁制备果汁馅料的基本）配方，制备果汁馅料。每种条件制备至少450 g。

（3）将热馅料转移到扣除皮重的不锈钢盆中，并在水浴中冷却至约50 ℃，轻轻搅拌；使用速溶淀粉时省略此步骤。

（4）将样品冷却至50 ℃后，称量盆和馅料的质量；加入水补充任何蒸发损失的产品质量（对于大多数馅料，这意味着将其质量调整为452 g，对于不添加淀粉的馅料，调整到430 g，将添加的水量记录在结果表备注栏中（注意：如果玉米淀粉样品开始凝胶化，则难以加入。或者使用温水，或者稍微加热使馅料复温；或者既加温水又稍加热）

（5）将完成的/冷却的填充物转移到标记的盘或透明杯中，所有盘或所有杯应填充到相同水平。

（6）用盖子或塑料膜盖上样品，于2～4 ℃下冷藏。

结果

（1）品尝产品之前，请检查温度以确认产品已冷却至2～4 ℃。并将结果记录在结果表的产品温度栏。

（2）评估完全冷却水果馅料的感官特征，并在结果表中记录评估内容。一定要将每种馅料与未增稠馅料（风味评估）和对照产品（玉米淀粉，2 min煮沸）进行比较，并考虑以下内容：

- 外观（有光泽/暗淡、半透明/不透明、稠/稀/凝胶、馅料拖尾短/拖尾长等）
- 风味（生淀粉味、甜味、酸味、水果味等）
- 口感和质地（光滑/粗糙、稠/稀/凝胶、浓郁、糊口等）
- 总体可接受性，从高度不可接受到高度可接受，按1～5级评分
- 必要时提供任何其他评论

结果表　不同加热时间用不同淀粉增稠的水果馅料的感官特性

淀粉类型	冷藏果汁温度/℃	外观	风味	口感/质地	总体可接受性	备注
不加淀粉，煮沸2 min						
玉米淀粉，煮沸2 min（对照）						
玉米淀粉，不煮沸						
玉米淀粉，煮沸8 min						
木薯淀粉（粉）						
速溶颗粒木薯淀粉						
速溶淀粉						
改性食用淀粉						

误差来源

列出可能导致难以根据实验结果得出正确结论的任何误差来源。尤其要注意以下方面的困难：控制煮制速度和总熬煮时间，样品冷却时的搅拌程度，冷却样品回补水量，以及最终样品温度控制。还要注意，样品杯是否填充到相同高度（这对于评价透明度和硬度尤其重要）。

_____

_____

_____

说明下一次可以如何调整，以尽量减少或消除每个误差来源。

_____

_____

结论

从**黑体字**中选择一个选项或填空。

（1）一般来说，具有最佳透明度的果汁馅料是用适当煮制的**玉米淀粉/木薯淀粉（或其他根茎淀粉）**制备的。

（2）一般来说，具有最硬凝胶或最稠的果汁馅料是用适当煮制的**玉米淀粉/木薯淀粉（或其他根茎淀粉）**制备的。

（3）具有最清爽风味的淀粉应该最接近于**未增稠/熬煮不足/熬煮过度**的果汁馅。实际上，确实具有最真实水果风味的果汁馅料是用**玉米淀粉/木薯淀粉（或其他根茎淀粉）**增稠的。

（4）与煮沸2 min的玉米淀粉增稠的水果馅料相比，熬煮不足的淀粉对果汁馅料的增稠效果**较好/较差/相同**。其透明度与适当煮制果汁馅料的透明度相比，前者**较清/较浑/与后者差不多**。熬煮不足的果馅料的透明度与适当熬煮果汁馅料的其他差异如下：

_____

_____

_____

总体来说，这些差异**小/中等/大**。

（5）与煮沸2 min的玉米淀粉增稠的水果馅料相比，淀粉对熬煮过度的水果馅料的增稠效果**较好/较差/相同**。熬煮过度的水果馅料的透明度与适当熬煮的水果馅料的透明度相比，前者**较清/较浑/与后者差不多**。熬煮过度的水果馅料与适当熬煮的水果馅料的其他差异如下：

_____

_____

_____

总体来说，这些差异**小/中等/大**。

（6）未改性细木薯淀粉比速溶颗粒木薯淀粉具有更**短/长**的拖尾浆体。用速溶颗粒木薯淀粉制成的果汁馅料和细木薯淀粉制成的果汁馅料之间的其他差异如下：

_____

_____

_____

总体来说，这些差异**小/中等/大**。

（7）判断哪种产品熬煮过度的一种较好方法是，比较添加的补充蒸发损失的水量。回补水量最多的产品，应是**煮沸2 min/煮沸8 min/不煮沸**的玉米淀粉增稠的产品。应该加入大约相同量水的果汁馅包括：

_____

_____

_____

根据实际回补的水量，以下产品可能熬煮过度：

_____

_____

_____

同样，以下产品可能熬煮不足：

_____

_____

_____

（8）本实验中使用的速溶淀粉称为 _____。它与用玉米淀粉适当制备的果
汁馅料在感官品质方面存在以下方面差异：

_____

_____

_____

（9）本实验中使用的改性食用淀粉称为 _____。它与用玉米淀粉适当制备的果
汁馅料在感官品质方面存在以下方面差异：

_____

_____

_____

13

乳和乳制品

概述

北美洲地区销售的乳和乳制品主要来自驯养的奶牛。它们是含有蛋白质、糖（乳糖）、维生素、矿物质、乳化剂和乳脂肪的复杂配料。虽然乳制品配料对于许多烘焙食品来说并非绝对必要，但它们确实具有某些有用的功能，使其成为烘焙房的重要配料。

美国和加拿大联邦政府都规定了乳和乳制品中最低牛乳脂肪的含量。他们还规定了巴氏杀菌、最大允许细菌计数、酸度水平和允许使用添加剂的加工条件。某些州和省份在其境内实施更严格的法规。下面所给的牛乳脂肪要求和巴氏杀菌时间和温度为美国和加拿大的联合标准。

有关黄油的信息，详见第9章。

乳和乳制品的一般商业加工过程

巴氏杀菌

基本上所有在北美洲销售的乳制品都经过巴氏杀菌（某些老干酪例外）。巴氏杀菌是消除致病菌并减少食品中许多其他微生物数量的过程，并且不会对食品的整体质量产生不利影响。路易斯·巴斯德在19世纪中期发明了巴氏杀菌的过程。

巴氏杀菌牛乳的最常见商业手段是高温、短时（HTST）巴氏杀菌，其中将牛乳加热至高温72 ℃，至少保持15 s。超高温灭菌（UHT）将产品加热至更高的温度（通常为138 ℃）保持2 s。UHT牛乳与HTST牛乳的味道略有不同，因为牛乳风味对热非常敏感。UHT牛乳具有较长的保质期，因为较高的温度对细菌致死性更高，基本上可杀灭牛乳中所有细菌。然而，UHT产品除非经过可防止微生物进入的专用包装，否则它们必须像HTST产品一样对待，并且始终冷藏。

均质

如果使直接从奶牛获取的新鲜牛乳静置，则奶油最终会上升到顶部。为了防止这种分离，北美洲销售的大多数乳制品都经过均质处理。均质是一种在高压下迫使牛乳通过金属狭缝的过程，这个过程将乳脂肪球打碎成微小脂肪滴（图13.1）。一旦这些脂肪滴形成，就会受到乳蛋白和乳化剂膜的包围保护防止它们重新聚集。微小的脂肪滴具有很长的悬浮稳定期，乳脂不再会分离，也不会以奶油层的形式上浮到顶部。换句话说，均质乳制品是脂肪液滴悬浮在牛乳中的稳定乳液。

奶油分离机很容易将其从牛乳中分离出来。奶油分离机是一种转速非常高的离心分离机，这种分离机使乳液中的奶油由于密度较低而得到分离。这种分离过程比仅仅依靠重力作用时奶油的上升速度要快得多。

为什么盒装饮用牛乳不需要冷藏

牛乳通常装在乳品盒中销售，并且需要在冰箱中冷藏。那么，为何装在饮料盒中的牛乳不需要冷藏出售呢？

可以将饮料盒装牛乳看成是现代罐装牛乳。这些盒子中的牛乳已经过超高温巴氏灭菌，然后在无菌条件下冷却并经特殊包装，使得产品内部基本上不含细菌。该过程称为无菌加工，不添加防腐剂，也不经过食品辐照处理。装入一次性塑料容器的巴氏杀菌咖啡奶油采用了类似的加工方法。

由于这种产品基本上是无细菌的，并且装在不允许微生物进入的容器中，因此，密封饮料盒中装的牛乳与罐装牛乳一样安全。然而，一旦开启，无菌包装饮料盒内或罐装的牛乳必须冷藏。

牛乳和其他乳化液

油与水不能混合，但它们可以暂时共存，有时可长时间共存。乳化液便是这种情形，根据定义，乳化液由两种液体组成，其中一种液体以液滴状悬浮在第二液体中。当液滴非常微小，并被适当乳化剂保护时，乳化液可以持续很长时间。例如，正确制作的蛋黄酱被认为是一种永久性乳化液，因为它被蛋黄中非常有效的乳化剂（和乳化蛋白质）所稳定。

食品乳化液有两种基本类型：水包油（O/W）型乳化液和油包水（W/O）型乳化液。在水包油型乳化液中，油滴悬浮于水（或牛乳、果汁、鸡蛋等）中。O/W型乳化液的实例包括牛乳和奶油、蛋黄酱、甘纳许和液体起酥油蛋糕面糊。在油包水乳化液中，水滴悬浮在油（或塑料脂）中。食品乳化液只有少数是油包水型，主要是黄油。

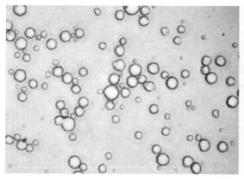

（1）未均质　　　　　　　　　　　　　　　（2）均质

图13.1 均质对全脂乳中乳脂的影响

油和水的混合物是成为O/W型还是W/O型乳化液，取决于几个因素，包括每种液体的量和乳化剂的类型。请注意，奶油是一种水包油型乳化液，而黄油是油包水型乳化液。要将奶油变成黄油，需要将乳化液从O/W型完全转化成W/O型。这需要投入大量能量，这就是为什么奶油制成黄油必须大力搅打或搅动奶油的原因。

为什么牛乳是白色的？

牛乳中的酪蛋白与钙和磷结合形成的小球形结构称为酪蛋白胶束。像牛乳中的微小脂肪一样，酪蛋白胶束太小，无法看到或感觉到。酪蛋白胶束能阻止光线通过，从而会在许多方向反射光线。这种散射光看起来是白色的。牛乳的大部分白度来自酪蛋白胶束的光散射。然而，一些光线是从脂肪滴散射来的，使全脂牛乳比脱脂牛乳显得更白，更不透明。乳脂含量很高的产品，例如高脂稀奶油和某些奶酪，颜色会呈现所含类胡萝卜素的乳黄色。

牛乳的组成

直接来自乳牛的牛乳含有蛋白质、乳糖、维生素、矿物质和乳脂肪。然而，从图13.2可以看出，牛乳主要由水组成。牛乳中除牛乳脂肪外的固体被称为非脂乳固体（MSNF）。大多数乳制品的乳脂肪和非脂乳固体都有法定最低含量要求。

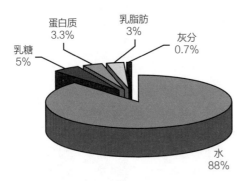

蛋白质 3.3%
乳脂肪 3%
灰分 0.7%
乳糖 5%
水 88%

图13.2 全脂牛乳的组成

除了稍有甜味之外，新鲜牛乳的风味比较温和。然而，随着乳制品中乳脂肪含量的增加，浓郁的乳香味也随之增加，由于多数乳品风味存在于乳脂肪中。

乳脂肪也存在少量卵磷脂、甘油单酯和甘油二酯之类乳化剂，还含有类胡萝卜素。类胡萝卜素为乳制品提供轻微的淡黄色。然而，乳脂中含量最大的主要是饱和脂肪酸的甘油三酯（脂肪分子）。

虽然牛乳中只含有约3.3%的蛋白质，但牛乳中的蛋白质非常重要。这些蛋白质分为两大类：酪蛋白和乳清蛋白。酪蛋白易被酸或酶凝固。凝固或分层的酪蛋白以一种与凝固的鸡蛋蛋白质相似的方式彼此聚集。像鸡蛋蛋白质一样，酪蛋白凝结时具有增稠和凝胶作用，这就是制造干酪、酸乳、酸奶油和其他发酵乳制品的基础。

当干酪制成时，会从干酪凝乳中排出清澈的绿色液体。酪蛋白凝固形成干酪凝乳时排出的透明液体称为乳清，含有乳清蛋白。牛乳被加热时，乳清蛋白会沿平底锅底部和牛乳表面形成一层薄膜。加热的牛乳如不加注意，锅底的乳清膜会迅速烧焦，从而破坏牛乳的风味和颜色。

乳清蛋白只是乳清所含的营养素之一。乳清还含有丰富的乳糖、钙盐和核黄素。乳清的轻微绿色色调来自核黄素，这是牛乳所含的一种B族维生素。

乳糖约占牛乳非脂乳固体的50%，其甜度约为蔗糖的1/5，有助于牛乳的特征风味。乳糖是由半乳糖与葡萄糖分子组成的双糖。不像大多数糖，乳糖不能为酵母发酵所利用。

许多人在消费大量牛乳后会感到肠

道不适。发生这种乳糖不耐受，是因为这些人群体内的乳糖酶含量不足，这种酶可将乳糖分解成葡萄糖和半乳糖。乳糖不耐受引起肠道不适，但这不是危及生命的过敏。那些乳糖不耐受者应避免食用乳制品，或仅食用乳糖含量低的产品，如发酵乳制品和干酪。

> **有用的提示**
>
> 如果在要加热的牛乳或奶油配方中加入糖，则应在加热前将部分或全部糖加到牛乳中，以防乳清蛋白被涂覆并粘到锅底。

乳制品

所有乳制品均根据法定的乳脂质量分数定义。图13.3比较了几种常见乳制品的乳脂含量。

液态乳

液态乳根据脂肪含量分类，乳脂含量由加工商进行标准化。牛乳中的脂肪含量范围从全脂牛乳的3.25%或更高到脱脂牛乳的基本为0。美国牛乳的最低非脂乳固体为8.25%，加拿大的为8.0%，其余的是水。

为了获得最新鲜的乳品风味，最好选择液态乳。制造烘焙蛋奶羹、奶油派、香草蛋奶酱、冷冻甜点和糕点奶油，最好用液态乳，而不要用乳粉。酵母面团中使用液态乳时，先要加热至约82 ℃热烫一下。这可破坏干扰面筋形成的乳清蛋白谷胱甘肽。

乳粉

乳粉是由脱脂乳或全脂乳除去大部分水制成的，水分含量为3%~5%。大多数乳粉由喷雾干燥方法制成，该方法将部分蒸发的牛乳在加热室中喷成细雾。牛乳几乎立即干燥，并以粉末的形式落在加热室底部。

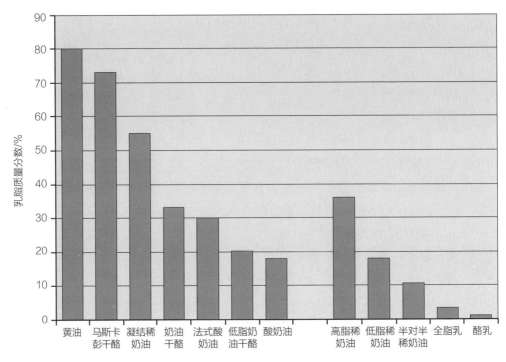

图13.3 乳制品中的乳脂量

如何使用乳粉

将配方要求的液态乳改用乳粉非常容易。每升液态全脂牛乳使用120 g乳粉和880 g水。将乳粉与干粉配料（如面粉和糖）混合，或与起酥油一起搅打。乳粉（速溶乳粉除外）不容易与水混合，所以在使用之前最好不要复水。

市售的乳粉有普通乳粉和速溶乳粉两类。速溶乳粉在贮存过程中不太会聚集，更重要的是，当加入液体时，它们会迅速方便地溶解。速溶乳粉与普通乳粉相比，颗粒较轻、较大。

乳粉比液态乳占据的空间小，不需要冷藏。当乳粉由全脂牛乳制成时，称为全脂乳粉。因为全脂乳粉含有乳脂，所以容易氧化，产生酸败风味。由脱脂牛乳制成的乳粉称为脱脂乳粉。脱脂乳粉的保质期比全脂乳粉长得多，在烘焙房中更常见。

乳粉不像液态乳那样具有新鲜牛乳的风味，因此不应该在蛋奶羹和奶油中使用。像面包、蛋糕和饼干之类烘焙食品则可使用乳粉。虽然许多蛋糕、面包和松饼配方都需要用液态乳，但这些产品使用乳粉是可以接受的，甚至是人们所希望的。

市售的乳粉受过不同程度的热处理。高热乳粉经过88 ℃保持至少30 min的热处理，然后干燥。酵母发酵的烘焙制品最好使用高热乳粉，因为这种热处理可以使乳清蛋白质片段（谷胱甘肽）变性，而谷胱甘肽会阻碍面筋形成，影响面包质量。热处理也增加了牛乳蛋白质的吸水能力。

低热量乳粉不经常用于烘焙房，尽管除了酵母发酵的面团外，所有烘焙食品都可以接受。在超市购买的速溶脱脂乳粉是低热量乳粉的一个例子。虽然它具有比高热量乳粉更新鲜的风味，但是低热量乳粉不能像高热量乳粉那样为烘焙食品提供附加好处。然而，低热乳粉适用于为需要较少加工风味的冰淇淋混合物增加固形物。

奶油

北美洲市场销售的奶油经过灭菌处理（经常在UHT条件下）。超高温巴氏杀菌（UHT）奶油的主要优点是具有较长的保质期。虽然在烘焙房中使用的奶油通常经过UHT灭菌，但它们不是无菌包装的，因此必须冷藏。

除了经过巴氏杀菌，奶油通常还经过均质处理。均质使得搅打起来更困难，但是许多高脂稀奶油和搅打奶油添加了有助于搅打的乳化剂和稳定剂。脂肪含量非常高（约40%）的均质奶油容易搅打。

奶油按其含有的乳脂量分类。乳脂对奶油有很多贡献，也为奶油提供浓郁的风味。均质处理的奶油会形成可保持悬浮状态的微小油滴和小固体脂肪颗粒。这些液滴和脂肪颗粒的存在使奶油获得黏稠、滑润的质感。因为奶油含脂肪高，所以溶解在脂肪中的类胡萝卜素色素含量也很高，使奶油呈乳黄色。

表13.1　美国和加拿大销售的乳制品的最低乳脂肪标准

名称	美国最低标准	加拿大最低标准
高脂稀奶油	36%	—
搅打奶油	30%	32%
奶油	—	10%
低脂稀奶油	18%	—
半对半奶油	10.5%	—

什么是双倍奶油？

英国以其乳制品（包括奶油）质量而闻名。英国销售的两种常见奶油是单倍奶油和双倍奶油。单倍奶油相当于美国的低脂稀奶油。乳脂肪超过48%的双倍奶油比通常在北美洲销售的任何奶油更黏稠，风味更浓郁。许多人认为产自英格兰德文郡的双倍德文奶油是英国最好的奶油。

加糖如何可以让开罐的甜炼乳在室温不腐败？毕竟，糖是大多数微生物的营养源。

微生物生存不仅依靠养分，也需要水分和温度，并且大部分微生物还需要空气（氧气）。水分对微生物非常重要，因为水对所有生物都很重要。如果缺水，微生物就会脱水，细胞就会发生萎缩，从而不能发挥作用。

前面章节曾提到，糖是吸湿性的；也就是说，它会吸引水分子并与之结合。当水与糖结合时，微生物就无法使用。正如海上的水手不能用海水解渴一样，微生物也不能方便地利用糖浆解渴。它们的细胞萎缩，从而不能起作用，好像完全不存在水一般。高浓度糖或盐会引起水分活度降低，渗透压升高。低于一定水分活度和高于一定渗透压，微生物就不能存活。

这是发生在甜炼乳中的情况。尽管它是液体，但水分活度低，所以不容易腐败。

在美国，高脂稀奶油含有36%～40%的乳脂。高脂稀奶油通常是烘焙房唯一使用的奶油。其他奶油产品包括搅打奶油、低脂稀奶油和半对半稀奶油。来自美国的低脂稀奶油可以通过等量混合高脂稀奶油和全脂乳制成；半对半奶油可以通过等量混合低脂稀奶油和全脂乳制成。

加拿大国内有两种奶油：奶油和搅打奶油。加拿大的省政府经常规定其他奶油产品的乳脂肪含量，例如，餐桌奶油、半对半奶油、谷物奶油以及区域销售的低脂稀奶油。表13.1所示为美国和加拿大奶油产品的最低乳脂标准。

淡炼乳和甜炼乳

淡炼乳和甜炼乳是在烘焙房偶尔使用的特殊配料。它们通常以罐头形式销售，可以在室温下贮存直至打开。这两种炼乳都是通过牛乳脱水而制成的。将牛乳蒸发浓缩至含有两倍的乳脂和两倍于常规液态乳的非脂乳固体，便成为淡炼乳。甜炼乳要除去更多的水，并且要加糖。市场上也有低脂炼乳和脱脂炼乳销售。

淡炼乳和甜炼乳不能互换使用。两种产品之间的主要区别是添加到甜炼乳中的糖。由于这种糖的存在，使得甜炼乳与淡炼乳相比，更浓、更甜、更黏稠，它具有更多的焦糖色泽和风味。这种颜色和风味，是由于产品加热而发生美拉德反应所致。

甜炼乳中加入的糖意味着它可以在室温下放置数天（但通常不会）而不会腐败。

甜炼乳和淡炼乳比全脂液态乳成本更高，但各有优势。炼乳较容易存贮，因为它们占用较少的空间，并且如果不打开则可在室温下无限期保存。

有益于健康的发酵乳制品具有悠久的使用历史。据认为，由于这些产品含有友好细菌，使其进入肠道时，可以通过减少不良细菌生长来帮助维持肠道健康。因健康益处而消费这些产品时，产品中的活细菌通常称为益生菌。但第3章曾提到，细菌和其他微生物在烘烤过程中会死亡。发酵乳制品中益生菌提供的健康功能会在烘烤过程中全部丧失。

这对不容易获得冷藏条件的热带地区尤其重要。更为重要的是，这些产品的低含水量和焦糖风味可以当作优点来利用。例如，甜炼乳的常见用途是制造墨西哥果馅饼，这是一种带有焦糖化乳味的蛋奶羹。墨西哥果馅饼传统上是用牛乳加糖煮沸并蒸发制成的，这实际上就是甜炼乳。甜炼乳和淡炼乳的其他常见用途是制作南瓜饼、巧克力乳脂软糖和太妃糖，炼乳为可这些产品提供光滑的奶油质感。淡炼乳可替代某些低脂肪产品中的奶油。

发酵乳制品

发酵乳制品用添加的活细菌（通常是乳酸菌）发酵。乳酸菌将乳糖发酵成乳酸等多种美味产品。乳酸可降低发酵乳制品的pH，并提供令人愉快的酸味。乳酸还会使发酵乳制品增稠和胶凝，因为酸会引起酪蛋白凝固。乳酸菌被认为是友好细菌，因为它们对乳制品的风味和质地有积极影响，还因为它们有助于防止这类食品中不希望有的腐败细菌生长。正是因为存在友好细菌，才使发酵乳制品具有比非发酵乳制品更长的保质期。

通常，含有发酵乳制品的烘焙食品配方也含有小苏打。当乳制品的酸与小苏打反应时，会产生二氧化碳气体。这种二氧化碳可能是某些烘焙食品的重要膨发气体。如果乳制品中的酸比与小苏打反应所需的酸多，则过量的酸会降低混合物的pH，从而使焙烤产品软化、变白。

发酵酪乳　酪乳原是奶油搅拌成黄油后残留的液体。如今，通过向牛乳，通常是低脂乳（1%乳脂）或脱脂乳中加入乳酸菌可制成发酵酪乳。由于酸对酪蛋白影响的缘故，发酵酪乳比普通牛乳稠厚。

发酵酪乳可用于酪乳饼干和某些其他主要用于调味的烘焙食品，当然，某些情况下，发酵酪乳也可用以增白、软化和膨发。传统的爱尔兰苏打面包完全用酪乳和小苏打发酵。发酵酪乳也以干粉形式销售。

发酵酪乳的合适替代品是通过将1汤匙（15 mL）醋加入225 g液态乳制成的酸化乳。这种酸化乳虽然不具有发酵酪乳应有的稠厚感，并且酸味尖锐，但它确实可提供相同的酸度用于软化、增白和膨发。请注意，酸化奶与牛奶腐败后的酸败乳不一样。酸败乳具有不愉快的风味，不能用于烘焙食品。

其他发酵乳制品包括开菲尔发酵乳和嗜酸乳杆菌发酵乳。这些产品与酪乳相似，但是用不同细菌培养发酵的，这类产品具有独特的风味。

酸乳　酸乳类似于发酵酪乳，因

为它是通过向液态乳添加细菌，使细菌发酵产生酸而制成的发酵乳制品。酸乳由不同细菌（保加利亚乳杆菌和嗜热链球菌）混合制成。这通常使其具有比酪乳更强、更酸的风味，并有坚实的凝胶状稠度。酸乳可以用作酸奶油的低脂代用品。

如何制作希腊式酸乳

希腊式酸乳可用各种（包括低脂肪或无脂肪的）酸乳制造。不要使用添加淀粉或树胶的酸乳品牌，因为淀粉和胶质会阻止乳清自由沥出。

为了沥出乳清，将酸乳放在几层乳酪布上，悬挂在盆上方以收集乳清。将其松散覆盖并冷藏。此过程需要持续数小时，但如果希望得到较干的乳酪，则可继续让其沥水一天或更长时间。

希腊式酸乳通过将酸乳中大量乳清排出而制成。所得到的酸乳，有时称为"酸酪"，具有类似于奶油干酪的质地，但它具有更浓烈的酸味。希腊式酸乳可以在干酪蛋糕、糖霜和馅料中作为奶油干酪替代品使用。

酸奶油 美国的酸奶油是将乳酸菌加入低脂奶油（18% ~ 20%乳脂）制成的。加拿大的酸奶油乳脂含量可能略低（最低14%）。乳酸会使酸奶油中的蛋白质凝固成凝胶质地；为进一步使产品增稠，还可以加入树胶和淀粉。添加的树胶和淀粉也会使乳液中的乳清液分离出来。如果出现乳清分离，应将其搅拌进入酸奶油后再使用。

酸奶油可用于干酪蛋糕、咖啡蛋糕和某些糕点面团。市场上有低脂肪和无脂肪的酸奶油产品供应。这些产品水分含量较高，风味没有普通酸奶油那么浓。低脂肪的酸奶油一般用半对半奶油（最低含10.5%的乳脂肪）发酵制成，通常可作为普通酸奶油的替代品用于烘焙。

法式酸奶油 法式酸奶油是法国各地使用的发酵奶油制品。传统法式酸奶油制作方式是在室温下将未经巴氏杀菌的牛乳投入锅中，使奶油上浮顶部。大约12 h后，撇出奶油。在此期间，未杀菌牛乳中的天然细菌使奶油成熟，将奶油变成酸度适当的增稠产品。因为法式酸奶油含脂量高（在法国，最低含30%脂肪），所以它比酸奶更流畅、风味更浓郁、更滑润。在墨西哥，类似的产品称为鲜奶油。

糕点师有时将少量发酵酪乳或酸奶油与高脂稀奶油混合，使其温暖环境下静置8 h以上，然后再冷藏。随着奶油因乳酸菌而生长成熟，其质地会变稠，并产生酸味。这种产品与酸奶油相似，但它具有较高乳脂含量。

凝结稀奶油 凝结稀奶油是一种厚实、可涂抹的乳制品，其最低脂肪含量为55%，具有坚果、熟牛乳风味。最珍贵的凝结稀奶油产自英格兰的德文郡，这种奶油在当地已经制作了几个世纪。德文郡凝结稀奶油的传统制作的开头方式与法式酸奶油的类似，成熟奶油从装在浅盆中的乳中升到表面。缓缓地将盆中乳加热至约82 ℃并保持约1 h，直到其开始形成金色的皮。这种煮过的混合物被缓慢冷却，黄油凝结而成的厚奶油皮被撇出。在英国茶点时间，人们通常会将凝结稀奶油与果酱搭配，涂在烤面包上食用。

虽然英格兰西南部的奶牛场仍在以传统方法生产少量凝结稀奶油，但今天的凝结稀奶油更多是用预先从牛乳中分离得到的（未发酵过的）鲜奶油制作的，这种奶油经过加热然后缓慢冷却便成为凝结稀奶油。

干酪

干酪通过将凝固的酪蛋白（凝乳）与乳清分离制成。大部分（但不是全部）干酪被归类为发酵乳制品，这意味着凝乳因活细菌产生的酸而形成。

干酪可以分为成熟的和未成熟的两类。烘焙房使用大多是软质未成熟的干酪，如奶油干酪、纽夏特干酪、面包师干酪、乳清干酪（里科塔干酪）及马斯卡彭干酪。成熟干酪通常具有强烈清晰的风味。成熟乳酪包括巴马干酪、蓝干酪、切达乳酪和布里干酪。

奶油干酪、纽夏特干酪和面包师干酪　奶油干酪、纽夏特干酪和面包师干酪是相似的。它们的凝乳通过在牛乳或奶油中添加乳酸菌（通常还加酶）形成。一旦乳清液被排出，便对凝乳进行加工，直到它们具有应有的质地为止。所有三种干酪都具有温和的微酸风味以及柔滑的质地。这三种干酪都可用于糕点馅料和干酪蛋糕。通常，还会在干酪中加胶以增加奶油感和硬度，这种效果在低脂肪干酪特别明显。通常加入的胶是黄原胶、刺槐豆胶和瓜尔胶的组合。

三种干酪之中，奶油干酪是脂肪含量最高的一种。像搅打奶油一样，这种干酪必须含有至少33%的乳脂肪（在加拿大为30%）。纽夏特干酪脂肪含量（最低20%）低于奶油干酪的脂肪含量；事实上，纽夏特奶酪经常被标记为"低脂奶油干酪"。面包师干酪基本上是无脂的，有时被标记为"无脂奶油干酪"。面包师干酪比奶油干酪便宜，但味道明显没有奶油干酪那么浓郁。

因为低脂肪和无脂肪的奶油干酪通常含有高水平的胶，所以这些产品可以成功地用于低脂干酪蛋糕等产品，而不会影响质地。然而，低脂干酪蛋糕的味道通常不是很浓郁、饱满和令人满意，除非做出一些调整。许多风味物溶解在脂肪中，当脂肪被去除时，风味物以不同的方式被释放出来，往往以更快的速度释放。然而，通过一些实验，可以创

> **有用的提示**
>
> 软质未成熟奶酪只要适当添加，就能很好地与其他配料混合。制作乳酪蛋糕时，通过搅拌使其软化，然后再与更柔软、更接近液体的配料混合。未经过搅打软化的奶油奶酪，会在面糊中形成块状物，并且也会留在烘烤出来的乳酪蛋糕中。事实上，一般原则是，两种不同稠度需要混合的配料，必须先将较硬配料软化到与较柔软配料相同，然后再将两者混在一起。

作出风味饱满的低脂肪干酪蛋糕和许多其他乳制品。第17章提出了一些改进食品（包括低脂肪食品）风味的建议。

里科塔干酪 里科塔干酪具有轻微颗粒质感及温和的乳香味。最初，节俭的意大利家庭主妇将干酪生产中留下的乳清中加酸制成了里科塔干酪。如今，里科塔奶酪通常是通过向全脂牛乳或脱脂牛乳中加入酸或细菌和酶制成的。这种柔软、湿润的干酪用于卡诺里卷、里科塔干酪蛋糕和其他意大利特色糕点。

马斯卡彭干酪 马斯卡彭干酪是意大利干酪，这种干酪以作为配料用于提拉米苏蛋糕而出名。马斯卡彭干酪的乳脂肪含量在70%～75%，与黄油的乳脂肪含量几乎一样高。这种干酪的风味和质地介于奶油干酪和黄油之间，或者说，类似于非常浓的凝结稀奶油。马斯卡彭干酪通常通过将酸加到加热的高脂稀奶油而制成。酸与热结合使酪蛋白凝结，形成细腻、光滑的凝乳，缓慢地从乳清液中排出。由于马斯卡彭干酪是一种较容易制备的干酪，因此一些专业糕点店自己制备这种干酪。

软式干酪（Quark） 软式干酪起

> **有用的提示**
>
> 搅拌或乳化马斯卡彭干酪时要小心。过度混合会形成不合适的黄油块，非常类似于搅打过度的奶油变成黄油的情形。为了避免混合过度，要用低速进行适当的搅拌。

源于德国。这种温和、未熟软质干酪有多种形式，脂肪含量也不相同。软式干酪质地比里科塔干酪略柔滑。如果手头没有软式干酪，可以用食品加工机将里科塔干酪打碎后替代；对于高脂软式干酪，可用里科塔与奶油干酪混合替代。软式干酪可用于德国干酪蛋糕和其他糕点。

乳清产品 曾经提到，液体乳清是干酪生产过程中产生的浅绿色副产品，富含蛋白质（乳清蛋白）和乳糖。乳清还富含维生素和矿物质，例如核黄素、钙和磷。

乳清曾经作为废水丢弃或用作动物饲料。如今，它被转化为许多有价值的产品。一种是通过对乳清巴氏杀菌并干燥制成的乳清粉。乳清粉在许多方面类似于乳粉，可以较低成本用于烘焙食品。

乳和乳制品的功能

以下讨论的功能主要适用于液态乳和乳粉。凡提到的功能只适用于一种乳制品，而不适用于其他乳制品的情况，则会专门指出。

主要功能
增加外皮颜色 乳制品的蛋白质和乳糖（一种快速发生美拉德反应的糖）是适合发生美拉德反应的混合物。前面提到，美拉德反应是糖和蛋白质的分解反应，它为烘焙食品提供了色泽和新鲜烘烤的味道。当烘焙食品用牛乳而不是水制备时，可能需要降低烘烤时间和温度以减少过多的颜色变化。

延缓陈化 乳制品所含的几种成分（包括蛋白质、乳糖和乳脂肪）能够延缓烘焙食品心部的淀粉回生引起的产品陈化。这种功效在主食酵母面包中尤为突出，这些面包中能起延缓陈化作用的糖和脂肪含量通常较低。乳制品通过防止陈化，可延长烘焙食品的保质期。

增加外皮柔软度 面包和奶油泡芙之类用牛乳制备的产品，与用水制备的产品相比，外皮较软。例如，硬皮的法式长棍面包含有水分。软皮的普尔曼面包或吐丝面包含牛乳。软化发生可能是因为牛乳蛋白质和糖会与水结合，延缓了水分从面包外皮蒸发。

混合风味并提供浓郁风味 牛乳可改变烘焙食品的风味。例如，在蛋糕和面包中，牛乳可混合风味并降低咸味。烘焙蛋奶羹、香草蛋奶酱和糕点奶油这些类产品，为了获得浓郁的风味效果，有必要使用乳制品，特别是富含脂肪的乳制品。

为烘焙产品提供细腻均匀的组织结构 一些烘焙食品，特别是酵母面包，采用牛乳或乳粉制备，可以获得较细、较均匀的组织结构。这可能是牛乳中的乳蛋白、乳化剂和钙盐结合，有助于稳定产品小气泡的缘故。产品气泡越小，则其组织结构越细腻。

形成稳定的泡沫体 如果奶油的乳脂含量等于或高于28%，就可搅打形成泡沫。搅打奶油和高脂稀奶油都可以很好地进行搅打，但高脂稀奶油由于含脂肪较高，可以产生更为稳定（但较致密）的泡沫。

除了使用脂肪含量更高的奶油，可以先通过冷却奶油来固化搅打奶油，以固化一些乳脂；也可通过在搅打时缓慢加入糖；还可通过调入明胶溶液或其它稳定剂中。许多品牌的高脂稀奶油含有添加的乳化剂，如甘油单酯和甘油二酯，有助于搅打。

乳蛋白也形成稳定的泡沫。例如，卡布奇诺咖啡上的泡沫由包裹空气的乳蛋白构成。富含乳蛋白的炼乳可以在冷却时搅打成稳定的泡沫，这种泡沫可作为搅打奶油替代品使用。

其他功能

帮助起酥油乳化 将乳粉添加到乳化的起酥油中有助于捕集空气并稳定气泡。乳粉中的乳化剂和蛋白质似乎提供了这些好处。

吸收水分 牛乳中的蛋白质可作为干燥剂，吸收水分并增加酵母面团的吸水率。酵母面团额外所需的水量约与添加的乳粉量相等。这意味着用牛乳制备

有用的提示

高脂稀奶油在搅打之前，必须先冷却，并且如果烘焙房是温暖的，那么搅打用的盆和搅打器件也要冷却。这样，奶油中的乳脂会硬化成固体脂肪晶体，这种状态的乳脂可在搅打时有效地捕获并保持空气。

的酵母面团与用水制成的面团相比，需要更多的液体。吸收水分的能力有助于牛乳蛋白质延缓面包陈化。

帮助鸡蛋蛋白质凝固　用水而不是牛乳制备蛋奶羹不能正确硬化，因为牛乳有助于鸡蛋的凝固。牛乳也被证明可使蛋糕组织结构具有一定的硬度，多孔且有弹性。

为何搅打奶油类似于搅打蛋清？

搅打奶油和搅打蛋清都是泡沫，这意味着它们均含有被液体吸收的气泡。但加糖使两者变得更稳定，但需要更长时间来搅打。过度搅打时，两者都会缩成团浮在液体中。除此之外，搅打的奶油和搅打的蛋清是完全不同的。虽然搅打蛋清中起稳定作用的是蛋白质，但搅打奶油中起稳定作用的却是乳脂肪。下面介绍奶油搅打的工作原理。

搅打会破坏包裹脂肪滴（也称为脂肪球，悬浮于奶油中）的保护膜。未受保护的脂肪球会形成微小团块，这些团块因微小脂肪晶体而固化并得到强化。这些小球和乳脂块围绕每个气泡，分离并悬浮在奶油中。持续的搅打导致更多的脂肪球聚集，形成一个广泛的三维网络，使奶油随着搅打而变硬。因为使奶油变硬的三维网络是由乳脂的固体晶体组成的，因此冷却时奶油的搅打起泡效果最好，这一点不同于蛋清，温暖时蛋清蛋白质具有最好的搅打起泡效果。

脂肪块在稳定泡沫体方面不如鸡蛋蛋白质那么有效，因此，当鸡蛋清的体积可以增大到8倍，而奶油的体积几乎不能增加一倍。搅打奶油充气体积超过一倍的地方，脂肪块会生长成大粒黄油，泡沫会塌陷，液体酪乳会分离出来。

牛乳蛋白质和牛乳中的钙盐似乎会加强鸡蛋结构，就像硬水中的钙盐加强面筋结构一样。

提供水分　因为液态乳含水约为88%，所以，只要用于烘焙食品，都可为产品提供水分，用于溶解糖和盐、形成面筋以及淀粉颗粒糊化。即使是高脂稀奶油也含有50%以上的水。

增加营养价值　牛乳含有高品质的蛋白质、维生素（核黄素、维生素A和维生素D）和矿物质，特别是钙。牛乳是新生牛犊唯一的食物来源，反映了它的营养价值。然而，在含有乳脂肪的高脂稀奶油等乳制品中，饱和脂肪含量高，会增加血液中的胆固醇，从而增加冠心病发生风险。

牛乳在北美洲地区是重要的钙源。骨骼生长需要钙，饮食中缺乏钙与骨质疏松有关，骨质疏松是骨骼结构严重丧失的反映。由于维生素D有助于机体对钙的吸收，所以牛乳中加入了维生素D。

贮存和处理

液态乳和复原乳很容易腐败。细菌繁殖会产生酸和各种异味，使牛乳变酸。虽然通常没有害处，但是发酸的牛乳气味却令人不快，应该被丢弃。

除细菌腐败之外，牛乳的风味非常容易受其他变化影响，无论是吸收香气还是过度受热或光照而发生的化学反应，都会影响乳的风味。

巴氏杀菌全脂乳的保质期约为2周。这种乳及所有其他乳制品都标有保质期或使用期代码。这些代码可作为指导。实际保质期取决于许多因素，主要取决于产品是否得到很好保存。使用之前，始终嗅闻和品尝乳制品，并以此确定是否适合用作配料。不要将高脂稀奶油中形成一层脂肪误认为是腐败现象。如果形成脂肪层，可在使用前摇晃容器。

处理液态乳时应遵循以下准则，以确保微生物学安全性，并避免产生异味。

- 检查交货时的温度应为7 ℃以下。如果高于此温度，则应拒绝接货。
- 不使用的乳都要冷藏，理想的冷藏温度为1～3 ℃。

什么是光诱导的异味？

来自太阳或荧光灯的高能量紫外线，会导致食品发生化学变化。某些用透明容器装的乳中发生这类变化会改变乳的风味。这些变化发生得很快，在光线下暴露，1 h内就会发生。它们显著降低了牛乳的消费者接受度，并且还会降低牛乳的营养质量。

一种光诱导的化学变化涉及乳蛋白中氨基酸的分解。这种反应发生在核黄素存在的场合。结果是在牛乳中产生异味并损失核黄素。光诱导的异味有时被描述为烧焦羽毛或烧焦土豆的气味，这种异味在明亮阳光下几分钟内就会出现，在荧光灯照射下出现的时间较长。

牛乳的另一种光诱导风味变化涉及维生素A分解，最可能出现在低脂肪和无脂肪的乳制品中。当维生素A发生分解时，会产生氧化的异味，这种异味有时被描述为湿纸板或陈化油的气味。同样，牛乳的营养质量由于暴露于光而降低，此时与维生素A的破坏有关。具有讽刺意味的是，这种纸板味更容易发生在贮存于透明塑料容器装的牛乳中，而不是出现在用纸板盒装的牛乳中。

- 使用后应立即关闭容器。悬浮于空气中的微生物会进入打开的纸盒，从而缩短保质期。
- 保持冰箱清洁。来自其他食品或不洁条件的气味会透过容器并被吸收。如有必要，应使用单独冰箱贮存具有强烈气味的食品。
- 避光。液态乳易受紫外线（UV）光破坏。

虽然酸乳、酪乳和酸奶油之类发酵乳制品具有较长保质期，但它们的酸含量会随时间延长而增加。它们的风味会逐渐变得更强烈、更尖锐、更显著。贮存不当或贮存太久的发酵制品会生长霉菌。任何含有霉菌的发酵乳制品都应该丢弃。

烘焙房使用的软质、未成熟的干酪高度易腐。里科塔干酪之类水分含量高的奶酪特别易腐。一旦打开，里科塔干酪应在2~5天内用完。奶油干酪、纽夏特干酪和面包师干酪的保质期稍长一点。一旦打开，应当紧密包裹或覆盖，以防干燥，并应冷藏，但冷藏期不应超过两周。

脱脂乳粉易于贮存。除非重新复原，否则不需要冷藏，但应盖好并保存在阴凉干燥的地方。这样可以防止干燥乳粉吸收强烈的气味，并阻止因水分变化而发生结块。如果脱脂奶粉吸水、硬化或结块，使用前应将其粉碎并过筛。尽管脱脂乳粉保质期长，至少可保存一年，如果适当保存，最长可保存三年，但脱脂乳粉最终会形成异味，而且颜色变暗，出现褐变。全脂乳粉含有乳脂肪，会氧化酸败，产生异味。全脂乳粉即使在理想条件下贮存，最长保质期也仅为6个月。

罐装的淡炼乳和甜炼乳如果不开封，即使经过几年也不会腐败。然而，随着时间的推移，它们的颜色会变暗，形成较强烈的味道，稠度也会发生改变。淡炼乳一旦打开需要冷藏，甜炼乳最好也冷藏。

复习题

1 牛乳为什么要进行巴氏杀菌？为什么要均质？

2 什么是超高温杀菌乳？它与常规巴氏杀菌乳有什么不同？

3 什么是非脂乳固体？

4 什么是乳脂肪？

5 给出牛乳中两大类蛋白质的名称。

6 乳清由什么组成？

7 什么是乳粉？为什么乳粉不推荐用于蛋奶派？

8 低热量乳粉与高热量乳粉之间有什么区别？哪个较常用于烘焙房？常用在什么产品中？

9 一种配方要求低脂稀奶油，但手头现有的是全脂牛乳和高脂稀奶油，你该怎么办？

10 一种配方要求淡炼乳，但手头现有的是甜炼乳。可以用甜炼乳来代淡炼乳吗？为什么？

11 "发酵乳制品"是什么意思？请列举发酵乳制品的例子。

12 什么是益生菌？烤箱温度对益生菌有何影响？

13 发酵乳制品为何有助于烘焙食品的膨发？

14 发酵乳制品为何有助于烘焙食品获得较白的组织结构？

15 奶油干酪、纽夏特干酪和面包师干酪有什么区别？

16 哪些类型的乳制品可以成功地搅打成稳定的泡沫？

17 列出生产稳定的搅打奶油的四个重要因素。

18 为什么脂肪乳化时最好加乳粉和糖，而不是过后加面粉和其他干燥配料？

19 牛乳之类乳制品为何能延长烘焙食品的保质期？

20 为什么乳粉要加盖贮存在阴凉干燥处？

讨论题

1 一个配方要求1 L的牛乳，但你想使用乳粉。应该用多少乳粉和水代替液态牛乳？

2 您想为乳糖不耐受人群制备烘焙蛋奶羹点心。您尝试使用豆浆而不是全脂牛乳，但发现烘焙蛋奶羹不能正常凝固。为什么会这样？

练习和实验

❶ 练习：乳制品的感官特征

在结果表"描述"列填写每种乳制品的品牌名称及标签所显示的其他信息：产品描述及与其他同类产品区别之处（乳粉有速溶的或普通的、高热处理的或低热处理的；高脂稀奶油可以规定或不规定乳脂肪含量，可以是或不是超高温杀菌的）。接下来，填写每种乳制品的配料清单（如果适用）。然后，比较和描述产品的外观、质地和风味。利用这个机会，根据不同感官特征识别不同的乳制品。最后一列添加其他任何观察到的现象和评论。如果需要，在三行空白格中评价其他乳制品。

结果表　乳制品

乳制品	描述	配料清单	外观	质地／口感	风味	备注
脱脂乳						
全脂乳						
高脂稀奶油						
炼乳						
甜炼乳						
发酵酪乳						
酸奶油						
低脂酸奶油						
低热处理乳粉（加水复原）						
高热处理乳粉（加水复原）						

利用上表和教科书中的信息回答以下问题。

（1）用一句话中描述脱脂牛乳和全脂牛乳之间的风味和口感差异。

_____

_____

_____

（2）炼乳有时作为低脂代用品取代高脂稀奶油用于烘焙食品和甜点。以下哪种产品您觉得这种应用会最成功：蛋奶冻、搅打奶油、南瓜派？＿＿＿＿＿＿＿＿对你的答案作出解释。

_____

_____

（3）除甜度之外，甜炼乳和淡炼乳之间还有什么区别？＿＿＿＿＿＿＿＿＿＿＿＿＿＿＿＿＿＿＿＿＿＿＿＿根据对这两种产品的评价，如果一个配方要求一种类型的炼乳，你认为可以用另一种炼乳替代吗？＿＿＿＿＿＿＿＿＿对你的答案作出解释。

_____

_____

_____

（4）什么原因使酪乳和酸奶油味道变酸？＿＿＿＿＿＿＿＿＿＿＿＿＿＿＿＿＿＿＿＿＿＿＿＿。它们质地浓稠的主要原因是什么？＿＿＿＿＿＿＿酸奶油有时会添加淀粉和植物胶，以进一步增稠，并防止分离。哪些胶（如果有的话）适合添加到酸奶油中？

_____

_____

（5）你如何用一句话描述酸奶油和低脂酸奶油之间的风味和口感差异？

_____

_____

什么配料添加到低脂酸奶油中可能会增加奶油口感？

_____

_____

（6）低热量乳粉和高热量乳粉中，哪种乳粉复水后的风味和颜色与脱脂牛乳最相似？

_____

_____

（7）如果您通常将低热量乳粉添加到冰淇淋是为了获得稠密口感，您觉得是否可用高热量乳粉替代？对你的答案作出解释。

_____

_____

_____

如果你通常在蛋糕面糊中添加高热量乳粉，你认为用低热量乳粉替代可行吗？
对你的答案作出解释。

_____

_____

_____

❷ 实验：比较用牛乳和水制备的奶油松饼（Éclair）的质量

鸡蛋面糊是指制作奶油泡芙、泡芙夹心酥球和奶油松饼的面糊。这种面糊常用
牛乳或水制备。虽然这两种液体均可以使用，但结果有些不同。在本实验中，你将
用这两种液体制备鸡蛋面糊，烘烤出奶油松饼，并自己对结果进行评价。

目的
证明制作鸡蛋面糊使用的液体类型如何影响以下方面：
- 奶油松饼外皮的脆性和美拉德反应程度
- 奶油松饼的湿度、松软度和高度
- 奶油松饼的整体风味
- 奶油松饼的整体可接受性

制备的产品
用以下液体制备奶油松饼
- 水（对照）
- 牛乳
- 如果需要，可采用其他液体[按50∶50的比例制备水和牛乳混合液、豆浆、
  乳与黄油（而不是起酥油）混合物等]

材料和设备
- 台秤
- 厚平底锅
- 木勺

- 混合器（带5 L混合盆）
- 平桨搅打器附件
- 大号平口裱花嘴
- 大型裱花袋
- 泡芙面糊（见配方），足以为每种条件制备12个泡芙
- 半大烤盘
- 羊皮纸
- 烤箱温度计
- 锯齿刀
- 尺子

配方

鸡蛋油面糊

产量： 12个奶油松饼

配料	质量 /g	烘焙百分比 /%
全蛋	225	181
水	225	181
通用起酥油	85	68
盐	3	2.4
面包面粉	125	100
合计	663	532.4

制备方法

（1）烤箱预热至220 ℃。

（2）将鸡蛋放置至室温。

（3）将水、起酥油和盐投入厚平底锅中混合。充分煮沸，使起酥油完全熔化。

（4）将锅从热源移开，一次性加入面粉。用木勺快速大力搅拌。

（5）重新加热，继续搅拌，直到面糊形成光滑、干燥、不会粘勺子或锅侧面的球团。不要熬煮过度，否则面糊不能正常膨发。

（6）将面糊转移到搅拌器盆中，缓慢加入鸡蛋（每次加约60 g），每次加入后以中等速度搅打。添加下一部分之前，鸡蛋应完全混合。如果需要，可以用手搅打鸡蛋。

（7）继续搅拌混合物，直到所有蛋被吸收。勺子末端抬起时面糊应保持形状，但应保持平滑、湿润和可操作状。

（8）裱花袋装上平口裱花嘴，并将面糊装入裱花袋。

步骤

（1） 烤箱预热至220 ℃。

（2） 使用上述配方（或任何使用通用起酥油而不是黄油的基础奶油松饼面糊配方）制备奶油松饼面糊。为每种条件制备一批面糊。

（3） 用羊皮纸衬烤盘；加标签，注明制备鸡蛋油面糊所用的液体类型。

（4） 在羊皮纸衬里烤盘中，将面糊挤成约2 cm宽和8 cm长的条形或任何标准形状。

（5） 使用置于烤箱中央的温度计，读取初始烤箱温度。将结果记录于此：＿＿＿＿＿＿＿＿。

（6） 当烤箱正确预热时，将装好面糊的烤盘放入烤箱中，并将定时器设定在10 min，或按照配方设定时间。在220 ℃下烘烤10 min。

（7） 将加热温度设置为190 ℃，然后在该温度下再烘烤10～15 min，或按照配方时间烘烤。

（8） 烘烤至对照松饼呈棕色并且触摸起来较硬。判断烘烤是否完成，可从烤箱中取出一个松饼，让其冷却；如果松饼保持形状且不会塌陷，则可从烤箱中取出剩余的松饼。

（9） 在下面的结果表1中记录烘烤时间。

（10） 检查烤箱最终温度。结果记录于此：＿＿＿＿＿＿＿＿。

（11） 于温暖处，让松饼在烤盘中慢慢地冷却至室温。

结果

（1）当松饼完全冷却时，按如下方法评估平均高度：

- 取三个松饼从长度方向对切开，小心不要挤压。
- 通过在其中心沿着平坦的边缘放置一个尺子来测量每个奶油松饼外壳的高度。以毫米为单位将三个松饼测量高度记录在结果表1中。
- 通过三个高度值相加再除以3，计算松饼的平均高度，将结果记录在结果表1中。

结果表1　不同液体制备的奶油松饼高度评估

液体类型	烘焙时间 /min	三个松饼各自的高度 /mm	松饼平均高度 /mm	备注
水（对照）				
牛乳				

（2）评价完全冷却产品的感官特征，并将结果记录在结果表2中。请务必依次与对照产品进行比较，并考虑以下因素：

- 外皮颜色，从非常浅到非常深，按1～5级评分
- 外皮质地（软/脆、湿/干等）
- 内部外观（颜色、带状物数量等）
- 内部质地（坚韧/柔软、潮湿/干燥等）
- 风味（鸡蛋味、面粉味、咸味等）
- 总体可接受性，从高度不可接受到高度可接受，按1～5级评分
- 根据需要添加任何其他评论。

结果表2　不同液体制备的松饼感官特性

液体类型	外皮颜色和质地	内部外观和质地	风味	总体可接受性	备注
水（对照）					
牛乳					

误差来源

列出可能导致难以根据实验结果得出正确结论的任何误差来源。特别是要考虑混合和处理面团的各种困难，平底锅中加热面团的时间长短，以及烤箱或烘烤时间方面的各种问题。

_____

_____

_____

说明下一次可以如何改进，以尽量减少或消除每个误差来源。

_____

_____

_____

结论

从**黑体字**中选择一个选项或填空。

（1）用牛乳而不是水制作松饼时，褐变的程度往往会**增加/减少**。颜色的差异**小/中**

等/**大**。差异的原因是 _____

_____

_____

（2）当松饼用牛乳而不是水制成时，外皮往往变得更加**酥脆/柔软**。差异**小/中等/大**。差异的原因是 _____

_____

_____

（3）用牛乳制成的松饼和用水制成的松饼相比，两者的风味差异**很小/中等/大**。风味差异可以描述如下：

_____

_____

_____

（4）用牛乳制成的松饼与用水制成的松饼之间的其他差异如下（考虑烘烤时间、高度、湿度等方面的差异）：

_____

_____

_____

（5）在两个不同的松饼中，我更喜欢的是_____。我偏爱的原因是：

_____

_____

_____

14

坚果和种子

本章主题

① 描述坚果的构成，并将其与营养相关联。

② 分析影响坚果成本的因素。

③ 列出常见坚果，并描述其特点和用途。

④ 描述如何最好地贮存和处理坚果。

概述

　　一些需要坚果的配方将其列为可选配料。尽管许多不加坚果的配方确实不会导致产品失败，但坚果可为许多烘焙食品增添重要的价值。它们可提供风味、质地对比及视觉吸引力。它们几乎都可以互换使用，而不需要对配方进行调整。当然，风味会改变，因为坚果风味差异很大。但绝大多数情况下，坚果在烘烤中的作用类似。栗子是例外，栗子与其他坚果非常不同，一般不能代替其他坚果使用。

　　大多数坚果生长在树上。坚果包括杏仁、腰果、榛子、夏威夷果、松子、山核桃、开心果和核桃。这个类别不包括花生，花生是豆科植物生长在地下的荚果。芝麻和其他种子通常生长在草本植物（非木本植物）上。

坚果、核仁和种子的组成

　　坚果是蛋白质、纤维素、维生素和矿物质的良好来源。虽然坚果脂肪含量高，但坚果中的脂肪酸（椰子除外）大多是不饱和的。从健康角度来看，不饱和脂肪酸被认为是有益的。坚果还含有大量有利于身体健康的多酚类化合物。事实上，坚果是传统地中海饮食的一部分，被认为是健康饮食的典范。

　　坚果的组成各不相同，但大多数含有比其他任何食物更多的脂肪或油。图14.1

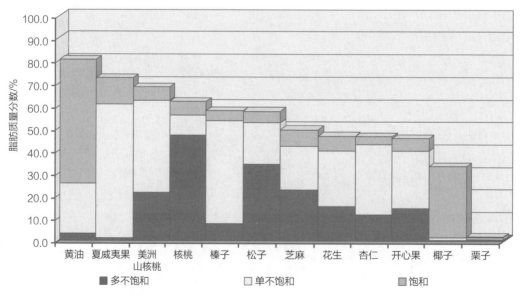

图14.1 不同类型坚果的脂肪与黄油的比较

比较了坚果与黄油的脂肪含量。请注意，坚果所含的脂肪含量范围很大，但大多数含油量为50%~65%。栗子和椰子的含油量比此范围低，夏威夷果75%的含油量接近黄油的脂肪含量。由于油含量高，大多数坚果应作为点缀用于低脂烘焙食品。

包含坚果的产品应特别注意告知顾客，因为有些人对坚果有严重的过敏反应。简单而有效的提醒顾客产品中存在坚果的方式，就是在产品表面用坚果点缀产品。

什么是伪坚果？

植物学家可将坚果与种子、荚豆和核仁区分开。对于植物学家来说，坚果是一种干燥的单果，成熟时不会在接缝处开裂。植物学家将栗子、榛子、核桃和山核桃归类为真正的坚果，而其他"坚果"是伪坚果。杏仁、椰子和夏威夷果是水果核内的种子。花生是荚豆类种子，松子是松果内的种子。大多数烘焙房及家庭应用角度来看，以上这些都会被看成是坚果，并认为种子通常比坚果小，并且没有硬壳。种子的例子是芝麻、葵花籽和南瓜籽。

其实所有坚果都是植物的种子或含有植物的种子。种子由三个主要部分组成：可发芽长成幼苗的胚芽、为幼苗提供足够养分的胚乳以及保护种子的种皮。种植时，种子可生长成新的植物。

成本

坚果是一类昂贵的配料。它们的价格可以从每磅几美元到10美元不等。许多因素影响坚果的价格。主要因素如下。

- **坚果类型：** 松子和夏威夷果之类坚果比花生或杏仁贵得多，主要是因为处理困难。
- **附加处理或加工困难：** 例如，核桃易碎，并难以完全与壳分开。这使得完整半核桃比破碎核桃贵。
- **作物年份：** 坚果是天然农产品。如果山核桃的主要生产区美国佐治亚州遇到大降雨年份，雨水会损害整个山核桃作物区，导致价格上涨。

- **包装：** 核桃之类坚果可以装在真空包装罐中销售，以防止氧化酸败。显然，这种包装形式会增加坚果的成本。
- **一次性购买量：** 与任何配料一样，批量采购可以降低成本。

当成本或热量成为问题需要考虑时，可有多种创造性方式来节制坚果的用量。例如，改变坚果的尺寸和形状可改变其感觉。如图14.2所示，切片杏仁（左下方）可以比杏仁条（右下）提供更大的视觉冲击力和烘焙食品覆盖率。芝麻籽（上）比杏仁密度低，可提供最全面的覆盖。

图14.2 坚果和种子的视觉印象随尺寸、形状和密度而变化
上：芝麻质量轻，相同质量种子占地面积大
从左到右：同样质量的薄切杏仁提供的覆盖面较少，杏仁条覆盖面最少

常见的坚果、核仁和种子

杏仁

杏仁有苦杏仁和甜杏仁两种主要类型。苦杏仁可用作风味剂。例如，杏仁提取物和阿马利特利口酒可以由苦杏仁油制成。

甜杏仁可用于烘焙。美国加利福尼亚州是世界上最大的杏仁产地，杏仁，至少对于烘焙来说，是美国首屈一指的坚果。杏仁在欧洲具有悠久使用传统，它出现在许多配方中，包括蛋白酥、杏仁糖、意式脆饼、杏仁饼和油酥糕点面团。

杏仁具有温和的风味，所以最好使用前烘烤一下，以增加其风味。杏仁有天然（棕色种皮完好无损）或漂白的两种形式。

天然杏仁的棕色种皮提供了视觉吸引力所需的颜色反差。例如，天然杏仁的棕色种皮突出了杏仁饼干中坚果的存在。杏仁种皮也提供轻微涩味，这对整体风味有帮助。第4章提到过，涩味是由单宁导致口腔产生干燥感的滋味特征。

白色杏仁由天然杏仁去除棕色种皮得到。它们的风味比天然杏仁甜和温和，比天然杏仁更多地用于烘焙。由于具有光亮的白色外观，白色杏仁具有精致优雅的形象。为了制取白色杏仁，要

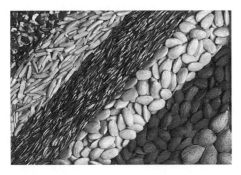

图14.3 杏仁
左上至右下：天然碎杏仁、脱皮杏仁
条、天然杏仁片、脱皮完整杏仁、天然
杏仁、未去壳杏仁

将开水浇在坚果上，让其静置几分钟，然后便可搓下种皮。

杏仁以多种形式销售，包括整粒、切片、长条、碎粒或磨成酱、粉或糊状物（图14.3）。由于形式多样、风味温和宜人，杏仁具有很高的通用性。

杏仁酱是将杏仁漂烫去皮后研磨而成的糊状物。杏仁酱通常含有结合剂和风味剂，特别是苦杏仁提取物。杏仁蛋白软糖是杏仁酱与糖混合成的柔软塑性体。可以把杏仁蛋白软糖看作可食用的造型黏土。杏仁蛋白软糖传统上是着色的，并塑造成小水果和奇异动物形状。它可以滚压，也可用于蛋糕顶层装饰。

腰果

肾形腰果原产于巴西，但今天腰果最大的生产国是越南。腰果具有甜美、温和的风味和象牙白色外观。

尽管大部分腰果直接作为零食吃，但腰果也可用于脆饼和其他甜食，以及曲奇饼和其他烘焙食品。由于风味清淡及灰白颜色，有时会将腰果浸泡在水中，并粉碎成光滑奶油状，用于素食产品，以取代冷冻甜点中的奶油和干酪蛋糕中的干酪。

如何做坚果酱和坚果粉

坚果酱并不含黄油，它们其实是由坚果细磨而成的糊状物。虽然任何坚果都可以做成酱，但花生、杏仁和榛子可能是最常见用于做酱的坚果。

做坚果酱，可在食品加工机上粉碎经烘焙的坚果。烘焙和研磨有助于坚果释放天然油，以获得光滑、奶油般的质感。如有必要，可加入少量油以增加光滑度。作为风味剂，可以加入盐、蜂蜜或糖浆。

坚果粉也可用食品加工机制备。制备坚果粉时，要小心不要过度加工，否则会释放太多的油，最后变成糊。为了防止过度加工，可将坚果与糖在加工机碗中采用重复脉冲的方式混合。脉冲加工方式和糖的存在可防止油的释放。坚果粉可用于油酥糕点面团和蛋糕面糊。

椰奶油（coconut cream）和椰乳（cream of coconut）有什么区别？

虽然椰奶油和椰乳听起来像是同样的产品，但它们不是。椰奶油是上升到椰奶（coconut milk）顶部的富油层。像椰奶一样，椰奶油不加糖。椰乳是一种由椰奶加糖制成的浓稠甜味液体。椰乳主要用于混合饮料，如冰镇果汁朗姆酒。椰奶油和椰乳两者不可互换。

腰果价格昂贵，因为它们很难脱壳。这种困难，部分原因是腰果壳中存在皮肤刺激物，这种刺激物类似于毒藤和毒栎中的刺激物。为了在不使刺激物污染腰果情况下脱壳，要对坚果进行蒸煮、烘烤或油炸。这样就可以打开外壳，方便操作人员手工将腰果肉取出来。这些坚果通常被标记为原料，因为当壳体暴露于高温时，坚果本身未受到烘烤。除越南外，今天腰果的其他生产大国还有巴西和印度，这些国家具有腰果生长所需的热带气候。

栗子

栗子的水分和碳水化合物都非常高，油含量非常低（不到5%）。栗子煮后才能使用，这可赋予它们特有的柔软、粉质感。栗子不能与其他坚果互换使用。

栗子只在秋季和初冬才上市。在其余时间中，可以购买到已经煮熟的、冷冻的或罐装的整粒或制成酱的栗子。一旦打开包装，罐装栗子应冷藏或冻藏，以防霉菌生长。栗子也可以干燥并磨成粉，或做成蜜饯（糖渍栗子）。

椰子

椰子是一种热带坚果，与烘焙房中使用的大多数坚果不同。像其他热带坚果（如棕榈仁、可可和牛油果仁）一样，椰子肉的饱和脂肪含量非常高（图14.1）。

利用椰子肉可生产几种产品，包括椰奶和脱水椰子肉、糖渍椰子肉或烤椰子肉。干制、加糖和烘烤产品中的椰子肉，被切割成大碎片到细片不同规格。马卡龙椰丝由切成细丝的椰子肉经干燥、加糖或烘烤制成。

脱水椰子通过将椰子水分从约50%干燥至5%以下制备得到。脱水椰子，也称为椰子干，是椰子油和椰子风味物的浓缩源。

糖渍椰子用糖煮椰子干燥得到。通常，糖渍椰子含有添加剂，以保持其柔软性（例如甘油）并保持白色（亚硫酸盐）。糖渍椰子是北美洲消费者最熟悉的椰子形式。糖渍椰子可以烤成金棕色，并以烤椰子形式出售。烤椰子主要用于蛋糕和甜甜圈的装饰。

椰子水是成熟椰子中心的透明液体，有时作为清凉饮料消费。椰子水经常被误认为是椰奶。椰奶是通过将磨碎的椰子肉与热水混合并通过过滤器挤压过滤制成。椰奶是不加糖的，市场上有罐装或冷冻的椰奶销售。罐装椰奶打开后，可将富含椰子油的顶层撇出来，这种撇出的油层称为椰奶油。

榛子

榛子有两个英文名：Hazelnuts 和 filberts。榛子主要产于地中海地区，但在美国俄勒冈州有少量种植。榛子最近才在北美流行。榛子在欧洲已经流行很多年，当地特别流行在甜点和糖果中将榛子与巧克力配对。榛子和巧克力浆结合物称为吉安杜佳（Gianduja）。

榛子以整粒、丁状或片状形式零售。和杏仁一样，榛子可带皮也可不带皮。经过烘焙的榛子类似于杏仁，可以大大增强其独特风味。事实上，在所有的坚果中，榛子可能是烘烤效果最好的一种。

夏威夷果

夏威夷果也称为澳洲坚果，原产于澳大利亚本土，但今天它们在夏威夷更广泛种植。夏威夷果是所有常见坚果中油含量最高的一种，这使它们具有丰富的奶油味和质感。因为夏威夷果的壳很难破裂，所以脱壳的夏威夷果昂贵，只能以饰物形式用于价格匹配的烘焙食品。

花生

花生属于荚果，蛋白质含量高于坚果。花生原产于南美洲，但在北美非常流行，欧洲人很少使用。花生的两个最常见的品种是弗吉尼亚花生和较小的西班牙花生。

花生丰富而廉价。未经处理的生花生有一种豆腥味，所以花生通常在使用前要烘烤。花生制品的形式有整粒、半粒、碎粒以及花生酱。与大多数坚果一样，花生可与巧克力很好地配伍。

山核桃

山核桃原产于北美洲，美国的山核桃种植区域分布于南部和西南部。与核桃一样，外形凹凸不平的半片山核桃比山核桃碎粒昂贵。如果外观重要，则使用半片山核桃。山核桃的三种传统用途是山核桃派、南方果仁糖和黄油山核桃冰淇淋。

松子

松子有三个英文名称：Pine nuts, Pignoli及Piñon nuts。它们是矮松树松球的种子。某些生长于地中海、中东和墨西哥的松树，其新鲜松子具有温和甜美的风味。因为它们很难从松果中取出，所以松子特别昂贵，应该小心使用。

开心果

开心果具有独特的绿色，为烘焙食品增添了不同外观。虽然它们原产于中东地区，但近年来，美国加利福尼亚州已经种植了大量开心果。虽然传统上开心果是一种零食，但随着脱壳开心果的产量增加，可望更多的开心果用于烘焙食品。

为保持开心果鲜艳的绿色和独特的风味，最好使用未烘焙或轻度烘焙的开心果。开心果是卡诺里卷的传统装饰物。开心果也用于冰淇淋、意大利式脆饼（Biscotti）和果仁蜜饼（Baklava）。

芝麻

芝麻原产于印度，但数千年前就已经传遍亚洲。这使芝麻成为最古老的食品风味之一，这就是为什么芝麻在亚洲、中东和地中海菜肴中深深扎根的原因。

所有坚果只要适量消费都能促进健康，而核桃富含α-亚麻酸。α-亚麻酸是多不饱和脂肪酸，特别是ω-3脂肪酸，可以降低冠心病的发生风险。

ω-3脂肪酸在北美洲膳食中含量很低，特别是在没能经常食用鲑鱼之类多脂鱼的地方。除了核桃和多脂鱼以外，其他常见富含α-亚麻酸的唯一食品是亚麻籽。

芝麻是长在高大草本植物的荚中的种子，细小的泪状芝麻仁由可食用薄壳保护。天然芝麻带壳出售。脱去壳的芝麻称为脱壳芝麻。烘焙房既用脱壳芝麻也使用不脱壳的芝麻，但使用去壳芝麻较多些。温和、乳白色的芝麻最常见，但也有黑色的和其他颜色的芝麻可供使用。

芝麻通常撒在面包、小圆面包、百吉饼和饼干的上面。这可使芝麻随面团一起烘烤。烘烤可使芝麻形成浓郁的烤香气味，也使其食用时能发出轻微嘎吱声。芝麻薄脆饼（Benne wafers）是美国南方特产。Benne 是芝麻的非洲名字，它随奴隶一起传到了美国和加勒比地区。

芝麻籽在美国未被列为主要的过敏原，但加拿大将它列为过敏原。无论如何，芝麻可能会在少数个体中引起过敏性休克，所以任何使用芝麻的产品应确保让客户知道产品中存在芝麻。

核桃

英国核桃无疑是各种核桃品种中最流行用于烘焙产品的品种。第二个品种是黑核桃，具有很强的风味和很难打开的坚硬外壳。黑核桃原产于北美，可以作为特色产品购买，但价格昂贵，其强烈的风味不是所有人都喜欢。因为黑核桃肉难以从壳中取出，所以市场上出售的都是不规则的黑核桃碎粒产品，没有整颗或半颗的完整黑核桃肉产品出售。黑核桃的经典用途是黑核桃冰淇淋。

脱壳英国核桃以半颗核桃肉及大小不等的碎粒形式销售。它们有不同颜色，从颜色极浅的到琥珀色不等。核桃外表颜色反映了核桃受阳光照射的程度。阳光照射越多，颜色越深，风味越浓。核桃的特征风味有些涩。核桃风味比杏仁更明显，因此，使用前通常不烘焙。

全球约2/3的核桃供应来自美国加利福尼亚州。核桃在北美洲烘焙食品中非常常见，如布朗尼、速发面包、松饼、曲奇饼和咖啡蛋糕。它们也用于欧洲以及中东地区（那里是核桃的发源地）的糕点。

烤坚果

烘烤可使坚果通过化学反应（包括由糖和蛋白质引起的美拉德反应），形成风味。烘烤也可以改善微陈坚果的不良风味。除了改善风味之外，烘烤还使颜色变深，并使坚果的质地变脆。

如何烘烤坚果

在烤盘中将坚果摊成单层进行烘烤。在160～175 ℃的烤箱中放置5～10 min或更长时间。仔细观察；由于坚果在尺寸和含油量方面存在差异，所以不同的坚果品种需要的烘烤时间也有差异。适当烘烤使坚果具有均匀的浅棕色和甜坚果味。

不要用太高的温度烘烤坚果，也不要在炉子顶部烘烤。炉顶的热量特别难以控制，因此很容易在坚果内部还有生味的情形下将外部烤焦。

一旦烘烤完毕，应立即将烤盘从烤箱中取出，以防止焦煳。冷却后再使用。多余的坚果要保存在密封容器中冷藏。烤坚果更容易氧化，所以应该在几天内使用完。

贮存和处理

坚果处理不当或贮存时间过长会发生氧化酸败。起初发生的是微小变化，坚果仍然可以接受，当然特有的风味略受影响。最终出现的是不愉快的味道，坚果应该丢弃。这种味道变化是坚果中的油氧化分解引起的，形成的是陈腐臭味儿。陈坚果也比新鲜坚果苦，风味没有新鲜坚果那么甜。

一些坚果比另一些更容易氧化。坚果的氧化速度主要与其含油类型有关，而与其含油多少关系不大。例如，核桃比榛子的氧化速度快，即使榛子含有与核桃相同或略多的油也是如此。这是因为核桃富含 α-亚麻酸，这是一种 ω-3 多不饱和脂肪酸（图14.1）。像所有多不饱和脂肪酸一样，α-亚麻酸以非常

有用的提示

以下列出了常见坚果和100 g坚果的多不饱和脂肪酸的平均含量。由于氧化酸败速率主要与多不饱和脂肪酸含量有关，因此这些数据有助于了解哪些坚果可能会迅速发生酸败。反过来，这些数据也可以帮助您决定一次购买的坚果数量或如何最好地贮存。

坚果	多不饱和脂肪酸含量 g/100 g
核桃	43
松子	30
山核桃	20
花生	13
开心果	13
杏仁	10
榛子	7
腰果	7
夏威夷果	3

快的速度氧化。

第9章提到过，氧、热、光和金属催化剂都会促进脂肪氧化酸败。如果能够控制这些因素，就可以减缓氧化酸败。以下建议并非总是实用或必要，但值得考虑。

- 只需购买足够两三个月使用的坚果数量。库存管理实行先进先出控制。
- 使用前保持坚果完整。切碎的坚果具有更多表面积暴露于空气，因此氧化更快。

- 不要过早烘烤坚果，烘烤会引发坚果油的氧化。
- 因为高温会加速坚果酸败，所以坚果应在低温下贮存，特别是烤坚果，应在2~4℃温度下冷藏，或进行冷冻。
- 避免阳光照射；阳光像热量一样，是一种加速氧化酸败的能量。
- 购买真空包装的坚果，以隔绝氧气。同样，坚果最好用真空包装袋贮存，或至少贮存在密封容器中。

坚果冷藏可贮存多久？

食品学家有一个用于预测低温下贮存食品的保质期的经验法则。能对坚果保质期成功预测的法则为：温度每降低10℃，产品的使用寿命将延长至原保质期的两倍。

两倍的时间是惊人的。例如，假设一家烘焙房为了方便，将核桃存放在烤箱附近的温暖（35℃）环境。再假设该批核桃经约1个月后出现陈化酸败气味。如果将核桃转移到温度在25℃的较冷地方存放，则坚果可有约2个月的保质期。如果再放到更冷的地方（15℃），则核桃的保质期应该有约4个月，再次将保质期增加了一倍。可以想象，冷藏和冷冻对于是延长坚果保质期的重要性。

当然，反过来也是如此，因此，温度每升高10℃，产品的保质期将缩短一半时间。

- 购买含有BHA、BHT或维生素E等抗氧化剂的坚果。抗氧化剂会使氧化性酸败的过程大大减缓。坚果所添加的有抗氧化剂，会在其标签上列出。
- 处理坚果时最后要考虑的问题：总

是在不使用时盖住它们。这样可以避免洋葱之类具有强烈刺激性的食品气味进入坚果，并可防止昆虫和啮齿类动物。此外，还可防潮，从而避免坚果变得潮湿、发霉及可能的氧化发生。

复习题

1 什么是过敏性休克？

2 以什么简单而有吸引力的方式可以提醒客户在烘烤产品中存在坚果？

3 哪种常见坚果含油最高？哪种最低？它们的近似油含量分别是多少？

4 列出并解释与坚果成本有关的五个因素。

5 天然杏仁和漂烫去皮杏仁有什么区别？各有什么优缺点？

6 什么是涩味？坚果的哪一部分最容易有涩味？

7 杏仁酱和杏仁蛋白软糖有什么区别？

8 什么是椰奶？

9 椰奶油和椰乳有什么区别？

10 什么是吉安杜佳（Gianduja）？

11 什么是 α -亚麻酸，它有什么好处？哪种坚果富含 α -亚麻酸？

12 阳光照射如何影响核桃的质量？

13 核桃比大多数其他坚果氧化速度快的主要原因是什么？

14 分别列举一种比较贵的和一种比较便宜的坚果名称。

15 烘烤以哪两种方式改善坚果风味？

16 列举一种最好进行烘焙的坚果名，列举一种最好不要进行烘焙或轻微烘焙的坚果名。

17 虽然夏威夷果的脂肪含量极高，但它们只缓慢地氧化和酸败。这是为什么？

讨论题

1 为什么要根据需要购买花生原料和对其进行烘烤，而不是购买烘烤好的花生？

2 假设您刚购买的松子在室温（21 ℃）下贮存时，预计只能保持新鲜两个月。利用贮存温度和保质期之间的经验法则来估算，如果在5 ℃冷藏，这些松子可有多长保鲜期。

练习和实验

① 练习：如何降低坚果的氧化酸败

解释以下每种技术有助于减少坚果中氧化酸败的原因（本练习的目的，仅在于关注减少氧化酸败，尽管，有些可能在所有糕点中不切实际或不可取）。第一条已为你完成。

（1）使用前才捣碎坚果，而不是提前捣碎。

　　原因：捣碎会使更多表面积暴露于空气（氧气），从而引发氧化性酸败。

（2）将坚果冷藏备用。

　　原因：_____

　　_____

　　_____

（3）实行先进先出的库存原则。

　　原因：_____

　　_____

　　_____

（4）购买真空包装的坚果。

　　原因：_____

　　_____

　　_____

（5）将坚果贮存在不透明容器中，不要用透明容器装坚果。

　　原因：_____

　　_____

　　_____

（6）使用榛子或杏仁而不是核桃或松子。

　　原因：_____

　　_____

　　_____

（7）如果要烘烤坚果，则在要使用前再烘烤。

　　原因：_____

　　_____

❷ 练习：坚果和种子的感官特征

在结果表中，为每种坚果填写别名（如果有）。接下来，比较和描述坚果的外观、质地和风味。利用这个机会，根据它们的感官特征，识别不同的坚果。在表中最后一列添加可能有的其他任何评论或观察。例如，杏仁是否漂烫去皮？它们是整粒的还是切条？它们烘烤过吗？如果需要，可在预留的两行评估其他产品。

结果表　坚果和种子

坚果或种子	别名	外观	质地	风味	备注
杏仁					
腰果					
栗子					
椰子					
榛子					
夏威夷果					
花生					
山核桃					
松子					
开心果					
芝麻					
核桃					

使用上表和教科书中的信息来回答以下问题。选择**黑体词**或填空。

（1）虽然大多数坚果脂肪含量非常高（大多数脂肪含量大于50%），但**榛子/栗子/松子**的脂肪却相当低。相反，这些坚果却富含水分和**蛋白质/碳水化合物**，赋予这些坚果不同于其他坚果的质地。描述这些坚果质地的最好方法是_____

_____

_____。

（2）虽然所有坚果都会氧化并发生酸败，但是多不饱和脂肪酸含量**最高/最低**的坚果会最快氧化。由此可见，上述三种最可能氧化和酸败的坚果是

_____，_____和_____。根据您对这些坚果的评估，其中有哪种会被氧化？如果是这样，列出出现氧化的坚果，并说明氧化程度是轻微、中等还是很大。

_____

_____

（3）选择两种你觉得彼此完全不同的坚果。

_____

_____

用一句话描述它们如何不同。

_____

_____

_____

（4）选择任何两种你觉得可以方便相互替代的坚果，因为它们在外观、质地和风味上最相似。

_____

_____

_____

说明它们的具体相似之处，并描述存在的任何差异。

_____

_____

_____

❸ 实验：坚果类型如何影响曲奇饼整体质量

目的
证明坚果类型和烘烤如何影响曲奇饼的外观、风味、质地和整体可接受性。

制备的产品
用以下方法制备曲奇饼

- 不添加坚果（对照）
- 杏仁（天然、切片、烘烤）
- 杏仁（漂烫去皮、切片、烘烤）
- 杏仁（漂烫去皮、切片、不烘烤）
- 杏仁（漂烫去皮、切条或切丁、烘烤）
- 核桃（切丁、烘烤）
- 芝麻（整籽、烘烤)
- 如果需要，可使用其他坚果（榛子、松子、夏威夷果、花生等）

材料和设备
- 台秤
- 筛子

- 羊皮纸
- 混合器（带5 L混合盆）
- 平桨搅打器附件
- 刮盆刀
- 坚果条曲奇饼面团（见配方），足够每个条件装一只半大烤盘
- 半大烤盘
- 硅胶垫（可选）
- 擀面杖（可选）
- 65 mm曲奇饼切割器或等同物（可选）
- 糕点刷
- 烤箱温度计
- 锯齿刀

配方

酥性面团

产量： 半烤盘

配料	质量 /g	烘焙百分比 /%
油酥糕点面粉	350	100
盐（1 茶匙 /5 mL）	6	1.7
淡黄油	115	33
通用起酥油	115	33
砂糖	115	33
鸡蛋	45	13
1 只橙子的精油（可选）	4	1.1
合计	750	214.8

制备方法

（1）将配料放置至室温。

（2）面粉和盐过筛3次，筛在羊皮纸上，彻底混合。

（3）在混合盆中，用平桨搅打器以低速，将起酥油、黄油和糖搅拌混合1 min，期间根据需要停止搅拌并刮盆。

（4）中速搅打混合物3 min使之乳化。停止并刮盆。

（5）加入鸡蛋（和精油，如果使用）低速缓慢混合30 s。停止并刮盆。

（6）将面粉加入乳化混合物中，低速混合1 min。停止并刮盆。

（7）静置备用。

配方

坚果条曲奇饼

产量：半大烤盘

配料	质量 /g	烘焙百分比 /%
酥性面团（见上）	750	100
坚果	125	17
蛋液（用水稀释的蛋清液）	根据需要	根据需要
合计	875	117

制备方法

（1）烤箱预热至190 ℃。将羊皮纸或硅胶垫铺在烤盘上。

（2）根据需要，将坚果切碎并烘烤。

（3）将面团均匀放在铺有衬纸的半烤盘中。或者冷却面团，然后滚压成 3 mm厚的面坯，再用曲奇饼切割器切出饼坯，然后将饼坯放入带有衬纸的半烤盘中。

（4）刷鸡蛋液。

（5）将坚果均匀分布在面团上。轻轻压入面团。

步骤

（1）使用上述配方（或任何加坚果的酥性面团配方）制备坚果条曲奇饼。为每个条件制备一批。

（2）给每个批次做标签，标明添加的坚果类型。

（3）利用置于烤箱中央的烤箱温度计，读取初始烤箱温度。将结果记录在此：_____。

（4）当烤箱正确预热时，将装有饼坯的烤盘放入烤箱中，并将定时器设定在 30 ~ 35 min。

（5）烘烤饼坯直到对照产品（不加坚果的）呈金黄色。从烤箱中取出所有经过相同时间烘烤的曲奇饼。但是，如有必要，可根据烤箱差异调整烘烤时间。

（6）在下面的结果表中记录烘烤时间。

（7）检查最终烤箱温度。结果记录在此：_____。

（8）从烤箱中取出烤盘，静置1 min，使曲奇饼稍微变硬。

（9）如果原来未用切割器切割饼坯，则趁热用刀将曲奇饼划成长方形。

（10）从盘中取出曲奇饼，冷却至室温。

结果

评价完全冷却产品的感官特征，并将评价结果记录在结果表中。一定要依次与对照产品进行比较，并考虑以下几点：

- 外观（坚果的可见性/与饼干的色彩对比度；坚果在曲奇饼表面的覆盖率）
- 坚果质地（柔软、松脆等）
- 风味（坚果芳香、甜味、涩味等）
- 总体可接受性，从高度不可接受到高度可接受，按1~5级评分
- 根据需要添加任何其他评论

结果表　搭配不同坚果的曲奇饼的感官特性

坚果类型	烘焙时间 /min	外观	坚果质地	风味	总体可接受性	备注
无						
杏仁（天然、切片、未烘烤）						
杏仁（漂烫去皮、切片、未烘烤）						
杏仁（漂烫去皮、切片、烘烤）						
核桃（切丁、烘烤）						
芝麻（整粒、烘烤）						

误差来源

列出可能导致难以根据实验结果得出正确结论的任何误差来源。特别是要考虑乳化方式是否正确，烘烤坚果或烤箱的各种问题。

_____

_____

_____

说明下一次可以如何改进，以尽量减少或消除每个误差来源。

_____

_____

_____

结论

从**黑体字**中选择一个选项或填空。

（1）用漂烫去皮的杏仁替代天然杏仁（未漂烫去皮的），两者烘烤后曲奇饼的外观和风味差异很**小/大**。差异如下：

_____

_____

_____

（2）曲奇饼烘焙前烘烤过与未烘烤过的杏仁相比，它们对曲奇饼外观和风味产生的差异**很小/中等/大**。差异如下：

_____

_____

_____

（3）坚果的功能之一是为烘焙食品增加松脆质感。本实验中，能够添加最松脆质感的坚果是_____

_____

_____

_____

（4）各类坚果覆盖酥性面团表面的差异**小/中等/大**。能够完全覆盖面团的坚果是**切片的杏仁/切丁的核桃/整粒的芝麻**。覆盖面的差异主要是由于_____

_____

_____

_____

（5）你觉得哪些曲奇饼最好吃，为什么？

_____

_____

_____

（6）其他有关曲奇饼和实验的附加评论：

_____

_____

_____

15

可可和巧克力制品

概述

巧克力是西方社会最受欢迎的食品之一，仅次于香草。然而，巧克力与香草不同，后者本质上是一种风味剂。几个世纪以来，巧克力一直被当作食品、药物、壮阳药和钱币使用。它是玛雅文化古老宗教仪式的一部分，并且在17—18世纪的欧洲，成为喝得起热巧克力的人们日常生活一部分。

可可树是可可和巧克力的来源，是一种在世界相对较少地区生长的优质植物。气候条件，特别是降雨量对可可的年收获量有很大影响，真菌感染传播对可可的收成也有影响。近年来，真菌感染成为巴西和其他南美洲国家可可种植的突出问题。

然而，今天的面包师和糕点师，可选的可可和巧克力制品的品种类型比以往任何时候都丰富。这样的选择似乎令人困惑，特别是因为可可和巧克力的成本和质量差异很大。烘焙房选择可可和巧克力制品时首先要做的是，了解每种产品的构成及其功能。接下来，要通过对各种产品进行品尝和评价，训练你的味觉。最后，在选择过程中收集其他重要的标准，例如价格。

可可豆

可可豆是可可树果荚内的种子或核仁（图15.1）。它们在许多方面与其他坚果和种子类似，如杏仁和葵花籽。正如杏仁和向日葵种子被包裹在保护壳中一样，可可粒也是如此。可可粒是可可豆的可食用部分，可加工成可可和巧克力。

可可豆类型

虽然可可豆有许多类型，但大多数属于以下三大类：福拉斯特洛（forastero）豆、克里奥罗（criollo）豆，和千里塔里奥（trinitario）豆。大多数（90%以上）可可豆是福拉斯特洛种，这种可可豆由于所占比例大，所以被认为是主要的可可豆。福拉斯特洛豆是可可行业的主力。它们起源于南美洲雨林，但如今遍布整个可可种植世界，特别是在西非地区。它们比较容易生长，因为它们能够承受气候变化，并且

图15.1　在可可豆荚截面中，可以看到果肉包围的可可豆

抵抗真菌和疾病能力较好。这种可可豆是黑色的，并且具有饱满的巧克力风味，带有大量可可体香和基香。虽然福拉斯特洛豆为巧克力提供泥土味，但是它们缺乏克里奥罗豆的微妙香味。

淡色克里奥罗（criollo）豆被可可工业界看作精品豆或风味豆，因为它们具有复杂的果香型头香。用克里奥罗之类可可豆生产的带有精致风味的巧克力制品常常被冠以"贵族"称号。克里奥罗豆苦味和涩味通常很低，但它们通常要经过轻度烘烤，因此经常保留生豆的天然酸味。克里奥罗豆价格昂贵，因为产量低，树木易受疾病影响，使其难以生长。克里奥罗豆是古代玛雅人珍藏的豆子。今天，克里奥罗豆的产量不到世界可可豆供应量的2%，并且随着克里奥罗树被更硬的品种所替代，克里奥罗豆种植规模正在缩小。中南美洲、加勒比海和印度尼西亚以其克里奥罗豆和其他风味可可豆而闻名。

可可豆的种植和处理

可可树（Theobroma cacao）生长在赤道附近小块可可种植园或热带雨林中。大多数商业可可树生长在非洲，其他主要生长地区包括南美洲、中美洲以及东南亚地区印度尼西亚和马来西亚的岛屿。夏威夷等其他地区种植的可可树数量有限。

可可豆荚长在可可树的枝干上。因为树木脆弱，所以豆荚必须人工采收。熟练的工人用刀砍下荚果，只选择完全成熟的荚果，以获得最佳的风味。每个荚有大约20~40枚可可豆，这些豆由一层薄薄的白色果肉包围着。从豆荚中取出白色果肉完好无损的可可豆，堆积、覆盖并让其发酵。发酵是将生豆转化为美味巧克力的第一步，需要两天至一周时间，具体时间取决于可可豆的品种。发酵涉及一系列复杂的反应，包括微生物对果肉中的糖发酵，也包括酶分解可可豆中的各种成分。发酵使可可豆颜色变暗，风味改变。发酵使豆的酸度增加，涩味和苦味减少，并产生在烘烤和精炼过程中形成香气的风味前体。

果肉一旦发热并液化，就会从可可豆堆排出。然后将可可豆干燥（风干），通常直接日晒干燥，但有时也用明火或热空气方式干燥。干燥过程中几乎使可可豆质量减少一半，有些酸会蒸发。如果干燥不正确或不完全，可可豆会吸收异味，包括烟熏味或霉味。干燥后的可可豆装在粗麻布袋中，运往世界各地加工厂被清理、烘烤、去壳及进一步处理。

品种巧克力和原产地巧克力

品种巧克力，像品种葡萄酒一样，由一种可可豆制成。参照葡萄酒传统，单源巧克力（也称为顶级产地巧克力）完全由特定地区种植的可可豆或单个种植园的可可豆制成。许多特色巧克力制造商以优质价格出售品种巧克力和单源巧克力。品尝单源巧克力是增长巧克力知识的一种方式，尽管其中一些是后天培养的口味。

找一找由以下品种可可豆和单源风味可可豆制成的巧克力：委内瑞拉的三个克里奥罗品种
Chuao、Maracaibo及Porcelana；特立尼达的Arriba（克里奥罗）；厄瓜多尔的 Nacional（风
味与福拉斯特洛豆有关的可可豆）；委内瑞拉的两个千里塔里奥品种Carenero Superior和Rio
Caribe。还有许多其他品种。

千里塔里奥豆据认为是一些福拉斯
特洛豆与克里奥罗豆的杂交豆，它们各
具特色。大多数千里塔里奥豆像克里奥
罗豆一样，被认为是风味豆，但它们果
香味不足，并有较重泥土味。千里塔里
奥豆像拉斯特洛豆一样，也很硬。18
世纪时期的特立尼达岛，最早出现杂交
的千里塔里奥豆，该岛当时进口福拉斯
特洛豆树，取代被重大病害摧毁的克里
奥罗豆树。千里塔里奥豆产量不到世界
可可豆产量的5%。

大多数可可和巧克力制品都是用混
合可可豆制成的，其中包括提供基香和
余味的福拉斯特洛豆，以及提供头香
（通常为水果香味）的少量风味豆。

可可豆的组成

可可粒像大多数坚果和种子一样，
含有丰富的营养素。图15.2比较了烘焙可
可粒、烘焙杏仁和葵花籽的组成。三者虽
然存在差异（最为突出的是杏仁的蛋白质
含量最高），但也有许多相似之处。它们
的脂肪含量都很高，而水分含量低，都是
膳食纤维和矿物质（灰分）的良好来源。

与椰子仁和棕榈仁等其他热带脂肪
来源一样，可可粒含有室温下为固体为
天然饱和脂肪。可可脂虽然属于饱和脂
肪，但似乎不像多数饱和脂肪那么样会
提高血液胆固醇水平。除了含有饱和脂
肪酸比例高的脂肪以外，可可脂还含有
少量卵磷脂和其他天然乳化剂。

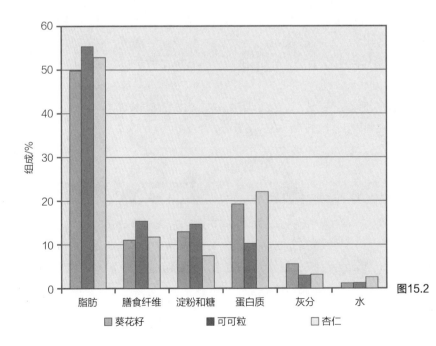

图15.2 可可粒、葵花籽和杏仁的组成

为什么人们对巧克力的渴望如此强烈？

科学家近年来进行了大量研究，以确定人们对巧克力的渴望是否有化学依据。大多数研究集中在确定巧克力中的具体化学物质是否具有镇静或兴奋效应，或起着轻度抗抑郁药物作用。事实上，巧克力确实含有对大脑有影响的一些化学物质（可可碱、镁、酪氨酸、苯乙胺、花生四烯乙醇胺和N-酰基乙醇胺）。然而，许多其他日常食品也含有这些物质，通常含量较高。但巧克力可能含有特殊的物质组合，使巧克力具有独特的效果。也可能只是巧克力令人愉快的感官特征（滋味、气味和口感）才使人们对其产生热望感。

可可豆内除可可脂以外的全部固形物统称为非脂可可固形物。非脂可可固形物包括大量蛋白质和碳水化合物。可可豆中的碳水化合物由淀粉、膳食纤维（纤维素和戊聚糖胶）和糊精组成。糊精是烘焙可可豆时淀粉受热分解产生的淀粉碎片。像淀粉一样，糊精也会吸收水分，但程度较低。

非脂可可固形物还包括少量的酸、色素和风味物、维生素、矿物质以及多酚化合物。除了提供健康益处以外，多酚类化合物还为可可豆贡献颜色和风味。最后，非脂可可固形物含有咖啡因和可可碱，可可碱是一种类似于咖啡因的温和兴奋剂。和咖啡因一样，可可碱也具有苦味，这是巧克力的特点。

巧克力简史（第一部分）

数千年间，巧克力被中美洲玛雅人用作宗教仪式饮料，赢得了神的食品的声誉。巧克力也与玉米和其他种子和谷物一起磨碎、调味，作为食品消费。在其最精致的形式，人们将巧克力饮料从一个容器倒入另一个很深的容器，产生大量泡沫。对可可豆进行烘烤的一个原因是为了强化这种泡沫。

当克里斯托弗·哥伦布在1502年第一次见到玛雅贸易商时，已经感觉到可可豆受人尊重，但他并没有完全理解可可豆的重要性。西班牙征服者埃尔南多·科尔特斯于1519年入侵墨西哥。当时的西班牙人已经意识到可可豆对新世界的重要性，至少在它能充当钱币方面。然而，可可豆不仅可以充当货币进行交换，而且也是阿兹台克人血液和人心的象征。巧克力是他们最贵的饮料，几乎全由贵族、战士和精英商人所品尝。西班牙人的日志记载过阿兹台克皇帝蒙特祖马在宴会上从50个黄金杯中啜饮巧克力的故事。

由于阿兹特克人饮用的是用胭脂红着色、并用干辣椒调味的巧克力，所以当时的西班牙入侵者没有饮用这种饮料。然而，巧克力最终还是进入了西班牙宫廷（有人认为是科尔特斯本人带去的）。西班牙人将巧克力加热，加入蔗糖，并用香草和肉桂调味。部分人将其当作药物，部分人将其当作活力饮料，巧克力传遍了西欧，当时西班牙人甚至将其加工过程保密了多年。随着17世纪的进步，热巧克力在欧洲成为有经济实力的消费者的时尚健康饮料。

常见的可可和巧克力制品

可可豆在热带地区种植，但却在欧洲、北美洲和世界其他地区加工成可可和巧克力制品，并在当地消费。可可和巧克力制品可以分为可可制品、巧克力制品和糖衣。可可制品不加糖。它们包括可可粒、巧克力（可可）液、可可粉和可可脂。巧克力制品加糖。它们经过深度加工，比可可制品更加精致，虽然价格不一，但一般均比较贵。巧克力制品包括苦甜黑巧克力、甜巧克力、牛奶巧克力、白巧克力和糖衣巧克力。糖衣是由可可脂糖、植物脂肪以及可可粉制成的低成本产品。巧克力制品和糖衣可以块状（通常每块质量为4.5 kg或5 kg）或颗粒状、硬币状或碎片状形式销售。因为尺寸小，所以颗粒状巧克力熔化和使用比较方便。

可可和巧克力制品必须符合法律规定的最低标准要求。这些标准明确规定了产品之间的差异，但并未消除品牌间组成和质量上的差异。可可和巧克力制品的标准因国家不同而异。特别是牛奶巧克力，北美洲、瑞士和英国各有不同的定义。

以下介绍的内容，是美国和加拿大法规提供的信息，表15.1至表15.3，以及表15.5总结并比较了美国、加拿大和欧盟（EU）产品规定。瑞士是重要的巧克力生产国，但不是欧盟成员国，有自己的产品规定。

巧克力行业多年来发生着变化。这个行业曾经由熟练工匠经营的小型企业构成。如今，世界上大部分可可豆由大型制造商加工成可可和巧克力制品。这些制造商有能力以适中的成本生产均一的产品。使产品保持一致性的方法之一是将世界各地产可可豆混合起来。另一种方式是通过大规模计算机控制制造工艺。

技术在巧克力生产中的作用

巧克力有着丰富而浪漫的历史，了解国王、女王和征服者在巧克力发展过程中的作用是十分有趣的。但再仔细观察巧克力发展的历史，可以发现技术的重要性。没有技术，巧克力的质量和人气将永远不会以相同的方式上升。例如，作为工业革命产物的蒸汽机使巧克力能够以合理价格吸引普通人。1828年，可可压榨机的发明降低了价格，进一步提高了可可和巧克力产品的吸引力。19世纪后期，瑞士制造商鲁道夫·林特开发了一种通过精炼改善巧克力风味和口感的方法。大约在同一时间，另一位瑞士人丹尼尔·彼得，将亨利·雀巢新发明的炼乳融入巧克力，制成了第一款牛奶巧克力。

如今，可可和巧克力加工技术还在朝着维持成本不变而提高品质的方向继续发展。本章参考文献反映了这方面和其他方面的技术改进措施。

与此同时，大部分巧克力行业已经整合到一些大规模生产商中，手工巧克力生产商则开始生产少量特色产品。手工巧克力生产商倾向于使用较传统的可可豆加工方法，并且往往用品种可可豆或单源可可豆制成特色巧克力。

将（单源或其他来源的）可可豆转化为可可和巧克力制品的第一步是清理和烘烤可可豆。

可可制品

可可粒　烘烤过的可可粒可以作为特种成分购买。正如可可豆可看成是坚果一样，可可粒也可以看成是切碎的坚果。可可粒含有所有可可豆的成分，包括大量可可脂和几乎相当数量的非脂可

图15.3　可可粒可看成是切碎的坚果
从顶部顺时针：可可豆荚、整颗烘烤的可可豆、切碎的可可粒

可固形物。因为可可粒未加糖，所以具有较强的可可苦味。

表15.1　美国、加拿大和欧盟的可可粉标准

监管机构	名称	可可脂	其他规定
美国	高脂可可	22%（下限）	
欧盟	可可	20%（下限）	按干基计算
美国和加拿大	可可	10%（下限）	在美国，22% 为上限
美国和加拿大	低脂可可	10%（上限）	
欧盟	降脂可可	8%~20%	按干基计算
美国和加拿大	无脂可可	0.5%（上限）	

数据来源：美国 21CFR163 2002；加拿大 CRC, c.870, B.04 Dec 31. 2001；欧盟指南 73/241/EEC。

烘烤的重要性

烘烤过程是将可可豆转化为可可和巧克力的重要步骤。焙烤温度范围在95~200 ℃，需要数分钟至1小时或更长时间。焙烤条件取决于可可豆的大小和种类，以及所需的最终结果。例如，克里奥罗风味可可豆与福拉斯特洛可可豆相比，通常烘烤时间较短，或者烘烤温度较低，以确保有价值的风味不因蒸发而损失。

烘烤可松开壳体以便于取出可可豆，减少水分，并且破坏微生物和其它害虫，使得可可豆适合消费。烘烤也使可可豆颜色变深、风味改变。随着加热使酸和其他挥发性风味物质蒸发，可可

豆的风味也发生变化。加热也会引发许多复杂的化学反应，包括有蛋白质和糖存在下的美拉德反应，及其他碳水化合物分解反应。随着焙烤的进行，美拉德反应会产生浓厚的泥土味（体香和基香）和深色化合物。

传统烘烤方式是烘烤全豆，较新的烘烤方法包括用蒸汽或红外热来预处理豆类。预处理允许在焙烤之前将壳除去。一旦去除了壳体，可可粒被破碎成均匀尺寸的颗粒。或者，将可可豆粒还可磨成糊状，使其呈薄膜状进行烘烤。各种方法都能使制造商更好地控制烘焙过程，从而使可可豆得到更均匀的烘烤。

与咖啡一样，人们对巧克力烘烤程度的选择带有个人喜好因素。

像咖啡豆一样，可可粒对烘焙食品和糖果有着直接影响，但应当尽量少用，因为它们具有较强的苦味。图15.3所示为切碎的可可豆、整颗烘烤的可可豆和可可豆荚。

巧克力液和无糖巧克力　巧克力液由可可粒经过系列滚筒精细研磨而成。"液"是温暖条件下巧克力呈液体状态，它不表示存在酒精。如果将巧克力粒看成是切碎的坚果，则巧克力液可以看成是坚果酱，即由坚果研磨成的糊状物。然而，与杏仁酱或花生酱不同，当冷却时巧克力液（也称为可可液）会固化成固体块，因为可可脂在室温下是固体。当以固体块形式出售时，巧克力液被称为无糖巧克力、可可块、苦巧克力或烘焙巧克力。

像可可粒一样，无糖巧克力也富含可可脂。根据法律规定，无糖巧克力必须含有至少50%的可可脂（而在美国，最高达60%）。由于富含宝贵的可可脂，因此无糖巧克力是一种昂贵的配料。然而，无糖巧克力物有所值，因为它有全部可可脂的风味。无糖巧克力是烘焙食品中最富有巧克力风味的配料。

除了含有可可脂和非常少量的水分之外，无糖巧克力还含有非脂可可固形物。由于它是由纯可可粒制成的，所以其成分一般也都存在于无糖巧克力中（根据法律，无糖巧克力可含有少量添加的乳脂肪、坚果、风味剂和碱）。前面提到，非脂可可固形物包括酸。

有用的提示

以下为确定烘焙食品使用哪些可可或巧克力制品的某些准则。

- 无糖巧克力作在烘焙食品中可作为最富巧克力风味配料使用，在使用方便性和成本并不重要的场合也可使用无糖巧克力。
- 高脂22/24可可粉作为一般烘焙需求配料使用；也就是说，为使用方便，风味方面作一些妥协。
- 常规10/12可可粉作为低脂产品配料使用，出于使用方便和低成本考虑，也可使用这种可可制品。
- 糖衣巧克力和其他甜味巧克力用于慕斯、香浓巧克力酱、装饰物及甜食。

在18世纪初，热巧克力对于普通人来说太贵了。约瑟夫·弗莱（Joseph Fry）是一位为其病人提供巧克力药用质量咨询的英国内科医生，最先使可可豆研磨实现机械化和大规模生产。在此之前，巧克力都是放在石头擀面杖和石头表面之间，依靠人工碾磨了几千年。大规模生产降低了巧克力的价格，并提高了其细度，从而增加了其吸引力。

当时的热巧克力表面还存在因可可脂熔化而形成的令人不悦的光泽的问题。荷兰人C. J. 范豪顿在1828年开发了一种工艺，该工艺将巧克力中多余可可脂压榨分离，并生产出了可可粉，解决了上述问题。

可可粉发明几年后，没有人知道如何处理剩余的可可脂。最后，在19世纪中期，弗莱子孙公司将可可脂和糖与巧克力结合在一起，创造出最早流行的巧克力棒。由于当时已经有可可脂市场，可可豆价格下降，使得大众也能喝得起热可可。

无糖巧克力中的酸可以与烘焙食品中的小苏打反应，产生少量二氧化碳气体用于膨发。

虽然无糖巧克力为烘焙食品提供了丰富的巧克力味，但在使用前必须小心地熔化。而另一种更容易使用，不那么复杂，成本较低的烘焙食品配料是可可粉。使用可可粉时，还应添加额外的起酥油或黄油（图15.4）。

图15.4 起酥油和可可（上）可用于替代烘焙食品中的无糖巧克力（下）

天然可可粉 巧克力液受高压挤压时，会发热并使可可脂熔化，其中一些可可脂会从巧克力中排出。剩余的滤饼经精细研磨可作为天然可可粉出售。天然可可的颜色从淡黄棕色（棕褐色）到深黄棕色不等，具体颜色深浅取决于可可豆的来源和焙烤程度。因为较值钱的可可脂被单独出售，所以可可粉比无糖巧克力便宜。

像巧克力液一样，天然可可粉是酸性的，其pH通常在5~6。天然可可中的酸与小苏打反应可产生少量二氧化碳气体用于膨发。

可可粉不加糖。市面上有加糖的可可产品，这种产品便于生产热可可等饮料。这些加糖可可（也称为热可可混合物）不用于烘烤。

对可可粉分类的方法之一是根据其可可脂含量进行分类。常规可可粉通常简称为可可，在北美洲通常用于烘焙产品。根据法规，可可至少应含10%的可可脂，一般含量在10%~12%。事实上，制造商经常将常规可可称为10/12

可可。图15.5所示为可可粉的组成,其中可可脂含量在10%~12%。

北美洲的低脂可可粉所含可可脂不到10%,而标有"无脂肪"的可可粉所含可可脂为0.5%或以下。去除如此多的可可脂需要采取专门的工艺过程(例如,超临界气体萃取),所以无脂可可昂贵,烘焙中并不常用。

用可可粉替代无糖巧克力

可可粉不能直接用于替代烘焙食品中的无糖巧克力,因为它的非脂固形物含量较高,而脂肪含量较低。与无糖巧克力的量相比,需要减少可可用量,但必须与可可一起添加脂肪(通常为起酥油)。

用22/24可可粉代替无糖巧克力,计算可可粉用量的方法是:巧克力用量乘以5/8或0.63。计算起酥油添加量的方法:巧克力用量乘以3/8或0.37。对于10/12可可,计算可可粉用量的两个比例系数分别为9/16或0.56,计算起酥油用量的系数为7/16或0.44。

替换无糖巧克力的近似计算式如下:

1 kg无糖巧克力=630 g(22/24可可粉)+370 g起酥油

=560 g(10/12可可粉)+440 g起酥油

由于起酥油的起酥能力为可可脂起酥能力的两倍,因此,面包师和糕点师通常将起酥油量减少1/2(例如,对于每千克巧克力,将起酥油添加量从370 g减至185 g)。

使用可可粉,可与其他干配料一起过筛,与起酥油和糖一起乳化,也可将其溶于热液体中。一些厨师发现使用前将可可粉溶解在热液体中会释放出风味。

虽然用可可粉代替巧克力得到的结果并不完全相同,但是产品成本较低,易于制造,并且完全可接受。

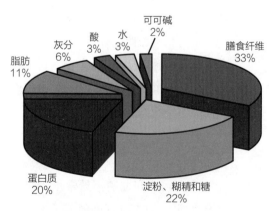

图15.5　10/12可可粉的组成

在美国销售的第四类可可粉是高脂可可或早餐可可,这种产品至少含22%的可可脂。制造商通常将其称为22/24可可,因为这是其通常的脂肪含量范围。无论是10/12可可还是22/24可可,都可以用于烘烤,另外,尽管它们可以相互替代使用,但高脂可可却会以较高的成本提供更丰富的风味。

欧盟对常规可可粉的规定,相当于美国22/24可可。有时被称为20/22可可,因为根据欧盟方法(以干重计)测量时,分析结果为20%~22%的可可脂。表15.1所示为美国、加拿大和欧盟有关可可的政府条例。请注意，欧盟认可的降脂可可不一定与北美的低脂可可相同。

荷兰可可粉 烘焙房使用荷兰工艺可可比天然可可更多。像天然可可一样，荷兰可可通常以10/12或22/24可可的形式出售。也有低脂和无脂形式的荷兰可可粉出售。

巧克力简史（第三部分）

天然可可粉不易分散在水中。1828年，就在C. J. 范豪顿发明可可粉生产方法的同一年，他发现用碱处理过的可可粉，可以方便地分散。因为范豪顿是荷兰人，所以将用这种方法生产的可可被称为荷兰可可。荷兰可可在欧洲范围内普遍流行，因为它易于分散，而且因为碱处理可使可可粉颜色变得更深更丰富，并呈现更柔和的风味。

什么是角豆粉？

角豆粉有时用来代替可可粉用于甜食、烘焙食品和饮料。虽然角豆粉看起来像可可粉，但它不是一种可可产品。它由刺槐豆（Carob）荚经过烘烤、粉碎制成。第12章曾提到另一种食品配料刺槐豆胶，是从制造角豆粉的豆荚中的刺槐豆提取得到的。

一些人认为角豆粉是一种健康的可可粉替代品，因为它的脂肪含量低，不含咖啡因之类兴奋剂。然而，一些角豆产品（如角豆片）会添加较多脂肪。当可可产品价格高时，角豆粉也被用作低成本可可粉替代品。

虽然天然可可尚未经过化学处理，但荷兰可可已经用温和的碱处理过，中和了可可中的天然酸，将pH提高到了7或更高。碳酸氢钠（小苏打）是一种碱，但这不常用于荷兰可可。荷兰可可经常使用的是碳酸钾。如果可可已经过碱处理，则其成分标签将注明：用碱处理的可可粉。这种可可称为碱处理可可、荷兰可可或欧式可可，而天然可可有时称为非碱化可可或常规可可。

碱处理过程中可可的颜色变深，使其看起来比天然可可颜色更饱满，经常呈红色。碱处理的可可的颜色从浅红棕色到深棕色或深红棕色不等。最后的颜色取决于可可豆受到的碱处理程度。因为碱处理是在可可粒被碾压之前进行的，所以这种用碱处理过的可可粒还可用于制备无糖巧克力。

除了影响颜色以外，碱处理还可以改变可可风味。荷兰可可具有比天然可可更光滑、更柔和的风味。可可涩味和酸味较弱，口感更浓郁，更容易分散于水中。

荷兰可可与天然可可之间尽管存在差异，但可相互替代。决定使用哪种主要取决于个人喜好。北美洲的消费者倾向于在自制食品中使用天然可可，而欧洲消费者倾向于使用荷兰可可。然而，大西洋两岸的专业糕点师通常更喜欢在所有应用中使用荷兰可可，因为它的颜色更加饱满，风味更加平滑。因为天然可可是微酸性的，而荷兰可可是碱性的，一些厨师相应地调整了配方中小苏打和酸的用量。

可可脂 可可脂是可可豆中天然存在的脂肪，以淡黄色条状或薄片状出售。可可粉生产过程中从巧克力液中榨取的可可脂，呈深棕褐色，并有独特的巧克力风味。这种可可脂经过滤，可以除去可可粒，并除去大部分（如果不是全部）巧克力风味。

可可脂是一种昂贵的脂肪，在糖果和化妆品行业特别受重视，因为它具有独特和令人愉快的熔化特性。

面包师和糕点师利用可可脂稀释熔化的巧克力和糖衣，以便获得更均匀的涂层和浸蘸效果。虽然这是可可脂的主要用途，但也可将可可脂刷到糕点外皮上，以避免潮湿馅料使产品变得潮湿。可可脂因为高度饱和，所以能够抵抗氧化酸败，但最终还是会产生酸败异味。

为什么要将可可脂中的颜色和风味去除？

烘焙用的可可脂非常精致，这种可可脂颜色发白、风味温和。为什么糕点师要用这种温和的产品，而不是用直接来自巧克力液、风味浓郁、色泽浓重的可可脂？

如前所述，可可脂通常添加到甜味巧克力制品中以改变其质感。因为糕点师经常出高价购买经过精细选择的加工巧克力，他们通常不希望其他任何东西（甚至另一种可可产品）改变其优质巧克力的风味和外观。

可可脂的另一个用途是作为糕点上的保护性防水涂层。这类应用最好使用中性风味的可可脂。

什么赋予可可脂独特的熔化特性？

可可脂因为饱和脂肪酸含量高，所以在室温下非常硬且脆。但与其他饱和脂肪（如通用起酥油和猪油）相比，可可脂具有非常陡的熔化曲线和最低熔点，使其具有独特而令人愉快的融化口感。下图比较了可可脂与通用起酥油的熔化曲线。请注意，可可脂在室温21℃下固体脂肪含量非常高（85%），但在35℃时，这些固体脂肪已经完全熔化。

什么原因使可可脂如此独特？第9章提到过，大多数食用脂肪含有宽泛的脂肪酸混合物。每种脂肪酸都有自己独特的熔点，因此大多数食用脂肪在很宽的温度范围内缓慢熔化。相比之下，可可脂由相对较少类型的脂肪酸组成，它们的熔点又都刚刚低于体温。正是这种独特均匀的脂肪酸混合物，使可可脂具有快速熔化、令人愉快的口感。

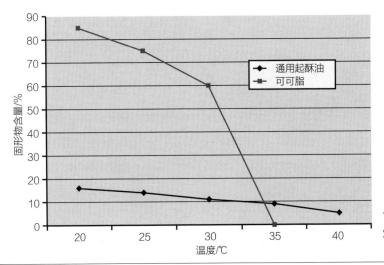

可可脂和通用起酥油
熔化曲线

什么是精炼？

　　精炼是一种加工过程，此过程将配料混合、揉捏，并且缓缓地保温数小时或数天，具体时间根据设备及所需的最终结果而定。精炼将糖和可可颗粒研磨光滑，并涂上可可脂薄膜。在这个过程中，水通过温和加热而蒸发，巧克力变得更加光滑。保温加热也驱除酸和其他挥发性成分，进一步提炼风味。最后，加热使可可产品在焙烤炉中化学反应形成的风味更加浓郁。精炼似乎对风味和质感的粗糙度都有降低作用，使巧克力从一种沉闷块状酱体变成一种光滑、醇厚的液体，便于成型和冷却。

　　1879年，瑞士巧克力生产商卢道夫·林特（Rodolphe Lindt）设计了第一台巧克力精炼机，创造出口感最光滑的巧克力，口感相当滑润，以至于他将这种经过精炼的巧克力称为巧克力软糖。这种精炼机的英文名为"Conch"，因其外形像海螺而得名。最初的巧克力精炼机带有重滚轮，它们在巧克力波浪中来回犁动。传统巧克力工厂今天仍然使用类似的水平精炼机。这些巧克力精炼机通常需要72 h才能完成该过程，据说可以生产最好的风味巧克力。

　　今天，有新型的巧克力精炼机能更有效地完成风味和粒度的精炼过程。例如，垂直旋转式精炼机配备有数片刮板，刮板驱使受到强空气吹动作用的巧克力液恒定地经过容器的肋壁。

　　精炼不存在最佳过程，生产商都是根据所要的结果来控制精炼的时间、温度和速度，这是生产商将其巧克力品牌与其他品牌区分的众多步骤中的一步。

巧克力制品

苦甜黑巧克力　苦甜黑巧克力与苦味无糖巧克力不同。像所有的巧克力制品一样，苦甜黑巧克力（也称为苦甜巧克力、黑巧克力、半甜巧克力或简称为巧克力）除了含有巧克力液之外还含有糖。由于添加了糖，苦甜巧克力用于代替烘焙食品中无糖巧克力时会产生不同的结果（图15.6）。

　　除了含有巧克力液和糖的混合物之外，苦甜巧克力可能还含有少量乳制品、天然或人造风味剂、乳化剂、坚果

图15.6 用苦甜黑巧克力替代无糖巧克力制成的布朗尼（上），具有闪光裂纹表面及高糖配方特点。它们内部软而黏，使得它们比用无糖巧克力制成的布朗尼（下）更难切割

和可可脂。在传统巧克力工厂，这种混合物先在双辊研磨机中研磨或精制，然后通过一系列滚筒研磨成更细的制品。研磨不仅降低了颗粒粒度，还将巧克力颗粒的棱角磨光，同时也使脂肪从颗粒中释放出来，使巧克力熔化时具有更好的流动性。巧克力磨细后，要经过精炼以改善口感和风味。结果得到光滑、均质、悬浮于可可脂的巧克力、牛乳和糖颗粒的混合物。

精炼后的巧克力，要经过调温、成型和冷却。调温是使巧克力熔化、冷却、保持适当温度，确保可可脂正常结晶的过程。调温是确保巧克力具有适当口感和外观的最后一步。由于面包师和糕点师必须在使用之前对巧克力制品进行调温，所以后面部分将对此进行更进一步讨论。

苦甜黑巧克力（通常以糖衣形式）用于奶油、慕斯、甘纳许的馅料和表面涂层、糖衣、糖霜、酱料和巧克力曲奇（以巧克力片的形式）中。具有精致风味和平滑口感的苦甜黑巧克力最适合用于这些产品（而不是烘焙食品）。虽然不同品牌的苦甜黑巧克力可以互换使用，但它们在颜色、风味、糖和可可固形物含量方面有差异。

与无糖巧克力和可可粉不同，苦甜巧克力很少用于面糊和面团。使用苦甜巧克力会增加烘焙食品不必要的成本，因为这种巧克力增加了精炼和精制成本。当巧克力直接食用或用于奶油、慕斯、甘纳许等产品时，精炼和精制的作用很明显。将高度精炼和精制的巧克力添加到面糊和面团中，则这些过程的好处就不怎么明显了。但是，当配方确实需要苦甜巧克力时，如果不调整配方，则不应该使用无糖巧克力来替代。

北美洲的苦甜巧克力必须含有至少35%的可可固形物（在美国，要求至少含有35%的巧克力液），这意味着它可以含有高达65%的糖。表15.2对苦甜巧克力与其他巧克力的美国标准进行了比较。表15.3所示为加拿大的巧克力标准。

表15.2　美国的巧克力标准

巧克力	巧克力液（下限）	乳固形物	其他标准
苦甜巧克力	35%	12%（上限）	
牛奶巧克力	10%	12%（下限）	
白巧克力	0	14%（下限）	20%（下限）可可脂; 3.5%（下限）乳脂肪; 5%（上限）乳清; 55%（上限）糖

资料来源: 美国 21CFR163 2002。

表15.3　加拿大的巧克力标准

巧克力	总可可固形物 *（下限）	乳固形物	可可脂（下限）	非脂可可固形物（下限）	其他标准
苦甜巧克力	35%	5%（上限）	18%	14%	
牛奶巧克力	25%	12%（下限）	15%	2.5%	
白巧克力	—	14%（下限）	20%	—	3.5%（下限）乳脂肪; 5%（上限）乳清

* 来自巧克力液、可可粉和可可脂。

资料来源: 加拿大 CRC, c.870, B.04 Dec 31, 2001。

布朗尼用苦甜巧克力制作会是什么结果？

　　巧克力布朗尼通常用无糖巧克力或可可制成。如果使用苦甜巧克力而不调整配方，那么就会得到不同的布朗尼。它们的颜色会变浅，巧克力风味会变淡，甜味更浓。它们也会变得更潮润、更绵软。事实上，根据所使用的品牌，它们的外观和风味更像是金色布朗尼，而不像巧克力布朗尼，因为苦甜巧克力的可可固形物的含量要低于无糖巧克力。苦甜巧克力含糖量高，有时高达65%，这些糖替代了无糖巧克力中的可可固形物。

　　由于苦甜巧克力涉及精深加工，所以这些布朗尼也会较贵。然而，必要时，可以用1000 g大多数品牌苦甜巧克力代替500 g无糖巧克力。由于苦甜巧克力含有糖，所以配方中糖的用量应减少500 g。

什么是"可可百分比"？

　　由于许多巧克力制品含有糖和其他成分，所以常常标明最低量可可或可可固形物，简称为可可百分比。欧盟要求其所有成员国遵守此项法规。在这种情况下，可可固形物不同于非脂可可固形物。可可固形物包括来自可可豆的所有成分的总和，包括巧克力液、磨碎的可可粒、可可粉和可可脂。换句话说，它是非脂可可固形物和可可脂的总和。标签声明并没有说明可可固形物中有多少是非脂的，也没有说明多少来自加入的可可脂，但制造商通常愿意在询问时提供这些信息。所有其他条件相同时，较高水平的非脂可可固形物可提供较强的巧克力风味。较高含量的可可脂意味着产品在熔化时会变得更稀薄，当巧克力用作涂层时，这一点很重要。

摄影师: Ron Manville

许多苦甜巧克力超过了这些最低标准，其中一些含有50%或更多的可可粉。通常，当巧克力含有超过50%的可可固形物时，制造商通常会使用"苦甜"形容产品，当可可固形物含量在35%~50%时，会用"半甜"形容产品，但没有法律规定必须这样做。虽然价格不一定反映质量，但可可固形物比糖更贵，因此巧克力中的可可固形物越多，成本越高。

在欧盟，与苦甜巧克力相当的产品通常直接称为"巧克力"。欧洲的巧克力糖衣并不符合北美苦甜巧克力的最低标准，但大多数欧洲黑糖衣巧克力超过了这些标准。对于黑糖衣巧克力，将会有更详细的讨论。

牛奶巧克力

牛奶巧克力是一种甜味巧克力制品，通常可可固形物含量较低，但含有大量的乳固形物（表15.2和表15.3）。

如果巧克力慕斯用牛奶巧克力制作会如何？

巧克力慕斯通常用苦甜巧克力制成。如果使用牛奶巧克力，那么得到的慕斯可能会出现很大的不同。它会呈现较浅的颜色；事实上，它可能看起来更像是奶油慕斯而不像巧克力慕斯，因为牛奶巧克力的非脂可可固形物含量低。

低含量的可可固形物也意味着，牛奶巧克力慕斯可能会比用苦甜巧克力制成的巧克力慕斯柔软，不那么坚固。事实上，有些牛奶巧克力慕斯立不起来。

最后，牛奶巧克力慕斯会比用苦甜巧克力制成的慕斯更甜，也许太甜，而巧克力风味太弱。这种风味含更多黄油味、奶油味、焦糖味或香草味，盖过了巧克力味。这些风味比巧克力风味更强烈地分布在充气产品中。

这是否意味着牛奶巧克力不能用于巧克力慕斯？不是的，但如果不先试一下，往往难以预测任何特定牛奶巧克力的使用效果如何。为了增加成功机会，请选择具有强烈风味、可可固形物含量相对较高、糖含量低的牛奶巧克力；使用牛乳和苦甜巧克力的组合；或使用专门为牛奶巧克力设计的配方。

与苦甜巧克力一样，牛奶巧克力通常含有天然或人造香草风味剂、乳化剂和可可脂。其余的是糖。类似于苦甜巧克力，牛奶巧克力也要经过精炼、精制、调温和成型等工艺步骤。

大多数牛奶巧克力风味甜美醇厚。虽然他们缺乏巧克力的苦味，但许多牛奶巧克力确实带有乳固体的诱人风味。

例如，美国牛奶巧克力通常具有酸味或熟的牛乳味，而瑞士巧克力具有温和的煮牛乳味。英国牛奶巧克力经常加入乳精（milk crumb）而呈强烈的焦糖风味。乳精（milk crumb）是一种通过加热炼乳与糖（加入或不加入巧克力液）而制成的干燥屑状粉。焦糖风味来自于牛乳与糖一起加热时发生的美拉德反应。

牛奶巧克力通常不能用于苦甜巧克力的配方中，因为它的可可固形物含量太低，风味太温和，从而不能取得很好的替代效果。它比苦甜巧克力软，因为它的可可固形物含量较低，并且也因为添加的乳制配料中含有乳脂。乳脂在室温下是柔软和油性的，固态的可可脂晶体趋于溶解在乳脂中。牛奶巧克力（通常以糖衣形式）在烘焙房中主要用于浸蘸和涂层，也可用作巧克力装饰和饰物。

白巧克力　白巧克力由糖、可可脂、乳粉和天然或人造香草风味剂制成；乳化剂是可选的。换句话说，白巧克力基本上是没有非脂可可固形物的牛奶巧克力。多年来，美国白巧克力没有固定的法规定义；这一现象在2002年发生了变化，当时FDA制定了白巧克力的统一标准。该标准列于表15.2中，与欧盟的白巧克力相同。

白巧克力的风味主要是香草味。白巧克力基本上没有巧克力味，因为使用的可可脂通常已经脱除气味。因为白巧克力完全缺乏非脂可可固形物，所以在大多数配方中不能直接代替苦甜巧克力或牛奶巧克力。如果用它替代这两种巧克力，预期得到的是较软质感的产品，尽管白色巧克力比其他巧克力凝固快。白巧克力可用于奶油、慕斯、甘纳许馅料和镜面脆皮、糖衣、干酪蛋糕、糖霜、各种甜食和曲奇饼（制成白巧克力块）。

糖衣巧克力　糖衣的英文名来自于法文"couverture"，与另一英文词"coating"同义。糖衣巧克力是至少含有31%可可脂（在牛奶巧克力糖衣中，包含乳脂）的巧克力。由于糖衣巧克力是一种高质量的巧克力制品，可可脂含量高，并且往往还有额外的精炼和精制加工，所以其成本比较高。

什么是甘纳许？

甘纳许是一种二次分离稀奶油和融化巧克力的简单混合物。为了制备甘纳许，把新鲜奶油煮沸，加入切碎的巧克力，搅拌直到巧克力完全融化。甘纳许有许多用途，包括蛋糕表面脆皮或糖霜、巧克力松露，也可搅打成轻质填充物。

甘纳许中的巧克力对奶油的比例可以变化，因为较多的巧克力可提供坚实的质感，而较高用量的高脂稀奶油可生产出较软的巧克力效果。为了得到更花色品种，还可以用其他液体如牛乳、果汁或咖啡来代替高脂稀奶油，并且还可以加入黄油或蛋黄以获得丰厚度效果。由于巧克力制品的巧克力液含量各不相同，所以甘纳许的质地也随巧克力类型和品牌而变化。

从科学的角度看，甘纳许是一种乳脂滴和可可脂晶体悬浮在液体中的水包油型乳化液，这种乳化液由天然乳化剂和牛乳和巧克力中的蛋白质稳定。加太多苦甜巧克力或添加过多黄油有时会导致乳液破裂，使脂肪与液体分离。当这种情况发生时，可通过缓缓搅打加入一些高脂稀奶油使甘那许重新乳化。

许多烘焙房同时备有牛奶巧克力和糖衣巧克力。糖衣巧克力主要用于巧克力装饰和饰物，或用于蘸浸和涂布蛋糕、曲奇饼和甜食。糖衣巧克力也可与常规巧克力制品互换，用于奶油、慕斯、甘纳许和糖霜。和巧克力一样，糖衣巧克力通常不会添加到面糊和面团中。

糖衣巧克力与普通巧克力相比，有若干优点。添加的可可脂可以更好地包覆糖和可可颗粒，使它们更容易流动。由于颗粒流动过程相对容易，糖衣巧克力很稀薄，所以它们能更加均匀地填充模具和对产品涂层（图15.7）。而当半甜巧克力片融化时，熔化的巧克力很稠厚。糖和可可颗粒倾向于聚集，使巧克力增稠。这种稠度对于生产商将巧克力贮存在液滴中是必需的，但这意味着用于巧克力曲奇饼的巧克力片会太厚，不能用于涂覆和蘸浸（除非糕点师在使用前添加可可脂或另一种脂肪）。另一方面，巧克力片在烘烤曲奇饼时会保持其形状，而一些（特别易熔化的）糖衣巧克力则不能保持形状。

糖衣中添加的可可脂，只要被适当调温，也能提供具有吸引力的光泽外表。由于可可脂在室温下一定是固体，所以高品质的糖衣巧克力会表现出其他可可脂含量低产品所没有的脆度。可可脂越多也意味着更平滑、更易熔化的口感。

图15.7 熔化时很稀薄的糖衣巧克力可以均匀地涂布

有用的提示

生产商经常在其标签上提供关于糖衣巧克力最佳用途的信息。所以请先检查标签，然后再访问生产商网站以了解更多信息。

巧克力和糖衣巧克力中的乳化剂

熔化的巧克力和糖衣巧克力，是细糖粉、可可粉和乳颗粒漂浮在可可脂液中的复杂混合物。由于通常可可粉和乳多于可可脂，有时糖比其他成分多，所以混合体会变得浓稠。这种情况下，熔化的混合物可能非常稠厚，因为颗粒会发生碰撞、缠结和聚集。卵磷脂之类乳化剂有利于使熔化的巧克力稀薄化，使其能流畅平稳地流动。

巧克力液中天然存在少量卵磷脂，但通常要将额外的卵磷脂量加入到巧克力制品中。像所有的乳化剂一样，一部分卵磷脂分子被吸引到脂肪中，另一部分被水（以及所有溶于水的物质）吸引。卵磷脂分子的亲脂部分延伸到可可脂液。卵磷脂分子的亲水部分与糖相互作用并围绕糖，形成的复合结构也是亲水的。这样可以防止糖颗粒聚集，并使融化的巧克力变稀薄。

卵磷脂被批准用于北美洲和欧洲的巧克力和糖衣巧克力。因为，卵磷脂价格比较便宜，而且在使巧克力稀薄方面，其效力是可可脂的10倍，因此通常被用来降低巧克力的成本。卵磷脂还被添加到昂贵的糖衣巧克力中进行产品最后的质地调整。

然而，利用卵磷脂使巧克力变稀薄确实会产生一些不同的特征。例如，冷却时它们不会像可可脂那样收缩很多。这使得产品较难从巧克力模具中脱出。然而，由于只需要非常少量（通常为0.1%~0.3%）的卵磷脂，所以巧克力的风味不会被冲淡，而当使用较多精制可可脂时会出现这种冲淡风味的现象。

注意，当糖衣巧克力用于涂层、蘸浸和成型，或用于制造巧克力装饰物时，这些优点非常重要；当用于烘焙食品，这些特点就会失去作用。表15.4所示为可可脂在糖衣巧克力和其他巧克力制品中的重要作用。

表15.4　糖衣巧克力中可可脂的功能

降低熔化巧克力的黏度
冷却时收缩，容易从模具中取出巧克力
提供光泽
提供硬度和脆度
提供光滑、易熔口感

欧洲法规对糖衣巧克力有定义；加拿大和美国的法规没有这方面的定义。这并不意味着北美巧克力制品总是不符合糖衣巧克力的标准；它只是意味着它们没有标记为这样。如果有必要知道巧克力制品中存在的可可脂的量，可咨询生产商。表15.5所示为欧盟巧克力法规。

糖衣

糖衣有许多名称，包括复合糖衣、挂糖衣、夏季糖衣、非调温糖衣或简单糖衣。有时，糖衣被称为巧克力糖衣，但这是不合法的。在北美，巧克力一词特指以可可脂作为唯一脂肪源的产品（含少量乳脂是允许的）。糖衣含有植物脂肪，如部分氢化的大豆油、棕榈仁或椰子油。虽然一些糖衣质量相当好，但其中的脂肪仍然是仿可可脂，就像人造黄油是仿黄油一样。因为它们可以由部分氢化的脂肪制成，糖衣可以是反式脂肪的来源，反式脂肪被认为会增加冠心病患病风险。

表15.5　欧盟关于糖衣巧克力的法规

糖衣巧克力产品	最低可可脂含量	其他规定
糖衣巧克力	31%	非脂可可固形物 >2.5%
深色糖衣巧克力	31%	非脂可可固形物 >16%
糖衣牛奶巧克力	31%（包括乳脂）	非脂可可固形物>2.5%；乳固形物>14%；蔗糖<55%

法律允许欧盟成员国将高达5%的热带植物油（如棕榈油或牛油果油）加入其巧克力制品中。不过，这些产品在北美洲不能作为巧克力进行合法销售。

由于糖衣不含可可脂，所以许多产品比真正的巧克力糖衣便宜。然而，与任何配料一样，产品品质因品牌而异。例如，一些糖衣中的油经过特别加工分馏，使得它们具有与可可脂非常相似的熔化性质。某些这类涂层产品的价格会像真正巧克力糖衣一样昂贵，而无须调温就能获得好的熔化口感和光泽。某些其他糖衣的熔点高于可可脂。尽管熔点过高会使得糖衣有令人不快的蜡质感，但高熔点糖衣能在较温暖天气下保持不熔化。

糖衣的颜色有深色、乳白色和白色等。也有呈现彩虹颜色的糖衣。

巧克力制品的处理

无糖巧克力和巧克力制品在使用前通常要熔化。它们必须小心地熔化，因为它们含有容易过热的蛋白质和碳水化合物。当巧克力过热时，会变得厚实、块状和沉闷。如果发生这种情况，应将巧克力丢弃并重新开始。牛奶巧克力和白巧克力特别容易过热，因为它们含有容易烧焦的乳品配料。

巧克力可以在微波炉或双层锅炉中熔化。任何情况下，绝对不要在无人值守时离开正在熔化的巧克力，并且一定要经常搅拌，以确保不会形成热点而使巧克力过热。

应使水和蒸汽远离熔化的巧克力。例如，应确保将在巧克力中蘸浸的草莓和其他新鲜水果表面干燥。当吸湿性糖粒吸收水分并变得黏稠时，巧克力会吸水、变稠。黏性颗粒不能容易地彼此流过，大大增加了黏度或稠度。一旦出现这种变稠情形，巧克力制品就不再适用于浸蘸和涂层。

巧克力调温

巧克力熔化并自然冷却时，需要一段时间才会凝固。当它最终凝固时，将呈现出沉闷外观和不吸引人的质构。随着时间的推移，其表面会出现令人不悦的灰白色条纹（称为脂霜），巧克力可能会起砂粒，甚至酥松。所有这一切都是因为巧克力自然冷却时，巧克力中可可脂固化引起。这就是为什么巧克力制品在凝固之前必须首先调温的原因。

调温是巧克力凝固之前控制其熔化和冷却温度的过程。调温的目的是使巧克力中的可可脂以一种能为产品提供最具吸引力的外观、质地和风味的方式固化。调温是一种技巧，凡与巧克力有关的工作人员都必须学习调温。

巧克力调温有几种不同的方法。每种方法都使用温度、时间和搅拌程度的不同组合。一种方法是将切碎的巧克力放入置于热水的碗中，并使其整体熔化、冷却和重新加热。另一种方法是将调温的巧克力薄片加入熔化的巧克力中，同时使巧克力起晶和冷却。无论使用何种方法，目的是相同的：使可可脂形成适当的脂肪结构，最具吸引力的外观、质地和风味。

晶体形成：起晶和成长

当液体脂肪固化成固体脂肪晶体时，它以两种方式之一固化。无论液体脂在称为晶核化的过程中形成新的晶种，还是现有晶体长大，都称为晶体成长。

调温是一种有利于 β 晶型晶体成核的手段。调温有时被称为预晶化，因为它设定适当的结晶的阶段；也就是说，在巧克力冷却和凝固过程中，使可可脂晶体成长为稳定的 β 型晶体。

与烘房中大多数做法一样，巧克力适度调温是一种平衡活动。在这种情况下，熔化巧克力的温度、时间和搅拌量都必须平衡。这三个因素中的任何一个量化错误都将导致形成错误的晶种数量。如果形成太多晶种，那么巧克力就出现所谓的过度调温或过度接种。如果形成的晶种太少，则巧克力调温不够或接种不足。

巧克力调温过度的原因之一是使用之前冷却太多。调温过度的巧克力含有太多的晶种。这种巧克力很稠厚，因为许多已经固化；这会妨碍其均匀涂覆。过度调温的巧克力也难以从巧克力模具中脱出，因为它不会收缩。巧克力冷却收缩，是因为固体 β 脂肪晶体紧密堆积在一起的结果。过度调温的巧克力含有大量固体脂肪晶体，但是它在模具中冷却时却收缩较少。

巧克力调温不足的原因之一是使用之前冷却不够。调温不足的巧克力的晶种太少。因为太少的脂肪已经凝固，所以巧克力需要更长时间才能凝固。更重要的是，没有足够的 β 晶种存在，所以巧克力将以包含不稳定晶体混合物的方式固化。这些不稳定的晶体在巧克力凝固后不久就会出现脂霜。

调温和脂肪晶体 可可脂与所有脂肪一样属于多晶型脂肪，这意味着它可固化成不同形状的晶体。每种晶体形状（形式）也具有不同的特性。按照熔点、密度和稳定性增加的顺序列出的三种最常见的可可脂结晶形式是 α 型（也称为 II 型），β' 型（IV 型）和 β 型（V型）。其中，β 型（V型）最理想，因为它可为巧克力提供嘎嘣声、光泽和滑润的口感。β 晶体也是三者中熔点最高的，使其在贮存过程中最稳定，最不易熔化和起霜。β 晶体具有这些特征，是因为其脂肪分子比其它晶体结构的脂肪分子堆积得更紧密。

熔化的巧克力在未经适当调温情况下冷却时，会形成不稳定的 α 晶体和 β' 晶体。这些不稳定晶体凝固成的巧克力柔软、无光泽、破碎时无嘎嘣声。因为这些晶体不像 β 晶体那么紧密，因此巧克力在冷却时不会收缩，所以未经调温的巧克力放入模具中将难以脱模。

未经调温的巧克力初次硬化时看起来尚可接受，但不稳定的晶体在贮存期间会以不受控制的方式转变为粗大的 β 晶体。这些粗大的 β 晶体有时被称为Ⅵ型晶体，以将其与适当调温巧克力形成的更理想 β（Ⅴ型）晶体进行区分。最终，Ⅵ型晶体会迁移到巧克力的表面，它们以脂霜形式出现。随着这种变化的出现，巧克力会变得粗糙，有时候变得易碎。因为质地会影响风味的可接受性，所以起霜的巧克力也不会具有正常的风味。参见表15.4。当巧克力未经适当调温时，巧克力中可可脂的所有这些所需特征都会消失。

为了确保形成大量小而稳定的 β 型结晶，巧克力制品要进行调温。调温包括缓缓加热巧克力（46~49 ℃）以熔化所有晶体；在26~27 ℃的温度下冷却并搅拌，从而促进形成所需的 β 晶种；稍微加热（30~32 ℃），以熔化任何不需

要的低熔点晶体，然后轻轻地冷却至室温固化（图15.8）。随着巧克力冷却和凝固，促进了调温产生的 β 晶种长大为晶体。因为 β 晶体需要时间才能正常生长，所以巧克力必须冷却并允许缓慢凝固。也就是说，调温过的巧克力不应该用冷藏或冻藏方式来促进这种 β 晶体长大过程。

以上提供的温度范围是宽泛的指导范围。乳脂肪、乳化剂和其他配料会影响可可脂的结晶行为，这就是为什么牛奶巧克力的调温温度必须低于苦甜巧克力的原因。牛奶巧克力也容易被过度调温所损坏。每个品牌的巧克力都有自己理想的调温模式，所以，最好询问生产商获取具体的温度指标。调温指南通常提供如图15.8所示的结晶冷却曲线。虽然结晶冷却曲线可能有帮助，但它们并没有指出，每个温度下巧克力最好保持多长时间。图15.8将不同时间标记为T-1到T-4。

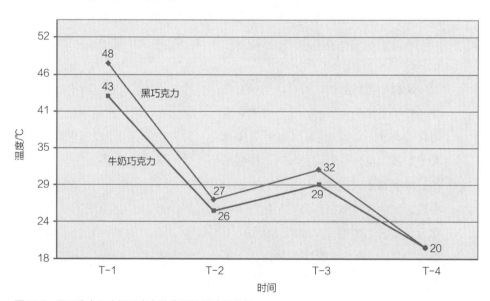

图15.8 黑巧克力和牛奶巧克力的典型结晶冷却曲线

可可和巧克力制品的功能

提供颜色

可可和巧克力制品的颜色范围一般在浅棕褐色到深红色之间，甚至还有黑色的。有多种原因使它们具有不同颜色，其中主要的八个原因列于表15.6。在这些原因中，前三种与可可豆种植有关，接下来的四个原因与生产商有关。最后，小苏打用量和烘烤制品的最终pH与面包师或糕点师有关。

提供风味

风味是在烘焙房中使用可可和巧克力制品的主要原因。对巧克力口味和风格的偏好存在地区差异。例如，许多法国人、比利时人和德国人都喜欢黑巧克力，但世界上大多数人都喜欢牛奶巧克力。然而，大西洋两岸最近的趋势是所谓的纯黑巧克力的消费。纯黑的巧克力由于可可固形物含量高，因此颜色非常黑，口感也苦。

可可和巧克力制品风味存在差异，表15.6给出了巧克力出现颜色差异的原因，但颜色和风味差异两者之间并不一致。也就是说，黑巧克力不一定具有最强的巧克力味。前面提到，风味浓郁的克利奥罗可可豆是浅颜色的，而经过碱处理的黑巧克力却具有柔和的风味。

为什么不能总是根据颜色判断可可？

脂肪含量是影响可可和巧克力颜色的八大因素之一。例如，可可的可可脂越多，则外观也越显得色深多脂。因此，22/24可可很适合用于打粉松露和盘饰甜点。

您可能会认为22/24可可也会使烘焙食品（如蛋糕和曲奇饼）呈现较深较丰富颜色。但高脂可可的丰富外表其实是一种假象。可可的脂肪含量越高，实际含有的着色剂则越少（着色剂存在于可可的非脂部分）。高脂可可的丰满外表来自于人们对光的感知，因为它反映了脂肪包裹的可可颗粒。混合成面糊和面团后，可可粉的外观会不一样。颜色不再取决于可可粉中的脂肪含量；这种情形下面团的颜色取决于存在于非脂可可固形物中的着色剂量。假如其他条件相同，分别添加22/24可可和10/12可可烘烤蛋糕，两种蛋糕的颜色外观如果出现差异，那么，添加低脂可可的蛋糕颜色会较深。

魔鬼蛋糕是怎么制作的？

有关美国经典魔鬼蛋糕的食谱多不胜数。魔鬼蛋糕质地温和，但它呈现丰富的深红棕色外观。它通常用可可而不用巧克力制成，可可用的是天然可可。

是什么赋予魔鬼蛋糕这样黑而丰满的外观？小苏打。少量小苏打与天然可可中的酸反应。这种反应为蛋糕膨发提供了一些二氧化碳，但任何过量小苏打都会提高面糊的pH。这种略高的pH会使可可变暗，并为其提供更柔滑的可可风味。这就好像在面糊中当场对可可进行碱处理一样。

必须注意，不要把过量小苏打添加到魔鬼蛋糕中。小苏打太多对风味不利，增加了化学品的风味。小苏打太多也会使气泡过度扩张。当这种情况发生时，气泡壁会破裂，形成粗糙的组织结构，蛋糕变平，失去吸引力。

人们对巧克力的风味感觉会随背景的变化而改变。也就是说，原来看似相当平衡的牛奶巧克力，如果与其他风味比较起来，就会显得风味很弱。反过来，单独品尝时似乎具有浓烈苦涩味的苦甜巧克力，却有可能为成品提供恰到好处的风味平衡。选择巧克力或糖衣巧克力用于产品时，务必在大批量生产前，对成品样品进行品尝。

出于风味目的使用巧克力时，另外需要考虑以下几点。

- 可可脂含量高的可可和巧克力制品通常能提供浓郁的巧克力风味，这是因为可可脂在未脱味时具有风味。这就是为什么无糖巧克力（而不是可可粉）最适用于风味浓郁的巧克力甜食制作的原因。

- 香草味在北美洲的巧克力产品中很常用，有时在产品中增加"巧克力"风味的方法是加入少量香草。

表15.6 巧克力和可可制品颜色和风味变化的主要原因

可可豆品种和原产地
可可豆成熟和成熟度
可可豆处理：发酵、干燥和贮存
焙烤条件
精炼条件
脂肪含量
可可粉或巧克力的碱处理和最终 pH
小苏打用量和成品（烘焙食品）最终 pH

什么是ORAC？

ORAC代表氧自由基吸收能力。这是一项在实验室中进行的测定食品抗氧化活性的复杂试验。在实验室中具有高抗氧化活性的产品，在人体内也具有高抗氧化活性似乎是合理的，但这尚未得到证实。将ORAC与人类实际健康益处联系起来，需要临床研究。然而，巧克力制品具有令人印象深刻的高水平ORAC。这种现象，部分原因是可可豆富含多酚类化合物（特别是类黄酮）。

根据美国农业部2007年所选食品的ORAC清单，100 g各种食品的ORAC如下：

49,926	无糖巧克力	4,882	树莓
20,823	黑巧克力	3,577	草莓
13,541	核桃	2,341	石榴汁
7,528	牛奶巧克力	1,034	洋葱
7,581	黑李子	728	玉米
6,552	蓝莓		

- 天然可可豆往往具有明显的果香酸味。碱处理可可具有更平滑，更浓郁的口味。
- 烘焙食品添加小苏打，就像对烘焙食品中的可可或巧克力就地进行碱处理一样。

吸收液体

非脂可可固形物是一种非常有效的干燥剂。事实上，可可粉与同等质量的面粉相比，能吸收更多的液体。非脂可可固形物中的蛋白质和碳水化合物（淀粉、糊精和树胶），能从蛋糕面糊、糖霜、馅料、慕斯和甘纳许中吸收液体（水和油）。例如，蛋糕面糊添加额外可可时，为使面糊稠度合适，需要减少面粉用量或添加更多液体。如果使用的是碱化可可粉或者是10/12可可（含10%~12%可可脂和88%~90%非脂可可固形物的），其吸水性尤其突出。

提供结构

非脂可可固形物可提供结构，特别是其中的淀粉糊化时会提供结构。蛋糕糊添加额外可可，需要减少面粉（结构剂）用量，才能保持合适的面糊稠度。同样地，用苦甜巧克力制成的巧克力慕斯与用牛奶巧克力（含较少非脂可可固形物）或白巧克力（不含非脂可可固形物）制成的巧克力慕斯相比，具有更多的结构和物质。

可可和巧克力制品（甚至是脂肪含量超过50%的无糖巧克力）并不被认为是软化剂。它们所具有的高比例结构

剂，冲淡了可可脂的温和软化效果。可可脂的软化能力大约是通用起酥油软化能力的一半，部分是由于它在室温下是固体的缘故。事实上，可可脂本身通过形成固体脂肪晶体为产品提供了硬度和结构。

有用的提示

将黄色蛋糕或普通曲奇饼转换成巧克力蛋糕和巧克力曲奇饼，首先要用可可粉代替10%~20%的面粉。根据面粉和可可粉类型，可能还需要减少面粉用量，或增加水分，有时每加入1 kg可可粉最多可额外加入500 g水。

提供令人愉快的口感

高脂可可和巧克力制品，特别是那些高度精炼和精制的产品，具有令人愉快的口感，可为糖衣、奶油、慕斯、甘纳许馅料和糖霜提高整体感官效果。可可和巧克力制品令人愉悦的口感主要来自可可脂的独特熔化特性，也由于这些产品没有砂粒感。

巧克力具有一定程度的柔滑感比较好，那么是否越柔滑越好呢？实际上，如果巧克力磨得太细，反而会有蜡质感。对于巧克力口感，和风味一样，存在区域偏好差异，欧洲人与北美洲人相比，更喜欢较柔滑的巧克力。

增加营养价值

虽然可可粉含有可可脂和少量水分（约3%），但它主要由非脂可可固形物（76%~90%）组成。非脂可可固形物富

含膳食纤维和其他碳水化合物以及蛋白质（图15.5）。可可粉也是维生素、矿物质和多酚类化合物的重要来源。可可和巧克力制品的多酚和抗氧化活性水平与许多水果和蔬菜相当。

贮存

巧克力制品是啮齿动物最喜欢的食品。因此，所有巧克力应该妥善包装并贮存在有盖的容器中。

在所有可可和巧克力制品中，牛奶巧克力和白巧克力的保存期限最短，因为即使在室温下，它们所含的乳固体也会发生美拉德褐变（糖和蛋白质反应产生的褐变）。适当贮存下，牛奶巧克力和白巧克力的保质期为0.5~1年。当然，美拉德反应最终还是会使产品的颜色变暗和变淡。虽然可可脂对氧化性酸败相对稳定，但乳脂不是。牛奶巧克力和白巧克力中的牛奶脂肪也会促进这些产品产生氧化酸败风味。

其他可可和巧克力制品（包括可可脂）妥善贮存下，保质期长于1年。可可和巧克力制品的包装应完好，并且最好在13~18 ℃的阴凉条件下保存，否则巧克力表面会起霜。不要丢弃起霜的巧克力，其烘焙质量还未受到影响。起霜只要不严重，对巧克力进行调温处理就可使它们消失。

巧克力吸收水分会出现返砂现象。糖晶体遇水会溶化，并在较大糖晶体表面重新生长。粗糙的白色糖晶体会影响巧克力制品的质感和外观。即使对巧克力进行调温处理，返砂问题仍会存在。为了防止返砂，将巧克力贮存在湿度低于50%的地方；处理巧克力时请使用手套，避免手中的水分转移；并且不要加热冷巧克力，除非它非常紧密包裹。这对于已经冷藏的巧克力来说至关重要。将冷藏巧克力移至室温下，容易在其表面出现冷凝水滴，使糖晶体溶化并产生返砂。

可可粉具有吸湿性。如果吸收过多水分，可可粉会结块，出现异味，并可能滋生微生物。应将可可用密封容器包装，并且要远离热水、蒸汽区域。

所有的巧克力制品（特别是白巧克力）应该很好的包裹，远离强烈气味。可可脂像所有的脂肪一样，很容易吸取各种气味。

复习题

1 可可豆中脂肪的含量和类型与杏仁相比如何？

2 "可可粒"是什么意思？

3 可可粒中存在的咖啡因类兴奋剂的名称是什么？

4 可可豆在烘烤后会发生什么变化？

5 巧克力液以固体块形式出售时称为什么？

6 无糖巧克力和天然可可组成的主要区别是什么？

7 无糖巧克力和可可粉相比，哪个比较贵？为什么？

8 烘焙食品要使用最浓郁、最有巧克力风味的配料，应该用哪种：无糖巧克力还是可可？两者中哪个应该用于低脂产品？

9 10/12可可粉和22/24可可粉之间的主要区别是什么？哪个在北美洲被认为是常规可可？哪个被欧盟当作常规可可？

10 如何制作荷兰可可？它与天然可可在颜色、风味和酸度方面有什么不同？

11 为什么可可脂与通用起酥油相比，能提供更令人愉快的口感？

12 半甜巧克力又称为什么？

13 一种产品标有72%可可。这是什么意思？该含量与产品中可可脂或非脂可可固形物含量有何不同？

14 对于用苦甜巧克力制备的牛奶巧克力，美国规定的最低可可固形物含量是多少？加拿大的规定如何？

15 巧克力精炼是什么意思？为什么精炼对于用作糖衣和蘸浸料的巧克力来说很重要？为什么精炼对于烘焙食品中使用的无糖巧克力来说不那么重要？

16 可可脂含量如何影响巧克力及糖衣巧克力的性能？

17 在熔化的巧克力中加入少量香草提取物，搅拌时巧克力会变稠，为什么？混合物中的糖和蛋白质发生了什么？

18 为什么巧克力要在冷却之前进行调温？

19 当我们说可可脂是"多晶型"时，这是什么意思？

20 α 晶体、β' 晶体和 β 晶体的主要区别是什么？

21 描述巧克力调温的过程。

22 为什么巧克力调温的目的是要形成尽量多的 β 晶体？

23 可可和巧克力中哪些组分具有干燥剂和吸收剂功能？哪些具有结构剂功能？

24 可可脂的起酥和软化能力，与通用起酥油相比如何？

25 "ORAC"是什么意思？巧克力的ORAC与其他食品相比如何？

26 白巧克力存放时间过长会发生什么变化？

27　应如何贮存可可粉？贮存不当，可可粉会发生什么变化？

28　脂霜是指什么？如何预防？

29　什么是糖返砂？如何预防？

讨论题

1　根据美国巧克力液中可可脂最低含量，及苦甜黑巧克力中巧克力液最低含量的规定，计算苦甜黑巧克力中可可脂的最低使用量，列出计算过程。这一最低可可脂含量，与欧洲黑色糖衣巧克力中最低可可脂含量相比如何？

2　以下各配料中的可可固形物含量是多少，无糖可可粉、可可粉（天然的或碱化的）、可可脂？

3　巧克力曲奇饼的配方要求无糖巧克力。如果使用苦甜巧克力，那么做成的曲奇饼会有什么差异，为什么？

4　甘纳许酱配方要加苦甜巧克力。如果使用牛奶巧克力，那么做出来的巧克力酱会如何，为什么？

5　根据欧洲法律，牛奶巧克力和牛奶巧克力糖衣之间有什么区别？哪个会更贵？在烘焙房中，哪种较适合用于糖衣、蘸浸料及蛋糕、曲奇饼和甜食的装饰？

6　为了在浓巧克力蛋糕中强化巧克力风味，您在基础配方添加了更多可可，结果得到的是坚韧、干燥、致密的蛋糕。为什么？

7　要制作优质巧克力蛋糕，您将无糖巧克力改成相同质量但更昂贵的优质黑色糖衣巧克力。结果得到的是苍白、塌陷、过甜、没有巧克力味的蛋糕。为什么？

8　你手头缺少制作布朗尼的无糖巧克力，因此用苦甜巧克力（标签为50%可可）替代。每千克无糖巧克力应该使用多少苦甜巧克力，配方中糖的含量应如何调整？

9　为什么巧克力蛋糕含有小苏打？列出三个原因。

10　制备两个浓巧克力蛋糕，制备方式和所有其他配料用量都相同，但使用不同的可可粉。列出四个原因，解释为什么一个蛋糕看起来会比另一个颜色更深。具体说明。

11　为什么可用颜色较深的可可，生产出颜色较浅的蛋糕？

练习和实验

❶ 练习：用可可和起酥油替代巧克力

利用本章前面提供的公式，为替代蛋糕配方中的 2 kg 巧克力，应使用多少可可和多少起酥油？列出计算过程。

_____

_____

_____

_____

_____

❷ 练习：评价巧克力

了解巧克力风味的最佳方式是评价一系列巧克力。巧克力应在室温下，如果可能，应进行调温和成型，以使每个巧克力具有相同尺寸和形状以供品尝。利用下面所给的结果表，记录你对不同品牌巧克力制品的外观、风味和口感的评估。先对白巧克力作相互比较，然后对牛奶巧克力作相互比较，最后对苦甜黑巧克力作相互比较。在你的品尝中加入一种或多种糖衣，并确保产品在价格范围内。只使用适当的术语。经过练习，添加任何重要的术语。考虑以下几点：

- 外观（光泽度、颜色亮/暗、颜色发红等）
- 破裂时的嘎嘣声
- 风味（香草味、巧克力味、新鲜乳制品味、焦糖乳制品味、甜味、酸味、苦味等）
- 质地/口感（柔软度/坚硬度、粗糙度/平滑度、快速/缓慢熔化、奶油感等）
- 根据需要添加任何其他评论

结果表　白巧克力制品

巧克力制品	品牌	可可固形物含量/%	外观	嘎嘣声	风味	质地／口感	备注
白巧克力							
白糖衣巧克力							
白糖衣							

结果表　牛奶巧克力制品

巧克力制品	品牌	可可固形物含量/%	外观	嘎嘣声	风味	质地／口感	备注
牛奶巧克力							
牛奶糖衣巧克力							
牛奶糖衣							

结果表　苦甜巧克力制品

巧克力制品	品牌	可可固形物含量/%	外观	嘎嘣声	风味	质地／口感	备注
苦甜黑巧克力							
黑糖衣巧克力							
黑糖衣							

总结在巧克力品尝中的主要发现：

白巧克力

_____

_____

牛奶巧克力

_____

_____

苦甜黑巧克力

_____

_____

❸ 实验：不同巧克力对甘纳许酱质量的影响

目的

展示巧克力品牌和类型如何影响

- 甘纳许的外观、风味和稠度
- 甘纳许的总体可接受性

制备的产品

按以下条件制备甘纳许

- 苦甜黑巧克力或糖衣巧克力（对照，50%~55%可可）
- 苦甜黑巧克力或糖衣巧克力（不同品牌，70%~75%可可，价格较高）
- 黑糖衣
- 牛奶巧克力或糖衣
- 白巧克力或糖衣
- 其他需要制备的产品（牛奶糖衣、白糖衣等）

材料和设备

- 台秤
- 厚底不锈钢炖锅
- 甘纳许酱（见配方），每种条件下制备的量足以铺满半大烤盘
- 半大烤盘
- 羊皮纸
- 橡皮铲
- 普通裱花嘴（可选）
- 裱花袋（可选）

配方

甘纳许酱

产量： 600 g

配料	质量 /g	烘焙百分比 /%
高脂稀奶油	200	50
切碎的巧克力	400	100
合计	600	150

制备方法

（1）将奶油放在厚底炖锅中搅拌煮沸即可。

（2）将锅从热源移开。

（3）搅拌加入切碎的巧克力，静置几分钟，以使奶油热量融化巧克力。

（4）搅拌直至滑润，并且巧克力完全融化。

步骤

（1）半大烤盘衬羊皮纸，加标签注明：每种甘纳许酱中所用巧克力类型。

（2）利用上述配方（或任何基本甘纳许酱配方）制备甘纳许酱。每种条件下制备一批甘纳许酱。

（3）将热的甘纳许酱倾倒在羊皮纸衬里的烤盘上，并使用橡皮铲将其分散成均匀的薄层。或者将甘纳许酱装入裱花袋后挤出，制成一口大小的圆饼。

（4）冷藏冷却。

（5）确定每批用于制备甘纳许酱的黑巧克力和黑色糖衣的成本。将结果记录在下面的表中。如果没有成本核算信息，请使用以下价格：

- 黑巧克力，50%~55%可可：16美元/kg
- 黑糖衣巧克力，70%~75%可可：20美元/kg
- 优质黑色糖衣：11.55美元/kg

结果

（1）在"结果表"中"品牌"列记录每种使用的巧克力制品的识别信息。

（2）评价完全冷却产品的感官特征，并在结果表中记录。一定要依次对比对照产品，并考虑以下几点：

- 外观（颜色、光泽、稠度）
- 香味（甜味、苦味、香草味、焦糖味、熬煮乳香味等）
- 质地和口感（软/硬、厚/薄、浓重、蜡质、油性等）
- 总体可接受性，从高度不可接受到高度可接受，按1~5级评分
- 必要时提供任何其他评论

结果表　不同类型巧克力制作的甘纳许酱的感官特性

巧克力类型	品牌	成本/批	外观	风味	质地/口感	总体可接受性	备注
苦甜黑巧克力或糖衣（对照）							
苦甜黑巧克力或糖衣（不同品牌）							
黑色糖衣							
牛奶巧克力							
白巧克力							

误差来源

列出可能导致难以根据实验结果得出正确结论的任何误差来源。特别要考虑在奶油熬煮、冷却和处理甘纳许时的时间差异，以及产品评价时的温度。

_____

_____

_____

说明下一次可以如何改进，以尽量减少或消除每个误差来源。

_____

_____

_____

结论

从**黑体字**中选择一个选项或填空。

（1）黑巧克力甘纳许之间的外观差异**很小/中等/大**。这些差异可以描述如下：

_____

_____

（2）可可固形物较低（对照产品；50%~55%可可）的黑巧克力和可可固形物较高（70%~75%可可）的黑巧克力之间的硬度差异**很小/中等/大**。对照产品**更软/更硬**，这可能是因为起干燥剂和结构剂作用的非脂可可固形物含量低的缘故，即

_____

_____

（3）黑巧克力甘纳许之间的风味和口感差异**很小/中等/大**。这些差异可以描述如下：

_____

_____

（4）可可固形物含量低的黑巧克力（对照品，50%~55%可可）和黑色糖衣之间的风味和口感的差异**很小/中等/大**。这些差异可以描述如下：

_____

_____

（5）使用含50%~55%可可（对照产品）的黑巧克力和可可含量较高的黑巧克力相比，两者之间每批成本差异**很小/中等/大**。在我看来，两种甘纳许之间的质量差异**证明了/未能证明**这个产品使用较贵的巧克力的合理性，因为＿＿＿＿＿＿＿

＿＿＿＿＿＿＿＿＿＿＿＿＿＿＿＿＿＿＿＿＿＿＿＿＿＿＿＿＿＿＿＿＿

＿＿＿＿＿＿＿＿＿＿＿＿＿＿＿＿＿＿＿＿＿＿＿＿＿＿＿＿＿＿＿＿＿

＿＿＿＿＿＿＿＿＿＿＿＿＿＿＿＿＿＿＿＿＿＿＿＿＿＿＿＿＿＿＿＿＿

（6）低可可固形物含量（对照产品，50%~55%可可）的黑巧克力和黑色糖衣之间每批次成本差异**很小/中等/大**。在我看来，两种甘纳许酱之间的质量差异**证明了/未能证明**这个产品使用较贵的巧克力的合理性，因为＿＿＿＿＿＿＿＿＿＿

＿＿＿＿＿＿＿＿＿＿＿＿＿＿＿＿＿＿＿＿＿＿＿＿＿＿＿＿＿＿＿＿＿

＿＿＿＿＿＿＿＿＿＿＿＿＿＿＿＿＿＿＿＿＿＿＿＿＿＿＿＿＿＿＿＿＿

对此结论同样适用于类似于甘纳许的其他产品，例如：（列出两三种类似产品）＿＿＿＿＿＿＿＿＿＿＿＿＿＿＿＿＿＿＿＿＿＿＿＿＿＿＿＿＿＿＿＿

＿＿＿＿＿＿＿＿＿＿＿＿＿＿＿＿＿＿＿＿＿＿＿＿＿＿＿＿＿＿＿＿＿

＿＿＿＿＿＿＿＿＿＿＿＿＿＿＿＿＿＿＿＿＿＿＿＿＿＿＿＿＿＿＿＿＿

＿＿＿＿＿＿＿＿＿＿＿＿＿＿＿＿＿＿＿＿＿＿＿＿＿＿＿＿＿＿＿＿＿

此结论可能不适用于与甘纳许有很大不同的产品，例如：＿＿＿＿＿＿＿＿＿

＿＿＿＿＿＿＿＿＿＿＿＿＿＿＿＿＿＿＿＿＿＿＿＿＿＿＿＿＿＿＿＿＿

＿＿＿＿＿＿＿＿＿＿＿＿＿＿＿＿＿＿＿＿＿＿＿＿＿＿＿＿＿＿＿＿＿

（7）用不同巧克力制成的甘纳许的其他差异如下（如冷却和凝固的快慢）：

＿＿＿＿＿＿＿＿＿＿＿＿＿＿＿＿＿＿＿＿＿＿＿＿＿＿＿＿＿＿＿＿＿

＿＿＿＿＿＿＿＿＿＿＿＿＿＿＿＿＿＿＿＿＿＿＿＿＿＿＿＿＿＿＿＿＿

＿＿＿＿＿＿＿＿＿＿＿＿＿＿＿＿＿＿＿＿＿＿＿＿＿＿＿＿＿＿＿＿＿

16

水果和水果制品

概述

水果是天然甜食。水果是许多传统甜点的核心，例如：果馅饼和派、水煮梨和苹果馅酥饼，它在许多盘装甜点中出现。在烘焙房中，水果是风味、色泽和质地的重要来源。

如今的水果和水果制品与30年前烘焙店中的不同。今天，冷冻水果泥广泛使用，一度被认为是异国风味的水果，如芒果和猕猴桃，几乎和草莓、苹果一样普遍使用。新品种水果（如博伊森莓和马里恩黑莓）在不断培育，新品种水果（如梅儿柠檬、奈西或亚洲梨）也不断在进口。

本章不打算全面展开，不会讨论每种水果。这里只准备以几种常见水果和水果形式为例，介绍适当选择、贮存和使用水果的原则，从而为适应这个不断变化的行业打下基础。

如何选购水果

水果可以新鲜、冷冻、罐装或干果形式销售。它们可以整果、切片或果泥形式，装在水中或糖中，还可制成果酱、派或馅料等形式出售。

随着早熟和晚熟的水果栽培品种的出现，及冬季更多来自南半球的水果出口到北美洲，如今，全年供应的新鲜水果品种比以往任何时候都更丰富。理想情况下，烘焙房使用的水果是新鲜、完全成熟的，但并非总是如此。例如，冬季购买的新鲜蓝莓可能颜色或风味较差，或者太贵。一些面包师和糕点师，出于实际的考虑，只使用本地应季水果，另一些则不管是否本地水果上市季节，喜欢全年使用所有类型水果。最常见的水果，如苹果和草莓全年可用，但某些特殊水果，如石榴和荔枝，只有在一年中的某些月份供应。

上市季节采购的新鲜水果并不能保证质量。水果易腐烂，贮藏不当的水果很快会失去价值。水果是一类天然农产品，整个收获季节，以及从一个产区到另一个产区，水果的品质都会有所不同。水果的品质在年与年之间也会不同，部分原因是气候条件逐年变化。随着日照时间、降雨量以及生长季节的不同，水果的口感、色泽、风味、甜味等都会有所不同。最后，同一水果的不同品种，品质也有很大差异。

加工水果（冷冻和罐装）与新鲜水果相比有一定的好处。除全年可以供应以外，加工水果不像新鲜水果那样易腐烂，一般其品质较稳定。非上市季节的加工水果通常比新鲜的质量好，而且价格较便宜。反季水果必须长距离运输，通常来自南美洲和中美洲、澳大利亚或新西兰。运输成本高，对质量的影响也很大。

即使是新鲜水果上市季节，许多烘焙店也仍然会采购一些价格合理、质量好的加工水果产品。例如，冷冻果泥在使用前只需要解冻，而罐装苹果只要开罐就可使用，节省人工，而且没有浪费。

冷冻水果

冷冻水果有整果、薄片、块状及果泥状态。市场上有直装冷冻水果出售，这种水果直接放入桶或箱中，然后冷冻。因为冻结发生缓慢，直装冷冻水果往往失去其完整性。如果不注重其完整性，则直装冷冻水果质量完全可以接受。直装冷冻水果的缺点是整个桶或箱子在使用前必须解冻。

单体速冻（IQF）水果由整果或水果片组成，经过快速冷冻，然后装入桶、箱或袋中。单体速冻水果只要不融化并重新冷冻，水果就维持彼此分开状态。加水果的松饼，例如蓝莓或蔓越莓松饼，可选择单体速冻水果。单体速冻水果比直装冷冻水果贵，但它有一个很大的优势：使用单体速冻水果，可根据需要取用尽可能少的水果，而不需要解冻整个容器。

如何开发新的水果品种？

市场上不断有新品种和改良品种的水果出现。新品种与老品种水果相比，在风味、质地、外观和大小方面往往有所改善，为消费者带来了好处。另一些水果新品，是抗病力和单位面积产量等方面的改善，这种改善使农民受益。

新品种如何开发，谁在从事这方面的工作？多年来使用的一项技术是植物育种。植物育种的第一步是选择具有不同理想性状的两种植物。例如，一种草莓可能具有很好的风味和硬度，但生长需要大量的水。第二种植物可能需要很少的水，但它可能具有较差的风味和质地。植物育种者通过将一种植株的花粉转移到另一种植株，希望得到具有两者优良特征的植物种子。判断是否发生这种情况的唯一方法是，将异花授粉得到的种子种植，并确定该植物是否具有适当的风味、质地和含水量特点。这是一种耗时、昂贵、带有偶然性的过程，但大多数水果都是以这种方式培育的。

要了解这种育种工作量的大小，可参考以下提供的几项数据。美国加利福尼亚大学草莓育种项目研究人员苗圃中种植了大约10000棵通过亲本杂交得到的植株种苗。通过对每一植株的活力、果实质量和产量进行评估，选出了约200~300棵植株，并将它们移到户外田间种植。通过对每个户外种植的植物作进一步评估，最后选择一种或几种进行广泛种植。

美国加利福尼亚州依靠这些传统的植物育种技术，而不是基因工程，开发新草莓品种。为什么加利福尼亚州会花费这么多时间和金钱来培育更好的草莓品种？原因是，北美洲消费的草莓中有80%以上产于加利福尼亚州，草莓在这个州是一个具有数十亿美元规模的行业。

水果是质量差异很大的天然产品。加拿大和美国都有国家计划，对在其国家种植和销售的水果的质量进行分级。美国农业部（USDA）执行的计划是自愿的。未分级的美国水果不一定质量较差；这可能只意味着加工商选择不参加美国农业部分级计划而已。

每种水果都有不同的标准，但所有水果的标准都是基于几个常见的特征，包括尺寸、形状、颜色以及允许的损坏和腐烂量。

单体速冻水果的冻结速度越快，形成的冰晶体就越小，这通常意味着与直装冷冻水果相比，单体速冻对水果完整性的损害较小。然而，不要指望单体速冻水果具有高品质新鲜水果那样的质量。即使冻结速度很快，大多数水果在解冻时仍然会收缩并渗出一些液体。某些水果（如蔓越莓和苹果片）能保持良好状态，而另一些水果（例如草莓和覆盆子）则会变得软烂。单体速冻水果延长冻结过程往往会失去风味。为了使冷冻水果具有最佳的颜色和风味，可考虑使用糖或糖浆填装的水果。

有用的提示

在将单体速冻水果（如蓝莓）加入松饼或咖啡蛋糕面糊中之前，可先撒面粉将水果裹涂住。这可使水果解冻产生的果汁不太可能与面糊混合并使其变色。也可将水果摆在面糊顶部，而不是与面糊混合在一起。烘焙过程中，下陷水果出水量会最小。

糖或糖浆填装冷冻水果是指在冷冻前加入一定量的砂糖或葡萄糖浆。这样可以保护水果免与空气接触，以免颜色和风味受到空气损害。糖填装冷冻水果与单体速冻水果相比，能更好地保留维生素C（抗坏血酸），并且巩固果实细胞壁的果胶。换句话说，糖填装冷冻水果通常比直接包装冷冻水果或单体速冻水果具有更好的质量，价格也适中。

有用的提示

糖或糖浆填装的水果解冻后，使用前要将糖与水果彻底混合，并计算配方中的糖含量。

由于4＋1草莓是80%草莓和20%糖构成，通过将草莓质量除以0.80来调整配方，以确定使用4＋1草莓的质量。通过两者之间的差异来确定糖的用量。例如，1000 g草莓，替换为使用1000/0.80或1250 g 4＋1草莓，用糖量需减少（1250-1000）即250 g。请注意，这种计算方法类似于在起酥油与黄油之间或砂糖和糖浆之间转换时所使用的算法。

因为大多数烘焙产品都加糖，所以糖填装冷冻水果很适合烘焙产品。其缺点之一是整个容器在使用前必须解冻，因此使用起来不如单体速冻水果方便。

使用糖填装冷冻水果，一定要调整配方的加糖量。糖填装水果通常采用4＋1，5＋1或7＋1包装。两数字分别指水果与糖的比例。例如，4 + 1草莓指由4份草莓加1份糖，或由4/5 = 80%水果和1/5 = 20%糖组成。草莓经常以4+1形式销售，同样，通常销售的樱桃以5+1（16.7%的糖）形式包装，通常销售的苹果以7+1形式（12.5%的糖）包装。

冷冻水果泥 冷冻水果泥是一种方便而昂贵的水果形式，最常用于酱汁、果汁冰糕、巴伐利亚奶油、慕斯和冰淇淋。冷冻水果泥是许多烘焙房的主要配料，与制备好的软糖、提取物和利口酒一样重要。

> **有用的提示**
>
> 冷冻水果泥可能看似预制的果酱和果浆（coulis），但它们不是。直接将果泥用于盘装甜点前，应品尝果泥。即使糖列在成分表中，所用的果泥也有可能很酸。可用果泥作为基料，然后再加入甜味剂、风味剂和其他成分，将果泥变成果酱或果浆。

水果泥制作过程涉及水果清洗、打浆过筛、加热杀菌和酶钝化。有些果泥还要加糖、果胶或其他增稠剂，以控制稠度。即使是单倍强度的果泥也是水果风味的浓缩源，但有些品牌果泥是脱过水的，使得1份果泥相当于2份或多份新鲜水果。

果泥有各种的风味，含籽或不含籽。有些水果泥（如覆盆子和樱桃）质量很好，而其他水果（如猕猴桃）因制造商加热处理，风味和颜色方面难免会受到一定损失。可用新鲜果泥作为参照，判断冷冻水果泥的质量是否符合所用的标准，也可评估成本是否可行。

罐装水果、水果馅料和果酱

可以预料，罐装水果、水果馅料和果酱与新鲜水果相比，新鲜风味不足，并且有时质地比新鲜水果更软。然而，有时并不需要具有新鲜水果的风味、颜色和质地。例如，焦糖桃酱要加香料慢慢煨煮。罐装桃子具有更一致的风味、颜色和质地，使用起来较方便，并且成本也低于新鲜桃子。因为果酱要加香料煨煮，所以不需要新鲜桃子的风味。再以橙糖衣或草莓果酱为例，这两种产品均具有比新鲜水果更丰满、浓郁的水果味。这些产品可能依靠新鲜水果的风味、颜色和质地。

> **有用的提示**
>
> 应根据最终产品重要特性，在新鲜水果、冷冻水果或罐装水果之间选择合适的水果形式。例如，新鲜水果通常用于装饰甜点。但是，如果在使用前要经过煨煮、收汁和过滤处理，那就不值得多花时间和费用购买新鲜水果。

煮水果

人们希望煮过的水果能保留质地，往往希望也能保留风味和颜色，为此，用糖液比用水煮水果可以获得更好的保质效果。有些糖液非常稀，例如，有些糖液浓度较低，1份糖对5份或更多份的水（或葡萄酒）。另一些糖液浓度较高，高于1份糖对1份水的浓度。在确定煮水果糖液的糖浓度，即加糖量之前，请考虑以下几点。

当水果在糖浆中煨煮时，糖和水会自由地扩散（移动）进出果实。这种扩散会持续到糖浆中糖和水的浓度与水果中的浓度相同为止。

如果糖浆含糖高于水果含糖量，则水会从水果往外扩散，从而稀释糖浆（图16.1）。当这种情况发生时，水果的尺寸会缩小，并且通常会呈充满活力、更诱人颜色（即使色素从水果中扩散出来）状态。同时，糖会从糖浆扩散到水果中，使果实变甜，并将水果所含的果胶固定在一起。糖浆中的糖越多，果实越甜，收缩越多，越致密。

如果糖浆含糖量低于水果的含糖量，则会发生相反的情形。水会扩散到水果，而糖分会从水果中扩散出来。通常，足够量的水分移动至水果中会使得果实质量增加并变得丰满。如果水果在水中煮制，那么大量水就会进入水果中。水的力量会使水果分解，使其成为糊状。尽管水对于整个或切片水果煮制来说是糟糕的烹饪介质，但用水煮却是加快制备水果泥和苹果酱的有效手段。

尽管水果各不相同，但用于增加水果甜度和硬度的煮制糖液，往往由2份液体与1份糖构成。这可使水果适度收缩，但不会过度收缩。为了进一步确保煮制能使水果变硬，可在不沸腾状态下煨煮，并在煮制液中加入少量柠檬汁。柠檬汁中的酸可强化果胶，使果实细胞结合在一起。柠檬汁也可以防止褐变，并增加诱人的风味。

罐装水果以何种方式出售，主要取决于所添加的糖和水的量。固体填装水果罐头不额外添加水，重填装水果罐头只有少量水或果汁，而水填装水果罐头添加水。除了这些形式以外，有些罐头水果还添加糖或其他甜味剂。如果添加了甜味剂，称为糖浆填装。根据所加甜味剂的量，糖浆被分为稀、中、浓和超浓。不要将重填装与浓糖浆填装混淆。前者指水果含量高，后者指甜味剂添加量高。

一般来说，添加的甜味剂越多，果实越硬，颜色和风味越好。烘焙店煮制新鲜水果（如制备水煮梨）时，情况也是如此。

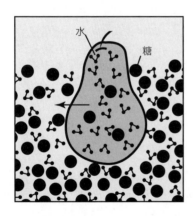 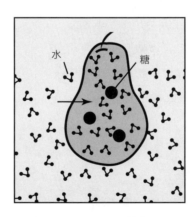

图16.1 水分在水果与煮制液之间的运动取决于两者所含糖的浓度

罐装水果馅料是即食产品，适用于水果派、丹麦糕点和其他烘焙食品。罐装水果馅料产品品质差异很大，所以应先尝试不同品牌，然后进行选择和预算。虽然不是所有的罐装水果馅料都含有添加剂，但有些添加剂可以改善颜色、风味和稠度，并能抑制微生物生长。例如，有时加入氯化钙或乳酸钙之类钙盐能使果实变硬。钙使果胶保持在果肉中，从而可以防止细胞分解和软化；通常加入淀粉和果胶之类增稠剂，以增加稠度并改善果泥在烘烤过程中的性能；也就是说，烤箱稳定馅料含有增稠剂，增稠剂降低了填充物变稀薄从而进入油酥面团的趋势。这可防止面团变湿和变色。

樱桃之类容易褪色的罐头水果可能会加入人工色素。其他常见的添加剂包括苯甲酸钠之类霉菌抑制剂，以及柠檬酸、抗坏血酸（维生素C）和亚硫酸盐等褐变抑制剂。霉菌抑制剂对于罐头加工来说不是必需的，因为霉菌不会在经过加工的罐头食品中生长。但一旦罐头打开，霉菌抑制剂可延缓微生物生长。

某些水果产品用柔性袋而不是金属罐包装。这种包装材料通常用于无菌处理的产品。无菌加工是在无菌环境中加热、冷却和包装食品的手段。像罐头食品一样，未开封的无菌加工食品可以在室温下贮存，不会有微生物生长的危险。一旦打开，它们必须冷藏。从烘焙角度来看，罐头食品和无菌加工产品之间几乎没有区别。

干果

最初水果干燥是为了保藏，但如今使用干果的目的是为了利用它们独特的颜色、风味和质地。葡萄干是最常见的干果，而干制的无花果、枣、杏、苹果和李子也很受欢迎。近年来，也开始使用干制的樱桃、蓝莓、草莓和蔓越莓。

某些干果以果泥形式出售。使用无花果泥的无花果曲奇饼之类产品最受欢迎。后面还要讨论作为脂肪替代品销售的干梅酱。

图16.2　葡萄可干燥成为葡萄干

葡萄干　任何葡萄都可以干制成葡萄干（图16.2），但大多数葡萄干都是由天然甜味的汤普森无籽葡萄（在北美洲以外地区称为苏丹娜葡萄）干制而成的。这种葡萄在美国主要生长在加利福尼亚州中部热谷。每年8月下旬收获后，成排的葡萄经几周日晒变暗，最后经清理后包装。

葡萄干和葡萄干制品（例如葡萄干糊）可赋予烘焙食品风味、色泽和甜度。它们还可延长烘焙食品的保质期，因为它们是吸湿性的，从而对烘焙食品有保湿作用。葡萄干产品还含有少量天然抗菌剂，这有利于防止霉菌生长。

金黄色葡萄干是汤普森无籽葡萄在严格控制条件下干燥（而不是晒干）制成的。用二氧化硫（或另一硫源，如亚硫酸盐）对葡萄天然颜色进行处理，以防止干燥期间颜色变深。金黄色葡萄干具有较温和的葡萄干风味，略带轻微二氧化硫回味。

梅干和干梅有什么区别？

梅干和干梅之间没有区别，这两个词可以互换使用，但如今多用"干梅"。然而，根据美国加利福尼亚州干梅协会，不是所有的梅子都得到了很好干制。只有在阳光下干燥，未发酵过的干梅才能接受，并且最好用天然含糖量高的梅子来做干梅。与葡萄干一样，干梅也并非通过晒干制成。梅也可以在严格控制的条件下用隧道式干燥器中干燥。当需要较温和浅色干梅时，最好采用隧道干燥。

美国加利福尼亚州用于干梅的梅子品种是原产于法国西南部的La Petite d'Agen。这是一种深紫色椭圆形梅，肉呈琥珀色。加利福尼亚州99%的干梅或梅子都属这一品种。全球70%供应的干梅来自美国加利福尼亚州。

二氧化硫可用于保持杏干、番木瓜干、桃干和梨干等浅色干果不变色。用二氧化硫或其他硫源处理的产品，必须在标签上注明这一信息。

桑特穗醋栗葡萄干（*Zante currant raisins*）与欧洲红醋栗无关；桑特穗醋栗葡萄干是用黑科里斯葡萄制成的葡萄干。黑科里斯葡萄有时被称为"香槟葡萄"。桑特穗醋栗葡萄干的大小是常规葡萄干的1/4。常规大小的葡萄干也称为精选葡萄干（*select raisins*）。图16.3所示为

桑特穗醋栗葡萄干大小与精选葡萄干大小的比较。450 g精选葡萄干约有1000粒葡萄干，而桑特穗醋栗葡萄干450 g可由4000粒葡萄干构成。桑特穗醋栗葡萄干在烤饼中很受欢迎，由于体积较小，也可以用于其他烘焙产品。

烘焙葡萄干（Baking raisins）是汤普森无籽葡萄干，因为其含水量比常规葡萄干高，因此柔软而潮湿。这使得它们不适于当零食，但这也意味着它们无须预先调理就可直接添加到烘焙食品。干果调理将在本章后面讨论。

加糖的蔓越莓干、樱桃干、草莓干和蓝莓干 大多数水果不像汤普森葡萄那样含糖量高。如果不加糖干制，则这些水果干往往硬、干且酸。为制取柔软甜美的水果干，蔓越莓、樱桃、草莓和

图16.3　桑特穗醋栗葡萄干（右）大小与精选葡萄干（左）的比较

蓝莓先要加糖，然后在受控条件下用隧道式干燥器干燥。

加糖干果价格昂贵，所以应选择性地使用。例如，对于重油面团和水分含量低的面团，用加糖干果比用新鲜或冷冻水果效果更佳。加糖干果适用于曲奇饼和司康饼。高水分新鲜水果不适合用于这类产品的面团，尤其是脆性曲奇饼。此外，在水果不受撕裂和受到损坏的条件，难以将新鲜水果与重油面团混合。干果与重油面团混合则不会撕裂和破碎。

然而，大多数其他应用中应考虑使用其他形式的水果。例如，松饼使用新鲜、冷冻或罐装的蓝莓优于使用干蓝莓。它们可为松饼提供新鲜、明显的水果风味，可与松饼的温和风味形成鲜明的对比，成本也较低。

干梅酱 干梅酱作为烘焙食品的脂肪替代品出售。由于其颜色和风味，干梅酱最适用于布朗尼和姜饼之类深色产品。

干梅酱并不能代替脂肪的所有功能，但能有效地润湿和软化烘焙食品。它含有几种成分，包括果糖、葡萄糖、果胶和山梨糖醇，这些都具有润湿和软化功能。第8章曾提到，山梨醇是一种非常强的多元醇吸湿剂。

更多有关应用干梅酱的内容详见第18章。

常见水果

供面包师和糕点师选用的水果多不胜数，这里不一一讨论。无论是桃子还是梨，李子还是樱桃，均可遵循相同的规则进行品种选择。以下重点讨论从不同品种选择苹果和蓝莓的情形，但同样的选择指南可应用于所有水果的选择。

苹果

苹果有许多种类可供选择，苹果产业还在不断推出新的苹果品种。一些新苹果品种是意外发现的随机幼苗，而另一些新的苹果品种是有意地从具有理想特征的亲本中培育出来的。

在加拿大和美国东北部，麦金托什苹果（McIntosh）是第一大苹果品种。在美国，红元帅（Red Delicious）、黄元帅（Golden Delicious）和格兰史密斯（Granny Smiths）是过去十多年来一直流行的三大苹果品种。20世纪90年代，随着布雷本（Braeburn）、富士（Fuji）、嘎啦（Gala）、乔纳金（Jonagold）和蜜脆（Honeycrisp）在美国种植的新品种苹果收获量的上升，这一局面正在发生变化。富士是日本最受欢迎的苹果，而乔纳金是欧洲出名的苹果品种。

每种苹果都有自己独特的颜色、风味和质感。与所有水果一样，苹果的酸甜度平衡很重要，特别是鲜食苹果更是如此。然而，应当理解，没有哪种苹果会适合所有应用要求。例如，许多人认为罗马佳人（Rome Beauty）苹果最适合整个烤制，科特兰（Cortland）品种适合鲜食，而格兰史密斯苹果则适合做苹果派。当然会有不同的观点，这就是为什么对于不同苹果品种，最好有一些知识和个人经验，从而可以形成自己的意见。对于其他水果的选择也是如此。

在评估各种水果（包括苹果）的不同品种时，都要意识到水果—类天然农产品，其品质会随四季变化而有所不同，年与年之间也会有差异。秋季是大多数苹果收获时节，麦金托什苹果与格兰史密斯苹果质量秋季比较得出的结论，将会不同于春季比较得出的结果。全年都有苹果收获，但每个品种都有自己的收获时间。如果苹果采摘不在其收获时节，则可能是气调贮藏（CA）的苹果。

派或果馅饼用苹果 派或果馅酥饼用苹果的选择大多取决于个人偏好或顾客偏好。应该意识的重点是，苹果确实存在差异，选择何种苹果会影响派的质量。选择用于派或果馅饼的苹果品种时，需要考虑以下几点。

什么是气调贮存？

气调（CA）贮存是一种贮存苹果之类水果的方法，气调可以使水果长时间保持新鲜状态，贮存期可长达六个月或更长时间。气调贮存的苹果，被贮存于温度稍高于冰点的大库房中，水分、氧气和其他气体的量被严格控制。气调苹果可能看起来新鲜，但风味和质地都会发生明显的变化。

气调贮存的苹果会失去一些酸味和香气，但它们通常会变甜。它们的质地通常会变得过于粉质，而且一旦切片，褐变得更快。如果发现收到的苹果不符合标准，应改换不同的苹果品种，使用冷冻苹果或罐装苹果，或只用应季的苹果。

每天一个苹果就不会生病？

现代科学经常重新发现祖辈流传下来的老话的真相。例如，苹果是膳食纤维和多酚类化合物的良好来源。膳食纤维在身体中起许多功能，包括预防癌症和心血管疾病。

多酚化合物是存在于植物（包括水果）的一大类化合物。多酚类化合物有时称为黄酮类化合物，是强大的抗氧化剂，据报道可预防癌症和心血管疾病。含有多酚和其他有益化合物的食物有时被称为功能性食品，因为它们的作用不仅限于为基本健康提供重要的常见营养素。

苹果不是唯一有益于健康的水果。大多数水果是膳食纤维的良好来源，并且许多水果含有植物色素。色素的作用不仅仅是使水果颜色鲜艳。花青素是植物界红色和紫色多酚类化合物，和其他多酚类化合物一样，具有抗氧化活性和许多健康益处。黑莓、蓝莓、樱桃、蔓越莓、石榴、覆盆子、红葡萄和草莓均富含有益于身体健康的花青素。

类胡萝卜素是另一类植物色素，也是强大的抗氧化剂，有助于身体健康。类胡萝卜素是呈黄色、橙色和橙红色的色素。桃、梨、甜瓜、柑橘、番木瓜和芒果是有代表性的天然富含类胡萝卜素的水果。

北美健康指南包括了增加水果和蔬菜消费的建议。在美国，几家卫生机构主办了一档"每日健康五果"节目，它鼓励美国人每天吃5份以上水果和蔬菜。

什么使苹果脆而多汁？

人们都喜欢脆而多汁的苹果，消费者常常拒绝那些绵软的苹果。脆而多汁的苹果通常也硬。苹果发硬是因为这些构成苹果肉质的细胞紧密坚固地与果胶网络结合在一起。通常苹果中的细胞也充满水。这种水对细胞壁产生的压力赋予了细胞刚性和形状，就像水气球一样。生物学家将这种压力称为膨胀压力。当人们咬硬脆苹果时，果胶网络会绷紧，所以需要用力紧咬，直到牙齿冲破细胞壁，将细胞所含水分释放到嘴里，从而使人产生多汁的感觉。细胞内容物的快速释放也引起空气的振动，产生清脆的声音。

由于绵软苹果中的果胶网络已经分解，所以细胞间连接很微弱，当咬入绵软苹果时，细胞之间的果胶网络会任由口咬，细胞彼此分开，不会破裂。粉质感来自于一些干燥、颗粒状细胞，这些细胞仍然持有内容物。粉质感苹果所含的水分可能与多汁苹果的水分一样多，但是细胞保持完整，使人感觉不到汁液的存在。

所有的苹果会随着贮存期延长而变软并形成粉质感，因为天然存在于水果中的酶在成熟期间会分解果胶。如果苹果不冷藏，或者如果在低湿度下冷藏，则会以更快的速度软化和粉质化。这就是为什么要在高湿度条件下冷藏苹果的原因。红元帅之类苹果品种很容易软化和变得粉质感。

- 香气：如果苹果没有苹果香气，那么你最终得到的只是糖派或香料派。具有独特、强烈苹果香气的品种包括麦金托什、帝国和乔纳森；香气不多的苹果包括罗马佳人、红元帅和格兰史密斯。一些苹果（包括黄元帅）有类似梨的香气。

- 质地：制作派最好用硬脆的苹果，而不要用绵软、粉质的苹果。坚脆苹果品种包括科特兰（Cortland）、格兰史密斯（Granny Smith），君袖（Northern Spy）和约克帝国（York Imperial）。

新鲜水果褐变

许多新鲜水果和蔬菜在切开几分钟内就会开始褐变。冷冻和解冻时，这些水果和蔬菜同样也会褐变。这种快速褐变会在室温下发生。有趣的是，加热实际上可以防止褐变。为什么会这样呢？

新鲜水果和蔬菜在室温下褐变是由所谓的酚酶或多酚氧化酶（PPO）引起的。酚酶引起水果和蔬菜中的多酚化合物聚合，形成大分子，吸收各种有色光。正是这些分子使水果蔬菜变成棕色。

所有酶，包括酚酶，都是可通过加热失活的蛋白质。使各种酚酶失活所需的热量略有差异，但果蔬尺寸足够小，能使热能快速穿透，通常只要热烫（80℃以上）60 s或更短时间就足够了。

热烫通常用于蔬菜，而不用于水果。水果太容易被加热煮熟。延缓新鲜水果酶促褐变的途径通常有：加酸使pH降低到3.5；将水果浸泡在液体中或用糖或糖衣排除氧气；或者选择褐变缓慢的水果品种。

酚酶作用引起褐变的水果包括苹果、香蕉、樱桃、桃和梨的某些品种。有时需要酚酶活性。咖啡、茶和可可的褐色和不同风味是由于酚酶导致的褐变产生的。

麦金托什苹果属于绵软苹果。然而，所有苹果均会随着时间推移变得柔软，在温暖、干燥的地方贮存太久更会如此。对于烘焙来说，脆性鲜苹果不一定需要太硬。例如，适当存储的红元帅苹果的脆性质地适合鲜食，但不一定适合烘烤。

- 酸度：一般来说，烘焙宜采用有酸味的苹果，而不宜用酸度小的苹果。可以加入柠檬汁来增加酸度，但是加入柠檬汁会增加柠檬味，得到的可能不是所要的风味。格兰史密斯是高酸度苹果品种。低酸度苹果品种包括黄元帅和红元帅苹果。

- 甜度：通过调整加糖量，可以方便地调整苹果派的甜度。糖含量很低的苹果品种包括格兰史密斯和约克帝国。黄元帅和红元帅是甜味苹果。

总的来说，苹果派最好采用香气浓郁、质地坚硬，并且酸甜比高的苹果。为了实现这一点，一些面包师和糕点师将不同苹果品种结合起来。例如，在苹果派中同时使用格兰史密斯和麦金托什两种苹果，以提供麦金托什的香气，及格兰史密斯的质地和酸味。

全烘焙苹果 用于整个烘烤或切片炒制的苹果必须在加热时保持形状。罗马佳人苹果可能最适合这方面的要求，因为它们能保持其形状，不会在烘烤或炒制时爆裂或碎裂。麦金托什苹果在烘烤时则容易开裂和塌陷，完全不再像苹果的样子。你可能会想象，麦金托什苹果可能适合做苹果酱。

鲜食苹果 用于鲜食的苹果通常要选择甜酸比高的苹果。这类苹果最好是硬、脆的，更为重要的是不应很快褐变。通常用于鲜食的苹果品种包括科特兰和黄元帅。适合鲜食的苹果新品种包括凯米欧（Cameo）和富士。

如果苹果不新鲜或贮存不当，则比新收获的苹果更容易褐变。为进一步保持白度，可先将苹果浸在加有少量柠檬汁的水中。柠檬汁可抑制引起褐变的酶活性。有时，也可用抗坏血酸（维生素C）抑制酶的活性。

为什么烘焙食品的蓝莓周围会形成一圈绿色环？

有时烘焙食品中的蓝莓周围会形成一圈令人不悦的绿色环。极端情况下，烘焙食品内部全部会变成绿色。蓝莓中的花青素在pH 6以上时会变色。发生这种情况是因为花青素是一种对pH非常敏感的色素，低pH时呈红色，中性pH下呈蓝色或紫色，在更高pH下会变为绿色。事实上，花青素有时被称为"天然pH计"，因为物质的pH可以通过该色素的颜色变化来预测。

任何花青素含量高的水果或其他配料都会发生变色。除了蓝莓以外，蔓越莓、樱桃和核桃均是具有这种反应的最常配料。

烘焙食品经常出现高pH的原因如下：

• 小苏打或其他碱过多

• 塔塔粉或其他酸过少

• 酸性水果或果汁量减少，或用酸度低的水果代替；例如，蔓越莓坚果面包中一半的蔓越莓用苹果替代

• 将快作用烘焙粉换成慢作用烘焙粉

• 过多水果汁渗入面糊或面团

蓝莓

蓝莓有两种主要类型：野生蓝莓和栽培蓝莓。野生蓝莓（也被称为低灌木蓝莓）生长在美国缅因州和加拿大大西洋沿岸省份石质土壤贴地藤上。栽培蓝莓（也称为高灌木蓝莓）生长在灌木上。美国和加拿大几个地区生产栽培蓝莓。蓝莓根据不同的种类，有时候会被其他名字修饰，包括比尔蓝莓（Bilberries），兔眼蓝莓（Rabbiteyes）和美洲蓝莓（Huckleberries）。

栽培蓝莓比较大，咬入时往往具有多汁风味口感。蓝莓通常以鲜果形式出现在派和果馅饼中。野生蓝莓比栽培蓝莓贵，产量也比较小，但它们通常用于松饼和其他烘焙食品。它们颗粒较小，意味着每千克包含更多数量的野生蓝莓。在面糊中加入野生蓝莓，可使产品产生较多颜色和风味点，因此可以使用较少水果。较小颗粒也意味着整个面糊中水果的均匀性会较好。也就是说，不太会出现一些松饼没有蓝莓，而另一些松饼充满蓝莓的现象。

较小的蓝莓通常比大颗粒蓝莓结实，所以使用野生蓝莓的第三个优点是可以更好地耐受不当的混合和加热操作。最后，消费者的接受性也很重要。野生蓝莓产量小，价格更高，效果更好，风味更强烈。因为在消费者眼里野生蓝莓货真价实，因此可以将野生蓝莓的成本转移到成品价格中。

水果的成熟

所有水果成熟涉及随生长期而发生的一系列变化。每种类型的水果都会经历特定的水果特征变化。然而，一般来说，水果会随成熟过程变软、变得多汁，形成较丰富的颜色和风味，甜酸比增大。

有些水果在采摘后成熟。表16.1所示为部分收获后成熟的水果的清单。虽然这个清单似乎很清楚，但实际上并不是所有的水果都成熟得同样好。例如，香蕉收获后成熟得比任何其他水果都好。

更多关于成熟过程

当果实成熟时，果实中的酶会将大分子分解成较小分子。例如，淀粉会分解成糖，使水果变甜。酸分解，所以水果变得不那么酸。蛋白质和脂肪会分解成令人愉快的果香香气分子。将果实结合在一起的果胶分解后会使果实变得柔软多汁。

表16.1 收获后成熟的水果

苹果
杏子
香蕉
刺梨
香瓜
杨桃（星果）
番荔枝
番石榴
哈密瓜
奇异果
芒果
油桃
番木瓜
西番莲
桃
梨
柿子
李子

表16.2 收获后不能成熟的水果

浆果类水果
樱桃
柑橘类水果
无花果
葡萄
菠萝
西瓜

成熟会改善水果所有属性，包括颜色、风味、甜度和质地。另一方面，哈密瓜和番木瓜会随成熟而变软和发生颜色变化，但收获后，其甜味和风味就不再发生变化。

任何水果，最终能否成熟取决于两个因素。首先，水果必须完全长成。也就是说，在收获之前尽管质地还硬，颜色还绿，但果实大小必须长足。第二，果实在采摘后必须妥善贮存。

例如，许多水果如果在成熟前暴露于寒冷的温度，就不会成熟。例如，如果成熟之前的桃子在8 ℃以下温度贮存，即使仅几个小时，桃子也不再会成熟。其他未成熟、冷藏后不能正常成熟的水果包括香蕉、芒果和番木瓜。一些水果收获后即使贮存正确，也根本就不会成熟。表16.2所示为部分收获后不能成功成熟的水果清单。请注意，各种浆果，包括黑莓、蓝莓、覆盆子和草莓，一旦收获都不能正常成熟。柑橘类水果也是如此，包括柠檬、酸橙、橙子和橘

子。购买这些水果时，只能买已经完全成熟的水果。

有用的提示

许多水果成熟时，颜色形成得比风味快。例如，蓝莓呈现深蓝色数天之后才变甜。由于蓝莓是在收获后不再成熟的水果，因此，蓝莓之类水果应先品尝，然后决定是否接受运送或使用。

植物真的呼吸吗？

收获后的新鲜生果仍然具有生命并且一直在呼吸。与人类呼吸一样，植物呼吸从空气中吸收氧气，用于维持生命过程，并释放出二氧化碳。在此过程中，淀粉、糖和其他分子会被分解利用。与人类一样，如果植物中的细胞停止呼吸，则植物就会死亡。

植物与人类不同，它们在呼吸的同时也进行光合作用。光合作用与呼吸作用相反。也就是说，在光合作用期间，植物不会吸收氧气并释放二氧化碳，而是摄入二氧化碳并释放出氧气。在这个过程中，植物利用二氧化碳、土壤中的水和来自阳光的能量合成糖。哺乳动物摄入的糖是植物通过光合作用制造的。

一个烂苹果是否会危害整批苹果？

你有没有听说一个坏苹果会危害整批苹果的说法？这是真的。表16.1中包括苹果在内的破损和腐烂的水果会散发出大量乙烯气体，这种气体会加速所有水果的呼吸作用。如果水果已经成熟，则接触乙烯气体就会腐烂。

贮存和处理

新鲜水果

新鲜水果可能价格较贵，所以选择、贮存和处理非常重要。例如，当水果送达时，请务必检查其质量，并始终要在接受货物之前品尝样品。请记住，水果是天然农产品，质量可能因货物而异。

由于卫生原因，需要生食的新鲜水果应特别小心处理。新鲜水果使用前应彻底清洗，以清除污垢和微生物。特别是靠近地面生长的草莓容易吸附霉菌孢子，而覆盆子则会隐藏昆虫。水果应在使用前洗净，而不要在贮存前洗涤。残

留在水果上的水会促进霉菌生长，并且洗过的水果会将水分吸收到细胞中。这种情况发生时，水果会以令人不悦的方式膨胀和软化。

甜瓜（特别是哈密瓜）必须洗净后再切开。甜瓜生长在地上，而哈密瓜的粗糙表皮容易滋长微生物。用刀切瓜时，甜瓜表面的微生物会通过刀片转移到水果内部。

以下给出贮存新鲜水果的一些重要提示。虽然空间有限且忙碌的烘焙房可能无法遵循所有这些提示，但应尽可能遵循。

- 将新鲜水果存放在高湿度下，从而避免其收缩干燥。通常这意味着保持其原来的包装。
- 除非是专用塑料袋或塑料膜，否则不要将新鲜水果长时间贮存在封闭塑料袋或塑料包装中。塑料会阻隔氧气，妨碍包括水果在内的植物呼吸。然而，如果进货水果是用塑料包装的，则它可继续贮存在原来的包装中。用于运输配送新鲜水果和蔬菜的塑料包装，与在烘焙店使用的塑料袋和塑料包装不同。
- 在低温下贮存成熟水果，减缓它们的呼吸强度，从而可维持较长的贮存时间。对于大多数水果，这意味着使其尽可能在接近0 ℃温度下贮存。然而，应避免冷藏未成熟的水果。前面提到，许多水果（如桃、芒果和番木瓜）如果遇到寒冷温度就不再会成熟。

虽然较低贮存温度可减缓呼

吸作用，但并非所有水果（即使是成熟的水果）都可冷藏。低温会对某些水果造成寒害，有可能损害其颜色、风味和质感。然而，这种寒害通常在水果恢复到较高温度以前不明显。热带或亚热带地区的水果，如香蕉、大多数柑橘、芒果、甜瓜、番木瓜和菠萝，最有可能发生寒害。应将这些水果贮存在略高于制冷的温度下，通常温度范围为10~16 ℃。

当然，并非总能在烘焙房找到高于冷藏冰箱温度而又低于室温的地方贮存这类水果。如果是冬天，并且烘焙房存在较冷的地方，就可将热带水果贮存在那里。如果是夏天，而且天气非常热，可冷藏水果，但应尽快将其用掉。

- 表16.2中的水果不应与表16.1中的成熟水果贮存在一起，后者会自然产生乙烯气体。乙烯气体会充当激素，引发水果加快呼吸并成熟。由于表16.2中水果不能再成熟，如果这些水果暴露于乙烯气体，它们就会腐烂。这就是为什么柠檬之类水果不应该存放在熟苹果附近的原因。
- 贮存水果之前，应取出并丢弃任何腐烂的水果，防止其产生乙烯。
- 催熟水果时，可将水果贮存在温暖的地方，并使其暴露于乙烯气体和氧气中。封闭纸袋和纸板纸箱，允许氧气进出，但隔断乙烯。这意味着纸袋和纸板箱适合水果保持成熟。例如，可将纸袋或纸板箱放在温暖的地方，并放入能产生乙烯的成熟苹果或香蕉。

干果

干果较耐受微生物破坏，但最好将干果贮存在7 ℃以下。这可以防止干果风味变化和损失，并且还可防止昆虫和啮齿动物侵袭。由于烘焙房的冷藏冰箱通常贮存的是高价水果，所以如果干果只需保存一个月或以下，可以将它们贮存在烘焙房阴凉处。应确保干果覆盖良好，以防止水分流失和受到侵害。

干果中的葡萄糖通常会在较长冷藏期间结晶。这种现象有时被称为返砂，发生这种现象时，干果会变得干硬、粗糙。不应丢弃这类水果；通过适当调理，可恢复已经返砂干果的风味和质地。

葡萄干和其他干果的调理　调理是使用前将葡萄干和其他干果浸泡在水或其他液体中的过程。调理使水果变丰满，使其在最终产品中不会干、硬，并且无风味。调理也可防止干果从面糊和面团吸收水分。如果干果从面糊和面团中吸收过多水分，产品会变干。

葡萄干行业建议葡萄干不要浸泡在热水或沸水中，因为这很容易使它们调理过度。过度调理的干果会因浸泡溶液而失去宝贵的风味和甜度。这种干果在混合过程中容易撕裂并沾污面糊和面团。

建议使用两种方法调理葡萄干和其他干果。两种方法都要求提前几个小时做好计划。第一种调理方法如下：用温水（27 ℃）喷洒或浸没干果，立即沥干，覆盖水果直至吸干表面水分。这大约需要4 h。第二种方法如下：1 kg干果加入80~120 g 27 ℃的水，覆盖并浸泡约4 h，或直到所有的水被吸收。偶尔搅动或翻动以获得均匀调理效果。可以使用其他液体（例如朗姆酒或果汁）代替水进行调理。

切碎的干果（如椰枣丁）和加糖的蔓越莓干最好不要调理。切开的表面容易吸收水分，因此几乎不会在面糊或面团中保持坚硬。它们反而容易调理过度，从而导致水果的颜色和固形物进入面糊中，而且水果也容易碎裂。

有用的提示

即使适当调理，葡萄干和其他干果在混合过程中也会发生碎裂。为尽量避免碎裂，应在混合的最后一两分钟加入干果，并采用低速搅拌混合。

复习题

1　新鲜水果与冷冻或罐装水果相比，优点是什么？有什么缺点？

2　直装水果是什么意思？单体速冻（IQF）水果是什么意思？什么是4＋1包装？

3　单体速冻水果与直装水果、加糖填装或糖浆填装水果相比，主要优点是什么？

4　煮制液的含糖量如何影响水煮水果的色泽、风味和质地？

5　罐装水果的重填装和浓糖浆填装的区别是什么？

6　为什么罐装苹果馅料之类罐装水果制品可能含有氯化钙？

7　列举一些最有可能含二氧化硫（或其他形式硫）的干果。为什么要添加硫？

8　金黄色葡萄干与常规葡萄干有何相似之处？有何不同之处？

9　为什么加糖蓝莓干适用于曲奇饼面团，而单体速冻或罐头水果适用于松饼？

10　什么是气调贮存？它如何影响苹果的质量？

11　一船未成熟的新鲜芒果到货，暂时不需要使用。以下处置方法：将水果催熟，然后冷藏到使用；或首先冷藏，然后催熟，哪种更好？为什么？

12　列举4种最好贮存在4 ℃以上的水果；列举4种最好贮存在4 ℃以下的水果。

13　乙烯气体出现在何处，它如何影响水果？

14　为什么成熟的香蕉不宜存放在葡萄旁边？

15　一桶成熟香蕉中含有一个破损的香蕉，为什么应当将此破损的香蕉从桶中取走？

16　几天后将有一箱未成熟的梨到货。如何贮存梨，以便使之快速成熟？

17　为什么建议干果长期冷藏？

18　冷藏了一个月的葡萄干呈现干燥、坚硬、起砂状态。这是为什么？这种葡萄干应该丢弃吗？

19　葡萄干调理是什么意思？描述两种调理葡萄干的方法？

20　如果葡萄干调理不足，可能会发生什么情形？

21　如果葡萄干调理过度，可能会发生什么情形？

讨论题

1　列出并解释新鲜水果质量可能会有所不同的五种原因。

2　您准备用冷冻草莓制备草莓冰淇淋。使用单体速冻草莓比使用4＋1冷冻草莓可能有什么优点？使用4＋1冻结草莓比使用单体速冻草莓可能有哪些优点？

3　以野生蓝莓与栽培蓝莓的比较为参考，解释说明桑特穗醋栗葡萄干与其他葡萄干相比有哪些优点。

4 为什么用少量水加糖煮制水果直到水果分解能较快制备甜果酱？

练习和实验

❶ 练习：草莓和糖

一个配方需要3.6 kg草莓和1.8 kg糖。需要多少4 + 1糖填装草莓？糖应该使用多少？列出计算过程

_____

_____

_____

❷ 实验：比较不同的苹果在鲜食时的质量

目的

证明苹果品种和苹果处理方式如何影响

- 新鲜苹果的外观、风味和质感
- 切片新鲜苹果褐变趋势
- 不同苹果品种在鲜果应用中的总体可接受性

制备的产品

用以下苹果切片

- 格兰史密斯苹果，未经处理（对照）
- 红元帅苹果，未处理
- 黄元帅苹果，未处理
- 麦金托什（或其他快速褐变苹果），未处理
- 麦金托什，在酸液中浸30 s
- 麦金托什，在酸液中浸15 min
- 如果需要，可采用其他苹果品种（布雷本、科特兰、富士、嘎啦、蜜脆、乔纳金、马孔、君袖和罗马等）
- 如果需要，可采用其他处理方法[水中加不同量柠檬汁，不同浸泡时间，两片粉碎的维生素C片（200 mg）溶于400 mL水中（1 g/L抗坏血酸溶液），NatureSeal之类商业制剂等]

材料和器具

- 苹果，每个品种和每种处理条件需要3个或更多
- 酸化水：1汤匙（15 mL）柠檬汁加入（500 mL）水中
- 羊皮纸

步骤

（1）处理对新鲜苹果片质量的影响：

- 将麦金托什苹果去皮并切成大小相同的6片或8片。丢弃任何有破损的苹果切片。
- 将切片立即投入酸化水中浸泡15 min（如果有可能，则更长时间）。
- 15 min后，从酸化水中取出切片，并在羊皮纸上排成一排。标签注上"浸泡15 min"。
- 立即将另一个麦金托什苹果切片，并浸入酸化水中。30 s后取出，在羊皮纸上放置第二排；标签注上"浸蘸"。
- 立即对第三个麦金托什苹果切片，并将切片置于羊皮纸上的第三排。标签注上"未处理"。
- 在室温下放置30 min以上。

（2）对于不同的苹果品种：

- 将每个品种的两个或更多个苹果去皮，并切成相同大小的6片或8片。丢弃任何有破损的苹果切片。
- 将每个品种一个苹果的切片放在羊皮纸上。标注每一行苹果品种的名称，并记录放置样品的时间。

结果

（1）30 min以后，评估麦金托什苹果切片，并将结果记录在下面结果表1中。请务必依次与未处理的麦金托什苹果进行比较，并评估以下内容：

- 褐变量，从非常少褐变到大面积褐变，按1~5级评分。
- 风味（苹果香气、甜味、酸味、涩味等）
- 质地（硬/软、脆/粉、多汁/干）
- 总体可接受性，从高度不可接受到高度可接受，按1~5级评分
- 必要时提供任何其他意见

（2）时间允许的情况下，在额外的一段时间后再次进行外观评估，并在结果表1的"备注"列中记录结果。

结果表1　经防褐变处理的麦金托什苹果的感官特性

苹果处理方式	褐变量	风味	质地	总体可接受性	备注
未处理					
在酸化水中浸蘸					
浸泡在酸化水中					

（3）评估每个苹果品种的整果和新鲜切片。将结果记录在结果表2中 。确保将每个苹果依次与对照产品（未经处理的格兰史密斯品种）进行比较，并考虑以下几点：

- 整个苹果的外观（果皮颜色、整个苹果形状）；也注意苹果开花端（茎对面）的外观。
- 新鲜切片果肉的外观（颜色、多汁/干）
- 风味（苹果香气、甜味、酸味等）
- 质地（硬/软、脆、粉、多汁/干）
- 鲜食水果的总体可接受性，从高度不可接受到高度可接受，按1~5级评分
- 根据需要添加任何其他评论

（4）30 min或更长时间后，评价苹果切片的外观。一定要将每个苹果与对照产品进行比较，并将重点放在每个苹果的褐变程度上，从非常少褐变到大面积褐变，按1~5级评分。

结果表2　不同品种新鲜苹果切片的感官特征

苹果品种	整苹果外观（形状和颜色）	切片苹果外观	风味	质地	30 min褐变程度	总体可接受性	备注
格兰史密斯（对照）							
红元帅							
黄元帅							
麦金托什							

误差来源

列出可能导致难以根据实验结果得出正确结论的任何误差来源。特别地，考虑从同一品种的一个苹果到另一个苹果可能发生的变化；还要注意每个苹果品种的季节性，以及可能是新鲜收获的，还是气调贮存的。

_____

_____

_____

说明下一次可以如何调整，以尽量减少或消除每个误差来源。

_____

_____

_____

结论

从**黑体字**中选择一个选项或填空。

（1）当 _____ 酶活跃时，苹果会发生褐变。用酸处理苹果可延迟褐变，因为酸会使pH**降低/升高**至酶活性较低的位置。在这个实验中使用的未经处理的麦金托什苹果**容易/很少/根本就不会**褐变，因此可能有**很多/很少/没有**酶活性。酸化水处理的苹果与未处理的苹果相比，发生**较多/较少/程度相同的**褐变。延长酸化水浸泡时间的苹果与只在酸化水中浸蘸一下的苹果相比，**褐变较少/褐变较多/褐变程度相同**。

（2）两种处理（在酸性水中浸蘸或浸泡）是否会影响麦金托什苹果的风味或质地？如果是，请描述：

_____

_____

（3）根据本实验的结果，当苹果容易褐变时，最好**先浸蘸，然后置于一边/一直浸泡到使用**，因为：

_____

_____

_____

可能受益于酸化水的其他水果包括：

_____

_____

_____

（4）不同品种的苹果皮颜色差异**很小/中等/大**。差异包括以下内容：

_____

_____

_____

（5）整苹果间的形状差异**很小/中等/大**。例如，细高且有棱角、具有明显星形花端的苹果品种是**格兰史密斯/红元帅/黄元帅/麦金托什**。其他形状差异包括：

_____

_____

_____

（6）不同苹果品种间的质地差异**小/中等/大**。最硬、脆的苹果品种是**格兰史密斯/红元帅/黄元帅/麦金托什**。最软、最干、最粉质的苹果是_____

_____

_____

（7）不同苹果品种之间的香气差异**小/中等/大**。依你看，哪个苹果品种香气最好？

_____。在班上做调查，以确定每个苹果品种被认为香气最好的学生人数。班级成员对苹果香气评价的一致性如何？

_____

_____

（8）不同苹果品种间的甜度差异**小/中等/大**。从最甜到最不甜，苹果品种可以排序如下：

_____

_____

_____

（9）不同苹果品种间的酸味差异**小/中等/大**。从最酸到最不酸，苹果品种可以排序如下：

_____

_____

_____

（10）通常（但并非总是如此），最甜的苹果最不酸，反之亦然。本实验的结果与此说法**一致/不同**。你如何解释这些结果？

_____

_____

_____

在你看来，哪个苹果的酸甜平衡最好？也就是说，品尝起来既不太甜也不太酸，

_____

(11) 有若干因素会影响水果的褐变性。例如，非常酸的苹果可能比其他苹果**更不容易/更容易**褐变，即使它们都含有相同量的酶。哪个苹果品种褐变得最快？

_____ 哪种苹果褐变得最慢？_____ 苹果的酸味是否影响褐变量的一个因素？**是/否**苹果中还有什么其他差异可以解释褐变速度的差异？

_____

_____

(12) 有关苹果和本实验的其他评论：

_____

_____

(13) 对本实验中所用各种苹果的季节性进行调查（ www.bestapples.com；www.michiganapples.com；www.nyapplecountry.com ）。季节（春、夏、秋、冬）对本实验的结果有何影响？

_____

_____

❸ 实验：使用不同苹果的苹果酥脆饼比较

目的

证明苹果品种对以下内容的影响

- 苹果酥脆饼的外观
- 苹果酥脆饼中苹果的硬度和多汁性
- 苹果酥脆饼的整体风味
- 苹果酥脆饼的整体可接受性

制备的产品

按以下条件制备苹果酥脆饼

- 格兰史密斯苹果（对照）

- 红元帅苹果

- 黄元帅苹果

- 麦金托什苹果

- 如果需要，其他苹果品种（布雷本、科特兰、富士、嘎啦、蜜脆、乔纳金、马孔、君袖、罗马等）

材料和设备

- 台秤

- 混合器（带5 L混合盆）

- 平桨搅打器附件

- 羊皮纸（可选）

- 半烤盘

- 面料（参见配方），足够每种苹果制作一只半烤盘的量

- 苹果酥脆（参见配方），足够每种苹果制作一只半烤盘的量

- 烤箱温度计

配方

顶层装饰材料

产量：可装饰5个苹果酥脆饼

配料	质量 /g	烘焙百分比 /%
油酥糕点面粉	600	100
浅色红糖	450	75
盐（1 茶匙 /5 mL）	6	1
无盐黄油	375	62
合计	1431	238

制备方法

（1）利用平桨搅打器将面粉、红糖和盐在混合盆中混合。如果需要，混合过程用羊皮纸盖住盆口，以防面料抛出盆外。

（2）将黄油切成块，加入面粉混合物。低速搅拌2 min，或搅拌均匀并起粉粒。

（3）静置备用。

配方

苹果酥脆饼

产量：一只半烤盘

配料	质量 /g	烘焙百分比 /%
苹果，去皮去核	680	100
常规砂糖	40	6
顶层装饰材料（见上）	280	42
合计	960~1000	144~148

制备方法

（1）烤箱预热至200 ℃。

（2）苹果称重，切成相同大小的苹果块（大苹果约切成16块）。

（3）加入砂糖（如果使用），与苹果块轻轻混合。

（4）将苹果块在半烤盘中铺成单层。

（5）均匀地盖浇上面料。

步骤

（1）使用上述配方（或任何苹果酥脆饼基础配方）制备苹果酥脆饼。为每个苹果品
种制备一批苹果酥脆饼。

（2）利用放置在烤箱中央的烤箱温度计，读取烤箱初始温度。将结果记录于此：_____。

（3）当烤箱正确预热时，将装填好料的烤盘放入烤箱中，并将定时器设定在14~18 min。

（4）烘烤直到对照产品（由格兰史密斯苹果制成的）中的苹果略软化，顶部呈浅褐
色。从烤箱中取出所有（与对照产品烘焙时间相同的）苹果酥脆饼。但是，如
有必要，可根据烤箱的差异调整烘烤时间。在下面的结果表1中记录烘烤时间。

（5）检查最终烤箱温度。结果记录于此：_____。

（6）冷却至室温。

结果

当苹果酥脆饼冷却时，评估其感官特征并将评估结果记录在结果表1中。请确
保将各产品与对照产品进行比较，并考虑以下因素：

• 总体外观（浅/深、湿/干、硬/酥）

• 苹果质地（硬/软、脆、粉质、多汁）

• 风味（甜味、酸味、苹果香气、红糖味、黄油味等）

• 总体可接受性，从高度不可接受到高度可接受，按1~5级评分

• 根据需要添加任何其他评论

结果表1　不同品种苹果制成的苹果酥脆饼的感官特征

苹果品种	烘焙时间 /min	总体外观	苹果质地	风味	总体可接受性	备注
格兰史密斯（对照）						
红元帅						
黄元帅						
麦金托什						

误差来源

列出可能难以根据实验结果得出正确结论的任何误差来源。特别要考虑苹果是否均匀切片；苹果和装饰料在盘中的均匀分布；以及烤箱的任何问题。

_____

_____

说明下一次可以如何调整，以尽量减少或消除每个误差来源。

_____

_____

结论

从**黑体字**中选择一个选项或填空。

（1）对苹果酥脆饼中使用的不同苹果品种按最不硬到最硬顺序排序。

_____

_____

硬度差异**小/中等/大**。

（2）对苹果酥脆饼中使用的不同苹果品种按最不甜到最甜的顺序排序。

_____

_____

甜度差异**小/中等/大**。

（3）根据本实验，用**格兰史密斯/红元帅/黄元帅/麦金托什/其他苹果品种**制成的苹果酥脆饼风味最佳。解释为什么这种苹果酥脆饼风味最佳。

_____

_____

_____

（4）根据本实验，用**格兰史密斯/红元帅/黄元帅/麦金托什/其他苹果品种**制备的苹果酥脆饼的总体可接受性最好。解释为什么这种苹果酥脆饼的总体可接受性最好。

_____

_____

你认为这个苹果品种还可用于其他什么烘焙产品获得好的效果？

_____

_____

（5）根据本实验，用**格兰史密斯/红元帅/黄元帅/麦金托什/其他苹果品种**制备的苹果酥脆饼的总体可接受性最差。解释为什么这种苹果酥脆饼的总体可接受性最差。

_____

_____

如何调整配方（加更多或更少糖，添加柠檬汁和/或香料，缩短烘烤时间等），可提高使用这种苹果的苹果脆酥饼的总体可接受性？

_____

_____

（6）为什么本实验结果可能因年份不同而异，甚至会因季节不同而异？

_____

_____

（7）其他关于苹果脆酥饼中所用苹果以及有关实验的补充评论：

_____

_____

_____

17

天然与人造风味剂

本章主题

① 风味含义简介。

② 定义用于烘焙房的各种类型天然和人造风味剂。

③ 描述烘焙房中使用的不同天然和人造风味剂的特性和用途。

④ 描述如何最好地贮存和处理风味剂。

⑤ 提供改善食品风味的方法。

概述

当被问及为什么会喜欢某种食品时，大多数人会提及风味或滋味。这并不是说外观和质地不重要。只是因为风味在所有特点中往往是最重要的。烹调食品时，风味在厨师心目中也应该是最重要的。厨师每天都要品尝每一批产品，这是提升味觉的一种方式。更重要的是，这也是避免将错误的风味提供给客户的好方法。

形成味觉是一项技能，它与巧克力裱花或将明胶调入搅打奶油中的技巧一样重要。与任何技能一样，它只有通过实践和经验才能形成。这个思路最先已在第4章介绍过。由于风味对食品的重要性，因此值得在此更详细的探讨。

为了更好地形成味觉，可练习描述各种配料和产品的风味。找一个安静的地方，对配料产品进行嗅闻和品尝，并将感觉记录下来。将一种配料直接与另一种进行比较，将一种产品直接与另一种进行比较。例如，比较糖蜜与深色玉米糖浆的滋味；对烘烤前后的榛子进行比较；对使用香草提取物和使用香草豆制成的香草蛋奶酱进行比较。通常这类密切的比较，可以比单独进行品尝学到更多的东西。如有可能，可请别人对您的感觉进行评论。尝试尽量完整地描述产品风味。第4章曾提到，嗅觉和记忆是联系在一起的。可利用这联系来帮助识别和记忆气味。也就是说，如果一时无法识别和描述一种气味，可回想一下在什么地方遇到过这种的气味。

例如，也许你不太确定一种香料的名字，但它的气味让你想起了你的祖母。想一想为什么会产生那样的联想。也许祖母在你小的时候把这种特殊香料用在为你烘烤的曲奇饼里。或者使用了含有这种香料的调味料。一旦将此记忆与香料名称联系起来，就比较容易识别和说出香料的名称。

为了对味觉有所认知，最好先了解风味特征和食品风味剂。

关于风味的简单回顾

第4章曾提到，风味由三个主要部分组成：基本滋味、三叉神经效应和气味。基本滋味包括口腔感觉到的甜、咸、酸、苦和鲜味。三叉效应或化学感觉因素包括姜的辛辣感、肉桂的烧灼感、薄荷的清凉感和酒精的刺激感。气味也称为香气，通常被认为是三大风味中最重要的。这当然也是最复杂的，例如，黄油的香气实际上由数百种不同的化合物产生的。

风味剖析

风味剖析是对从最先闻到至最后吞咽之间对产品风味的描述。例如，特定牛奶巧克力的风味可能自香草和烘烤可可香气开始，随后是甜味和乳香味，最后以苦涩的余味结束。风味剖析也用于描定文化食品特征的不同风味组合。例如，美式苹果派的风味构成通常包括肉桂和猪油，或者混合起酥油而不是黄油。相比之下，许多欧洲苹果派和甜点，如苹果奶油布丁，则以黄油风味为主，经常还有柠檬、杏子或香草等风味。

无论在哪种文化背景下，一种风味只有当风味结构完整时，才最令人满意。完整的风味包括头香、体香、基香及尾香或余香。头香是产生即时影响的气味，当糕点烘烤时，这类气味首先弥漫烘焙房。因为它们提供了产品风味的第一印象，当产品被认为风味不足时，往往是指头香不足。挥发性风味物质是食品中头香的主要来源。挥发性风味物质容易挥发，通常是因为它们由小而轻的分子组成。新切开的柠檬，以及成熟草莓和桃的气味被归类为头香。因为这些气味是高挥发性的，所以几乎立即就可感知，但是一旦果实切开并受到加热时，它们也很容易消失。

体香在风味构成中紧随头香。它们来自较慢挥发的风味分子，通常是因为这些分子比头香分子大且重。体香提供令人满意的滞留性风味。许多焦糖化反应产物、煮制水果、鸡蛋、奶油和椰子风味属于体香。由于烘焙过程发生美拉德反应的缘故，烘烤的坚果、可可和巧克力以及咖啡也富含体香成分。培养、发酵和老化的食品（如酪乳、老干酪、酱油）也为某些产品提供所需的体香。

基香主要由最大、最重的非挥发性分子组成。非挥发性风味剂挥发缓慢或根本不挥发。基本滋味和三叉效应属于风味的基香部分。如果产品风味似乎很薄弱，似乎少了些什么东西，很可能是缺乏体香和基香。

余味是吞食食品后留在口中的最终风味。这是食品给人留下积极印象的最后机会。同样，通常来自丁香、姜和其他风味剂的基本滋味，特别是苦味和三叉神经效应，对余味有重要贡献。

有用的提示

因为大多数风味分子溶解在脂肪中，并且在进食时会缓慢地释放到感觉受体中，因此低脂肪食品的风味往往缺乏滞留能力。添加更多富含体香和基香的配料将有助于改善这些产品的风味。

风味剂类型

大多数（如果不是全部）添加到食品中的配料均会提供风味。而这里的调味剂，主要指因其风味（特别是香气）而添加到食品中的配料。这样，可以将蜂蜜、杏仁和可可排除在风味剂之外，因为它们对食品的外观、质地和营养同样重要。糖和盐也不属于风味剂，因为它们仅提供基本滋味而不是香气（并以许多其他方式改变食品）。

虽然食品风味剂有助于总体风味，但它们主要是提供头香而且常常具有三叉效应。面包师和糕点师使用的风味剂可分为香草和香料以及加工风味剂。

香草和香料

大多数（但不是全部）香料来自热带地区。美国香料贸易协会将香料定义为主要用于调味的任何干燥植物产品。香料可来自树皮（肉桂）、干果（西番

图17.1 香料来源
从左上方起顺时针：根（姜）、树皮（肉桂）、绿叶（薄荷）、花芽（丁香）、干果（西番莲）和种子（豆蔻）

莲和八角茴香）、种子（小豆蔻、肉豆蔻、茴香和芝麻）、花蕾（丁香、薰衣草和玫瑰）、茎（姜）及绿叶或香草（薄荷、牛至、欧芹）（图17.1）。注意，此香料定义包括香草。虽然人们通常不将柑橘皮、咖啡豆和香草豆看成香料，但根据香料定义，它们也应属于香料范围。

什么场合使用低质量香料？

高品质肉桂富含肉桂油，但这可能不是人们所需要的。例如，在糕点上大量撒布装饰性肉桂时，如用越南肉桂之类高级肉桂可能会气味太冲。此时用最温和、便宜的肉桂可能会取得更好的效果。

香草豆的制作

香草豆是特定兰花（香荚兰）的种荚。它们主要根据原产地分类。例如，香草豆可以有墨西哥、塔希提、印度尼西亚（爪哇）或马达加斯加品种。马达加斯加香草通常被称为波旁香草，因为法国人种植香草豆首先在波旁（留尼汪岛）附近开始。

香草豆种植需要大约一年的密集人工劳作。植物需要人工授粉，授粉的花朵仅仅开放几小时后就开始形成豆荚。豆荚或豆子在藤上要保持长达九个月才能成熟。在此期间，豆荚大多为绿色，仍然无味。豆荚要由人工根据经验挑选，挑拣出那些成熟的（但仍然无味）经加工处理

会形成高品质风味香草豆荚。一旦收获，要对香草豆进行增香处理，以形成其特征香气和巧克力棕色。

香草豆增香过程因地区而异。然而，所有处理过程均始于对豆荚加热以停止成熟过程。一些生产者将香草豆浸泡在沸水中；另一些则将香草豆置于阳光下或铺在席子上用炉子烘焙。然后使豆子白天日晒受热，晚上罩起来，让其出水。如此重复几星期使豆子慢慢干燥，然后覆盖起来让其老化。如果得到适当栽培和处理，香草豆可产生高达2%的天然香草醛。香草醛是香草中主要的风味分子。

由于气候和当地养护方式不同，每种香草都有自己独特的风味。美国最流行的香草是波旁（马达加斯加）香草。它有一种深刻、丰富、使人联想起木材和朗姆酒的风味。塔希提香草风味明显不同，因为它来自不同的兰花植物。塔希提香草更甜美，具有类似樱桃的花香。进口到美国的塔希提香草很少（不到百分之一），塔希提香草大部分销往欧洲。

所有香料都含有大量挥发油。挥发油（也称为精油）是容易挥发的油，并提供强烈、令人愉快的头香。这使得它们与烹饪油不同。

香料的质量与其挥发油含量有关。例如，越南（胡志明市）肉桂被认为是质量最好的肉桂，因为它的肉桂油含量非常高。通常它的挥发性油含量是印度尼西亚肉桂的两倍。越南肉桂的价格也常常是印尼肉桂的两倍。

除了其精油提供头香以外，香料还具有三叉效应。肉桂、五香粉、丁香、姜、茴香等许多香料为食品提供了宝贵的辛香气。

香料受到欢迎是因为它们是真实的材料，但它们确实也存在某些缺点。由于香料是农产品，其质量、效力、价格及杀虫方式可能会有很大差异。香料质量的影响因素有许多，主要因素包括植物品种、原产地、收获和处理方法、年份气候条件、制造商加工过程以及香料贮存时间和贮存条件。

为尽量避免出现问题，应从有信誉的经销商处购买香料，并把它们当作原料农产品看待。如果不使用香料，也可以考虑用加工风味剂替代。

加工风味剂

加工风味剂包括提取物、利口酒、化合物、油、乳剂和粉剂。也有其他形式的加工风味剂，但烘焙房不常使用。加工风味剂可以是天然的，也可以是人造的。

自己制作香草提取物

如果喜欢某些香草豆风味，但又想要使用方便的提取物，则可以考虑自己动手制作香草提取物。用刀将香草豆纵向破开，并将其切成小块。将刮刀刮下的和切碎的小块投入密闭瓶子中，每份全豆（约3 g）加入30 mL 40%（酒精体积分数）伏特加酒。偶尔摇动。两周或更长时间后，可以获得相当于1倍的香草提取物。

如果提取物不像购买的香草提取物那么浓烈，则应意识到商业操作采用的方法能够高效提取香草豆的全部风味。为使提取物风味更加浓郁，可将30 mL伏特加中的香草豆数量翻番，即双倍提取。

加工风味剂与香料相比，有若干优点。它们在风味质量和强度方面通常更稳定。加工风味剂很少或不受昆虫感染影响，它们使用起来比香料方便。例如，量取30 g柠檬提取物或干柠檬皮比从柠檬刮出皮茸方便。

加工风味剂的一个主要缺点有时会抵消所有这些优点。也就是说，某些经过加工的风味剂（即使是天然风味剂）的风味可能不如原来香料风味那么真实、丰富或饱满。例如，柠檬提取物，即使是天然的，也很少具有与柠檬皮相同的真实风味，杏仁提取物的风味也不完全像杏仁风味。

提取物　烘焙房最常使用的加工风味剂是提取物。所有提取物都含有酒精。酒精可稀释和溶解风味配料，并通过抑制微生物生长来保藏风味配料。以提取物形式销售的常见风味物包括香草、甜菜、橙子、柠檬、姜、茴香和杏仁等风味物。提取物可以是天然的，也可以是人造的，具体取决于添加的风味剂是天然还是人造的。由于香草（香荚兰）是迄今为止北美洲烘焙食品中最受欢迎的风味，本节重点介绍香草豆和香草提取物，这也是最复杂的提取物。

大多数提取物通过使风味物溶于酒精制成。例如，柠檬提取物由添加到醇溶液中的一定量柠檬油组成。然而，对于其他提取物，酒精溶液是用于将风味物从植物产品提取出来。使用酒精是因为它在溶解和提取许多风味分子方面效果比水好。

例如，纯香草提取物通过用酒精溶液渗入香草豆进行商业化生产。利用稀酒精液缓缓渗入通常是老化前数周的香草豆。在美国，制造1 L提取物至少需要100 g香草豆；在加拿大，制造100 mL香草提取物至少需要10 g香草豆。这相当于1枚香草豆制取2汤匙或30 mL提取物。香草提取物还含有35%以上的酒精及从香草豆中提取的香草醛（香兰素）。香草醛是纯香草中天然存在的重要风味物。虽然它只是许多风味化学物中的一种，但它是衡量香草风味剂质量的一个方便指标。由于香草豆的质量差异很大，不同香草提取物的整体质量和强度也不尽相同。

香草豆可用于代替香草提取物，反之亦然。大约1枚香草豆可制成30 mL

有用的提示

如果一个配方要求纯香草提取物，而你希望使用香草豆，或者反过来配方要求用香草豆，而你准备用提取物，这些情形下，可利用以下换算式。

30 mL纯香草提取物=3~6枚香草豆
1枚香草豆=1~2茶匙（5~10 mL）提取物

香草提取物，但不能指望1枚香草豆提供与30 mL提取物同等的风味强度。用于商业生产香草提取物的提取过程非常有效，因此，一般来说，1枚香草豆几乎不可能提供30 mL提取物同样的风味。

如何体现香草豆价值？

香草豆的价格差异很大，通常有充分的原因。首先，不同地区制定了不同质量标准来栽培和处理香草豆，马达加斯加设定的标准可以获得最高价格。第二，香草豆生产属于劳动密集型产业，劳动力成本在世界各地不同。第三，香草豆长度不尽相同，最长的香草豆因其使用方便及含豆粒较多（尽管不一定有更好的风味）而价格高。第四，香草豆的美学外观各不相同。A级（美味或顶级）具有诱人的、均匀的棕色，无表面缺陷。A级豆比B级（提取级）豆昂贵，B级豆通常颜色较浅、畸形或开裂。第五，潮湿、油质的香草豆级别较高，价格高于干豆。虽然潮湿香草豆更容易破开和刮擦，更具吸引力，但它们并不一定具有更好的风味。事实上，以质量计，收缩干燥的B级香草豆与丰满潮湿的A级豆相比，可得到更多风味物。B级香草豆通常用于生产香草提取物。

香草豆提供的风味与香草提取物不同。要使用香草豆，首先要用刀将其劈开并刮擦，然后将其投入热液体（通常是牛乳）。经过一段时间，通常为10~20 min，液体会呈现香草风味，此时，可将豆子去除。因为浸泡的时间是数分钟而不是数小时，并且由于浸泡液体通常不含酒精并且不经老化，所以香草豆不能提供等量的香草提取物相同的风味。

除了风味质量外，还要考虑其他要点，才能做出是用香草豆还是用香草提取物的决定。表17.1分别列出香草豆和香草提取物的一些优点。

浓缩的香草提取物中含有较多香草提取物。香草豆与酒精按通常比例制备所谓的1×或1倍香草提取物。也有较高倍数的香草提取物。例如，2×香草

表17.1　香草豆和香草提取物的优点

风味剂	优点
香草豆	可选用特定类型香草豆以获得明显的风味
	无酒精味
	可包括天然碎片以提供视觉效果
	不太会使浅色酱体的背景颜色变色或变深
香草提取物	风味稳定
	使用方便
	保质期较长（通常有几年保质期）

提取物是每升提取物用双倍香草豆制备得到。虽然双倍提取物价格较贵，但使用价格较单倍提取物的低，并且质量相

同。如果使用双倍提取物，记住使用量较单倍的减半。市场上有4倍的优质香草提取物出售。

利口酒　用于烘焙房的利口酒可视为加糖的提取物。与提取物一样，利口酒可含有天然或人造成分。利口酒可由水果、坚果、种子、浆果、花等制成。用中性谷物烈酒（如伏特加酒）制成的清澈甜味利口酒称为精华甜酒。一些用干邑、白兰地或威士忌制备的利口酒，同时具有这类烈酒的复杂风味。

利口酒非常适用于为糕点调味，但由于对酒类征税的缘故，所以价格较贵。为了降低成本，人们往往喜欢使用不含酒精的浓缩风味剂。浓缩风味剂适用于大量酒精会使牛乳成分凝结情况下的奶油调味。浓缩风味剂也可用于冷冻甜点，这种产品遇酒精会降低冰点，高水平酒精还会阻止冻结发生。最后，浓缩风味剂还可以用于因宗教或个人原因选择不饮酒的客户产品。虽然浓缩风味剂与利口酒相比有其优势，但请记住，酒精也是一种风味。如果没有来自利口酒酒精的刺激，即使是高质量的风味浓缩物，最后的产品也可能缺乏风味。

利口酒有各种风味和不同价格。有一些利口酒（如苦杏仁酒或薄荷酒）单一风味占主导地位。一些利口酒（如法国廊酒或Drambuie利口酒）风味较复杂，不太容易定义（见表17.2）。

有用的提示

为了使产品持续保持高品质，不要重复使用香草豆。使用过的香草豆已经失去很多的风味，特别是头香。

但是，也不要丢弃使用过的香草豆，而应将其加入干糖中。香草味会渗入到糖中，这种糖可以用于烘焙食品。也可将用过的香草豆加入香草提取物中，以强化其香味。使用过的香草豆也可以干燥后用香料磨碾磨成粉，过筛，用于产生诱人的视觉效果。

表17.2　利口酒清单

利口酒	描述
意大利苦杏酒	苦杏仁 / 杏仁风味
茴香酒	茴香与其他香草和香料
百利甜酒	具有奶油、焦糖，巧克力、咖啡和香草风味的爱尔兰威士忌
法国廊酒	在橡木桶与 27 种植物和香料一起陈化的干邑酒
香博酒	用黑色覆盆子、黑莓、香草、柑橘和蜂蜜配制的干邑酒
查特酒	用 130 种草药配制的黄绿色明亮利口酒
君度酒	由干甜橙和苦橙皮配制而成
可可甜酒	巧克力风味

续表

利口酒	描述
红醋栗酒	黑醋栗风味
薄荷甜酒	薄荷风味
库拉索酒	干拉拉（苦橙）皮风味
杜林标酒	苏格兰威士忌与蜂蜜和草药和香料调制而成
覆盆子酒	覆盆子风味
弗朗格里哥酒	榛子与可可、香荚兰及各种香草和草药混合风味
加利亚诺酒	香草和香料混合物配制的黄色明亮利口酒
柑曼怡酒	苦橙香精干邑酒
卡鲁哇酒	用咖啡、香荚兰及各种和水果香精混合物配制的利口酒
基尔施酒	野樱桃风味
野格酒	香草和香料混合风味
柠檬甜酒	柠檬皮风味
蜜多利酒	甜瓜风味
乌佐酒	茴香与其他香草和香料混合物风味
森伯加酒	八角和白接骨木花风味
南方解忧酒	波旁威士忌酒与香草、水果和香料配制而成
斯特雷加酒	用薄荷、茴香和藏红花等 70 种草药混合物配制
添万利酒	牙买加咖啡和香草风味

与所有风味剂一样，不同品牌相同利口酒会有不同的滋味。例如，卡鲁哇酒和添万利酒都是咖啡味利口酒，但在风味品质和甜度上存在差异。不要将价格当作质量指示。要确定哪种酒最符合需求的唯一方法就是品味和比较。

风味复合物和基料 含风味剂和糖的化合物和基料可添加到水果泥、巧克力、坚果粉或香草豆粉中。可以将一些复合物看成是富含风味物的食品配料。它们易于使用，其组分可提供完整的风味。然而，复合物的质量依赖于其组分的质量，品牌差异很大。风味复合物有各种风味，包括草莓、覆盆子、柠檬和香草风味。由杏仁粉、糖和杏仁油制成的杏仁饼基本上是一种杏仁复合物。

风味油 曾经提到，挥发性油或精油是主要的香气来源。这些油可以从植物纯化蒸馏或压榨得到，并单独销售。市售精油的实例包括薄荷油、柠檬油、橙油、苦杏仁油、肉桂油和丁香油。

精油浓度很高，必须小心使用。它们最常用于低水分产品，如巧克力产品和甜食。虽然风味油有其优点，但它们不常使用。更适合日常使用的是提取物，因为它们浓度较低，容易量取，也容易溶于液体面糊和面团中。通过阅读标签，可以发现许多风味提取物是用酒精稀释的油。例如，薄荷提取物含有薄荷油，柠檬提取物含柠檬油，杏仁提取物含有杏仁油，它们都是酒精稀释的。

风味油的缺点是它们基本上只能提供头香。它们缺乏完整的风味构成，因此，最适合用作风味补充物。例如，柠檬油或柠檬提取物单独使用均只能为柠檬棒棒糖提供平淡的风味。将柠檬汁与柠檬油结合起来使用，可使风味变得丰满。

风味乳化液 风味剂乳液是借助于淀粉或树胶溶于水中的风味油。淀粉或树胶（通常是阿拉伯胶或黄原胶）起乳化剂作用，使油与其他配料更容易混合。这可使风味乳化液较容易添加到面糊和面团中。最常见的风味乳化液是柠檬和橙子。

干燥的和微胶囊包被的风味剂 干燥风味剂并不常用。它们通常如蛋糕或松饼混合物那样是干燥混合物。干燥风味剂可以是天然的，也可以是人造的。

微胶囊包被的风味剂是由微胶囊包被的干燥香料或风味剂，可以防止风味剂受潮、受热和与空气接触，微胶囊包被的风味剂货架期比香料的长，一般比其他风味剂耐烤炉加热。

纯香草有两种干燥形式：干香草豆和干香草粉。干香草豆是100%的纯香草豆粉，没有添加其他配料。纯香草粉是与糖（通常是葡萄糖）或麦芽糖糊精一起干燥的香草提取物。由于纯香草经过较多深加工，所以纯香草粉价格比较贵。

因为它们不含酒精，所以烘烤过程中这类产品不容易蒸发。不含酒精的产品也可用于清真产品，即符合伊斯兰教规的产品。香草提取物因为含有酒精，所以不是清真的。

香草糖 通常指带有香草味的糖。香草糖可用于甜品上撒粉，或作为香草补充物加入配方。

人造风味剂

人造风味剂有时用非天然风味原料制成。美国法律规定，人造风味剂必须标记为人造或仿制。同样，天然风味剂必须标记为天然或纯净。利口酒不受这个规则约束。在美国，利口酒由酒精、烟草和火器局（BATF）管理。BATF不要求利口酒中标注风味剂。所有的加工风味剂，包括提取物、利口酒、化合物、油、乳剂和粉末，都可以是天然的或人造的，或两者的组合。

各种人造风味剂并非都以相同方式产生。许多人造风味剂经过多年改善，有些效果不错。以下一般性讨论与某些产品情形相符，而与另一些产品不符。决定使用哪种以前，要先确定使用要求及顾客需求，然后再进行采购。

使用人造风味剂的最常见原因是降低成本。虽然对某些操作来说成本不是问题，但对许多操作来说成本确实是要考虑的问题。而且，由于风味化学的进步，低成本不再一定意味着低质量。

例如，仿杏仁提取物是天然杏仁提取物的绝佳替代品。天然杏仁油是一种非常简单的风味剂，它由单一风味化学品组成，很容易用人造风味剂模仿。

然而，纯香草较难以仿制，因为它包含数百种风味化合物，除了头香之外，还提供深而丰富的体香成分。一些人造香草风味剂仅由一两种头香成分组成，主要是香草醛。通常，这些简单的混合物最好用作纯香草的补充物使用，而不是作为替代物使用。这种风味补充作用在香草为主要风味场合（如香草冰淇淋、香草酱或搅打奶油）效果尤其明显。

有用的提示

如果出于成本考虑，则烘焙产品可使用较便宜的人造香草风味剂，因为烘焙过程会将纯香草中的大部分风味蒸发掉。可将省下的钱用于购买高级香草提取物或香草豆，用于非烘烤产品，如糕点奶油或香草冰淇淋，在这类产品中，风味质量的差异较为明显。

风味剂使用技巧

有时，改善产品风味的最佳方法并不需要利用风味提取物或化合物。以下是有关改善问题产品风味的一些其他方法和建议。

如果慕斯或奶油风味不好，可以减少增稠剂（无论是明胶、淀粉，还是面粉）用量。稠厚的产品会阻止风味分子逸出。

通常两种基本滋味组合可为食品提供有趣的风味对比。例如，酸果酱可为甜奶油提供有趣的风味对比。

为了给糕点提供丰富和浓郁的风味，可添加产生体香的配料。鸡蛋、牛乳和奶油是糕点师常用的提供浓重感的配料。但也可以考虑使用椰乳、香蕉泥、焦糖以及枫糖浆。少量朗姆酒、白兰地、葡萄酒和香草可加重水果风味，例如，煮熟的浆果（如覆盆子）可提供轻微的"果酱味"。

如果产品风味很快消失，请记住，完整的风味构成包括适当的余味。姜、肉桂和其他风味剂的辛辣刺激可为产品提供其所缺乏的余味。

虽然强烈的苦涩味会令人不悦，但只要与甜味适当平衡，少量咖啡、蔓越莓、柑橘皮或无糖巧克力提供的苦涩味可成为令人喜欢的余味。

如果水果汁的果不足，可以考虑调整糖和酸的用量。每种水果都具有特征性酸甜平衡，这种平衡对整体风味有很大影响，有时增加果味的最佳方式是加入少量糖或酸，或同时增加酸和糖。

如果姜糖蜜曲奇饼缺乏清晰的风味感，则可减少小苏打用量。结果会使饼干的颜色变浅，延展性降低，但可改善风味。

对于巧克力干酪蛋糕，可尝试将干酪与巧克力分层，而不是将它们混合在一起。干酪蛋糕具有低pH，但当其pH为中性时，巧克力味最好。当巧克力与干酪分离时，巧克力处于适当的pH。另外，还可增加巧克力苦甜味与咸酸干酪层的风味对比。

为了使成本和质量构成平衡，可考虑使用两种或多种风味剂。例如，使用廉价利口酒风味浓缩物来增加利口酒风味，同时还可使用新鲜柠檬皮、少量新鲜柠檬汁或柠檬提取物来提高瓶装柠檬汁的风味。

如果不想劈开香草豆并对其进行刮擦，又想让人见到真实的香草豆实物，则可考虑购买香草豆酱（图17.2），这是一种由香草提取物与用过的香草豆和糖组成的混合物。用过的香草豆来自香草提取物制作过程。

如果配方需要少量盐，不要忽略它。盐是一种风味增强剂，这意味着即使尝不出咸味，盐对风味仍然起着混合和改善作用。一小撮盐的量不到1/16茶匙（略低于1/3 mL）。

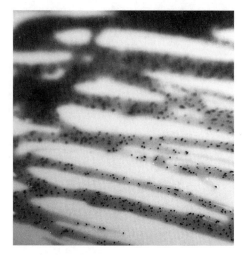

图17.2　香草豆酱是一种由香草提取物、糖和香草豆组成的混合物

什么是透明香草风味剂？

多数仿制香草风味剂含有焦糖色素，以产生纯净香草提取物外观。如果不加焦糖色素，则仿制的香草风味剂是清澈无色的。透明香草调味剂有时可用于纯白色的酱、糖霜和蛋糕。

然而，许多人造风味剂缺乏复合性，它们通常只能构成风味强度。如果人造风味剂风味不足，那是因为它们缺乏完整的风味结构。只要风味剂缺乏完整风味，即使添加双倍或三倍的风味剂也不足以弥补这种风味缺乏感。相反，得到的结果很可能是风味灼烧感。风味烧灼感是指在舌头上产生的令人不快的刺痛感，这种现象出现在使用过多天然或人造风味剂的场合。风味烧灼感是某些人造风味剂的常见问题，因为它们风味特别突出。虽然这种现象在某些情况下可能是问题，但在另一些场合会是一种优势。例如，人造香兰素的强烈滋味通常被用于平衡同样强烈的巧克力风味。事实上，大量优质巧克力产品使用香草醛代替纯香草风味剂。

人造风味剂的稳定组成，非常适合需要经受高温的烘焙产品。这就是为什么曲奇饼和饼干使用热稳定性强的人造风味剂可取得良好效果的原因。

虽然市场上有许多好的人造风味剂，但没有一种产品适用于所有烘焙产品，有些烘焙产品对风味剂质量特别敏感。

新型风味剂的评价

不能仅凭价格判断风味剂质量，也不能直接靠嗅闻判断风味。风味剂应通过其所应用的实际产品进行评估，可利用简单产品对风味剂进行快速筛选。例如，可利用加糖牛乳或搅打奶油评估香草风味。但应注意，风味的感觉是复杂的，所以不要指望单一风味剂适用于所用产品。香草能使糕点奶油产生美味效果，但在海绵蛋糕中却可能显得薄弱和沉闷。

许多配方要求以"品尝"方式添加风味剂。确实有必要这样做，因为不同品牌的相同风味剂的强度往往不同。第一次使用配方时，要确定风味剂的正确用量。例如，要用香草提取物为奶油增加风味，可先称量多于需要量的香草提取物。接下来，将香草提取物加入奶油中进行品尝。再称量剩余的提取物量，并从原来的量中减去该剩余量。两者之差便是要添加到奶油中的提取物用量。一定要在配方中记录这个量，以便以后使用时参考。

有用的提示

烹饪和烘烤的高温容易使风味剂挥发性头香损失。虽然在烹饪和烘烤过程中难以完全消除风味损失，但是有几种方法可以将这种损失降低到可控水平。首先，考虑使用专门用于烘烤的人造风味剂对天然风味剂进行补充。对于人造香草风味剂，应选择热稳定性好的乙基香兰素。同样，也可以考虑采用微胶囊风味剂。

避免使用含有酒精的风味剂，如提取物和利口酒。酒精容易蒸发，并且会带走有价值的头香。如果风味损失严重，可尝试采用含有非酒精溶剂（如甘油和水）风味剂。也可尝试使用干风味剂如纯香草粉。

直接将风味剂加入到脂肪。例如，将香草提取物加到黄油中，而不要添加到液体中。由于许多风味物质溶于脂肪，它们被脂肪捕获后就不太可能挥发。

尽可能在烹饪过程后期添加风味剂。例如，可在糕点奶油加热后再加入香草提取物。提取物加入过早会挥发，但如果加入太晚，酒精不会挥发，就有可能会降低奶油的风味。

发现灵感

风味剂经常使普通糕点变得截然不同，甚至令人难忘。如果想寻找风味剂新点子，可考虑研究中东、南美洲、东南亚和地中海等地区的文化食品。例如，您会发现，橙子、咖啡、蜂蜜和香料混合物是西西里岛巧克力的经典风味。

阅读一些有关食品趋势和流行风味的历史。您会了解到，西班牙人将美洲香草带回西班牙之前欧洲人喜欢的是罗斯福酒之类风味剂。

将厨房所用的香料用于烘焙食品。例如，少量黑胡椒可为南瓜派风味提供微妙而重要的余味。这个想法源自19世纪美国食谱。

风味创新活动不要太偏离熟悉的内容。客户想要多样化，但是他们更乐于接受其所知道的变化，他们总是欣赏精心设计的经典作品，而不会接受不恰当的创新作品。

质量好的新鲜草药采收后妥善保管，其保存期从几天到两周不等。为了防止萎蔫和发黄，应将草药捆扎成束，并置于装水的水杯中，使茎部在下方。用塑料膜松散地盖住。也可将草药叶子用湿纸巾包住，装入塑料袋，再进行冷藏。

干燥的香料和大多数其他风味剂不易腐败，风味和颜色也不会损失太多。某些粉碎的香料也会结块成团。虽然香料经多年保存仍残留一定程度的风味，但它们的品质会缓慢降低。空气中的水分、光照、热和氧气可加速这种降级过程。这意味着风味剂最好保存在阴凉避光处。整体香料比粉碎香料的保质期长，因为天然香料的细胞结构对风味剂有保护作用。

香草和其他提取物通常可长期保存，但最好贮存在阴凉干燥处。香草豆应装在有盖的容器中，以免它们变干。

香草豆表面经常会出现香草醛晶体构成的干粉状斑点和刺头。这是天然状态，不是腐败迹象。如果香草豆干燥，则难以切片和刮擦；但是，不要将其丢弃。可将它们添加到香草提取物中。

处置香料和其他风味剂时，要实行良好的库存控制制度。理想情况下，只需购买足够3~6个月的使用量，并遵循先进先出的库存管理原则。准备使用之前，不要打开新容器，因为这类容器通常用真空密封以隔绝氧气。

美国香料贸易协会还提出以下建议，用于保持粉状香料长达6个月至1年。

- 每次使用后尽快紧密关闭容器。
- 用干燥器具称量。
- 贮存于20 ℃或以下温度环境；如果条件允许，则采用冷藏。
- 远离冲洗区域和洗碗机之类潮湿位置。

复习题

1　列举以下植物部分作为风味剂用于食品的实例：叶子、种子、果实、花蕾、根和树皮。

2　什么是风味提取物？

3　如何制备香草提取物？

4　薄荷提取物如何制备？

5　香草提取物和香草豆各有哪些优点？

6　提取物的"倍数"是什么意思？

7　混合面糊和面团时，为什么最好将提取物加入脂肪而不是加入液体？

8　以一种产品为例，说明使用浓缩利口酒风味剂比使用利口酒更合适。

9　什么类型产品最有可能使用风味油？

10　"风味复合物"是什么意思？

11　列举仿香草风味剂的优点和缺点。

12　以下产品中，香草曲奇饼、香草冰淇淋、奶油糖霜，哪些最适合使用人造香草风味剂？哪些适合使用纯香草提取物或香草豆？为什么？

13　解释风味灼烧感是怎么回事，如何防止风味灼烧感。

14　如果配方要求以品尝方式添加风味剂，该怎么办？

15　描述贮存新鲜香草的两种方式。

16　列出保持干香料风味的六个要点。

讨论题

1　解释为什么覆盆子酱浓缩物（通过煨煮减少覆盆子汁液量实现的）的风味构成可以与新鲜覆盆子的风味不相上下。

2　你用牛乳替代奶油制成了低脂蛋奶派。但产品除了外观较白以外，风味似乎也很弱，风味缺乏"持久性"。查看风味构成信息，并提出一些可对蛋奶派进行风味改善的建议。或者，为低脂伴酱中使用的风味剂提出建议，以补偿蛋奶派风味构成中缺少的成分。

练习和实验

① 练习：香料的感官特征

将结果表中所列出每种香料样品单独放在小白盘或浅杯中，并标出名称或编号。用2份水对1份糖搅拌使其溶解成糖浆，然后在糖浆中加入2%（烘焙百分比）各种香料粉，搅拌，使其分散。每100 g糖浆加2 g香料粉（约1茶匙/ 5 mL）。

对每种干香料的外观和香气进行评估，并将评估结果记录在结果表中。通过品尝分散有香料的糖浆，对每种香料的风味和三叉效应进行评估。用无盐饼干和水恢复正常味觉。使用干燥种子对种子的所有属性进行评估。在"结果表"的"备注"栏中，列出让你联想到香料的任何记忆或食品（例如母亲做的苹果派、你最喜爱的饼干、烤火腿、意大利香肠等）。

完成结果表后，查看一下，是否已对每种香料进行充分描述。特别是应确保已经对以下容易混淆的香料进行了充分的区分：肉豆蔻和肉豆蔻种衣；西番莲和丁香；茴香籽和小茴香。

如果需要，可用预留的两个空行评估其他香料样品。

结果表 干香料的感官特性

	香料	外观	香气（干香料）	风味（糖浆中的香料）	备注
1	肉桂				
2	肉豆蔻				
3	肉豆蔻种衣				
4	生姜				
5	小豆蔻				
6	西番莲				
7	丁香				
8	茴香籽				
9	小茴香				
10	香菜籽				
11					
12					

利用上表和教科书信息回答以下问题。从**黑体字**中选择一个选项或填空。

（1）最具甜美香味的香料是**肉桂/豆蔻/丁香**。

（2）具有可使舌头麻木的三叉神经效应的香料是**西番莲/丁香**。

（3）姜的三叉效应可以描述为_____

_____

_____。

（4）选择任何两种你认为彼此完全不同的香料。

_____

用一句话描述它们如何不同。

_____

_____

（5）选择任何两种你认为可以相互替代的香料，因为它们具有相似的风味。

_____

描述它们的具体相似方面，并描述它们存在的任何差异。

_____

_____

_____

（6）是否有什么香料你只能通过与食品相关联来识别？如果有，请在下面列出这些香料，并列出可与之联系的食品。

_____

_____

_____

❷ **练习：仅通过气味识别香料**

用一层香料粉填充敞口深色小瓶子，一些瓶装一种香料，其他瓶装混合香料。顶上塞一团棉球，以免能看到香料，并在瓶底标记上每个瓶的内容物。盖上瓶，轻轻晃动，搅动挥发性分子。打开瓶盖，进行嗅闻，看看是否能通过气味识别瓶中的香料。重复一遍，直到能够识别出所有香料和香料混合物。

❸ **实验：香草类型对蛋奶酱质量的影响**

目的

展示不同品牌和类型香草如何影响

- 香草蛋奶酱的外观
- 香草蛋奶酱的风味强度和质量
- 香草蛋奶酱的总体可接受性

制备的产品

根据以下条件制备香草蛋奶酱：

- 纯香草提取物（马达加斯加；对照）
- 仿香草风味剂
- 香草豆（马达加斯加）
- 如果需要，可采用其他香草制品（塔希提香草豆，纯提取物和仿制风味剂的混合物，纯香草提取物用量加倍，香草豆用量加倍，仿制香草风味剂用量加倍，其他品牌纯提取物，其他品牌的仿制风味剂等）

材料和设备

- 台秤
- 不锈钢炖锅（2 L）或同等物
- 搅打器
- 秒表或计时器
- 数显式温度计
- 耐热刮刀
- 不锈钢盆
- 冰水浴
- 香草蛋奶酱（见配方），足够每种条件下制备500 mL

配方

香草蛋奶酱

产量： 2杯（0.5 L）

配料	质量 /g	烘焙百分比 /%
全脂乳	240	50
高脂稀奶油	240	50
砂糖	115	25
蛋黄（6个）	115	25
香草提取物或风味剂（1.5 茶匙 /7.5 mL）	7	1.5
合计	717	151.5

制备方法

（使用香草提取物）

（1）将牛乳、高脂稀奶油和糖投入2 L不锈钢平底锅中，煮沸即可。

（2）用打蛋器，轻轻搅打蛋黄。缓缓地将大约1/2杯（125 mL）热牛乳混合物加入到蛋黄中。

（3）将蛋黄牛乳混合物加入烫的牛乳混合物中。将开始煮制时间记录在此：＿＿＿＿＿＿＿。

（4）煨煮混合物，直至勺子背挂皮，或达到82 ℃，然后用耐热刮刀不断搅拌。

（5）立即将烧煮锅从热源移开，并将内容物转移到不锈钢盆中。将结束煮制时间记录在此：＿＿＿＿＿＿＿。

（6）将盆置于冰水浴中。

（7）加入香草提取物（风味剂），继续冷却，轻轻搅拌。

制备方法

（使用香草豆）

（1）在步骤1中，加入1枚香草豆，劈开并刮擦，加入奶油混合物中。

（2）在步骤5中，混合物停止加热后，取出破开的香草豆。

（3）在步骤7中，不加香草提取物。

步骤

（1）使用给定的配方（或任何基础香草蛋奶酱配方）制备香草蛋奶酱。为每个条件制备一批蛋奶酱。

（2）计算总烹饪时间（以分钟为单位），并记录在结果表中。

（3）在冰水浴中冷却样品，全部达到相同温度（约5 ℃）。

（4）利用成本信息确定每种产品每批次香草使用成本，并在结果表中记录。如果您没有可用的成本计算信息，请使用以下值：

- 纯香草提取物（1倍）：30 g 1.00美元
- 纯香草提取物（2倍）：30 g 1.75美元
- 仿香草提取物：30 g 0.25美元
- 香草豆（马达加斯加）：每枚1.00美元

结果

评价完全冷却产品的感官特征，并将评价结果记录在结果表中。确保将每个产品依次与对照产品进行比较，对结果表中列出的每个属性评价。为了评价风味强度和质量，考虑如下内容：

- 香草的瞬间冲击气味
- 滞留的香草体香风味
- 甜度
- 酒精味

填入总体可接受性，从高度不可接受到高度可接受，按1~5级评分。必要时，添加任何其他评论。

结果表　不同香草风味类型和用量的香草蛋奶酱

香草类型和用量	总熬煮时间 / min	外观	风味强度和质量	总体可接受性	每批香草成本 / 美元	备注
纯香草提取物（对照）						
仿制香草风味剂						
香草豆						

误差来源

列出可能导致难以根据实验结果得出正确结论的任何误差来源。特别要考虑蛋奶酱的熬煮时间长短，冷却时搅拌的程度，以及冷却时温度差异等。

_____

_____

_____

说明下一次可以如何调整，以尽量减少或消除每个误差来源。

_____

_____

_____

结论

从**黑体字**中选择一个选项或填空。

（1）用纯香草提取物（对照）和香草豆制成的蛋奶酱外观差异**小/中/大**。一个差异是用香草豆制成的酱料颜色**较浅/较深**。其他差异包括：

_____

_____

_____

（2）用纯香草提取物和香草豆制成的蛋奶酱的风味特征和风味强度之间的差异**小/中等/大**。例如，用香草豆制成的蛋奶酱的风味强度**较低/较高/相同**。基于这些结果，当制作蛋奶酱时，1枚本实验所用质量和大小的香草豆7克或1.5茶匙（7.5 mL）**等于/小于/大于**本实验所用的香草提取物。如果使用不同等级或大小的香草豆，或不同香草提取物，这些结果将**不再/同样**成立。

（3）仿制风味剂和纯香草提取物之间的风味差异**小/中等/大**。这些差异可描述如下：

_____

_____

_____

（4）香草豆和纯香草提取物之间每批次成本的差异**小/中等/大**。在我看来，香草豆和纯香草提取物之间的质量差异表明，本产品中使用较昂贵香草豆**合理/不合理**，因为 _____

_____

_____

_____。

（5）仿制风味剂和纯香草提取物之间每批成本的差异**小/中等/大**。在我看来，这个价格差异表明，这个产品中使用较便宜的仿制草香风味剂**合理/不合理**，因为 _

_____

_____。

同样的结论可能适用于类似于蛋奶酱的其他产品，如（列出两三种类似于蛋奶酱的产品）：_____

_____。

同样的结论可能不适用于类似于蛋奶酱的其他产品，如：_____

_____。

（6）蛋奶酱之间的其他显著差异如下：

_____

_____

_____

18

烘焙与保健养生

概述

直到最近，多数面包师和糕点师还不认为自己所从事的是与健康有关的职业。烘焙食品和糕点曾经有过乏味的名声，这类产品大多用白面粉、脂肪和糖制成，含有较少风味剂和其他成分。

然而，回顾历史，人类最早的甜点是水果。即使在今天，许多文化仍然将未经装饰的水果置于主食上面。记住，面包师和糕点师可以在提高客户健康方面发挥作用。

如今，三分之二的美国人被认为超重或肥胖，这对他们的健康和幸福产生了深远影响。包括心脏病、中风、某些癌症和糖尿病在内的许多疾病，都可以通过饮食加以预防或控制。本章将就面包师和糕点师如何能够根据客户的健康需求提供美味的糕点和烘焙食品进行讨论。

为消费者健康而烘焙

如果没有更好的物品可供选择，客户就不能对饮食做出更好的选择。面包师和糕点师在提供正常产品的同时，可以提供健康产品，以使消费者能够选择所需的食品。只要有可能，提供免费样品，让客户知道有益于健康的食品也会有好的口感。

如果产品起初被拒绝，则应进行重新评估，作出调整，然后重新试验。没有必要降低标准，也不要期望消费者会降低他们的标准。健康烘焙制品可能看起来及品尝起来有所不同，但如果做得好，可以（也必须）成为外观和滋味均具吸引力的产品。这里介绍一些健康烘焙的常识性指南。

- 检查您当前的配方，并确定哪些对健康有好处，或者可能相当容易调整。例如，香蕉坚果面包虽已经含有健康配料，但它可以很容易地用油替代可能正在使用的熔化黄油或起酥油。

- 在对重要配料进行调整之前，应确保了解该配料在产品中所起的作用。这将有助于预估降低这种配料用量或取消使用这种配料的后果，也有助于找到合适的替代品。还要记住，平衡韧化剂和软化剂、润湿剂和干燥剂的重要性。

- 从风味浓郁的产品开始，因为这些产品比简单产品更容易进行替代。例如，从巧克力曲奇饼中去除黄油比从普通的甜曲奇饼中除去容易，因为黄油味对巧克力曲奇饼的整体风味不是那么重要。

- 坚持简单化。避免使用包含许多昂贵的且尚无存货的国外食材的配方。如果目的是制作一种低脂布朗尼，是否一定要用龙舌兰糖浆而不是用糖制备呢？是否也一定要用斯佩尔特小麦而不是用常规小麦制成呢？但是，如果确实计划对目前配料进行一些更改的话，则另当别论。

- 开始逐步调整产品。例如，如果目前的面包是用40%全麦制作的，能否用50%的全麦试制一次？看看是否还能将全麦比例提高。

- 全面接近健康烘焙。例如，如果用饱和程度高的脂肪替代反式脂肪，糕点不一定会做得更好。然而，一种产品不一定要能满足各方面的需求。例如，不一定非要将产品做成无脂肪、无面筋，而且糖含量低的产品。

- 尝试不同品牌的重要配料，因为它们之间会有惊人的差异。特别是塑性起酥油，品牌之间有很大差异，豆浆也存在这种差异。通常，了解哪种配料最好的唯一途径是对多个品牌进行尝试。

- 从添加配料角度制备更健康的烘焙食品，而不一定专注于去除什么配料。例如，是否可以添加更多水果、坚果、种子、全谷物或香料？这些变化不仅可使产品更健康，而且增加了价值。每种配料同时也为产品增添了风味。如果做得好，多数消费者会愿意为此承受更高的价格。

- 水果是改善盘装甜点营养的方便选择。如果一个盘装甜点使用一片芒果，能否在不影响审美完整性的前提下增加到三片或更多片呢？

- 审视供食份额大小。如果产品真正价格合理，客户会喜欢较小规格的食品。

- 了解提供真正有益健康的配料与促销配料之间的区别。例如，哪些甜味剂真正有益于健康？哪些只是好吃而已？

- 记住，有机配料并非一定更健康，而且即使有益健康，其差异也不一定很明显。看重有机产品主要是生活方式选择问题，是选择对环境造成较小破坏产品的一种手段。

- 开发新配方时，应始终坚持用原来的产品与开发产品进行比较。这可保持开发过程朝正确方向进展，并且也可提示失去了什么，改变了什么的线索。当你调整配方时，这将有助于做出明智的决定。

- 如果以"低脂肪""无糖""高纤维"等名目销售产品，则应向客户提供营养信息以支持对产品的宣传。这也是法律所规定的。

- 最后，应了解什么是真正的营养。为消费者开发产品时，可参阅北美洲膳食指南。看看你在更改现有产品和开发新产品时，能用到多少上面所提的指导原则。这其实并不如所想象的那么困难。

健康膳食不是时尚，但健康膳食指南将随着有关饮食对健康影响的新信息而发生变化。下一节将讨论目前关于健康膳食指南。

健康膳食指南

美国和加拿大政府均发布全面实质性健康膳食指南。这些指南将最新科学和营养学研究转化为预防疾病的明确膳食推荐。例如，《美国膳食指南》是由美国卫生与人类服务部和美国农业部联合发布的。它是美国农业部旨在促进整体体质和改善整体健康而编写的膳食金字塔指南的基础。同样，加拿大卫生部也出版了加拿大的《膳食指南》。

根据这些准则，大多数北美人被鼓励按以下几点行事。

- 经常选择纤维丰富的水果、蔬菜和全谷物。至少有一半粮食产品应来自全谷物，每天至少需要3份全谷物食物。以下为3份代表性谷物食物：一片全麦面包、半个全麦面包圈、半杯熟糙米饭。

更多营养信息

美国食品与药物管理局（FDA）要求餐厅和糕点店在营养成分声明或健康声明提出时，根据要求向客户提供营养信息。这意味着，如果声称产品的纤维含量高，则必须提供它富含纤维的营养信息。这种信息可以简单地告诉客户，高纤维产品每份含有6 g的膳食纤维。以口头形式提供信息时，也要有书面形式备份，以确保您的员工能正确地传达事实。

营养水平可以利用营养软件来确定，但FDA认为食谱提供的信息同样有效。如果要购买营养软件，应认识到不同版本的可靠性、数据库大小、特殊功能和易用性各不相同。这种软件的价格从免费到数千美元不等。

糖尿病：国家流行病

从1997年到2007年，美国2型糖尿病新病例的比例翻了一番。这反映了国家肥胖征人数的增加，这是该疾病两个主要危险因素之一。另一个主要危险因素是不活动。

2型糖尿病是由身体不能有效利用胰岛素引起的，这会使糖从血液进入到细胞中。目前，已在儿童中诊断出2型糖尿病，这在20年前是闻所未闻的。

1型糖尿病与2型不同；这是一种自身免疫性疾病，这类病人身体根本不产生胰岛素。除了管理饮食和运动之外，1型糖尿病患者需要接受胰岛素注射来控制血糖水平。

- 每天消费各种水果和蔬菜。特别是要从所有五类蔬菜中选择，包括深绿色和橙色蔬菜，以及豆类（干豆）。
- 每天消耗3杯无脂或低脂牛乳或等量的乳制品。
- 选择精瘦、低脂肪或无脂肪的肉类、家禽、干豆和乳制品。
- 保持脂肪摄入量在总热量的20%～

35%，多数脂肪应含多不饱和脂肪酸和单不饱和脂肪酸，如鱼、坚果和植物油。

- 将饱和脂肪酸和/或反式脂肪酸高的脂肪和油摄入量限制在供热量的10%以下，尽量少消费反式脂肪酸。
- 将胆固醇摄入量限制在300 mg/d以下。
- 限制食品中添加的糖或含热量甜味剂的摄入量。
- 限制添加的盐的摄入量。同时消费水果和蔬菜之类富含钾的食物。

这些指南符合美国国立卫生研究院提出的降低高血压的DASH饮食法（通过饮食途径阻止高血压）。它们也符合美国糖尿病协会的建议，美国糖尿病协会指出，健康饮食是针对降低糖尿病风险所能采取的最有效手段之一。关于糖尿病的其他信息在下面讨论。

糖尿病和烘焙制品

许多人认为糖会导致糖尿病，糖尿病患者应该始终避免糖。事实上，吃糖与形成糖尿病无关，除非糖消耗导致饮食不佳或体重增加。

糖尿病患者确实需要控制血糖水平，而且可以通过饮食和运动来做到这一点。首先，糖尿病患者需要控制碳水化合物的摄入总量，糖也是碳水化合物。糖尿病患者还必须控制烘焙食品中存在的其他碳水化合物，例如面包和饼干中的淀粉。通过关注碳水化合物总量而不仅仅是糖，糖尿病患者可以更好地控制血糖。考虑到这一点，只要平时消耗的碳水化合物总量保持在合理水平，偶尔也可允许食用少量甜点。

有用的提示

向顾客（无论是否是糖尿病患者）提供迷你流行曲奇饼和松饼，以及超大型曲奇饼。即使是全谷物面包或高纤维松饼之类健康食品，这也是一个好主意。

如果有机会获得营养软件，可计算这些较小物品的营养成分，包括总碳水化合物含量，并为顾客提供信息。

根据美国糖尿病协会（ADA），对于大多数糖尿病患者来说，15~30 g的总碳水化合物适用于小吃。ADA提供以下有关各种食物中总碳水化合物的代表性信息：

白面包，1片	15 g
布朗尼，5 cm见方	15 g
曲奇饼，2小块（20 g）	15 g
糖霜蛋糕，5 cm见方	30 g
南瓜派，20 cm饼的1/8	30 g
水果派，20 cm饼的1/6	45 g
米饭布丁，1/2杯	45 g

更多关于血糖指数

血糖指数是最常见的量度血糖对食物响应的数值——食物提供能量的速率。指定葡萄糖的血糖指数（GI）为100；那么，蔗糖的血糖指数为60，果糖为20，全脂乳为35，白面粉为70。

"血糖响应"是指糖和含有糖和其他碳水化合物的食物在消化过程中会分解，并为身体提供能量。消化食物中碳水化合物的速度越快，血糖水平越高，血糖响应也越高。蛋白质和脂肪不会升高血糖水平；只有消化的碳水化合物才会升高血糖水平。膳食纤维尽管由碳水化合物制成，但因身体未对其消化，因此也不会升高血糖水平。

虽然血糖指数的有用性在营养学家和卫生专业人士间存在争议，但一般来说，低血糖食物被认为对健康有益。一些减肥饮食推出的低血糖指数食物，可作为减少饥饿手段帮助减肥，并能协助糖尿病患者控制胰岛素水平。美国2005年膳食指南咨询委员会，加拿大卫生部和负责北美洲公共卫生的其他团体并不根据食品的血糖响应来制定膳食建议。

为糖尿病患者制备烘焙食品时，应遵循健康膳食的一般准则，但应特别注意供食份额大小。虽然控制份额大小对每个人都很重要，但对于糖尿病患者来说尤为重要，这样，他们可以在任何时候以最佳方式控制碳水化合物的消耗量。

许多糖尿病患者使用所谓的"碳水化合物计算"技术来监测和控制碳水化合物的消耗量。利用营养标签信息和普通食物的碳水化合物平均值清单，他们就能够估计其任何给定时间消费的碳水化合物量。

除了推荐通过碳水化合物计算来管控糖尿病以外，美国糖尿病协会（ADA）还支持针对糖尿病患者的其他几种实用技术。例如，食物的血糖指数（GI）可反映不同含碳水化合物食物的血糖升高差异。具有低或中等血糖指数的食物包括许多全谷物、大多数水果、非淀粉类蔬菜和干豆。这些食物与高血糖指数的食物（如白面包和精制糖）相比，对血糖升高的影响较小。但ADA强调，如果消耗的碳水化合物总量较高，则食用低、中血糖指数食物将不会表现出任何益处。

健康烘焙策略

制备健康烘焙食品可能是一项挑战。将深受喜爱的配方中的标准配料，用更健康的配料代替，需要作出明智的决策。虽然经验往往有助于烘焙房做出正确决定，但是对于配料的理解至关重要。

许多方面，本书的最终目的是通过提供有关配料信息，使读者能够控制烘焙活动。以下部分章节将应用全书的信息创建更健康的烘焙食品。

增加全谷物

曾经提到，全谷物由植物的完整谷粒或核仁组成。无论籽粒是否破裂、破碎、压片或磨粉，都可以被称为全谷物，但必须含有与原始谷物比例相同的麸皮、胚芽和胚乳。

最近的调查显示，消费者正在追求用全谷物制成的产品，因为他们了解到这类产品的健康益处。虽然一些人喜欢全谷物的坚果味道，但另一些人仍然喜欢白面粉味道。对于这些消费者来说，以下是烘焙食品中面粉功能的总结：

- 提供结构/是增韧剂
- 吸收液体/是干燥剂
- 贡献风味
- 贡献色泽
- 增加营养价值

要从白面粉与全麦混合开始，并考虑使用白小麦全麦面粉，而不要使用红小麦全麦面粉。

白小麦全麦面粉的颜色较浅，风味较红小麦全麦面粉温和。虽然白小麦全麦面粉的某些植物营养素含量可能较低，但仍然极为适于为产品增加全谷物。

如要从白面粉换成全麦，特别要注意尝试不同品牌和种类的面粉。来自红小麦和白小麦的全麦面粉均可由硬质小麦或软质小麦制成。另外，磨粉商会指定某些品种小麦，将麦粒研磨到不同程度的细度，并会采用不同处理方式（例如漂白）和添加剂（抗坏血酸、大麦麦芽粉）。所有这些均会对面粉的烘烤特性产生重大影响。

以下是增加烘焙食品中全麦粉的一般性指导原则。

- 一般来说，可用硬质小麦粗粉碎成全麦粉用于面包和其他酵母发酵制品。可用软质小麦制成的全麦面粉细粉用于蛋糕、曲奇饼、派皮、松饼和饼干。
- 从较小增量开始，从而逐渐增加全麦面粉用量。首先用常规红小麦全麦面粉代替10%左右的白面粉，或者用

白小麦全麦面粉替代约30%的白面粉。对于姜饼、胡萝卜蛋糕或布朗尼之类重口味产品，只要质地改变不太严重，可以尝试用更高比例的全谷物替代其中的白面粉。然后看看烤出的产品是否可以用更高比例的全谷物替代。

- 对于酵母发酵的面团，可加入2%~5%（烘焙百分比）谷朊粉来提高面粉的蛋白质水平。或者使用较高面筋含量的白面粉来补偿全麦面粉引起的面筋质量下降。
- 对于酵母发酵的面团，减少混合时间，以尽量避免削弱面筋。
- 增加水分添加量，因为全麦面粉比白面粉水分含量低。根据经验，全麦面粉每增加10%，加水量增加1%。
- 对于全麦派皮，可加入少量烘焙粉（1%，烘焙百分比），使派皮更松软。

除全麦外，别忘了还有其他全谷物。例如，只要使用燕麦粉，无论是常规燕麦片、速煮燕麦，还是燕麦切片，都是在使用全谷物。玉米细粉和玉米粗粉均有全谷物型产品。寻找未去除胚芽的玉米产品，并确保妥善贮存，因为其脂肪含量高，容易氧化。

亚麻籽虽然不属于粮食，但常常被加入健康全谷物烘焙食品中。亚麻籽使用前，应用食品加工机碾磨成细粉，以最大限度地提高其营养可利用性。许多面包及其他烘焙食品添加少量（10%，烘焙百分比）亚麻籽不会引起明显异常。如果添加量增加，则可以减少配方中的油添加量，而通常需要提高水

的添加量，因为亚麻籽粉富含树胶（黏液），使其成为优异的干燥剂。

食物多样化对消费者很重要，也对身体健康至关重要。不过，并非越有异国情调的谷物就越有益于健康。斯佩尔特小麦、卡姆小麦和二粒小麦虽然均有各自的优势（详见第6章），但在营养方面并不一定优于常规全麦。

减少盐和钠摄入

钠对身体健康至关重要，但一般来说，美国人摄入的钠比需要量多。美国饮食中消耗的大部分钠来自加入食物中的食盐（氯化钠）。

大多食盐并非由消费者所添加，而是来自于包括糕点和其他烘焙食品在内的加工食品。除了食盐以外，烘焙食品

全谷物的好处

全谷物似乎可降低心脏病、某些癌症和糖尿病的风险。它们有助于肠道健康和体重控制，并能控制糖尿病患者的血糖。全谷物能提供这些健康益处，部分原因是其可溶性和不溶性纤维含量高。全谷物还含有必需脂肪酸、维生素、矿物质和许多在白面粉中丢失的植物营养素。植物营养素是具有特殊健康促进或防病作用的植物性食品物质。全谷类中的健康促进性植物营养素包括多酚类抗氧化剂，这类抗氧化剂也存在于巧克力、水果和坚果中。

为什么要降低食盐的摄入量而要增加钾的摄入量？

降低食盐摄入量是许多人降低高血压风险的重要途径，从而可以降低心脏病、脑卒中、充血性心力衰竭和肾脏损伤的风险。富含钾的饮食有助于抵消一些钠的有害影响，所以大多数美国人会受益于钾含量高的饮食。

钠和钾的建议摄入量

钠消费量每天不应超过2.3 g，消费量越少越好。这相当于1茶匙（5 mL）盐的量。高血压患者、非洲裔美国人以及中老年患者每日钠摄入量应降至1.5 g。根据美国膳食指南，饮食中钾的建议摄入量为4.7 g。

其他重要钠源包括小苏打（碳酸氢钠）、烘焙粉、人造黄油和花生酱。如果所用的水是为降低矿物质含量而用软水剂处理过的，则这种水也可以是钠的来源。

盐在烘焙食品中的主要功能是提供风味。盐当然提供咸味，但也能强化其他风味。特烘焙食品适当加盐可产生更浓风味，降低面粉味，并使风味更加平衡。盐也能最大程度降低金属和化学物质的余味。

可喜的是，大多数烘焙食品少量降

低盐用量（降低10%或更多盐用量）不会对风味产生多大影响。某些产品可进一步降低用盐量，特别是那些含有香料、焦糖、咖啡或烤坚果之类浓郁风味成分的产品。尽管如此，还是应当采取逐步降低用量的方式。美国人习惯了盐的滋味，如果产品用盐量降低得太快太低，消费煮就会拒绝接受。随着美国人整体用盐水平降低，他们对咸味的要求也将逐渐降低。

这里有一些关于烘焙食品减少钠用量和增加钾用量的建议。

- 选用配料前考虑其钠含量。例如，常规酸式焦磷酸钠（SAPP）烘焙粉会为5 cm饼干带入190 mg钠。如果换成硫酸铝钠（SAS）烘烤粉，则钠含量可降至120 mg。如果使用无钠烘焙粉，则钠量可降至零。

- 为烘焙食品增加钾含量的最佳方法是加入水果，如果可能的话，可以选择蔬菜。水果可以是新鲜的、冷冻的、干燥的、罐装的或果汁形式的。特别富含钾的水果包括杏、香蕉、哈密瓜、橙子、桃子和李子。

有用的提示

检查烘焙房中所用的制备或加工配料中是否存在钠。例如，您可能会发现，为防霉菌生长，在制备水果馅料中加入了苯甲酸钠。又如，硬脂酰乳酸钠存在于一些用于加强面筋的面团改良剂中。

盐的功能

除了改善风味之外，盐对酵母发酵的烘焙食品具有以下作用：

- 控制（减缓）酵母发酵
- 强化面筋，使其变得更难延展
- 延长混合时间（加强面筋）
- 增大体积和改善组织结构（因强化面筋引起）
- 增加褐变（因减缓发酵引起）

幸运的是，产生这些功能所需要的用盐量都很少。这意味着，降低酵母发酵的烘焙食品中的用盐量所要考虑的主要因素是风味。

- 甘薯是所有水果和蔬菜中最佳钾来源之一。尝试在馅料、面包和松饼中使用甘薯，而不要使用南瓜，并让客户知道为什么这样做。

- 使用牛乳和酸乳之类乳制品可以增加钾，但如果可能，使用低脂乳。

- 糖蜜是钾（也是钙和铁）的重要来源，糖蜜的颜色越深，钾和其他营养素的含量越高。由于风味强烈，而且颜色较深，糖蜜不能用于所有烘焙食品。姜饼之类含有糖蜜的烘焙食品，可考虑使用颜色较深的糖蜜。如果这样做，就要降低小苏打的用量。虽然仍然需要一些小苏打与糖蜜反应使面团膨发，但过量小苏打会提高pH并使产品颜色变暗。如果不去除这种多余的小苏打，烘焙食品颜色可能会变得太深。虽然糖蜜风味并非随处都适合，但了解到糖蜜是所有常见甜味剂中营养成分最佳者之一，你可能会经常消费糖蜜曲奇饼和姜饼。

减少糖的摄入

不仅是糖尿病患者，建议所有北美洲人都应该限制糖和热量型甜味剂的消费。红糖、蜂蜜、糙米糖浆、龙舌兰糖浆、枫糖浆、葡萄糖浆和糖蜜都属于甜味剂，应适度消费。这是因为糖和其他热量型甜味剂都提供热量，但很少或不含维生素和矿物质（尽管糖蜜和其他未精制糖浆确实提供了一些维生素和矿物质）。这使得在不超过热量需求的情况下难以获得所需的营养物质，并且很容易地导致体重增加。

从营养的角度来看，烘焙食品的最佳选择是尽可能使用水果。在烘焙食品和甜点中加入葡萄干、枣、苹果酱、香蕉和其他甜味水果，可以减少糖和甜味剂的添加量。当然，水果自身还能贡献风味。虽然苹果酱蛋糕或香蕉松饼最好有水果风味，但有些产品需要较为中性的风味。这种情况下，可考虑使用高强度甜味剂或多元醇。

低热量、高强度甜味剂可用于降低烘焙食品的糖分。尽管如此，由于烘焙食品对于糖的依赖不仅仅是其能够提供甜味，所以烘焙食品如果只使用高强度甜味剂，会缺少一些功能。此外，高强度的甜味剂的甜味具有延迟性，对许多人来说，这类甜味剂有一种苦涩的余味。但是，有些烘焙产品用高强度甜味剂替代一半的糖量几乎不会有什么影响。

山梨糖醇、异麦芽酮糖醇和麦芽糖醇之类多元醇（糖醇）可以认为属于中等热量甜味剂，因为它们的热量比糖低一些。尽管每种多元醇的热量不同，但平均热量为常规糖的一半。同时，它们能为烘焙食品提供体积和许多其他糖类功能，如湿润和松软。同样，多元醇可用于甜食。甘油和山梨糖醇均具有吸湿性，多年来被用于甜食和糕点，为甜食提供松软和滋润的质地。制备硬糖时，可选用的多元醇是异麦芽酮糖醇。

多元醇是碳水化合物，但是由于它们未能被人体完全吸收和代谢，所以它们的血糖效应与糖类不同。事实上，每克多元醇对糖尿病患者来说，只相当于半克碳水化合物。多元醇通常可以1∶1比例替代甜食和烘焙食品中的糖。

糖的功能

糖和其他甜味剂为烘焙食品提供许多功能，最重要的功能如下：

- 提供甜味
- 软化
- 保湿和延长保质期
- 提供棕色和焦糖味
- 协助发酵
- 为甜点提供体积
- 稳定蛋白霜
- 为酵母发酵提供养分

仅使用多元醇提供甜味的产品可以标记为"无糖"。然而，大多数多元醇具有泻药作用，并且大量消费可引起腹泻。因此，多元醇最好用来降低烘焙食品的糖用量和总热量，而不是完全替代糖。

健康烘焙食品中脂肪的使用

美国人确实需要限制热量摄入，因此，许多烘焙食品中的脂肪用量是一个问题。牛角面包、泡芙糕点、丹麦糕点和派皮的脂肪含量特别高。但是，许多烘焙食品的脂肪含量中等，并且经过略微调整，还可进一步降低脂肪用量。

脂肪和油在烘焙食品中起着许多重要作用，难以完全消除，因此，通常只能适当控制脂肪来制备可接受的产品。最佳途径是用"优质"脂肪和油制成低脂产品。

需要减少或消除的特定脂肪包括饱和脂肪、反式脂肪和胆固醇。胆固醇仅存在于动物脂肪，包括黄油和猪油。黄油很难从烘焙产品彻底消除，但由于饱和脂肪含量高于烘焙产品中使用的任何其他脂肪，所以应该慎重使用。反式脂肪的来源包括人造黄油和巧克力糖衣，以及起酥油。

减少烘焙食品中饱和脂肪、反式脂肪和胆固醇的最佳途径是尽可能使用液体植物油。一些（戚风）蛋糕、松饼、酥软派皮、布朗尼及曲奇饼已经用植物油制作，所以，这类烘焙食品较为健康。例如，用液体油制作的酥软派皮的脂肪含量总是比层状派皮的低，因为在包裹面粉颗粒和降低面筋强度方面，液态油的效力比脂肪块高。与层状派皮不同，使用湿润馅时，酥软派皮不会给人以韧皮感，因此，奶油派的底皮通常用油制作。由于大多数油比起酥油、猪油或黄油更健康，因此，用油是一种制作健康派皮不怎么费事的简单方法。

以下是一些健康烘焙食品使用脂肪时需要考虑的其他指导原则。

- 固体脂肪改用液体油时，要知道除热带油以外所有油基本上都是低饱和脂肪，但油与油之间不饱和程度有差异。例如，菜籽油是一种很适用于烘焙制品的多功能油。它的饱和脂肪酸含量特别低，许多供应商均以合理价格供应菜籽油。因为，它的多不饱和脂肪酸含量又低于许多油，所以酸败的速度较慢。尽管图9.6中脂肪酸分布显示，菜籽油较其他油有一定优势，但请记住，任何油可以都可能通过培育或遗传修饰以获得类似于菜籽油的脂肪酸分布。

- 考虑将黄油与其他脂肪混合，用于曲奇饼、蛋糕、糖霜等产品，从而取得既有黄油味，又降低饱和脂肪的效果。一些多用途的起酥油的饱和脂肪含量可低至25%，而黄油的饱和脂肪含量接近70%。当用起酥油或植物油替代黄油时，请记住，两者的脂肪含量均高于黄油，因此，应对配方进行相应调整（详见第9章）。

- 虽然曲奇饼可用任何油替代黄油或起酥油制作，但得到的曲奇饼可能延展较多。为了抵消这种影响，可用蛋糕面粉代替部分或全部面粉。

- 要降低蛋糕中的脂肪用量，可使用含高效乳化剂的高比例起酥油，这种起酥油与其他油脂相比，具有更好的润湿、软化和充气效果。例如，将通用起酥油、黄油或人造奶油换成高比例液体起酥油，可将典型蛋糕配方的脂肪用量降低20%~40%。记住，液体起酥油不能乳化，所以如果使用这种脂肪，制作方法也需要调整。

脂肪的功能

类似于烘焙房中所有重要配料，脂肪、油和乳化剂是多功能的。脂肪最重要的功能是：

- 软化
- 起酥
- 协助膨发
- 保湿
- 防止老化
- 产生浓郁、持久的风味

- 使用低脂乳制品配料替代普通奶油干酪、酸奶油、半对半奶油和酸乳。这类配料因加入植物胶而具有奶油口感。可将它们用于低脂干酪蛋糕、烘焙蛋奶羹和糖霜。
- 用蛋清替代配方中部分或全部蛋黄。因为蛋黄约含1/3的脂肪，每个蛋黄所含胆固醇超过日推荐限量的2/3，消除蛋黄尽管不能显著降低烘焙食品的脂肪含量，但可显著降低胆固醇量。如果需要，用玉米粉替

代少量（约5%或10%）白面粉，以取得黄色效果。

- 坚果是健康脂肪的重要来源，它们为烘焙食品增添了极好的风味和质感。为了最大限度地提高风味，使用前应烘烤坚果。坚果富含脂肪（大多数含50%~75%的脂肪），所以将它们磨碎添加到面糊和面团中，可以减少其他脂肪的用量。但是因为坚果富含脂肪，而且往往价格昂贵，因此不应不加区别地使用。此外，有些消费者可能对某些坚果过敏，因此，应确保含坚果制品得到清晰标识。
- 核桃富含亚麻酸（ω-3脂肪酸），这是一种健康的脂肪。亚麻酸含量高的其他糕点配料包括亚麻籽、亚麻籽油和菜籽油，当然，亚麻籽油昂贵，不易获得。然而，亚麻籽可能在特殊烘焙食品中有用，因为其一半以上脂肪酸是亚麻油（ω-3脂肪酸）。

有用的提示

请记住，ω-3亚麻酸和其他多不饱和脂肪酸含量较高的核桃、亚麻籽和亚麻籽油等配料会氧化并迅速发生酸败。确保只订购3个月所需的物料，实施先进先出库存管理原则，并使这类配料远离热源和光源，尽可能考虑冷藏。

脂肪替代品　有时脂肪和油可以逐渐减少，而不用加入任何其他替代脂

肪。如果鸡蛋或其他结构剂同时减少，很容易做到这一点。多数场合，如果要大量降低脂肪用量，必须使用脂肪替代品。

因为脂肪在烘焙食品中表现出很多功能，任何脂肪替代品都难以单独提供这些功能。例如，一种脂肪替代物可能提供某种风味，但不能增加松软度；另一种可能会增加松软度和湿润感，但不提供任何风味；只有为数不多的脂肪替代物能够用于制作层状油酥面团；只有一种替代物，即奥利斯特拉油可用于油炸。即使采用几种脂肪替代品组合，如果不试验仍难以完全消除脂肪。

要从多种脂肪替代物中挑选一种用于特定产品，首先要确定脂肪在相应产品中提供哪些功能。接下来，可选择一种或多种具有相同功能的脂肪替代品。表18.1列出了专用于烘焙食品的脂肪替代品功能，但不同脂肪替代品并非一定能在所有产品中发挥很好的功能。还是需要提醒，只有试验才能取得成功。

请注意，糖和甜味剂属于脂肪替代品。糖和甜味剂能提供脂肪的两个重要功能：润湿和软化。不过，用糖代替脂肪要注意，因为健康指南建议减少摄入脂肪和糖量。以下较详细讨论几种常见的脂肪替代物。

- 干梅酱　干梅酱适用于风味浓郁、耐嚼产品，如奶油朱古力或软糖蜜曲奇饼。与包括葡萄干和枣在内的所有干果一样，干梅天然含糖、果胶和果肉，这些成分可起滋润和软化作用，并可提供黏稠咀嚼性。此外，干梅富含山梨醇，这种多元醇可进一步增强润湿和软化作用。

有用的提示

为使低脂食品具有令人满意的风味，可使用富含体香和基香成分的配料，如香料、焦糖、烤坚果、可可粉和枫糖浆。

表18.1　烘焙食品中的脂肪替代物

类型	举例	脂肪功能
黄油风味	天然和人造黄油	增加风味
乳化剂	甘油单脂和甘油二脂	增加湿润性、松软度、充气、延缓陈化
某些水果	干梅酱、苹果酱、香蕉泥	增加（如果水分高，因蒸汽产生的）充气作用、湿度、松软度、延迟陈化
豆泥	黑豆或白腰豆	增加湿润、松软度、（蒸汽）充气作用；延迟陈化
胶	果胶、纤维素胶、黄原胶	增加松软度、充气作用、奶油口感
抗消化脂质	奥利斯特拉油	协助传热（油炸）；增加湿润、脂肪口感
基于燕麦的配料	燕麦粗粉、燕麦粉	软化低水分产品；延迟陈化
淀粉和淀粉副产品	马铃薯淀粉、麦芽糊精	软化低水分产品
糖和甜味剂	右旋糖、砂糖	增加湿润度和松软度

可以购买干梅酱，也可以将干燥的梅子与水混合，用食品加工机制备成滑润的酱体。1 kg干梅添加750 g热水，制成的干梅酱可替代500 g脂肪。这只是一个起点；根据需要可进行调整。

- 苹果酱　不加糖的苹果酱作为脂肪替代品非常适合用于松饼、速发面包、蛋糕和像蛋糕的布朗尼。其高水分含量（约88%）可使这些产品充分充气。然而，同样是因为水分含量高，苹果酱不能用于脆性曲奇饼或浓巧克力布朗尼中。由于苹果酱风味较温和，不像其他水果泥那样会影响产品的风味。

用苹果酱替代脂肪或油时，从1∶1替代开始，然后可根据需要进行调整。通常需要减少配方液体用量，以补偿苹果酱带入的水分。最好减少用蛋量，并重新在软化剂与增韧剂之间建立平衡。重新平衡必不可少，因为苹果酱不像脂肪那样能起有效的软化作用，它实际上起结构促进作用，因为其高水分含量会增加淀粉糊化程度。

- 豆类　罐装黑豆常常作为脂肪替代品用于布朗尼。虽然水分含量不如苹果酱高，但使用70%含水量黑豆的配方确实需要降低其液体用量，有时可通过减少鸡蛋用量实现。包括黑豆在内的豆类滋味相当温和，并且它们营养价值高，富含蛋白质、纤维、维生素和矿物质。由于罐装豆类含盐，所以应从配方中减少或省去添加的盐量。

食物过敏

每年有数以百万计的美国人受到过食物过敏反应的困扰，其中数千人反应严重到需要急诊治疗。虽然大多数食物过敏症状相对较轻（表18.2），但严重的食物过敏可危及生命。这种严重的过敏反应可以阻止受害者呼吸，因为口腔、喉咙和通向肺部的气道都发生了肿胀。此外，还会引起血压下降，从而可能会导致过敏性休克和死亡。

表18.2　常见的食物过敏反应的症状

症状
皮肤出现红肿皮疹
嘴巴周围发红和肿胀
痉挛、腹泻、恶心、呕吐
流鼻涕、眼睛发痒流泪、打喷嚏
虚弱和昏厥

食物中某些蛋白质（过敏原）触发人体免疫系统响应时便发生过敏反应。目前食物过敏尚无治疗方法。防止过敏

反应的唯一方法是完全避免过敏食物。160多种食物会引起过敏反应;引起过敏反应的最常见的8种食品见表18.3。总体上，这8种过敏食物在美国引发了90%的食物过敏病例。请注意，在这8种过敏原中，有6种通常用于烘焙食品。

加拿大将另外两种食物当作首要食物过敏原：芝麻和亚硫酸盐（许多干果使用的食品添加剂）。与美国不同，加拿大法律目前尚未要求制造商在食品标签上注明过敏原。这种状态很可能会改变。

无小麦和无面筋的产品

小麦过敏与乳糜泻有区别。当身体免疫系统与一种或多种小麦蛋白质发生反应时，便是小麦过敏。小麦过敏可导致过敏反应和死亡。乳糜泻是表现为肠道不耐受面筋的遗传性疾病。由于过去几年对于乳糜泻疾病的认识有所增加，更多人被确诊患有此病，因此，消费者

有用的提示

微量坚果和面粉颗粒可能会对那些高度过敏者构成致命威胁。理想情况下，为过敏者制备食物时，应使用独立工作台面、设备和器具。当不可能时，应检查所有糕点操作，并消除那些过敏原，例如，重复使用的羊皮纸，这种纸可能无意中将一种产品的过敏原传递到下一批产品。应始终严格清洗工作区域，以防止意外交叉污染及将食品从一种产品转移到另一种产品。

要求更多无面筋产品。

由于所有无面筋产品也是无小麦的，所以从这一点看，只要提及无面筋产品，同时也就包括无小麦产品。

制备无面筋烘焙食品可能是一个挑战，但并不是不可能。一些传统烘焙食品本身不含面筋。例如，无面粉蛋糕是以坚果作为填充剂替代面粉制成的，一些海绵蛋糕用土豆淀粉或米淀粉替代面粉。

表18.3 食物过敏原的主要来源

过敏原	例子
小麦	所有的小麦面粉，包括硬粒小麦、斯佩尔特小麦、卡姆小麦、黑小麦、单粒小麦和双粒小麦
大豆	大豆粉、豆腐、大豆卵磷脂，但不包括大豆油
牛乳	所有牛乳和乳制品，包括奶油、酸乳、干酪、乳清蛋白、乳清固体和黄油
蛋	包括鸡蛋的所有部分
花生	包括花生酱
木本坚果	杏仁、腰果、榛子、夏威夷果、山核桃、松子、开心果和核桃
鱼	三文鱼、鳕鱼、黑鳕鱼、罗非鱼
甲壳类动物	虾、龙虾、蟹

乳糜泻是因消费面筋（更确切地说，是面筋中的麦醇溶蛋白）引起的肠道疾病。乳糜泻患者即使消费极少量面筋，其身体也会因与面筋反应而造成对小肠损害。由于没有适当的营养吸收，乳糜泻（也称为腹腔积液或面筋不耐受）患者会变得营养不良。这些人可能会出现一系列与肠痛或营养不良相关的症状。

因为乳糜泻疾病患者不能耐受任何量面筋，所以必须严格坚持无面筋饮食来维持生命。这意味着他们不能消费任何含有小麦的产品。他们也不能消费任何黑麦或大麦，燕麦对于许多人来说可能也存在问题。乳糜泻患者常常也不耐受乳糖。

乳糜泻是一种遗传性疾病，从一代传到下一代。由于它是欧洲最常见的遗传疾病（例如，每250名意大利人中有1人受此病影响），因此，很可能许多美国人也患有乳糜泻。虽然美国的乳糜泻患者很大程度上尚未得到诊断，但可以通过血液检查或通过小肠组织活检进行诊断。

替代面粉的产品通常由大米、马铃薯和木薯淀粉组合而成。为了添加蛋白质，通常还包括大豆粉或鹰嘴豆粉。通常加入1%~3%的黄原胶或其他胶以捕获空气。正是这种捕获空气的能力使得无面筋蛋糕、松饼和面包能适当膨发，并获得质轻多孔的组织结构。黄原胶还可改善无面筋面团的黏结性和柔韧性，使面团在滚压处理时不会破裂（图18.1）。经过若干实验，可为乳糜泻疾病患者开发出可接受的产品。

因为无面筋烘焙混合物富含水溶性树胶和淀粉，所以应确保有足够水存在，以使树胶水合并使淀粉糊化。如果没有水分，烘焙产品将会因为有尚未完全糊化的淀粉颗粒存在而变得粗糙。玉米淀粉尤是如此。这种情况发生时，如果可能多加些水，延长烘烤时间，也可用另一种淀粉替代玉米淀粉，例如在较低温度下能糊化的淀粉。无需加热就能糊化的即食淀粉和预糊化玉米粉特别适用于无面筋蛋糕和面包，这些蛋糕和面包依赖于预糊化淀粉柔软结构为产品提供适当质地。

无乳产品

牛乳是婴幼儿最常见的食物过敏原之一。虽然大多数儿童的牛乳过敏症状会随年龄而消失，但不是全部，更多人对乳糖不耐受。乳糖不耐受起源于胃肠道的食物敏感性，这种敏感性因不能消化牛乳中的乳糖而引起。与牛乳过敏不同，乳糖不耐受不涉及免疫系统的敏感性。乳糖不耐受的症状包括腹痛、腹胀、腹泻和肠胃气胀。由于这些也可能是牛乳过敏的症状，所以似乎两者之间的区别很小。然而，牛乳过敏更严重，与此同时，牛乳过敏者必须完全避免乳制品。乳糖不耐受人员通常可以喝少量到中等量的牛乳。

图18.1 黄原胶可改善无面筋面团的黏结性
前：未加入黄原胶的无面筋面团崩解
后：无面筋面团因加入黄原胶而黏结在一起，并可进行滚压

牛乳的功能

以下是烘焙食品中牛乳的几项功能：

- 增加外皮颜色
- 增加外皮柔软度
- 延缓陈化
- 改善口味
- 增加营养价值

牛乳配料在糕点和烘焙食品中提供若干功能，但幸好，这些功能通常影响不大。这意味着，与鸡蛋、脂肪或面粉不同，牛乳比较容易从许多烘焙食品撤出。通常只需用水代替牛乳就可以了。然而，对于某些产品，牛乳对于风味平衡很重要。不加牛乳，烘焙食品风味会变得平淡。

以下是生产无乳产品和乳糖不耐受产品的一些建议。

- 仔细检查配方，可以发现已经有很多无乳产品。例如，布朗尼、曲奇饼、蛋奶酥、派、海绵蛋糕、磅蛋糕和面包都是无乳产品。
- 使用人造黄油替代黄油，但先要检查一下标签。某些人造黄油含有乳或乳清液。对于任何牛乳过敏者来说，这些都是不可接受的，尽管某些人可能只是乳糖不耐受。
- 一些黑巧克力以及所有牛乳和白巧克力都含有乳制品。记住，即使是少量牛乳蛋白质，对于过敏反应者来说也是致命的。
- 大多数蛋糕、松饼、饼干和司康饼都含有牛乳，但可用水制成。然而，牛乳可混合风味，并可降低烘焙食品的生面粉味，所以，在味道平淡的产品中，如果不加牛乳风味损失就会较大。
- 开菲尔、酸乳、酪乳和其他发酵乳制品对于乳过敏者来说是不能接受的，但可为许多乳糖不耐受者所接受。这是因为乳酸菌可将乳糖转化为乳酸。实际乳糖转化量随发酵程度而变化，但是开菲尔发酵乳通常是所有这类制品中乳糖含量最低的一种，有时乳糖含量只有牛乳乳糖量的一半。
- 由于腰果风味清淡，且呈灰白色，所以有时被浸泡于水中，磨成柔滑乳霜，用来替代冷冻甜品和干酪蛋糕中的奶油。

如果需要，可用牛乳替代品代替牛乳和其他乳制品。最常见的牛乳替代品是豆浆。其他牛乳替代品包括米乳、杏仁乳和腰果乳。这些乳状物的制造方法是：将大米、杏仁或腰果浸泡在热水中、磨碎，并滤除固体。

大豆代乳品　豆浆通常是通过碾磨热水中浸烫的大豆再滤除豆渣得到。该过程实际上要经过许多复杂步骤，结果是，不同品牌豆浆在外观、风味和口感方面存在很大差异。大多数品牌都含有风味剂和甜味剂，以掩盖豆浆的"豆腥"味，并加入卡拉胶或其他胶。因为豆浆是普通牛乳替代品，所以通常强化钙、维生素D和维生素B，以模拟全脂牛乳的营养状况。

虽然豆浆和其他牛乳替代品在烘焙食品中的功能并不一定比水更好，但豆浆因含优质蛋白质，所以在营养方面与常规牛乳最相似。这就足以说明为什么要用豆浆而不是水来替代牛乳。然而，豆浆会带入其自身的风味，并且豆浆本身也是一种食物过敏原。

豆浆不像常规牛乳那样会与鸡蛋蛋白质产生强烈的相互作用，所以基于蛋奶羹的甜点将需要更长烹饪或烘烤时间。另外，一些速溶布丁和乳酪水果混合物（含有卡拉胶的），当用大豆或其他牛乳替代品制备时，不会变稠或形成凝胶。卡拉胶是从海藻中提取的胶质，乳蛋白存在时，其增稠和凝胶效果最好。

许多蛋奶羹及奶油甜点最好用豆乳或嫩豆腐作牛乳替代品，而不是用状态稀薄的豆浆。豆腐具有蛋奶羹般的质地，所以某些情况下可同时用来代替鸡蛋和牛乳。豆腐作为替代品适用于布丁、奶油和蛋奶羹类产品，包括南瓜派、巧克力奶油派、干酪蛋糕、焦糖奶油、糕点奶油和香草蛋奶酱。记住，大豆制品是深度加工品，所以，这类制品会因品牌不同而有很大差异。应通过试验选择最符合要求的品牌制品。

什么是嫩豆腐？

豆腐是大豆凝乳的别名。制作豆腐的传统方法是用钙或镁盐（盐卤）凝结豆乳，这种豆凝乳类似于干酪。豆凝乳经过挤压排除多余液体，此过程非常类似于分离乳清制造干酪。榨出的液体越多，豆腐就越硬。豆腐在加热时能保持形状，并且其温和风味可以吸收任何烹饪时加入的液体风味。

如果常规豆腐的制造过程类似于干酪，那么，嫩豆腐（也称为日本豆腐）的制作过程在某种程度上与酸奶相似。嫩豆腐加工过程从加少量水磨成豆浆开始，加热灭菌，然后冷却。加入溶解缓慢的酸（葡萄糖酸-δ-内酯，GDL），豆浆包装，密封容器置于热水浴中约1 h。以这种方式加热使 GDL 释放酸，酸进而使大豆蛋白凝固，形成束缚住液体的均匀凝胶。因为未挤压出液体，因此嫩豆腐光滑并有奶油质感。嫩豆腐有不同的质感，从柔软到特别坚挺不等。

嫩豆腐经过搅拌可形成奶油般均匀的厚实状态，而常规豆腐会破碎成小的碎块。嫩豆腐可用于代替烘焙食品中的奶油和其他乳制品。

鸡蛋的功能

以下是鸡蛋在烘焙食品中的若干功能：

- 提供结构/是增韧剂
- 乳化并黏合配料
- 贡献色泽
- 通过充气和增加水分促进膨发
- 贡献风味
- 增加营养价值

无蛋产品

鸡蛋在许多烘焙食品中起着重要作用，而一些制品对鸡蛋的依赖程度大于另一些制品。正如替代任何重要配料一样，在选择鸡蛋替代品之前，首先要确定鸡蛋在烤制品中的功能。如果它们主要起结构剂作用，则通常可以用另一种结构剂替代，如淀粉。通常，要除去配方中的鸡蛋，必须同时降低脂肪用量，以使强化剂与软化剂重新平衡。如果鸡蛋所起的作用是充气，则可能需要增加水分以及能保持膨胀蒸汽的配料。

以下是一些制作无蛋烘焙食品的建议，鸡蛋替代品如表18.4所示。

- 从鸡蛋用量原已很低的配方开始。用量较少的配方，较容易实现不加鸡蛋。例如，曲奇饼和松饼通常较容易调整出不加鸡蛋的新配方。事实上，一些曲奇饼（如奶油酥饼）是不含鸡蛋的。加蛋量已经很低的蛋糕和面包也适合于转化成无蛋产品。海绵蛋糕、天使蛋糕和奶油泡芙之类产品不要考虑无蛋替代问题。

- 对于曲奇饼、松饼和蛋糕，可先尝试用水、牛乳或水加乳粉替代鸡蛋。通常都需要加水。虽然鸡蛋大约含75%的水，但是由于蛋白起干燥剂和结构剂作用，所以替代配方的加水量要比原来的少。

- 以水果和豆泥作为蛋替代品，因为它们水分高，有助于膨发。这些泥状物含有天然植物胶和果肉，所以有助于保持空气。

> **有用的提示**
>
> 从烘焙食品（如曲奇饼、松饼和蛋糕）中清除鸡蛋时，每清除100 g鸡蛋，需加入50~70 g水或牛乳）。如果需要，还可加入约15 g乳粉。替代后的面糊或面团会比常规的硬，但是产品不太会烘烤成湿黏状态，也不会产生过软的产品。

表18.4　烘焙食品中的鸡蛋替代品

鸡蛋替代品	鸡蛋功能
单独加水	润湿/水化干燥剂；提供蒸汽，促进膨发
水加乳粉	润湿/水化干燥剂；提供蒸汽；增加营养；改善风味和色泽
淀粉，如马铃薯淀粉、米淀粉、木薯淀粉、预糊化玉米淀粉 面粉和谷物粉，如蛋糕面粉、燕麦粉 淀粉类蛋替代粉（添加植物胶）	提供结构；黏合面糊和面团；增稠，保持空气，有助于膨发
黄玉米粉	为烘焙食品提供鸡蛋黄颜色；提供结构
嫩豆腐	滋润；增稠；提供蒸汽；增加营养；加入乳化剂（卵磷脂）；也可用作牛乳替代品
亚麻籽（碾碎或捣碎后冲水）	滋润；提供蒸汽，促进膨发；增加营养；黏合面糊和面团；增稠；保持空气，促进膨发
水果（香蕉、苹果酱）和豆（黑豆或白腰豆）泥	滋润；提供蒸汽，促进膨发；增加营养；黏合面糊和面团；也可用作部分脂肪替代品

- 燕麦曲奇饼特别容易用水代替鸡蛋制作，因为吸水后的燕麦粉会在烘烤时将配料结合起来。应使用速煮燕麦，而不要用老式燕麦或切片燕麦，并且，加水量要少于被替代的鸡蛋量，否则曲奇饼会变得过软。速煮燕麦较小切片可快速增稠和黏结。

- 为使用水或牛乳替代鸡蛋制备的烘焙食品呈现丰满的黄色，可将10%~25%的白面粉替换为细磨黄玉米粉。如果有的话，使用速煮（预煮）玉米粉来消除粗糙度。或将配方中所加的液体加热至沸腾，然后搅拌加入玉米粉，并在使用前放在一边冷却。

- 在无蛋奶油和蛋奶羹中使用嫩豆腐（非常规豆腐），包括糕点奶油、奶油派馅料、面包布丁、大米布丁和干酪蛋糕。在搅拌机或食品加工机中混合均匀。嫩豆腐可以代替鸡蛋和牛乳。它和其他大豆制品最适合于带有巧克力、咖啡、焦糖和香料之类浓重风味的产品。

- 用意式奶冻替代蛋奶羹和干酪果冻。意式奶冻是一种牛乳为主的甜点，这种甜点用明胶而不是鸡蛋凝固。琼脂也可用于制备牛乳凝胶甜点。

- 亚麻籽细粉有时可作为鸡蛋替代品用于曲奇饼、蛋糕和其他烘焙食品。亚麻籽粉与水（1份质量亚麻籽加4份水）高速混合时，亚麻籽中的胶质会使混合物变稠，从而可使面糊和面团变稠。亚麻籽具有轻微坚果味，但低水平使用时几乎感觉不出。

复习题

1 北美洲全谷物的消费指南是什么？

2 增加全谷物消费的健康优势是什么？

3 北美洲关于钠和钾的消费指南是什么？

4 给出三种重要的烘焙食品中钠源配料名称。

5 给出三种重要的烘焙食品中钾源配料名称。

6 北美洲脂肪、油和胆固醇的消费指南是什么？

7 哪些常见糕点配料的饱和脂肪含量高？哪些含胆固醇？

8 北美洲糖的消费指南是什么？

9 食物过敏原的八大主要来源是什么？

10 除了普通小麦以外，还有哪些谷物（因为属于不同品种小麦）必须被标记为小麦过敏原？

11 小麦过敏和乳糜泻（面筋不耐受）有什么区别？

12 除了小麦以外，还有哪些谷物含有不适合乳糜泻患者的面筋？

13 牛乳过敏和乳糖不耐受有什么区别？

练习和实验

① 实验：不同全麦和无面筋面粉混合物对松饼整体质量影响

目的

展示面粉种类如何影响

- 松饼皮脆度和美拉德反应程度
- 饼心颜色和结构
- 松饼的湿度、松软度和高度
- 松饼的整体风味
- 松饼总体可接受性

制备的产品

用以下条件制备松饼

- 油酥糕点面粉（对照）
- 全麦面粉（硬质小麦）

- 全麦油酥糕点面粉（软质小麦）
- 白小麦全麦面粉（软质小麦）
- 无面筋烘焙混合物（详见配方，或购买预混料）
- 其他（如果需要）（70/30油酥糕点面粉/全麦面粉混合物；50/50油酥糕点面粉/全麦面粉混合物；30/70油酥糕点面粉/全麦面粉混合物）

材料和设备

- 台秤
- 筛子
- 羊皮纸
- 松饼盘（65 mm或90 mm）
- 衬纸、烤盘喷剂或涂料
- 混合器（带5 L混合盆）
- 搅打器
- 平桨搅打器附件
- 基本松饼糊（参见配方），足够每个条件制作24个或更多个松饼
- 16号（30 mL）分配勺或等同物
- 半烤盘（可选）
- 烤箱温度计
- 木签（用于测试样品）
- 锯齿刀
- 尺子

配方

无面筋烘焙混合物

产量： 足以制备1批基本松饼面糊

配料	质量 /g	烘焙百分比 /%
白米粉	375	67
马铃薯淀粉	125	23
木薯淀粉	60	10
黄原胶	10	1.8
合计	570	101.8

制备方法

（1）所有配料合在一起过筛三次。

（2）置于一旁备用。

配方

基本松饼面糊

产量：24个松饼（可多制备些面糊）

配料	质量/g	烘焙百分比/%
面粉	570	100
砂糖	225	40
盐 (1 茶匙 /5 mL)	6	1
烘焙粉	35	6
植物油	200	35
鸡蛋（全蛋）	170	30
全脂牛乳	455	80
合计	1661	292

制备方法

（1）烤箱预热至200 ℃。

（2）用衬纸垫松饼盘，轻轻喷洒喷剂或用涂料蘸涂。

（3）将干配料一起加入混合盆。注意：如有颗粒（如麸皮颗粒）不适合通过筛子，将其直接加入混合盆。

（4）轻轻地打蛋，加入牛乳和油。

（5）将液体混合物倒入干配料中，然后用平桨搅拌器混合，直到面粉湿透。面糊会看起来有块状物。

（6）用16号勺（或任何可将杯子一次填充1/2~3/4的勺子）将面糊舀入准备好的松饼盘。

（7）如果需要，将松饼盘置于半烤盘之中。

步骤

（1）使用上面所给配方（或任何其他基本松饼面糊配方）制备松饼面糊。为每个条件制备一批面糊。

（2）松饼盘或烤炉做标签，注明加入面糊的面粉类型。

（3）将烤箱温度计放在烤箱中央，读取烤箱初始温度，将结果记录在此：_____。

（4）待烤箱正确预热时，将装满面糊的松饼盘放入烤箱中，并将定时器设定在
20~22 min。

（5）烘烤直到对照产品（用油酥糕点面粉制成）顶部在轻轻下压后弹回，木签插入
松饼中心后可以利落地抽出。对照产品应轻微变褐色。在相同烘烤时间内，从
烤箱中取出所有松饼，即使有些松饼颜色较淡或没有膨发。但是，如有必要，
可根据烤箱差异调整烘烤时间。

（6）将烘烤时间记录在结果表1中。

（7）检查最终烤箱温度。将结果记录在此：＿＿＿＿＿＿＿＿。

（8）从松饼盘取出松饼，冷却至室温。

结果

（1）当松饼完全冷却时，按以下规则评估松饼高度：

• 每批取三个松饼切成两半，小心不要挤压。

• 通过沿着松饼的平坦边缘放置尺子来测量每个松饼中心高度。以毫米为单
位将每个松饼的高度结果记录在结果表1。

• 通过三个松饼高度值相加，再除以 3 求出平均松饼高度。将结果记录在结
果表1。

• 评估松饼的形状（均匀的圆顶、顶峰、中心凹陷等）将结果记录在结果表1。

结果表1　不同面粉类型松饼尺寸和形状评估

面粉类型	烘焙时间 /min	三个松饼各自高度 /mm	松饼平均高度 /mm	松饼形状	备注
油酥糕点面粉（对照）					
全小麦面粉					
全小麦油酥糕点面粉					
白小麦全麦面粉					
无面筋烘焙混合物					

（2）评价完全冷却产品的感官特征，并将结果记录在结果表2中。请务必依次与对
照产品进行比较，并考虑以下因素：

• 外皮颜色，从非常浅到非常深，按1~5级评分

• 饼心外观（小/大气泡、均匀/不规则气泡、孔道等）；也对颜色进行评价

• 饼心质地（坚韧/松软、湿润/干燥、脆弱、粗糙、胶质、多孔等）

- 风味（谷物味、面粉味、咸味、甜味、苦味等）

- 总体可接受性，从高度不可接受到高度可接受，按1~5级评分。

- 必要时提供任何其他评论

结果表2　具有不同类型面粉松饼的感官特征

面粉类型	外皮颜色	饼心外观及质构	风味	总体可接受性	备注
油酥糕点面粉（对照）					
全小麦面粉					
全小麦油酥糕点面粉					
白小麦全麦面粉					
无面筋烘焙混合物					

误差来源

列出可能导致难以根据实验结果得出正确结论的任何误差来源。特别要考虑面糊混合和处理方面存在的差异，将相同面糊分配到松饼盘引起的质量差异，以及任何与烤箱有关的问题。

_____

_____

_____

说明下一次可以如何调整，以减少或消除每个误差来源。

_____

_____

_____

结论

从**黑体字**中选择一个选项或填空。

（1）常规全麦面粉制作的松饼与油酥糕点面粉制作的松饼相比，高度**较高/较低/相同**。高度差异**小/中等/大**。

（2）用常规全麦面粉制成的松饼与用油酥糕点白面粉制成的松饼相比，质地差异**小/中等/大**。差异可以描述如下：

_____

_____

_____

（3）全麦油酥糕点面粉制成的松饼与常规全麦面粉制成的松饼相比，在外观、风味和质地方面存在哪些主要区别？

_____

_____

_____

这些差异**小/中等/大**。你如何解释这些结果？

_____

_____

_____

（4）无面筋烘焙混合粉制成的松饼与油酥糕点面粉（对照）制成的松饼相比，在外观、风味和质地方面存在哪些主要区别？

_____

_____

这些差异**小/中等/大**。你如何解释这些结果？

_____

_____

（5）你感觉哪些松饼总体上是不可接受的，为什么？

_____

_____

_____

下次如何调整，可使这些松饼更容易被人们接受？

_____

_____

（6）您是否注意到松饼有任何其他差异，或者对于实验是否还有其他意见？

_____

_____

_____

❷ 实验：脂肪替代物用于布朗尼

修改标准配方往往需要一个试错过程。最好的方法通常是逐步调整，一次只改变一种成分，在决定下一步之前，对每种产品进行评估。

本实验总体上是一个低脂布朗尼配方调整实验。首先用黑豆替代布朗尼中的全部油，然后逐步调整产品，使低脂布朗尼质量更接近全脂产品，您可以了解黑豆作为脂肪替代品的功能，以及使用黑豆代替脂肪时，如何补偿不良变化。

目的

- 展示逐步调整配方的过程
- 说明脂肪替代品如何影响
  - 布朗尼的外观
  - 布朗尼的湿度、松软度和高度
  - 布朗尼的风味
  - 布朗尼的总体可接受性

制备的产品

按以下条件制备布朗尼

- 油（对照）
- 黑豆泥
- 黑豆泥和一半用量的鸡蛋
- 油、黑豆泥和鸡蛋用量减半
- 如果需要，可使用其他配料（不加糖的苹果酱；不加糖的苹果酱+用量减半的鸡蛋；油、苹果酱、鸡蛋用量均减半）

材料和设备

- 台秤
- 半烤盘
- 羊皮纸、硅胶垫、烤盘喷剂或涂料
- 混合器（带5 L混合盆）
- 平桨搅打器附件
- 筛子
- 食品加工机
- 布朗尼（参见配方），每个条件下制备量足够装一只半烤盘
- 铲子
- 烤箱温度计
- 木签（用于测试样品）

- 锯齿刀
- 尺子

配方

布朗尼

产量：一只半烤盘

配料	质量 /g	烘焙百分比 /%
菜籽油	340	150
砂糖	700	311
香草提取物	15	6.5
全蛋	340	150
油酥糕点面粉	225	100
碱化可可粉	125	56
烘焙粉	7	3
盐	7	4.5
合计	1762	781

制备方法

（用于对照产品）

（1）烤箱预热至175 ℃。

（2）半烤盘垫羊皮纸或硅胶垫，用烤盘喷剂轻轻喷洒，或涂抹油脂。

（3）将油和糖加入混合盆，使用平桨搅打器低速搅拌1 min。

（4）加入香草提取物和鸡蛋。低速混合30 s。

（5）将面粉、可可粉、烘焙粉和盐一起过筛三次。

（6）将干配料加入湿配料中，低速混合30 s或混匀均匀。

（7）将1550 g面糊均匀地装入准备好的烤盘中。

制备方法

（对于添加不同量的黑豆泥和鸡蛋的布朗尼）

参照对照产品的制备方法，但作以下更改：

（1）在过滤器中，将三听（每听454 g）黑豆罐头冲洗并沥干。

（2）用食品加工机将黑豆打成滑润均匀的豆泥。

（3）对于用黑豆泥制成的布朗尼，在步骤3中用340 g黑豆泥替代全部油。

（4）对于用黑豆泥和减量鸡蛋制成的布朗尼，在步骤3中用340 g黑豆泥替代全部油。在步骤4中，将鸡蛋的用量从340 g减少到170 g。

（5）对于将油、黑豆泥和鸡蛋用量减半制成的布朗尼，在步骤3中使用170 g油、170 g黑豆泥。在步骤4中使用170 g鸡蛋。

步骤

（1）使用上述配方（或任何基本布朗尼配方）制备布朗尼。为每个条件制备一批布朗尼。

（2）在烤盘或烤箱做标签，注明布朗尼所使用的脂肪替代品类型。

（3）将烤箱温度计放在烤箱的中央，初步读取烤箱温度，将结果记录在此：_____。

（4）当烤箱正确预热时，将填充好的烤盘放在烤箱中，并将定时器设定在30~35 min。

（5）烘烤直到布朗尼变硬，木签插入抽出时干净。

（6）在下面的结果表中记录烘烤时间。

（7）检查最终烤箱温度。结果记录于此：_____。

（8）冷却至室温并从盘中取出布朗尼。

结果

（1）当布朗尼完全冷却时，按以下方法评价高度：

- 每批布朗尼对半切开，小心不要挤压。
- 沿着布朗尼平坦边缘，用直尺测量布朗尼中心高度。以毫米为单位将测量结果记录在结果表中。

（2）评价完全冷却产品的感官特征，并将结果记录在结果表中。一定要依次与对照产品对比，并考虑以下几点：

- 外壳颜色和外观（浅/深、有光泽/无光泽、光滑/粗糙/麻点）
- 糕心外观（浅色/深色、蓬松/致密、蛋糕状/黏性等）
- 质地（硬/软、潮湿/干燥、黏性、海绵状等）
- 风味（甜味、咸味、苦味、巧克力味、香草味等）
- 总体可接受性，从高度不可接受到高度可接受，按1~5级评分
- 必要时提供任何其他评论

结果表　用脂肪替代品制备的布朗尼品的评价

替代品	烘烤时间/min	高度/mm	外皮颜色和外观	糕心外观	质地	风味	总体可接受性	备注
全量的油（对照）								
黑豆泥								
黑豆泥和一半的鸡蛋								
油、黑豆泥、鸡蛋用量减半								

误差来源

列出可能导致难以根据实验结果得出正确结论的任何误差来源。特别应考虑面糊如何混合处理，黑豆的平滑度如何，以及烤箱的任何问题。

_____

_____

说明下一次可以如何调整，以尽量减少或消除每个误差来源。

_____

_____

_____

结论

从**黑体字**中选择一个选项或填空。

（1）用黑豆泥制成的布朗尼与用全量油制成的布朗尼相比，高度**较低/较高/相同**。高度差别为**小/中等/大**。黑豆泥有助于膨发，因为它所含的水，会在烤箱中转化为_____，这是烘焙食品中三种主要膨发气体之一。

（2）用黑豆泥制成的布朗尼与用全量油制成的布朗尼相比，质地更**像蛋糕/耐嚼**。质地差异**小/中等/大**，部分原因是黑豆**水分/脂肪**含量高，这是淀粉**糊化/凝固**所必需的。用黑豆泥制成的布朗尼和用全量油（对照）制成的布朗之间的其他差异如下：

_____

_____

_____

（3）用黑豆泥和用量减半鸡蛋制成的布朗尼，使得布朗尼看起来**更像**／**不像**是用全量油（对照）制成的布朗尼。也就是说，降低鸡蛋的用量使得布朗尼质地更**像蛋糕/耐嚼**。用一半量的鸡蛋制成的黑豆泥布朗尼和用全量鸡蛋制成的黑豆泥布朗尼之间的其他差异如下：

_____

_____

_____

（4）将油、黑豆泥和鸡蛋用量减半制成的布朗尼总体上**可以**／**不能**接受。用全部油制成的布朗尼（对照）与用一半量油制成的布朗尼相比，在外观、质地和风味差异如下：

_____

_____

_____

总的来说，这些差异属于**小/中/大**。

（5）油、黑豆泥和鸡蛋用量减半可将布朗尼做得更像用全量的油制成的布朗尼（对照），为此，在制作布朗尼方面还可有什么变化？考虑盐、可可粉、烘焙粉用量等方面的变化。

_____

_____

_____

（6）您是否注意到布朗尼的其他差异，是否还有其他有关实验的评论？

_____

_____

_____

附录

美制（英制）单位和国际制单位之间的换算

质量	
1 盎司（oz）	= 28.4 g
1 磅（lb）	= 454 g
体积	
1 茶匙	= 5 mL
1 汤匙	= 15 mL
1 美液夸脱 (liqqt)	= 0.95 L

美制常用体积单位换算

1 汤匙	= 3 茶匙
	= 0.5 流体盎司 (fl.oz)
1 杯	= 48 茶匙
	= 16 汤匙
	= 8 流体盎司 (fl.oz)
1 美液品脱 (liqpt)	= 16 流体盎司
	= 2 杯
1 美液夸脱 (liqqt)	= 32 流体盎司 (fl.oz)
	= 4 杯
	= 2 品脱
1 美加仑 (USgal)	= 128 流体盎司 (fl.oz)
	= 16 杯
	= 8 品脱 (liqpt)
	= 4 夸脱 (liqqt)

波美度与白利度之间的换算

在糕点师使用的糖溶液的浓度范围内，波美度和白利度之间可用以下公式换算：

白利度 =波美度/0.55

波美度= 0.55 × 白利度

波美度 /°Bé	白利度 /°Bx
10	18
12	22
14	25
16	29
18	33
20	36
28	50

摄氏温度与华氏度温度之间的换算

华氏温度和摄氏温度之间可用下式换算：

华氏温度=摄氏温度 × 9/5+32

摄氏温度=（华氏温度−32）× 5/9

在下表中，烤箱温度（160~230 ℃）摄氏温度值已舍入到最接近的5 ℃。

摄氏温度 /℃	华氏温度 /°F
0	32
10	50
20	68
30	86
40	104
50	122
60	140
70	158
80	176
90	194
100	212
165	325
175	350
190	375
205	400
220	425
230	450

常用替代

美制单位	
1 lb 通用面粉	0.5 lb 面包面粉 + 0.5 lb 蛋糕面粉
1 lb 加盐黄油	1 lb 无盐黄油 + 0.4 oz(2 茶匙) 盐
1 lb 起酥油	20 oz 黄油 ; 水少加 4 oz
1 lb 黄油	12.75 oz 起酥油 + 3.25 oz 水
1 oz 压缩酵母	1/3 oz 速溶酵母
1 oz 活性干酵母	3/4 oz 速溶酵母
1 lb 液态乳	14 oz (0.88 lb) 水 + 2 oz (0.12 lb) 乳粉
1 lb 蛋黄	1 lb1.5 oz (1.1 lb) 加糖蛋黄 ; 糖少加 1.5 oz(0.1 lb)
1 个大号鸡蛋	1.5 oz 全蛋
1 个大号鸡蛋蛋清	1.2 oz 蛋清
1 个大号鸡蛋蛋黄	0.55 oz 蛋黄
1 lb 红糖	14 oz 砂糖 + 2 oz 糖蜜
1 lb 糖	1 lb 蜂蜜 ; 水 (或其他液体) 少加 2.5~3 oz
1 oz 明胶粉 (230 bloom)	15~18 个明胶片
1 lb 无糖巧克力	10 oz 22/24 可可粉 + 3 oz 起酥油
1 lb 无糖巧克力	2 lb 苦甜巧克力 (50% 可可固形物); 少加 1 lb 糖
1 lb 可可粉	1 lb9 oz 无糖巧克力 ; 起酥油或其他脂肪少加 4.5 oz
1 lb 酪乳	15 oz 低脂乳 + 1 oz 醋

常用替代

国际单位制单位	
1 kg 通用面粉	500 g 面包面粉 + 500 g 蛋糕面粉
1 kg 加盐黄油	1 kg 无盐黄油 + 25 g 盐
1 kg 起酥油	1.25 kg 黄油；少加 250 g 水
1 kg 黄油	800 g 起酥油 + 200 g 水
30 g 压缩酵母	10 g 速溶酵母
30 g 活性干酵母	22 g 速溶酵母
1 kg 液态乳	880 g 水 + 120 g 乳粉
1 kg 蛋黄	1.1 kg 加糖蛋黄；少加 100 g 糖
1 个大号鸡蛋	50 g 全蛋
1 个鸡蛋蛋清	33 g 蛋清
1 个鸡蛋蛋黄	17 g 蛋黄
1 kg 红糖	900 g 砂糖 + 100 g 糖蜜
1 kg 糖	1 kg 蜂蜜；少加 160~190 g 水（或其他液体）
30 g 明胶粉 (230 bloom)	15~18 个明胶片
1 kg 无糖巧克力	630 g 22/24 可可粉 + 185 g 起酥油
1 kg 无糖巧克力	2 kg 苦甜黑巧克力 (50% 可可固形物)；少加 1 kg 糖
1 kg 可可粉	1.6 kg 22/24 可可粉；少加 300 g 起酥油或其他脂肪
1 kg 酪乳	940 g 低脂乳 + 60 g 醋

参考文献

This is a list of general references. Web addresses are accurate at the time of publication, but readers should consult a search engine, If necessary.

Atwell, William. A. *Wheat Flour*. St. Paul, MN: Eagan Press, 2001.

Beckett, Stephen T., ed. *Industrial Chocolate Manufacture and Use*. 4th ed. Oxford, UK: Blackwell Publishing, 2008.

——. *The Science of Chocolate*. 2nd ed. Cambridge, UK: Royal Society of Chemistry, 2008.

Belitz, Hans-Dieter, W. Grosch, and P. Schieberle. *Food Chemistry*. 3rd ed. Translated from the fifth German edition by M. M. Burghagen. Berlin and NewYork: Springer, 2004.

Calvel, Raymond. *The Taste of Bread*. Edited by James J. MacGuire. Translated by Ronald L. Wirtz. Gaithersburg, MD: Aspen Publishers, 2001.

Canada Department of Justice. Food and Drug Regulations (C.R.C., c. 870). https://laws. justice.gc.ca/eng/regulations/C.R.C.,_c._870/ index.html.

Canadian Food Inspection Agency. "Food." http:// www.inspection.gc.ca/food/eng/129909238703 3/1299093490225.

Cauvain, Stanley T., and Linda S. Young. *Baked Products: Science, Technology and Practice*. Oxford, UK and Ames, IA: Blackwell Publishing, 2006.

——. *Bakery Food Manufacture and Quality: Water Control and Effects*. 2nd ed. Chichester, West Sussex, UK and Ames, IA: Wiley-Blackwell, 2008.

——.*Technology of Bread making*. 2nd ed. New York: Springer, 2007.

Charley, Helen, and Connie M. Weaver. *Foods: A Scientific Approach*. 3rd ed. Upper Saddle River, NJ: Prentice Hall, 1998.

Chen, James C. P., and Chung Chi Chou. *Cane Sugar Hand book: A Manual for Cane Sugar Manufacturers and Their Chemists*. 12th ed. NewYork: John Wiley & Sons, 1993.

Coe, Sophie D., and Michael D. Coe. *The True History of Chocolate*. 2nd ed. New York: Thames and Hudson, 2007.

Dendy, David A. V., and Bogdan J. Dobraszczyk. *Cereals and Cereal Products: Chemistry and Technology*. Gaithersburg, MD: Aspen Publishers, 2001.

DiMuzio, DanielT. *Bread Baking: An Artisan's Perspective*. Hoboken, NJ: John Wiley & Sons, 2010.

Edwards, W. P. *The Science of Sugar Confectionery*. Cambridge, UK: Royal Society of Chemistry, 2000.

European Union. EUR-Lex: "The Access to European Union Law." http://eur-lex.europa.eu/en/ index.htm.

Damodaran, Srinivasan, KirkL. Parkin, and Owen R. Fennema, eds. *Fennema's Food Chemistry*. 4th ed. Boca Raton, FL: CRC Press/Taylor & Francis, 2008.

Gisslen, Wayne. *Professional Baking*. 5th ed.

Hoboken, NJ: John Wiley & Sons, 2009.

Health Canada. https://www.canada.ca/en/health-canada.html.

Hoseney, R. Carl. *Principles of Cereal Science and Technology*. 2nd ed.

St. Paul, MN: American Association of Cereal Chemists, 1994.

Hui, YuiH., ed. *Bakery Products Science and Technology*. Ames, IA: Blackwell Publishing Professional, 2006.

Jackson, E. B., ed. *Sugar Confectionery Manufacture*. 2nd ed. London and New York: Blackwell Academic & Professional, 1995.

McGee, Harold. *On Food and Cooking: The Science and Lore of the Kitchen*. rev. ed. New York: Scribner, 2004.

Pyler, E. J., and L. A. Gordon. *Baking Science and Technology*, 4th ed. 2vols. Kansas City, MO: Sosland Pub. Co., 2008.

Reineccius, Gary, ed. *Source Book of Flavors*. 2nd ed. Berlin and New York: Springer, 1998.

Stadelman, WilliamJ., and Owen J.C otterill, eds. *Egg Science and Technology*. 4th ed. NewYork: Food Products Press, 1995.

University of California Postharvest Technology Research and Information Center. "Produce Facts." http://postharvest.ucdavis.edu/Commodity_Resources/.

U.S. Department of Agriculture. "USDA Food Composition Data." https://ndb.nal.usda.gov/ndb/search/list.

U.S. Department of Health and Human Services, U.S. Department of Agriculture. "Dietary Guidelines for Americans 2005." https://health.gov/dietaryguidelines/dga2005/document/default.htm.

U.S. Food and Drug Administration. https://www.fda.gov/Food/default.htm.

图表致谢名单

Illustration Credits

Figure 1.1	Photo by Ron Manville
Figure 1.3	Photo by Ron Manville
Figure 1.4	Photo by Ron Manville
Figure 1.5	Photo by Ron Manville
Figure 3.1	Photo by Ron Manville
Table 3.2	Source: U.S. Department of Agriculture, Agricultural Research Service
Figure 4.2	Photo by Ron Manville
Figure 4.5	Photo by Ron Manville
Figure 4.7	Photo by Ron Manville
Figure 5.1	Courtesy of Wheat Foods Council
Figure 5.2	Courtesy of Stephen Symons, Canadian Grain Commission
Figure 5.4	Photo by Ron Manville
Figure 5.6	Photo by Aaron Seyfarth
Figure 5.7a	Photo by Ron Manville
Figure 5.7 b	Photo by Ron Manville
Figure 6.2	Photo by Ron Manville
Figure 6.5	Photo by Ron Manville
Figure 7.1	Photo by Ron Manville
Figure 7.2	Photo by Ron Manville
Figure 7.3	Photo by Ron Manville
Figure 7.4	Photo by Ron Manville
Figure 7.5	Photo by Ron Manville
Figure 7.7	Photo by Ron Manville
Figure 7.9	Photo by Aaron Seyfarth
Figure 8.5	Photo by Ron Manville
Figure 8.7	Photo by Ron Manville
Figure 8.8	Photo by Ron Manville
Figure 8.9	Photo by Ron Manville
Figure 8.10	Photo by Ron Manville
Figure 8.12	Photo by Ron Manville
Figure 8.16	Photo by Ron Manville
Figure 8.17	Photo by Ron Manville
Figure 9.9	Photo by Ron Manville
Figure 9.10	Courtesy of the U.S. Department of Agriculture, Agricultural Research Service
Figure 9.15	Photo by Ron Manville
Figure 9.16	Photo by Ron Manville
Figure 10.1	Reprinted with permission of John Wiley & Sons, Inc. *Professional Cooking, Sixth Edition*, by Wayne Gisslen, 2007
Figure 10.3	Ron Manville
Figure 10.4	Courtesy of U.S. Department of Agriculture
Figure 10.5	Photo by Ron Manville
Figure 11.2	Courtesy SPL/Photo Researchers
Figure 12.2	Photo by Ron Manville
Figure 12.3	Photo by Ron Manville
Figure 12.5	Photo by Ron Manville
Figure 12.7a	Courtesy of National Starch Food Innovation
Figure 12.7 b	Courtesy of National Starch Food Innovation
Figure 12.7c	Courtesy of National Starch Food Innovation

Figure13.1a Courtesy of Dr. Alexandra Smith, Department of Food Science, University of Guelph, Guelph, Ontario

Figure13.1 b Courtesy of Dr. Alexandra Smith, Department of Food Science, University of Guelph, Guelph, Ontario

Figure14.1 Adapted from USDA Nutrient Database for Standard Reference, Release 21 (2008)

Figure14.2 Photo by Ron Manville

Figure14.3 Courtesy of Almond Board of California

Figure15.1 Courtesy of U.S. Department of Agriculture

Figure15.2 Adapted from data from the USDA Nutrient Database for Standard Reference,Release 21 (2008)

Figure15.3 Photo by Ron Manville

Figure15.4 Photo by Ron Manville

Figure15.6 Photo by Ron Manville

Figure15.7 Photo by Ron Manville

Figure16.2 Courtesy of U.S. Department of Agriculture

Figure16.3a Courtesy of the California Raisin Marketing Board

Figure16.3 b Courtesy of the California Raisin Marketing Board

Figure17.1 Photo by Ron Manville

Figure17.2 Photo by Ron Manville

Figure18.1 Photo by Ron Manville

索引